抽水蓄能电站设备设施组成及运行原理

主编 ◎ 何江　杨海

武汉大学出版社

图书在版编目(CIP)数据

抽水蓄能电站设备设施组成及运行原理 / 何江, 杨海主编. -- 武汉：武汉大学出版社, 2025.5. -- ISBN 978-7-307-24967-7

Ⅰ. TV743

中国国家版本馆 CIP 数据核字第 20257S3M47 号

责任编辑：史永霞　　　责任校对：汪欣怡

出版发行：武汉大学出版社　（430072　武昌　珞珈山）

（电子邮箱：cbs22@whu.edu.cn　网址：www.wdp.com.cn）

印刷：湖北金海印务有限公司

开本：880×1230　1/16　印张：27.75　字数：947 千字

版次：2025 年 5 月第 1 版　　2025 年 5 月第 1 次印刷

ISBN 978-7-307-24967-7　　定价：168.00 元

版权所有，不得翻印；凡购买我社的图书，如有质量问题，请与当地图书销售部门联系调换。

抽水蓄能电站设备设施组成及运行原理

编委会

主　编　何　江　杨　海
副主编　程浩然　杨林绪　禾志强　孙黎明　刘智豪
主　审　刘连德　张振江　肖　丽　李凯强　廉晓威　张东东　孙　宏　李　斌　董　洋
　　　　　王　乐　赵　磊　陈　亮
参　编　吴志刚　边善宇　陈小云　郝晓琼　张　起　刘军威　甘　霖　李东兴　刘　泱
　　　　　薛高云　康继东　郭佳伟　庞志强　张旭东　安　欣　薛　旭　王　元　窦智敏
　　　　　王　哲　何　柯　赵峰毅　程仁峰　罗　绪　杨　凯　蒙东东　王　乾　杨　柳
　　　　　张利平　薛利清　杨瀚凯　王　娟　张鹏飞　单泓博　杨雁飞　刘德智　杨锦春
　　　　　杜　昊　梁　琛

前 言

本书以呼和浩特抽水蓄能电站(简称"呼蓄电站")为典型范例,系统阐述抽水蓄能电站设备设施组成及运行原理。呼蓄电站位于内蒙古自治区呼和浩特市东北部大青山区,距主城区约20km。该电站安装4台单机容量300MW的立轴单级可逆式水泵水轮机组,总装机容量1200MW,设计年发电量20.075亿kW·h,年抽水电量26.767亿kW·h,工程等级为Ⅰ等大(1)型水利枢纽工程。

电站枢纽由上水库、输水系统、地下厂房系统及下水库四大主体工程构成,通过500kV输电线路接入内蒙古电网武川变电站,主要承担六大核心功能:

(1)电网调峰填谷与调频调相;
(2)新能源电力消纳与灵活调节;
(3)应急保供电与事故备用电源供应;
(4)系统黑起动能力支撑;
(5)电网电源结构优化;
(6)电网安全稳定运行水平提升。

其建成投运有力推动了以新能源为主体的新型电力系统建设,为内蒙古自治区能源结构转型与电网升级提供了重要技术支撑。

本书编写旨在实现双重目标:一是构建能源行业从业者对抽水蓄能电站的系统认知体系,二是编制面向电站生产人员的标准化培训教材。全书聚焦机电设备体系,系统解析设备组成架构、工作原理、技术参数与运行特性,重点突出生产运行维护的核心知识模块与实践应用场景。

本书的编写工作自呼蓄电站投产运营开始,历时数载完成。编写团队由电站生产一线技术骨干组成,内容汇聚了编写团队所有成员多年积累的现场经验与技术创新成果。鉴于编者专业水平与实践经验有限,书中难免存在疏漏欠妥之处,诚望行业专家与读者朋友予以指正。

编者

2025年4月

目 录

第1章 抽水蓄能概论	(1)
1.1 抽水蓄能电站的发展	(1)
1.2 抽水蓄能电站的分类	(2)
1.2.1 按电站有无天然径流分	(2)
1.2.2 按水库调节性能分	(2)
1.2.3 按站内安装的抽水蓄能机组类型分	(2)
1.2.4 按厂房布置位置分	(2)
1.3 抽水蓄能电站的功能	(2)
1.4 抽水蓄能电站的工作原理	(3)
第2章 水工建筑物	(4)
2.1 水工建筑物概述	(4)
2.1.1 概况	(4)
2.1.2 工程特性表	(4)
2.2 水工建筑物组成	(5)
2.2.1 上水库	(5)
2.2.2 水道系统	(6)
2.2.3 下水库	(10)
2.2.4 地下厂房及洞室群	(15)
2.2.5 安全监测系统	(19)
2.2.6 强震监测系统	(26)
第3章 发电电动机	(34)
3.1 发电电动机工作原理	(34)
3.1.1 发电机电气原理	(34)
3.1.2 电动机电气原理	(35)
3.2 发电电动机的组成	(39)
3.2.1 定子部分	(39)
3.2.2 转子部分	(41)
3.2.3 机架	(42)
3.2.4 上导推力轴承	(43)
3.2.5 下导轴承	(43)
3.2.6 通风冷却系统	(43)
3.2.7 空间加热器	(43)
3.2.8 粉尘吸收系统	(44)
3.2.9 发电机中性点接地装置	(44)
第4章 水泵水轮机	(45)
4.1 水泵水轮机概述	(45)
4.1.1 作用	(45)
4.1.2 工作原理	(45)

  4.1.3 特点 ………………………………………………………………………………… (46)
 4.2 设备参数 ………………………………………………………………………………… (46)
  4.2.1 水轮机的设备参数 …………………………………………………………………… (46)
  4.2.2 水轮机的工作参数 …………………………………………………………………… (48)
  4.2.3 水轮机的模型试验参数 ……………………………………………………………… (50)
 4.3 水泵水轮机的组成 ……………………………………………………………………… (56)
  4.3.1 转轮 ……………………………………………………………………………………… (57)
  4.3.2 顶盖 ……………………………………………………………………………………… (57)
  4.3.3 水导轴承 ………………………………………………………………………………… (58)
  4.3.4 主轴密封 ………………………………………………………………………………… (59)
  4.3.5 活动导叶 ………………………………………………………………………………… (60)
  4.3.6 座环 ……………………………………………………………………………………… (60)
  4.3.7 主轴 ……………………………………………………………………………………… (60)
  4.3.8 蜗壳 ……………………………………………………………………………………… (61)
  4.3.9 尾水管 …………………………………………………………………………………… (61)
  4.3.10 底环 …………………………………………………………………………………… (61)
 4.4 水泵水轮机全特性及过渡过程 ………………………………………………………… (62)
  4.4.1 基本概念 ………………………………………………………………………………… (62)
  4.4.2 水泵水轮机的转轮 …………………………………………………………………… (63)
  4.4.3 水泵全特性 ……………………………………………………………………………… (63)
  4.4.4 水泵水轮机全特性 …………………………………………………………………… (64)
  4.4.5 水泵水轮机"S"特性曲线 …………………………………………………………… (64)
  4.4.6 水泵水轮机主要过渡过程 …………………………………………………………… (65)

第5章 机组辅机系统 ……………………………………………………………………………… (69)
 5.1 机组辅机系统概述 ……………………………………………………………………… (69)
  5.1.1 作用 ……………………………………………………………………………………… (69)
  5.1.2 工作原理 ………………………………………………………………………………… (69)
  5.1.3 特点 ……………………………………………………………………………………… (70)
 5.2 机组辅机系统的组成 …………………………………………………………………… (71)
 5.3 设备参数 ………………………………………………………………………………… (73)
 5.4 设备组成及原理 ………………………………………………………………………… (75)

第6章 调速器系统 ………………………………………………………………………………… (78)
 6.1 调速器系统概述 ………………………………………………………………………… (78)
  6.1.1 作用 ……………………………………………………………………………………… (79)
  6.1.2 基本调节原理及任务 ………………………………………………………………… (79)
  6.1.3 调速器组成及传递函数 ……………………………………………………………… (80)
  6.1.4 设备参数 ………………………………………………………………………………… (81)
 6.2 调速器系统主要结构及原理 …………………………………………………………… (83)
  6.2.1 调速器系统电气控制部分 …………………………………………………………… (83)
  6.2.2 调速器系统机械液压控制部分 ……………………………………………………… (85)
  6.2.3 调速器系统自动化元件 ……………………………………………………………… (91)

第7章 主进水阀系统 ……………………………………………………………………………… (94)
 7.1 主进水阀系统概述 ……………………………………………………………………… (94)
  7.1.1 作用 ……………………………………………………………………………………… (94)

7.1.2 工作原理 …………………………………………………………………………………… (95)
  7.1.3 特点 ……………………………………………………………………………………… (95)
  7.1.4 设备参数 ………………………………………………………………………………… (95)
 7.2 设备组成及原理 ……………………………………………………………………………… (97)
  7.2.1 主进水阀本体及附属部分 ……………………………………………………………… (97)
  7.2.2 主进水阀操作机构 ……………………………………………………………………… (99)
  7.2.3 主进水阀油压装置及控制系统 ………………………………………………………… (99)
  7.2.4 主进水阀的运行 ………………………………………………………………………… (101)
  7.2.5 主进水阀限额 …………………………………………………………………………… (103)

第8章 闸门系统

 8.1 闸门系统概述 ………………………………………………………………………………… (104)
  8.1.1 作用 ……………………………………………………………………………………… (104)
  8.1.2 参数 ……………………………………………………………………………………… (104)
 8.2 设备组成及原理 ……………………………………………………………………………… (106)
  8.2.1 上水库进/出水口闸门设备组成及工作原理 …………………………………………… (106)
  8.2.2 下水库进/出水口闸门设备组成及工作原理 …………………………………………… (108)
  8.2.3 泄洪排沙洞闸门设备组成及工作原理 ………………………………………………… (110)

第9章 18kV系统

 9.1 18kV系统概述 ………………………………………………………………………………… (112)
  9.1.1 作用 ……………………………………………………………………………………… (112)
  9.1.2 工作原理 ………………………………………………………………………………… (112)
  9.1.3 设备参数 ………………………………………………………………………………… (112)
 9.2 设备组成及原理 ……………………………………………………………………………… (115)
  9.2.1 电气制动开关 …………………………………………………………………………… (115)
  9.2.2 GCB断路器组合机构 …………………………………………………………………… (115)
  9.2.3 离相封闭母线 …………………………………………………………………………… (117)
  9.2.4 24kV开关柜 ……………………………………………………………………………… (119)
  9.2.5 励磁变压器 ……………………………………………………………………………… (119)
  9.2.6 电压互感器/避雷器 ……………………………………………………………………… (121)
  9.2.7 换相刀闸 ………………………………………………………………………………… (122)
  9.2.8 拖动/被拖动刀闸 ………………………………………………………………………… (122)
  9.2.9 GCB控制柜 ……………………………………………………………………………… (123)

第10章 主变压器

 10.1 主变压器概述 ………………………………………………………………………………… (124)
  10.1.1 作用 ……………………………………………………………………………………… (124)
  10.1.2 工作原理 ………………………………………………………………………………… (125)
  10.1.3 基本特点 ………………………………………………………………………………… (126)
  10.1.4 设备参数 ………………………………………………………………………………… (126)
 10.2 设备组成及原理 ……………………………………………………………………………… (132)
  10.2.1 铁芯 ……………………………………………………………………………………… (132)
  10.2.2 绕组 ……………………………………………………………………………………… (133)
  10.2.3 油箱 ……………………………………………………………………………………… (133)
  10.2.4 储油柜回路 ……………………………………………………………………………… (133)
  10.2.5 高压套管SF6/充油套管 ………………………………………………………………… (135)

10.2.6　高压中性点套管 ……………………………………………………………… (135)
　　10.2.7　低压套管 …………………………………………………………………… (135)
　　10.2.8　分接开关 …………………………………………………………………… (136)
　　10.2.9　吸湿器 ……………………………………………………………………… (136)
　　10.2.10　气体继电器 ………………………………………………………………… (136)
　　10.2.11　压力释放阀 ………………………………………………………………… (137)
　　10.2.12　油面温度计 ………………………………………………………………… (137)
　　10.2.13　绕组温度计 ………………………………………………………………… (137)
　　10.2.14　压力继电器 ………………………………………………………………… (138)
　　10.2.15　主变压器冷却系统 ………………………………………………………… (138)
　　10.2.16　油在线监测系统 …………………………………………………………… (140)
　　10.2.17　主变保护 …………………………………………………………………… (143)

第11章　500kV系统 …………………………………………………………………… (145)

11.1　500kV系统概述 ……………………………………………………………………… (145)
　　11.1.1　作用 …………………………………………………………………………… (145)
　　11.1.2　工作原理 ……………………………………………………………………… (146)
　　11.1.3　基本特点 ……………………………………………………………………… (146)
　　11.1.4　设备参数 ……………………………………………………………………… (147)
11.2　设备组成及原理 ……………………………………………………………………… (150)
　　11.2.1　断路器(CB) …………………………………………………………………… (150)
　　11.2.2　GIS隔离开关(DS) …………………………………………………………… (154)
　　11.2.3　检修用接地开关(ES) ………………………………………………………… (155)
　　11.2.4　快速接地开关 ………………………………………………………………… (155)
　　11.2.5　隔离刀闸和地刀操作机构 …………………………………………………… (156)
　　11.2.6　母线(BUS) …………………………………………………………………… (156)
　　11.2.7　电流互感器(CT) ……………………………………………………………… (156)
　　11.2.8　电压互感器(PT) ……………………………………………………………… (157)
　　11.2.9　就地控制柜(LCP)及二次回路 ……………………………………………… (158)
　　11.2.10　500kV系统保护 ……………………………………………………………… (158)

第12章　厂用电系统 …………………………………………………………………… (160)

12.1　厂用电系统概述 ……………………………………………………………………… (160)
　　12.1.1　作用 …………………………………………………………………………… (160)
　　12.1.2　各电压等级介绍 ……………………………………………………………… (160)
　　12.1.3　厂用电系统图 ………………………………………………………………… (161)
　　12.1.4　设备参数 ……………………………………………………………………… (161)
12.2　设备组成及原理 ……………………………………………………………………… (172)
　　12.2.1　厂用电运行方式 ……………………………………………………………… (173)
　　12.2.2　备用电源自动投入装置 ……………………………………………………… (173)
　　12.2.3　厂用电保护 …………………………………………………………………… (174)

第13章　110kV中心变电站系统 ……………………………………………………… (177)

13.1　110kV中心变电站系统概述 ………………………………………………………… (177)
　　13.1.1　作用 …………………………………………………………………………… (178)
　　13.1.2　设备参数 ……………………………………………………………………… (178)
13.2　设备组成及原理 ……………………………………………………………………… (185)

13.2.1　110kV 中心变电站主变压器 …………………………………………………… (185)
　　13.2.2　110kV 中心变电站隔离开关、接地开关及电动操作机构 ……………………… (189)
　　13.2.3　110kV 中心变电站Ⅰ、Ⅱ段 35kV 复合外套无间隙金属氧化锌避雷器 ………… (190)
　　13.2.4　110kV 中心变电站断路器 …………………………………………………… (190)
　　13.2.5　110kV 中心变电站电流互感器 ……………………………………………… (197)
　　13.2.6　主变测控柜 …………………………………………………………………… (197)
　　13.2.7　主变保护柜 …………………………………………………………………… (200)
　　13.2.8　非电量保护 …………………………………………………………………… (201)
　　13.2.9　低频低压减载柜 ……………………………………………………………… (202)
　　13.2.10　10kV 综合保护柜 …………………………………………………………… (205)
　　13.2.11　10kV 综合柜 2 ……………………………………………………………… (207)
　　13.2.12　10kV 线路测控柜 …………………………………………………………… (211)
　　13.2.13　110kV 综合测控柜 ………………………………………………………… (212)
　　13.2.14　10kV 电度表柜 ……………………………………………………………… (213)
　　13.2.15　主变电度表柜 ………………………………………………………………… (214)
　　13.2.16　远动通信柜 …………………………………………………………………… (214)
　　13.2.17　故障录波 ……………………………………………………………………… (218)
　　13.2.18　一体化电源 …………………………………………………………………… (219)
　　13.2.19　通信系统电源 ………………………………………………………………… (220)

第 14 章　继电保护系统 ………………………………………………………………… (221)
14.1　继电保护系统概述 ……………………………………………………………… (221)
　　14.1.1　继电保护装置的作用 …………………………………………………………… (221)
　　14.1.2　继电保护装置的基本要求 ……………………………………………………… (221)
14.2　设备组成及原理 ………………………………………………………………… (221)
　　14.2.1　继电保护装置的组成 …………………………………………………………… (221)
　　14.2.2　保护原理 ……………………………………………………………………… (221)

第 15 章　计算机监控系统 ……………………………………………………………… (258)
15.1　计算机监控系统概述 …………………………………………………………… (258)
　　15.1.1　电站主控层 …………………………………………………………………… (258)
　　15.1.2　现地控制层（下位机）系统 …………………………………………………… (260)
15.2　设备组成及原理 ………………………………………………………………… (261)
　　15.2.1　监控系统控制流程 ……………………………………………………………… (262)
　　15.2.2　同期装置 ……………………………………………………………………… (271)
　　15.2.3　水淹厂房系统 …………………………………………………………………… (273)
　　15.2.4　自动发电控制（AGC）………………………………………………………… (275)
　　15.2.5　自动电压控制（AVC）………………………………………………………… (278)

第 16 章　励磁系统 ……………………………………………………………………… (281)
16.1　励磁系统概述 …………………………………………………………………… (281)
　　16.1.1　作用 …………………………………………………………………………… (281)
　　16.1.2　工作原理 ……………………………………………………………………… (283)
　　16.1.3　主要特点 ……………………………………………………………………… (284)
　　16.1.4　设备参数 ……………………………………………………………………… (284)
16.2　设备组成及原理 ………………………………………………………………… (284)
　　16.2.1　励磁变压器 …………………………………………………………………… (284)

16.2.2　励磁调节器 ……………………………………………………………………… (285)
　　16.2.3　功率柜 ………………………………………………………………………… (287)
　　16.2.4　灭磁开关 ……………………………………………………………………… (290)
　　16.2.5　电气制动 ……………………………………………………………………… (291)
　　16.2.6　起励单元 ……………………………………………………………………… (292)
　　16.2.7　灭磁及过电压保护 …………………………………………………………… (293)
　　16.2.8　电力系统稳定装置(PSS) …………………………………………………… (295)

第17章　静止变频器系统 …………………………………………………………………… (297)
17.1　静止变频器系统概述 ……………………………………………………………… (297)
　　17.1.1　作用 ……………………………………………………………………………… (297)
　　17.1.2　工作原理 ………………………………………………………………………… (297)
　　17.1.3　特点 ……………………………………………………………………………… (302)
　　17.1.4　设备参数 ………………………………………………………………………… (302)
17.2　设备组成及原理 …………………………………………………………………… (302)
　　17.2.1　功率部分 ………………………………………………………………………… (303)
　　17.2.2　控制部分 ………………………………………………………………………… (307)
　　17.2.3　保护部分 ………………………………………………………………………… (308)
　　17.2.4　电源部分 ………………………………………………………………………… (308)
　　17.2.5　SFC系统辅助单元 ……………………………………………………………… (308)

第18章　直流及UPS系统 ………………………………………………………………… (310)
18.1　直流及UPS系统概述 ……………………………………………………………… (310)
　　18.1.1　作用 ……………………………………………………………………………… (310)
　　18.1.2　工作原理 ………………………………………………………………………… (310)
　　18.1.3　特点 ……………………………………………………………………………… (311)
　　18.1.4　设备参数 ………………………………………………………………………… (311)
18.2　设备组成及原理 …………………………………………………………………… (317)
　　18.2.1　直流系统设备组成 ……………………………………………………………… (317)
　　18.2.2　UPS系统设备组成 ……………………………………………………………… (320)
　　18.2.3　设备原理 ………………………………………………………………………… (321)

第19章　调度自动化系统 …………………………………………………………………… (326)
19.1　调度自动化系统概述 ……………………………………………………………… (326)
19.2　设备组成及原理 …………………………………………………………………… (328)
　　19.2.1　光端机 …………………………………………………………………………… (328)
　　19.2.2　PCM ……………………………………………………………………………… (328)
　　19.2.3　电能计量装置 …………………………………………………………………… (330)
　　19.2.4　PMU ……………………………………………………………………………… (331)
　　19.2.5　网络安全监测装置 ……………………………………………………………… (332)
　　19.2.6　调度交换机 ……………………………………………………………………… (332)
　　19.2.7　通信电源系统 …………………………………………………………………… (333)

第20章　供排水系统 ………………………………………………………………………… (336)
20.1　供排水系统概述 …………………………………………………………………… (336)
　　20.1.1　作用 ……………………………………………………………………………… (336)
　　20.1.2　特点 ……………………………………………………………………………… (337)
　　20.1.3　设备参数 ………………………………………………………………………… (337)

20.2 设备组成及原理 …………………………………………………………………… (339)
 20.2.1 水淹厂房系统 ……………………………………………………………… (339)
 20.2.2 低压供水系统 ……………………………………………………………… (340)
 20.2.3 技术供水系统 ……………………………………………………………… (343)
 20.2.4 渗漏排水系统 ……………………………………………………………… (344)
 20.2.5 检修排水系统 ……………………………………………………………… (345)
 20.2.6 喷淋取水加压系统 ………………………………………………………… (346)
 20.2.7 压力钢管充水系统 ………………………………………………………… (348)

第 21 章 压缩空气系统

21.1 压缩空气系统概述 …………………………………………………………………… (349)
 21.1.1 主要作用 …………………………………………………………………… (349)
 21.1.2 用户特性 …………………………………………………………………… (349)
21.2 设备组成及原理 …………………………………………………………………… (349)
 21.2.1 高压气系统 ………………………………………………………………… (350)
 21.2.2 中压气系统 ………………………………………………………………… (353)
 21.2.3 低压气系统 ………………………………………………………………… (354)

第 22 章 安防及工业电视系统

22.1 概述 ………………………………………………………………………………… (356)
 22.1.1 作用 ………………………………………………………………………… (356)
 22.1.2 特点 ………………………………………………………………………… (357)
 22.1.3 主要设备参数 ……………………………………………………………… (357)
22.2 系统组成及原理 …………………………………………………………………… (379)
 22.2.1 视频监控系统 ……………………………………………………………… (379)
 22.2.2 出入口管控系统 …………………………………………………………… (380)
 22.2.3 一键报警系统 ……………………………………………………………… (382)
 22.2.4 广播系统 …………………………………………………………………… (382)
 22.2.5 网络安全设备 ……………………………………………………………… (383)
 22.2.6 门禁设备 …………………………………………………………………… (385)

第 23 章 消防系统

23.1 消防系统概述 ……………………………………………………………………… (387)
23.2 设备组成及原理 …………………………………………………………………… (388)
 23.2.1 火灾自动报警系统 ………………………………………………………… (388)
 23.2.2 联动控制设备 ……………………………………………………………… (394)
 23.2.3 消防水系统 ………………………………………………………………… (396)
 23.2.4 气体灭火系统 ……………………………………………………………… (401)
 23.2.5 超细干粉灭火系统 ………………………………………………………… (405)
 23.2.6 防排烟系统 ………………………………………………………………… (405)
 23.2.7 消防电话系统 ……………………………………………………………… (406)
 23.2.8 运行规定与注意事项 ……………………………………………………… (406)

第 24 章 电站起重设备

24.1 电站起重设备概述 ………………………………………………………………… (408)
 24.1.1 作用 ………………………………………………………………………… (408)
 24.1.2 工作原理 …………………………………………………………………… (408)
 24.1.3 特点 ………………………………………………………………………… (409)

24.1.4　设备参数 ·· (409)
　24.2　设备组成及原理 ·· (411)
　　24.2.1　250t/50t/10t 桥式起重机 ·· (411)
　　24.2.2　GIS 桥式起重机 ··· (412)
　　24.2.3　水车室环形吊车 ··· (413)
　　24.2.4　出线洞起重设备 ··· (413)

第 25 章　通风系统 ·· (414)
　25.1　通风系统概述 ·· (414)
　　25.1.1　作用 ·· (414)
　　25.1.2　工作原理 ·· (414)
　　25.1.3　特点 ·· (415)
　　25.1.4　设备参数 ·· (416)
　25.2　系统组成 ·· (424)
　　25.2.1　硬件组成 ·· (424)
　　25.2.2　通风系统的布置原则 ··· (424)
　　25.2.3　通风系统布置 ··· (424)
　　25.2.4　通风系统运行分类 ··· (428)

第 1 章

抽水蓄能概论

1.1 抽水蓄能电站的发展

国外抽水蓄能电站已有一百余年的发展历史,而我国直到 20 世纪 60 年代后期才开始开展相关研究。1968 年和 1973 年,我国先后建成岗南、密云两座小型混合式抽水蓄能电站,装机容量分别为 11MW 和 22MW。与欧美、日本等发达国家和地区相比,我国抽水蓄能电站的建设起步较晚。20 世纪 80 年代中后期,随着社会经济的快速发展,我国电网规模持续扩大。在华北、华东等以火电为主的电网中,由于水力资源匮乏,可供开发的水电项目有限,电网缺乏经济高效的调峰手段,调峰矛盾日益突出,缺电问题逐渐由电量不足转向调峰容量不足。在此背景下,建设抽水蓄能电站以提升火电主导型电网的调峰能力逐步提上日程。与此同时,随着电网经济运行要求的提高和电源结构的调整,部分以水电为主的电网企业也开始研究规划建设一定规模的抽水蓄能电站。为此,国家有关部门组织开展了全国范围内的抽水蓄能电站资源普查与规划选点工作,并制定了专项发展规划,推动我国抽水蓄能电站建设进入加速发展阶段。

随着我国新能源的大规模开发与利用,抽水蓄能电站的规划布局已从传统单一负荷中心导向,逐步发展为涵盖负荷中心、新能源基地、送电端及受电端的多元化配置格局。为适应新能源的快速发展,需加快推进抽水蓄能电站建设。作为重要的灵活性调节资源,抽水蓄能电站与风电场、核电场等具有良好的互补性,在电力系统中发挥着调峰、填谷、储能和备用等多重作用。

风电作为清洁可再生能源,是我国重点发展的战略性产业;核电作为低碳高效能源,是国家积极推进的基荷电源。风电与核电的规模化发展,对优化我国能源结构、实现绿色低碳转型具有重要作用。然而,风能具有随机性、间歇性特征,风电出力波动较大,难以提供持续稳定的功率输出,其发电可控性与可调度性相对不足。风电并网后,这一特性给电力系统的实时功率平衡与安全稳定运行带来挑战。抽水蓄能电站既具备常规水电站调节灵活、响应迅速等优势,也具有能量时移特性,可有效平抑风电出力波动,改善系统频率调节能力,为高比例新能源电力系统提供关键灵活性支撑。

核电机组具有运行成本低、环境污染小的优势。然而,核电机组使用的核燃料具有潜在安全风险,一旦发生泄漏事故,可能对周边环境造成严重影响;此外,核电机组单机容量通常较大,若发生非计划停机,可能对区域电网造成显著功率缺额,甚至影响电网稳定运行。为此,可配套建设抽水蓄能电站来优化核电运行:一方面,抽水蓄能电站能够调节核电出力,提高核燃料利用率;另一方面,这种配合运行模式不仅有利于乏燃料处理,还能有效降低核电的整体发电成本。

抽水蓄能电站是目前电力系统中调节性能优异、全生命周期成本效益突出、单机容量可达 300MW 以上的大规模储能设施,作为长时储能解决方案,其在新型电力系统构建中发挥着调峰填谷、调频调相、事故备用和新能源消纳等关键作用。配套建设抽水蓄能电站,能够有效降低核电机组的调频运行压力,减少设备机械磨损,从而延长机组使用寿命;同时可显著平抑风电场并网带来的功率波动,改善电网频率稳定性,提升新能源消纳比例和系统运行安全水平。

1.2 抽水蓄能电站的分类

1.2.1 按电站有无天然径流分

(1)纯抽水蓄能电站:通常没有或仅有少量天然来水补充上水库(主要用于弥补蒸发和渗漏损失)。作为能量载体,水体的总量基本保持恒定,水体仅在一个运行周期内在上、下水库之间循环利用。电站厂房内全部安装抽水蓄能机组,主要功能为调峰填谷、承担系统事故备用等,一般不承担常规发电和综合利用任务。

(2)混合式抽水蓄能电站:一种兼具常规水电与抽水蓄能功能的水电站。其上水库有天然径流汇入,且来水流量足以满足安装常规水轮发电机组的容量需求,使其能够承担系统基荷。因此,电站厂房内同时配置两种机组:常规水轮发电机组和抽水蓄能机组。相应地,电站的发电量由两部分组成:抽水蓄能发电量和常规径流发电量。这类电站不仅具备调峰填谷、事故备用等抽水蓄能功能,还具有常规水电站的发电能力,并可实现水资源综合利用等功能。

1.2.2 按水库调节性能分

(1)日调节抽水蓄能电站:以 24 小时为完整运行周期的抽水蓄能电站。其蓄能机组每日参与一次(夜间)或两次(日间和夜间)系统调峰运行。在完成晚高峰发电后,上水库水位降至死水位,下水库则蓄至正常蓄水位;随后在夜间负荷低谷时段,利用系统富余电能进行抽水蓄能,至次日清晨上水库恢复至正常蓄水位,下水库水位则降至死水位。纯抽水蓄能电站大多为日调节抽水蓄能电站。

(2)周调节抽水蓄能电站:以 7 天为完整运行周期的抽水蓄能电站。在工作日,抽水蓄能机组按照日调节模式运行,但日发电用水量大于抽水蓄水量,导致上水库水位持续下降;至周五晚间,上水库水位降至死水位。在周末系统负荷低谷时段,充分利用电网富余电能进行集中抽水蓄能,至周一早高峰前将上水库蓄至正常蓄水位。我国首座周调节抽水蓄能电站是福建仙游抽水蓄能电站。

(3)季调节抽水蓄能电站:一种以年为运行周期的抽水蓄能系统。在汛期,将水力发电站必须弃泄的季节性富余水量,通过抽水蓄能机组抽至上水库存储起来;在枯水期,将存储的水量释放发电,以补偿天然径流量的不足。这类电站绝大多数为混合式抽水蓄能电站。

1.2.3 按站内安装的抽水蓄能机组类型分

(1)四机分置式抽水蓄能电站:采用独立配置的水泵机组(水泵+电动机)和水轮发电机组(水轮机+发电机)。目前已淘汰。

(2)三机串联式抽水蓄能电站:由水泵、水轮机及可逆式发电电动机通过联轴器同轴连接构成。按布置方式,三机串联式可分为卧轴式和立轴式两种。

(3)二机可逆式抽水蓄能电站:机组由可逆式水泵水轮机与发电电动机组成。该结构现为行业主流配置。

1.2.4 按厂房布置位置分

(1)首部式布置抽水蓄能电站:厂房布置在输水系统进水口段(上游侧)。
(2)中部式布置抽水蓄能电站:厂房布置在输水系统中段位置。
(3)尾部式布置抽水蓄能电站:厂房布置在输水系统末端(下游侧)。

1.3 抽水蓄能电站的功能

(1)发电功能。常规水电站以发电为主要功能。抽水蓄能电站本身不具备电能生产能力,其作用是将电网低谷时段的富余电能通过抽水转换为水的势能并存储于上水库,在电力系统需要时通过放水发电。抽水蓄能电站实现的是电能的时间转移,经过抽水蓄能和发电两个能量转换过程,其综合循环效率约为 75%。

(2)调峰功能。具备日调节及以上调节能力的常规水电站通常在负荷低谷时段(夜间)停止发电,将水量蓄存于水库，待负荷高峰时段集中发电。抽水蓄能电站则利用电网低谷时段的富余电能进行抽水蓄能，将水抽至上水库储存，在负荷高峰时段放水发电。因此，抽水蓄能电站在抽水工况时相当于电力系统的"用电大户"，其作用是将日负荷曲线的低谷填平。

（3）调频功能。常规水电站和抽水蓄能电站均具备参与电力系统频率调节的能力，但在负荷响应速率和调频容量调节范围方面，抽水蓄能电站更具优势。抽水蓄能电站在设计阶段就重点考虑了机组的快速起动特性和负荷动态跟踪性能。

（4）调相功能。调相运行可以维持电网电压稳定，包括发出无功功率的调相运行和吸收无功功率的进相运行两种模式。常规水电站发电机的额定功率因数通常为 0.85～0.9，机组可通过降低功率因数运行来增加无功功率输出，实现调相功能。抽水蓄能机组具有更强的调相能力，无论是在发电工况还是抽水工况下，均可实现调相和进相运行，且支持水泵和水轮机两种旋转方向的调相运行，运行方式更为灵活。

（5）事故备用功能。具备较大调节库容的水电站均具有承担电力系统事故备用的能力。

（6）黑起动功能。机组具备在全系统停电条件下不依赖外部电源即可快速起动的能力。

1.4 抽水蓄能电站的工作原理

电力的生产、输送和使用是同步进行的，且通常无法大规模储存，而电力负荷需求却呈现动态变化。在日负荷曲线中，白天和前半夜的负荷需求较高，形成用电高峰；下半夜负荷则显著下降，低谷负荷有时仅为高峰负荷的 50% 甚至更低。这种负荷特性要求发电机组在高峰时段满负荷运行，在低谷时段降低出力，部分机组甚至需要临时停运。为适应电力需求的波动，电力系统需通过调度控制手段实现发电与用电的实时平衡。

抽水蓄能电站是为解决电网峰谷供需矛盾而发展的一种电能间接存储方式。其工作原理是利用电网低谷时段的富余电能驱动水泵，将下水库的水抽至上水库储存；在电网高峰时段，通过放水发电将势能转化为电能，水返回下水库。尽管能量转换过程存在一定损耗，但与增建燃煤机组以满足高峰负荷、在低谷时段压负荷或停机相比，抽水蓄能电站在经济性和运行效率上更具优势。此外，抽水蓄能电站还具备调频、调相及事故备用等动态调节功能。因此，抽水蓄能电站既是电源点，又是负荷用户；既是电网调度的重要工具，也是保障电网安全、经济运行和稳定供电的关键设施。抽水蓄能电站具有发电和抽水两种基本运行模式，并可在两种模式之间实现多种工况转换。

抽水蓄能电站能量转换示意图如图 1-1 所示，原理图如图 1-2 所示。

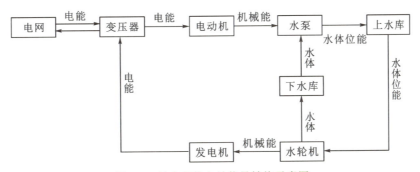

图 1-1　抽水蓄能电站能量转换示意图

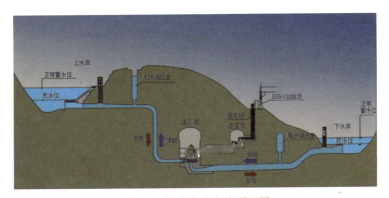

图 1-2　抽水蓄能电站原理图

第 2 章

水工建筑物

2.1 水工建筑物概述

2.1.1 概况

电站枢纽主要由上水库、输水系统、地下厂房及开关站、下水库组成，工程等别为一等大(1)型工程。上水库挡水建筑物、输水系统、地下厂房系统、下水库挡水建筑物和泄水建筑物等主要永久性水工建筑物均按1级建筑物标准设计。

呼蓄电站（内蒙古呼和浩特抽水蓄能电站的简称）大坝安全监测系统与电站主体工程同步设计、同步施工，并于2015年随电站投产运行同步投入使用。呼蓄电站安全监测项目涵盖变形监测、渗流渗压监测、环境量监测、应力应变监测和温度监测，配置的监测仪器包括渗压计、土体位移计、钢板计、锚索测力计、量水堰、温度计、正倒垂仪、引张线式水平位移计等，传感器类型涉及振弦式、差阻式、光电式以及光纤光栅式。全站共布设监测点3192个，其中上水库522个，地下厂房1035个，下水库757个，水道系统825个，泄洪排沙洞53个。

2.1.2 工程特性表

水工建筑物的工程特性表如表2-1所示。

表 2-1 工程特性表

	项 目	单位	指 标
上水库	水库特性		
	正常蓄水位	m	1940.00
	设计洪水位($P=0.5\%$)	m	1940.341
	校核洪水位($P=0.1\%$)	m	1940.457
	死水位	m	1903.00
	总库容/正常蓄水位以下库容	$\times 10^4 \text{m}^3$	690.02/679.72
	调节库容	$\times 10^4 \text{m}^3$	637.73
	死库容	$\times 10^4 \text{m}^3$	41.99
	工作水深	m	37.0
	坝型		沥青混凝土面板堆石坝
	库(坝)顶高程	m	1943.00
	库岸线总长度	m	1818.37
	坝顶长度	m	1266.37
	坝高(坝轴线处/坝顶—坝踵/坝顶—坝趾)	m	69.85/43.90/95.20
	库顶宽度/坝顶宽度	m	10.0/9.2
	库(坝)内侧坡/坝下游坡		1∶1.75/1∶1.6

续表

项　目			单位	指　标
下水库	水库特性	正常蓄水位	m	1400.00
		设计洪水位($P=0.5\%$)	m	1400.286
		校核洪水位($P=0.1\%$)	m	1400.377
		死水位	m	1355.00
		总库容/正常蓄水位以下库容	$\times 10^4 \text{m}^3$	733.91/726.89
		调节库容	$\times 10^4 \text{m}^3$	666.1
		死库容	$\times 10^4 \text{m}^3$	69.56
		工作水深	m	45.0
	拦河坝	坝型		碾压混凝土重力坝
		坝顶高程	m	1401.00
		最大坝高	m	73.0
		坝顶长度	m	236.0
		上游坡比		上部直立,下部1:0.1
		下游坡比		1:0.7
		泄洪放空钢管内径/条数		0.4m/5条
	拦沙坝	坝型		碾压混凝土重力坝
		坝顶高程	m	1401.00
		最大坝高	m	58.0
		坝顶长度	m	200.0
		上/下游坡比		1:0.5
		补水钢管内径/条数		0.7m/2条
泄洪排沙洞		设计洪水位/相应下泄流量		1400.00m/764.5m³/s
		压力短管塔式进口底板高程	m	1380.00
		工作闸门孔口尺寸	m²	7.0(宽)×8.0(高)
		事故检修闸门孔口尺寸	m²	7.0(宽)×9.0(高)
		进水塔段长度	m	27.317
		无压段洞形		城门洞形
		无压段隧洞底坡		4.14%
		无压段隧洞断面尺寸	m²	7.0(宽)×9.5(高)
		无压段隧洞长度	m	525.437
		出口底板高程	m	1358.00
		出口消能方式		挑流消能
拦沙库		设计/校核洪水位	m	1400.00
		正常补水水位	m	1400.00
		淤积50年后库容	$\times 10^4 \text{m}^3$	233
		入库含沙量(考虑哈拉沁水库拦沙)	$\times 10^4 \text{t}$	3.42

2.2　水工建筑物组成

2.2.1　上水库

上水库位于料木山顶峰的东北侧,建筑物主要由沥青混凝土面板堆石坝、库盆和排水系统组成(见图 2-1,平面布置图见图 2-2)。正常蓄水位 1940.00m,死水位 1903.00m,设计洪水位($P=0.5\%$)1940.341m,校核洪水位($P=0.1\%$)1940.457m。总库容 690.02 万立方米,正常蓄水位以下库容 679.72 万立方米,调节库容 637.73 万立方米。库(坝)顶高程为 1943.00m,库顶宽度为 10.0m,库岸线总长度 1818.37m,坝顶长度 1266.37m。全库盆采用沥青混凝土面板防渗,防渗总面积 24.48 万平方米,库底设有排水检查廊道,总长 3056.35m。

上水库堆石坝坝体填筑分区自上游向下游依次为：排水垫层区（2A区）、过渡层区（3A区）、主堆石区（3B区）、下游堆石区（3C区）和下游干砌石护坡区（3D区）。

图 2-1 上水库

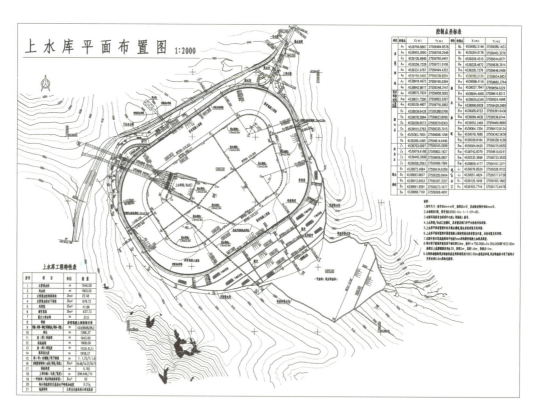

图 2-2 高清图

图 2-2 上水库平面布置图

2.2.2 水道系统

水道系统主要建筑物包括上水库进/出水口、引水调压室、引水隧洞、高压管道、尾水隧洞、尾水调压室（或尾水闸门室）和下水库进/出水口。水道系统总长度为2244.5m。

上水库共设置两个岸边侧式进/出水口，单个进/出水口长度为64.0m。在进/出水口后方的山体内部，两条引水管道各设有一座引水事故闸门井。引水隧洞长658.54m，采用钢筋混凝土衬砌结构，隧洞内径6.0m。每条引水隧洞末端设置一座阻抗式调压井，调压井为圆形竖井结构，内径9.0m，采用半地下式布置,总高度86.0m(其中地下部分高度76.0m,地上部分高度10.0m),采用钢筋混凝土衬砌结构。高压管道采用地下埋藏式斜井布置形式,斜井轴线与水平面夹角为50°,由主管、岔管和支管组成,采用钢板衬砌结构,总长度1116.71m,管道内径由5.2m渐变为4.4m,最终过渡至3.1m。

压力管道的中平段和下平段均设有排水廊道,其断面尺寸为2.8m(宽)×3.0m(高)。中平段排水廊道总长度为1363.22m,与中部施工支洞相连接;下平段排水廊道总长度为856.76m,与厂房上层排水廊道相连接。

引水系统中支洞作为施工通道,用于压力管道上斜井段、下斜井段、中平段的开挖支护、钢管衬砌及混凝土回填施工。中支洞主洞断面尺寸为7.5m(宽)×7.0m(高),全长1010m,在桩号820m处分岔形成中支洞岔洞,岔洞断面尺寸7.5m(宽)×7.0m(高),长度218m。中支洞主洞与♯1高压管道中平段相连接,中支洞岔洞与♯2高压管道中平段相连接,连接处均设有压力管道中平段进人孔。

尾水隧洞总长469.23m,隧洞内径4.6m,厂房尾水管出口至下水库防渗帷幕段采用钢板衬砌,其余区段采用钢筋混凝土衬砌。四条尾水隧洞各设置一扇尾水事故闸门。下水库共设置四个岸边侧式进/出水口,单个进/出水口长度59.3m;尾水事故闸门和检修闸门井与进/出水口相邻布置。水道系统相关图纸见图2-3至图2-5。

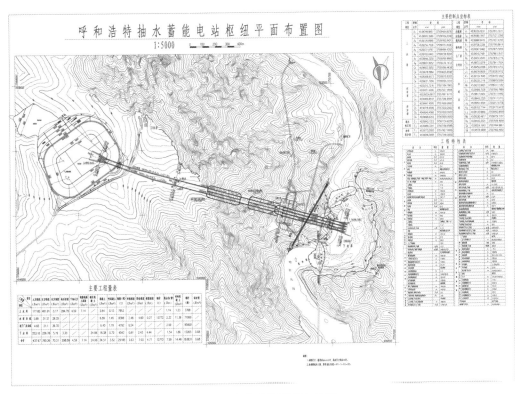

图2-3 水道系统平面布置图

图2-3 高清图

2.2.2.1 上水库进/出水口

上水库设置两个岸边侧式进/出水口,两口中线间距27.0m,底板高程1886.00m,由进/出水口段、隧洞段和闸门井段组成,进/出水口前沿设有前池。前池沿水流方向的水平投影长度为76.0m,底板高程为1884.00m,其中直立段长度12.0m,其余部分以1:4的底坡与库底平顺衔接;两侧翼墙坡度1:0.3。

进/出水口段采用矩形箱式混凝土结构,由防涡梁段、调整段和扩散段组成。结构断面高度为9.0m,宽度为18.8m,长度为58.0m。每孔设置三个分流墩,将进/出水口分隔为四孔,设计过栅流速1.0m/s。分流墩起始段采用等宽布置,单孔净宽4.7m;末端按中孔与边孔面积比0.22:0.28渐变过渡,分流墩厚1.4m,首部采用半圆形结构,末端为流线型设计。防涡梁段长9.05m,顶部设置三道防涡梁(断面尺寸为1.3m×2.0m,梁间净距1.2m),用于抑制水面漩涡。调整段长度13.95m,过流断面与防涡梁段保持一致,确保竖向流速均匀分布。扩散段长度35.0m,采用水平扩散角29.42°和竖向扩散角5.0°的渐变设计。每孔设置一道拦污栅,栅体安装平台高程1900.00m,与库底直接衔接。拦污栅的检修与水库放空检修同步实施,采用临时起吊设备进行操作,不设置永久起吊装置。

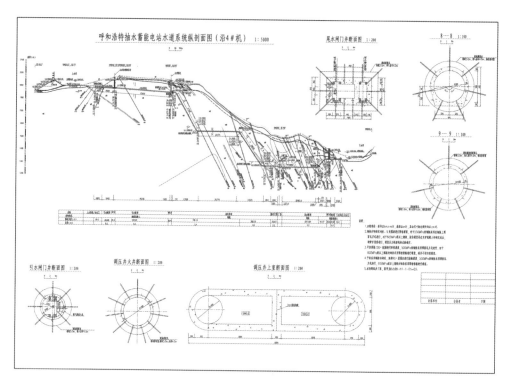

图 2-4 高清图　　　　图 2-4　水道系统纵剖面图(沿#4机组)

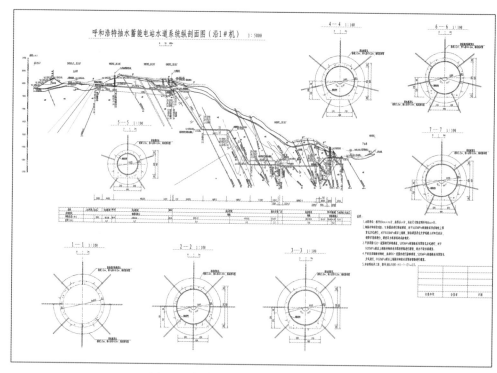

图 2-5 高清图　　　　图 2-5　水道系统纵剖面图(沿#1机组)

隧洞段由上游渐变段、圆形洞身段和下游渐变段组成。上游渐变段的断面从 6.2m×6.2m(宽×高)的矩形渐变至直径 6.2m 的圆形,渐变长度 10.0m。圆形洞身段内径 6.2m,长度 92.73m,纵坡 5.219%,采用钢筋混凝土衬砌结构。下游渐变段的断面从直径 6.2m 的圆形渐变至 4.9m(宽)×6.2m(高)的矩形,渐变长度 10.0m,末端与闸门井段衔接。

闸门井段总长度 8.54m,井座内腔断面尺寸为 4.9m(宽)×6.2m(高),衬砌厚度 1.7m。井身采用圆形断面,开挖直径 8.54m,井体总高度为 60.0m,井壁采用 0.8m 厚钢筋混凝土衬砌结构。引水事故闸门井操作平台高程为 1947.00m,高出环库公路 4.0m,设有一条公路通至闸门井平台。平台上部设置启闭机排架结构,启闭机平台顶高程为 1960.70m,配置两台固定卷扬式启闭机,单机启闭容量为 3200kN。

2.2.2.2 下水库进/出水口

下水库进/出水口与拦河坝的水平距离为180m，与拦沙坝的水平距离为250m。尾水隧洞采用"一洞一机"的布置方式，共设置四个进/出水口。四个进/出水口中轴线间距依次为22.0m、23.0m、22.0m，采用平行并列布置形式。

下水库进/出水口采用岸边侧式布置形式，底板高程1338.00m，由闸门塔段和进/出水口段组成，进/出水口末端设前池。

闸门塔段总长度7.5m，塔座结构内腔标准断面尺寸4.8m(宽)×4.8m(高)，边墙衬砌厚度1.6m，底板衬砌厚度2.0m。进水塔塔身外轮廓最大断面尺寸7.5m(宽)×9.2m(高)，内壁最大孔口尺寸2.7m(宽)×6.0m(高)，上游侧设置两个直径1.0m的通气孔。塔体总高度56.2m，为提高结构抗震性能，在1355.00m高程以下的井座两侧空间采用素混凝土整体回填。

进/出水口段采用整体式箱形混凝土结构，由方形段、扩散段、调整段和防涡梁段组成。各结构单元均采用钢筋混凝土结构。

方形段长度3.0m，断面尺寸为5.0m(宽)×5.0m(高)。扩散段采用整体式箱形混凝土结构，总长度28.0m，水平扩散角23.62°，竖向扩散角4.99°。结构进口断面尺寸为4.8m(宽)×4.8m(高)，出口断面尺寸为12.0m(宽)×7.0m(高)。段内设置两道分流墩，将过流断面分隔为三孔。分流墩起始段采用等宽布置，单孔净宽4.0m；近窄口处按流道面积比0.35：0.3：0.35渐变过渡，分流墩厚度1.4m，首部采用半圆形结构，末端为流线型设计。调整段长度8.45m，布置于扩散段下游侧，用于均匀流速分布。防涡梁段长度9.05m，顶部设置三道防涡梁，断面1.3m(宽)×2.0m(高)，梁间净距1.2m，用于抑制水面漩涡。每孔设置一道拦污栅，设计过栅流速1.0m/s，栅体安装平台高程1357.00m，平台宽度10.0m，通过5.6m宽连接平台与岸坡衔接。拦污栅检修采用临时起吊设备，可通过门机副钩吊运至检修平台。

前池布置于下水库进/出水口末端，底板高程1340.00m。前池结构由直立段和斜坡段组成：直立段长度20.0m；斜坡段长度约40.0m，采用1：4底坡和1：0.3侧墙坡度设计。全段采用0.5m厚钢筋混凝土面板衬护，以有效降低水力损失。

2.2.2.3 引水调压室

引水调压室采用带阻抗孔和上室结构的布置形式，位于引水隧洞末端，为半地下式结构。调压室由地下竖井和地面式上室组成：竖井采用圆形断面，内径9.0m，钢筋混凝土衬砌厚度0.8m，顶部高程1940.00m，底部与引水隧洞连接处高程1865.28m，阻抗孔直径4.3m；上室为矩形钢筋混凝土结构，断面尺寸25.5m(长)×9.0m(宽)，边墙厚度2.0m，隔墙厚度3.0m，底板高程1940.00m，顶板高程1950.90m。

2.2.2.4 引水隧洞

引水系统采用"一洞双机"布置方式，共设置两条平行布置的引水隧洞。#1引水隧洞长度587.29m，#2引水隧洞长度583.06m，两条隧洞内径均为6.2m，纵坡分别为5.056%和5.092%。发电工况断面流速为4.41m/s，抽水工况断面流速为3.7m/s，全段采用钢筋混凝土衬砌结构。

在距上水库进/出水口约107m处，每条引水隧洞各设置一座引水事故闸门井。隧洞末端各布置一座带上室的阻抗式调压井。

2.2.2.5 高压管道

高压管道系统采用"一管双机"布置方式，由高压主管、Y形岔管和高压支管组成，全段采用钢板衬砌结构。

高压管道系统共设置两条平行布置的高压主管，单条主管全长1068.19m，平面走向NW285°，立面采用地下埋藏式斜井布置，斜井轴线与水平面夹角50°。中平段中心高程1550.00m，主管管径由5.4m渐缩至4.6m。上斜井及中平段管径5.4m，设计流速5.81m/s，采用最大厚度50mm的600MPa级钢板衬砌，其中#1主管该段长度574.66m(含中平段109.3m)，#2主管该段长度614.66m(含中平段149.3m)。下斜井及下平段管径4.6m，设计流速8.0m/s，采用最大厚度56mm的800MPa级钢板衬砌，其中#1机组对应段长493.53m(含下平段142.87m)，#2机组对应段长453.53m(含下平段102.87m)。钢衬结构外围均采用0.6m厚混凝土回填支护。

高压岔管布置于距厂房上游边墙 50.0m 处,采用对称"Y"形内加强月牙肋型钢岔管结构。岔管设计参数如下:分岔角 70°,公切球直径 5.2m,中心高程 1280.00m。岔管主体采用最大厚度 80mm 的钢板制作,肋板厚度 180mm,均选用高强度钢材以满足结构受力要求。

高压岔管将每条高压主管分流为两条高压支管,高压支管设计参数如下:内径 3.2m,长度 66.97m,断面平均流速 8.27m/s。四条高压支管平行布置,走向 NW285°,垂直进入厂房。结构设计分为以下三个区段:

(1)岔管至厂房上游边墙 20m 范围:围岩分担率控制在 15% 以内。

(2)距厂房 20m 范围内:按不考虑围岩分担的地下埋管设计。

(3)厂房内部段:按明管设计,采用最大厚度 48mm 的 800MPa 级钢衬,外围设置 0.6m 厚混凝土回填层。

厂房前设置 8.0m 长渐缩管,管径由 3.2m 渐缩至 2.2m。

2.2.2.6 尾水隧洞

尾水系统采用"一洞一机"布置方式,共设置四条平行布置的尾水隧洞,洞线走向 NW285°。单条尾水隧洞设计参数如下:总长度 479.31m,内径 5.0m;发电工况断面平均流速 3.39m/s,抽水工况断面平均流速 2.85m/s。每条隧洞均设置斜井段,布置于靠近下水库进/出水口侧,斜井角度 50°。厂房尾水管出口至下游防渗帷幕段采用钢板衬砌,最大厚度 26mm(材质 500MPa 级);其余区段采用钢筋混凝土衬砌结构。

2.2.3 下水库

下水库由拦河坝和拦沙坝围筑而成,主要泄洪排沙设施及进/出水口建筑物均布置于左岸。

下水库拦沙坝和拦河坝的坝顶高程根据下水库设计洪水标准(考虑库区降雨形成的洪水)经坝顶超高计算确定,坝顶设置 1.2m 高防浪墙。左岸泄洪排沙系统采用有压短管进口接明流隧洞的布置形式,设计标准为宣泄拦沙坝址 2000 年一遇洪水,确保拦沙库来水和泥沙不进入下水库库区。

下水库正常蓄水位 1400.00m,死水位 1355.00m,设计洪水位(P=0.5%)1400.286m,校核洪水位(P=0.1%)1400.377m,总库容 733.91 万立方米,正常蓄水位以下库容 726.89 万立方米,调节库容 666.1 万立方米,死库容 69.56 万立方米。拦沙坝和拦河坝均采用碾压混凝土重力坝结构,坝顶高程 1401.00m,坝顶宽度 6.0m。拦沙坝最大坝高 58.0m,上、下游坡比均为 1:0.5,坝顶长度 200.0m;拦河坝最大坝高 73.0m,上游坝坡上部直立,下部坡比为 1:0.1,下游坡比为 1:0.7,坝顶长度 236.0m。工程区地震基本烈度为Ⅶ度。拦沙坝内设 2 根 DN700(外径 720mm,壁厚 10mm)补水钢管,中心线斜长 19.83m,进/出口高程分别为 1385.5m 和 1385.3m,纵坡 1%。拦河坝内设 5 根 DN400(外径 426mm,壁厚 10mm)泄洪放空钢管,中心线长 32.2m,中心高程为 1366.0m。泄洪排沙洞进水塔右侧埋设 φ530mm(壁厚 10.0mm)旁通管,中心高程 1382.00m;下游接至泄洪排沙洞弧形工作闸门后(出口中心高程 1380.40m,洞底板顶高程 1379.948m),钢管中心线长 21.033m。

为有效防止下水库泥沙对水轮发电机组造成磨损,库区采用全封闭式防沙设计体系,主要采取以下工程措施:对库区固体径流实施系统防治;全面清理右岸库坡表面不稳定覆盖层;彻底清除库盆内高程 1340.00m 以上的河床覆盖沉积物。

为满足下水库补水需求,在拦沙坝坝体设置自流式补水钢管系统。当下水库需放空检修时,采用以下排水方案:在拦河坝上游侧布置潜水泵组,通过预埋在拦河坝内的放空钢管系统将库水排至下游河道。(见图 2-6 和图 2-7)

图 2-6 下水库

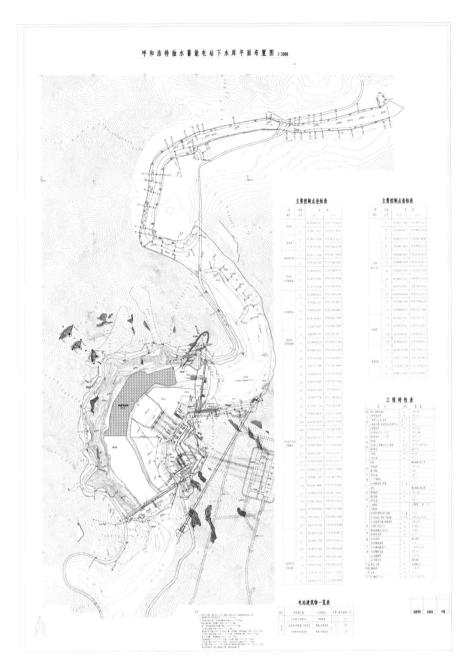

图 2-7　下水库平面布置图　　　　　　　　　图 2-7 高清图

2.2.3.1　拦沙坝

拦沙坝布置于拦河坝上游约 740m 处,采用碾压混凝土重力坝结构,坝轴线方位 NE0°。其主要作用为挡水拦沙,其设计标准为确保拦截上游来沙及抵御 2000 年一遇非常运用洪水,有效防止泥沙和洪水进入下水库库区。

拦沙坝采用非溢流坝段设计,左、右岸低坝段为常规混凝土重力坝,主体坝段采用"金包银"式碾压混凝土重力坝结构。坝顶高程 1401.00m,顶宽 5.0m,下游侧设防浪墙(顶高程 1402.20m),上游侧设防护栏杆(同高程)。坝基坐落于片麻状黑云母花岗岩弱风化中部岩体,建基面高程 1344.00m,最大坝高 57.0m,对应坝底宽度 56.0m。经稳定计算确定双向挡水坝坡均为 1∶0.5,起坡点高程 1395.00m。坝顶长度 228.0m,不设纵缝,共设 12 道横缝(右岸端部 2 个坝段间距 15.0m,其余 22.0m)。坝体上下游常态混凝土防渗层后设竖向排水管,坝基实施固结灌浆(陡坡段加设接触灌浆),布置上下游防渗帷幕及排水孔幕,配套完整抽排系统。坝内设置上下两层廊道网络(含交通竖井和电梯井)以满足灌浆、监测和交通需求,河床中部设 DN700 补水钢管(电动蝶阀控制)。

拦沙坝监测布置图如图 2-8 所示。

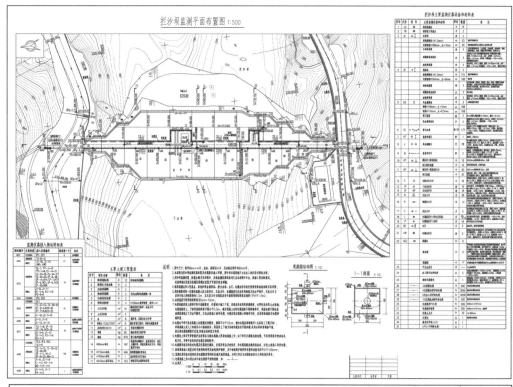

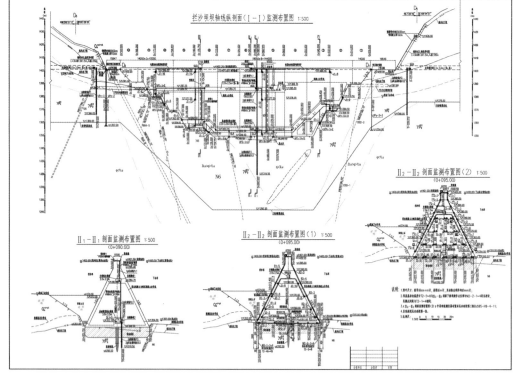

图 2-8 拦沙坝监测布置图

图 2-8 高清图

拦沙坝坝体内设置双层廊道系统：下层为基础帷幕灌浆兼排水廊道，断面尺寸 3.0m（宽）×4.0m（高），在坝体上、下游侧各布置一条，河床坝段廊道底板高程 1346.00m，沿两岸坝肩逐渐抬升；上层为排水兼交通廊道，断面尺寸 2.0m（宽）×2.5m（高），布置于坝轴线位置，廊道底板高程 1388.50m。各层廊道距坝体上游面或下游面的最小净距均不小于 4.0m，确保结构安全。

坝体上、下游缝面采用两道"}"形铜片止水系统：第一道止水距上游面 40～50cm，两道止水中心间距 50cm。止水铜片规格为厚度 1.2mm、展开宽度 50cm。所有止水与坝基连接处均设置深 50cm 的止水槽，确保止水片嵌入新鲜岩面以下50cm，并采用沥青砂浆封闭。

在坝体上、下游常态防渗混凝土层后方设置竖向排水系统，采用内径15cm的排水管，按3.0m间距均匀布置。渗流水经排水管收集后，通过各层排水廊道的排水沟网汇流至集水井，最终由排水泵站抽排至下水库。

电站充水、补水水源取自下水库上游约2.6km处的哈拉沁水库，其总库容为6730万立方米，死库容为1300万立方米，调节库容为1986万立方米，具有多年调节能力，可以调蓄哈拉沁沟的径流。

下水库补水措施是在拦沙坝坝体内埋管自流补水。在拦沙坝坝体内水平埋设一根钢管，钢管内径为1.0m，壁厚为16mm，钢管中心线高程为1385.50m，钢管长为14.5m。在管道中间部位设置两道电动蝶阀，阀门操作室长4.0m、宽4.0m、高3.5m。为方便维修，还在上层廊道布置了设备吊物孔，其尺寸为1.5m×2.0m。

2.2.3.2 拦河坝

拦河坝采用碾压混凝土重力坝坝型，坝轴线方位NE57.5°。其主要作用为挡水，与拦沙坝联合围筑形成电站下水库。

拦河坝全为非溢流坝段，除左、右岸部分高度较小的坝段为常规混凝土重力坝外，其余坝段为碾压混凝土重力坝，采用"金包银"方式修筑。坝顶高程为1401.00m，坝顶宽度为5.0m，在坝顶上游设置防浪墙，下游设置栏杆，防浪墙和栏杆顶高程均为1402.20m。拦河坝河床坝基坐落在片麻状黑云母花岗岩弱风化中部，建基高程1332.00m，最大坝高69.0m，对应坝底宽51.4m，坝坡根据挡水情况经稳定应力计算确定，上游坝坡上部直立，下部为1：0.1，起坡点高程为1355.00m；下游坝坡为1：0.7，起坡点高程为1395.00m。坝顶长264.0m，坝体不设纵缝，共分14个坝段，横缝间距采用22.0m。拦河坝在上游常态防渗混凝土后设竖向排水管，坝基进行固结灌浆，陡坡部位还进行接触灌浆，坝基上、下游设防渗帷幕，并在防渗帷幕后及坝基中间位置设排水孔，坝基设置完全抽排系统。

坝体内设置双层廊道，下层为基础帷幕灌浆兼排水廊道，尺寸为3.0m×4.0m，上、下游各布设一条，距坝面的最小距离为4.0m，河床坝段布置在1334.00m高程处，廊道沿两岸坝肩抬升。上层为排水兼交通廊道，布置高程为1386.50m，尺寸为2.0m×2.5m，距上游坝面的最小距离为4.0m。各层廊道间通过廊道或竖井互相连通。#4和#10坝段的廊道设有通向下游坝面的出口，出口高程1363.00m，高于下游校核洪水位1361.77m。拦河坝布置图如图2-9所示。

在上游常态防渗混凝土后设置竖向排水管，排水管内径为15cm，间距为3.0m。渗入排水管的水可汇集到各层排水廊道内，经排水沟汇入集水井，再用水泵抽排至下水库。

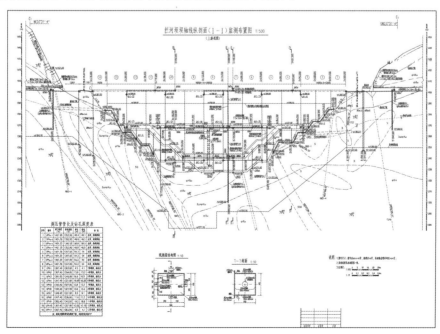

图2-9　拦河坝布置图

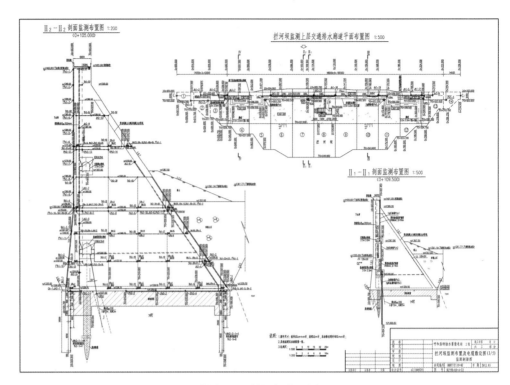

图 2-9 高清图　　　　　　　　　　　　续图 2-9　拦河坝布置图

2.2.3.3　下水库放空设施

下水库库盆未设防渗衬护,考虑进/出水口、库岸检修,以及库内排洪清淤,需设放空设施。为减少下水库放空后补水和放空建筑物尺寸,将调节库容放在上水库,只需放空死库容,按放空时间为 7 天设计。在拦河坝♯7 坝段中间 1362.20m 高程处预埋 5 根放空钢管,钢管直径 40cm,壁厚 10mm,间距 2.5m。采用两道闸阀控制,放空阀操作室在中层交通兼排水廊道下游局部扩宽,长 16.0m,宽 4.0,高 2.5m。当下水库需要放空时,可临时租用汽车吊或采取其他措施将潜水泵放入下水库,将潜水泵软管与坝体预埋钢管连接牢固,使库水通过坝体钢管排往下游。

2.2.3.4　泄洪排沙洞

泄洪排沙洞为 1 级建筑物,为确保洪水回水不淹哈拉沁水库挡水坝坝脚,正常运用洪水标准为 2000 年一遇,其洪峰流量为 737m³/s,消能防冲正常运用洪水标准为 100 年一遇。泄洪排沙洞具有放空拦沙库及泄洪拉沙功能。

根据拦沙库运用要求,考虑到泄洪隧洞洞线长、流速高、属急流陡坡等特点,为避免出现明满流过渡段,采用有压短进口接明流泄洪隧洞的形式,由引渠、进水塔、明流隧洞、挑坎段和出水渠组成。

进水塔前布置引渠,引渠宽 10.7m,底板以 1∶3 放坡与原河床相接,左岸护坡长 10.0m,顶高程 1391.00～1387.667m,从进水塔前直立渐变为 1∶0.3。

事故平板门孔口尺寸为 7.0m×9.0m,门后压板斜率为 1∶4。弧形工作门孔口尺寸按拦沙坝挡水水位 1400.00m、隧洞下泄 2000 年一遇洪水 737m³/s 确定为 7.0m×8.0m,在汛期开启泄洪排沙,非汛期下闸蓄水。进水塔底板建基于花岗岩弱风化带中下部,底板厚为 2.0m,建基高程为 1378.00m,底板长为 27.317m,宽度为 12.0m。闸门检修平台设在塔内 1401.00m 高程处,下游侧与♯3 公路连接。启闭机平台位于 1416.50m 高程,布置一套闸门 2×800kN 和一套闸门 2000kN 固定卷扬式启闭机,启闭机室屋顶高程为 1421.70m。

明流隧洞长 525.437m,断面为 7.0m×9.0m(宽×高)的城门洞形,隧洞底坡 $i=0.0414$,洞顶拱中心角 110°,保证泄流时水面线在洞身直墙内。水平出口段及挑坎段长 23.0m,边墙直立,墙顶高程 1367.00m。水平出口段宽为 7.0m,挑坎两侧以 5°向外扩散,挑坎反弧半径为 40.0m,挑射角采用 20°,挑坎顶高程为 1360.412m,末端宽度为 9.625m。出水渠向下游两侧仍以 5°扩散,上游端长 10.0m 段设混凝土护坦。

2.2.4 地下厂房及洞室群

地下厂房系统布置在下水库左侧山体内,主要地下洞室有主副厂房、主变洞、4条母线洞、低压电缆洞、主变运输洞、出线洞、交通洞、通风洞、排风平洞、排风竖井、排水廊道等;地面建筑物主要有地面出线场、地面副厂房和交通洞、通风洞、排风洞口等。(见图2-10和图2-11)

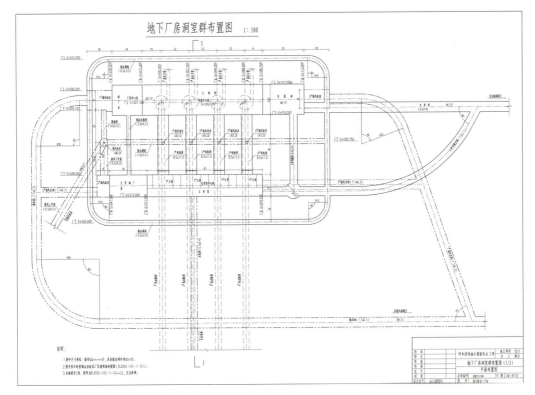

图 2-10 地下厂房洞室群布置图

图 2-10 高清图

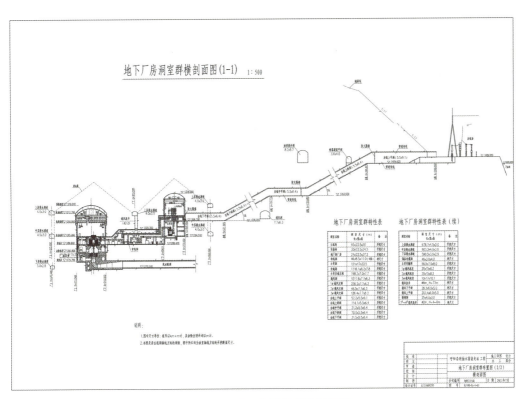

图 2-11 地下厂房洞室群横剖面图

图 2-11 高清图

2.2.4.1 地下厂房

地下厂房和主变洞平行布置,两洞间净距47.0m,由四条母线洞和低压电缆洞、主变运输洞连接。

主副厂房由主机间、安装场和副厂房组成,呈"一"字形布置。主机间内布置4台机组,安装场布置在主机间左端,副厂房布置在主机间右端。主副厂房断面为城门洞形,主机间开挖尺寸为96.0m×23.5m×51.0m(长×宽×高,下同),安装场开挖尺寸为31.0m×23.5m×25.0m,副厂房开挖尺寸为24.0m×23.5m×37.0m。

1. 主厂房布置

主厂房包括主机间和安装场。主机间内安装四台单机容量300MW的立轴单级混流可逆式水泵-水轮机组,♯1~♯4机从右到左排列,总装机容量为1200MW。

根据机组设备布置和结构设计的要求,主机间长度为96.0m,其中:♯1机边机组段为14.0m,♯1、♯2机组中心间距为22.0m,♯2、♯3机组中心间距为23.0m,♯3、♯4机组中心间距为22.0m,♯4机边机组段为15.0m。主机间宽度为23.5m,机组中心线上游侧为13.5m,下游侧为10.0m。

主厂房各层布置如下:

发电机层以上布置200t吊车和吊顶结构,上、下游两侧设岩壁吊车梁和吊顶支座梁。岩壁吊车梁上敷设吊车轨道,安装一部200t吊车,吊车轨顶高程为1305.50m。为满足岩壁吊车梁的布置,岩壁吊车梁以上的开挖跨度为25.0m。拱脚高程为1312.70m,吊顶支座梁设在拱脚附近,用于支撑吊顶结构。吊顶结构以上空间用于厂房通风管道的布置,拱顶高程为1319.00m。

发电机层:地面高程1295.00m,布置机旁动力盘和控制保护盘等设备,上游侧设置两个楼梯,作为向下的交通通道。

母线层:地面高程1288.80m,层高6.2m。上游侧布置调速系统设备,下游侧布置管道母线和中性点设备,中间为风罩结构,♯1机右侧布置渗漏排水泵。

水轮机层:地面高程1282.80m,层高6.0m。上游侧布置球阀油箱及操作系统,下游侧布置推力外循环等设备,中间为机墩结构,♯1机边机组段布置深井泵套管。

蜗壳层:地面高程1276.00m,层高6.8m,其中安装高程至地面高度4.0m。上游侧布置球阀和低压供水系统,中间和下游侧为蜗壳外包混凝土结构,两台机之间布置技术供水泵,♯1机边机组段布置深井泵套管。

尾水管层:蜗壳层以下为尾水管层,布置检修泵室和排水管廊道,♯1机边机组段下面为集水井。

2. 安装场布置

安装场位于主机间左侧,与主机间同宽,与发电机层同高,地面高程为1295.00m。发电机层以上的布置与主机间的相同。为满足机组安装、检修时布置发电电动机的定子、转子、转轮、顶盖、上机架等设备的要求,确定安装场长度为31.0m。安装场底板设有主变运输轨道,便于主变运输和检修。交通洞位于安装场左侧,主变运输洞位于安装场下游侧。

3. 厂内交通和运输通道布置

在♯2、♯3机之间和♯4机左端,各设一座楼梯,作为垂直交通通道。其中♯4机左端楼梯接蜗壳层,♯2、♯3机之间的楼梯接尾水管廊道。

在发电机层以下的各层楼板上,设有吊物孔,便于发电机层以下各层设备的垂直运输。发电机层以下各层留有水平运输通道。

4. 地下副厂房布置

地下副厂房布置在主厂房右端,与主机间同宽,长度24.0m,分八层布置。

副厂房一层:地面高程1282.80m,与主机间水轮机层齐平;层高5.0m,主要布置空压机设备。

副厂房二层:地面高程1287.80m,层高4.0m,布置公用变室、照明变室。

副厂房三层:地面高程1291.80m,层高3.2m。

副厂房四层:地面高程1295.00m,与主机间发电机层齐平;层高4.5m,主要布置配电设备。下游侧设有低压电缆洞,通向主变副厂房。

副厂房五层:地面高程1299.50m,层高5.6m,布置中控室和计算机室。

副厂房六层:地面高程1305.10m,层高4.0m,布置通信设备。

副厂房七层:地面高程1309.10m,层高4.0m,布置直流盘和蓄电池等设备。

顶层:地面高程1313.10m,右侧为♯1通风机室,布置通风设备。

副厂房内布置一座楼梯和一部电梯,用于垂直交通;布置卫生间,为厂内工作人员提供生活方便;布置垂直电缆井,用于敷设电缆;各层楼板上布置吊物孔,便于设备垂直运输;副厂房与中层排水廊道之间布置♯1污水处理室,厂内的污水可由运输车经中层排水廊道、交通洞运至厂外;副厂房各层布置通风机室和垂直风道,满足通风要求。

2.2.4.2 主变洞

主变洞平行布置在主、副厂房下游侧,分为两部分:左端为主变开关室,布置主变压器、GIS开关站;右端为主变副厂房,布置SFC等设备。主变洞断面为城门洞形,开挖尺寸为122.0m×18.0m×32.5m。

母线洞与主厂房、主变洞正交连通,一机一洞,断面为城门洞形,尺寸均为47.0m×8.5m×8.8m。除布置母线外,还布置发电机断路器、换相隔离开关、电制动开关柜、PT及避雷器柜、励磁变压器柜、SFC电源侧限流电抗器等。

1. 主变洞布置

主变洞平行布置于主厂房下游47.0m处,两洞间岩柱厚度约为主厂房开挖跨度的2倍。主变洞的开挖尺寸为122.0m×18.0m×32.5m,根据设备布置和结构设计的要求,分为主变开关室和主变副厂房两部分,其中主变开关室长为92.0m,主变副厂房长为30.0m。

2. 主变开关室布置

根据设备的布置要求,主变开关室段分为三层,各层布置如下:

第一层:地面高程1295.00m,与主厂房发电机层同高程,层高11.2m,布置♯1~♯4主变压器、冷却器等设备。

第二层:地面高程1306.20m,层高3.5m,布置SF6管道母线及电缆。

第三层:地面高程1309.70m,层高12.0m,布置GIS开关设备。该层设一部10t吊车,轨顶高程1319.00m。

吊顶层为全厂的排风道,高程为1321.70m,拱顶高程为1327.00m。

主变开关室段两端各布置一座楼梯,作为垂直交通通道。其中左端楼梯可上至吊顶层,右端楼梯可上至GIS层。在第二、三层楼板上设有吊物孔,便于设备的垂直运输。各层布置通风机室,满足通风要求。

3. 主变副厂房布置

根据设备的布置要求,主变副厂房段分为六层,各层布置如下:

主变副厂房一层:地面高程1295.00m,与主厂房发电机层同高程,层高6.2m,布置SFC变压器等设备。上游侧设有低压电缆洞,通向副厂房。

主变副厂房二层:地面高程1301.20m,层高5.0m,布置SFC开关等设备。

主变副厂房三层:地面高程1306.20m,层高3.5m,主要用于布置电缆。在下游侧,设有出线洞,出线洞通向地面出线场。

主变副厂房四层:地面高程1309.70m,层高5.0m,布置10kV开关设备。

主变副厂房五层:地面高程1314.70m,层高3.0m,主要用于布置电缆。

主变副厂房六层:地面高程1317.70m,层高4.0m,布置直流盘等设备。

吊顶层高程1321.70m,为排风道,拱顶高程1327.00m。

主变副厂房段设一座楼梯和一部电梯,作为垂直交通通道。其中楼梯可上至吊顶层,电梯可上至第六层,电梯机房设在吊顶层。在各层楼板上均设有吊物孔,便于设备的垂直运输;同时也布置了垂直电缆井,用于敷设电缆。在各层布置卫生间,为厂内工作人员提供生活方便。主变副厂房第一层与中层排水廊道之间布置#2污水处理室,主变副厂房的污水可由运输车经中层排水廊道、交通洞运至厂外;主变副厂房各层布置通风机室,满足通风要求。

低压电缆洞位于副厂房和主变副厂房之间,断面为城门洞形,尺寸为47.0m×3.0m×4.0m,主要用于交通和电缆敷设。主变运输洞位于安装场下游侧,断面为城门洞形,尺寸为56.4m×6.0m×7.0m,主要用于交通和主变压器的检修运输。

2.2.4.3 通风洞

主、副厂房顶拱两端设有#1、#2通风机室,断面为城门洞形,尺寸均为20.0m×15.0m×8.0m,用于布置通风设备。

通风洞是地下厂房的主要进风通道,断面为城门洞形,尺寸为1012m×7.5m×6.0m。通风洞在厂房附近分叉,从主副厂房顶拱两端分别进入#1、#2通风机室。洞口设在下水库拦河坝下游左侧的#3公路旁边,高程1375.00m。

在主变副厂房右端设有排风机房,断面为城门洞形,尺寸为20.0m×18.0m×16.0m,用于布置排风设备。在排风机房上游侧设有排风下平洞、排风竖井和排风上平洞,排风上、下平洞为城门洞形,断面尺寸为6.0m×5.0m,上平洞洞口设在下水库拦沙坝上游左侧的#3公路旁边。排风竖井直径6.0m,通至地面。

在#1通风机室和排风竖井之间设有排烟洞,断面为城门洞形,尺寸为25.0m×4.0m×3.0m,用于地下厂房排烟。

2.2.4.4 排水廊道

环绕主厂房、副厂房、主变洞和尾水闸门室周边设有三层排水廊道,断面为城门洞形,断面尺寸为4.0m×3.0m,用于排除围岩渗水,兼做施工和人行通道。第一层排水廊道设在主厂房顶拱部位,与通风洞、通风支洞、通风机室连通;第二层排水廊道设在主厂房发电机层附近,与交通洞、交通支洞连通,并设有两个污水处理室;第三层排水廊道设在主厂房尾水管层,与尾水施工支洞和厂房底部的集水井连通。

2.2.4.5 出线洞

出线洞布置在主变副厂房下游侧,由出线下平洞、出线斜洞和出线上平洞组成,出线下平洞入口位于主变副厂房的电缆层,出线上平洞出口位于地面出线场。出线平洞和出线斜洞的断面均为城门洞形,尺寸为4.5m×5.5m,洞长约330m,出线斜洞坡度为26°左右。

地面出线场位于下水库拦河坝左坝肩与进/出水口之间,顺#3公路布置,面积为51.0m×51.0m,地面高程为1405.5m。

出线场地面为混凝土结构,地面下设有电缆沟。出线塔架和设备基础根据设备要求设置。

2.2.4.6 对外交通

厂房对外通道主要是交通洞和通风洞。交通洞设在主厂房安装场左端,通至地面,交通洞洞口设在下水库拦河坝下游左侧的#3公路旁边,高程为1346.00m。交通洞的断面为城门洞形,尺寸为1118.0m×8.0m×7.5m,满足厂内设备运输的要求。

2.2.4.7 安防中心

安防中心位于通风洞洞口旁边,地面高程1375.00m,为混凝土框架结构。

2.2.5 安全监测系统

"大坝安全监测"是通过仪器观测和巡视检查对大坝主体结构、地基基础、高边坡、相关设施以及周围环境的测量和观察,以及通过监测资料对大坝安全进行的诊断、分析、评价和监控。这里的"大坝"泛指坝体、水闸、隧洞、地下洞室、水电站建筑物等水工建筑物;"监测"既包括对建筑物固定测点采用监测仪器按一定频次进行的人工或自动化观测(仪器监测),也包括对建筑物外表及内部大范围对象的定期或不定期的直观检查和仪器探查(巡视检查)。呼蓄电站大坝安全监测系统与电站主体工程同时设计、同时施工,并于2015年随电站投运而投入使用。呼蓄电站安全监测项目包括变形、渗流渗压、环境量、应力应变和温度监测,现场监测仪器有渗压计、土体位移计、钢板计、锚索测力计、量水堰、温度计、正倒垂、引张线式水平位移计等,传感器类型包括振弦式、差阻式、光电式以及光纤光栅式。现场测点共计3192个,其中上水库522个,地下厂房1035个,下水库757个,水道系统825个,泄洪排沙洞53个。

2.2.5.1 大坝安全监测的目的

(1)监视预警:及时发现安全隐患,采取相应措施,在确保工程安全的前提下最大限度地发挥效益。
(2)安全评价:为病、险工程的诊断鉴定和加固提供依据。
(3)完善理论:提供第一手真实资料,促进坝工理论的修正和发展。
(4)验证设计:以实际监测成果验证设计计算和模型试验,为修正设计标准、保障工程安全并尽量节省投资提供参考。
(5)指导施工:反馈施工过程中的性态变化,为调整施工方法和施工进度提供依据,促进施工技术手段的进步。
(6)决策支持:对大坝安全形态进行评估和预测,为工程合理调度、安全运行提供决策支持。
(7)积累经验:为以后其他工程的设计、施工和运行提供借鉴和参考。
(8)事故评判:在发生工程事故以后,安全监测在一定程度上有助于分析判断事故的程度、原因和危害,为事故鉴定和责任认定提供依据。
(9)自我完善:监测技术自身的不断进步和发展必须建立在大量的安全监测实际应用基础之上,以寻求在实践中自我完善。

2.2.5.2 大坝安全监测类别

1. 变形监测

变形(位移)监测是安全监测的重要项目之一,是通过人工或仪器手段观测建筑物整体或局部的变形量,用以掌握建筑物在各种原因量的影响下所发生的变形量的大小、分布及其变化规律。要科学、准确、及时地分析和预报大坝及其他工程的变形状况,为判断其安全提供必要的信息,从而了解建筑物在施工和运行期间的变形性态,监控建筑物的变形安全。水工建筑物变形监测主要包括水平位移监测、垂直位移监测、挠度监测、围岩位移监测、裂缝监测等。

呼蓄电站变形监测项目有:极坐标法测上水库大坝表面变形,三角高程法监测上水库垂直位移,引张线式水平位移计和测斜管测坝体内部水平位移,水管式沉降仪和沉降管测坝体内部垂直位移,几何水准法测廊道内部沉降,测缝计监测接缝变形,土体位移计监测坝体坝基剪切位移,多点位移计监测边坡、洞室结构变形、垂线、引张线监测混凝土坝体内部水平位移,双金属管、静力水准监测坝体内部垂直位移,基岩变位计监测坝基基岩变形。

2. 渗流监测

渗流是大坝安全监测的重要监测项目。大坝是用来挡水的,而水的特点是无孔不入,向四面八方传递压力。在水库水位和下游水位落差的作用下,库水通常会从坝体、建基面及以下的地基、两岸山体、结构缝等向下游渗透,这些部位是渗流监测的主要部位。渗流扬压类监测的物理量主要是渗透压力(单位:kPa或

MPa)或者与其相当的水头,另一个就是渗流量(单位:L/min 或 mL/s)。

混凝土坝渗流监测项目主要包括扬压力、绕坝渗流、渗流量、近坝岸坡地下水位和水质分析等。由于重力坝坝体与地基接触面积大,因而坝基的扬压力较大,对坝体稳定不利,重力坝失事大多也是由基础引起的。因此,应把坝基面扬压力、基础渗透压力、渗流量及绕坝渗流作为重点监测项目。土石坝渗流监测项目包括坝体与坝基渗透压力、绕坝渗流、渗流量与水质分析等。

呼蓄电站渗流渗压监测项目有测压管监测绕坝渗流、扬压力,量水堰监测坝体渗流量,渗压计监测面板、基础、进出水口等渗流渗压。

3. 应力应变和温度监测

应力应变,是应力与应变的统称,应力定义为"单位面积上所承受的附加内力"。物体受力产生变形时,体内各点处变形程度一般并不相同。用以描述一点处变形程度的力学量是该点的应变。任何物体在有外力施加的情况下,其内部各点都会发生应变,但是物体内部有应变发生,并不意味着一定有外力施加在物体上。例如当温度升高时,一个能够自由膨胀的物体内部有应变发生,但并无外力作用。在工程安全监测中,我们把由于力的作用而发生的应变叫作"应力应变",而把非力因素作用发生的应变叫作"无应力应变"。

混凝土坝温度监测的目的是了解混凝土在水化热、水湿、气温和太阳辐射等因素影响下,坝体内部温度分布和变化情况,以研究温度对坝体应力及体积变化的影响,分析坝体的运行状态,随时掌握施工中混凝土的散热情况,借以研究、改进施工方法,进行施工过程中的温度控制,防止产生温度裂缝。另外,几乎所有其他监测仪器的测读数据都会受到温度影响,在换算目标监测量时需要对温度进行修正,除专门测温的温度计外,几乎所有内观仪器都需具备测温功能。

呼蓄电站应力应变和温度监测仪器有温度计、应变计、锚杆应力计、钢筋应力计。

4. 环境量监测

环境的改变会对水工建筑物的工作状态产生很大的影响。环境是影响结构内部应变的外在因素,也是大坝安全监测的重要组成部分。与水工建筑物安全监测有关的环境量主要包括库水位、库水温、气温、降水量、冰压力、坝前淤积和下游冲刷等项目。

呼蓄电站环境量监测仪器有水位计、温湿度计、雨量计、风速监测仪器、风向监测仪器。

2.2.5.3 大坝安全监测自动化系统

呼蓄电站于2019年开始进行大坝安全监测自动化系统升级改造,2022年5月通过验收并正式投运。呼蓄电站大坝安全监测自动化系统由1个监测管理中心站和55个现地测站组成,其中上水库设置自动化测站12个,厂房25个,下水库18个。各监测站安装DAU3000数据采集单元,监测站之间、监测站与监测管理中心站之间的数据通信以光纤为主,厂房廊道内个别测站数据传输需采用网线直接连接,采用TCP/IP协议构建现场通信网络。监测管理中心站是监测自动化系统的控制中枢,接入系统的所有监测数据都可以在中心站进行查询、调用,在中心站也可以对监测自动化系统各项功能进行控制与修改。大坝安全监测自动化系统采用专线供电,分别从上水库、拦河坝、拦沙坝以及厂房指定的配电柜取电,对于户外露天设备及线路均采取接地、防雷、隔离等措施,确保系统安全运行。

1. 网络结构

系统总体通信网络分为三部分,即上水库现场通信网络、下水库现场通信网络、厂房现场通信网络。采用光纤为通信介质组建局域网,网络中心设在地下副厂房监测管理站内,利用已有通信光缆将上水库、下水库和地下厂房监测管理中心联网,实现监测管理中心与上、下水库之间的网络通信。其中上水库网络接入点为上水库值班室,下水库拦河坝拦沙坝接入点为拦河坝值班室,厂房网络接入点为中控室对面计算机通信机房,从计算机通信机房牵引光缆至703室。

现场网络连接统一采用8芯光缆,采用统一型号的光交换机(IES618-2F),组成多个混合型网络,在光缆分支的地方,采用多个交换机级联。上水库采用两根总线,从上水库值班室开始沿电缆沟敷设一根通信光缆,环库至 SK02 测站。另一根从上水库值班室开始,通过 SK09 测站、SK01 测站,敷设至廊道内。厂房测站采用 3 根光缆连接至机房,分别为从机房连接至上层排水廊道、中层排水廊道、母线层。拦河坝、拦沙坝光缆均从下水库值班室开始敷设,分别连接至拦河坝各测站和拦沙坝各测站。(见图 2-12)

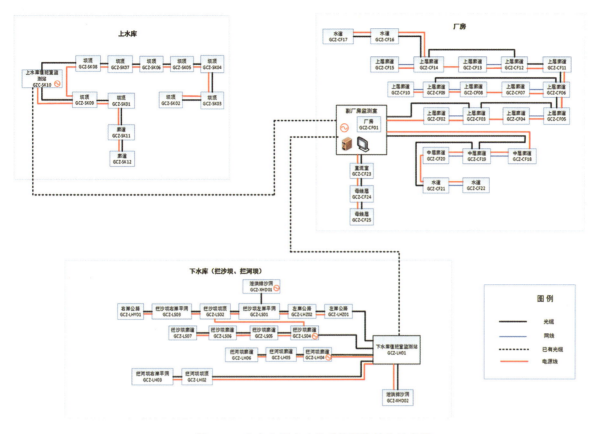

图 2-12　安全监测自动化系统网络结构示意图

2. 运行方式

呼蓄电站大坝安全监测自动化系统日常采集频次为 1 次/天,每日 8 时,数据自动保存。接入自动化系统的仪器向国家能源局大坝安全检察中心报送的频次为 1 次/天,每日下午 4 时自动报送。监测运维人员每天上午进入厂房安全监测室对当日数据进行检查,若发现数据异常、数据无返回等异常情况,需要在每天下午 4 点前排除故障,恢复数据,以保证数据正常报送到大坝中心。

每季度对监测仪器进行一次人工比测,比测自动化采集数据与人工仪表采集数据之间的差值,差值在一定范围内表明监测仪器、自动化系统运行正常。每月对监测自动化数据进行一次备份,以保证系统故障时可恢复历史数据。

3. 系统供电

系统供电全部采用专线供电,从电站指定配电柜进行取电,然后敷设专用电源线至各监测站,电源线敷设路径和通信光缆保持一致。水工安全监测自动化系统上水库部分取电点位于上水库值班室配电室,上水库交流负荷柜,QA14 空开对应接线端子。厂房部分取电点位于厂房公用配电盘室,51P Ⅱ 段#4 负荷柜。泄洪洞测站取电点位于泄洪排沙洞内,柴油发电机组双电源转换开关柜,在开关柜内新增一个空开。拦河坝部分取电点位于拦河坝廊道抽水泵房内,从左侧第一个配电柜取电。拦沙坝部分取电点位于拦沙坝廊道抽水泵房内,从左侧第一个配电柜取电,和除湿机共用一个空开。

4. 主要设备及其性能指标

大坝安全监测自动化系统主要设备及其性能如表 2-2 所示。

表 2-2 大坝安全监测自动化系统主要设备及性能一览表

序号	设备名称	设备参数
1	雨量计	功能:用于测量自然界降水量,同时将降雨量转换为开关量形式表示的数字信息量输出,以满足信息传输、记录和显示等的需要。 (1)分辨率 0.2mm (2)降水强度测量范围:降雨≤4mm/min,降雪≤10mm/h (3)测量误差:≤±4% (4)输出信号:开关节点通断信号 (5)开关节点容量:DC $U \leqslant 24V, I \leqslant 120mA$ (6)开关节点工作寿命:≥10^7 次 (7)温度传感器:误差±1℃ (8)工作环境:温度-40~+60℃,相对湿度≤90% (9)外形尺寸:ϕ280mm×640mm
2	温湿度计	功能:测定环境温度和湿度。 (1)温度测量范围:-45~+80℃ (2)分辨率:0.1℃,测量精度:±0.5℃;湿度测量范围:0~100%RH,分辨率:0.1%RH,测量精度:3%RH (3)接口类型:RS485 接口
3	精密量水堰计	功能原理:用于小量程水位的精密监测,适用于长期安装在水工建筑结构及其基础量测渗漏水量,也可用于精密测量水箱、水渠等的水位变化。通过仪器下部的连接管将监测对象的水引入仪器圆筒内,仪器中悬挂的圆柱不锈钢浮筒浸在水中,当水位计水位变化时,浮筒所受的水浮力发生变化,引起感应部件钢弦的应力发生变化,从而改变钢弦的振动频率。测量时利用电磁线圈激拨钢弦并测量其振动频率,当频率信号经电缆传输至频率读数装置或数据采集系统时,再经换算即可得到水位的变化量。同时,由仪器中的热敏电阻可同步测出仪器安装点的温度值。 (1)仪器类型:振弦式传感器 (2)量程:300mm (3)分辨率:0.025%F.S (4)测量精度:±0.1%F.S (5)温度测量范围:-20~+60℃ (6)温度测量精度:±0.5℃ (7)稳定性:±0.05% F.S./年
4	振弦式渗压计	功能原理:渗压计是一个振动膜压力传感器,传感元件是由柔软的压力膜焊接在坚固的圆柱体空腔上而组成的,除振弦外的所有部分都由高强不锈钢组成,高强度的振动弦一端夹在膜的中间,其另一端夹在空腔的另一端,在制造过程中振弦预紧到一定的张力状态,然后密封,确保寿命和稳定,读数仪连接到电磁线圈后激励线圈并测量线圈的振动周期。 (1)传感器类型:振弦式 (2)量程:0.35MPa/0.7MPa (3)分辨率:0.025%F.S (4)精度:±0.1%F.S (5)非线性度:<0.1%F.S (6)温度范围:-20~+80℃

续表

序号	设备名称	设备参数
5	服务器	(1)产品类别:机架式;产品结构:19寸,4U;CPU类型:2×Gold5115(2.4GHz/10C) (2)硬盘:4×1.2TB SAS (3)内存:16G (4)显卡:集成 (5)网口数量:4个千兆网口 (6)光驱:DVD-RW (7)安装方式:机架式 (8)电源及附件:冗余电源
6	监控计算机	(1)芯片组:Intel Q270;CPU:Intel i7-7700 3.6GHz 四核;内存:8G/DDR4;SATA硬盘:1 TB/7200转;2G独显;USB光电鼠标;防水功能键盘;集成Intel千兆网卡;串口×1;光驱:DVD-RW;全国上门服务,Windows 10专业版 (2)E233(23"宽屏16:9 LED背光IPS液晶显示器,三边超窄边框,VGA,HDMI 1.4,DP 1.2(支持HDCP)接口,2个USB 3.0接口,有DP和HDMI线缆,250nits,1000:1,500万:1(动态对比度),5ms(灰度),屏幕高度可调整,轴心旋转,左右旋转,1920×1080,94% sRGB)
7	IAC2051 振弦式 采集模块	(1)电源: 供电电压范围:5V DC 一般和IAC2001模块连接,不单独供电 休眠功耗:<0.3W,最大工作功耗:<3W (2)振弦式传感器测量: 测量范围:0.4~6kHz 测量精度:频率0.1Hz,温度0.5℃ 分辨率:频率0.01Hz,温度0.1℃ 通道数:32 (3)接口: 电源和通信接口:5×2双排针 传感器接口:8×10Pin(凤凰端子,间距3.81mm) 人工比测接口:5Pin凤凰端子(间距3.81mm) (4)电磁兼容等级: 静电放电抗干扰等级:3 工频磁场干扰等级:3 (5)温度特性: 工作温度范围:-20~+60℃ 工作湿度:0~95%RH,无凝结 存储温度范围:-40~+85℃
8	IAC2061 差阻式 采集模块	功能:采集差阻式传感器数据。 (1)电源: 供电电压范围:5V DC 一般和IAC2001模块连接,不单独供电 休眠功耗:<0.3W,最大工作功耗:<3W (2)测量通道数: 16通道

续表

序号	设备名称	设备参数
8	IAC2061 差阻式 采集模块	(3)差阻式传感测量： 测量范围：电阻和 40.02～120.02Ω，电阻比 0.8～1.2 测量误差：电阻和≤0.02Ω，电阻比≤0.0002 分辨率：电阻和 0.01Ω，电阻比 0.0001 (4)电阻温度计测量： 测量范围：温度－30～70℃ 测量误差：温度≤0.5℃ 分辨率：温度 0.1℃ (5)接口： 电源和通信接口：5×2 双排针 传感器接口：8×10Pin(凤凰端子，间距 3.81mm) 人工比测接口：5Pin 凤凰端子(间距 3.81mm) (6)电磁兼容等级： 静电放电抗干扰等级：3 工频磁场干扰等级：3 (7)温度特性： 工作温度范围：－20～＋60℃ 工作湿度：0～95％RH，无凝结 存储温度范围：－40～＋85℃
9	DAU3000 型 数据采集 单元	组成：CPU 主模块、测量子模块、电源模块、通信模块、蓄电池、除湿器、防雷模块以及接线端子、线槽等。 CPU 模块主要技术参数： (1)电气性能： 供电：9～28.8VDC 工作功耗：<40mA@12V 休眠功耗：<2mA CPU 主频：72MHz RAM：片外 1Mbtes，片内 96Kbytes FLASH：64Mbytes (2)接口： RS232：3 路，波特率 300～115200bps 外部 RS485：1 路，波特率 300～57600bps 内部 RS485：1 路，波特率 300～921600bps SDI-12：1 路 LAN 口：10Base-T 存储扩展：Micro SD 卡 (3)环境适应性： 工作温度：－40～＋70℃ 存储温度：－40～＋85℃ 环境湿度：0～95％，无凝结
10	垂线坐标仪	NGDZ-50；测量范围：X\Y 方向：0～50mm；分辨力：0.02mm；基本误差：0.2％FS；不重复度：0.1％FS；供电电压：AC220V 50Hz；现场显示：双路 4 位 LED；通信接口：RS485

续表

序号	设备名称	设备参数
11	静力水准仪	BGK-6880；测量范围：0～50mm；非线性度：±0.1mm；分辨力：0.01mm；电学漂移：无；输出接口：RS485 4～20mA；环境温度：−10～+60℃；环境湿度：100%RH；供电电压：100～220VAC，50/60Hz；系统功耗：4W；外形尺寸：ϕ175mm×290mm；整机重量：约4kg
12	双金属管标仪	BGK6870；测量范围：0～50mm；环境温度：−10～+60℃；遥测接口：RS485 4～20mA；供电电压：AC220V 50Hz
13	引张线仪	NGDY-50；测量范围：0～50mm；最小读数：≤0.01mm；基本误差：≤0.2%F.S；环境温度：−20～+60℃；环境湿度：≤95%；工作电压：AC220V±10%，50Hz

2.2.5.4 大坝安全智慧管理平台

以电站原有大坝安全监测系统为基础，进行呼蓄电站大坝安全智慧管理平台建设。

1. 数据处理

大坝安全智慧管理平台能接收电站现有大坝安全监测系统数据和录入其他监测数据，对于各种来源的原始值能够自动计算成果值；对入库监测数据的及时性和有效性进行自动检查，可自动评价测点精度、测值有效性、监测系统平均无故障时间和数据缺失率等指标。启用监控机制，通过系统初判，对错误的信息进行提示或标记等，这些错误、异常的超限信息按照用户的预订或设置，立即通过系统弹窗、邮件或微信的方式推送给相关用户。

数据的应用：按照管理标准，根据特定情况下的需要，对信息进行统计、汇总；系统内预设各类监测数据的统计模型、各类图表模板。设计相关监测管理指标，可自动隔离明显粗差，缺测自动提醒，异常数据自动提醒；可实时修改测点状态；对测点测值的精度分析，可评判测点状态和考核监测系统完备性和可靠性；可自动考核监测工作开展情况。

大坝安全智慧管理平台可实现各类统计模型的计算和分析功能，将计算得到的统计模型用于监控模块的单测点异常评判模型。

2. 在线监控

大坝安全智慧管理平台根据监控方案，设置监控部位、监控对象、监控项目、监控要素和评判指标等，系统自动生成规则库。监控方案预设完成后，可根据现场实际情况进行设置修改。

大坝安全智慧管理平台采用人工智能相关技术，建立符合《水电站大坝运行安全评价导则》（DL/T 5313—2014）的评判推理规则，采用智能推理系统，模拟人类工程师评判大坝安全的推理逻辑，融合监测信息和巡视检查信息，通过单个监测量和巡检信息的异常识别，逐步推导至结构部位和各水工建筑物的异常识别，以实现大坝安全分级评判。

3. 巡检管理

大坝安全智慧管理平台支持视频、照片、数据等多类型检查成果，可以将检查结果上传至系统。巡检信息智能检测输入字段，如出现漏水、裂缝等信息时，系统自动跳出须录入的漏水量、颜色、浑浊度等信息，或者裂缝的长度、宽度等信息。巡检信息成果能参与大坝安全评判。可人工填写该巡检问题是否需整改，可录入后期整改处理情况，形成闭环。能生成防汛检查、监测年度总结等的相关巡视检查的内容和模板。

4. 报告整编

报告整编工作涉及监测资料整编、大坝安全状况定期总结报告、大坝安全管理工作定期总结报告、突发事件的快报等，具有根据各部门对报表的个性化制作需求，提供自定义报表制作功能，预设模板，定期自动生成。

5. 信息报送

大坝安全智慧管理平台可实现将本电站大坝安全监测信息、汛情信息、巡检信息等统一向国家能源局大坝安全监察中心自动报送的功能。

主要功能如下：

(1)按国家能源局大坝安全监察中心确定的报送测点，将采集的报送测点监测数据于48小时内通过本系统自动报送至国家能源局大坝安全监察中心平台。

(2)按国家能源局大坝安全监察中心的要求，实现在每日10时前完成当日8时汛情报送，从坝址所在河流入汛之日起每日必报，直至当地出汛后停报。

(3)根据国家能源局相关规定，实现自动报送巡视检查信息、同步在线监控信息的功能。

6. 任务管理

监控异常消息推送：设置监控异常消息的推送内容、推送方式（网站、短信、邮件）、角色（接收人）、未读时提醒频次、反馈时限，当评判出现异常时，根据推送方式自动推送预警信息至相关人员。

异常信息反馈：对接收到的异常预警信息，可通过网页端和移动端进行处理及反馈，人工判断异常是否可信。若不可信，可说明原因；若可信，需填写异常原因、处理措施、处理完成时间、处理效果等。

异常问题台账管理：平台提供异常问题台账管理功能，可进行动态管理，内容包括异常问题发现时间、发生部位、异常原因、处理要求、处理进度等。

7. 信息共享

大坝安全智慧管理平台支持通知公告的发布、在线浏览、下载等管理功能，支持大坝安全法律法规、标准规范、技术规程等文档的上传、在线浏览、下载等管理功能。文档的属性一般应该包括文档的类型、大小、类别、简单说明、上传时间、上传人等。

2.2.6 强震监测系统

呼蓄电站大坝强震监测系统共计16个振动监测点。其中：上水库共有10个强震动测点，即7个三分向加速度测点和3个单向加速度测点，如图2-13所示；下水库共有6个强震动测点，其中5个三分向加速度测点布置在拦河坝上，1个自由场测点，如图2-14所示。大坝强震监测系统主要由GO1NET-3型强震记录仪、QZ2013型力平衡加速度计、UPS不间断电源、工程地震动与振动监测软件和相关的网络配件（交换机、光端机）组成。

地下厂房结构强震监测系统由两个部分组成，即机组结构振动监测和副厂房楼板振动监测，共计40个振动监测点。其中，机组结构振动监测共设置32个振动监测点，分别布置在♯1、♯3机组结构纵剖面和横剖面内的蜗壳层、机墩下部和上部、风罩中部、发电机层楼板与风罩连接处，每台机组分别布置16个测点。副厂房楼板振动监测共布置8个振动监测点，即在副厂房第一、二、四、五、七层楼板分别设置1个、2个、2个、2个、1个三向振动测点。地下厂房机组混凝土结构和副厂房结构振动监测系统主要由GO1NET-3型强震记录仪、QZ2013型三向加速计、大坝强震与厂房结构振动数据集成分析系统软件和相关配件组成。数据通过网线接入呼蓄大坝强震监测系统。

强震监测中心站设置在厂房703通信室，中心站汇集上水库、下水库、厂房强震的数据，中心站布置一台强震数据实时处理服务器、一套UPS不间断电源、一台交换机和一个盘柜，将服务器、交换机、不间断电源等配件安装在盘柜内。

中心站强震数据实时处理服务器安装强震数据实时处理软件，软件配置好参数，可以实时接收并分析强震数据，分析结果可写入数据库，当附近发生地震事件并且震动加速度值达到设定的阈值时，软件可以按照相关规范自动生成地震事件分析报告；有网络的情况下，可以通过邮件把分析报告和各个测点的原始数据发送到管理者邮箱；也可以通过短信平台将地震事件的分析结果告知管理者。强震系统流程图如图2-15所示。

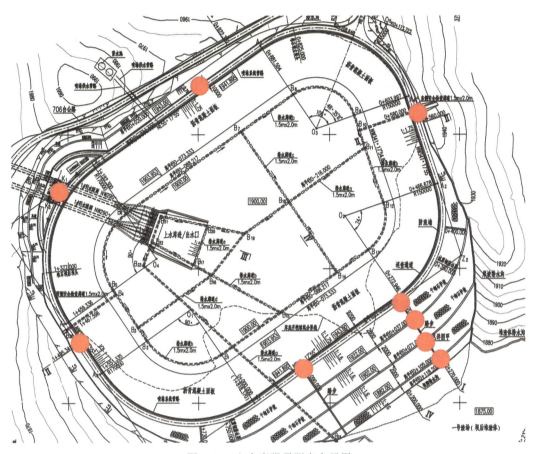

图 2-13 上水库强震测点布置图　　图 2-13 高清图

图 2-14 下水库坝上强震测点布置　　图 2-14 高清图

抽水蓄能电站工作水头高、机组频繁启停且多机组交叉运行,振动能量较常规电站更为突出,振动激励长期作用在机墩等厂房混凝土支承结构中易导致结构刚度相对降低,进而缩短厂房机组混凝土的使用寿命。强震监测系统可获取大坝、地下厂房混凝土结构和副厂房振动数据,科学评估厂房结构健康,及时排除安全隐患,保障电站安全运行。具体功能为:

(1)可以记录厂区、机组在日常运行、地震、爆破施工等工况下厂房机组结构和副厂房结构、水工建筑物振动响应情况,系统可提供可靠振动响应数据,结合其他监测仪器数据,可以更加科学、全面地评估水工建筑物的结构健康。

(2)对接收到的数据以 1 分钟为分析间隔,进行振动正向最大值、均方根值、均值、振动主频率值、振动负向最大值这 5 个振动特征值的在线提取和数据库存储。

(3)具有强震事件触发功能,对触发后的强震数据自动保存且按时间命名强震数据文件;各测点的触发阈值可独立设置。

(4)强震事件发生后,自动生成强震数据分析报表,自动计算各监测点的触发时间、烈度值、最大加速度

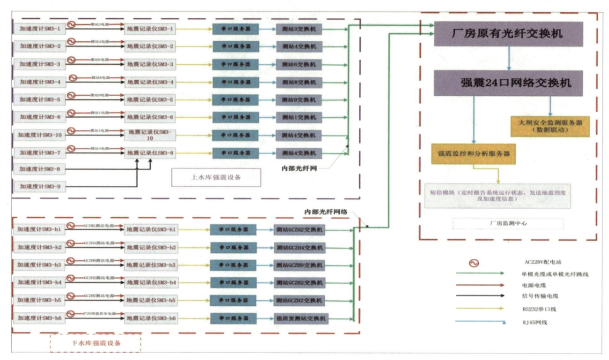

图 2-15 强震系统流程图

绝对值、最大振动位移值、强震持续时间长度,包含强震时程图、频谱图,机组结构强震危险性初步评估结论等信息。

(5)具有短信自动报警功能,实现各监测点的振动烈度值、最大加速度值的速报。

(6)具有结构模态分析功能。

(7)具有结构振动强度与振动疲劳趋势评估等工程安全评估功能。

(8)可以与南瑞大坝监测系统联动,发生地震时,强震监测采集软件实时采集数据并分析地震动数据后向大坝安全监测系统发送烈度值。若烈度值在大坝安全监测系统预设的联动范围内(当前设置触发烈度值为1),则会触发联动机制,大坝安全监测系统会下发数据采集指令,完成大坝安全监测整体数据实时采集。

强震监测系统主要由 GO1NET-3 型强震记录仪、QZ2013 型力平衡加速度计、UPS 不间断电源、工程地震动与振动监测软件和相关的网络配件(交换机、光端机)组成。设备参数见表 2-3。

表 2-3 强震监测系统设备参数

序号	设备名称	型号规格	单位	数量	备注
1	地震数据记录仪(高精度动态数据采集仪)	1.供货、运输、检验、保管、安装指导等。 2.量程及分辨率:±10V/0.005mV;单端、差分输入可选。 3.通道数:15 通道(厂房);3 通道(大坝)。 4.授时:支持 GPS/北斗授时。 5.GPS 同步误差:小于 0.01ms,稳定性优于 0.5ppm。 6.事件触发:阈值触发,STA/LTA,比值触发等。			

续表

序号	设备名称	型号规格	单位	数量	备注
1	地震数据记录仪（高精度动态数据采集仪）	7.分辨率：≥24位。 8.采集动态范围：≥120dB。 9.采样率：1～2000Hz。 10.接口：LAN以太网，2个串口，2个USB口。 11.记录方式：事件触发记录，连续波形记录。 12.数据格式：TXT，mini SEED。 13.软件：包括通信程序，图形显示程序，其他应用程序和监控、诊断命令。 14.工作环境：温度：−40～60℃，湿度：0～100％。 15.供电：+12V；内置电池30AH；断电可工作8小时。 16.电池。 电池类型：可充电锂离子电池组。 输出平均电压：11.1V。 输出电压范围：9～12.6V。 标称容量：30AH。 持续工作电流：13A，最大瞬间电流50A。 标准充电电压：12.6V±0.05V，标准充电电流1.2A。 过放保护电压：9V。 过充保护电压：12.6V。 工作温度：放电时−20～60℃，充电时0～45℃。 17.存储容量：大于等于16GB。 18.可视化：带7尺寸触摸显示屏、显示仪器各种工作状态及最大加速度值与烈度。 19.抗电磁干扰及防爆认证：须提供国内外权威机构的检定认证证书。 20.检定校准认证：须提供省级以上检定单位的校准证书。	台	22	厂家：北京腾晟桥康科技有限公司 型号：G01NET-3
2	三向振动加速度计	1.供货、运输、检验、保管、安装指导等。 2.结构：力平衡式。 3.量程：±2g。 4.带宽：DC-200Hz。 5.加速度动态范围：≥120dB。 6.线性度误差：≤1％。 7.横向灵敏度比：≤1％（包括角偏差）。 8.灵敏度：1～3V/g。 9.零点漂移：≤500 ug/℃。 10.噪声均方根：≤10～6gn。 11.加速度分辨率：≤0.000002g。			

续表

序号	设备名称	型号规格	单位	数量	备注
2	三向振动加速度计	12.防水等级：IP68。 13.抗电磁干扰及防爆认证：须提供国内外权威机构的检定认证证书。 14.检定校准认证：须提供省级以上检定单位的校准证书。	台	56	厂家：北京腾晟桥康科技有限公司 型号：QZ2013
3	强震服务器硬盘	硬盘容量：8T；规格：3.5英寸，企业级硬盘；接口：SAS；转速：7200转；兼容性：与现有强震服务器兼容（戴尔R740）。	个	2	DELL EMCExos™ 7E10
4	大坝强震与厂房结构振动数据集成分析系统软件	集成软件功能如下： (1)8台振动采集仪的数据实时接收、分析、显示、保存。 (2)对接收到的数据以1分钟为分析间隔，进行振动正向最大值、均方根值、均值、振动主频率值、振动负向最大值这5个振动特征值的在线提取和数据库存储。 (3)具有强振事件触发功能，对触发后的强振数据自动保存且按时间命名强振数据文件；各测点的触发阈值可独立设置。 (4)强振事件发生后，自动生成强振数据分析报表，自动计算各监测点的触发时间、烈度值、最大加速度绝对值、最大振动位移值、强振持续时间长度，包含强振时程图、频谱图，机组结构强振危险性初步评估结论等信息。 (5)可进行强振事件的基本信息查询和振动特征值的历史数据查询。 (6)具有短信自动报警功能，实现各监测点的振动烈度值、最大加速度值的速报。 (7)具有结构模态分析功能。 (8)具有结构振动强度与振动疲劳趋势评估等工程安全评估功能。 (9)支持MQTT传输原始数据。 (10)与地震系统联动：可与大坝强震系统联动，发生地震时，大坝强震系统立即向厂房结构振动监测系统发送采集指令，记录并分析地震作用下厂房结构动力响应数据。	套	1	厂家：北京腾晟桥康科技有限公司 型号：DZJC2023S2

2.2.6.1 设备组成及原理

1.QZ2013型强震动加速度计

QZ2013型力平衡加速度传感器是由中国地震局工程力学研究所、北京腾晟桥康科技有限公司联合研发的具有自主知识产权的精品传感器。此传感器为三分量输出的力平衡加速度计，主要用于桥梁、机械设施、水坝、楼房、山地斜坡等地震和工程振动监测或测试。（见图2-16）

力平衡加速度传感器具有灵敏度高、低频性能好、低功耗等优点。QZ2013型力平衡加速度传感器由敏感元件和处理电路组成。敏感电路元件采用德国的高性能磁缸；处理电路采用了高稳压芯片和滤波芯片。QZ2013型力平衡加速度传感器的敏感元件是附加在可动质量上的可变电容器。可动质量模块通过两个对称的簧片与仪器支架相连,可动质量与簧片构成一个典型的弹簧——振子系统。可动质量上有一个双面开口环状电极(动片),动片的上下各有一个与其平行的、相同形状的固定极板(定片),这三个极板构成了传感器的敏感元件——可变电容。可动质量的下面连着一个施加平衡力的线圈,线圈正好落在一个环形磁隙中,磁隙的磁场由新型强磁材料钕铁硼永磁铁提供。

图2-16　QZ2013型强震动加速度计

QZ2013型力平衡加速度传感器技术指标如表2-4所示。

表2-4　QZ2013型力平衡加速度传感器技术指标

指标名称	技术参数
测量范围	±2.0g、±4.0g(可定制)
传感器原理	动圈换能式力平衡加速度计
加速度分辨率	0.000002g
灵敏度	1～3V/g
频率响应	0～200Hz
动态范围	≥125dB
线性度误差	≤1%
横向灵敏度比	≤1%(包括角偏差)
噪声均方根值	≤10^{-6}g
防护等级	IP68(可在水下长期使用)
零点漂移	≤300ug/℃
运行环境	温度-30～+75℃

2. 强震记录仪

G01NET-3型强震记录仪是一款带有LCD触摸屏,具有监测数据同步采集、现场存储、数据实时上传功能的动态数据采集仪。这款采集仪具有3/6个转换精度为24bit的模拟量输入通道;支持GPS、北斗、上位机网络对采集仪进行校时。此采集仪可选择配置电池和短信模块,数据远程传输时需要配置一个串口服务器或者4GDTU。(见图2-17)

强震记录仪外接三向加速度计,加速度计输出的是电压信号,记录仪需要把电压信号采集转化为加速度值。若加速度值达到设置的阈值,记录仪就把此段数据保存并分析。

图2-17　强震记录仪

强震记录仪的主要技术参数如表2-5所示。

表 2-5 强震记录仪的主要技术参数

指标名称	技术参数 G01NET-3
输入通道数量	3通道(默认单端输入,支持差分输入)
输入量程及分辨率	－10～10V/0.005mV
采样位数	24位
采样频率	1～2000Hz(各通道完全同步)
存储容量及存储格式	存储容量:标配 16G SD 卡,数据存储格式:TXT、EVT、SEED
短信报警功能	短信报警(此功能需要单独购买)
数据传输	支持 UDP、TCP/IP Client、TCP/IP Server 三种通信方式;默认为 TCP/IP Server;可以采用 4GDTU 传输数据
显示功能	带 LCD 显示屏,带触摸(可设置息屏)
动态范围	≥120dB
授时	支持 GPS、北斗、上位机网络
供电	DC12V;自带电池为 20AH
功耗	10.5W
尺寸($L \times W \times H$)	310mm×310mm×210mm
输入阻抗	1MΩ
外部接口	2个串口,2个 USB 口
工作温度	温度:－35～＋70℃ 湿度:≤90%
触发截止频率	软触发,默认为 20Hz,可设置
现场数据存储触发模式	幅值、电平、STA/LTA、定时触发

3.强震数据实时处理软件

数据实时处理软件是由中国地震局工程力学研究所和北京腾晟桥康科技有限公司联合开发的工程地震动与振动监测软件。工程地震动与振动监测软件是一套工程地震动监测、工程振动安全监测的专业性系统,集数据采集、数据分析、智能报警于一体的产品。此监测系统具有地震数据分析、结构振动安全分析等三十多种数据分析功能。

(1)多台采集仪的数据远程实时接收、分析、显示、保存;

(2)对接收到的数据实时进行峰峰值、有效值、均值、主频率值的分析和数据库存储;

(3)具有强震事件触发功能,对触发后的地震动数据自动保存且按时间命名地震动数据文件;

(4)地震事件发生后,自动按照相关地震监测标准生成地震动数据高级分析报表,自动计算各监测点的触发时间、烈度值、最大加速度值、最大位移值、地震持续时间长度等强震、微震事件的基本信息;

(5)可进行地震动事件的基本信息查询和工程振动特征值的历史数据查询;

(6)具有短信自动报警功能,实现各监测点的地震动烈度值、最大加速度值的速报;

(7)具有邮件自动传输地震动事件数据文件、地震动数据高级分析报表;

(8)仪器工作状态查询;

(9)短信、邮件定时报告系统运行状态;

(10)具有工程振动特性分析功能;

(11)具有工程振动强度与振动疲劳趋势评估等工程安全评估功能;

(12)可以与南瑞、基康、南自等国内知名厂商开发的大坝安全监测系统软件进行联动;

(13)可远程导出和删除数据。

4. 强震数据专业分析软件

点击强震数据实时处理软件中的"工程地震动与振动信号分析",可以起动一套专业的数字分析处理软件,软件具有如下分析功能:

(1) 提供丰富的频域分析;
(2) 提供丰富的时域分析;
(3) 提供一些专业振动测试的高级分析;
(4) 提供地震反应谱分析;
(5) 提供依据我国环境振动规范编写的环境振动自动分析功能;
(6) 提供结构模态分析;
(7) 形成 Word 报告。

第 3 章

发电电动机

发电电动机是抽水蓄能电站实现电能和机械能相互转化的核心设备,因其在发电工况时作发电机使用,在抽水工况时作电动机使用,故称为发电-电动机(简称发电电动机)。和单一功能的水轮发电机(通常称为常规水轮发电机,简称常规机组)相比,发电电动机具有大容量、高转速、双向旋转、频繁启停、过渡过程复杂、设计制造难度大、需要专门起动措施等特点。

呼蓄电站发电电动机为三相、立轴、悬式(具有上、下导轴承)、空冷、可逆式同步电机,其中上导与推力采用的是推导联合轴承方式。机组额定转速为 500r/min,额定工作水头为 521m。

发电机采用无外加电动风机的轴向混合通风方式,风由转子的扇风作用产生,对发电电动机进行循环冷却,风洞内定子机座周围设置 6 台空冷器,冷却水由机组技术供水提供。

发电机机变单元采用联合单元接线,发电机出口设置一台 SF6 高压断路器;发电机中性点通过变压器接地;机组制动采用电气/机械混合制动的方式。

发电电动机三维模型如图 3-1 所示。

3.1 发电电动机工作原理

发电电动机是既可做发电机也可做电动机的同步电机。发电电动机的定子绕组中通有对称三相交流电流时,定子将产生一个以同步转速推移的旋转磁场。稳态下,转子也以同步转速旋转,定子旋转磁场与直流励磁的转子主磁场总是保持相对静止,两者相互作用并产生电磁转矩,实现机电能量转换。作为一种凸极同步电机,发电电动机在电磁原理上本身就是可逆的,在功率圆图上的运行范围也扩大到四象限。发电电动机运行在哪一种工况,主要取决于定子合成磁场与转子主极磁场间的夹角 δ(功率角)。

图 3-1 发电电动机三维模型

3.1.1 发电机电气原理

作发电机用时,当励磁绕组通以直流电源后,电机内就会产生磁场,若水轮机带动转子转动,即磁场与定子线棒之间有相对运动,就会在定子线棒中感应出交流电势。当这些线棒联成三相绕组,则可在绕组出线端产生交流电动势,该交流电动势的频率 f 取决于电机的磁极对数 p 和水轮机转速 n,即:

$$f = pn/60 \text{ (Hz)}$$

由于我国电力系统中规定交流电的频率为 50Hz,而本电站水泵水轮机转速为 500r/min,故同步电机磁极对数为 6 对。

同步电机工作在发电工况时,转子主极磁场超前于定子合成磁场,即功率角 δ>0,此时转子上将受到一个与其旋转方向相反的制动性质的电磁转矩 T_e,为使转子能以同步转速持续旋转,转子必须从原动机(水轮机)输入驱动转矩 T_1,此时,转子输入机械功率,定子绕组向电网或负载输出电功率。

3.1.2 电动机电气原理

作同步电动机运行时,在定子三相绕组加以交流电,三相交流电流通过定子绕组时就会在电机内产生一旋转磁场,当转子上的励磁绕组加上励磁电流,旋转磁场就带动转子,并按旋转磁场的转速来旋转,这时转子的转速 n 取决于电机的磁极对数 p 和交流电频率 f,即:

$$n = 60f/p \quad (\text{r/min})$$

由于电机磁极对数已定,而系统频率 f 为 50Hz,所以转子带动水泵的转速 n 保持在 500r/min。

同步电机工作在电动工况时,转子主极磁场滞后于定子合成磁场,即功率角 $\delta < 0$,此时转子上将受到一个与其旋转方向相同的驱动性质的电磁转矩 T_e,此时,定子绕组从电网吸收电功率,转子拖动负载而输出机械功率。

由于可逆式水泵水轮机作为水轮机和水泵运行时旋转方向是相反的,相应的发电电动机也需双向旋转(俯视机组,顺时针为发电方向,逆时针为抽水方向)。为此,需要转换相序,所以发电电动机出口加装相应的换相设备(PRD)。

呼蓄电站发电电动机性能参数见表 3-1。

表 3-1 发电电动机性能参数

项 目		参 数
型式		三相、立轴、悬式(具有上、下导轴承)、空冷、可逆式同步电机
额定容量	发电工况	334MVA
	电动工况	320MW
额定电压		18kV
调整范围		5%
额定功率因数	发电工况	0.9
	电动工况	0.975(吸收有功,发送感性无功)
额定频率		50Hz
短时工作频率		49.5~50.5Hz
额定转速		500r/min
绝缘等级		F
额定效率不小于	发电工况	98.64%
	电动工况	98.76%
加权平均效率不小于	发电工况	98.50%
	电动工况	98.73%
临界转速		904r/min
飞逸转速		723r/min
分离转速		525r/min
极数		12
定子铁芯内径		4670mm
定子铁芯外径		5970mm
铁芯总长度/有效长度		2930mm/2360mm
槽数		171

续表

项　目		参　数
每极每相槽数		4.75
支路数		3
电抗	X_d(饱和值)saturated	0.1
	X_d(不饱和值)unsaturated	0.108
	X'_d(饱和值)saturated	0.26
	X'_d(不饱和值)unsaturated	0.3
	X''_d(饱和值)saturated	0.19
	X''_d(不饱和值)unsaturated	0.22
	X_q	0.75
	X'_q	0.75
	X''_q	0.21
	X_2	0.19
	X_0	0.09
时间常数(s)	T_a	0.48
	T''_{d0}	0.19
	T'_{d0}	11
	T'_d	3.1
	T''_{q0}	0.37
	T'_{q0}	无
	T_{q0}	0.37
X''_q/X''_d		接近1并≤1.05
短路比		1.01
气隙长度		43mm
极距		1223mm
空气冷却器	型号	散热管
	制造厂	GEA
	产地	安徽芜湖
	台数	6
	材料	Cu
	设计压力	2.4MPa
	试验水压/时间	3.6MPa/30min
	尺寸(长×宽×高)	2600mm×2000mm×315mm
	重量	2000kg
	冷却水量	11700L/min
	冷却器压降	0.1MPa
冷却水管路及部件	设计压力	2.4MPa
	试验水压/时间	3.6MPa/30min

续表

项　目		参　数
推力/上导轴承油冷却器	台数	2
	型式	管型
	材料	Cu
	冷却水压	2.4MPa
	冷却器压降	0.019MPa
	最大承压	3.6MPa
	试验水压/时间	3.6MPa/30min
	重量	2600kg
	冷却水量	3166L/min
	尺寸(长×宽×高)	4000mm×900mm×900mm
下导轴承油冷却器	台数	1
	型式	管型
	材料	Cu
	冷却水压	2.4MPa
	冷却器压降	0.01MPa
	最大承压	3.6MPa
	试验水压/时间	3.6MPa/30min
	重量	160kg
	冷却水量	283L/min
	尺寸(长×宽×高)	2000mm×230mm×230mm
推力轴承损耗/最小油膜厚度		805kW/69μm
推力轴承油槽油量		10000L
下导轴承油槽油量		800L
推力轴承温度	额定工况时推力轴承温度	75℃
	飞逸转速时推力轴承温度	90℃
	冷却水中断15min时推力轴承温度	90℃
导轴承温度	额定工况时导轴承温度	75℃
	飞逸转速时导轴承温度	90℃
	冷却水中断15min时导轴承温度	90℃

续表

项　目		参　数
高压注油泵	油泵型式	柱塞泵
	台数	1＋1
	油泵压力	20MPa
	油泵流量	15L/min
	油泵电动机额定功率	15kW
	额定电压	380V
	尺寸(长×宽×高)	1500mm×900mm×550mm
	重量	150kg
推力轴承外循环油泵	油泵型式	齿轮泵
	台数	1＋1
	油泵压力	0.2MPa
	油泵流量	1900L/min
	油泵电动机额定功率	35kW
	额定电压	380V
	尺寸(长×宽×高)	1600mm×500mm×500mm
	重量	460kg
	推力外循环系统外形尺寸（长×宽×高）	600mm×500mm×500mm
机械制动装置	制动器使用方式(合用、单独设置)	单独设置
	油泵型式	柱塞泵
	台数	每机组2台
	油压	60MPa
	油泵电动机额定功率	33kW
	油泵电动机额定电压（交流/直流）	380V/220V
	爪式制动器数目	2
	刹车片材料和成分	无石棉复合材料
	20％～25％额定转速下制动不少于____次	1100～950
	5％额定转速下制动不少于____次	5000
	制动柜外形尺寸（长×宽×高）	1000mm×500mm×1000mm

续表

项　目		参　数
顶转子装置	油泵型式	柱塞泵
	台数	1
	油压	500bar
	油泵电动机额定功率	1.1kW
	油泵电动机额定电压(交流)	380V
	顶起吨位	80t
发电机消防系统	基本原理	水喷雾灭火
	喷头个数	40
	工作水压范围	<0.3MPa
	烟感探测器数量	12
	温感探测器数量	12
	耗水量	2100L/min

3.2　发电电动机的组成

发电电动机主要由定子、转子、上机架、下机架、上导推力轴承、下导轴承、制动装置、高压油减载系统、灭火系统、通风冷却系统、空间加热器、粉尘吸收装置、油雾吸收装置、油水管路系统、蠕动监测装置、中性点接地装置等组成。

3.2.1　定子部分

定子是发电电动机产生电磁感应、进行机械能与电能转换的主要部件。定子主要由机座、铁芯、绕组、端箍、铜环引线、基础板及基础螺栓组成。

1.定子机座

定子机座是发电电动机定子的主要结构部件,主要功能是固定定子铁芯,如图3-2所示。定子机座采用钢板焊接结构,具有足够的强度和刚度,能承受定子绕组短路时产生的切向力和半数磁极短路时产生的单边磁拉力,同时还能承受各种运行工况下的热膨胀力,以及额定工况时产生的切向力和定子铁芯通过定位筋传来的100Hz交变电磁力。定子机座出厂时分两瓣运输,定子机座、铁芯及绕组均在安装间现场组装方式完成。为了保证铁芯装压质量和机座刚度,采用下端为大齿压板的结构。为适应定子铁芯的热变形,定子机座由8块锚固在混凝土基础上的基础板支撑着,基础板埋入混凝土中,由地脚螺栓固定,在基础板和定子机座之间采用了径向键,使铁芯在热膨胀时不会对机座产生过大的压应力,引起铁芯产生变形。

呼蓄电站定子机座为立式、多边形、分瓣、斜立筋机座。立式电机机座用以固定定子铁芯和支承上机架,对悬式电机还要支承推力轴承,因此,在机座结构上增加轴向立筋来加强机座的刚度,以满足结构的需要。从承受轴向作用力考虑,机座环板间的立筋与上机架支臂相对应,同时也与定子基础板相对应,中环板间的支撑钢管沿圆周等距分布,并与鸽尾筋相对应。为了增加大型发电电动机定子机座的刚度,消除因定子铁芯合缝引起的电机磁路的不平衡而导致的发电机振动,以及加强定子铁芯刚度,定子机座厂内分瓣制造加工,运到工地后通过小合缝板将机座

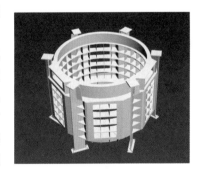

图3-2　定子机座

把合成整圆,然后再将机座环板焊接在一起,使机座形成一个整圆,从而增强机座刚度。立筋是定子机座的主要支撑元件,机座各环板通过立筋连接组合。立筋分为内部立筋、外部立筋、上部立筋、闭环立筋和主立筋,均使用不同厚度的 Q235B 钢板。

2. 定子铁芯

定子铁芯是定子的重要部件,也是发电电动机磁路的主要组成部分。它由扇形冲片、通风槽片、定位筋、上齿压板、下齿压板、拉紧螺栓及托板等零件组成,如图 3-3 所示。定子铁芯是用硅钢片冲成扇形冲片叠装于定位筋上的,定位筋通过托板焊于机座环板上,并通过上齿压板、下齿压板用拉紧螺栓将铁芯压紧成整体而成。铁芯也是固定绕组部件,发电机运行时,铁芯将受到机械力、热应力及电磁力的综合作用。

发电电动机定子铁芯冲片采用低损耗($50Hz,B=1.5T$ 时单位损耗为 $2.5W/kg$)、高导磁率、无时效、机械性能优质的无取向冷轧硅钢片,两面涂以绝缘漆,绝缘漆的单面厚度不小于 $0.006mm$,铁芯片分特殊片、普通片及通风片三种类型,厚度 $0.5mm$。硅钢片是一种含碳量很低的薄型钢板,为了得到可行的低磁滞损耗,在特殊控制条件下进行生产。一般纯铁不适用于交变磁场中,主要是因为其电阻率小,会引起大的涡流损耗。加入硅元素后,由于硅与铁形成固溶体型合金,因而提高了电阻率。硅钢片就利用电阻率增加和减少厚度方向引起的涡流损耗两个措施来降低损耗。

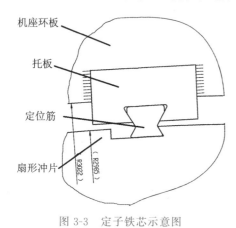

图 3-3 定子铁芯示意图

定子铁芯叠片全部交错迭制,并采用多段分层压紧法。为了减少铁芯振动,端部冲片采用粘结技术,叠片时先在定位筋鸽尾处涂一薄层二硫化钼。叠片的叠压系数为 0.96,叠片的压紧通过控制压紧螺栓的力矩扳手的力矩来加以控制。最后一次压紧应在距铁芯顶部约 100mm 处进行。

定子叠片上、下两端用非磁性齿压板固定,齿压板的型式可以保证铁芯热膨胀后有足够的活动裕度。铁芯的固定方式为穿芯螺杆固定压紧结构,并通过 T 型定位筋固定于定子机座上。穿心螺杆采用高强度冷拉圆钢,并保持与铁芯冲片的绝缘,防止引起定子铁芯冲片的短路。定位筋用方钢加工而成,定位筋的主要功能是固定扇形冲片,其形状像鸽尾,又称为鸽尾筋,这种结构在定子铁芯与焊于机座上的托板之间有一定间隙,以适应铁芯的热膨胀,防止在承受相应的扭矩及径向磁拉力下形变。齿压板由压板和齿压片组成,是固定铁芯的主要零件,铁芯的轴向压紧力是通过齿压板及拧紧螺母机拉紧螺栓而产生并维持的。定子铁芯中通风沟均匀分布,通风沟采用 5mm 矩形断面的不锈钢撑条,每层通风沟的矩形撑条在轴向上下对齐,使气流畅通,并减少风损。

3. 定子绕组

定子绕组是构成发电机的主要部件,属于发电机的导电元件,也是发电机产生电作用必不可少的零件。

呼蓄电站定子绕组为单匝、双层、叠绕,三分支,即双层叠绕组式,"3Y"形连接。定子绕组的绝缘为 IEC60034 规定的"F"级绝缘。定子线棒绝缘使用真空加压浸渍的方法,使绝缘和线棒成为无空隙的严密而均匀的整体。绝缘经加热能产生适量的弹性,使线圈具有无损伤地放入线槽或取出的性能。线棒为成型的,并具有互换性。线棒主绝缘的单边厚度为 4.5mm,槽内的线棒与铁芯之间的单侧闸隙不超过 0.2mm,其长度不超过 50mm。绕组的端部、槽部、槽口和连接线被牢固地支撑和固定着,使之在频繁起动和各种工况下以及非正常运行下不产生振动、位移和变形。绕组所有的接头和连接采用了银-铜焊接工艺,端部绝缘采用环氧浇注。定子槽楔及垫条的绝缘等级均为 F 级。定子槽数为 171 槽。中性点引出线及主引出线有三个引出端,在风洞内有可拆卸的连接装置,以便将引出线和外部连接断开供试验等用,连接端头镀银,以满足多次拆接的需要。

3.2.2 转子部分

发电电动机转子由转轴、磁轭、磁极等部件组成。

磁极铁芯使用高强度薄钢板冲片,磁极冲片采用多T尾结构固定在磁轭上,并采用渐缩键使其紧固。每台机组转子有6对磁极。

1. 转轴

转轴主要承受机组转动部分的质量和水推力产生的拉应力、转矩产生的剪应力和单边磁拉力引起的弯曲应力。呼蓄电站的转轴为分段轴结构形式,轮毂主要连接瓶型轴和下端轴,采用12颗M120螺栓固定。瓶型轴由轮毂与支臂焊接而成,中空,支臂为12块,呈辐射状态,支臂上、下端部设有转子配重块支撑板,转轴有足够的强度和刚度,以承受运行中可能出现的扭矩、磁极和磁轭的重力矩、自身的离心力等的作用。

2. 磁轭

转子磁轭是发电电动机磁路的组成部分,也是固定磁极的结构部件。发电电动机的转动惯量主要由磁轭产生。磁轭分为整体磁轭和叠片磁轭,整体磁轭一般通过键或热套等方式与转轴连成一体,叠片磁轭由扇形片交错叠成并用拉紧螺栓紧固成一体。磁轭承受由磁轭本身和磁极离心力产生的切向力。

呼蓄电站发电电动机转子磁轭为叠片磁轭,叠片磁轭由磁轭冲片、通风槽片、磁轭拉紧螺栓、磁轭压板、磁轭键等零部件组成,采用层间交错一定极距并正反向叠片的方式,通过磁轭拉紧栓紧固成一个整体。为增大风量和提高风量分布的均匀性,在磁冲片片间留有一定数量的径向通风隙。通风隙的数量与磁轭冲片的大小和叠片方式有关。磁轭通过键与转子支架相连接。

磁轭采用高强度的优质合金钢板,以满足在最大飞逸转速下磁轭端面上产生的平均拉应力不大于材料屈服应力的3/4。

磁轭叠片每层4片组成一个整环,冲片厚度4mm。磁轭堆叠"A循环"为两层冲片作为一个基本层,六层为一个基本循环,一个循环结束后又反向开启下一个循环,整个"A循环"为12层,A循环高度12×8mm=96mm。磁轭堆叠"B循环"为单层冲片作为一个基本层,六层为一个基本循环,一个循环结束后又反向开启下一个循环,整个"B循环"为12层,B循环高度12×4mm=48mm。"1/2B循环"为B循环的一个基本循环,共6层,高度6×4mm=24mm。磁轭堆叠共计30个"A循环"、3个"B循环"、4个"1/2B循环"和2层磁轭片,总高度3128mm。

磁轭分六段,分别叠压,在叠压的最初200mm时,使用定位销代替磁轭压紧螺杆,超过200mm后使用压紧螺杆,磁轭下端的压紧螺杆应与产品螺母点焊牢固,在叠压过程中上端部使用工具螺母,叠压完成后使用产品螺母,每次叠压应使用4层磁轭冲片,以防止压紧磁轭时,拉紧螺杆失稳。第一段压紧长度为636mm,第二段压紧长度为1136mm,第三段压紧长度为1636mm,第四段压紧长度为2136mm,第五段压紧长度为2636mm,第六段压紧长度为3128mm。磁轭叠压后,2100N·m力矩将拉紧螺杆螺栓拉伸值达到2.3~2.7mm。

磁轭与瓶型轴之间通过磁轭键紧固,将磁轭加热至与瓶型轴产生0.9mm间隙后,将磁轭键打紧到0.8mm,切割后在上、下端部安装磁轭键锁定板,锁定板用螺钉和销子固定。

3. 磁极

磁极是发电电动机产生磁场的主要部件,又属于转动部件,磁极主要由磁极铁芯、磁极线圈、阻尼绕组等部件构成。呼蓄电站发电电动机组磁极共12只,对称分布在磁轭圆周上,磁极长度为3202mm。

磁极线圈是由矩形铜排拼焊而成,为散热匝结构,采用紫铜排,其纯度不得低于99.95%,磁极绕组连接采用"U"形紫铜软接头连接。磁极分为三种型号,分别是单号磁极、双号磁极和边磁极。磁极线圈示意图如图3-4所示。

磁极铁芯由磁极冲片、压板、拉紧螺杆、阻尼绕组等组成。采用矩形高强度薄板钢冲片,通过T尾结构、磁极键与磁轭固定。(见图3-5)

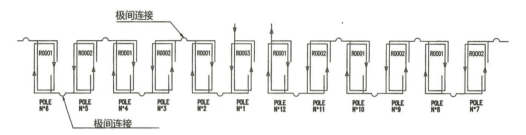

图 3-4 磁极线圈示意图

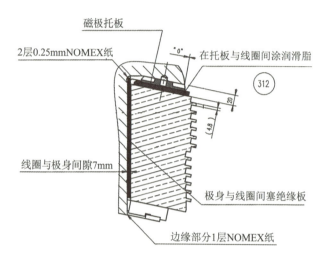

图 3-5 磁极铁芯示意图

阻尼绕组由纵向阻尼条和横向阻尼环组成,阻尼条和阻尼环用银铜焊连接,阻尼环间采用多层紫铜片制成的连接片柔性连接,用螺栓紧固。

为保障磁极线圈与铁芯的绝缘,磁极铁芯周身包裹 NOMEX 纸,磁极极靴垫绝缘的磁极拖板,磁极线圈与极身间隙塞浸胶毛毡绝缘垫,磁极线圈压紧后采用环氧树脂及金属压板配合锁定,以上措施可保障磁极线圈绝缘,同时保证磁极线圈与磁极铁芯的固定。磁极线圈与极身间隙为 7mm。

呼蓄电站#1 发电电动机组的磁极与磁轭使用磁极楔块固定,其他机组使用磁极键固定。在磁极楔块固定方式下,磁极在旋转过程中,承受巨大离心力,靠磁极自身的离心力将磁极背部楔紧限位,实现磁极的固定,磁极楔块设置在磁极上下两端。在磁极键固定方式下,磁极键设置在磁极 T 尾底部,可使用 T 尾处的垫片调整定子、转子的气隙。磁极挂装后,应预留一部分键条长度,在机组过速试验后再次打键切割,磁极键距离铁芯 T 尾的高度小于 150mm。

3.2.3 机架

发电电动机机架根据布置位置分为上机架和下机架,是发电电动机安置推力轴承、导轴承、制动器等的支撑部件,承受机组推力负荷以及转子径向机械不平衡力和因定子、转子间气隙不均匀而产生的单边磁拉力。(见图 3-6)

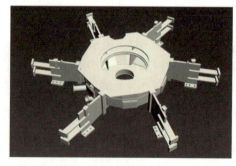

图 3-6 发电电动机机架

呼蓄电站上机架为斜支臂型,当温度发生变化时,这种型式的机架径向热变形阻力小,传递到基础上的受力也小,同时机架受力时中心体绕中心旋转,同心度保持得好,不会影响导瓦间隙,保证了运行稳定性。上机架由中心体和 6 个斜支臂组成,斜支臂下部靠支墩固定在定子机座斜筋板上,径向固定在机坑壁上。其主要作用有两个,一是支撑转动部件重量和水推力产生的轴向负荷,二是在上导轴承高程为轴系提供径向支撑。上机架重量为 45.5t。

呼蓄电站下机架为一多边形结构,中心体内设置下导轴承,通过基础板用地脚螺栓固定于机坑基础上。下机架的主要作用是为轴系在下导轴承高程提供径向支撑,另在检修时顶起过程中支撑发电电动机和水泵水轮机转动部分的重量。

3.2.4 上导推力轴承

推力轴承承载发电电动机所有转动部分的重量,包括抽水工况下的轴向水推力,主要由卡环、轴承支撑、推力轴瓦、镜板、推力头等部件组成。推力轴承采用12块巴氏合金分瓦、镜板和推力头相互分开的结构,具有均匀的承载力。轴承能够补偿荷载变化及温度应力造成的变形,并保持一定的油膜厚度,推力轴承在额定转速时为自润滑系统,它可不断地为润滑面提供恒定的低温油流。(见图3-7)

上导轴承与推力轴承为组合式结构,采用12块钨金瓦,用于承受机组运行时的各种径向力。发电机推力轴承与上导轴承位于发电机上机架中心体内。

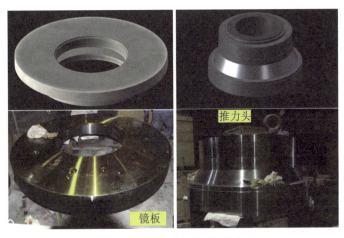

图3-7 发电电动机镜板、推力头

发电电动机上导轴承与推力轴承采用外加泵外循环冷却方式,设计流量为3167L/min。推力轴承与上导轴承共用一个油槽,两台外加油泵,外循环冷却系统位于母线层发电机风洞外围,冷却方式由循环泵将油槽内油抽出至外循环装置,经技术供水冷却后回至推导油槽内。两台泵的动力电源分别取自机组自用盘的两段。

3.2.5 下导轴承

发电机下导轴承位于下机架中心体内,主要作用是承受机组运行时产生的径向不平衡力,使发电机的轴线运行在规定范围内。下导轴承由8块钨金瓦组成,采用自循环的冷却方式,设有1台冷却器,流量为283L/min。

发电机上导轴承、推力轴承、下导轴承均为油浸式,正常运行时有较宽的油位变化范围,静止时油面在导轴承瓦轴向长度1/2以上。

3.2.6 通风冷却系统

通风冷却系统采用的是无外加电动风机的轴向混合通风方式。上部冷空气经定子机座上部进入,通过定子线圈上端部,下部冷空气经定子机座与基础板间进入,然后通过定子线圈下端部,这两股冷空气分别进入转子的顶部和底部,并由转子轮辐的自泵风扇作用,使空气进入磁轭风沟。冷却空气通过转子线圈、气隙、定子铁芯通风沟进入定子机座,然后进入定子机座的热空气被导入空气冷却器,经空气冷却器后,又开始重新循环。

3.2.7 空间加热器

风洞内设有6台电加热器,用于防止机组停机时机坑内由于潮湿引起的结露。电加热器布置在发电机底部，定子绕组下方。设有1个带电接点温度信号计，用于控制加热器投退。电加热器有手动、切除、自动三种控制方式，控制箱在风洞外围。

3.2.8 粉尘吸收系统

发电机集电环室内设有一套粉尘吸收装置，用于除去机组运行时碳刷摩擦及机械制动时产生的粉尘。粉尘吸收系统由除尘器、集尘罩及相关管路组成。

3.2.9 发电机中性点接地装置

发电机中性点采用经变压器接地方式，位于母线层发电机风洞外围。这一方式可改变接地电流的相位，加速泄放回路中的残余电荷，促使接地电弧自熄，从而降低弧光间隙接地过电压，同时可提供足够的电流和零序电压，使接地保护可靠。动作中性点设备柜内主要包括单相隔离开关、电流互感器、中性点接地变压器及连接于二次侧的接地电阻器等设备。

接地变压器为单相干式、50Hz、自冷、户内、防潮、环氧树脂浇注铜绕组型。一次侧额定电压为18kV，二次侧额定电压为500V，额定容量为80kVA。

第4章 水泵水轮机

4.1 水泵水轮机概述

呼蓄电站共有4台混流可逆式水泵水轮机机组，♯1、♯3机组由美国通用电气公司生产，♯2、♯4机组由东方电机集团有限公司生产（使用美国通用电气公司技术）。水泵水轮机型式为立轴、单级、混流可逆式，从发电电动机俯视转轮的旋转方向：水轮机工况为顺时针旋转，水泵工况为逆时针旋转。水泵水轮机的拆装方式采用上拆方式。（见图4-1）

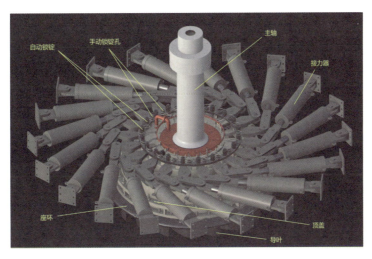

图4-1 水泵水轮机

4.1.1 作用

水泵水轮机的主要作用是进行能量转换。当水泵水轮机发电时，上水库的水向下水库流动，水流的势能及动能转化为水轮机转轮的旋转机械能，水轮机转轮通过主轴带动发电机转子旋转，将水轮机的旋转机械能转化为电能。当水泵水轮机抽水时，来自电网的电能使发电电动机转子旋转，转子通过主轴带动水泵水轮机的转轮旋转，使水泵水轮机将下水库的水抽至上水库，由此便实现了电能到水的势能的转换。

4.1.2 工作原理

水轮机是水电厂的重要设备之一，它是一种将水能转换为机械能的机器。现代水轮机依据其利用水能的方式的不同，可以分为冲击式水轮机和反击式水轮机两大类。

反击式水轮机主要是利用水流的压能（势能）来做功。反击式水轮机转轮区内的水流在通过转轮叶片流道时，始终是连续充满整个转轮的有压流动（所以反击式水轮机导水机构必须是封闭的），并在转轮空间曲面形叶片的约束下,连续不断地改变流速的大小和方向,从而对转轮叶片产生一个作用力,驱动转轮旋转;同时转轮给水流一个反作用力,让水流向相反方向流动。当水流通过水轮机后,其动能和势能(反击式水轮机是将水流的势能和动能转化为机械能,其中势能是主要的,但还是存在动能的)大部分被转换成转轮的旋转机械能。

根据水流经过转轮的方向的不同,反击式水轮机可以分为混流式、轴流式、贯流式等几种型式。在反击式水轮机中,水流在转轮内的方向是与转轮的旋转方向相反的,这可能就是它被命名为反击式的原因。

冲击式水轮机主要是依靠高速水流(动能)冲击转轮叶片而推动水轮机旋转做功的。冲击式水轮机的转轮始终处于大气中,来自压力钢管的高压水流在进入水轮机之前已经被水嘴转变成高速自由射流,该射流冲击转轮的部分轮叶,并在轮叶的约束下发生流速大小和方向的急剧改变,从而将其动能大部分传递给轮叶,驱动转轮旋转(在冲击式水轮机的引水机构中,水流的势能和动能是都存在的,只不过全部被水嘴转化为动能了)。在射流冲击轮叶的整个过程中,射流内的压力基本不变,为大气压(所以冲击式水轮机导水机构是开放的)。

按照射流冲击转轮的方式不同,冲击式水轮机主要有水斗式、斜击式、双击式三种型式。在冲击式水轮机中,水流在转轮内的方向是与转轮的旋转方向相同的。这就是两种水轮机最直观的区别。呼蓄电站的水轮机型式为混流式水泵水轮机,其工作原理为反击式水轮机工作原理。

4.1.3 特点

双向旋转:水泵水轮机是转轮正向旋转时作为水轮机使用,反向旋转时作为水泵使用的可逆式水力机械。水泵水轮机是抽水蓄能电站的特有动力设备。水泵水轮机与反击式水轮机的适用水头范围基本一致。其过流部件的几何形状与水轮机的有所不同,但是主要部件和结构在许多方面是相仿的。

尺寸较大:为满足水泵和水轮机两种运行工况的要求,水泵水轮机比相同水头和容量的水轮机尺寸大。与常规的混流式水轮机比较,在同样水头和转速条件下可逆式水泵水轮机的转轮直径大,为常规水轮机的1.3～1.5倍,叶片长,类似于离心泵的叶轮。实际上,可逆式水泵水轮机转轮就是以离心泵叶轮为基础发展而成的。

过渡过程工况复杂:抽水蓄能机组运行工况多,在工况转换过程中要经历各种复杂的水力、机械和电气瞬态过程,在这些瞬态过程中,机组的相关部件将发生比常规水电机组大得多的受力和振动,因而对整个电机的设计提出了更严格的要求。

4.2 设备参数

水泵水轮机主要由转轮、座环、蜗壳、顶盖、底环、主轴、主轴密封、水导轴承、泄流环、导叶和导水机构、导叶接力器、机坑里衬、尾水管及其辅助设备等组成。

4.2.1 水轮机的设备参数

水泵水轮机各参数见表4-1。

表4-1 水泵水轮机各参数

名称	单位	参数
		ALSTOM机组
型式		立轴,单级混流可逆式
台数	台	4
水轮机出口直径	mm	1911
水泵出口直径	mm	3880

续表

名称		单位	参数
			ALSTOM 机组
运行水头	最大毛水头	m	585
	额定水头	m	521
	最小毛水头	m	503
水轮机额定容量		MW	306
水泵额定容量		MW	320
水轮机额定流量		m³/s	66.19
水泵额定流量		m³/s	不小于 40
水轮机最大连续运行出力		MW	338
水泵最大连续运行出力		MW	333
相应发电机 COSφ＝1 时的水轮机最大出力		MW	
额定转速		r/min	500
比转速		m·kW	111
吸出高度		m	－75
装机高程		m	1280
水轮机旋转方向			俯视，顺时针旋转
水泵旋转方向			俯视，逆时针旋转
蜗壳型式			金属蜗壳
尾水管型式			弯肘型
水导轴承油槽用油量（单机）		m³	
水轮机轴与发电机轴连接界面高程		m	
水轮机层高程		m	1282.8
水轮机安装高程		m	1280
蜗壳层高程		m	1275.7
尾水管层高程		m	1270.0
导水机构	底环	个	4
	顶盖	个	4
	接力器	个	4×20
	固定导叶	个	4×20
	活动导叶	个	4×20
	水导轴承	个	4
	转轮叶片	个	4×9
	平压管	个	4×6

续表

名称		单位	参数
			ALSTOM 机组
接力器	接力器数	个	20
	接力器最大行程	mm	315
	直径	mm	210
	容积:关闭侧	dm³	78.8(对一个接力器而言)
	容积:开启侧	dm³	90.6(对一个接力器而言)
	最大油压	MPa	6.4
	试验油压	MPa	9.6
	密封形式:杆侧		V 形橡胶密封
	密封形式:活塞侧		U 形盘根橡胶密封
主轴		mm	外径 980
		mm	内径 300
主轴密封	密封水压		
	平均密封直径	mm	1440
	环的材料		Chromium Oxyd e
	旋转速度(正常工况)	rpm	500
	转环材料		X4CrNi Mo 16-5-1
	转环的瓣数	个	2
检修密封	空气压力	MPa	1.5
	密封类型		橡胶

4.2.2 水轮机的工作参数

水轮机的工作参数是表征水流通过水轮机时水流能量转换为转轮机械能过程中的一些特性数据。水轮机的基本工作参数主要有水头、流量、出力、效率、转速。

1. 水头 H

水轮机的水头(亦称工作水头)是指水轮机进口和出口截面处单位重量的水流能量差,单位为 m。对于反击式水轮机,进口断面取在蜗壳进口处Ⅰ—Ⅰ断面,出口取在尾水管出口Ⅱ—Ⅱ断面。列出水轮机进、出口断面的能量方程,如图 4-2 所示,根据水轮机工作水头的定义可写出其基本表达式:

$$H = E_{\mathrm{I}} - E_{\mathrm{II}} = \left(Z_{\mathrm{I}} + \frac{P_{\mathrm{I}}}{\gamma} + \frac{\alpha_{\mathrm{I}} V_{\mathrm{I}}^2}{2g}\right) - \left(Z_{\mathrm{II}} + \frac{P_{\mathrm{II}}}{\gamma} + \frac{\alpha_{\mathrm{II}} V_{\mathrm{II}}^2}{2g}\right) \tag{4-1}$$

式中: E——单位重量水体的能量,m; Z——相对某一基准的位置高度,m; P——相对压力,N/m² 或 Pa; V——断面平均流速,m/s; α——断面动能不均匀系数; γ——水的重量,其值为 9810N/m³; g——重力加速度,9.81m/s²。

计算时常取 $\alpha_{\mathrm{I}} = \alpha_{\mathrm{II}} = 1$, $\alpha V^2/2g$ 称为某截面的水流单位动能,即比动能,m; P/γ 称为某截面的水流单位压力势能,即比压能,m; Z 称为某截面的水流单位位置势能,即比位能,m。 $\alpha V^2/2g$、P/γ 与 Z 的三项之和为某水流截面水的总比能。

水轮机水头 H 又称为净水头,是水轮机做功的有效水头,其示意图如图 4-2 所示。上游水库的水流过进水口拦污栅、闸门和压力钢管进入水轮机,水流通过水轮机做功后,由尾水管排至下游,在这一过程中,产生水头损失 Δh。上、下游水位差值称为水电站的毛水头 H_g,其单位为 m。因而,水轮机的工作水头又可表

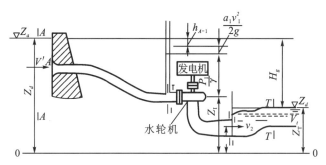

图 4-2 水轮机的水头示意图

示为

$$H = H_g - \Delta h \tag{4-2}$$

式中：H_g——水电站毛水头，m；Δh——水电站引水建筑物中的水力损失，m。

毛水头与净水头的区别在于：毛水头是坝体上、下游水体的水位差，净水头是水轮机进口和出口水体的能量差；毛水头是静态的，净水头是动态的。当机组运行时，毛水头和净水头都是存在的；当机组停机时，水体不流动了，间断了，净水头就不存在了，可势能依然存在，毛水头就存在。从式(4-2)可知，水轮机的水头随着水电站的上、下水库水位的变化而改变，常用几个特征水头表示水轮机水头的范围。特征水头包括最大水头 H_{max}、最小水头 H_{min}、加权平均水头 H_a、设计水头 H_r 等，这些特征水头由水能计算给出。

(1) 最大水头 H_{max}，是允许水轮机运行的最大净水头。它对水轮机结构的强度设计有决定性的影响。

(2) 最小水头 H_{min}，是保证水轮机安全、稳定运行的最小净水头。

(3) 加权平均水头 H_a，是在一定期间内(视水库调节性能而定)，所有可能出现的水轮机水头的加权平均值，是水轮机在其附近运行时间最长的净水头。

(4) 设计水头 H_r，是水轮机发出额定出力时所需要的净水头，这个值是在电站设计时根据水库和水文资料等确定的一个值。

水轮机的水头，表明水轮机利用水流单位机械能的多少，是水轮机最重要的基本工作参数，其大小直接影响着水电站的开发方式、机组类型以及电站的经济效益等技术经济指标。

2. 流量 Q

水轮机的流量是单位时间内通过水轮机某一既定过流断面的水流体积，常用 Q 表示，常用的单位为 m^3/s。在设计水头下，水轮机以额定转速、额定出力运行时所对应的水流量称为设计流量。

3. 转速 n

水轮机的转速是水轮机转轮在单位时间内的旋转次数，常用 n 表示，常用单位为 r/min。当机组带负荷运行时，因某种原因甩掉负荷，而导叶又刚好失灵不能关闭时，机组的转速将急速增加，此时能达到的最高转速就是飞逸转速。在水头最大、导叶开度最大时的飞逸转速被称为最大飞逸转速。

4. 出力 P 与效率 η

水轮机出力是水轮机轴端输出的功率，常用 P 表示，常用单位为 kW。

水轮机的输入功率为单位时间内通过水轮机的水流的总能量，即水流的出力，常用 P_n 表示，则

$$P_n = \gamma Q H = 9.81 Q H \text{（kW）} \tag{4-3}$$

由于水流通过水轮机时存在一定的能量损耗，所以水轮机出力 P 总是小于水流出力 P_n。水轮机出力 P 与水流出力 P_n 之比称为水轮机的效率，用符号 η_t 表示，即

$$\eta_t = P/P_n \tag{4-4}$$

由于水轮机在工作过程中存在能量损耗，故水轮机的效率小于 1。由此，水轮机的出力可写成

$$P = P_n \eta_t = 9.81 Q H \eta_t \text{（kW）} \tag{4-5}$$

水轮机将水能转化为水轮机轴端的出力，产生旋转力矩 M 用来克服发电机的阻抗力矩，并以角速度 ω

旋转。水轮机出力 P、旋转力矩 M 和角速度 ω 之间有以下关系式：
$$P = M\omega = M2\pi n/60 \text{ (W)} \tag{4-6}$$
式中：ω——水轮机旋转角速度，rad/s；M——水轮机主轴输出的旋转力矩，N·m；n——水轮机转速，r/min。

4.2.3 水轮机的模型试验参数

水轮机制造厂可通过模型试验来检验原型水力设计计算的结果，优选出性能良好的水轮机，为制造原型水轮机提供依据，向用户提供水轮机的保证参数。水电设计部门可根据模型试验资料，针对所设计的电厂的原始参数，合理地进行选型设计，并运用相似定律，利用模型试验所得出的综合特性曲线，绘出水电站的运转特性曲线，为运行部门提供发电依据。又鉴于原型水轮机的现场试验规模庞大，测量（主要是流量）不易准确，费用颇高而且影响发电生产，故国际电工委员会（IEC）于 1999 年发布了标准文件《IEC 60193：1999 水轮机、蓄能泵和水泵水轮机模型验收试验》，规定了可以用模型试验对真机进行验收。这种验收方式在其他产业部门还是不多的。水电厂运行部门可根据模型水轮机试验资料，分析水轮机设备的运行特性，合理地拟定水电厂机组的运行方式，提高水电厂运行的经济性和可靠性。当运行中水轮机发生事故时，也可以根据模型的特性分析可能产生事故的原因。表 4-2 为水泵水轮机模型试验相关数据及附属设备参数。

表 4-2 水泵水轮机模型试验相关数据及附属设备参数

序号	项目	参数
1	水泵水轮机模型试验有关数据	
(1)	模型试验参数	
	模型转轮水轮机工况出口直径	250mm
	模型转轮水轮机工况进口直径	507.6mm
	水轮机工况效率试验水头	50m
	水轮机工况空化试验水头	50m
	水泵工况试验扬程范围	45～60m
	水轮机工况试验转速范围	1075～1270r/min
	水泵工况试验转速范围	1200r/min
	水温	20℃
(2)	试验台参数	
	水轮机工况试验水头范围	30～150m
	水轮机工况试验流量范围	0～0.9m³/s
	水泵工况试验扬程范围	20～65m
	水泵工况试验流量范围	0.2～0.4m³/s
	模型转轮水轮机工况出口直径范围	200～350mm
	测流方式	涡轮流量计
	测功电机功率	360kW
	测功电机转速	1200r/min
	水泵功率	360kW
(3)	测量精度	
	水头精度	0.10%～0.15%
	流量精度	0.15%～0.20%
	转速精度	<0.04%

续表

序号	项目	参数
	力矩精度	<0.05%
	综合精度	0.15%～0.25%
2	**水泵工况空化**	
	初生空化系数不大于	0.184
	临界空化系数不大于	0.130
	原型水泵水轮机所需最小淹没深度(导叶中心线至下水库最低水位高程差)	75m
3	**机组俯视旋转方向及转速**	
	水轮机旋转方向	顺时针
	水泵旋转方向	逆时针
	机组额定转速	500 r/min
4	**可靠性**	
	水泵水轮机无故障连续工作时间(MTTF)不小于	18000h
	水泵水轮机可用率不低于	99%
5	**比转速**	
	水轮机工况最优比转速(相应的净水头____m)____m·kW	(580m) 94m·kW
	额定水头521m额定输出功率306MW时水轮机比转速	111.1m·kW
	水泵工况最优比转速	29.75m·m³/s
6	**转轮**	
	水轮机工况进口直径	3880mm
	水轮机工况出口直径	1911mm
	最大外径	3920mm
	转轮总高度	1100mm
	转轮进口高度	330mm
	转轮进口中心线至下环下沿高度	760mm
	叶片数	9
	材料	ASTM A743 CA6NM
	最大许用应力,正常	151MPa
	最大许用应力:异常	366MPa
	转轮重量	28t
	水泵起动或调相时压水到转轮中心线以下	2.8m
	压水充气空间体积	14.5m³
	转轮在空气中旋转时,蜗壳内压力高于转轮室压力	0MPa
	转轮在空气中旋转时,总漏气量不大于	1380L/min
7	**主轴**	
	材料	ASTM A668 gr E
	最大许用应力:正常	73.75MPa
	最大许用应力:异常	196.7MPa
	主轴长度	5370mm
	主轴直径	985mm
	主轴法兰直径	1655mm

续表

序号	项目	参数
	主轴重量	36.8t
	临界转速	907r/min
8	主轴密封	
	主轴密封材料	碳精块
	主轴密封型式	水力静压轴向密封
	主轴密封冷却与润滑水量	300L/min
	主轴密封冷却与润滑水压	1.0~2.4MPa
	主轴检修密封用压缩空气	
	最高气压	1.5MPa
	最低气压	1.2MPa
	用气量	50升/次
	主轴密封供水增压泵	
	型号	离心泵
	流量	300L/min
	压力	0.4MPa
	台数	2台
	电动机型号	鼠笼式
	额定功率	5kW
	额定电压	380V AC
	额定转速	1500r/min
	主轴密封漏水量不大于	120L/min
	主轴密封使用寿命不小于	≥16000h
9	止漏环	
	转动止漏环材料	ASTM A743 CA6NM
	转动止漏环材料硬度	250 HB
	固定止漏环材料	Cu Al 10 Fe Ni 5
	固定止漏环材料硬度	200 HB
	止漏环冷却水量(转轮在空气中旋转时)	1300L/min
	冷却水水压	1.7MPa
10	导轴承	
	型式	瓦块
	材料	
	最低许用应力:正常	
	最低许用应力:异常	
	尺寸	1400mm
	重量	8.22t
	用油量	0.5m³
	转轮进口中心线至导轴承中心高度	1400mm
	冷却方式(内冷或外冷)	外部冷却
	冷却用水量	600L/min

续表

序号	项目	参数
	冷却器设计压力	2.4MPa
	冷却器压降	0.1MPa
	试验水压	3.6MPa
	试验时间	30min
	冷却器外形尺寸	设计阶段提供
	增压泵台数	2台
	增压泵功率	11kW
	增压泵尺寸	400mm×200mm×400mm
11	**座环**	
	材料	S 500Q＋N
	最大许用应力：正常	146.6MPa
	最大许用应力：异常	293MPa
	最大外径	6121mm
	内径	5079mm
	高度	330mm
	固定导叶数	20个
	重量	63.7t
	分瓣数	2个
	座环对基础轴向力	设计阶段提供
	设计压力	8.83MPa
12	**底环**	
	材料	S355 J0＋N
	最大许用应力：正常	115MPa
	最大许用应力：异常	230MPa
	最大外径	5020mm
	内径	2015mm
	高度	1100mm
	重量	53.5t
	分瓣数	联络会确认
	单件尺寸(长×宽×高)	5020mm×5020mm×1100mm
	单件重量	53.5t
13	**泄流环**	Na
	材料	
	最大许用应力：正常	
	最大许用应力：异常	
	最大外径	
	内径	
	高度	
	重量	

续表

序号	项目	参数
14	顶盖	
	材料	S355 J0+N
	最大许用应力：正常	115MPa
	最大许用应力：异常	230MPa
	最大直径	5610mm
	内径	1630mm
	高度	1900mm
	重量	105.3t
	分瓣数	2个
	单件尺寸（长×宽×高）	5610mm×2805mm×1900mm
	单件重量	52.6t
	排水设备	
	排水泵型号	
	扬程	20m
	流量	0.02m³/s
	电动机型号	
	电机功率	5kW
	电压	380V AC
	台数	2台
15	导叶	
	材料	ZG06Cr13Ni4Mo
	最大许用应力：正常	183.3MPa
	最大许用应力：异常	366.7MPa
	导叶带轴尺寸（长×宽×高）	2335mm×340mm×295mm
	导叶高度	330mm
	导叶分布圆直径	4531mm
	导叶个数	20个
	导叶重量	1000千克/个
	导叶操作机构总重（包括导叶、导叶臂等）	33.5t
16	接力器	
	材料	
	最大许用应力：正常	
	最大许用应力：异常	
	型式	双作用
	数量	20个
	尺寸（长×宽×高）	450mm×350mm×350mm
	工作容积	13升/个
	操作容量	83 N·m
	接力器活塞直径	210mm
	接力器行程	315mm
序号	项目	参数

续表

序号	项目	参数
	设计压力	6.3MPa
	试验压力	9.45MPa
	试验时间	30min
	重量	0.3t
17	蜗壳	
	材料	ADB610D
	最大许用应力:正常	166MPa
	最大许用应力:异常	333.3MPa
	蜗壳进口直径	2000mm
	蜗壳进口中心线到机组中心线距离	4076mm
	外形尺寸	设计阶段提供
	+X	5180mm
	+Y	3900mm
	−X	4340mm
	−Y	4680mm
	重量	140t(含座环重量)
	蜗壳对基础轴向力	设计阶段提供
	入口厚度	60mm
	末端厚度	25mm
	运输分瓣数	3个
	单件尺寸(长×宽×高)	8620mm×5340mm×2255mm 8490mm×4400mm×2555mm 3100mm×2545mm×2545mm
	单件重量	60t
	设计压力	8.83MPa
	试验压力	13.24MPa
	蜗壳座环水压试验设备	
(1)	闷头	
	材料	ZG20MnSi
	最大许用应力	163.3MPa
	重量	8.5t
(2)	封堵装置	
	材料	16MnR
	最大许用应力	173.3MPa
	件数	1件
	重量	20t
(3)	高压试验泵	
	型号	
	流量	10L/min
	压力	13.5MPa

续表

序号	项目	参数
	台数	1台
	电动机型号	鼠笼式
	额定功率	7kW
	额定电压	380V AC
	额定转速	1500r/min
18	尾水管	
	材料	16MnR/S135
	最大许用应力:正常	
	最大许用应力:异常	
	尺寸(长×高)	23316mm(长:从水轮机轴线)×8200mm(高:含尾水锥管)
	出口	5000mm
	重量	82.6t
	运输分件数	5(联络会确认)
	单件尺寸(长×宽×高)	锥管 3900mm×φ3100mm 肘管 6100mm×3500mm×2800mm 第一段 6100mm×φ3220mm 第二段 6100mm×φ3970mm 第三段 8316mm×φ5000mm
	单件重量	锥管 9t 肘管 9t 扩散段 61.5t
19	水泵水轮机机坑里衬	.
	材料	Q235A
	内径	7500mm
	壁厚	12mm
	高度	7350mm
	重量	30t
20	机坑内起吊设施	
	起重量	1.5t
	电动机型号	鼠笼式
	电动机功率	1.5kW
	电动机电压	380V AC
21	水泵水轮机总重	609t

4.3　水泵水轮机的组成

水泵水轮机主要由转轮、顶盖、水导轴承、主轴密封、活动导叶、座环、主轴、蜗壳、尾水管和底环组成。

4.3.1 转轮

转轮由上冠、叶片、下环、泄水锥、止漏装置和减压装置组成,如图4-3和图4-4所示。转轮与主轴采用9个M90的螺栓连接,通过9个φ135的圆柱销传递扭矩。泄水锥焊接在上冠的中心下方,用来引导水流,避免水流经叶片流出后互相撞击,减少水力损失,提高水轮机效率。转轮叶片安装在上冠和下环之间,按圆周均匀分布,转轮叶片数为9片,叶片的作用是直接将水能转换为机械能,是转轮最主要的部件,其断面为流线型。转轮下环的作用是增加强度和刚度,与上冠形成过流通道。在上冠和下环分别装有上止漏环和下止漏环,每个止漏环又分别由转动环和固定环组成,其固定部分分别安装在顶盖和泄流环上。止漏环的作用是阻止漏水损失,按其间隙形状分为间隙式、迷宫式、梳齿式和阶梯式四种,呼蓄电站的止漏环采用的是迷宫式。

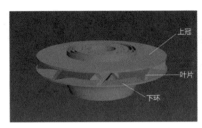 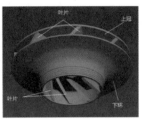

图4-3 转轮结构示意图

图4-4 转轮实物图

转轮的结构:水泵水轮机的转轮为单级、混流可逆式,采用不锈铸钢ZC06Cr13Ni4Mo铸焊结构,转轮直径为3864.2mm,转轮最大外圆尺寸为3890.25mm,转轮高度为1225mm,转轮总重量为28t。在转轮上冠靠近叶片根部处均匀布设9个φ30mm的排气孔(孔口位于两个叶片之间),作为水泵工况起动或机组调相工况时排气充水通道。在上冠和下环直径差不多相等的位置设计加工有上、下止漏环,止漏环直接在转轮上加工而成,与其相对应的固定止漏环则用螺栓分别连接在顶盖与泄流环上。上、下止漏环的直径相差不多,主要是为了减少机组运行时的轴向水推力。顶盖和泄流环上的止漏环由铸铜铝合金制造,并能拆下更换,正常发电和抽水时由流道内的水冷却,在调相运行时,由于转轮室内充满空气,需另外提供冷却水来冷却止漏环。

作为水泵水轮机的核心部件,转轮特性好坏直接关系到电站的效益和安全运行。转轮特性主要包括能量特性、汽蚀(空化)特性、压力脉动特性、四象限特性等,此外,还有飞逸特性、水推力特性、导叶水力矩特性、水泵零流量特性等。

4.3.2 顶盖

顶盖采用钢Q345C材料瓣制造,具有足够的刚度和强度,顶盖分2瓣,采用双法兰结构与座环连接,加强其结构刚度,如图4-5和图4-6所示。顶盖与座环通过78个M100的螺栓连接,用4个φ50的圆柱销定位。顶盖止漏环为梳齿式整体结构,材料为铸造铝青铜,采用34个M30的螺杆固定在顶盖本体上,另用10个φ30的圆柱销定位。在顶盖区域有以下管道:顶盖平压管、顶盖回水排气管、顶盖上止漏环冷却水供水管、顶盖潜水泵排水管及主轴密封回水排气管。顶盖下环板开有缺口,共设有4个顶盖自流排水孔和2个15°倾斜自流排水孔,将从转轮室漏出的水排至集水井。顶盖内还设有水位信号器及报警装置和2套自动控制的电动排水泵(1套工作,1套备用)。排水泵的启停由机坑内的水位信号器自动控制并排至厂内集水井。另外,顶盖上4个方位装设有4个检查孔,用于机组检修和安装时,通过检查孔检查转轮与顶盖固定止漏环之间的间隙。

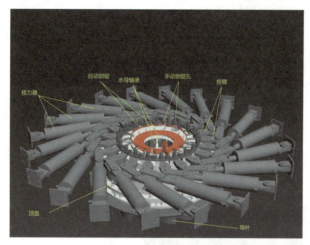

图4-5　顶盖结构示意图

图4-6　顶盖实物图

顶盖的作用：顶盖与底环一起形成过流通道，防止水流上溢，支承水导轴承、主轴密封、上迷宫环、检修密封、导水机构、导叶、抗磨板等，并承受主轴的径向作用力、轴向水推力及过渡过程中的波动压力。顶盖上设有减压孔和均压装置，其中均压装置由6根连接顶盖和尾水锥管的均压管组成，主要作用是使下游水压（尾水管水压）和转轮上冠处水压（转轮室水压）相等，从而减小顶盖和转轮上冠腔的压力，进而减小轴向水推力。

4.3.3　水导轴承

水导轴承由轴承座、轴瓦、轴承油箱底板、外油箱、内油箱、轴瓦支撑、轴承盖框架、轴承盖、球形挡块、推力块、调节螺杆、斜楔、测油位尺、油位信号器、空气滤清器、油箱盖组成。

水导轴承的作用：承受由主轴传来的径向力（由转动部分不平衡的重量、水力不平衡、尾水管压力脉动、电磁拉力不平衡引起），限制机组大轴的径向摆动，在大轴与水导瓦瓦面之间形成一层永久油膜。（见图4-7）

图4-7　水导瓦实物图

水导轴承的结构原理：水导轴承为分块、可调整、稀油润滑、多轴瓦油式轴承。水导轴承共有水导瓦10块，轴瓦紧靠着主轴轴领，固定在轴承支撑上，它还可以通过球面支钉来实现自动调心，通过楔形键来实现间隙调整。瓦面与大轴形成能满足发电和抽水两个旋向的楔形口，在机组运行时，能够形成"油楔"，保证轴瓦与大轴不直接接触，避免发生干摩擦。油箱内装有轴承润滑油，箱内壁置于主轴和轴领之间，可以防止油的泄漏。下挡油桶用螺栓紧固在轴承支撑上，在箱盖上有一道密封槽，可以防止油和气体的泄漏。在特殊工况下，轴承有可能出现干摩擦，一旦发出油温过高的监测信号，机组将自动停机，所以不会导致轴承损坏。水导冷却系统工作原理：水导瓦和轴领均浸没在内油盆中，当机组起动后，轴领的旋转搅动油盆内的油，紧贴轴领的油因惯性被带动并甩出，形成一个抛物面。当旋转速度达到一定值时，油盆上方会产生负压，形成类似虹吸泵的效果。润滑油在虹吸作用下沿瓦面楔形流道上升至内油盆上部，随后聚集并流入外油盆。外油盆底部设有水轮机方向和水泵方向的排油管，润滑油在油泵和重力的作用下进入油/水热交换器进行冷却。冷却后的油通过供油管和充油管进入轴瓦底部，完成冷却和润滑作用，最后润滑油回流至内油盆，形成循环。

水导轴承的冷却方式：外加泵外循环方式，强迫油外循环，对导轴承进行冷却，即水导冷却器为外置式，利用两台水导外循环油泵强迫油进行外循环冷却。

4.3.4 主轴密封

主轴密封装置可分为两种。一种是机组正常运行时所使用的密封（水轮机、水泵和停机工况下，防止流道内的水进入顶盖；在调相工况时防止压缩空气从转轮室逸出），称为工作密封。

另一种是机组检修时所使用的密封，称为检修密封（空气围带）。检修密封为径向空气围带式，通过向围带通入压缩空气，使之膨胀并抱紧转动部件，从而阻止水上涌。

1. 主轴工作密封

工作密封为动态水压自补偿型轴向密封，由抗磨板（见图 4-8(a)）、密封环（见图 4-8(b)）、浮动环、压紧弹簧、炭精密封块、支撑环组成。抗磨板的材料为不锈钢板，固定在主轴下法兰上。密封环的材质为 CESTIDUR 超高分子量聚合物树脂材料，密封环整圈由 4 个扇形块组成，扇形块之间采用凹凸槽连接，以弥补温差变形量。密封环分为内、外两圈密封面，中间为密封水均压槽。密封环固定在浮动环上，与抗磨板组成一对摩擦副。浮动环可上下浮动，向下运动可以自动补偿密封块的磨损量；如果机组发生抬机，浮动环可以与转动部件随动上移，避免密封环与抗磨板研死或烧损。

工作方式：主轴密封供水采用降压供水和加压供水两种方式。降压供水方式为旋流器降压供水，水源取自压力钢管；加压供水方式为增压泵加压供水，配有两台增压泵，一台工作，一台备用，并可以手动切换优先权。供水水源取自低压供水总管，两种供水方式共用两个滤水器。正常停机时采用旋流器降压供水，正常供水压力为 1.2~1.4MPa；机组运行时采用旋流器降压供水，同时增压泵加压供水，正常供水压力为 1.5~1.7MPa。

(a)抗磨板　　　　　　(a)密封环

图 4-8　抗磨板和密封环

工作原理：主轴密封是自衡型，密封周围不同压力的水和气会对密封块有一个力的作用，它可以在密封盘根和抗磨环之间形成一层水膜。这种密封结构为机械装配型，密封使用经过 100 微米过滤器过滤后的清洁水进行冷却润滑。冷却润滑水由浮动环上部供水管向密封块供水，同时向支持环与浮动环之间的平衡腔供水，使浮动环均匀地压向抗磨板。冷却水通过供水管流进炭精密封块沟槽，在密封块与抗磨板之间建立一层水膜，流体静压轴承将旋转抗磨环与静止密封块分开，使它们不发生直接摩擦，从而减少磨损和热量。密封水压力始终高于被封介质（水或气）的压力是密封系统工作成功的关键因素之一。冷却润滑水的压力高于顶盖上冠处水的压力，这样一来：①可以对表面起到润滑作用；②可以减少发热损失；③可以防止脏水进入密封槽。在冷却过程中，有一部分冷却润滑水顺着转轮方向进入上冠，另一部分进入水箱，水箱内的水由于重力作用流至积水井。此密封系统在密封块和转动环之间充满清洁水，可以防止来自流道里的脏水进入，损伤密封部件。在机组停机时，密封供水仍不能停，除非尾水管已经没水或者检修密封已经投入使用，密封托架对密封块有一个力的作用，此力是压缩弹簧、密封供水水压力以及移动装置重力等几项的合力。

2. 主轴检修密封

组成：由检修密封上/下座、弹性圆柱销、不锈钢特殊螺栓、不锈钢锥销、不锈钢压环、橡胶空气围带（由橡胶堵头和内嵌块组成）及控制操作表盘等构成。检修密封上座与内顶盖相连，下座与工作密封的抗磨环组成一个环形腔，该腔中安装空气围带，同时限制空气围带的活动范围。表盘上布置有一个小型储气罐、安全阀、投退密封的手动/自动回路等。（见图 4-9）

工作方式：主轴检修密封设在工作密封下方，工作压力为 1.8MPa，额定工作压力为 1.32MPa，最大工作

图 4-9 检修密封

压力为 2.0MPa，是靠空气围带充中压空气来实现的，气源取自全厂中压气系统，在停机但不排除尾水管存水的情况下投入，以便于拆卸和更换工作密封。在开机之前，必须检查围带是否已撤出，以免在机组起动时，损坏围带。

工作原理：检修密封由中压气系统投入密封供气后，空气围带在气压力的作用下被均匀地挤向大轴（主轴），抱紧、紧贴大轴上的抗磨环，密封住尾水；在退出密封供气后，橡胶的空气围带能够自动恢复回原位。压缩空气不能漏进主轴密封的密封腔，同时密封腔的水也不能进入围带的气腔，否则会使围带退不出来，开机后损坏围带。主轴检修密封只能手动投退。严禁在机组未停稳时投入检修密封，这样会磨损用橡胶材料制造的空气围带。

4.3.5 活动导叶

活动导叶由抗磨蚀和抗空蚀性能好的镍铬不锈钢材料 ZG06Cr13Ni4Mo 整体铸造成型。导叶轴和导叶本体一起铸造，导叶有足够的刚度和强度，导叶过流表面型线适合水轮机和水泵两种工况的水流流态，表面光滑，水力损失小。导叶立面采用金属密封，上、下端面均用间隙密封。上、下端面的间隙为 0.3mm，此端面间隙主要用于消除水环。导叶轴承采用自润滑材料 ORKOT 制造，导叶两端设有可靠的导叶轴密封，阻止水进入导叶轴承。导叶轴承包括三个导轴承以及止推轴承，三个轴承的中心线在同一铅垂线上。止推轴承允许对导叶进行垂直方向的调整，防止导叶在各种工况运行时与抗磨板之间的接触。（见图 4-10）

导叶通过 3 个 φ32mm 的圆柱销传递扭矩，连杆为双连板式，通过偏心销进行长度微调。在导叶全开全关位置设有限位块，以起到导叶限位的作用。为使导叶可靠地固定在关闭位置，顶盖上设置有安全可靠的自动锁定装置，同时设置了一套手动操作的接力器开启位置锁定装置。该装置仅在维护工作时用，以保证人员安全。

导叶的作用是切断水流，通过开关导水叶以达到控制机组的流量、调节机组出力的效果。

4.3.6 座环

座环为上、下环板及固定导叶焊接结构，其上、下环板采用抗层状撕裂钢板 S500Q-Z35 制造，固定导叶采用高强度钢板 S500Q 制造。座环与顶盖之间用 78 颗 M100 的螺栓连接。座环和蜗壳之间采用焊接方式。座环的作用是形成水道，支承顶盖和底环。座环内装有 20 个固定导叶，用于传递力，增加刚度。在对称的两个固定导叶中开有排除顶盖积水的孔。（见图 4-11）

  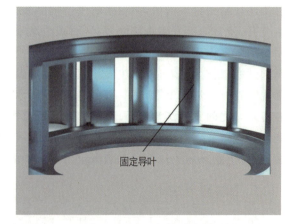

图 4-10 活动导叶实物图　　　　　　　　图 4-11 座环机构示意图

4.3.7 主轴

水泵水轮机主轴为双法兰带轴领的传统结构，内轴径为 φ350mm，外轴径为 φ985mm，采用优质合金钢

ASTM A668 Gr E 材料整体锻造,有足够的强度和刚度,能够承受在任何工况条件下可能产生的作用在主轴上的扭矩、轴向力和水平力,并满足临界转速时主轴应力的要求。水轮机轴与发电机轴之间采用 18 个 M80 销子螺栓连接并传递扭矩。转轮与主轴之间采用 9 个 M90 螺栓连接,通过 9 个 φ135 的圆柱销传递扭矩。为安装水导油盆,在距离轴下端法兰上端面 1340mm 位置处设置环形凸台。主轴中心设有一个直径为 0.35m 的通孔,用于检查主轴的内部情况。(见图 4-12 和图 4-13)

图 4-12 主轴示意图

图 4-13 主轴实物图

4.3.8 蜗壳

蜗壳采用 ADB610D 钢板制造,蜗壳进口直径为 2000mm,金属包角为 345°。蜗壳的设计压力不小于 900m,腐蚀余量为 2mm。蜗壳能单独承受各种运行工况下可能发生的最大水压力。蜗壳的作用是在水轮机工况下形成环量,使水流均匀地流向转轮,改善水力性能;在水泵工况下,用来收集水流并建立水压。(见图 4-14)

从蜗壳进口(入口)往上游至主进水阀伸缩节为蜗壳延伸段,延伸段上游侧与伸缩节用法兰连接,其下游侧与蜗壳进口焊接,中间设有外开式进人门。在蜗壳延伸段的最低处设有排水孔,用于检修机组时,将蜗壳中的积水排到尾水管中。延伸段的最高处还设有蜗壳排气阀接口,用于装设蜗壳排气阀,以保证在蜗壳充水时能够及时排出蜗壳内部的空气,排气管接至集水井。另外,在蜗壳两个断面上分别设有高低压测孔,用于测量水轮机工况流量;在蜗壳进口圆柱段部分的两个断面分别设置有 2 个测压孔,以测量水泵水轮机的净水头、扬程和压力脉动,实现水泵水轮机的优化运行。

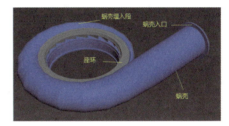

图 4-14 蜗壳结构示意图

4.3.9 尾水管

尾水管是水力流道的一部分,包括如下部件:尾水锥管、肘管里衬、尾水管扩散段里衬(所用材料为钢 16MnR)、进人门及其测量排水管路系统等。(见图 4-15)

尾水管直锥上设有尾水管进人孔,通过该孔进入尾水管检查转轮或者尾水事故闸门的检修。为了便于检查,设有一个安装在尾水锥管内的拆卸平台。这个平台由梁组成,梁插入尾水锥管的凹槽内,形成网状框架,上面铺木地板。

尾水管的作用是形成水道,水轮机工况时还用来形成动态真空,回收水的动能,并把水引向下游。

4.3.10 底环

底环由钢板焊接而成,通过螺栓与座环下部紧固连接。底环上设有 20 个活动导叶下部轴承及止推轴承,各轴承的中心线与顶盖上导叶轴承中心线垂直同心。底环上的 20 个导叶下部轴承安装孔底端均设有排水管接口,以便将导叶下部渗漏水通过座环上的活动导叶排水口排至集水井。为减少水力损失,在底环上

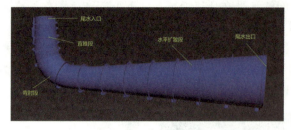

图 4-15 尾水管结构示意图

与转轮下止漏环相应的位置设有铸铜铝合金材料阶梯形状的下止漏环。下止漏环位置中心根据机组盘车后转轮的中心位置进行调整；下止漏环在调相时亦需提供冷却水，也装有专用测温装置测量其运行时的温度。为防止底环上部生锈，可安装有整体结构的不锈钢抗磨环。

在底环下部，因为压力比较低，为增加其抗气蚀性能，需安装一个不锈钢泄流环，其上设置有测压孔，以监测泄流环与转轮之间的压力和压力脉动。测压孔用不锈钢制造。

底环的作用是与顶盖等设备形成转轮室，支撑下止漏环、泄流环、导叶、底环抗磨板等。

4.4 水泵水轮机全特性及过渡过程

4.4.1 基本概念

1. 过渡过程

水力-机械过渡过程是指水力机组由一种工况转换到另一种工况的瞬态的或短时间的变动过程。过渡过程的主要特征表现在水泵水轮机组和引水系统的水力和机械参数及工况的变化上。

水泵水轮机的过渡过程可以是有控的，如水轮机工况和水泵工况的起动、停机和正常增减负荷；可以是部分有控的，水轮机甩负荷和水泵失去动力后的导叶紧急关闭；也可能是失控的，如甩负荷或失去动力后的导叶拒动情况。

水泵水轮机的过渡过程是决定抽水蓄能电站稳定的关键因素，在一定程度上决定蓄能电站的主要参数和规模，因此在确定水泵水轮机过渡过程参数时，也应考虑其对整个电站经济效益的影响。

2. 全特性

水轮机在各种正常工况和过渡工况下的全部特性称为全特性。

3. 常规水轮机的特性曲线

特性曲线用以表示水轮机的特性，是用其参数间的关系曲线来表示的。几何参数，如转轮直径 D_1 和导叶开度 a_0 等；运动参数，如转速 n、流量 Q、水头 H、效率等。

水轮机综合特性曲线如图 4-16 所示，其中图 4-16(a) 为水头-功率综合特性曲线，图 4-16(b) 为水头-流量综合特性曲线，这些特性曲线都可绘制在一个象限上。

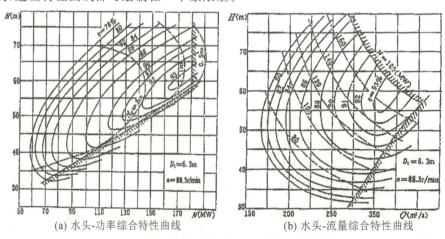

(a) 水头-功率综合特性曲线　　(b) 水头-流量综合特性曲线

图 4-16 水轮机综合特性曲线

4.4.2 水泵水轮机的转轮

可逆式水泵水轮机的转轮的作用是在水泵工况下,把机械能转化为水的压力能(势能),在水轮机工况下,把水的压力能转化为机械能。普通的水轮机的转轮反转作泵运行时,其性能是不理想的,主要反映在泵工况效率太低;而离心泵在作水轮机工况和水泵工况运行时,其性能都很好,效率相差也不多。因此,目前抽水蓄能电站的混流可逆式水泵水轮机,就是由离心水泵配以适当数目的活动和固定导叶发展而来的。为了同时满足水泵和水轮机两种工况的良好性能,它和常规水轮机有以下不同:①转轮较矮;②直径大;③叶片数目少,如呼蓄电站的转轮只有9个叶片;④由离心泵转化而来,流道长,离心力大,流量下降快;⑤水泵工况效率高。(见图4-17)

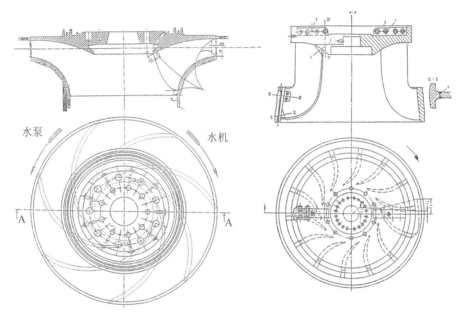

图 4-17 水泵水轮机与常规水轮机比较

4.4.3 水泵全特性

正如水泵水轮机是由离心式水泵发展而来的一样,水泵水轮机的全特性也是从水泵的应用中提出来的,为了便于理解,我们先来看水泵的全特性。

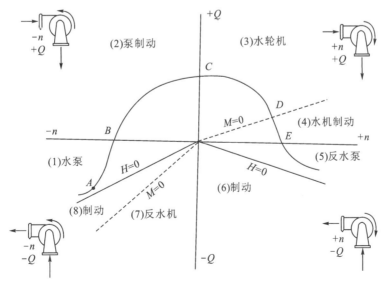

图 4-18 水泵全特性曲线

考虑一台由低处向高处有固定扬程的水泵,突然失去动力,水流在很短的时间内失去惯性并反向流动,如图 4-18 所示,而水泵及电机还在原机械惯性作用下按原转向旋转,并在反向水流的作用下使转速下降至零后反向旋转,最终达到飞逸转速,此时,水流力矩为零。如果此时给轴输入功率,则水流力矩将成为阻力矩,即进入水轮机制动区。如果再增加吸收功率,则水流将发生反向流动,即向上游抽水,称为反水泵。如果在图 4-18 上增加 $H=0$ 和 $M=0$ 两条线及 n-Q 坐标系,则构成了水泵的全特性曲线,也称四象限特性曲线,其中有 8 个工况区,即水泵、水泵制动、水轮机、水轮机制动、反水泵、反水泵制动、反水轮机、反水轮机制动等。如果考虑水轮机工况下各参数取为正值,则有:

水泵: $\qquad H>0, M>0, Q<0, n<0$;

水泵制动: $\qquad H>0, M>0, Q>0, n<0$;

水轮机: $\qquad H>0, M>0, Q>0, n>0$;

水轮机制动: $\qquad H>0, M<0, Q<0, n>0$;

反水泵: $\qquad H>0, M<0, Q<0, n>0$;

反水泵制动: $\qquad H<0, M<0, Q<0, n>0$;

反水轮机: $\qquad H<0, M<0, Q<0, n<0$;

反水轮机制动: $\qquad H<0, M>0, Q<0, n<0$。

由于正常情况下,水头不可能为负值,因此,后面 3 个区无实际意义,一般只考虑前 5 个区,只把它们作为研究对象。

4.4.4 水泵水轮机全特性

如果把上述的坐标系改为单位参数 n_{11}~Q_{11}、M_{11},并作不同开度下泵工况失电所做的曲线组合,就形成了水泵水轮机的全特性曲线,包括流量特性曲线和转矩特性曲线,如图 4-19、图 4-20 所示,国内习惯把水轮机工况放在第一象限,国外则多把水泵工况放在第一象限。

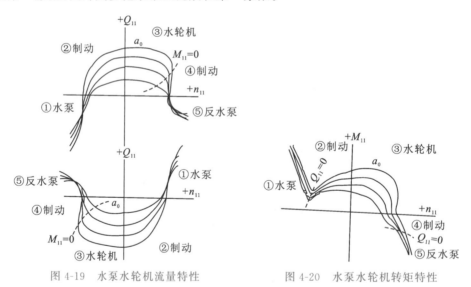

图 4-19 水泵水轮机流量特性　　图 4-20 水泵水轮机转矩特性

转矩特性和流量特性的位置是对应的,在泵工况与水泵制动工况的交界线上流量为零,此时,泵工况的力矩也最小,故各开度的 M_{11} 值在此处都出现凹槽。由转矩特性曲线还可以看出,水泵水轮机的最大力矩发生在正水泵区和反水泵区,因此,事故情况下应尽量避免机组进入反水泵区太深。另外,在制动区,水流虽然和旋转方向相反而发生冲击,但产生的机械力矩并不大。

4.4.5 水泵水轮机"S"特性曲线

在 Q_{11}~n_{11} 曲线上,中、高比转速水轮机的开度线在高速区略呈向下弯曲的形状,和飞逸线的交角较大,故这种水轮机在到达飞逸后容易保持稳定。但是,低比转速水轮机和可逆式水泵水轮机因为直径较大,离心力作用大,使水的进流速度下降很快,开度线显著向下弯曲,这些线和 $M_{11}=0$ 线的交角很小,故这种机组达到飞逸后有可能继续进入制动区,如图 4-21 所示。比转速特别低的水泵水轮机在受到其自身惯性驱动进入制动区后,由于水流对转轮的阻挡作用,在流量减少的同时也使转速略有下降,故开度线出现向小 n_{11} 值反弯的现象。如果惯性力仍不消失,转轮离心力将使水反向流出,即进入反水泵区,此后转速将再增大,使开度线向大 n_{11} 方向弯曲,总体形成一个"S"形,这段曲线现在统称为"S"特性曲线。在"S"区域内机组在同一单位转速下可以有 3 个不同的单位流量,其中一个为负值,所以"S"区是个不稳定区,过渡过程中应尽量避免机组进入这一区域。

4.4.6 水泵水轮机主要过渡过程

进行水泵水轮机过渡过程的研究和计算,主要涉及以下几种过渡过程和现象。

4.4.6.1 水泵失去动力

由全特性曲线可以看出,在水泵工况下,当导叶开度大于一定值时,导叶开度对特性曲线影响很小。在水泵失去动力后,机组转速不变,而水流迅速反向,如图 4-19 所示,有一段近似垂直段,如果导叶拒动,则机组将在水流作用下反转,直至该开度下的飞逸转速;如果导叶关闭很快,则可以防止水倒流,但可能引起过大的负水击。如果导叶关得过慢,则导叶小开度时机组内的水轮机方向流量已经较大,导叶关闭将在尾水管

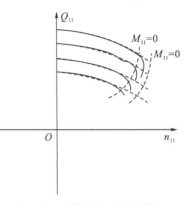

图 4-21 水轮机与水泵水轮机
开度线比较

内产生过大的负压。因此,在过渡过程中也应选出水泵工况的最优关闭规律。在这个过渡过程中,扬程、流量和转速都产生波动,变化很大,所以我们要分析这种过程,找出最优关闭规律。有以下两种不同情况。

1. 导叶拒动的情况

如图 4-22(a)所示,水泵工况失去动力后,水流很快失去向上的惯性力(2～4s),水流停止($Q=0$),随即反向下流。转轮由于惯性作用仍继续向泵方向转一段时间(为水流到 $Q=0$ 时间的 2～3 倍),然后停止($n=0$),继而向水轮机方向旋转直到飞逸转速。

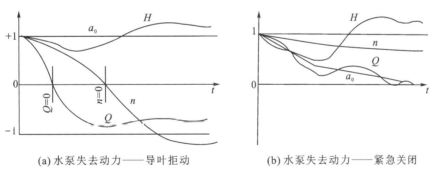

(a) 水泵失去动力——导叶拒动   (b) 水泵失去动力——紧急关闭

图 4-22 水泵失去动力时关闭规律

2. 导叶正常关闭的情况

正常关闭的过程如图 4-22(b)所示,如果导叶关闭很快,可以避免水倒流,但会产生很大的负水锤。如果导叶关闭太慢,则水流倒流向水轮机方向的流量很大,机组很快经过水泵、制动及水轮机三个过程,机组、导叶和尾水管都会产生很大振动。所以,在泵工况紧急关闭时多采用两段关闭方式,先以中等速度关至开度的 $\frac{1}{3}$～$\frac{1}{2}$,利用水流反冲使机组转速降低,后一段再以较慢速度关闭至零,这样可避免产生过大的负水锤,同时倒流的水量也不大。

4.4.6.2 水泵起动

中、高比转速水泵水轮机的泵工况扬程在小流量范围内都有一个驼峰区,与水泵水轮机全特性曲线相似,在同一扬程下,有3个不同的流量,设计时应考虑将泵的正常工作范围选在驼峰区外,如图4-23所示。在泵工况起动时,遇到驼峰区,解决方法为先将泵开至一定开度运行一段时间后继续全开。如遇系统频率低,则不能起动泵。原因是泵工况起动时,工作点由 A、B、C 点到达 D 点(开度为 40%),导叶再开大到 50%,工作点本应移到 F 点,但由于压力管道内水压有波动,实际工作点跳回到了 E 点。解决方法之一是在 D 点将开度保持 $30\sim60s$ 不变,待水压振荡平息后再继续开大,工作点就能到达 F 点,从图4-24上可见其压力脉动减小了。

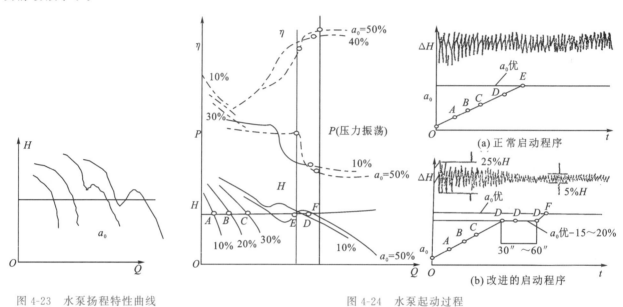

图4-23 水泵扬程特性曲线　　　　　　　　图4-24 水泵起动过程

4.4.6.3 水轮机工况起动及调相转发电

当机组在某一水头下起动,其空载开度运行即可能靠近或处于其全特性的"S"区,此时就会出现机组转速摆动,而不能使机组并网或在机组并网后,带负荷过程中,机组出现逆功率过大导致开机不成功的情况,解决此类问题一般有以下几种办法:

(1)慢慢打开导叶。这种方法对于机组空载运行时靠近"S"区边缘或进入"S"区不太深且其"S"区比较平直的情况是可行的。

(2)快速打开导叶。这种方法是利用机组的惯性来不及反应达到并网和并网后躲过逆功率的目的,但这种方法成功率不高。

(3)预开导叶法。在机组起动时,先开启对称方向的 $2\sim4$ 个导叶,这样就改变了全特性曲线,使"S"区变得更为平缓,S形不明显,并且使正常开启的导叶空载开度小于原开度,从而达到改善机组不稳定性能的效果。但是,由于改变了机组的水流态,机组的振动和大轴摆度将明显增加,VOITH在瑞士COOⅡ抽水蓄能电站就是利用这种方法解决不稳定问题的。另外,在发电调相转发电过程中,也会发生类似情况,导叶刚开启而转轮尚未充满水时,已进来的水体成为叶片上的负荷,使机组进入反水泵运行,待转轮室充满了水,机组突然转为正常水轮机向外输出功率,在很短时间内作用力矩整个反向,造成结构上的冲击负荷,解决方法除上述第三种方法外,可使机组先解列,等转速下降后打开导叶将转轮室充满水后按水轮机起动程序起动。

水泵水轮机起动过程曲线如图4-25所示,预开启导叶对全特性的影响如图4-26所示。

4.4.6.4 水轮机甩负荷

(1)导叶拒动。水轮机甩负荷后,导叶开度比较大,水流力矩将机组加速至该开度下的飞逸转速,并可能使机组进入"S"区,导致机组的强烈振动和摆动。

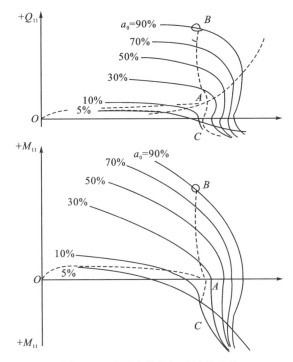

图 4-25 水泵水轮机起动过程曲线

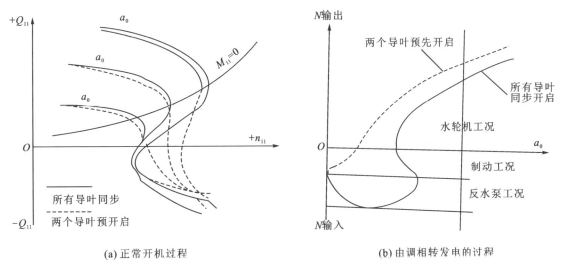

(a) 正常开机过程　　　　　(b) 由调相转发电的过程

图 4-26 预开启导叶对全特性的影响

（2）导叶动作使机组停机。机组的转速上升至一定值后，转速即下降，但如果导叶关得过快，则可能在输水道内产生很大的水击压力，对输水道构成危害。

（3）导叶动作使机组进入空载运行。实际上，在一些情况下机组甩负荷后不一定停机，而是转入空载运行，以便机组能尽快并网，满足系统要求，既减少开机次数，又节省时间，如输电线遭雷击后的重合闸动作和机组甩负荷情况。上述两种情况都可能进入"S"区。

因此，优化导叶关闭规律和关闭时间是水力过渡过程计算的一个重要部分。导叶关闭方式要选择适当，使压力管道中压力上升和尾水管中压力下降以及机组转速上升都不超过允许限度。目前导叶关闭一般都是按直线关闭规律动作的，形成两段或三段折线，所以直线的斜率和拐点的位置对关闭过程有重要影响。

三个典型的关闭过程：

图 4-27(a)是具有长尾水管的水泵水轮机用一段直线关闭的过程，可见尾水管中压力振荡很大，而且出现了压力负值（可能有水柱分离）。

图 4-27(b)是具有短尾水管并用一段直线关闭的过程，其进口水锤过程没有不同，但尾水管中压力振荡明显减轻。

图4-27(c)是具有短尾水管但改用三段关闭规律的过程,可见其进口的水锤压力波动减轻的同时尾水管的压力波动也缓和了,但因为总关闭时间较长,故机组转速上升较高。

以上三种关闭过程,在进口压力降低到初始压力以后都有负水锤出现,机组中出现了负流量,也就是机组短时间内进入了反水泵区。

从以上关闭过程的研究可知,关闭规律对关闭过程影响很大,如果选择适当可使压力上升和转速上升都较小。最理想的关闭规律应该是某种曲线动作规律,但要实现这种动作规律,需对调速器液压操作部分进行结构改革。

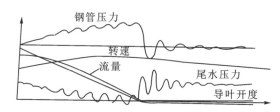

(a) 具有长尾水管的水泵水轮机甩负荷过程(直线关闭规律)

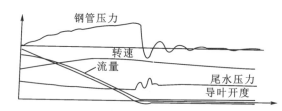

(b) 具有短尾水管的水泵水轮机甩负荷过程(直线关闭规律)

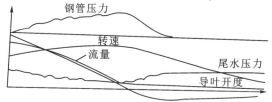

(c) 具有短尾水管的水泵水轮机甩负荷过程(用三段关闭规律)

图4-27 不同情况下的水泵水轮机关闭过程

第 5 章

机组辅机系统

5.1 机组辅机系统概述

5.1.1 作用

(1)碳粉吸收装置主要是为了吸收机头罩内机械磨损、碳刷和滑环磨损、机械制动投入时产生的粉尘而设置的清除装置,主要通过风机的吸入来清理铁屑、粉尘等。系统由除尘器、集尘罩及相关管路组成。

(2)高压油顶起系统是为了解决在机组起动和停机时,因速度下降,轴瓦的摩擦面难以有油膜形成,造成轴瓦与镜板间的干摩擦而引起的烧瓦事故所设置的辅助设备。

(3)在机组转速比较低时,电气制动所产生的反向磁拉力很小,此时,电气制动减速作用效果不明显。因此,通过机械外力强行将机组快速停下,可达到快速停机的要求。

(4)推导外循环主要为带走推导油盆内固定部分与旋转部分摩擦产生的热量而设置,通过油与水的热交换带走热量。为了机组适应双向旋转需要,推力轴承采用中心支撑结构,且推力轴承的镜板和轴瓦的接触面是固定部分与旋转部分的分界面,必须建立油膜提供润滑作用。镜板在高速旋转时,轴瓦会产生大量热量,因此,需要冷却装置提供冷却作用。

(5)吸油雾装置用于收集机组运行时各导轴承产生的油雾逸出,避免定转子沾油,造成绝缘老化及污染设备等情况的发生。

(6)顶盖排水系统的主要作用为排出主轴密封漏水和顶盖上导叶轴承渗漏水和其他漏水。

(7)机组技术供水机组的主要作用是对发电机、水轮发电机三部轴承、油浸式变压器等运行设备进行冷却,润滑的作用仅仅体现在上、下止漏环上。

(8)主轴密封装置可分为两种。一种是机组正常运行时所使用的密封(水轮机、水泵和停机工况下,防止流道内的水进入顶盖;在调相工况时防止压缩空气从转轮室逸出),称为工作密封(水封)。另一种是机组检修时所使用的密封,称为检修密封(空气围带)。检修密封为径向空气围带式,通过向围带通入压缩空气,使之膨胀并抱紧转动部件,从而阻止水上涌。

(9)水导轴承主要承受由主轴传来的径向力(由转动部分不平衡的重量、水力不平衡、尾水管压力脉动、电磁拉力不平衡引起),限制机组大轴的径向摆动,在转动件和固定在顶盖上的固定件之间形成一层永久油膜。

(10)调相压水系统的作用:当机组调相运行时,转轮室内的尾水被压低,机组在压缩空气中旋转以减少阻力,从而减少有功消耗。

5.1.2 工作原理

(1)碳粉吸收装置:粉尘吸收机的工作原理基于离心力和过滤原理。首先,通过电动机带动风机产生负压,将含有粉尘颗粒的空气吸入吸尘器。然后,经过预处理的空气进入旋风分离器,由于离心力的作用,粉尘颗粒被甩到收尘桶中,而干净的空气则从旋风分离器的顶部排出。

(2)高压油顶起系统:高压油减载系统主要包含镜板、推力瓦以及附属连接件,轴瓦的支撑中心开有高压进油孔。当机组进入起动和停机工况时,高压油泵起动工作,将油打入轴瓦与镜板间,机组转动部件抬起,压力油迅速在推力瓦上形成油膜,从而保证了摩擦面的润滑。

(3)机械制动:刹车盘设置于转子瓶形轴上端,两个油压机械制动器设置于发电电动机集电环室内制动圆盘旁,制动时,用液压推动,将制动器上、下爪片推出,抱紧制动圆盘。恢复时,回路阀动作,操作油流回油箱内,制动器上下爪片复位。

(4)推导外循环系统:推导轴承冷却器的冷却方式由循环泵将油槽内油抽出至外循环装置,经技术供水冷却后回至推导油槽内。

(5)顶盖排水系统的工作原理:主轴密封漏水通过一根排水管自流排水到排水总管至渗漏集水井;顶盖下环板开有缺口,共设有4个顶盖自流排水孔和2个15°倾斜自流排水孔,用来将从转轮室漏出的水排至集水井。另外,在水车室♯4导叶套筒下端设有两台顶盖排水泵,一台主用,一台备用,顶盖排水泵的启停由机坑内的水位信号器自动控制并排至厂内(渗漏)集水井。

(6)主轴密封:主轴工作密封是自衡型,密封周围不同压力的水和气会对密封块有一个力的作用,它可以在密封盘根和抗磨环之间形成一层水膜。这种密封结构为机械装配型,密封使用经过100微米过滤器过滤后的清洁水进行冷却润滑。冷却润滑水由浮动环上部供水管向密封块供水,同时向支持环与浮动环之间的平衡腔供水,使浮动环均匀地压向抗磨板。冷却水通过供水管流进炭精密封块沟槽,并在密封块与抗磨板之间建立一层水膜,其作用相当于流体静压轴承将旋转抗磨环与静止密封块分开,使它们不发生直接摩擦,从而减少磨损和热量。主轴检修密封由中压气系统投入密封供气后,空气围带在气压力的作用下被均匀地挤向大轴,抱紧、紧贴大轴上的抗磨环,密封住尾水;在退出密封供气后,橡胶的空气围带能够自动恢复回原位。压缩空气不能漏进主轴密封的密封腔,同时密封腔的水也不能进入围带的气腔,否则会使围带退不出来,开机后损坏围带。主轴检修密封只能手动投退。严禁在机组未停稳时投入检修密封,这样会磨损用橡胶材料制造的空气围带。

(7)调相压水系统:当抽水调相转抽水时,完成转抽水需3步:首先关闭转轮压水阀和转轮压水补气阀,打开尾水管充水阀和转轮充水阀,让气体排至集水井;接着开启主进水阀(微开启);最后关闭尾水管充水阀、转轮充水阀,并关闭止漏环供水阀,机组进入抽水工况。蜗壳减压系统:在抽水状态下,尽管安全阀和导叶都处于关闭状态,还在导叶内侧形成了水环(水冠),但转轮室内的压缩空气仍不可避免地要进入蜗壳,为减小蜗壳内的压力,以防止导叶的泄漏量太大和防止气体对输水道的破坏,在蜗壳进口位置最高点,装有一套蜗壳减压系统。减压是通过一个水/气管来实现的,此管(水管部分)连在外部尾水管(安全阀门上游)和蜗壳上,用于平压;此管(气管)部分,通过阀门系统连接于基坑排水,最后至集水井,用于蜗壳排气。它是通过调节节流片来调节压力的。

(8)水导冷却系统:水导瓦和轴领均浸没在内油盆中,当机组起动后,轴领的旋转搅动油盆内的油,紧贴轴领的油因惯性被带动并甩出,形成一个抛物面。当旋转速度达到一定值时,油盆上方会产生负压,形成类似虹吸泵的效果。润滑油在虹吸作用下沿瓦面楔形流道上升至内油盆上部,随后聚集并流入外油盆。外油盆底部设有水轮机方向和水泵方向的排油管,润滑油在油泵和重力的作用下进入油/水热交换器进行冷却。冷却后的油通过供油管和充油管进入轴瓦底部,完成冷却和润滑作用,最后润滑油回流至内油盆,形成循环。

5.1.3 特点

(1)碳粉吸收机的控制装置能手动操作和自动控制粉尘吸收系统的运行,并具有以下装置:一个"手动—切除—自动"定位接点选择开关;一套红、绿指示灯;当加闸时自动起动粉尘吸收系统,松闸后经过一段时间延时,自动停止粉尘吸收系统所需的继电器、定时器和其他装置。

(2)高压油顶起装置在$N>90\%$时退出,$N<90\%$时投入,交、直流注油泵的切换方式为"12s延时+油流或油压异常的报警",正常起动时油压在10MPa左右。

(3)机械制动系统由2个爪式制动器组成,安装在发电机集电环室内。机械制动采用油压操作,油压装置位于母线层发电机风洞外围,配备一台交流装置和一台直流装置,电源分别取自机组自用盘和机旁220V直流盘。机械制动装置的投入分为两种情况:一是在机组转速降至5%时,配合电气制动投入;二是在紧急情况下,当转速降至35%以下时,手动投入。

(4)外循环结构外设循环冷却油泵、上油箱,采用喷淋式轴承。冷油从推力轴承补油箱进入推力瓦和镜板之间,在机组转动时热油从镜板与推力瓦之间被甩到油槽,热油从油槽底部的出油管进入冷却器,从冷却器出来后进入补油箱,再从补油箱进入推力瓦和镜板。

(5)推导冷却系统采用外循环结构,这种结构的推力轴承通常采用低浸泡方式,推力瓦不能完全浸泡在冷却油中,前一轴瓦的出油端为后一轴瓦的进油端,而油在经过镜板摩擦后会变热,导致部分热油附着在镜板工作面上,并在镜板的带动下进入下一轴瓦与镜板之间。

(6)机组技术供水控制柜由"交直流双供电源装置"提供24V直流工作电源,"交直流双供电源装置"布置在技术供水控制柜内,由一路220V直流和一路220V交流供电,交流、直流电源分别取自机组交流配电盘、机组直流配电盘。柜内照明、加热电源取自#1技术供水起动柜动力电源C相。

(7)主轴密封供水采用降压供水和加压供水两种方式:降压供水方式为旋流器降压供水,水源取自压力钢管;加压供水方式为增压泵加压供水,配有两台增压泵,一台工作,一台备用,并可以手动切换优先权。供水水源取自低压供水总管,两种供水方式共用两个滤水器。正常停机时采用方式为旋流器降压供水,正常供水压力为1.2~1.4MPa;机组运行时采用方式为旋流器降压供水,同时增压泵加压供水,正常供水压力为1.5~1.7MPa。

(8)机组调相时,转轮室内的空气不可避免地存在泄漏,因此在尾水锥管段设置了一套尾水水位测量系统,分别根据尾水水位补气、停止补气、水位高报警、水位高跳机、水位低报警。

5.2 机组辅机系统的组成

水泵水轮机机组辅机系统主要包含以下部分:碳粉吸收装置、在线监测装置、高压油顶起、机械制动、推导冷却系统、吸油雾装置、顶盖排水系统、技术供水系统、主轴密封加压系统、水导冷却系统、调相压水。

(1)每台机组设置一套粉尘吸收系统,用于收集机组运行和制动时产生的粉尘。该系统由除尘器、集尘罩以及管路等部件组成,其中除尘器包括电动风扇、隔音器、过滤器、粉尘吸收箱等部件。每个碳粉吸收装置有两组电机,每组电机内部包括一个风机和一个振打电机,分别布置在发电机机罩内上游侧和下游侧,主风机0.7kW,振打电机0.18kW,风机将粉尘吸入滤网,振打电机敲击滤网,使粉尘从滤网上脱落,其动力电源分别取自机组自用盘Ⅰ段#2负荷盘,自用盘电源开关负荷为6.3A,现地动力柜进线电源开关负荷为6A。

(2)机组配置一套高压油顶起装置,设两台高压注油泵,一台交流,一台直流,运行方式为一台工作,一台备用,与控制柜共同布置在发电电动机风洞外围。高压油顶起系统与推力/上导联合轴承共用一个推力轴承油槽。高压油顶起系统每台油泵由功率为15kW电机提供动力(主用泵交流电机、备用泵直流电机),其动力电源分别取自机组自用盘Ⅱ段#1负荷盘和地下副厂房220V直流系统负荷盘,自用盘电源开关负荷为63A,直流系统负荷盘电源开关负荷为125A,现地动力柜进线交流电源开关负荷为32A,直流电源开关负荷为125A。(见图5-1)

(3)呼蓄电站机组制动采用电气制动和机械制动混合制动方式。机组正常停机时,当机组转速下降到50%额定转速时,电气制动首先投入运行;转速继续下降到额定转速的5%时,再投入机械制动系统直至停机。机组紧急停机时,部分机械保护动作后,机械制动在5%Ne时自动投入。机组机械制动系统油泵为两台,每台油泵由功率为0.75kW的电机提供动力(一台交流电机、一台直流电机),其动力电源分别取自机组自用盘Ⅰ段#2负荷盘和发变组直流配电柜,自用盘电源开关负荷为6.3A,发变组直流配电柜电源开关负荷为20A,现地动力柜进线交流电源开关负荷为2A,直流电源开关负荷为6A。(见图5-2)

图 5-1　高压油顶起装置　　　　图 5-2　机械制动装置

(4) 呼蓄电站每台机组配备一套推导外循环系统,推导外循环系统安装在母线层风洞下游侧。发电机上导轴承与推力轴承采用外加泵外循环冷却方式,设计流量为 3167L/min。推力与上导共用一个推力轴承油槽,油槽位于上机架内。上导/推力轴承油冷却系统由 2 台互为冗余备用的外循环油泵,2 套互为冗余备用(现地切换)的油过滤器,4 根单管壁管型油冷却器及相关油、水管路及其控制元件组成,外循环冷却系统位于母线层发电机风洞外围。两台泵的动力电源分别取自机组自用盘的两段。机组推力轴承外循环油泵为两台,每台油泵由功率为 75kW 的电机提供动力,其动力电源分别取自机组自用盘Ⅰ段♯1 负荷盘和Ⅱ段♯2 负荷盘,自用盘电源开关负荷为 160A,现地动力柜进线电源开关负荷为 250A。(见图 5-3)

(5) 为防止机组运行时各导轴承产生的油雾逸出,使定转子沾油,造成绝缘老化及污染设备等情况的发生,每台机组设置一套油雾吸收装置,位于水轮机层水车室门旁,机组运行时投入,停机后退出。油雾吸收装置由一台功率为 0.75kW 的电机提供动力,其动力电源取自机组自用盘Ⅱ段♯1 负荷盘,自用盘电源开关负荷为 2.5A,现地动力柜进线电源开关负荷为 10A。(见图 5-4)

图 5-3　推导外循环　　　　图 5-4　吸油雾装置

(6) 不论机组在发电态抑或是停机态,顶盖积水主要由导叶中轴套漏水和顶盖与大轴间漏水等原因引起。为防止积水过多引发水淹水导轴承,导致机组非计划停运,需要顶盖排水系统将渗漏积水排走。机组顶盖排水泵为两台,其动力电源分别取自机组自用盘Ⅰ段♯2 负荷盘和Ⅱ段♯1 负荷盘,自用盘电源开关负荷为 12.5A,现地动力柜进线电源开关负荷为 10A。

(7) 机组技术供水采用单元式供水方式,全厂共分 4 个单元,采用加压泵供水,设计压力为 2.5MPa,设计供水量为 1250m³/h。技术供水水源取自本单元机组尾水管,排至本单元机组尾水管,技术供水取水口与排水口相距不小于 100m,避免温排水对冷却效果的干扰。♯1 与♯2、♯3 与♯4 之间分别设有取、排水连通管,在必要时可以改为分组式供水方式。机组技术供水对象包括发电电动机空气冷却器、推导轴承冷却器、下导轴承冷却器、水导轴承冷却器、主变冷却系统、上/下止漏环冷却水等。机组技术供水泵为两台,每台供水泵由功率为 220kW 的电机提供动力,其动力电源取自机组自用盘Ⅰ段♯1 负荷盘和Ⅱ段♯1 负荷盘,自用盘电源开关负荷为 500A,现地动力柜进线电源开关负荷为 630A。(见图 5-5)

(8) 水轮机转轮止漏环会产生少量漏水,这些漏水会沿着主轴与固定部件之间的间隙进入机坑,妨碍其他设备的正常运行,因此必须在主轴上设置止漏密封装置(简称主轴密封,如图 5-6 所示)。机组主轴密封由两台加压泵为其供水,每台供水泵由功率为 7.5kW 的电机提供动力,其动力电源分别取自机组自用盘Ⅰ段

♯2负荷盘和Ⅱ段♯1负荷盘,自用盘电源开关负荷为20A,现地动力柜进线电源开关负荷为25A。主轴密封加压泵电机原型号为Y2-132S2-2,更换后型号为YE2-132S2-2。

(9)在机组调相运行时,由于转轮室内充满了压缩空气,上、下止漏环的冷却水一部分流向机组中心,一部分在转轮离心力的作用下流向导叶内侧,并在导叶内侧形成水环(水冠),如果不排掉,则水环(水冠)厚度不断增加并碰到转轮,机组吸收功率将急剧增加,水温也增加,并在导叶内侧形成高压。因此,为解决此问题,设置了一个特殊管路和自动阀门,将其排出转轮。(见图5-7)

图5-5 技术供水系统

图5-6 主轴密封

(10)水导轴承为分块、可调整、稀油润滑、多轴瓦油式轴承。水导轴承共有水导瓦十块,轴瓦紧靠着主轴轴领,固定在轴承支撑上,它还可以通过球面支钉来实现自动调心,通过楔形键来调间隙。瓦面与大轴能形成满足发电和抽水两个旋向的楔形口,在机组运行时,能够形成"油楔",保证瓦与大轴不直接接触,避免发生干摩擦。油箱内装有轴承润滑所需用油,箱内壁置于主轴和轴领之间,可以防止油的泄漏。下挡油桶用螺栓紧固在轴承支撑上,在箱盖上有一道密封槽,可以防止油和气体的泄漏,此盖固定在轴承支撑上,而轴承支撑又固定在顶盖上。短暂的润滑状态不良不会损坏轴承。在特殊工况下,轴承有可能出现干摩擦,一旦发出油温过高的监测信号,机组将自动停机,不至于损坏轴承。机组水导循环油泵为两台,每台供水泵由功率为11kW的电机提供动力,其动力电源分别取自机组自用盘Ⅰ段♯1负荷盘和Ⅱ段♯2负荷盘,自用盘电源开关负荷为63A,现地动力柜进线电源开关负荷为40A。(见图5-8)

图5-7 调相压水气罐

图5-8 水导冷却循环油泵

5.3 设备参数

每台机组单独设置高压油顶起装置,顶起装置包括千斤顶、供油管路、排油管路、阀门、仪表、自动化元件、阻燃电缆等部件和移动式转子顶起装置,该装置设有两台互为备用的全容量高压油泵。

机械制动装置由制动圆盘、爪式制动器、控制柜(含两台油泵及电动机,其中一台交流,一台直流)和管路,以及阀门、表计、自动化元件、连接阻燃电缆等部件组成。制动装置布置在集电环下方外罩内,爪式制动器采用油压操作方式。爪式制动器控制柜布置在风洞外。

机组辅机系统各参数统计表如表5-1所示。

表 5-1 机组辅机系统各参数统计表

名　称	项　目	参　数
高压注油泵	油泵型式	柱塞泵
	台数	1+1
	油泵压力	20MPa
	油泵流量	15L/min
	油泵电动机额定功率	15kW
	额定电压	380V
	尺寸(长×宽×高)	1500mm×900mm×550mm
	重量	150kg
推力轴承外循环系统	油泵型式	齿轮泵
	台数	2
	油泵压力	0.2MPa
	油泵流量	1900L/min
	油泵电动机额定功率	35kW
	额定电压	380V
	额定电流	132A
	额定功率因数	0.87
	效率	94%
	尺寸(长×宽×高)	1600mm×500mm×500mm
	重量	460kg
	推力外循环系统外形尺寸(长×宽×高)	600mm×500mm×500mm
	型式	管型
	材料	Cu
	冷却水压	2.4MPa
	冷却器压降	0.019MPa
	最大承压	3.6MPa
	试验水压/时间	3.6MPa/30min
	重量	2600kg
	冷却水量	3166L/min
机械制动装置	冷却水量	283L/min
	油泵型式	柱塞式
	台数	每机组2台
	油压	60MPa
	油泵电动机额定功率	33kW
	油泵电动机额定电压(交流/直流)	380V/220V
	爪式制动器数目	2
	刹车片材料和成分	无石棉复合材料
	20%~25%额定转速下制动不少于	1100~950次
	5%额定转速下制动不少于	5000次
	制动柜外形尺寸(长×宽×高)	1000mm×500mm×1000mm

续表

名　称	项　目	参　数
顶转子装置	油泵型式	柱塞泵
	台数	1
	油压	500bar
	油泵电动机额定功率	1.1kW
	油泵电动机额定电压（交流）	380V
	顶起吨位	80
主轴密封	平均密封直径	1440mm
	环的材料	Chromium Oxyd e
	旋转速度（正常工况）	500
	转环材料	X4CrNi Mo 16-5-1
	转环的瓣数	2
检修密封	空气压力	1.5MPa
	密封类型	橡胶

技术供水泵主要参数如表 5-2 所示。

表 5-2　技术供水泵主要参数

水泵型号	电机型号	电机功率	额定扬程	额定流量	转速	水泵效率
SLOW300-450(Ⅰ)BT	1LGO353-4AB70355M-4-250kW-380V	250kW	37.5m	1422m³/h	1480rpm	84%

碳粉吸收装置主要参数如表 5-3 所示。

表 5-3　碳粉吸收装置主要参数

项　目	参　数				
主风机功率	0.7kW	AC 三相	380V	频率	50Hz
振动电机	0.18kW	AC 三相	380V	频率	50Hz
噪声	≤75dB	处理风量	800m³/h	入口风压	700Pa
进尘口	下进风方式				

5.4　设备组成及原理

(1)碳粉吸收装置由两组风机和一个控制柜组成。碳粉吸收装置有两种操作方式：远方操作、现地操作。

远方操作：按下起动按钮(SB4)，电源接触器(KA)吸合，此时各控制按钮开关上端有电，按下停机延时按钮(SB1)后，KA6 延时中继吸合，KT8 开始延时，KT8 时间到后电源接触器(KA)断开，整个系统停机。若需紧急停车，按下 SB01 急停按钮后停机。

现地操作(本地控制)：按下起动按钮(SB3)，电源接触器(KA)吸合，此时各控制按钮开关上端有电，按下停机延时按钮(SB2)后，KA6 延时中继吸合，KT8 开始延时，KT8 时间到后电源接触器(KA)断开，整个系统停机。若需紧急停车，按下 SB01 急停按钮后停机。

自动方式下的运行逻辑：当碳粉吸收装置在自动方式下运行时，即 SA1 在自动方式下，KA1、KA2 断开，KM1、KM3 吸合。一台电控柜控制 A、B 两台除尘器，两台除尘器一起运行 176 小时后，A 主风机停机 5 分钟，在第 4 分钟时振打电机起动 5 秒钟，振打停止主风机停满 5 分钟后 A 起动；同时 B 主风机停机 5 分钟，在第 4 分钟时振打电机起动 5 秒钟，振打停止主风机停满 5 分钟后 B 起动，两台除尘器再运行 176 小时后循环以上动作(以 B 起动计时 176 小时)。

自动方式下的停止逻辑:正常停机时,碳粉吸收都是延时停止,在收到停止命令后,延时继电器 KT8 动作,延时,起动回路断开;在紧急情况下,可通过监控下发紧急停止命令或者现地控制柜拍紧停按钮断开起动回路。

(2)机组在线监测系统主要包括:振摆监测、气隙监测、温度监测、油位监测、油混水监测、轴电流监测、局放在线监测等。

(3)高压油设置有远方起动和现地起动两种方式,交流泵采用直接起动方式,直流泵采用带电阻起动器的软起动方式。

远方通过监控系统下的起动命令、停止命令实现,在高压油停止运行时,压力开关和流量开关都不动作,监视压力的继电器 KPRESS 和监视流量的继电器 KDEB 都失磁。远方下令起动,交流泵起动,若压力低或者流量低,则压力开关或者流量开关动作,则会切直流泵运行。值得注意的是,若控制回路故障或者控制回路空开 QSC 未合闸,直流泵会直接起动。现地起动通过控制方式切现地,按起动按钮实现。起动逻辑如下:控制方式切至现地,按起动交流泵按钮,交流泵起动,若泵起动后压力低或者流量低,则会起动直流泵,直流泵起动后不需要再判断压力或者流量,会保持直流泵运行,逻辑和远方起动相同。现地起动直流泵时,将控制方式切至现地,按起动直流泵按钮即可。现地起动时,若直流泵在运行,可以起动交流泵,若交流泵在运行,无法起动直流泵。

高压油在机组开机第一步,投入辅助设备时投入,在机组转速到 90% 额定转速退出。机组蠕动装置动作时,高压油也投入。

(4)发电电动机的机械制动装置由两个刹车制动爪(爪式制动器,有一台交流泵、一台直流泵)、一个单独设置的油箱(用于提供制动油压)、一个储能罐、一个控制柜组成。机械制动装置有四个压力开关、两个压力表、两个电磁阀。四个压力开关用于控制机械制动的投退,两个压力表中的一个用于监测储能管和油泵出口压力,另一个用于监测刹车抓侧的压力。

刹车盘设置于转子瓶形轴上端,两个油压机械制动器设置于发电电动机集电环室内制动圆盘旁,制动时,用液压推动,将制动器上下爪片推出,抱紧制动圆盘。恢复时,回路阀动作,操作油流回油箱内,制动器上下爪片复位。

机械制动可以在远方和现地进行投退。远方操作:下达机械制动投入命令,机械制动投入电磁阀动作,退出电磁阀关闭,油压通过管路进入制动爪;同时起动机械制动交流泵,交流泵开始打压,直至将储能灌压力打压至 30bar。若 2min 之内没有打压到 30bar,则切至直流泵继续打压;若直流泵也没有打压至 30bar,则会报机械制动系统通用故障。同时,机械制动系统在硬回路上设置有防机组高速加闸的闭锁回路,只有转速小于 35% 额定转速时,机械制动才能投入。

在远方投退时,远方命令直接接入硬回路,动作于投退电磁阀的开启和关闭。是否起动交流泵或者直流泵由压力开关控制。机械制动投退电磁阀由一个接触器控制,在机械制动投入时,投入电磁阀开启,退出电磁阀关闭,在机械制动退出时,电磁阀位置相反。

(5)推力轴承润滑油的循环、冷却方式采用外加泵外循环方式,油冷却器、油泵及其管路布置在机墩外,防止水进入润滑系统,防止渗油,并设有油样采集装置和易于观察推力轴承油槽油位的油位计。推导外循环系统由两台外加油泵、两组冷却器、两个油过滤器和一个控制柜组成。两台油泵一台工作,一台备用。两组冷却器同时投入运行,不存在主备用关系。推导外循环控制柜负责油泵的启停控制,采用软起动方式起动,水回路的循环由技术供水提供。

推导泵主备用切换逻辑:推导泵运行次数由计数器统计,计数器设置基准值 45000;当计数器数值小于 45000 时,♯1 泵每运行一次,计数器数值加 2;当计数器数值大于 45000 时,切换至♯2 泵运行,♯2 泵每运行一次,计数器数值减 2,循环往复。

机组技术供水系统选用的过滤器由罐体、过滤单元、自动控制机构、排污机构、电控箱、减速机、电动球阀、差压控制器与 PLC 或 PLC 可编程控制器等部分组成,其中控制部分直接布置在罐体上的现场操作控制箱中。

技术供水排水总管上安装有技术供水流量计,流量计测得的流量先送入控制柜 PLC 的 AI 模块,再经过

PLC 的 AO 模块送入监控。

有经过 MODBUS 通信的通信量送入监控,也有开关量送入监控。开关量有电机运行、电机故障、起动柜控制电源故障、PLC 故障、控制方式、控制回路电源故障等。

技术供水起动逻辑:远方下令起动技术供水系统,技术供水主用泵起动,若主用泵故障,则切至备用泵运行;若备用泵也故障,则还会切回主用泵。若技术供水总管流量低,则会切至备用泵,停主用泵;若备用泵运行时,流量低信号动作,则不会切至主用泵,保持备用泵运行。

通用故障逻辑:流量计送入 PLC 的电流不在 4~20mA 范围内,低于 4mA 或者大于 20mA,PLC 报通用故障。

主轴密封控制柜负责两台低压供水加压泵的起动和主轴密封压力钢管取水阀的开关控制,电磁阀和加压泵均可现地操作和远方操作。在自动方式下,机组运行时主轴密封正常起动一台加压泵工作,主用泵故障切备用泵,若主轴密封流量低信号动作,则主轴密封备用加压泵也会起动,两台泵同时运行。压力钢管取水电磁阀正常情况下保持在开启状态,仅在尾水管排空时,可关闭压力钢管取水阀。

主轴密封自动化元件包括:用于监测进水管压力的压力传感器,在主轴密封压力低时会报警;监测流量的流量传感器;监测主轴密封温度的 3 个测温 RTD。主轴密封测温 RTD1 将测量的温度送到水轮机综合柜上的 A1200 仪表,A1200 仪表会送出模拟量到监控系统,同时会送出报警和跳机信号到机组 LCU,跳机信号动作于机组机械事故停机。

监控系统采集三个主轴密封测温点(RTD1/ RTD2/ RTD3),通过三选二,出口动作于机组机械事故停机。

调相压水系统由压水系统、上冠排水系统、蜗壳减压系统和尾水水位测量系统组成。调相压水系统的原理:当机组调相运行时,转轮室内的尾水被压低,机组在压缩空气中旋转以减少阻力,从而减少有功消耗。

水导轴承水导外循环控制柜负责两台水导油泵的控制和调相压水电磁阀的控制,以及水导外循环相关的自动化元件信号采集。

自动方式下,远方下令,水导油泵起动主用泵,若主用泵故障,自动切至备用泵。水导油泵两台互为备用,不存在起动两台泵的情况。在现地方式下,按启停按钮实现启停泵控制。

水导外循环控制柜还可实现调相压水电磁阀的现地控制,在自动方式下,监控系统命令直接接入电磁阀的开启关闭回路。手动方式下,通过切换把手,接通和切断回路。

顶盖排水系统设置两台顶盖排水泵和一个顶盖排水控制柜,在顶盖内部设置有顶盖水位监测浮子,水位浮子一共送出 5 个开关量,定值如表 5-4 所示。

表 5-4 顶盖排水系统水位浮子开关量

开关量	顶盖水位	Ⅰ级报警	Ⅱ级报警(正常停机)	备注
液位开关 1	80mm			停泵
液位开关 2	130mm			启主用泵
液位开关 3	180mm			启备用泵
液位开关 4		230mm		
液位开关 5			329mm	

顶盖排水泵的控制逻辑:顶盖排水泵的启停由浮子位置信号控制。当顶盖水位较高时,起动主用顶盖排水泵;当顶盖水位过高时,同时起动主用和备用两台顶盖排水泵;当水位达到过高报警值时,除起动两台排水泵外,还会向监控系统输出报警信号;当水位达到跳机点时,直接触发机械事故停机,同时两台顶盖排水泵继续运行,直至顶盖水位降至低位时,排水泵才会停止运行。

(6)吸油雾装置的控制逻辑:吸油雾装置配备一个控制柜,支持远方操作和现地操作。远方操作时,可通过监控系统下达运行指令;现地操作时,将控制方式切换至现地,按下起动按钮即可运行。在自动模式下,吸油雾装置运行 30 分钟后会停止 5 分钟,5 分钟后自动恢复运行。

第 6 章

调速器系统

6.1 调速器系统概述

抽水蓄能电站水轮发电机组的运行、工况转换及操作,都是在具有相关功能的调速器系统控制下实现的。机组在电力系统负荷高峰时作水轮机运行,通过调速器系统调整水轮机导叶开度,将水的势能转换为机组转动的机械能,再通过发电机将机械能转换为电能;在电力系统负荷低谷时作水泵运行,用低谷时的剩余电能从下水库向上水库抽水,通过调速器系统的自动调节,根据水泵扬程自动调整导叶开度,从而以较高效率将电能转换为水的势能储存起来。由于电能不易储存,负荷功率的变化将引起频率的相应变化。当电网中各发电厂发出的有功功率的总和大于系统的有功功率负荷时,多余的能量将转换成机组的转动动能,电力系统中储存的动能就会增加,系统的频率也会随之增长;反之,频率降低。电负荷和发电机电磁功率的变化是瞬时的,原动机输出功率由于调节系统的惯性和固有延时的存在,很难实时跟踪发电机电磁功率的瞬时变化。因此,严格维持电力系统频率在额定值较难实现,调速器系统的主要任务之一就是要把系统频率对于其额定值的偏移限制在相当小的范围内。电力系统的发电与负载的不平衡,会导致系统频率的变化,调速器系统自动检测频率的变化方向和大小,做出相应的负荷调整,接收来自监控的负荷或抽水指令来调节机组的出力或消耗有功,从而达到系统有功平衡,最终实现电力系统频率在规定范围内。这就是抽水蓄能机组调节的基本任务。可见,调速器是水轮机调节系统中的控制核心,占有极为重要的地位。

呼蓄电站#1、#2机组调速器为东方电气集团东方电机有限公司提供、天津阿尔斯通水电设备有限公司生产的 T.SLG 型微机调速器,采用双冗余微机数字控制器+伺服比例阀电液随动系统控制方式。电气调节装置设有 2 套 UPC(调速器程序控制模块)数字调节器,装有 20 个 SPC(接力器开度控制模块)和 1 个触摸屏显示面板及其供电模块。2 套 UPC 数字调节器互为冗余,正常运行时 UPC-N 主用,UPC-S 备用,当 UPC-N 大故障时切至 UPC-S;2 套 UPC 同时报大故障时导叶自动关闭,并发调速器系统故障信号至监控系统。正常工作时,UPC 控制 20 个 SPC,SPC 分别控制各自的电液转换器,通过电液转换器控制主配压阀,从而控制导叶接力器动作。同时 20 个 SPC 收集接力器位置信号,反馈至 UPC,从而形成闭环控制。机组调速器采用 RS485 MODBUS 协议与监控系统进行通信。UPC-N 与 UPC-S 通过数据线连接,UPC 采用 FIELDBUS 与第 1 个 SPC 通信,20 个 SPC 采用 FIELDBUS 依次串联通信。

呼蓄电站#3、#4机组调速器为长江三峡能事达电气股份有限公司生产的 MGC6000 型微机调速器,采用双冗余微机数字控制器+先导比例方向阀+带位置反馈主配压阀控制方式。电气调节部分为 A、B 双套冗余 PLC 及其 I/O 模块,双控制器为热备冗余,主用机负责对外控制输出,备用机内部采集、处理数据,自动判断调速器所处状态。设备正常工作时,微机调节器发出电气信号给定值,通过内置电子放大器得到给定值与实际值比较后的控制偏差,产生电流输入先导比例阀,先导比例阀的阀芯运动,输出液流控制信号驱动主配压阀的阀芯运动,主阀输出液压流量,操作接力器的开启或关闭。A、B 机之间通过以太网交换机网线直接通信。

6.1.1 作用

呼蓄电站机组调速器系统除具备调节频率功能外,还有多种其他控制功能,其中包括机组启停、工况转换、负荷增减、抽水、调相、甩负荷、背靠背起动等控制功能。总结起来,其主要作用包括以下几个方面:

(1)能够根据电网频率及负荷的变化,相应改变水轮机导水机构(导叶)的开度,调节过机流量,以使水轮发电机组的转速(或负荷)维持在某一预定值,或按某一预定的规律变化。

(2)发电工况时,机组在电力系统中并列运行时,调速器能自动承担预定的负荷分配,使各机组实现经济运行。

(3)控制机组的开机、发电、抽水、调相、并网、增减负荷、停机等各个环节,具有空载和单机运行时的频率自动调节,并网运行时的负荷自动调节,以及机组的开停机控制和事故时的自动紧急停机控制。

(4)水泵工况时,根据水头、系统频率(水泵效率曲线)计算最优的导叶开度,并将导叶开度调节到最优开度,以保证水泵效率最高。

(5)完成对各种工况下机组的控制功能以及保障机组的安全稳定运行。

6.1.2 基本调节原理及任务

抽水蓄能机组发电电动机一般是三相交流同步电机,频率 f 与转速 n 之间的关系为

$$f = \frac{Pn}{60} \tag{6-1}$$

式中:f 为发电电动机的频率,Hz;P 为发电电动机磁极对数;n 为发电电动机转速,r/min。

极对数取决于发电电动机的结构,呼蓄电站每台机组的极对数为6。在不同的额定转速下,通过采用不同的极对数,均能够使发电电动机频率与电网频率同步。

水轮发电机组的转动部分是一个围绕固定轴线作旋转运动的刚体(见图6-1),其转速由作用在机组转轴上的转矩决定,满足以下公式:

$$J \frac{d\omega}{dt} = M_t - M_g \tag{6-2}$$

式中:J 为机组转动部分惯性力矩,kg·m²;ω 为角速度,rad/s;M_t 为水泵水轮机动力矩,N·m;M_g 为发电电动机负荷阻力矩,N·m。

从式(6-2)可以看出,如果要使机组的频率恒定,就要使机组转速维持恒定,也就是要保证角速度的增量为0,这样就应当使水泵水轮机动力矩与发电电动机负荷阻力矩保持平衡,即负荷变化时引起阻力矩变化,则机组能够快速调节自身的输出主动力矩,以维持频率的恒定。

根据水泵水轮机的原理可知,水泵水轮机的转矩表达式为

$$M_t = \frac{QH\eta_t g}{\omega} \tag{6-3}$$

式中:Q 为通过水泵水轮机的流量,m³/s;H 为水泵水轮机的净水头,m;η_t 为水泵水轮机的效率。从上式可以看出,要使水泵水轮机的动力矩得到调节,最直接有效的办法就是调整水泵水轮机的输入流量。

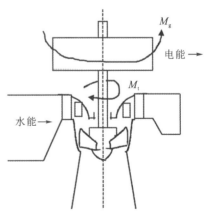

图 6-1 水轮发电机组转动示意图

若机组成功并入电网,机组角速度不会出现较大变化,根据式(6-2),即 $\frac{d\omega}{dt} = 0$,表明水泵水轮机动力矩与发电电动机负荷阻力矩相等,此时水泵水轮机的出力会转换成发电电动机的有功功率。

电网频率发生波动,使得电网中机组的角速度不再保持恒定,若要使式(6-2)依旧成立,就需要机组调速器内部计算后对水泵水轮机的流量进行相应调整,从而使水泵水轮机动力矩与发电机负荷转矩达到一个新的平衡。对于我国电网来说,额定频率为50Hz,同时偏差不得超过±0.2Hz。

6.1.3 调速器组成及传递函数

6.1.3.1 调节器的组成框图

调节器包括电气和机械液压两部分,目前调节器的电气部分一般为 PID 微机调速器,如图 6-2 所示。

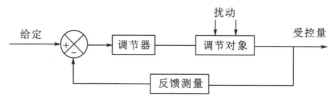

图 6-2 调节器组成框图

调节对象:水轮机导叶。
反馈测量:转速、网频、机组功率、水头等。
给定:有功功率给定和转速给定。
扰动:水库水位突然变动、负荷突然变动等。
受控量:导叶的开度和机组的转速、出力。

6.1.3.2 调节器结构

调节器包括速度调节和位置跟随两大部分,如图 6-3 所示。
速度调节部分即电气控制部分,对转速偏差(功率偏差)进行 PID 运算,输出为接力器开度设定。
位置跟随即机械液压控制部分,又称功率放大环节,将接力器开度设定微弱的电气信号(0~10V)放大到足以推动导叶的接力器位移信号。该环节包括电液转换器、主配压阀、导叶接力器等。

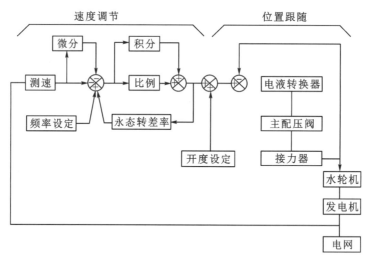

图 6-3 调节器结构图

6.1.3.3 微机调速器的 PID 算法

PID(proportional integral and differential)控制器本身是一种基于对"过去""现在"和"未来"信息估计的简单控制算法。

PID 控制系统原理框图如图 6-4 所示。

PID 控制系统主要由 PID 控制器和被控对象组成。作为一种线性控制器,它根据给定值和实际输出值构成控制偏差,将偏差按比例、积分和微分通过线性组合构成控制量,对被控对象进行控制,故称为 PID 控制器。其控制规律为:

$$u(t)=K_p\left[e(t)+\frac{1}{T_I}\int_0^t e(t)\,dt+\frac{T_D\,de(t)}{dt}\right] \tag{6-4}$$

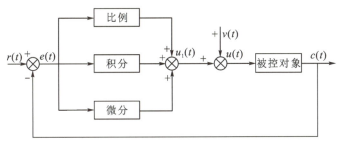

图 6-4 PID 控制系统原理框图

式中：$e(t)=r(t)-y(t)$，K_p 为比例系数，T_I 为积分时间常数，T_D 为微分时间常数。

三种校正环节的主要控制作用：

(1) 比例作用的引入是为了及时成比例地反应控制系统的偏差信号，以最快速度产生控制作用，使偏差向减小的趋势变化。

(2) 积分作用的引入，主要是为了保证被控量 y 在稳态时对设定值 r 的无静差跟踪。

(3) 微分作用的引入，主要是为了改善闭环系统的稳定性和动态响应的速度。微分作用使控制作用于被控量，从而与偏差量未来变化趋势形成近似的比例关系。

6.1.4 设备参数

调速器系统主要由调速器电气系统、机械液压系统、油压装置及其控制系统组成。调速器各参数统计表见表 6-1 至表 6-6。

表 6-1 电调柜技术规范

项目	参数	项目	参数
频率调节范围	42.5～57.5Hz	频率参考值	50Hz
不动时间	不大于 0.20 秒	转速调节范围	±10%
输出功率调节	0～110%	开度限制范围	0～100%
人工失灵区调节范围	±1%	转速死区	不大于 0.02%
永态转差率	0～20%	暂态转差率	0～200%
积分时间常数	0.1～20s	微分时间常数	0.001～5s

表 6-2 调速器压油泵技术规范

♯1、♯2 机组调速器压油泵技术规范			
项目	参数	项目	参数
油泵型号	E4 052N4 LRJE	电机功率	55kW
流量	300L/min	电机电压	380V AC
额定压力	6.3MPa	电机型号	
单台机组调速器压油泵数量	2 台	电机转速	2950r/min
♯3、♯4 机组调速器压油泵技术规范			
项目	参数	项目	参数
油泵型号	SMF210ER40U12.1-W75	电机功率	55kW
流量	300L/min	电机电压	380V AC
额定压力	7.0MPa	电机型号	Y250M-2B5
单台机组调速器压油泵数量	2 台	电机转速	2900r/min

表 6-3　调速器漏油泵技术规范

＃1、＃2机组调速器漏油泵技术规范			
项目	参数	项目	参数
油泵型号	KCB-18.3	电机功率	1.5kW
流量	18.3L/min	电机电压	380V AC
额定压力	1.48MPa	电机型号	Y90L-4
单台机组调速器油泵数量	1台	电机转速	1450r/min
＃3、＃4机组调速器漏油泵技术规范			
项目	参数	项目	参数
油泵型号	CB-B32	电机功率	1.5kW
流量	46.4L/min	电机电压	380V AC
额定压力	2.5MPa	电机型号	Y90L-4
单台机组调速器油泵数量	1台	电机转速	1400r/min

表 6-4　调速器压油罐技术规范

＃1、＃2机组调速器压油罐技术规范			
项目	参数	项目	参数
压油罐总容积	6m³	设计压力	7.2MPa
压油罐油容积	2m³	试验压力	9.0MPa
压油罐气容积	4m³	用油量	9米³/台机
设计温度	50℃	压油罐重量	6.22t
最大工作压力	6.3MPa	尺寸(直径×高)	φ1500×4200mm
透平油型号	国产 L-TSA46 透平油	油罐数量	1个/台机
安全阀开启压力	7.1～7.2MPa	型号	YZ6-6.3
＃3、＃4机组调速器压油罐技术规范			
项目	参数	项目	参数
压油罐总容积	6m³	设计压力	7.31MPa
压油罐油容积	2m³	试验压力	9.13MPa
压油罐气容积	4m³	用油量	9米³/台机
设计温度	50℃	压油罐重量	7.64t
最大工作压力	6.3MPa	尺寸(直径×高)	φ1500×4200mm
透平油型号	国产 L-TSA46 透平油	油罐数量	1个/台机
安全阀开启压力	7.2MPa	型号	YZ6-6.3

表 6-5　调速器回油箱、漏油箱技术规范

项目	参数	项目	参数
＃1、＃2机组调速器回油箱容积	8m³	尺寸(长×宽×高)	3000mm×1900mm×1500mm
＃3、＃4机组调速器回油箱容积	7.6m³	尺寸(长×宽×高)	3000mm×1800mm×1600mm
＃1、＃2机组调速器漏油箱容积	0.5m³	尺寸(长×宽×高)	1100mm×800mm×700mm
＃3、＃4机组调速器漏油箱容积	0.5m³	尺寸(长×宽×高)	900mm×800mm×810mm

第6章 调速器系统

表6-6 机组导叶接力器技术规范

项目	参数	项目	参数
接力器活塞直径	200mm	接力器活塞杆直径	90mm
接力器行程	280mm	接力器数量	20个
接力器开腔容积	8.8×20L	接力器开腔容积	7×20L
主配压阀型号	ED12	主配压阀数量	20个

6.2 调速器系统主要结构及原理

呼蓄电站调速器系统无论是#1、#2机组,还是#3、#4机组,其结构组成大体相同,主要分为电气控制系统和机械液压系统。本节主要介绍调速器系统的主要结构及原理。

6.2.1 调速器系统电气控制部分

微机调速器一般具有三种主要调节模式:频率调节模式、功率调节模式和开度调节模式。

频率调节模式(转速调节模式):适用于机组启停和同期并网控制、空载转速控制、并网转速控制、背靠背拖动和孤网转速控制等。

目前常见的有"先开后关"和"两段式开启"两种模式。为了保证机组能够平稳升速,避免机组受到过大冲击,一般选择"两段式开启"模式。

空载转速控制:一般采用跟踪网频信号,它主要作用于机组的起动并维持机组的转速在额定的转速范围内运行。

并网转速控制:只有在发电机并网且功率控制未投入时有效,选择并网运行PID参数。在这种模式下,调速器仅仅根据频率设定值与网频之差进行导叶开度调节。

孤网转速控制:为了承担地方孤立负荷和应急时系统负荷大波动而设置的控制方式,其运行条件是发电机出口断路器合上且频率超过预定的偏差时(如额定频率的2%),在这种情况下无论之前是并网转速控制还是功率控制,孤网转速控制都自动投入,并按照孤网模式下预定的机组调差率,消除转速偏差,提高系统的稳定性。

功率调节模式:机组并入大电网后带基荷运行时应优先采用的一种调节模式(发电工况)。一般采取PI调节。

功率控制分为两种情况。一种情况是仅仅将机组功率实发值与功率设定值相比较后决定机组负荷的增减,而不考虑电网频率的波动。在这种情况下,功率设定值是由操作员根据网频变化情况设定或由AGC软件根据网频变化计算出来的,即二次调频。

另一种情况是除了考虑功率设定值,也考虑网频信号的实时波动,称之为频率负荷控制。也就是说,在功率设定值的基础上叠加实时网频调差结果,得到新的功率设定值,再将其转换为当前水头下的导叶开度值输出调节导叶,以实时响应网频的变化。这种调速器实时响应网频变化的调节模式也就是通常所说的一次调频。

开度调节模式:将导叶开度设定值直接与导叶开度反馈值进行比较后对导叶进行调节的模式(抽水工况)。当机组由其他控制模式切至开度控制模式时,开度设定值等于当前开度值(无扰动切换),之后机组开度值按开度设定值调整。开度设定值不能超过开度限制。开度限制可在0到100%之间设定。它在任何控制模式下(包括机组起动时)都能起限制作用。调节器的运算结果与开限值进行比较,较小的值作为导叶开度设定值输出。

调节模式间的相互转换:三种调节模式间的相互转换过程如图6-5所示。

1)调速器控制单元

调速器电气部分一般采用可编程控制器或者可编程计算机控制器作为控制器。为了保证控制核心的

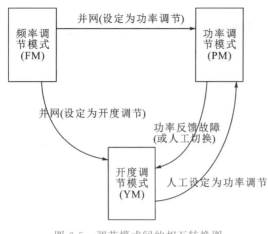

图 6-5 调节模式间的相互转换图

可靠性,一般电气控制柜中都会配置两套独立的功能相同的控制器,两套控制器接收相同的数据采样。正常运行时,一套控制器处于主用,一套控制器作为备用。呼蓄电站#1、#2机组调速器系统电气部分主要由调速器电调柜及相应控制单元构成,电调柜布置在发电机层机组下游侧,共有 3 面盘柜,调速器型号为 T.SLG 微机调速器,采用双冗余微机数字控制器+伺服比例阀电液随动系统。调速器电气调节装置由两套互为备用的 UPC(T.SLG 调速器程序控制模块)数字调节器、20 个 SPC(T.SLG 接力器开度控制模块)和一套 HMI 触摸屏显示面板及其供电模块组成。T.SLG 型功能组合式数字式调速箱是阿尔斯通技术开发中心专门为水电站开发设计的产品,采用阿尔斯通调速器专用的工业控制计算机,并使用了在 C 语言环境下开发的专用 T-SOFT 软件编程,适用于各种类型水轮发电机组。

UPC 的主要功能为完成调速控制,而 SPC 的主要功能为控制接力器行程,包括驱动电液转换器。正常时 UPC 模块控制 SPC01-SPC20 模块,SPC01-SPC20 模块控制对应的电液转换器,通过电液转换器控制主配压阀动作,从而控制导叶接力器的动作。其控制框图如图 6-6 所示。同时 SPC01-SPC20 模块收集接力器位置信号,将其反馈给 UPC 模块,从而形成闭环控制。两套 UPC 数字调节器互为冗余,正常时 UPC-N 作为主用,UPC-S 作为备用;当主用 UPC 大故障时切至备用 UPC,当两套 UPC 同时大故障时导叶自动关闭,并送调速器系统故障信号至监控系统起动机械事故。

#3、#4 机组调速器电调柜有 2 面盘柜,布置在发电机层机组下游侧,主要采用双冗余微机数字控制器(A 套、B 套)+伺服比例阀电液随动系统。其控制器的型号为 MGC6000,该控制器是长江三峡能事达电气股份有限公司根据多年的调速器设计制造经验,并结合我国国情和水力发电行业特点开发的新产品。其采用了高性能双微机调节器作为控制核心,搭配可靠性高的执行元件和全国产化具有完全自主知识产权的主配压阀,具有测频精度高、响应速度快、静态耗油量低和安装维护简便等特点,已经开始广泛应用于国内大、中型水电站中。该双冗余微机控制器的特点包含在主用机工作的同时,备用机能够实时采集和处理数据以及故障报警处理。调速器对外控制输出仅仅在主用机上进行,备用机内部采集及处理数据,但不参与控制输出,备用机的控制数据体现在人机界面数据信息页面上。双机均具有独立的工作电源,任何一套电源故障都不会影响调速系统正常运行。备用机能自动判断调速器所处的状态。备用机切换至主用时,系统工况维持不变。

2)转速监测单元

转速监测单元由测速的 CPU 模块、测速装置、转速输出继电器等组成。CPU 模块用于处理采集的转速信号。当转速监测单元故障时,发出报警信号,锁定在当前值,并闭锁机械制动投入。测速一般包括齿盘测速和残压测频测速。齿盘测速信号通过转速继电器输出参与机组顺控,残压测频信号来源于机端电压互感器二次侧信号,通过信号隔离器,实现信号隔离、变换功能,即将来自机端电压互感器的正弦波信号与调速器电调柜电气隔离,再变换成同频率的方波信号。直接送至频率测量模块,用于机组转速的控制。

3)电源供给单元

呼蓄电站#1、#2 机组调速器电调柜采用一路交流 220V[取自现地控制单元配电柜盘(机组交流配电盘=U0*+BJ01)QA313 空开]、一路直流 220V[取自发变组直流配电柜(机组直流配电盘=U0*+BJ02)QD107]空开冗余供电,其辅助电源(加热、照明、风扇等)为 220V 交流[取自本机组交流配电盘(机组交流配电盘=U0*+BJ01)QA314 空开]。电调柜内通过 4 个(PS1、PS2、PS3、PS4)220V 电源模块(将 220V AC 转换为 220V DC)和 2 个(PS5、PS6)24V 电源模块(PS5 是将 220V AC 转换为 24V DC,PS6 是将 220V DC 转换为 24V DC),分别给 2 套 UPC 调节器和 20 套 SPC 输入、输出、HMI 供电。交流电源和直流电源各分为两路:第一路交流送至 4 个(PS1、PS2、PS3、PS4)电源模块并联后与第一路直流共同提供 220V 直流电源(给 2 个 UPC、20 个 SPC 装置供电);第二路交流送至 PS5 电源模块,第二路直流送至 PS6 电源模块,PS5 与

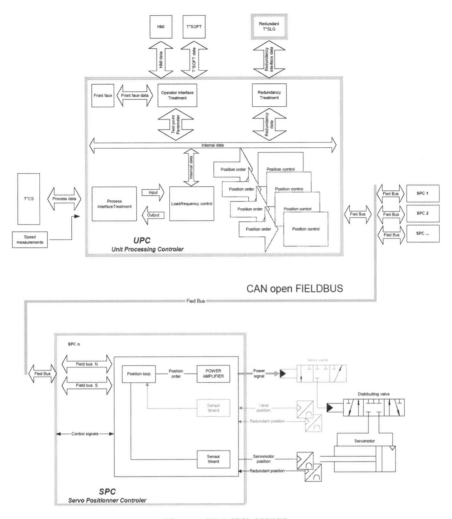

图 6-6 调速器控制框图

PS6 电源模块并联后共同提供 24V 直流电源(控制信号电源,功率变送器电源、HMI 电源等)。

呼蓄电站♯3、♯4 机组调速器电调柜采用一路交流 220V(取自机组现地控制单元配电柜盘空开 QA313)、一路直流 220V(取自发变组直流配电柜空开 QD107)冗余供电,其辅助电源(加热、照明、风扇等)为 220V 交流(取自机组现地控制单元配电柜盘空开 QA314)。

调速器电调柜内有 8 个(SP01、SP02、SP03、SP04、SP05、SP06、SP07、SP08)电源模块。SP01、SP02 给 A 套控制系统供电,SP03、SP04 给 B 套控制系统供电,SP05、SP06 给阀组供电,SP07、SP08 给公用信号供电。

呼蓄电站♯1、♯2 机组调速器采用 RS485MODBUS 通信协议与监控系统进行通信。UPC-N 与 UPC-S 之间通过数据线连接,UPC 采用 FIELDBUS 与 SPC01 通信,20 个 SPC(SPC01~SPC20)采用 FIELDBUS 依次串联通信。调速器 HMI 工业控制屏通过 RS485 与 UPC-N 模块和 UPC-C 模式切换、参数设置等。

呼蓄电站♯3、♯4 机组调速器采用 RS485 MODBUS 通信协议与监控系统进行通信。

6.2.2 调速器系统机械液压控制部分

6.2.2.1 ♯1、♯2 调速器系统油压装置

♯1、♯2 机组调速器系统各有一套油压装置,由 1 个压油罐、1 个集油箱、2 台压油泵、1 个漏油箱、1 台漏油泵及自动化元件等组成。压油罐、集油箱、压油泵安装在主厂房母线层,漏油箱和漏油泵安装在蜗壳层。压油罐的体积为 $6m^3$,设有 1 个空气安全阀、6 个压力开关、6 个油位开关、1 个油位计、1 套补气装置、1 个压力变送器、1 个压力表、1 个油位变送器。正常情况下,压油罐内油气体积比大约为 1:2。集油箱体积为 $8m^3$,内部设有双层滤网将集油箱分成两个区:清油区和脏油区。系统回油连接到脏油区,清油区为压油

泵提供油源。集油箱上装有2台压力油泵、2个插装阀组、1个油位计、3个油位开关、1个空气滤清器、1套油混水装置等。

2台压油泵互为备用,采用间歇工作模式,自动进行主备用切换。当压油罐油压下降到6MPa时,压力开关/压力变送器发讯息到油压装置控制柜,接通主用泵电机电源,主用泵起动,向系统补油;若压力下降到5.8MPa,再起动备用泵;当压油罐油压恢复到6.3MPa时,压力开关发讯息切断电源,主、备用油泵均停止运行。油压装置控制柜根据起动次数自动切换主、备用状态。

为了保证油泵空载起动及防止系统压力过高,并防止充入压力油箱的油液回流,在每台油泵出口设置了插装阀组。该插装阀组主要分为压力控制阀部分和单向阀部分(止回阀)。图6-7为压力控制阀结构示意图。该阀由阀体、压力控制插件(含主阀芯、主阀弹簧、阀套)及具有压力调节功能的压力控制盖板(含节流塞、先导阀芯、调压弹簧)组成。插装阀的A口通油泵出口,B口通集油箱。油泵出口输出的油液进入压力控制插件的A口,同时,经插装阀的控制油口引出一路油液经节流塞进入插装阀弹簧腔、压力控制盖板的控制腔。由于插装阀芯两腔面积相等,在压力低于先导阀设定压力时,主阀芯上的液压力平衡,在弹簧力作用下主阀芯保持关闭状态,A口、B口不通。当压力达到设定值时,主阀芯打开并根据压力-流量特性连通A口和B口,将油泵输出油排回集油箱。插装阀的卸载(油泵空载起动)功能,通过控制盖板上安装的一只4WE6D型的电磁换向阀与之配合实现。当电磁阀线圈不激磁时,插装阀芯弹簧腔经电磁阀与回油相通,油泵起动时,油液直接进入插装阀A口,由于弹簧腔与回油相通,弹簧力很小,主阀在A口油液作用下迅速开启,使A口、B口连通,将油泵输出油液全部排回集油箱;经过一定时间后,油泵达到额定转速,油压装置控制装置发出信号,电磁阀线圈得激磁,电磁阀的阀芯移动,将插装阀弹簧腔与回油的通路切断,经控制油口进入弹簧腔的油液迅速使主阀芯上的液压力达到平衡,主阀芯在弹簧力作用下关闭,泵口压力迅速上升,打开单向阀向系统供油。当系统压力达到停泵压力时,为避免停泵时因单向阀回座过程中少量油液倒流使油泵反转,可先使电磁阀线圈失磁卸载再停泵。

方向控制阀的基本功能是单向阀(止回阀),基本组成主要包括控制盖板和插件,如图6-8所示。控制盖板含控制油孔、阀芯行程限位器;插件主要由阀套、阀座、复位弹簧组成。方向阀A口通油泵出口,B口通压力油箱、调速系统,阀芯弹簧腔的控制油液经控制油口来到B口。油泵起动后,输出油进入A口,当油泵输出压力在阀芯上产生的力与B口压力在阀芯环形面积上产生的力之和大于弹簧侧弹簧力与液压力之和时,单向阀打开,油泵输出油经单向阀从A口到B口进入系统。油泵停止后,A口失去压力,B口油压经控制油口进入弹簧腔,由于弹簧腔面积大于B口作用的环形面积,在合力的作用下,单向阀关闭。

压油罐有两种补气方式:自动补气和手动补气。自动补气是由压油罐的油位和油压共同控制:当压油罐油位高于正常油位(750mm),而压油罐油压低于额定油压(6.3MPa)时,油压装置控制PLC发出一个补气的命令,补气阀组开始补气;当压油罐压力上升至额定油压(6.3MPa)时,补气阀关闭。

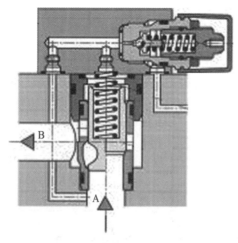

图6-7 压力控制阀结构示意图

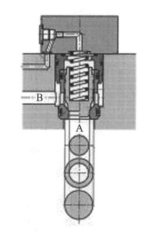

图6-8 方向控制阀结构示意图

6.2.2.2 ♯1、♯2调速器系统机械液压系统

♯1、♯2调速器系统机械液压系统包括主配压阀组(共20组,布置在机坑内)、控制阀组(布置在集油箱

上,包括紧急停机控制、延时停机控制、锁定控制)、延时装置(布置在集油箱上)、隔离阀装置(布置在管路上)、接力器位移传感器(共 40 个冗余控制)。(见图 6-9)

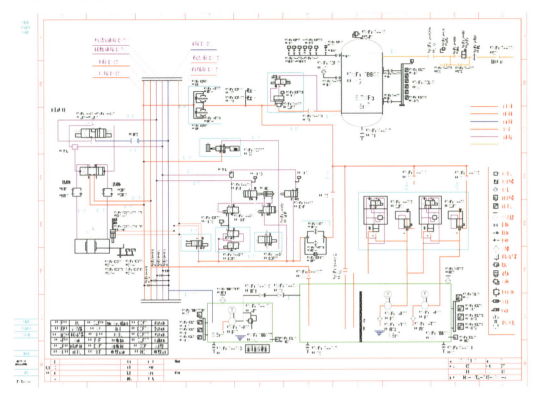

图 6-9 调速器系统液压图　　　　图 6-9 高清图

主配压阀组主要由主阀、电液转换器及延时单向阀等组成;通过电液转换器的位移信号控制主配压阀动作,从而控制导叶接力器的动作。控制阀组布置在集油箱上,主要由紧急停机电磁阀、延时停机电磁阀、液压控制阀、压力继电器、压力表等组成。延时装置布置在集油箱上,由 2 个行程阀、液压缸及其他控制元件组成,其作用是和延时停机电磁阀、液压控制阀一起共同完成机组的延时停机要求。

(1)紧急停机电磁阀:采用德国博世力士乐公司二位四通(DN10)带手动应急按钮的单电磁铁换向阀,操作电源为 DC24V。电磁阀线圈在通电状态下为机组正常运行;电磁阀线圈断电即为机组紧急停机,同时,通过压力继电器将紧急停机信号向外部发出。其作用是当机组或系统发生需要停机的故障时,接收来自电站自动控制系统的故障保护信号紧急关闭水轮机导叶,强迫机组停机。

(2)延时停机电磁阀:采用德国博世力士乐公司二位四通(DN10)带手动应急按钮的单电磁铁换向阀,操作电源为 DC24V。电磁阀线圈在通电状态下为机组正常运行;电磁阀线圈断电即为机组需要延时停机,同时,通过压力继电器将延时停机信号向外部发出。其作用是当机组在发电工况电气事故停机时,接收来自电站监控系统的延时停机命令,延时 10s(可调)后,再动作紧急停机电磁阀关闭水轮机导叶。

(3)液压控制阀:采用德国博世力士乐公司二位四通(DN16)阀。其作用是当机组事故(或甩负荷)过速时,过速保护装置动作,压力油直接控制该液压控制阀动作,从而起动延时 10s(可调)装置。完成延时后,再动作紧急停机电磁阀关闭水轮机导叶。

(4)压力继电器:采用德国博世力士乐公司的产品,用于检测调速系统紧急停机/停机复归状态、延时停机/停机复归状态。其原理是通过检测油压来判断相应的工作状态,输出一对常开常闭无源接点。由于监测的是切换电磁阀后油路中的油压,其信号直接反映所测油路的实际工作状态,避免由于系统故障出现的继电器给出信号和实际动作位置不一致的情况。

(5)延时装置:由方向控制阀、液压缸及其他控制元件组成。其主要功能是和延时停机电磁阀、液压控制阀一起共同完成机组的延时停机要求。该装置为纯机械液压结构设计,在电气信号故障时也能保障机组延时停机,防止事故发生。

(6)电液隔离阀装置:安装在压油罐出口管路上,由电磁阀、插装式单向阀及控制元件组成。电液隔离阀由油控柜 PLC 控制,但由监控发令;电液隔离阀随机组启停而打开关闭;电液隔离阀打开的条件为两侧压力传感器无故障,压差小于0.5MPa(可能会调整),有开启命令;机组起动时发调速器油压装置起动命令,自动起动压油泵(此时不受压力开关控制,直到电液隔离阀打开),发电液隔离阀开启命令。

(7)滤油器:采用高精度双联滤油器,互为主备用,能在线手动切换。当滤油器堵塞,压差增大到一定值时,压差开关动作,发出报警信号。该调速系统配有两套滤油器:一套安装在回油箱上,用来过滤调速器控制阀组;另一套安装在油管路上,用来过滤机坑内调速器主配压阀组。

(8)主接力器位移传感器:采用美国MTS高可靠、高精度、防震系列传感器,冗余配置(40只)。该传感器将反馈调速器主接力器位移信号到调速器电气柜,通过支架安装于接力器上,实现接力器位置闭环控制。

6.2.2.3　♯1、♯2调速器系统机械液压回路动作分析

1. 发电开机

发电开机,分析液压回路的动作过程如下。

1)从停机到静止

(1)起动调速器的主油泵:调速器的主用油泵随机组的起动而起动,在调速器油压系统收到监控系统投入调速器油压系统命令后,调速器主油泵起动,此时卸载电磁阀(YV1)处于失磁状态(走平行位),卸载电磁阀B/T、P/A导通,均接通排油回路;卸载插装阀(UV1)上腔通过卸载电磁阀P/A回路排油,卸载插装阀在油泵出口压力作用下打开(导通A/B回路),油泵出口直接与集油箱相通,将油泵输出油液全部排回集油箱;经过一定时间后,油泵达到额定转速,主油泵空载起动完成。油压控制装置发出信号,卸载电磁阀励磁(走交叉位),卸载电磁阀B/P、T/A导通,压力油通过B/P回路进入卸载插装阀上腔,在弹簧力和压力油作用下关闭卸载插装阀(切断A/B回路),压油泵出口压力迅速上升,使单向阀打开(A/B回路导通),向系统供油,主油泵负载运行。机组运行时调速器油泵工作于间断模式。

(2)开启调速器电液隔离阀:调速器的电液隔离阀随机组的启停而启停。主油泵负载运行后油回路中压力不断上升,当电液隔离阀011CZF03(ECV)两侧油压小于0.5MPa时,调速器油压装置控制PLC发令,使电液隔离阀控制电磁阀(YV5)开启线圈励磁(走交叉位),电液隔离阀011CZF03(ECV)上腔排油,在油压作用下打开电液隔离阀。压油泵往油罐内打油,当压油罐内压力上升至6.3MPa停泵油压时,为避免停泵时因单向阀回座过程中少量油液倒流使油泵反转,故先使卸载电磁阀线圈失磁卸载再停下油泵。备用油泵则根据压力油罐的油压来启停。其启停过程与主油泵相同。

(3)退出导叶接力器液压锁定:当油压装置收到监控系统退出导叶接力器锁定命令后,导叶接力器锁定投退电磁阀011DCF01(YV7)退出线圈励磁,压力油经导叶接力器锁定投退电磁阀(平行位)进入导叶液压锁定的退出侧,同时投入侧接通排油,使液压锁定向上运动,退出导叶接力器锁定。

2)从静止到发电

(1)起动电调,打开导叶:当监控系统收到"机械制动退出、主进水阀全开、高压油顶起装置运行、技术供水系统正常和主轴密封水系统正常"的信号后,发出调速器水轮机方式开机命令,电调柜UPC接收命令,工作于转速/频率控制模式,并传输给SPC,SPC输出导叶电液转换控制电流信号动作电液转换器,主配压阀随之动作,阀芯右移,主配P/A、B/R导通,压力油通过主配P/A进入导叶接力器开启腔,同时导叶接力器关闭腔通过主配B/R排油,导叶开启到起动开度(20组主配和接力器同步动作)。机组转速上升,待同期装置起动后,电调柜根据同期装置的增减速脉冲,控制输出到电液转换器的电流信号,调节机组转速直到并网。

(2)带上负荷:机组并网后,电调柜UPC工作于功率反馈模式,根据给定的出力参考值,使机组带上负荷,并进行调节。在此过程中,SPC输出的导叶电液转换控制电流信号,作用到电液转换器的双向线圈后,控制主配压阀的启闭。导叶开启时,电液转换器接收电调柜输出的开启电流信号,主配压阀阀芯右移,主配P/A、B/R导通,压力油通过主配P/A进入导叶接力器开启腔,同时导叶接力器关闭腔通过主配B/R排油,导叶开启到设定位置。导叶接力器活塞运动的同时,其位移传感器将反馈信号送到电调柜的综合放大回路,与其给定信号综合放大后,对电液转换器进行控制,使主配压阀活塞反向运动,从而回到平衡位置。这时导叶接力器停止移动,完成一次循环调节。导叶关闭时,电液转换器接收电调柜输出的关闭电流信号,主配压阀的阀芯左移,主配P/B、A/T导通,压力油通过主配P/B进入导叶接力器关闭腔,同时导叶接力器开

启腔通过主配A/T排油,导叶关闭到设定位置。导叶接力器启闭循环调节的过程,达到了调整导叶开度的目的。

2. 抽水开机

抽水开机(SFC),分析液压回路的动作过程如下。

(1)从停机到静止:与发电开机相同,具体参见发电开机。

(2)从静止到抽水调相:当监控系统收到转轮处于压水状态的信号后,发出调速器系统调相方式选择命令。

(3)从抽水调相到抽水。起动电调,打开导叶:当监控系统收到转轮处于充水状态的信号后,发出复归调速器系统调相方式选择命令,并发出调速器水泵方式开机命令,电调柜UPC接收命令,工作于开度模式,并传输给SPC,SPC输出导叶电液转换控制电流信号动作电液转换器,主配压阀随之动作,阀芯右移,主配P/A、B/R导通,压力油通过主配P/A进入导叶接力器开启腔,同时导叶接力器关闭腔通过主配B/R排油,导叶开启到当前水头的最优开度。

3. 发电关机

发电关机,分析液压回路的动作过程如下。

1)从发电到静止

(1)减负荷,关闭导叶至空载开度:当监控系统收到机组停机命令的信号后,发出减少有功脉冲至调速器系统命令,电调柜UPC接收命令,工作于功率反馈模式,并传输给SPC,SPC输出导叶电液转换控制电流信号动作电液转换器,主配压阀随之动作,阀芯左移,主配P/B、A/T导通,压力油通过主配P/B进入导叶接力器关闭腔,同时导叶接力器开启腔通过主配A/T排油,导叶关闭到设定位置(有功功率)。

(2)停电调,关闭导叶至全关:当监控系统收到"励磁系统退出、机端电压小于5%UN"的信号后,发出停止调速器、关闭主进水阀命令,电调柜UPC接收命令,工作于开度模式,并传输给SPC,SPC输出导叶电液转换控制电流信号动作电液转换器,主配压阀随之动作,阀芯左移,主配P/B、A/T导通,压力油通过主配P/B进入导叶接力器关闭腔,同时导叶接力器开启腔通过主配A/T排油,导叶关闭到全关位置。

2)从静止到停机

(1)投入导叶接力器液压锁定:当油压装置收到监控系统投入导叶接力器锁定命令后,导叶接力器锁定投退电磁阀011DCF01(YV7)投入线圈励磁,压力油经导叶接力器锁定投退电磁阀(交叉位)进入导叶液压锁定的投入侧,同时退出侧接通排油,使液压锁定向下运动,投入导叶接力器锁定。

(2)停下调速器的主、备油泵:调速器的主、备用油泵均随机组的停止而停止,在调速器油压系统收到监控系统退出调速器油压系统命令后,调速器主、备油泵均在卸载电磁阀线圈失磁卸载后停下。此时卸载电磁阀(YV1)处于失磁状态(走平行位),卸载电磁阀B/T、P/A导通,均接通排油回路;卸载插装阀(UV1)上腔通过卸载电磁阀P/A回路排油,卸载插装阀在油压作用下打开(导通A/B回路),油泵出口直接与集油箱相通,油泵卸载后停泵。

(3)关闭调速器电液隔离阀:调速器的电液隔离阀随机组的启停而启停。在调速器油压系统收到监控系统退出调速器油压系统命令后,调速器油压装置控制PLC发令使电液隔离阀控制电磁阀(YV5)关闭线圈励磁(走平行位),电液隔离阀011CZF03(ECV)上腔接通压力油,在油压和弹簧力的共同作用下关闭电液隔离阀。

4. 抽水关机

抽水关机,分析液压回路的动作过程如下。

(1)从抽水到静止。停电调,关闭导叶至全关:当监控系统收到机组停机命令的信号后,发出停止调速器、关闭主进水阀命令,电调柜UPC接收命令,工作于开度模式,并传输给SPC,SPC输出导叶电液转换控制电流信号动作电液转换器,主配压阀随之动作,阀芯左移,主配P/B、A/T导通,压力油通过主配P/B进入导叶接力器关闭腔,同时导叶接力器开启腔通过主配A/T排油,导叶关闭到全关位置(导叶关闭,有功功率小于设定值后分开 GCB)。

(2) 从静止到停机:与发电停机相同,具体参见发电关机。

5. 事故紧急停机

1) 机械事故停机

动作紧急停机阀,停电调,关闭导叶至全关:当监控系统收到机组机械事故停机的信号后,监控系统立即动作紧急停机阀 011DCF02(YV3),紧急停机阀失电,阀芯在弹簧的作用下左移(走平行位),紧急停机阀 P/A、B/T 导通,压力油通过 P/A 进入紧急停机油管,直接作用在主配压阀阀芯关闭侧,此作用力足够大,迫使主配压阀阀芯左移(无论电液转换器开启线圈励不励磁),主配 P/B、A/T 导通,压力油通过主配 P/B 进入导叶接力器关闭腔,同时导叶接力器开启腔通过主配 A/T 排油,导叶关闭到全关位置。同时监控系统发出停止调速器命令。调速器按正常静止至停机流程执行。此流程中机组先关导叶和主进水阀,在有功小于设定值时分 GCB。

2) 发电工况电气停机事故流程

动作延时停机阀,延时 11s 动作紧急停机阀,停电调,关闭导叶:当监控系统收到机组电气事故停机的信号后,监控系统立即动作延时停机电磁阀 011DCF03(YV4),延时停机电磁阀失电,阀芯在弹簧的作用下右移(走交叉位),延时停机电磁阀 P/B、A/T 导通,经过过速装置 011GSF1(平行位 P/A)的压力油在延时停机电磁阀 P/B 口截止,同时延时停机换向阀(HV1)X 口通过延时停机电磁阀 A/T 接通排油,延时停机换向阀阀芯左侧失压,在其阀芯右侧弹簧力的作用下,阀芯左移(走平行位),延时停机换向阀 P/A、B/T 导通。压力油经延时停机换向阀 P/A 进入延时装置动作活塞 011HS1 动作腔(靠近延时装置复归侧行程阀 011FXF1 的腔体),延时装置动作活塞复归腔(靠近延时装置动作侧行程阀 011DXF1 的腔体)通过延时停机换向阀 B/T 接通排油,延时装置动作活塞向左移动(延时装置动作侧行程阀 011DXF1 侧),延时装置复归侧行程阀 011FXF1(FV1)右侧失去机械压力,其阀芯在弹簧力的作用下右移(走平行位),延时装置复归侧行程阀 P/A、B/T 导通。压力油经延时装置复归侧行程阀 P/A,通过延时装置动作侧行程阀 011DXF1(FV2)P/A(走平行位)进入延时停机油管,作用在主配延时单向阀上腔,在弹簧力和压力油作用下使主配延时单向阀强迫关闭,切断导叶接力器开启腔的操作油回路,使导叶接力器开启腔保持压力,从而保证导叶在当前开度不关闭。随着延时装置动作,活塞向左移动,活塞体压在延时装置动作侧行程阀阀芯左侧,使其阀芯右移(走交叉位),延时装置动作侧行程阀 P/B、A/T 导通,压力油经延时装置复归侧行程阀 P/A,在延时装置动作侧行程阀 P/B 口截止,同时延时停机油管通过延时装置动作侧行程阀 A/T 接通排油,即主配延时单向阀上腔排油,使导叶接力器开启腔的操作油回路可以操作。延时装置动作活塞的行程时间是可调的,这就在机械液压回路中保证了导叶的延时关闭。同时在电气回路上监控系统在延时停机阀动作后,延时 11s 再动作紧急停机阀,停电调,关闭导叶。

经 11s 延时后,监控系统动作紧急停机阀 011DCF02(YV3),紧急停机阀失电,阀芯在弹簧的作用下左移(走平行位),紧急停机阀 P/A、B/T 导通,压力油通过 P/A 进入紧急停机油管,直接作用在主配压阀阀芯关闭侧,此作用力足够大,迫使主配压阀阀芯左移(无论电液转换器开启线圈励不励磁),主配 P/B、A/T 导通,压力油通过主配 P/B 进入导叶接力器关闭腔,由于此时导叶接力器开启腔的操作油回路已经可以操作,导叶接力器开启腔通过主配 A/T 排油,导叶关闭到全关位置。同时监控系统发出停止调速器命令。调速器按正常静止至停机流程执行。此流程中机组在接到"机组电气事故停机"的信号后立即分 GCB,关主进水阀,延时 11s 关导叶。

3) 其他工况电气停机事故流程

调速器系统与机组机械事故停机动作流程一致。此流程中机组在接到机组电气事故停机的信号后立即分 GCB,关主进水阀,同时关导叶。

6. 过速保护装置动作

过速保护装置动作,起动机械停机流程,停电调,关闭导叶:当机组出现过速事故时,过速装置 011GSF1 会自动动作(走交叉位),P/B、A/T 导通,压力油在过速装置 P/B 口截止,延时停机换向阀(HV1)阀芯左侧

X口压力油经延时停机电磁阀A/P、过速装置A/T排油(不动作延时停机电磁阀),延时停机换向阀阀芯左侧失压,在其阀芯左侧弹簧力的作用下,阀芯左移(走平行位),延时停机换向阀P/A、B/T导通。压力油经延时停机换向阀P/A进入延时装置动作活塞011HS1动作腔(靠近延时装置复归侧行程阀011FXF1的腔体),延时装置动作活塞复归腔(靠近延时装置动作侧行程阀011DXF1的腔体)通过延时停机换向阀B/T接通排油,延时装置动作活塞向左移动(延时装置动作侧行程阀011DXF1侧),延时装置复归侧行程阀011FXF1(FV1)右侧失去机械压力,其阀芯在弹簧力的作用下右移(走平行位),延时装置复归侧行程阀P/A、B/T导通。压力油经延时装置复归侧行程阀P/A,通过延时装置动作侧行程阀011DXF1(FV2)P/A(走平行位)进入延时停机油管,作用在主配延时单向阀上腔,在弹簧力和压力油作用下使主配延时单向阀强迫关闭,切断导叶接力器开启腔的操作油回路。同时,由于监控系统收到机械事故停机信号,调速器紧急停机阀011DCF02(YV3)动作,紧急停机阀失电,阀芯在弹簧的作用下左移(走平行位),紧急停机阀P/A、B/T导通,压力油通过P/A进入紧急停机油管,直接作用在主配压阀阀芯关闭侧,此作用力足够大,迫使主配压阀阀芯左移(无论电液转换器开启线圈励不励磁),主配P/B、A/T导通,压力油通过主配P/B进入导叶接力器关闭腔,此时导叶接力器开启腔的操作油回路已经被切断,即导叶接力器开启腔保持压力,接力器无法移动,从而使导叶在当前开度不关闭。随着延时装置动作活塞向左移动,活塞体压在延时装置动作侧行程阀阀芯左侧,使其阀芯右移(走交叉位),延时装置动作侧行程阀P/B、A/T导通,压力油经延时装置复归侧行程阀P/A,在延时装置动作侧行程阀P/B口截止,同时延时停机油管通过延时装置动作侧行程阀A/T接通排油,即主配延时单向阀上腔排油,使导叶接力器开启腔的操作油回路可以操作。导叶接力器开启腔通过主配A/T排油,导叶关闭到全关位置。同时监控系统发出停止调速器命令。调速器按正常静止至停机流程执行。此流程中机组先关主进水阀,延时11s关导叶,在有功小于设定值时分GCB。

6.2.3 调速器系统自动化元件

通常来讲,用于系统设备的数据采集、处理以及对设备实施控制的元件和设备,均属于自动化元件设备的范畴。对于一个电站来说,自动化元件是指机组开机、运行、停机、事故停机及事故报警等所用的自动化装置,主要指温度、转速、液位、物位、压力、流量、压差、振动等非电量的监测、转换、操作等所使用的装置,一般不包括电气二次回路、发电机继电保护等电量监测、保护及操作的装置;有时也不考虑电站中央集控室中所需要的自动化装置及元器件。若干个自动化元件设备可组成一个系统,完成某一共同功能。在抽水蓄能电站计算机控制过程中,需要检测的物理参数通常有两大类。一类是与抽水蓄能电站运行有关的非电量,例如水位、油位、流量、压力、位移、应力、转速、导叶开度、湿度、噪声等。另一类是与机组运行有关的电量,例如电压、电流、有功功率、无功功率、频率、相位、功率因数等。下面将介绍调速器系统中主要使用的一些自动化元件。

6.2.3.1 导叶接力器位移传感器

呼蓄电站4台机组使用的导叶接力器位移传感器均为磁致伸缩式位移传感器,每台机组共20个导叶,每个导叶上安装2个位移传感器,故每台机组共40个位移传感器,全电站4台机组共安装位移传感器160个。该种传感器是依据磁致伸缩原理制造的,具备精度高、测量行程长等特点,通过两个不同磁场相交产生一个应变脉冲信号来准确地测量位置。测量元件是一根波导管,波导管内的敏感元件由特殊的磁致伸缩材料制成。测量过程是由传感器的电子室内产生电流脉冲,该电流脉冲在波导管内传输,从而在波导管外产生一个圆周磁场,当该磁场和套在波导管上作为位置变化的活动磁环产生的磁场相交时,由于磁致伸缩的作用,波导管内会产生一个应变机械波脉冲信号,这个应变机械波脉冲信号以固定的声音速度传输,并很快被电子室检测到。这个应变机械波脉冲信号在波导管内的传输时间与活动磁环与电子室之间的距离成正比,通过测量时间,就可以高度精确地确定这个距离。具体如图6-10所示。

由于作为测量用的活动磁环与传感器之间没有发生直接接触,也正因为是这种工作模式,从而消除了机械磨损的问题,保证了最佳的重复性和持久性,因而其使用寿命长,环境适应能力强,可靠性高,安全性好,便于系统自动化工作,即便在较为恶劣的环境下(如容易受油渍、尘埃或其他的污染场合),也能正常工作。

6.2.3.2 齿盘测速探头

齿盘测速探头作为机组最重要的自动化元件之一,能较为准确地测量机组的转速。常用的齿盘测速探头由振荡电路、信号触发器和开关放大器组成。振荡电路的线圈产生高频变磁场,该磁场经由传感器的感应面释放。当金属材料靠近感应面并达到感应距离时,在金属材料内产生涡流,使振荡电路能量减少,从而降低振荡以至停振。当信号触发器检测到减少现象时,可以把它转换成开关信号,以此达到非接触式检测的目的。具体如图 6-11 所示。

图 6-10　导叶接力器位移传感器　　　　图 6-11　齿盘测速探头

一般来讲,齿盘测速传感器由传感器本体和齿状设备组成。在水电机组的应用中,齿盘测速通过在转轴端部安装环形齿状设备,利用传感器和信息处理器组成的系统来测量和计算转速,通过这样的方式要比残压测速更加可靠。呼蓄电站在实际运用时也是如此,在机组大轴上固定一个精密齿盘,在齿盘的径向附近安装距离合适的传感器测速探头,使探头的感应面与齿盘凸出面具备一定的可测距离。在机组发生转动时,传感器测速探头可以产生反应转速的开关量信号,传递给调速器的测速装置。其中:♯1、♯2 机组大轴上方共安装四个齿盘测速探头,其中两路齿盘送入调速器;♯3、♯4 机组大轴上方共安装六个齿盘测速探头,其中四路齿盘送入调速器。

6.2.3.3 压力开关

压力开关是敏感元件发生机械形变从而导致开关动作的一种自动化元件。其工作原理为:在压力开关制造生产时都有其特定的工作压力范围(量程),在此范围内使用者可预先设定好需要开关工作的压力值,此值也称压力开关的设定点。压力开关通常配置一个 SPDT 型微动开关,每一个 SPDT 型微动开关均可设定为常闭或常开状态。设为常开状态时,微动开关动作则使系统回路闭合;而常闭状态时,微动开关动作,使系统回路断开。在实际使用过程中,当压油罐中的压力增加时,作用在不同的传感压力元器件(膜片、波纹管、活塞)会发生一定量形变,使其向上移动,通过栏杆等机械结构,最终起动最上端的开关,使开关量信号输出。当被测压力降至恢复值时,感应元件复位,则开关自动复位初始状态。呼蓄电站机组调速器系统使用的压力开关为美国 UE 公司的 H100-706/H100-705 型压力开关,每台机组的调速器使用 6 个压力开关,4 台机组一共 24 个压力开关。调速器压力开关主要安装在调速器压油罐上,以测量罐内的实际压力值,输出开关量到调速器油压控制柜中。具体如图 6-12 所示。

图 6-12　压力开关

呼蓄电站调速器压力开关定值如表 6-7 所示。

表 6-7　调速器压力开关定值

项目	整定值	动作后果
压油罐额定工作压力(停泵压力)	6.3MPa	停泵
压油罐油压过高	6.4MPa	过高报警
压油罐主用压油泵起动压力	6.0MPa	主用压油泵起动
压油罐备用压油泵起动压力	5.8MPa	备用压油泵起动
压油罐事故低油压 1	5.4MPa	事故停机
压油罐事故低油压 2	5.4MPa	事故停机

6.2.3.4　压力变送器

压力变送器是一种将被测压力转换成电信号进行控制和上传的自动化元件。该传感器感受压力的电气元件一般为电阻应变片,电阻应变片是一种将被测物体上的压力信号转换成电信号的敏感器件。一般情况下,电阻应变片利用特殊的黏合剂紧紧地与产生力学应变基体黏合在一起,当基体由于压力变化导致受力不同,从而引发应力变化时,电阻应变力也一同发生变形,使得加在电阻上的电压发生改变。具体如图 6-13 所示。

6.2.3.5　油混水信号器

油混水信号器是用于检测调速器回油箱中的含水量的一种传感器。当回油箱中的含水量超过设定的阈值时,油混水信号器会自动发出报警并上传信号。该传感器由内、外电极及相关电路构成,当纯油中渗入水后,由于两者介电常数的不同,依据电容值随极间介质变化而变化的特性,因此电容值发生改变。该传感器的油、水比例是通过电路设定的,在达到阈值时,会输出报警触电信号。

6.2.3.6　温度传感器

温度传感器一般用于测量调速器回油箱的温度。该传感器一般采用热电阻、热电偶作为测温元件,从测温元件输出信号送到传感器,再经过稳压滤波、运算放大、非线性校正、电压/电流转换等电路处理后,转换成与温度呈线性关系的电信号,用于温度参数的控制和测量。

图 6-13　压力变送器

第 7 章

主进水阀系统

7.1 主进水阀系统概述

安装在水轮机进口前的阀门称为水轮机进水阀,又称主进水阀,多安装在压力管道与蜗壳进口之间。主进水阀是水轮机的进水通道,起着控制水量和维护水轮机稳定运行的作用,是水轮机不可或缺的部件。在水电站水力系统中,常用的主进水阀有两种:一种是蝶阀,常用于200m以下水头的电站;另一种是球阀,适用于水头在200m以上的高水头电站。呼蓄电站采用的是球阀。

在现行国家标准和行业实践中,中大型水轮机主进水阀不允许用于调节流量。其设计及运行要求明确强调,主阀在正常运行时仅允许处于全开或全关位置,禁止通过部分开启来调节流量。

呼蓄电站机组主进水阀位于蜗壳与高压岔管间,每台机组设置一个,起到截断和导通水流的作用,安装初期作为高压输水管道的堵头。♯1、♯3机组主进水阀由天津阿尔斯通水电设备有限公司生产,♯2、♯4机组主进水阀由东方电气集团东方电机有限公司生产。主进水阀本体及延伸部分安装在蜗壳层(EL.1275.70m),控制设备、油压装置等布置在水轮机层(EL.1282.80m)。主进水阀实物见图7-1和图7-2。

图 7-1 主进水阀——球阀

图 7-2 安装主进水阀

7.1.1 作用

呼蓄电站是高水头、长引水管道、采用一管两机引水方案的大型抽水蓄能电站,在水轮机蜗壳前必须设置主进水阀,其作用主要有:

(1)机组水泵工况起动、机组调相、机组正常停机时截断水流。

(2)投产初期,用作未投产机组压力钢管的堵头,保证厂房安全。

(3)当电站由一根总水管引水同时供几台机组发电时,每台机组前需装一只进水阀,这样当一台机组检修时,关闭该机组的进水阀不会影响其他机组的正常运行。

(4)在机组停机时,水轮机导叶不可能严密地关闭,总有一定的漏水量,特别是经过一段时间的运行后,导叶间隙处产生气蚀和磨损,使导叶间隙变大,漏水量增大。一般导叶全关时的漏水量为水轮机最大流量的2%~3%,严重时可达5%,造成水能大量损失。呼蓄电站作为高水头、长引水管道代表,机组短时停机全关进水阀,可显著减少压力水管漏损量,并随时保持备用状态;机组停机时关闭进/出水口闸门,会延长机组起动时间,失去水电站运行的灵活性和速动性,所以进/出水口闸门仅在检修期间关闭,用以保障检修现场安全。

(5)防止机组飞逸事故扩大,主进水阀可作为机组过速的后备保护。机组甩负荷,调速器又发生故障不能关闭,使导叶失控,此时应紧急关闭进水阀、截断水流,防止机组飞逸时间超过允许值,避免事故扩大。

7.1.2 工作原理

水轮机主进水阀的工作原理是在进水管道中设置一个阀门,通过旋转阀门来控制水流的大小和速度,从而控制水轮机进水量。水轮机主进水阀内部有一个球形阀芯,旋转阀芯的角度可以调节阀室和管道之间连接孔的大小,从而控制水流的大小和速度。当球阀芯逆时针旋转时,水流的交叉面积逐渐扩大,水流的速度逐渐下降,水轮机的进流量也随之逐渐增大。相反当球阀芯顺时针旋转时,水流交叉面积逐渐减小,水流速度逐渐增大,水轮机的进流量也随之逐渐减小。不断调节主进水阀芯的旋转角度,可以实现对水轮机进出水流量大小的精确控制。

开阀时,油泵电机起动,油泵将压力油输入蓄能器至液压系统额定压力后停止。开启旁通阀,介质通过旁通管路流向水轮机蜗壳,排气阀排气,待阀门前后压差达到设定值时,进水液控球阀的开阀油缸动作,开启进水液控球阀。进水液控球阀全开后,关闭旁通阀。

关阀时,开启旁通阀,导通旁通管路。进水液控球阀的关阀油缸动作,关闭进水液控球阀。待液控球阀全关后,关闭旁通阀。

在开关阀过程中,运行程序已由联动信号控制,进水液控球阀开关的行程时间可通过调节液压回路上的调速阀实现。

当液压系统在长时间的工作状态下,由于内部液压回路元件有微量泄漏使蓄能器内的油压降至额定下限值时,压力控制器动作起动油泵电机补足压力。

7.1.3 特点

水轮机主进水阀的工作特点主要有:

(1)调节能力强,具备较大的调节范围和精度,能够满足不同水位需要;
(2)自闭式防逆流特点,防止水的倒流和反向流动,保证了发电系统的安全性;
(3)阀门密封可靠,能够长时间保持阀门的密闭性,减少泄漏,延长设备使用寿命;
(4)球阀结构紧凑,占用空间小,安装方便,维护成本低。

综上所述,水轮机主进水阀是一种性能可靠、调节精度高、密封性好、安装方便的水力发电机组专用球阀。在水电站的工程应用中,可以有效提高水轮机的利用率和发电效率。

7.1.4 设备参数

主进水阀本体部分包括阀体、阀芯、上/下游密封、接力器操作机构、锁定装置、延伸管、伸缩节、排水阀、自动化组件、阀门、表计、各种连接管路、管路附件及设备基础埋件等。

主进水阀系统各参数统计见表7-1。

表 7-1 主进水阀各参数统计表

项目	参数	项目	参数
主进水阀直径	2000mm	设计压力	8.83MPa
主进水阀总重量	170t	试验压力	13.245MPa
开启时间	40~100s	关闭时间	30~100s
进口内径	2000mm	出口内径	2000mm
长度	4800mm	宽度	2550mm
高度	3320mm	活门重量	36t
主进水阀型号	QF585-WY-200	操作油压	5.12~6.4MPa
阀体重量	43t	制造厂家	天津ALSTOM（#1、#3机组）东方电气（#2、#4机组）
主进水阀开启最大允许压差	1.3MPa	操作方式	横轴双密封主进水阀，油压操作

主进水阀油压装置参数表见表7-2。

表 7-2 主进水阀油压装置参数表

装置	项目	参数	项目	参数
压油泵	电机型号	Y280S-4V1	生产厂家	
	电源	三相380V AC 50Hz	额定功率	75kW
	油泵型号	SMF660-40U12./W28	油泵压力	
	油泵流量	7.5L/s	油泵台数	2台
	油泵转速	1480r/min		
集油槽	容积	12.4m³	正常油位容积	L
	个数	1个/机	最大许用应力	375MPa
	尺寸（长×宽×高）	3140mm×2410mm×1600mm	重量	8t
压油罐	型号	Ⅱ/D2	工作压力	6.0~6.3MPa
	总容积	10.2m³	设计压力	7.3MPa
	油的容积	3.1m³	试验压力	9.13MPa
	尺寸（长×宽×高）	φ1800×4600mm	个数	1个/机
	最大许用应力	490MPa	重量	12215kg

主进水阀接力器参数见表7-3。

表 7-3 主进水阀接力器参数表

项目	参数	项目	参数
型式	双作用	接力器活塞直径	450mm
个数	2个	接力器行程	1200mm
设计压力	6.3MPa	工作容积	340升/个
试验压力	9.45MPa	重量	9.1吨/个

7.2 设备组成及原理

呼蓄电站主进水阀为横轴双密封球阀结构,主要由阀体、活门、密封装置、旁通系统、上游连接管、伸缩节、操作机构、油压装置和控制设备等组成。

7.2.1 主进水阀本体及附属部分

1. 阀体

主进水阀阀体为铸钢制造,装有两个水平轴承来支撑阀芯和枢轴。阀体有连接上游侧延伸管和下游侧伸缩节的法兰。在进水阀切断水流时,阀体、轴承座、上游侧法兰能承受水流作用在活门和阀体上的最大水推力。阀体设有一整体的支承底座,按传递全部垂直载荷设计。垂直载荷除主进水阀主体重量外,还包括用法兰连接的延伸管重量、伸缩节的重量、阀体所容纳的水体重量,以及从进水阀操作机构传到进水阀支承底座的作用力。球阀阀体结构见图7-3。

图7-3 球阀阀体结构

在阀体的底部设置一个排水阀及排水管,用于进水阀检修时排掉底部积水和沉积的泥沙。这个排水阀在正常运行时处于关闭状态,能承受机组运行时可能产生的最大水压和试验水压。

2. 活门

主进水阀阀芯又称为活门,为径向带有两个枢轴的球形体,球形体内径为2m。枢轴水平安装在阀体两端的轴承内,可以将活门所受的水推力,通过上游连接管传送到压力钢管。活门枢轴由紧贴在阀体外部的左右臂柄操控,左右臂柄一端连接枢轴,另一端连接接力器。球阀枢轴见图7-4和图7-5。

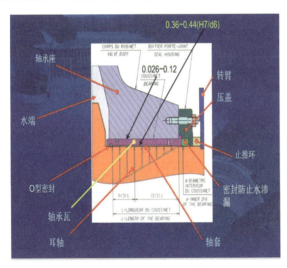

图7-4 球阀枢轴结构示意图

图7-5 球阀枢轴铜瓦实物

(1)阀芯是直径方向带有两个枢轴的球形体,球形体内开有2m直径的孔。枢轴水平安装在阀体两端的轴承内,阀芯可以作开关旋转运动。

(2)活门内2m直径与阀门进出口直径一样,以使水流稳定并且水流损失最小。

(3)阀芯开孔两端有两个密封座与阀体内活动密封环配合,起密封水的作用。

(4)枢轴热套有不锈钢轴套,轴承是自润滑型。

活门如图7-6和图7-7所示。

图 7-6 活门结构示意图

图 7-7 活门实物

3. 密封装置

主进水阀设有两道移动式密封装置，上游侧为检修密封，下游侧为工作密封；密封装置包括主进水阀活门上的固定密封环部分和滑动式活动密封环部分。固定密封环用不锈钢螺栓把合在活门上，可以方便地更换。滑动式活动密封环为整体结构，当进水阀关闭后活动密封环滑动，压向固定密封环，开启前离开固定密封环。密封采用水作为操作介质，水源均取自高压钢管。

正常运行时，只有工作密封进行投退，投入时密封投退腔切换至高压供水回路，活动密封环两侧压强相等，在面积差的作用下密封投入，密封行程腔压力通过压力释放孔泄压；退出时密封投退腔切换至排水回路，活动密封环在流道内水流的作用下密封退出，密封行程腔压力通过压力释放孔均压。压力释放管路与主进水阀本体上部的排气塞相连后共同排至排水沟。

上游检修密封处设有防腐蚀机械锁定装置，在压力钢管未排水情况下，上游检修密封的机械锁定装置能给阀下游的检修或维护提高安全水平。检修密封在机组或主进水阀检修时才投入，其工作原理与工作密封相同，检修密封投入时必须同时投入检修密封锁定，以保证机组或主进水阀的检修安全。另外，工作密封和检修密封还分别装有3个工作密封行程指示装置、3个检修密封行程指示装置，用于主进水阀的启闭流程。

工作密封由主进水阀控制系统自动操作，也可现地操作，检修密封只能手动操作。正常运行时，监控系统远方自动控制工作密封投退，主进水阀 PLC 不参与其投退过程，仅判断其位置状态。工作密封退出时，尾水事故闸门全开，位置信号闭锁，通过工作密封控制电磁阀 0＊1DCF12（AA003E）控制其操作油回路进行投退。手动退出工作密封时，只需将主进水阀工作密封运行方式选择开关切至"手动"，若尾水事故闸门全开，工作密封自动退出；手动投入工作密封时，只需将主进水阀工作密封运行方式选择开关切至"禁用"，工作密封自动投入。检修密封通过手动操作检修密封供水切换阀 0＊263（AA511G）进行投退。密封装置如图 7-8 和图 7-9 所示。

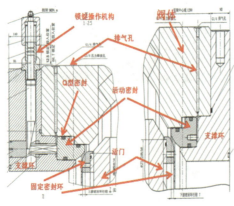

图 7-8 密封装置结构示意图

图 7-9 密封装置实物

4. 上游连接管

上游连接管是主进水阀上游与压力钢管连接处的一段钢管，它承受作用在主进水阀上的水推力并把水推力传递给压力钢管和土建基础。上游连接管上设有压力钢管充/排水管、旁通系统上游侧阀座及用以测量钢管压力的测压孔等。

5. 伸缩节

为方便球阀的安装、拆卸和检修，在进水阀下游侧法兰连接处设一伸缩节，无须排空压力钢管和拆球阀主体，便可以检修和更换工作密封。伸缩节能适应由温度变化和作用在活门上的水作用力变化引起的进水阀沿压力钢管轴线方向的位移，且无水平力从进水阀传到蜗壳上。

7.2.2 主进水阀操作机构

主进水阀操作机构主要包括接力器和锁定装置。主进水阀采取双接力器操作机构，操作用油取自主进水阀油压操作系统。操作用油的型号为国产 L-TSA46 透平油。接力器为钢制双作用液压缸式，接力器活塞腔为开腔，另一腔（推拉杆侧）为关腔。接力器设有缓冲装置，使主进水阀在全行程的终点有较低的运动速度以防止撞击。

主进水阀接力器设有自动锁定装置、手动锁定装置和锁定投退信号检测装置。主进水阀右侧为接力器自动锁定，左侧为接力器手动锁定。接力器自动锁定的投退由主进水阀 PLC 收到主进水阀现地或远方启闭命令后，使自动锁定控制电磁阀 01 DCF14（AA006E）励磁，导通自动锁定投退油压回路。每台主进水阀均装设一套活门位置检测装置，该装置有 5 个开度传感器及其附属部分，用于输出主进水阀 100%、40%、0 开度时的开关量信号。

7.2.3 主进水阀油压装置及控制系统

液压传动与控制的基本概念：液压传动与控制是以液体（油等）作为介质来实现各种机械量的输出（力、位移或速度等）的。它与单纯的机械传动、电气传动和气压传动相比，具有传递功率大、结构小、响应速度快等特点，因而被广泛用于各种机械设备及精密的自动控制系统。液体传动就是以液体为工作介质进行能量的传递，按其工作原理不同可分为容积式和液力式。前者以液体的压力能进行工作，而后者除压力能外还以液体的动能进行工作。

液压传动与控制系统的基本组成：通过图 7-10 我们可以看出，一个液压传动系统必须由液压动力源、各种控制阀、执行机构及其他辅助装置（管道、过滤器、冷却器、各类表计等）等部分组成。

图 7-10 液压系统基本组成

液压传动的特点：①单位功率的重量轻、结构尺寸小；②大范围内实现无级调速，且调速性能好；③反应速度快，且兼有稳、准特点；④能传递较大的力或力矩；⑤易实现功率放大；⑥操纵、控制调节比较方便、省力，易实现自动化；⑦易实现过载保护，能自动润滑，元件寿命较长；⑧液压元件已标准化、系列化和通用化，便于设计和选用；⑨有一定泄漏现象，使容积效率降低，不易实现定比传动，而且会污染环境；⑩油液在流动中会产生一定的阻力损失，在高温高速下会使油温升高，影响油的黏性和元件的寿命；⑪液压元件制造精度要求高，使用维护比较严格；⑫液压系统的故障原因有时不易查明，有较高的技术要求。

7.2.3.1 主进水阀油压装置

呼蓄电站每台主进水阀设有一套独立的压力油系统，能保证主进水阀的正常运行。压力油系统包括两台压油泵、一个压油罐、一个集油箱，以及全部操作和自动控制所需要的各种阀门、管路、变送器、指示表计、控制装置和电缆等。压力油系统有两台相同的油泵，一台为工作泵，一台为备用泵。

1. 集油箱

集油箱为钢板焊接箱形结构,安装在水轮机层机组上游侧,用来收集从主进水阀系统的回油和漏油,并为压油罐提供充足的油源。集油箱设有检修用进人孔口,集油箱内装有网状过滤器和单独的油泵吸油过滤器。网状过滤器或吸油过滤器能方便地拆下清理,而不用排空集油箱。

另外,集油箱上还设有嵌入式油位指示器、油位信号器、油混水信号器、呼吸器、冷却器(带冷却水示流信号器)、加油口接头和阀门、排油口接头和阀门、化验取油样接口和阀门,以及循环滤油用的接头和阀门,用于保证油压系统运行正常。油混水检测装置动作Ⅰ级报警;油加热器由集油箱测温电阻起动。

2. 压油罐

压油罐安装在水轮机层机组上游侧,罐内油、气的体积比为1∶2,其作用是为主进水阀系统提供稳定油压,其额定压力为6.3MPa。压力油罐配有压力表、压力信号器、带有阀门的油位指示计、油位信号器、安全阀、排气阀和自动补气装置。除压缩空气和安全阀接头外,压力油罐的所有油管的罐内接头部都安装在低油位以下,以防止低油位时压缩空气进入球阀系统供油管路。每个油罐均设置进人孔、油罐底部带阀门的排油管、吊耳和底座,清扫和检修压力油罐时,可以通过排油阀将压力油罐内的油排至集油箱。

压油罐装有压油罐隔离阀0*127(AA016)。主进水阀PLC根据监控命令或"压油罐油位过低1开关"01*WK20(CL015S)动作信号、"油位过低2开关"01*WK21(CL016S)动作信号(满足1个即出口)使隔离阀控制电磁阀0*1DCF15(AA007E)励磁,关闭隔离阀。主进水阀PLC根据监控命令使隔离阀控制电磁阀0*1DCF15(AA007E)励磁,开启隔离阀,但同时受隔离阀控制电磁阀操作油回路油压闭锁,隔离阀控制电磁阀操作油压低于3.5MPa时闭锁隔离阀开启。

3. 压油泵

两台压油泵提供压油罐的压力,根据油压来补油,主进水阀PLC根据压油罐油压低启主用泵开关0*1YK21(CP006S)动作起动主用泵,根据压油罐油压过低启备用泵开关0*1YK20(CP005S)动作起动备用泵,根据压油罐油压高停泵开关0*1YK22(CP007S)动作停主、备用泵。

压油泵有定期自动轮换程序,逻辑为每台泵起动一次便切换另一台泵起动;压油泵有故障自动切换程序。

每台压油泵出口均装有卸荷阀、安全阀、截止阀、止回阀和用于自动启停油泵的压力继电器。当压力达到最大正常工作油压时,卸荷阀动作旁泄。安全阀有足够的容量,作为卸荷阀的后备保护装置。当油压高于最高工作油压上限2%时,安全阀开始排油;当油压超过工作油压上限的10%时,安全阀排出油泵的全部供油量。主进水阀PLC根据油压系统反馈信号控制压油泵出口电磁阀0*1DCF10(AA001E#1压油泵)动作,由压油泵出口电磁阀0*1DCF10控制#1压油泵卸载阀,保证油压系统运行安全。安全阀由压油泵出口油压自动控制,出口油压高于整定值时动作卸载,保证油压系统运行安全。

4. 补气装置

为保证压油罐油位在正常范围内运行,设有补气回路和排气回路。补气回路分为自动补气、手动补气两部分,正常时自动补气投入,主进水阀PLC根据压油罐油位过高补气开关0*1WK17(CL012S)动作信号使补气电磁阀AA010E励磁,导通补气回路。手动补气时,需要将补气电磁阀运行方式选择开关SA6切至手动,按下补气电磁阀开启按钮SB10使补气电磁阀AA010E励磁,导通补气回路。排气回路分为自动排气、手动排气两部分,正常时自动排气投入运行,主进水阀PLC根据压油罐油位过低排气开关0*1WK18(CL013S)动作信号使排气电磁阀AA011E励磁,导通排气回路。手动排气需要将排气电磁阀运行方式选择开关SA7切至手动,按下排气电磁阀开启按钮SB11使排气电磁阀AA011E励磁,导通排气回路。

7.2.3.2 主进水阀控制系统

主进水阀控制系统由主进水阀控制柜和压油泵起动柜组成。主进水阀控制柜内装设PLC控制器,用于接收监控系统指令、主进水阀系统各种传感器信号,从而控制主进水阀的开启、关闭及压油泵的启停和主备用切换。主进水阀控制柜上设有主进水阀现地控制开关SAH1、主进水阀控制方式切换开关SAH2、压力油泵运行方式切换开关SAH3等切换开关及按钮。主进水阀控制系统采用MODBUS通信协议通过RS485串口与监控系统联系。

压油泵起动柜上设有主进水阀♯1压油泵切换开关SAH1、主进水阀♯2压油泵切换开关SAH2、主进水阀♯1压油泵现地控制开关SAH10、主进水阀♯2压油泵现地控制开关SAH20及相关指示灯。压油泵采用软起动方式起动，♯1压油泵动力电源取自机组自用电供电盘＊PⅠ段♯2负荷盘＝S1＊＋BF12，♯2压油泵动力电源取自机组自用电供电盘＊PⅡ段♯2负荷盘＝S1＊＋BF12，控制电源取自动力电源C相（220V AC），压油泵起动柜照明加热电源取自发变组交流配电柜＝U0＊＋BJ01。

7.2.4 主进水阀的运行

主进水阀的运行方式有远方自动运行方式、远方手动运行方式(检修后试验)、现地自动运行方式，正常情况下主进水阀工作在远方自动运行方式。

远方自动运行方式：根据监控系统开机自动流程发出的指令，由主进水阀PLC对主进水阀控制电磁阀AA005E(0 1DCF13)进行控制，进而控制接力器的开启和关闭，从而控制本体的开启和关闭。

远方手动运行方式：监控系统手动操作。

开启主进水阀：投入主进水阀油站，确认隔离阀处于"开启"状态，退出自动锁定，退出工作密封，发出主进水阀开启命令。

关闭主进水阀：发出主进水阀关闭命令，投入工作密封，投入自动锁定，退出主进水阀油站，确认隔离阀处于"关闭"状态。

现地自动运行方式：主进水阀控制方式在"现地自动"，将主进水阀工作密封运行方式选择开关切至手动，确认隔离阀导阀位置切至"开启"，主进水阀开启运行方式选择开关[MIV 开启电磁阀 AAOO5E(0 1DCF13)控制方式选择把手]切至"手动"，满足主进水阀开启的闭锁条件，主进水阀本体自动开启；手动关闭主进水阀本体时，只需将主进水阀开启运行方式选择开关(MIV 开启电磁阀 AAOO5E 控制方式选择把手)切至"禁用"，主进水阀本体自动关闭。

7.2.4.1 主进水阀与尾水闸门联锁条件

在设有尾水事故闸门的机组，主进水阀与尾水事故闸门之间必须设有可靠的相互闭锁：主进水阀全关不在时禁止落尾水闸门，尾水闸门全开不在时禁止开主进水阀（工作密封无法退出）。尾水事故闸门全开信号及主进水阀全关信号均应接入对方控制系统，一旦在机组运行时出现尾水事故闸门异常下降，将及时紧急关闭主进水阀，以保护尾水事故闸门不受异常损坏。

7.2.4.2 主进水阀开启前的初始条件

主进水阀只有在机组起动时才打开（调相工况及检修维护时除外），同时要满足机械与电气两个方面的条件。

1. 机械条件

(1)机组侧状态条件：①尾闸全开（无论在任何情况下，在开启球阀和活动导叶之前，尾闸都要处于全开状态）；②导叶处在关闭状态。

(2)主进水阀自身的状态条件：①主进水阀关闭；②主进水阀自动、手动锭封退出；③主进水阀检修密封退出。

2. 电气条件

①主进水阀辅助系统的控制与动力电源正常；②机组处于备用状态；③监控系统无紧急关闭主进水阀命令。

7.2.4.3 主进水阀开启和关闭程序

1. 主进水阀远方自动开启程序

主进水阀远方自动开启程序如表7-4所示。

表 7-4 主进水阀远方自动开启程序

序号	顺序说明	执行情况	动作后果
1	主进水阀工作密封退出命令	监控至主进水阀控制柜=U0＊+MG16 使继电器 K37 励磁	继电器 K37 动作并保持,电磁阀 0＊1DCF12(AA003E)励磁,0＊SK55(CG535S)0＊SK56(CG536S)0＊SK57(CG537S)位置开关均发信号,K2 励磁,发送工作密封退出信号至监控系统和 PLC
2	主进水阀打开命令	监控至主进水阀控制柜=U0＊+MG16 PLC	控制柜内端子 x7/1、x7/2 导通,PLC 收到主进水阀开启命令
3	主进水阀接力器自动锁定退出	继电器 K36 动作,电磁阀 01＊DCF14(AA006E)开启侧励磁,其阀芯走交叉位	0＊SK51(CG513S)位置开关发信号,K7 励磁,发接力器自动锁定退出信号至监控系统和 PLC
4	主进水阀开启	继电器 K34 动作,电磁阀 01＊DCF13(AA005E)励磁,其阀芯走交叉位	0＊1CZF12(AA053D)关闭,0＊1CZF13(AA055D)开启,0＊1CZF14(AA054D)保持原关闭状态,接力器开启腔接通高压油,主进水阀开启。主进水阀全开后 0＊SK46(CG502S)位置开关发信号,K9、K10 励磁,发送全开信号至监控系统和 PLC

2. 主进水阀远方自动关闭程序

主进水阀远方自动关闭程序如表 7-5 所示。

表 7-5 主进水阀远方自动关闭程序

序号	顺序说明	执行情况	动作后果
1	主进水阀关闭命令	监控至主进水阀控制柜=U0＊+MG16 PLC	控制柜内端子 x7/3、x7/4 导通,PLC 收到主进水阀关闭命令
2	主进水阀关闭	电磁阀 01＊DCF13(AA005E)失磁,其阀芯走平行位	0＊1CZF12(AA053D)开启,0＊1CZF13(AA055D)关闭,0＊1CZF14(AA054D)开启,接力器开启腔接通排油回路(两处排油口),主进水阀快速关闭。主进水阀关闭到一定程度后 AA550D 在楔形块的作用下关闭阀芯下移,走交叉位,0＊1CZF14(AA054D)关闭,主进水阀慢速关闭。主进水阀全关后,AA511D 在楔形块的作用下关闭阀芯下移,走交叉位,0＊SK50(CG506S)位置开关发信号,K8、K64 励磁,发送全开信号至监控系统和 PLC
3	主进水阀接力器自动锁定投入	继电器 K35 动作,电磁阀 01＊DCF14(AA006E)关闭侧励磁,其阀芯走平行位	0＊SK52(CG514S)位置开关发信号,K6 励磁,发接力器自动锁定投入信号至监控系统和 PLC
4	主进水阀工作密封投入命令	监控至主进水阀控制柜=U0＊+MG16 使继电器 K60 励磁	继电器 K60 动作,K37 失磁,电磁阀 0＊1DCF12(AA003E)自复位走平行位,AA511D 在交叉位,退出油回路畅通,工作密封投入。CG530S 位置开关均发信,K3 励磁,发送工作密封投入信号至监控系统和 PLC

7.2.5 主进水阀限额

主进水阀限额如表 7-6 所示。

表 7-6 主进水阀限额

项目	参数
主进水阀开启最大允许压差	1.3MPa
主进水阀正常开启时间	40～100s
主进水阀正常关闭时间	30～100s
主进水阀最大静水压下渗水量	0 L/min

压油罐动作定值如表 7-7 所示。

表 7-7 压油罐动作定值

项目	整定值	动作后果
油压过高	6.8MPa	停机
油压正常	6.3MPa	停压油泵
油压低	6.0MPa	起动主压油泵
油压过低	5.8MPa	起动备压油泵
事故低油压 1	5.53MPa	紧急停机
事故低油压 2	5.45MPa	紧急停机
压油系统压力	>6.1MPa	开机条件
隔离阀开启压力	>3.8MPa	开隔离阀
压油罐油位高	≥1281mm	Ⅱ级报警(正常停机)
压油罐补气油位	≥1181mm	Ⅰ级报警(开始补气)
压油罐油位正常	>815mm	开机条件
压油罐启备泵油位	≤919mm	Ⅰ级报警(起动备用泵)
压油罐油位过低 1	≤769mm	Ⅱ级报警(正常停机)
压油罐油位过低 2	≤469mm	事故停机(关隔离阀,不关主进水阀)

集油箱限额如表 7-8 所示。

表 7-8 集油箱限额

项目	整定值	动作后果
低油位 1	400mm	Ⅰ级报警
低油位 2	200mm	Ⅱ级报警(正常停机)
油箱含水量	>10%	Ⅰ级报警
双筒过滤器差压	>0.15MPa	Ⅰ级报警
集油箱油温	$T<5℃$ 或 $T>50℃$	Ⅰ级报警

第 8 章

闸 门 系 统

8.1 闸门系统概述

呼蓄电站闸门系统由上水库进/出水口事故闸门及其所属启闭设备,下水库进/出水口事故闸门及其所属启闭设备,泄洪排沙洞弧形工作闸门、平板事故闸门及其所属启闭设备组成。其中上水库事故闸门 2 扇,下水库事故闸门 4 扇,下水库检修闸门 1 扇,泄洪排沙洞工作闸门及事故闸门各 1 扇。

上水库进/出水口设有 2 个孔,每孔内设 3 个分流墩,将进/出水口分为 4 孔,共设有 8 扇拦污栅孔口。距上水库进/出水口约 165m 处,两条引水隧洞各设一道事故闸门。其作用为:当主进水阀或高压管道事故时,事故闸门可动水关闭以截断水流,防事故的进一步扩大;日常检修时,闸门静水关闭阻挡上水库来水,依靠上游水封和自重下落。

下水库进/出水口设有 4 个孔,每个孔布置一道事故闸门,4 个孔口共设置一扇检修闸门。在每扇事故闸门上游侧设 1 个直径为 1.0m 的通气孔。下水库每个进/出水口内设 2 道分流墩,将进/出水口分为 3 孔,共设有 12 扇拦污栅。闸门的操作方式为静水启闭。下水库闸门系统由事故闸门和检修闸门组成:事故闸门主要在日常检修或发生紧急情况下关闭,起到截断水流作用;检修闸门则在事故闸门检修或关闭不严时投入,确保检修工作的顺利开展。

在泄洪排沙洞进口段设一道事故闸门和一道工作闸门。工作闸门主要用于拦沙库日常蓄水及泄洪,起到截断拦沙库与下游流道水流的作用;事故闸门则在工作闸门检修、关闭不严或发生紧急情况时投入,起到双重保护作用。

8.1.1 作用

闸门系统的主要作用有两点:一是在日常机组检修时,截断水流,保证检修工作的顺利开展;二是当设备发生紧急情况时(例如水淹厂房等事故时),快速截断水流,防止水淹厂房事故的进一步扩大。

8.1.2 参数

呼蓄电站闸门系统的具体参数见表 8-1 至表 8-5。

表 8-1 上水库事故闸门主要特征及参数表

名称	特征
闸门型式	平面滑动门
启闭机型式	3200kN 固定卷扬启闭机
孔口尺寸(宽×高)	4.9m×6.2m
支承跨度	5.50m

续表

名称	特征
底坎高程	1881.16m
设计水头	58.84m
正向支承	钢背铜塑复合材料
反向支承	尼龙滑块
侧向支承	侧轮
运输单元最大重量	25t

表 8-2　下水库检修闸门主要特征及参数表

名称	特征
闸门型式	平面滑动门
启闭机型式	630kN 单向门机
孔口尺寸(宽×高)	4.5m×5m
支承跨度	5.20m
底坎高程	1338.00m
设计水头	62m
正、反向支承	尼龙滑块
侧向支承	侧轮
运输单元最大重量	25t

表 8-3　下水库事故闸门主要特征及参数表

名称	特征
闸门型式	平面滑动门
启闭机型式	2500kN 固定卷扬启闭机
孔口尺寸(宽×高)	4.5m×5m
支承跨度	5.20m
底坎高程	1338.00m
设计水头	62m
正向支承	铜基镶嵌滑块
反向支承	尼龙滑块
侧向支承	侧轮
运输单元最大重量	25t

表 8-4　泄洪排沙洞工作闸门主要特征及参数

名称	特征
孔口型式	潜孔
孔口数量	1孔
孔口尺寸	7m×8m
设计水头	20m
总水压力	11521kN

续表

名称	特征
闸门结构形式	主横梁直支臂
弧门面板曲率半径	12m
支铰形式	圆柱铰
启闭机型式	固定卷扬机
启闭机容量	2×630kN
吊点间距	4.2m
操作条件	动水启闭
闸门自重	31.7t

表 8-5　泄洪排沙洞事故闸门主要特征及参数

名称	特征
孔口型式	潜孔
孔口数量	1孔
孔口尺寸	7m×9m
设计水头	20m
止水跨度	7.14m
止水高度	9.1m
支承跨度	7.6m
总水压力	10540kN
持住力	1048.8kN
启门力	1126.4kN
闸门结构	Q235D
启闭机型式	1600kN 固定卷扬机
启闭力	2500kN
操作条件	动闭静启
闸门自重	47.7t

8.2　设备组成及原理

8.2.1　上水库进/出水口闸门设备组成及工作原理

电站上水库进/出水口设备由上水库进/出水口、上水库引水管、上水库拦污栅及其上水库进/出水口闸门系统组成。上水库进/出水口共有两孔，两孔中心距离 27.0m，两台机共用一孔，每孔设有一扇平板式事故闸门。上水库两个进/出水口每孔设三个分流墩，共有八个拦污栅孔口，孔口尺寸 4.7m×9m（宽×高，下同），平均过栅毛流速约 1m/s，底坎高程 1886.00m，每孔内设置一扇拦污栅，共八扇。拦污栅采用滑动支承。上水库拦污栅受双向水流作用，设计水位差 5m，栅条间距 200mm。拦污栅沿高度方向分为三节，节间采用铰接板连接，现场安装时再连接成整体。每扇拦污栅重约 25t。上水库拦污栅不设永久起吊设备，拦污栅的检修和上水库放空检修一同进行，拦污栅的起吊采用临时起吊设备，在 1900.00m 高程的平台进行检修或清污。上水库拦污栅的栅槽设计成可以下放叠梁闸门的检修门槽，设有顶、侧、底止水座板，叠梁闸门的设计水头为 33.4m。拦污栅的栅槽宽 1000mm、深 450mm，设有主轨、反轨、门楣等，每套栅槽重约 10t。

上水库进/出水口实物图见图8-1,拦污栅主要特征及参数表见表8-6。

图 8-1　上水库进/出水口实物图

表 8-6　上水库拦污栅主要特征及参数表

名称	特征
型式	平面直立式
启闭机型式	无
孔口尺寸(宽×高)	4.7m×9m
支承跨度	5.1m
设计水头	5m
正、反向支承	工程塑料合金滑块
运输单元最大重量	8t

上水库事故闸门设置在距上水库进/出水口约165m处,当球阀或高压管道出现事故时,上水库事故闸门利用水柱动水闭门截断水流,可防止事故的进一步扩大。在非事故情况下静水闭门,由该闸门闭门挡上水库来水。上水库事故闸门顶部设有充水阀,当压力钢管充水平压后,静水启门。启门时的水位差不大于5m。上水库事故闸门处孔口尺寸为4.9m×6.2m,底坎高程为1885.16m。上水库事故闸门启闭机采用一门一机的布置方式,操作设备选用3200kN、扬程64m的单吊点固定卷扬式启闭机。上水库事故闸门平时悬吊在1943.00m高程(低缘高程)处,距正常蓄水位1940.00m以上3m,避免闸门受到水流冲击。为防止闸门下落而造成事故,该启闭机设置有工作制动器和安全制动器。工作制动器和安全制动器均为盘式制动器,动作方式为电液推杆松闸,弹簧上闸。制动器设有手动释放装置,在制动器断电或维修时可手动操作制动器松闸。闸门启闭机起动和停止时,工作制动器直接松闸或上闸,安全制动器延时2s松闸或上闸。上水库事故闸门启闭机运行速度约2.1m/min,从正常悬吊位置落至全关位置约需要30min。

上水库事故闸门启闭机控制方式有远方集中控制方式、现地自动控制方式、现地手动控制方式和现地检修控制方式。地下厂房中控室的模拟屏及生产楼地面中控室操作台上设有上水库事故闸门紧急关闭按钮,通过硬布线直接关闭上水库事故闸门。监控系统紧急关闭命令通过硬布线至启闭机PLC,由启闭机PLC直接关闭上水库事故闸门。

防水淹厂房系统动作后,紧急关闭命令通过串行通信方式传到计算机监控系统网络柜,然后通过硬布线直接关闭上水库事故闸门。两台启闭机各自安装在1961.70m高程的启闭机室内,闸门的检修在1948.00m平台上进行。上水库事故闸门启闭机电控系统现地站由4个柜体组成,分别为控制柜KP1、动力柜KP2、电阻柜KP3和电阻柜KP4。上水库事故闸门启闭机电控系统控制进水口闸门的启闭,对整个闸门控制设备进行动态监视、保护报警,以及与电站计算机监控系统远程I/O设备连接,实现集中监控。

除紧急关闭令外,其他任何状况下,在上水库事故闸门机房控制柜KP1上按下"停止(3SB)"按钮,启闭机停止运行,同时停止信号进入PLC,PLC中断正常运行程序,执行故障保护处理程序,闸门操作中断,启闭机停止运行。任何状况下,在上水库事故闸门机房控制柜KP1上按下"急停(SB1)"按钮,电机电源开关

QF0跳开,电控柜内动力电源、控制电源全部消失,启闭机停止运行。在上水库事故闸门启闭机钢丝绳上,设置有荷载仪H,用于提供闸门荷载值。当20%荷载动作时,欠载指示灯熄灭;当90%荷载动作时,报警灯亮,并上送信号至7LCU;当110%荷载动作时,报警灯亮,任何状况下闸门提起操作中断。同时信号进入7LCU,中断正常运行程序,启闭机停止运行,执行故障保护处理程序。在上水库事故闸门上,设置有开度仪Y,用于提供闸门开度值。在开度仪上设有五个位置行程开关SQ1~SQ5,用于提供闸门行程限位开关量信号。开度仪Y通过整定值也可提供闸门行程限位开关量信号。上水库事故闸门位置节点动作表见表8-7。

表8-7 上水库事故闸门位置节点动作表

上升限位	全开	充水位置	接近底坎位置	全关	下降限位
Y1		Y3			Y2
SQ1	SQ3		SQ5(未用)	SQ4	SQ2

两个上水库事故闸门的开度及闸门荷重信号采用通信方式上送至7LCU,7LCU依据闸门开度的模拟量判断闸门是否威胁机组正常运行,是否需要停机。上水库事故闸门机房动力柜KP2内设有自动双路互投装置,它为整个电控系统提供动力电源。正常情况下由工作电源UN供电,电源UN消失时,延时断开工作电源开关QN,再延时合上备用电源开关QR,当工作电源UN恢复正常,双路电源自动切换回工作电源UN供电;N工作方式下,强制在工作电源UN供电(若此前工作在备用电源UR供电,则强制切换到工作电源UN供电);R工作方式下,强制在备用电源UR供电(若此前工作在工作电源UN供电,则强制切换到备用电源UR供电);停止工作方式下,电源开关QN和QR立即断开。

上水库事故闸门启闭机电动机采用转子电路串联起动电阻器分级起动方式,可以使电动机起动时有最大扭力输出,从而缩短起动时间,达到减小起动电流,减小对400V厂用电系统的影响和电动机启停过程中对设备冲击的目的。在上水库事故闸门启闭机房电阻柜KP3、KP4内,共设有18组电阻器。切除接触器设置在机房动力柜KP2内。上水库事故闸门启闭机变速器设置有加热器,用于防止变速器内润滑油在低温下冻结。设定动作温度为5℃起动,20℃停止。远方紧急落门命令在电机110%荷载动作时也可快速落门。

8.2.2 下水库进/出水口闸门设备组成及工作原理

电站下水库进/出水口设备由下水库进/出水口、尾水隧洞、下水库进/出水口拦污栅、下水库检修闸门及其下水库进/出水口闸门系统组成。下水库进/出水口共有四孔,布置在下水库左岸,距离拦河坝和拦沙坝分别为180m、250m,该处沿进/出水口进水方向水面宽度约200m。四个进/出水口中心间距分别为22.0m、23.0m、22.0m,平行布置。尾水隧洞采用一管一机的布置方式,平行布置,洞径为5.0m,长度约为479m,下水库进/出水口实物图见图8-2。

图8-2 下水库进/出水口

尾水管出口至下水库防渗帷幕采用钢板衬砌,防渗帷幕至下水库进/出水口部分采用钢筋混凝土衬砌。下水库进/出水口内设两道分流墩,将进/出水口分为三孔,孔口尺寸为4m×7m,底坎高程为1343.00m,每一孔内放置一扇拦污栅,过栅流速约为1.0m/s。拦污栅设计水位差5m,栅条间距180mm,拦污栅采用滑动支承。拦污栅沿高度方向分为三个运输单元,节间采用铰接板连接,现场安装时再连接成整体,每扇拦污栅重约20t,下水库进/出水口拦污栅主要特征及参数见表8-8。

表8-8 下水库进/出水口拦污栅主要特征及参数表

名称	特征
型式	平面直立式
启闭机型式	无
孔口尺寸(宽×高)	4m×7m
支承跨度	4.4m
设计水头	5m
正、反向支承	工程塑料合金滑块
侧向导承	钢滑块
运输单元最大重量	8t

拦污栅不设永久起吊设备,平时用锁定梁锁定在1357.00m高程。当拦污栅需要维修或清污时,用临时起吊设备将拦污栅提起,在1357.00m高程的平台进行检修或清污。拦污栅平台高程为1357.00m,平台宽10.0m,通过一宽5.6m的平台与岸坡相接,可把门机副钩作为临时起吊设备将拦污栅吊至此平台。尾水隧洞距离下水库进/出水口设有下水库进/出水口闸门塔,在闸门塔内布置一道事故闸门和一道检修闸门。闸门塔的塔身高56.2m,塔顶高程1405.50m。顶部布置事故闸门启闭机室,启闭机平台高程1417.50m,平台尺寸7.1m×8.0m。四个孔口共设置一扇检修闸门,闸门处孔口尺寸为4.8m×4.8m,底坎高程为1343.00m。下水库检修闸门为平面滑动式,单吊点,背水面止水。根据运输要求,闸门沿门叶高度方向分为两个运输单元,现场安装时再焊接成整体。闸门自重约30t。

下水库检修闸门的操作方式为静水启闭,闸门顶部设有充水阀,启门时的水位差取3m,由630kN单向门式启闭机配合自动挂脱梁操作。闸门检修维护在1405.50平台上。

下水库进/出水口闸门系统由下水库事故闸门、卷扬式启闭机及其附属设备、电控系统等组成。

下水库事故闸门为平面滑动式,单吊点。下水库事故闸门设置在距下水库进/出水口约97m处,当尾水隧洞出现大量泄漏时或水淹厂房事故时,下水库事故闸门利用水柱动水闭门截断水流,可防止事故的进一步扩大。在非事故情况下静水闭门,由该闸门闭门挡下水库来水。下水库事故闸门顶部设有充水阀,当尾水隧洞充水平压后,静水启门。启门时的水位差不大于3m。下水库事故闸门孔口尺寸4.8m×5m,底板高程1343.00m,边墙衬砌厚1.6m,底板衬砌厚2.0m,在事故闸门上游侧设两个直径为1.0m的通气孔,下水库事故闸门启闭机采用一门一机的布置方式,采用2500kN固定卷扬式启闭机。为防止闸门下落而造成事故,该启闭机设置有工作制动器和安全制动器。工作制动器和安全制动器均为盘式制动器,动作方式为电液推杆松闸,弹簧上闸。制动器设有手动释放装置,在制动器断电或维修时可手动操作制动器松闸。闸门启闭机起动和停止时,工作制动器直接松闸或上闸,安全制动器延时2s松闸或上闸。下水库事故闸门启闭机正常运行速度和紧急落门速度为2.5m/min,闸门从正常悬置位置正常落至全关位置约需30min。

下水库事故闸门启闭机控制方式有远方集中控制方式、现地自动控制方式、现地手动控制方式和现地检修控制方式。地下厂房中控室的模拟屏及地面副厂房中控室操作台上设有下水库事故闸门快速关闭按钮,通过硬布线至启闭机PLC,由启闭机PLC直接关闭下水库事故闸门。防水淹厂房系统动作后,紧急关闭命令通过串行通信方式传到计算机监控系统网络柜,然后硬布线至启闭机PLC,由启闭机PLC直接关闭下水库事故闸门。下水库事故闸门启闭机位于尾水闸门塔顶,高程1417.50m的启闭机室内,闸门的检修在1409.00m平台上进行。下水库事故闸门启闭机电控系统现地站由3个柜体组成,分别为控制柜KP1、动力柜KP2和动力柜KP3。下水库事故闸门启闭机电控系统控制事故闸门的启闭,对整个闸门控制设备进行动态监视、保护报警,以及与电站计算机监控系统远程I/O设备连接,实现集中监控。

除紧急关闭令外,其他任何状况下,在下水库事故闸门机房控制柜KP1上按下"停止(3SB)"按钮,启闭机停止运行,同时停止信号进入PLC,PLC中断正常运行程序,执行故障保护处理程序,闸门操作中断,启闭机停止运行。任何状况下,在下水库事故闸门机房控制柜 KP1 上按下"急停(SB1)"按钮,电机电源开关 QF0 跳开,电控柜内动力电源、控制电源全部消失,启闭机停止运行。在下水库事故闸门启闭机钢丝绳上,设置有荷载仪 H,用于提供闸门荷载值。当 20%荷载动作时,欠载指示灯熄灭;当 90%荷载动作时,报警灯亮,并上送信号至 8LCU;当 110%荷载动作时,报警灯亮,任何状况下闸门提起操作中断。同时信号进入 8LCU,中断正常运行程序,启闭机停止运行,执行故障保护处理程序。在下水库事故闸门上,设置有开度仪 Y,用于提供闸门开度值。在开度仪上设有五个位置行程开关 SQ1~SQ5,用于提供闸门行程限位开关量信号。开度仪 Y 通过整定值也可提供闸门行程限位开关量信号。下水库进/出水口闸门位置节点动作表见表 8-9。

表 8-9　下水库进/出水口闸门位置节点动作表

上升限位	全开	充水位置	接近底坎位置	全关	下降限位
Y1		Y3			Y2
SQ1	SQ3		SQ5	SQ4	SQ2

四个下水库事故闸门的开度及闸门荷重信号采用通信方式上送至 8LCU,8LCU 依据闸门开度的模拟量判断闸门是否威胁机组正常运行,是否需要停机。下水库事故闸门启闭机电动机采用变频器起动方式,变频器可以使电机以较小的起动电流,获得较大的起动转矩,减小对 400V 厂用电系统的影响和电动机启停过程中对设备的冲击。下水库事故闸门下落至底槛减速位置时,启闭机变频器开始减速,避免闸门撞击门槽底坎。远方机组事故紧急落门命令或按下快速关闭按钮时,启闭机变频器使电机以 100Hz 快速下降。

下水库事故闸门启闭机的变频器安装在机房动力柜 KP2 内。变频器控制电源为 380V AC,取自启闭机房动力电源。下水库事故闸门机房动力柜 KP3 内设有自动双路互投装置,它为整个电控系统提供动力电源。正常情况下由工作电源 UN 供电,电源 UN 消失时,延时断开工作电源开关 QN,再延时合上备用电源开关 QR,当工作电源 UN 恢复正常时,双路电源自动切换回工作电源 UN 供电;N 工作方式下,强制在工作电源 UN 供电(若此前工作在备用电源 UR 供电,则强制切换到工作电源 UN 供电);R 工作方式下,强制在备用电源 UR 供电(若此前工作在工作电源 UN 供电,则强制切换到备用电源 UR 供电);停止工作方式下,电源开关 QN 和 QR 立即断开。

启闭机变速器设置有加热器,用于防止变速器内润滑油在低温下冻结;设定动作温度为 5℃起动,20℃停止。当机组球阀开启时,闭锁尾水事故门操作。

8.2.3　泄洪排沙洞闸门设备组成及工作原理

泄洪排沙洞设备包括泄洪排沙洞流道,一道平板事故闸门、启闭机及其电控系统,一道弧形工作闸门、启闭机及其电控系统。泄洪排沙洞设在距下水库拦沙坝上游约 200m 左岸处,拦沙坝坝顶高程为 1401.00m。该泄洪排沙洞前期为导流洞,后期为泄洪排沙洞,进口段孔口大小及闸门启闭机的布置均按泄洪排沙洞要求设计。泄洪排沙洞为有压短管进口接明流泄洪隧洞的型式,总长 575.754m,洞身断面 7.0m×9.0m,整个泄洪流道均为混凝土衬砌。

在泄洪排沙洞进口段设一道事故闸门和一道弧形工作闸门。在蓄水后,用弧形工作闸门挡水。在泄洪排沙洞闸门井的左侧(面向上游)竖井内设置一根 ϕ800mm 的埋管,连通工作闸门的上、下游。在埋管中部安装两个通径为 ϕ800mm 的电动蝶阀和一个 ϕ800mm 的电动流量调节球阀。蝶阀及球阀采用远方控制的方式,控制设备设在启闭机室内。该控制方式可保证电站蓄水时,通过埋管的最大下泄流量可达 5m³/s。在泄洪排沙洞闸门井的左侧(面向上游)竖井内设置两台潜水深井泵,用于排出竖井内渗漏水。泄洪排沙洞渗漏排水泵采用远方控制的方式,控制设备设在启闭机室内。泄洪排沙洞事故闸门孔口尺寸 7m×9m,底坎高程为 1380.00m。拦沙库正常蓄水位 1400.00m,闸门挡水水位 1400.00m,闸门设计水头为 20m,总水压力约 11370kN。泄洪排沙洞事故闸门为平面滑动式,单吊点。根据运输要求,门叶沿高度方向上分为三个运输单元,现场安装时焊接成整体,闸门重约 50t。

泄洪排沙洞事故闸门的操作方式为动水闭门,静水启门,闸门顶部设有充水阀,启门时的水位差不大于

3m。事故闭门时,利用水柱动水闭门。泄洪排沙洞事故闸门用1600kN、扬程为22m的单吊点固定卷扬式启闭机进行操作,启闭机安装在1416.50m高程的启闭机室内,闸门的检修可在1401.00m高程平台上进行。

泄洪排沙洞事故闸门启闭机采用现地操作。泄洪排沙洞事故闸门启闭机电控系统设有一个电控柜。泄洪排沙洞事故闸门启闭机房动力电源取自泄洪排沙洞启闭机室动力盘。电机控制电源取自动力电源A相,DC24V由电控柜内的电源模块U01提供。

任何状况下,在泄洪排沙洞事故闸门启闭机电控柜上按下"停止(SB1)"按钮,启闭机停止运行,同时停止信号进入PLC,PLC中断正常运行程序,执行故障保护处理程序,闸门操作中断,启闭机停止运行。任何状况下,在泄洪排沙洞事故闸门启闭机电控柜上按下"急停(SE1)"按钮,电机电源开关QF1跳开,电控柜内动力电源、控制电源全部消失,启闭机停止运行。在泄洪排沙洞事故闸门启闭机钢丝绳上,设置有荷载仪Hz,用于提供闸门荷载值。闸门荷载值通过下水库现地控制单元8LCU的远程I/O柜送至计算机监控系统。当90%荷载动作时,报警灯亮,并上送信号至8LCU;当110%荷载动作时,报警灯亮,任何状况下闸门提起操作中断。同时信号进入8LCU,中断正常运行程序,启闭机停止运行,执行故障保护处理程序。在泄洪排沙洞事故闸门上,设置有开度仪KD,用于提供闸门开度值。在开度仪上设有两个位置行程开关SQ1、SQ2,用于提供闸门行程限位开关量信号。开度仪Y通过整定值也可提供闸门行程限位开关量信号。泄洪排沙洞事故闸门的开度及闸门荷重信号通过下水库现地控制单元8LCU的远程I/O柜送至计算机监控系统。泄洪排沙洞事故闸门启闭机的电动机采用转子电路串联起动电阻器分级起动方式,可以使电动机起动时有最大扭力输出,从而缩短起动时间,达到减小起动电流,减小对400V厂用电系统的影响和电动机启停过程中对设备冲击的目的。泄洪排沙洞事故闸门启闭机电动机使用的12组电阻器设置在泄洪排沙洞事故闸门启闭机电控柜内,切除接触器也安装在该柜内。泄洪排沙洞工作闸门为弧形闸门,孔口尺寸为7m×8m,底坎高程为1380.00m。拦沙库正常蓄水位1400.00m,闸门挡水水位1400.00m,闸门设计水头为20m,总水压力约10540kN。泄洪排沙洞工作弧门采用主纵梁、直支臂、圆柱铰,面板半径为12m,支铰高程为1389.50m,闸门依靠自重及配重可动水启/闭门,闸门重约95t。泄洪排沙洞工作弧门启闭机选用2630kN、扬程为10m的双吊点固定卷扬式启闭机,启闭机安装在1416.50m高程的启闭机室内。

泄洪排沙洞工作弧门启闭机电控系统现地站设有一个电控柜,内含动力、控制系统。泄洪排沙洞工作弧门启闭机电控系统控制泄洪排沙洞工作弧门的启闭,对整个闸门控制设备进行动态监视、保护报警,以及与电站计算机监控系统远程I/O设备连接,实现集中监控。泄洪排沙洞工作弧门启闭机房动力电源取自泄洪排沙洞启闭机室动力盘。电机控制电源取自动力电源A相,DC24V由电控柜内的电源模块U01提供。泄洪排沙洞工作弧门启闭机电控柜面板上设置有1块电压表、1块电流表、1块荷载高度仪显示器(ZHK-11M)、6个指示灯、5个按钮和3个选择把手。

任何状况下,在泄洪排沙洞工作弧门启闭机电控柜上按下"停止(SB1)"按钮,启闭机停止运行,同时停止信号进入PLC,PLC中断正常运行程序,执行故障保护处理程序,闸门操作中断,启闭机停止运行。任何状况下,在泄洪排沙洞工作弧门启闭机电控柜上按下"急停(SE1)"按钮,电机电源开关QF1跳开,电控柜内动力电源、控制电源全部消失,启闭机停止运行。在泄洪排沙洞工作弧门启闭机钢丝绳上,设置有荷载仪Hz,用于提供闸门荷载值。闸门荷载值通过下水库现地控制单元8LCU的远程I/O柜送至计算机监控系统。当90%荷载动作时,报警灯亮,并上送信号至8LCU;当110%荷载动作时,报警灯亮,任何状况下闸门提起操作中断,同时信号进入8LCU,中断正常运行程序,启闭机停止运行,执行故障保护处理程序。在泄洪排沙洞工作弧门上,设置有开度仪KD,用于提供闸门开度值。在开度仪上设有两个位置行程开关SQ1、SQ2,用于提供闸门行程限位开关量信号。开度仪Y通过整定值也可提供闸门行程限位开关量信号。

泄洪排沙洞工作弧门启闭机电动机采用转子电路串联起动电阻器分级起动方式,可使电动机起动时有最大扭力输出,缩短起动时间,减小起动电流,减小对400V厂用电系统的影响和电动机启停过程中对设备的冲击。泄洪排沙洞工作弧门启闭机电动机使用的15组电阻器设置在泄洪排沙洞事故闸门启闭机电控柜内,切除接触器也安装在该柜内。为防止闸门下落而造成事故,泄洪排沙洞启闭机每台电机均设置有制动器。泄洪排沙洞启闭机制动器均为外抱块式制动器,动作方式为电液推杆松闸,弹簧上闸。泄洪排沙洞启闭机电机起动时制动器同时松闸,电机停止时制动器同时上闸。

第 9 章

18kV 系统

9.1 18kV 系统概述

18kV 电气设备包括发电电动机及其出口至主变低压侧所有设备，即指发电电动机出口至主变低压侧部分、发电电动机中性点设备，静止变频器 SFC 部分、厂高变高压侧部分、励磁系统高压侧部分、起动母线部分等相关设备。

9.1.1 作用

(1) 将发电机发出的电流和电压输送到主变压器。
(2) 配合发电机工况的调节，例如发电转抽水、BTB。
(3) 为发电机的励磁系统提供励磁电流。
(4) 配合继电保护、监测发电机的电压。

9.1.2 工作原理

机组发电方向启机时，换相刀闸(PRD)发电侧合闸，机组出口开关(GCB)仍在分闸，电网自主变低压侧经励磁分支回路提供机组励磁用电，当机组满足并网要求后，机组出口开关(GCB)合闸，机组发电电能自离相封闭母线输送至主变压器低压侧，经主变升压后送入电网系统。

机组抽水方向启机时，换相刀闸(PRD)抽水侧合闸，机组出口开关(GCB)仍在分闸，静止变频器(SFC)带动机组抽水方向起动，当机组满足并网要求后，机组出口开关(GCB)合闸，静止变频器(SFC)退出运行，电网系统电能自主变降压经离相封闭母线送至机组抽水使用。

9.1.3 设备参数

18kV 系统设备的参数如下。
励磁变压器参数见表 9-1。

表 9-1 励磁变压器参数

项目	参数	项目	参数
标准代号	GB1094J1 JB/18636	产品代号	3T.0L.5893
产品型号	ZLDCB-680/18/$\sqrt{3}$	冷却方式	AN
额定容量	680kVA	额定电压(高压侧)	10392V
额定电压(低压侧)	650V	额定电流(高压侧)	65.4A
额定电流(低压侧)	1046.2A	连接组标号	I10

续表

项目	参数	项目	参数
短路阻抗	5.89%	额定频率	50Hz
绝缘系统温度	H	温升限值	80K
总重	2350kg	制造时间	2023年10月

电压互感器柜参数见表9-2。

表9-2 电压互感器柜参数

项目	参数	项目	参数
柜体额定电压	18kV	互感器型号	JDZX4-20
熔断器型号	RN4-20/0.5	额定电压比	$\frac{18}{\sqrt{3}}/\frac{0.1}{\sqrt{3}}/\frac{0.1}{\sqrt{3}}$
额定电压/断流容量	20/5500kV/MVA	准确级次	0.5/0.2
容量	50/50VA	制造时间	2013年08月

避雷器柜参数见表9-3。

表9-3 避雷器柜参数

项目	参数	项目	参数
柜体额定电压	18kV	避雷器型号	HY5W-22.5/51
额定电压	22.5kV	持续运行电压	18kV

电气制动开关参数见表9-4。

表9-4 电气制动开关参数

项目	参数	项目	参数
断路器类型	HVR-63S	额定电压	24kV
运行机制(类型)	液压弹簧机构	额定短路持续时间	3s
额定短时耐受电流	63kA	额定短时工频耐受电压(接地)	60kV
最高环境温度	40℃	最低环境温度	−5℃

GCB断路器参数见表9-5。

表9-5 GCB断路器参数

项目	参数	项目	参数
额定频率	50~60Hz	最大工作电压	25.3kV
绝缘和冷却介质	SF6	关闭、闭锁和负载电流	360kA
额定全波脉冲耐受电压	150kV	额定中断时间	≤67ms
对称额定短路电流	130kA	指定失步开断电流	65kA
满足功能的最低压力	540kPa	报警压力	560kPa
额定充气压力	620kPa		

液压弹簧操作机构参数见表 9-6。

表 9-6 液压弹簧操作机构参数

项目	参数	项目	参数
型号	HMB 4.5	跳闸线圈 1 额定电压	125V DC
跳闸线圈 1 电阻	36Ω	电机 1 额定电压	125V DC
电机 1 峰值电流	30A	电机 1 工作电流	6A
跳闸线圈 2 额定电压	250V DC	跳闸线圈 2 电阻	154Ω
电机 2 额定电压	250V DC	电机 2 峰值电流	20A
电机 2 工作电流	3A		

接地开关参数见表 9-7。

表 9-7 接地开关参数

项目	参数	项目	参数
额定电压	36/38kV	额定工频耐受电压	80kV
额定雷电冲击耐受电压	150kV	额定峰值耐受电流	360kA
额定短时耐受电流	130kA	绝缘介质	空气
压力	大气压力		

起动开关参数见表 9-8。

表 9-8 起动开关参数

项目	参数	项目	参数
额定电压	36kV	额定运行电流	2500A
短时电流	4000A	额定工频对地耐受电压	80kV
额定雷电冲击耐受电压	150kV	额定峰值耐受电流	450kA
额定短时耐受电流	160kA	绝缘介质	空气

电容器参数见表 9-9。

表 9-9 电容器参数

项目	参数	项目	参数
型号	BIORIPHASO,TF AT 0.13/36	布置	铝箔/聚丙烯薄膜
额定电容	130nF	额定电压	36kV
额定工频耐受电压	80kV	额定雷电冲击耐受电压	150kV

电流互感器参数见表 9-10。

表 9-10 电流互感器参数

项目	参数	项目	参数
型号	IORAZN	设备的最高电压	36kV
额定工频耐受电压	80kV	额定雷电冲击耐受电压	150kV

离相封闭母线及防凝露装置参数见表 9-11。

表 9-11 离相封闭母线及防凝露装置参数

项目	参数	项目	参数
电源	AC380V,三相,10kW	微压控制	300～2500Pa
露点	≤−40℃	空压机	≤1.0MPa,≤1.0m³/min,7.5kW
除水罐	0.2m³,1.0MPa	吸附机	露点≤−40℃,0.4～0.8MPa,1.0m³/min
过滤器精度	Ⅰ=5μm,Ⅱ=0.1μm,Ⅲ=1μm	控制装置	三菱 PLC,GOT 7″TFT 液晶,LED 背光 真彩 65536 色
组态软件	MCGS 嵌入型 VER6.8	A/D 转换	三菱 4AD×2 8CH 12bit
传感器	露点传感器(芬兰 Vaisala)、压力、温度	阀门	电动阀/气动阀/电磁阀
连接管路	不锈钢管/铜管/铝管	机柜外形尺寸	2300mm×1150mm×1400mm
机柜重量	1100kg		

9.2 设备组成及原理

18kV 电气设备包括发电电动机及其出口至主变低压侧所有设备,即电流互感器、电压互感器、一组三相电气制动开关(ZD01～ZD04)、发电机出口断路器 GCB(801～804)、拖动/被拖动刀闸(8012/8013、8022/8023、8032/8033、8042/8043)、机组换相刀闸(801-1、802-1、803-1、804-1)、发电机出口侧接地开关(80137、80237、80337、80437)、机组换相刀闸侧接地开关(80127、80227、80327、80427)、主变低压侧接地开关(80117、80217、80317、80417)、主变低压侧避雷器(801BLQ、802BLQ、803BLQ、804BLQ)、励磁变压器(1LCB、2LCB、3LCB、4LCB)、SFC 输入断路器(821、823)、SFC 输入电抗器(DK01、DK03)、厂高变输入侧电抗器(DK02、DK04)、厂高变输入侧断路器(822、824)、SFC 输入侧避雷器(821BLQ、823BLQ)、厂高变输入侧避雷器(822BLQ、824BLQ)、SFC 第一/二路输入开关柜内接地刀闸(8217、8237)、#1/#2 厂高变高压侧开关柜内接地刀闸(8227、8247)、发电机出口侧中性点接地刀闸(8017、8027、8037、8047)、发电机中性点接地变压器(1JDB、2JDB、3JDB、4JDB)。

9.2.1 电气制动开关

电气制动是在停机过程中,采用发电机定子绕组三相短路,对励磁线圈激磁以产生制动力矩,从而达到停机目的,优点是制动力矩大、无磨损。主要的原理为利用发电机的定子绕组出口端的三相短路,结合励磁电流,进入励磁线圈当中,从而产生制动力矩,实现水轮机机组停机控制。因此,当水轮机机组和电网解列将发电机的转子进行灭磁之后,发电机的转速就会在机械摩擦和空气阻力作用下逐渐降低,到达50%额定转速后定子绕组出口端的三相接地短路开关会呈现合上状态,并将三相短路利用合理的励磁直流电流接到转子绕组上。但受水轮发电机存在的惯性问题,所以依然存在一定的转速,进而形成一个和水轮发电机转向相反的电磁转矩。这样一来,水轮发电机的定子当中就会出现感应电势。但若是定子三相短路,发电机的定子绕组中就会发生短路电流,并会进一步导致发电机的转子出现铜耗制动力矩,然后该制动力矩会与水轮机机组中的其他对应阻力矩共同使得水轮机机组实现快速停机。电气制动开关的结构图如图 9-1 所示。

9.2.2 GCB 断路器组合机构

呼蓄电站发电机出口开关(GCB)由瑞士 ABB 公司生产,其型号为 HECPS-3S/5S,为成套式开关组合设备。该成套设备包括机组出口开关、拖动/被拖动刀闸、机组出口接地刀闸、机组出口母线电压互感器,采用金属外壳封闭、水平分相布置方式。另外,还在发电机侧配备了一个接地闸刀,对地并接有一限制过电压的电容。机组出口开关 GCB 的主要作用是并网及切断正常负荷电流和遮断容量的短路电流。该断路器的类型为SF6气体断路器,SF6气体优良的绝缘和灭弧性能,使SF6断路器具有如下优点:开断能力强,断口电压可以做得较高,允许连续开断次数较多,适用于频繁操作,噪声小,无火灾危险,机电磨损小等。它是一种性能优异的"无维修"断路器,在高压中应用越来越多。断路器结构如图9-2所示。

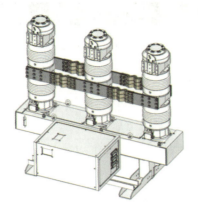

图9-1 电气制动开关结构图

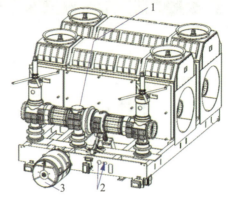 

图9-2 断路器结构

1—触头;2—观察孔;3—断路器操作机构

GCB的主要作用如下:

(1)承载发电机的满负载电流,在任何时候都能确保所需的绝缘水平。
(2)连接同步发电机和升压变压器。
(3)隔离发电机与升压变压器之间的电气连接。
(4)中断负载电流,最大可中断发电机的满负载电流。
(5)在空载条件下进行合闸与断开操作。
(6)中断变压器馈入的短路电流和发电机馈入的短路电流。
(7)在失步条件下中断电流。
(8)短时间内承载变压器馈入的短路电流和发电机馈入的短路电流。

GCB内部结构如图9-3所示。

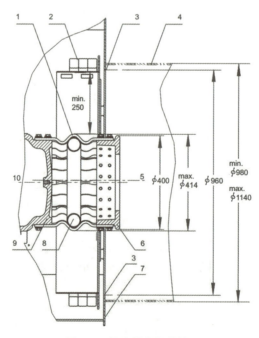

图9-3 断路器内部结构

1—柔性连接,20个铜元件,每个导体的截面积480mm²;2—电流互感器;3—产品外罩的开口;4—IPB外罩;5—导体端子的相位中心线;6—IPB的导体端子;7—产品的外罩;8—支撑环;9—产品的导体;10—产品的相位中心线

在断路器本体柜上安装有 SF6 密度指示表,指示表如图 9-4 所示。

指示范围在绿色,表示密度正常;指示范围在黄色,表示密度处于临界状态;指示范围在红色,表示密度过低,此时禁止操作断路器。黑色表示运输范围,在运输期间,密度必须在黑色的范围。

GCB 开关本体内有 3 个灭弧室,每个灭弧室有 2 个外壳、底座、绝缘子标称与灭弧触头系统、与操作连杆连接的齿轮、绝缘介质与灭弧介质。灭弧室采用的是自吹弧的原理。液压弹簧操作机构和 SDM 驱动机构的电机电源由控制柜提供。操作连杆将灭弧室与液压操作机构进行连接,将液压弹簧操作机构产生的开断力传递至灭弧室。起动开关包括 BTB 和 SFC 起动开关,采用空气绝缘,开断操作是由动触头完成的,接地开关、起动开关 SFC 和起动开关 BTB 都是由 SDM 驱动机构控制的。

液压弹簧操作机构利用蓄积的能量在 10 微秒内操作灭弧室。液压弹簧操作机构的技术方案结合了在盘形弹簧中进行机械能储存、液压操作与控制原理。盘形弹簧产生的弹力作用在高压油缸上,将机械能转化为液压能。进行合闸与断开操作时,通过一套快速切换阀将液压能转换为工作活塞动作,然后,由工作活塞控制断路器的操作连杆。断路器操作机构如图 9-5 所示。

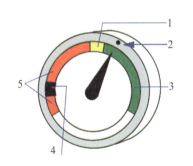

图 9-4 密度指示表
1—指示范围黄色;2—标记点黑色;
3—指示范围绿色;4—运输范围黑色;
5—指示范围红色

图 9-5 断路器操作机构

接地开关用作安全、保护元件。通过关闭接地开关,外罩内的所有或部分带电零件都得以牢固接地。接地部分的长度取决于灭弧室和起动开关的开断位置(开启或关闭)。

接地开关的主要作用如下:
(1)始终确保断开切换位置所需的绝缘水平;
(2)在空载条件下执行关闭和开启操作;
(3)短时间承载变压器-馈入的短路电流和发电机馈入的短路电流。

SFC\BTB 起动开关的作用是:
(1)始终确保合闸与断开位置所需的绝缘水平;
(2)在空载条件下进行合闸与断开操作;
(3)在电容性负载条件下进行合闸与断开操作;
(4)短时承载短路电流。

9.2.3 离相封闭母线

QLFM-24/12500-Z/I 型全连式自冷离相封闭母线是一种新型的高压电器产品。它的用途是将大量集中的电力从一点输送到另一点,如从发电机到主变压器,从变压器到配电装置以及用在开关站中。本产品的型号 QLFM 为"全连式自冷离相封闭母线"中的"全""离""封""母"四个字的汉语拼音字头,型号后缀为两组阿拉伯数字,中间用"/"线隔开。"/"线前面一组数字为封闭母线的额定电压值,单位为"kV";"/"线后面一组数字为封闭母线的额定电流值,单位为"A"。"—"线后的拼音字母表示冷却方式:"Z"为自然冷却;"Q"为强迫冷却;"J"为局部强迫冷却。罗马字"Ⅰ、Ⅱ、Ⅲ"为特征代号:分别代表微正压或智能防结露、速饱和电抗器及二者并存。全连式自冷离相封闭母线是将各相母线导体分别用绝缘子支撑并封闭于各自的外壳之中,外壳本身在电气上连通,并在首末端用短路板将三相外壳短接,构成三相外壳回路。当母线导体流过电流时,外壳将感应环流及涡流,对母线电流磁场产生屏蔽作用,使壳外磁场大大减小。全连式自冷离相封闭母线与以往应用的敞露式母线相比较,带电的母线导体被封闭在接地的金属外壳内,基本上制止了相间短路,因而提高了母线运行的安全可靠性。此外,外壳环流及涡流的屏蔽作用,大大减小了短路时的电动力及附近钢构件的电能损耗。封闭母线及其配套设备由制造厂成套供货,现场安装方便。载流母线封闭于外壳内部,基本不受灰尘潮气等影响,维护工作量小。

封闭母线主要由母线导体、外壳、绝缘子、金具、密封隔断装置、伸缩补偿装置、短路板、穿墙板、外壳支持件、各种设备柜及与发电机、变压器等设备的连接结构等构成。由于母线比较长,一般在制造厂制成若干分段,到现场后将各母线分段焊接或用螺栓连接而成。三相母线导体分别密封于各自的铝制外壳内,导体主要采用同一断面三个绝缘子支撑方式,绝缘子顶部开有凹孔或装有附件,内装橡胶弹性块及蘑菇形金具或带有调节螺纹的金具。金具顶端与母线导体接触,导体可在金具上滑动。绝缘子固定于支承板上,支承板用螺板紧固在焊接于外壳外部的绝缘子底座上。外壳的支持多采用铰销式底座,在支持点处先用槽钢(铝)抱箍将外壳抱紧,抱箍通过铰销与底座连接,而底座用螺栓固定于支承横梁上,支承横梁则支持或吊装于工地预制的钢构上。各母线分段导体及外壳间的连接采用对接或双半圆抱瓦搭接焊接的方式完成。封闭母线在一定长度范围内,设置有焊接的不可拆卸的伸缩补偿装置,用以补偿沿母线轴向或径向产生的位移。母线导体采用多层薄铝片制成的伸缩节与两侧母线搭焊连接,外壳则采用多层铝制波纹管与两侧外壳焊接连接。封闭母线与设备连接处或需要拆卸断开的部位设置可拆卸的螺栓连接补偿装置,母线导体与设备端子连接的导电接触面皆镀银处理,其间用铜编织伸缩节或薄铜片伸缩节连接,外壳则采用橡胶伸缩套连接,同时起到密封作用。外壳间需要全连导电时,伸缩套两端外壳间加装可伸缩的导电外壳伸缩节,构成外壳回路。母线靠近发电机端及穿越 A 列墙处采用大口径瓷套管(或密封套)作为密封隔断装置,套管以螺栓固定,并用橡胶圈密封。外壳穿墙处设置穿墙隔板。

封闭母线外壳的适当部位还装有疏水阀和干燥通风接口。疏水阀用来排除外壳内由于空气结露而产生的积水;干燥通风接口用来对外壳进行通风干燥。封闭母线外壳可采用多点或一点接地方式。采用多点接地时,支吊底座与钢横梁处不做绝缘处理,封闭母线与发电机、主变、厂变、电压互感器柜等连接处母线外壳端部设外壳短路板,并进行可靠的接地。采用一点接地时,每一支、吊点底座与钢横梁间必须绝缘,封闭母线与发电机、主变、厂变、电压互感器柜等连接处的短路板也只允许且必须使其中的一块短路板可靠接地。封闭母线配套用的电压互感器、避雷器、中性点消弧线圈或变压器等设备分别装设于设备柜内,电压互感器柜采用抽屉小车式结构。电流互感器则视情况吊装于发电机出线套管上,或套装于母线导体和外壳间,隔离开关或断路器则采用封闭式,其外壳要求能承受环流及短路电流流过而不受损坏。为了进一步提高封闭母线的绝缘水平,封闭母线还可采用微正压充气运行方式或配置空气处理装置,即将空气经干燥处理或加热后充入母线外壳内(此部分设备为选用)。为此,需另外配置干燥或加热装置,包括主设备及管道、接头等安装附件,供现场安装使用。离相封闭母线如图 9-6 所示。

图 9-6　离相封闭母线

离相封闭母线的部分解体结构图如图9-7所示。

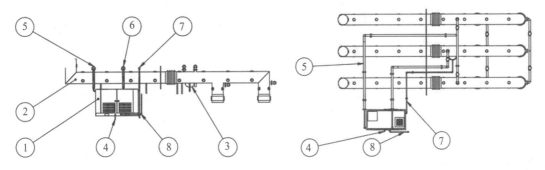

图9-7 离相封闭母线部分结构图

1—防结露装置机柜；2—母线筒；3—传感器接线箱装配体；4—排污管；5—AC相连通供气管道；
6—B相回气管道；7—传感器电缆管—上；8—厂用气管

母线防凝露装置系统由BAC机柜、供气及回气管道、采样传感器三部分组成。BAC机柜包含传感器、PLC、GOT等元器件的控制系统，螺杆式空气压缩机，除水气罐，空气过滤器组，无热再生吸附式干燥机等主要设备。BAC机柜将外界空气或母线内循环回的空气经过滤、压缩、除湿后，经管道供给母线本体内。在满足微正压的条件下，进行循环除湿，直至母线本体内的空气露点符合实时工况需求。BAC机柜外形图如图9-8所示。

9.2.4 24kV开关柜

图9-8 BAC机柜外形图

KYN28-24铠装式金属封闭开关设备（以下简称KYN28-24开关柜）适用于三相交流50Hz、24kV单母线及单母线分段电力系统，具有"五防"功能。开关柜的可移开部分可配置真空断路器和真空接触器等元器件。开关柜的外壳和隔板由优质钢板制成，具有很强的抗氧化、耐腐蚀功能，且其刚度和机械强度比普通低碳钢板的高。三个高压室的顶部都装有压力释放板。出现内部故障时，高压室内气压升高，由于柜门已可靠密封，高压气体将冲开压力释放板释放出来。相邻的开关柜由各自的侧板隔开，拼柜后仍有空气缓冲层，可以防止开关柜被故障电弧贯穿熔化。开关柜结构图如图9-9所示。D装配成独立隔室，与高压区域分隔开。隔板将断路器室B和电缆室C隔开，即使断路器手车移开（此时活门会自动关闭），也能防止操作者触及母线室A和电缆室C内的带电部分。卸下紧固螺栓就可移开水平隔板，便于电缆密封终端的安装。断路器手车装在有导轨的断路器室B内，可在运行、试验/隔离两个不同位置之间移动。当手车从运行位置向试验/隔离位置移动时，活门会自动盖住静触头，反向运行则打开。手车能在开关柜门关闭的情况下操作，通过门上的观察窗可以看到手车的位置、手车上的ON（断路器合闸）/OFF（断路器分闸）按钮、合分闸状态指示器和储能/释放状况指示器。

断路器和接地开关在分闸位置时，手车能从试验/隔离位置移动到运行位置。在这种分闸状态下，反向移动也行（机械联锁）。手车已完全处于试验或运行位置时，断路器才能合闸（机械和电气联锁）。手车在试验或运行位置而没有控制电压时，断路器不能合闸，仅能手动分闸（电气联锁）。手车在运行位置时，控制线插头被锁定，不能拔出。手车在试验/隔离位置或移开时，接地开关才能合闸（机械联锁）。接地开关关合时，手车不能从试验/隔离位置移向运行位置（机械联锁）。

9.2.5 励磁变压器

变压器是借助于电磁感应，以相同的频率，在两个或更多的绕组之间交换交流电压或电流的一种电气设备。变压器的基本原理是：电磁感应原理，即"电生磁，磁生电"。以变压器三相中的一相为例：它由两个绕组和一个铁芯组成。在一次侧施加交流电压U_1，流过的电流为I_1，则在铁芯中会有交变的磁通产生，使这两个绕组发生电磁联系。根据电磁感应原理，交变磁通穿过这两个绕组就会感应电动势E_1、E_2。当二次

图 9-9 开关柜

侧接入负载后,在电动势 E2 的作用下,将有二次电流 I2 通过,该电流产生的磁动势 F2 也将作用在同一铁芯上,起到反向去磁的作用。但因主磁通定于电源电压 U1,而 U1 基本不变,所以主磁通也基本不变。故一次绕组电流 I1 必将自动增加一个分量产生磁动势 F1,以抵消二次绕组电流 I2 所产生的磁动势 F2。因此,铁芯是完成电能—磁能—电能转换的主体。变压器安装设计应符合安全要求,确保变压器通电后不被人体触及。对于无外壳的变压器,应在变压器的周围安装接地良好的隔离围栏。变压器主体、柜、围栏等的醒目处应标有安全警告标志,安全距离如表 9-12 所示。

表 9-12 安全距离表

项目	参数	
电压等级	10kV	35kV
有围栏安全距离	350mm	600mm
无围栏安全距离	700mm	1000mm

变压器上所有电气连接的螺栓按要求做扭矩测试和扭矩标示。扭矩数值如表 9-13 所示。

表 9-13 扭矩数值

螺栓规格	螺栓扭矩(N·m)
M8	8.8～10.8
M10	17.7～22.6
M12	31.4～39.2
M16	78.5～98.1

变压器在出厂时已经将温控传感线安装在变压器上,传感线探头放在低压线圈端部靠近铜排的位置,传感线的插头固定在变压器端部螺杆上,将传感线插头取下插在温控器里即可。传感线探头采用 pt100 铂电阻,精度 0.5 级。温控器的出厂设置:100℃—起动风机;80℃—停止风机;130℃—超温报警;150℃—超温掉闸。探头接线图如图 2-9 所示。

变压器在正常情况下,三相线圈的温度是不一样的,因为 A、C 相在两侧的散热条件比 B 相要好,B 相线圈夹在中间,受到 A、C 相线圈的烘烤,B 相应大于 A 相和 C 相 10～15℃;温控器显示温度值只是一个大致的参考值,它与温度传感器插入线圈的深度有关系。国家标准没有对铁芯温升做出具体数值要求,只要求了在任何情况下,不会出现使铁芯本身、其他部件或其相邻的材料受到损害的温度。以"F"级变压器为例,铁芯温度只

图 9-10 探头接线图

要不超过 155℃就不会对其本身及其他部件或其相邻的材料造成损害。干式变压器可以在长期过负荷 15% 下运行。干式变压器在强制风冷状态下,能长期过负荷 40% 下运行。变压器过负载运行可以在应急情况下使用,不建议长期使用。干式变压器在风冷情况下长期过负荷运行是不经济的,既增加损耗,又影响电压质量,建议只在短时救急时使用。变压器在送电的瞬间会产生励磁涌流,励磁涌流会达到额定电流的 8～10 倍。此电流会使变压器线圈周围产生漏磁及漏磁场。变压器是由很多金属零部件组成,如夹件槽钢、小车、拉板、风机支架、外壳等,这些零部件的组成就形成了无数个环路。而这些环路又都处在漏磁场中,当漏磁穿过这些环路的时候,就会在这个环上形成一个大电流和一个小电势。由于变压器各零部件之间喷有油漆或塑粉,接触不是很好,就会出现瞬时打火放电现象。打火的部位一般会出现在拉紧螺杆与夹件之间或者在支撑小车与夹件之间。处理方法:变压器在初次送电时容易出现打火现象,通过几次送电后再送电就不会出现打火现象了。充分了解变压器在送电时出现打火的原因后就需要处理。在变压器容易出现打火现象的地方采用钢制碗形平垫,可以避免出现此现象。

9.2.6 电压互感器/避雷器

电压互感器主要用于设备的保护、测量、调节和控制。电压互感器可为电磁式和电容式两种。电磁式电压互感器的工作原理和变压器的相同。

电压互感器的特点是:①容量很小,类似一台小容量变压器;②二次侧负荷比较恒定,所接测量仪表和继电器的电压线圈阻抗很大,因此,在正常运行时,电压互感器接近于空载状态。

电压互感器的一、二次线圈额定电压之比,称为电压互感器的额定电压比。运行中的电压互感器二次侧不允许短路,不得断开其二次侧的接地。

电压互感器采用全封闭结构,环氧体表面采用不喷涂等先进工艺,铁芯采用优质磁材料制成。电压互感器应具备以下特性:全绝缘、全工况设计、低磁密、高耐受过电压能力及抗谐振能力。电压互感器有直径不小于 12mm 的接地螺栓或其他供接地线连接用的零部件,接地处应有明显的接地符号标志。电压互感器高压侧设有高压熔断器,用来可靠地保护电压互感器。电压互感器为单相手车式,在检修隔离及更换一次保险时,手车可拉出。小车带机械锁

图 9-11 电压互感器

装置,拉出小车时,需将小车车盘右侧黑色圆柄拉出,方可拉动小车,推入小车后,会听到咔一声,说明小车已动作到位,机械锁已锁住。电压互感器如图 9-11 所示。

避雷器并联在被保护设备与大地之间。它不妨碍该设备在工作电压下的正常运行,但是当设备上出现危及它的过电压时,避雷器会首先导通,把过电压引入地中,从而限制了过电压的幅值,使避雷器上的残压不超过被保护设备的冲击放电电压。避雷器有可靠的密封,在避雷器寿命期间不因密封不良而影响避雷器的运行性能。避雷器应配置低残压放电计数器及检测泄漏电流的装置。避雷器应进行持续时间冲击电流试验,试验后试品电阻片无击穿、内闪络、开裂或其他损坏痕迹。避雷器设有压力释放装置。试验时压力释放装置应动作。避雷器如图 9-12 所示。

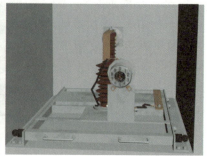

图 9-12 避雷器

9.2.7 换相刀闸

换相刀闸为抽水蓄能电站的特有设备,因蓄能机组要能满足发电方向和抽水方向运行,对相序有不同的要求,所以设置了换相刀闸。呼蓄电站的换相刀闸由瑞士 ABB 公司生产成套式开关组合设备,该成套设备包括主变低压侧接地刀闸、换相刀闸、出口开关换相刀闸侧接地刀闸,以及对地并接有一限制过电压的电容。其中换相刀闸为三相五极式、户内型、空气绝缘、金属封闭、自然冷却式隔离刀闸,其操动机构为电动、三相联动、单极驱动操作。换相刀闸根据机组发电工况或抽水工况的起动操作自动按程序对应合闸:发电工况时,换相刀闸 A、B、C 相在合上位置;抽水工况时,换相刀闸 B、A、C 在合上位置,其中 C 相刀闸为发电方向和抽水方向运行工况公用。换相刀闸的型式应采用水平滑动式触头,配备"分""合"发电机,"分""合"电动机四个按钮,以及指示器和便于检查触头位置的窗口。配有手动操作装置,供检修和调整之用。配有现地控制开关,在各操作位置均设置锁定装置,在"发电"或"抽水"(均为合闸状态)位置时不允许直接进行换相操作,有可靠的防误操作电气闭锁装置。分极安装在独立的金属封闭外壳内,外壳是刚性、自撑式焊接铝结构,外壳具有允许通过额定电流和短路电流的载流能力。金属封闭外壳底座上有防锈、导电性良好、直径不小于 12mm 的接地螺栓,接地点附近应标以"接地"符号。外壳上相应断口的位置应设有活动罩,以便检修时无须拆除外壳。各换相隔离开关及操动机构的安装尺寸应统一,各相同部件、易损件和备品备件均具有互换性。操动机构为电动、三相联动、单极驱动操作。还设置供现地操作用的手动分、合闸装置。换相刀闸如图 9-13 所示。

图 9-13 换相刀闸

9.2.8 拖动/被拖动刀闸

拖动/被拖动刀闸有两个设计相同的起动开关。它们安装在断路器模块内的位置不同,工作原理不同。它们被称作起动开关 SFC 和起动开关 BTB。起动开关的每一相都是垂直布置、管状设计的空气绝缘开关。开断操作由动触头管执行,动触头管与周围环状排列的触指相啮合。上触指固定在端子上,用于外部连接;下触指固定在罩壳上。在合闸位置时,动触头管与两端的触指啮合。带有两个检查孔的支撑绝缘子分布在触头周围。支撑绝缘子保持外部连接的端子在适当位置。除此之外,外部连接的端子通过 4 个绝缘杆撑住罩壳。操作连杆把来自 SDM 驱动机构的旋转运动传递到灭弧室底座下面的正齿轮装置上。罩壳内的滚珠丝杠驱动器把来自正齿轮的旋转运动转换为 3 个触头管的垂直运动。拖动/被拖动刀闸如图 9-14 所示。

图 9-14 拖动/被拖动刀闸

9.2.9 GCB 控制柜

GCB 控制柜的主要作用是控制 18kV 侧断路器及刀闸分合，汇集断路器、刀闸的分、合信号并送至监控系统、继电保护系统、500kV 控制系统、励磁系统、调速系统等。柜内主要元器件有 GMS600 断路器监控系统、报警器、计数器等。

GMS600 断路器监控系统用于 SF6 气体监测报警、跳闸监测报警、GCB 储能回路监测、断路器及刀闸位置监测，包括 GCB、换向刀闸、电气制动刀、拖动刀闸、被拖动刀闸、接地刀闸。GMS600 监测装置如图 9-15 所示。

报警器用于 GCB SF6 气体密度低报警、GCB 储能电机长期运行报警、直流电压故障报警、交流电源故障报警、相序错误报警、电气制动刀 SF6 气体密度低报警、电气制动刀储能电机长期运行报警等。报警器监测面板如图 9-16 所示。

计数器共安装 8 个，分别累计 GCB 操作次数、电气制动刀操作次数、换向刀闸操作次数、拖动刀闸操作次数和被拖动刀闸操作次数。计数器控制面板如图 9-17 所示。

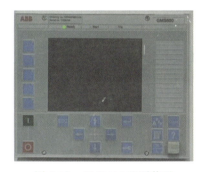  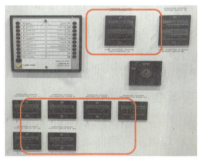

图 9-15 GMS600 监测装置　　图 9-16 报警器监测面板　　图 9-17 计数器控制面板

第 10 章

主 变 压 器

10.1 主变压器概述

变压器是一种静止的电气设备,在电力系统中具有很重要的地位。它基于电磁感应原理,将某一数值的交流电压和电流转换成同频率但不同数值的电压和电流,从而实现电能的高效传输和分配。变压器的主要部件是铁芯和线圈。线圈是变压器的电路,铁芯是变压器的磁路。输入电能的线圈称为原线圈,输出电能的线圈称为副线圈。利用原、副线圈的匝数不同以达到改变电压、电流大小的目的。发电机出口电压经主压变压器升压后,可以减少线路损耗,提高送电的经济性,达到远距离送电的目的。同时,主变压器能把高电压减压变为用户(电动机、厂用电等)所需要的各级使用电压,满足用户需要。变压器的类型很多,用途很广,但电力变压器主要用在电力系统中作为升压输电和降压配电的变压设备。

呼蓄电站 4 台主变压器均由天威保变(合肥)变压器有限公司生产,分别布置在主变洞一层 1295.00m 高程各主变室,型号为 SSP-360000/500,电压等级为 550-0～2×2.5%kV/18kV,额定容量为 360MVA,接线组别为 YNd11。变压器的最基本构件是铁芯和绕组,它们合称为变压器的器身,此外,还有油箱、冷却装置、绝缘套管和调压装置等主要构件。铁芯为三相五柱式。主变中性点经两根接地线直接接地。

呼蓄电站主变冷却方式为强迫油循环水冷(ODWF),每台主变设有 4 组冷却器和 1 台控制柜(含 PLC)。冷却器由长沙东屋机电有限责任公司生产,型号 YSPG3-400,布置在主变右侧(面向主变高压套管)。冷却器设有两路动力电源(380V AC)及电源切换装置。两路动力电源一路为工作电源,另一路为备用电源,当工作电源出现故障时,备用电源自动投入,并向监控系统发出"动力电源故障"信号。冷却器设有两路控制电源,一路为 220V 交流,另一路为 220V 直流,两路控制电源互为备用。交流控制电源取自 380V 动力电源 C 相,直流控制电源取自机组交直流配电柜 QD217 开关。主变冷却器 PLC 电源为 24V 直流,由冷却器控制柜内两路控制电源并联接入两套电源变换装置后供电。

呼蓄电站主变压器保护可分为电气量保护及非电气量保护两种,电气量保护有主变高压侧过流保护、主变低压闭锁过流保护、主变低压侧接地保护、零序过流保护、主变差动保护、主变过激磁保护等,非电气量保护有主变瓦斯保护、主变压力释放保护、主变温度保护及主变冷却系统故障保护等。

10.1.1 作用

主变压器是将某一等级的交流电压和电流转换成同频率的另一等级的电压和电流的设备,具备以下主要作用:

(1)电压转换:变压器可以将高压电流转换为低压电流,或者将低压电流转换为高压电流。这种电压转换是为了适应不同电网和用户对电能供应的需求。在电网中,电能需要以高压进行传输以减少线路功率损耗,而在用户终端,电能需要以低压进行供应以满足安全使用的要求。

(2)输变电:变压器在电力输送和分配中起到了至关重要的作用。在输电过程中,变压器将发电厂产生的电能进行变压和输送,以将电能从发电厂传输到用电地点。在配电过程中,变压器将输送来的高压电能转换为安全稳定的低压电能,并供应给各个用户。

(3)隔离与保护:变压器可以起到隔离和保护的作用。它可以对电源与负载进行电气隔离,防止电压干扰、电流波动和电弧等问题对电网和用户设备造成破坏。此外,变压器还可以在电力系统中作为过电流和短路保护装置,通过自动切断电路来保护电力系统和用户设备的安全。

(4)提供稳定电压:变压器可以提供稳定的电压输出,保证用户设备的正常运行。使用变压器调节电压水平,可以解决来自电 1/2 源波动和负载变化对电网和用户设备造成的电压不稳定问题。稳定的电压有助于提高设备的工作效率,延长设备的寿命,并确保电力系统的可靠性。

(5)节能与经济性:通过变压器进行电压转换可以减少输电过程中的线路损耗和电网能耗。高电压输电可以减小电流的大小,从而降低线路上的电阻损耗。此外,变压器可以实现电能的长距离传输,减少输电线路的数量和长度,降低建设和维护成本,提高电力系统的经济性和可持续发展能力。

10.1.2 工作原理

变压器的基本工作原理,是电磁感应定律和全电流定律的应用。最简单的变压器由一个闭合的铁芯和绕在铁芯上的两个线圈构成,如图10-1所示。这两个线圈是互相绝缘的,没有电的联系,但因绕在一个铁芯上,而有磁的耦合。两个线圈中的一个接到交流电源,称为原线圈或原方,用 W_1 表示这个线圈的串联匝数;另一个接到负载,称为副线圈或副方,用 W_2 表示其串联匝数。

当原方接入频率为 f 的交流电源时,在外施电压 u_1 的作用下,原线圈中有电流 i_0 流过,并在铁芯中产生交变磁通 ϕ,其频率 f 与电源相同。这个交变磁通同时交链原、副线圈,根据电磁感应原理,便在原、副线圈中分别感应电势 e_1 与 e_2。

原方: $e_1 = -W_1 \dfrac{d\phi}{dt}$

副方: $e_2 = -W_2 \dfrac{d\phi}{dt}$

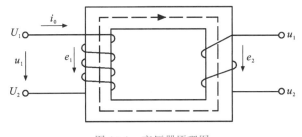

图10-1 变压器原理图

原、副方电势之比:

$$\frac{e_1}{e_2} = \frac{-W_1 \dfrac{d\phi}{dt}}{-W_2 \dfrac{d\phi}{dt}} = \frac{W_1}{W_2}$$

式中:e_1、e_2 为瞬时值。若用有效值表示,则可证明:

$$\frac{E_1}{E_2} = \frac{W_1}{W_2}$$

空载时,外施电压 $U_1 \approx E_1$,副方电压 $U_2 = E_2$ 所以:

$$\frac{U_1}{U_2} \approx \frac{E_1}{E_2} = \frac{W_1}{W_2} = K \quad 或 \quad U_2 = \frac{U_1}{K}$$

K 是变压器原、副方的电势比,简称变比(或匝比),它是变压器中的一个重要数据,由上式可见,原、副方电压之比决定于原、副线圈匝数之比,设计时,只要适当选择原、副线圈的匝数,便可将电源电压变成所需要的副方电压。

副方接入负载后,则在电势 E_2 的作用下,副方便有电流 I_2,通过电磁感应,原方电流也由空载时的 I_0 增大到 I_1,因变压器的效率很高和原、副方的漏阻抗压降较小,可认为原、副方在功率上相等,即

$$U_1 I_1 = U_2 I_2$$

因此
$$K=\frac{U_1}{U_2}=\frac{I_2}{I_1} \text{ 或 } I_2=KI_1$$

由此可见,变压器在改变电压的同时也改变了电流的大小。例如当 $K>1(W_1>W_2)$ 时,副方电压降低到原方电压 U_1 的 $\frac{1}{K}$,同时副方电流 I_2 增加到原方电流 I_1 的 K 倍。

10.1.3 基本特点

变压比:变压器的输入电压和输出电压之间的比值。变压器可以实现升压或降压,这取决于输入电压和输出电压的关系。当输入电压大于输出电压时,变压器是降压变压器;当输入电压小于输出电压时,变压器是升压变压器。变压比决定了变压器的工作方式和应用范围。

功率传输:变压器将输入电路的电能转换为输出电路的电能。变压器通过磁场耦合实现对电能的传输,而不需要物理接触。在变压器中,输入线圈(也称为初级线圈)接收输入电能,通过磁场耦合传递给输出线圈(也称为次级线圈),从而实现对电能的传输。

效率:变压器将输入电能转换为输出电能的比例。由于变压器本身没有机械运动,因此其效率非常高,通常可以达到90%以上。高效率的变压器可以减少能源损失,提高能源利用率。

工作频率:变压器通常用于交流电路中,其输入电压和输出电压都是交流电。不同国家和地区的电网系统可能采用不同输入电压和输出电压的频率。变压器通常用于交流电路中,其输入电压和输出电压都是交流电。不同国家和地区的电网系统可能采用不同的工作频率,常见的有50Hz和60Hz。因此,变压器的工作频率需要与电网的工作频率匹配,以确保正常的电能传输。

10.1.4 设备参数

电力变压器的基本结构主要分为铁芯(变压器的磁路)、线圈(变压器的电路)、绝缘结构、油箱及其他部件。

铁芯和绕组是变压器进行电磁感应的基本部分,称为器身。对油浸式电力变压器,器身浸入装满变压器油的油箱中,绕组的端头由绝缘套管引至箱外。此外,还有一些相应的保护设备。

主变压器各参数统计表见表10-1。

表10-1 主变压器各参数统计表

序号	性能名称	条件	参数
1	额定容量	在60K绕组温升下的额定连续容量(高压绕组各分接位置,低压绕组降压5%)	360MVA
2	高压绕组额定电压	/	550kV
3	低压绕组额定电压	/	18kV
4	额定频率	/	50Hz
5	高压绕组调压范围	/	0～−2×2.5%
6	阻抗电压	以额定容量为基准,在额定电压(额定抽头)、额定频率下,绕组温度为75℃的阻抗电压	14%

续表

序号	性能名称	条件	参数
7	最高温升	额定容量、额定频率、最大总损耗下的温升	绕组(用电阻法测量):≤60K 绕组热点:≤73K 顶层油(用温度计法测量):≤40K 低压连接箱顶层油(用温度计法测量):≤40K 底部油(用温度计法测量):≤35K 铁芯(用温度计法测量):≤75K 铁芯热点:≤80K 油箱及结构件(用红外线温度计法测量):≤70K
8	1.空载损耗	变压器在额定频率下,绕组温度为75℃时的损耗(不允许正误差)和效率(不允许负误差)	额定电压时:≤150kW 95%额定电压:约135kW
	2.负载损耗($\cos\phi=1$,额定电压下)		50%额定容量下:约195kW 70%额定容量下:约380kW 80%额定容量下:约500kW 90%额定容量下:约630kW 100%额定容量下:≤775kW
	3.总损耗($\cos\phi=1$,不含辅助设备损耗)		50%额定容量下:约345kW 70%额定容量下:约530kW 80%额定容量下:约650kW 90%额定容量下:约780kW 100%额定容量下:≤925kW
9	效率	额定分接550kV/18kV,不包括辅助设备损耗,功率因数为1时	50%额定容量下:约99.80% 70%额定容量下:约99.78% 80%额定容量下:约99.77% 90%额定容量下:约99.75% 100%额定容量下:≥99.74%
10	辅助设备损耗	每台变压器冷却器数量	3+1(含备用)
		每台变压器油泵的数量	4(含备用)
		每台油泵电动机的功率	约5.2kW
		油泵电动机电压	380V
		每台油泵的额定流量	9.4L/min
		每台油泵的额定压力	0.5MPa
		辅助设备总损耗(不包括备用冷却器)	约15.6kW(不含备用)
11	空载电流	在额定电压和额定频率时空载电流的百分数	≤额定电流的0.1%
12	直流偏磁	变压器中性点允许直流偏磁的电流	10A

续表

序号	性能名称	条件	参数
13	变压器和冷却器的声压级噪声水平	变压器在空载时,未投入冷却器,距离变压器0.3m处	≤75dB
		变压器在额定负载下,投入冷却器,距离变压器2m处	≤75dB
14	承受短路的能力	(A)变压器:在任意分接头	允许2s短路电流能力:HV:13kA,LV:225kA 短路后铜绕组的平均温度:<250℃ 耐受动稳定能力(线圈无任何变形和位移):HV:2.6kA LV:43.6kA
		(B)高压套管	a.额定热稳定电流:63kA/3s b.额定动稳定电流:160kA
		(C)低压套管	a.额定热稳定电流:100kA/3s b.额定动稳定电流:250kA
		(D)高压中性点套管	a.额定动稳定电流:15.5kA/3s b.额定热稳定电流:38kA
15	本体绝缘水平	(A)高压绕组	a.工频1分钟耐受电压(有效值):680kV b.操作冲击耐受电压(峰值):1175kV c.雷电全波冲击耐受电压(峰值):1550kV d.雷电截波冲击耐受电压(峰值):1675kV
		(B)低压绕组	a.工频1分钟耐受电压(有效值):55kV b.雷电全波冲击耐受电压(峰值):125kV
		(C)中性点	a.工频1分钟耐受电压(有效值):85kV b.雷电全波冲击耐受电压(峰值):185kV
		(D)高压相间	a.工频1分钟耐受电压(有效值):950kV b.操作冲击耐受电压(峰值):1800kV
16	套管绝缘水平	(A)高压套管	a.工频1分钟耐受电压(有效值):740kV b.操作冲击耐受电压(峰值):1175kV c.雷电全波冲击耐受电压(峰值):1675kV d.雷电截波冲击耐受电压(峰值):1925kV
		(B)低压套管	a.工频1分钟耐受电压(有效值):58kV b.雷电全波冲击耐受电压(峰值):125kV
		(C)中性点套管	a.工频1分钟耐受电压(有效值):95kV b.雷电全波冲击耐受电压(峰值):200kV
17	局部放电水平	主变本体施加电压:475kV(5min)—550kV(5s)—475kV(1h)在475kV(1h)时测得的各绕组局部放电量	≤100pC
18	局部放电水平	变压器套管施加电压:由套管干试验电压降至额定电压	高压套管:≤10pC 低压套管:≤10pC 中性点套管:/

续表

序号	性能名称	条件	参数
19	过激磁允许运行时间	1.05倍过激磁(额定负载)	连续
		1.1倍过激磁(空载)	连续
		1.2倍过激磁(空载)	30min
		1.3倍过激磁(空载)	1min
		1.4倍过激磁(空载)	10s
20	油箱	油箱耐受真空压强	≤133Pa
		承受压力(12h)	0.098Mpa
21	冷却器	每台变压器冷却器的数量(含备用1台)	4
		每台冷却器的冷却容量	400kW
22	冷却器退出运行(不包括备用冷却器)后变压器的工作时间或长期运行负荷	一台退出运行：100%额定容量(绕组热点温度≤140℃)	3h
		一台退出运行：长期运行容量(温升不超过限值)	320MVA
		二台退出运行：100%额定容量(绕组热点温度≤140℃)	2h
		二台退出运行：长期运行容量(温升不超过限值)	220MVA
		三台退出运行：100%额定容量(绕组热点温度≤140℃)	0.3
		三台退出运行：长期运行容量(温升不超过限值)	不允许
		四台退出运行：100%额定容量(绕组热点温度≤140℃)	20min
		四台退出运行：长期运行容量(温升不超过限值)	不允许
23	连接组别	/	YNd11
24	绕组在75℃下的电阻值	高压绕组主分接位置/最低分接位置	约0.809Ω/0.769Ω
		低压绕组	约0.002Ω
25	变压器零序电抗	/	计算后提供
26	高压套管	制造厂	瑞士 ABB RTKG 550-1800
		额定电压	550kV
		额定电流	1800A
		额定动稳定电流	160kA
		额定热稳定电流	63kA/3s
		弯曲耐受荷载	4000N

续表

序号	性能名称	条件	参数
27	低压套管	制造厂	南京智达 BFW-40.5/1600-4
		额定电压	40.5kV
		额定电流	16000
		额定动稳定电流	250kA
		额定热稳定电流	100kA/3s
		弯曲耐受荷载	4000N
		泄漏距离	≥744mm
28	高压中性点套管	制造厂	南京智达 BFW-40.5/630-4
		额定电压	40.5kV
		额定电流	630A
		额定动稳定电流	38kA
		额定热稳定电流	15.5kA/3s
		弯曲耐受荷载	1250N
		泄漏距离	≥1255.5mm
硅钢片特性参数			
29	型号	/	27PHD
	制造厂	/	韩国浦项
	硅钢片厚度	/	0.27mm
	硅钢片损(1.7T)	/	约 0.95W/kg
30	磁通密度	在额定工况下	约1.7T
	硅钢片损耗	在额定工况下	0.95W/kg
31	变压器绕组最高油流速度	/	0.5m/s
32	激磁涌流	无剩磁激磁涌流(第一峰值)	6~8p.u.
33	变压器外形尺寸	长度	12310mm
		宽度	4875mm
		高度	7915mm
		储油柜直径和长度	φ1400,4800mm
34	运输尺寸和重量	长度	9140mm
		宽度	3210mm
		高度	4085mm
		运输重量(主体充氮运输总重)	约 210.5t
		储油柜重(无油)	2850kg
		油重	63000kg
		单个水冷却器重	约 1500kg
		水冷却器总重	9022.8kg(含1只备用冷却器)
		控制柜重	约 500kg
		变压器总重(包括水冷却器)	约 307000kg

续表

序号	性能名称	条件	参数
35	无励磁分接开关	型号	DEETAP ARI1000
		制造厂商	MR/德国
		额定电流	1000A
		雷电冲击耐受电压(全波,峰值)	/
		热稳定(2s)	25kA
		动稳定(峰值)	10kA
		机械操作寿命	1万次
中性点套管电流互感器			
36	制造厂	/	天威保变/保定
	变比	/	300/1A
	准确等级	/	5P20
	额定二次负荷	/	20VA
37	绝缘水平	1min工频耐受电压(有效值)	一次绕组:/
			二次绕组对地:3kV
			二次绕组极间:/
瓦斯继电器			
38	型号	/	BF80/10-2.5K
	制造厂	/	德国 EMB 公司
	数量	/	1
39	整定值:报警范围	/	200～300cm^3
40	整定值:跳闸范围	/	1.3m/s±15%
41	输出接点型式/容量	/	常开/AC 230V 3A ,DC 230V 3A
42	压力释装置	制造厂	美国 QUALITROL 公司
		数量	1套
		动作值	计算后提供
		返回值	计算后提供
		报警接点容量	计算后提供
43	油面温度计	型号	208-015-01
		制造厂	瑞典 AKM
		数量	1只
		型号	AKM34401 12X-5.0
44	绕组温度计	型号	AKM35401 12X-5.0
		制造厂	瑞士 AKM
		数量	1只
		测温原理	模拟式

续表

续表

序号	性能名称	条件	参数
冷却设备			
45	水冷却器	制造厂商	湖南东屋
		冷却器型号	YSPG3-400
		热交换材料	直通式双重铜管排沙型
		每台变压器冷却器数量(含备用1台)	4台
		每台冷却器的冷却容量	400kW
		每台冷却器在额定冷却容量下所需的流量	油 96m^3/h,水 35m^3/h
		每台冷却器在空载容量下所需的流量	水 20m^3/h
		每台冷却器在最大水流条件下的管路损失	约 0.04MPa
		每台变压器在额定工况下需要的总冷却油流量	约 288m^3/h
		每台变压器在空载工况下需要的总冷却油流量	约 60m^3/h
		工作水压	约 1.0MPa
		水冷却器入口最大工作压力	2.4MPa
		水冷却器入口最高水温	28℃
46	油泵	制造厂商	进口
		电压	380V
		相数	3
		油泵的额定流量	9.4L/min
		油泵的额定出口压力	0.5MPa
47	仪器仪表	冷却器油流示流信号器型号/数量	YJ/4 只
48	变压器控制柜	型号	XkWSP-1/4
		制造厂	天威保变配套厂家
		防护等级	IP55
		安装位置	冷却器旁地面

10.2 设备组成及原理

主变压器主要由铁芯、绕组、油箱、冷却装置、调压装置、油枕、呼吸器、瓦斯继电器、压力释放阀、净油器、分接开关、温度计、绝缘套管及主变油在线监测系统等组成。

10.2.1 铁芯

呼蓄电站主变压器铁芯采用三相五柱式结构,铁芯叠片采用6级阶梯接缝,夹件为板式,用低磁钢带紧固铁轭。在末级叠片和拉板上开隔磁槽,拉板采用低磁钢板,降低附加损耗,防止局部过热,在芯柱级间台阶处加圆撑条,用以提高线圈的内支撑性能。在铁芯叠片中设置冷却油道,保证铁芯温升满足运行要求,冷却油道采用绝缘材料制作。变压器铁芯和夹件分别通过油箱外设的套管从油箱上部引出并引至下部可靠接地,接地处有明显的接地符号。铁芯结构如图10-2所示。

10.2.2 绕组

全部绕组采用铜绕组。高压绕组为内屏蔽连续式结构，采用半硬自粘换位导线绕制；低压绕组为三螺旋式结构，采用半硬自粘换位导线绕制。绕组排列从铁芯向外依次为低压绕组和高压绕组。绕组由绝缘导线和绝缘件组成，是变压器的电路部分，和铁芯一起实现电磁感应。一次绕组通电后建立磁场，二次绕组感应电势后向负载输出电功率。绕组结构如图10-3所示。

图.10-2　铁芯结构

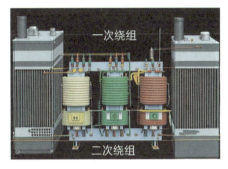

图 10-3　绕组结构

10.2.3 油箱

变压器底部设置8个可拆卸并能90°变向的小车，变压器主体利用小车通过，轨道就位于变压器基础上。小车同时带有卡轨器，等主体就位后利用小车卡轨器将变压器小车固定。箱体为钟罩式（带人孔）结构，上、下节油箱为密封焊接结构。能承受住真空强度133Pa和正压98kPa的机械强度，油箱不得有损伤和不允许的永久性变形。油箱箱壁采用槽形加强铁，箱底等部件采用高强度钢板折板工艺，以减少焊接接缝，防止油渗漏，使外形美观。油箱内壁装有磁屏蔽和电屏蔽，有效降低油箱中的杂散损耗，防止过热。箱体上备有吊攀，油箱下部设置千斤顶支架及水平牵引装置。油箱布置事故放油阀、注放油阀、放油塞。上节油箱与下节油箱采用密封焊接结构。变压器箱体结构见图10-4。

图 10-4　变压器箱体结构

10.2.4 储油柜回路

10.2.4.1 组成

储油柜主要由以下几部分组成：储油柜端盖、顶罩、储油柜吸湿器球阀、放气塞、放油塞、储油柜注放蝶阀、排气蝶阀、接油箱的蝶阀、排污油蝶阀、小管式油表、储油柜油位计传感器、柜体、储油柜油位计毛细管、储油柜油位计显示器、螺钉、弯板、胶囊、接真空泵球阀、球阀。油枕回路由安装在油箱支架上的一个油枕及管路构成。储油柜结构见图10-5。

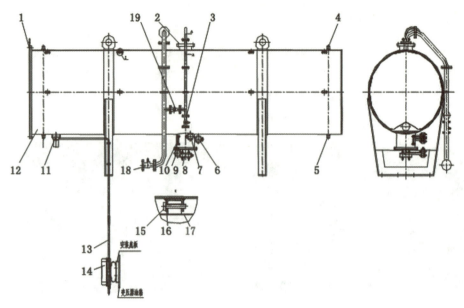

图 10-5 储油柜结构图

1—储油柜端盖;2—顶罩;3—储油柜吸湿器球阀;4—放气塞;5—放油塞;6—储油柜注放油蝶阀;7—排气蝶阀;8—接油箱的蝶阀;
9—排污油蝶阀;10—小管式油表;11—储油柜油位计传感器;12—柜体;13—储油柜油位计毛细管;
14—储油柜油位计显示器;15—螺钉;16—弯板;17—胶囊;18—接真空泵球阀;19—球阀

10.2.4.2 工作原理

1. 胶囊的作用

储油柜是油浸式变压器油源补充、储蓄的容器。为了既保证柜体内的变压器油与空气隔绝,减缓老化变质,又能保证柜体内的压力与外界空气相同,在柜体内设置了一个尼龙橡胶膜做成的胶囊,它漂浮在柜体内的油面上,内腔的空气经过吸湿器与外界空气相通,随着柜体内油量的变化而膨胀或收缩。

胶囊型号:$\phi 1400$;   胶囊厂家图纸号:8BB.379.050.4

胶囊尺寸:$\phi 1400 \times 4800$ 胶囊厂家:法国 PRONAL

2. 集气室的作用

注放油蝶阀或接油箱的蝶阀注入的变压器油须经集气室才能进入柜体内,集气室的结构使夹杂在变压器油中的气体分离出来并积聚在它的上部而不会进入柜体内。随着积聚的气体量的增大,小管式油表(透明玻璃管)内的油面下降,当油面降到小管式油表的中下部时,应通过从排气蝶阀接出的排气管路排气,使得小管式油表内充满变压器油即可。另外,从集气室的注放油蝶阀接出的注放油管路可以给储油柜补充变压器油或者排放多余的变压器油,从集气室底部的排污油蝶阀接出的排污油管路可以排掉储油柜中的污油。

3. 油位指示器

图号:5BB.446.077;厂家:瑞典 AKM。

储油柜油位计分为三部分,传感器部分安装在储油柜的底部,显示器部分安装在变压器油箱上容易观察读数的位置,这两部分由毛细管连接并传递油位的变化。其工作原理是:传感器的浮子随着油面升降并通过浮子杆将位移传递给传感器中的连接结,经毛细管将位移传递给显示器,从而驱动显示器里的指针转动,以达到显示储油柜油位的目的,并在储油柜的最低油位和最高油位时使微动开关动作,发出报警信号。

10.2.5　高压套管 SF6/充油套管

发电机出口封闭母线与主变低压侧相连，GIS 与主变之间既要相互连接，又要相互隔绝。因此，主变压器高压套管是 GIS 外壳和主变压器之间非常重要的部分。

主变压器高压套管为带有气体检漏系统的环氧树脂浸渍电容式油/SF6 套管，额定电压 550kV，额定电流 1800A。高压套管两端设置接线端子。中部为双法兰结构，一个法兰与变压器油箱连接，另一个法兰与 GIS 管道外壳相连。在两个法兰之间装设检漏接口，可接装检漏设备。高压油/SF6 套管法兰与 SF6 管道母线法兰的连接采用可靠的密封系统，以防止油和 SF6 气体互相渗漏。如有 SF6 气体渗漏，只允许泄漏到检漏接口，而不允许泄漏到变压器油中。主变高压套管侧面如图 10-6 所示。

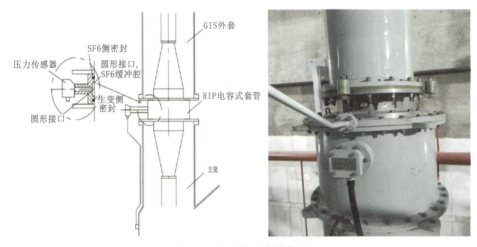

图 10-6　主变高压套管侧面

10.2.6　高压中性点套管

中性点套管应为环氧树脂浸渍电容式油/空气瓷套管，型号为 BFW-40.5/630-4，此套管是变压器的高压侧中性点和中性点回路之间的连接体。额定电压为 40.5kV，额定电流为 630A，由纸/铝箔和变压器油组成电容器，瓷套与法兰采用胶装结构。中性点套管如图 10-7 所示。

10.2.7　低压套管

低压套管应为环氧树脂浸渍电容式油/空气瓷套管，型号为 BFW-40.5/16000-4，此套管是变压器低压侧各相和输电线之间的连接体。额定电压为 40.5kV，额定电流为 16000A，并采用水平进线方式。为防止 IPB 外壳感应电流流入变压器外壳，在低压套管法兰与 IPB 法兰间设置绝缘。低压套管见图 10-8。

图 10-7　中性点套管

图 10-8　低压套管

10.2.8 分接开关

改变分接开关抽头位置,从而调整变压器输出电压。分接开关分为两种:有载分接开关和无载分接开关。有载分接开关可以在带电的情况下调整电压,无载分接开关必须切断电源后,才可以调整分接头的位置来改变电压。

主变高压侧有三挡,采用无载分接开关进行挡位转换;主变压器高压侧以 550-2×2.5%kV 的电压等级装设无励磁分接开关。主变各挡位电压、电流见表10-2。

表 10-2 主变各挡位电压、电流表

分接开关挡位	分接开关位置	额定电压(kV)	额定电流(A)
1挡	4-5	550	377.9
2挡	4-6(3-5)	536.35	387.6
3挡	3-6	522.5	397.8

无励磁分接开关采用三相联动操作机构,型号为 DUIII600-123-06030ME,分接开关的手动操作装置设置在油箱下部,只能在变压器无励磁工况下操作,并设置闭锁装置以防止带电操作。分接开关的操作机构上设置有分接头位置指示器及位置锁定装置。锁定装置在分接头到位后锁定。

10.2.9 吸湿器

吸湿器是一装满干燥剂的透明箱。空气通过吸湿器,由于油性热收缩而被吸到干燥剂中。此吸湿器用于干燥油枕中的空气,以免使油箱中的油发生氧化作用。干燥剂(硅胶)吸收空气中的水分,其颜色表明其饱和度。蓝色表示完全干燥,浅蓝色表示部分湿润,粉红色表示湿度完全饱和。

干燥剂可通过加热方式恢复到原来性质,加热温度为 120~150℃,直到颜色变蓝为止。吸湿器如图 10-9 所示。

10.2.10 气体继电器

储油柜与油箱连通的管道装有瓦斯继电器,构成变压器本体的主要保护(瓦斯保护)。变压器内部严重故障时,重瓦斯保护动作,跳开各侧的断路器,自动切除变压器;而变压器内部轻微故障时,轻瓦斯保护及时动作,提醒运行人员。为保证故障时气体可靠地冲入气瓦斯继电器,使瓦斯继电器正确动作,油箱与油枕之间的连接管在设计时有 2%~4% 的坡度。

气体继电器为德国 EMB 公司生产的 BF80/10-2.5K 型气体继电器;该气体继电器为双浮子型,上浮子带一对常开接点,下浮子带两对常开接点;当气体继电器内聚集的气体达到 200~300cm³ 时,上浮子的接点动作,当经过气体继电器的油流速度达到 1.3m/s±15% 时,或者当变压器严重渗漏油致使气体继电器内油面下降到一定程度时,下浮子(即挡板)的接点动作,且挡板的响应时间应小于 0.1s。瓦斯继电器如图 10-10 所示。

瓦斯继电器的工作原理是检测变压器内部产气、油位过低和严重故障引起油的大量分解等问题。在出现过热故障时,绝缘材料因温度过高而分解产生气体,少量气体能溶解在变压器油中,当产生的气体过多,变压器油不能溶解所产生的气体量时,气体就上升到油箱上部,通过联管进入继电器中,继电器的设计使得该部分气体能存留在继电器中,这时继电器的上浮子位置逐渐下降,液面下降到对应继电器整定的容积时,上浮子上的磁铁使继电器内的干簧接点动作,继电器给出信号。

在变压器出现漏油或其他故障时,油枕内的变压器油通过联管流出,油位逐渐下降,上浮子动作,给出信号。如果故障没有及时处理,油位继续下降,下浮子的位置也逐渐下降,当下浮子位置达到设定的位置时,下浮子磁铁使继电器内的干簧接点动作,继电器给出变压器应分闸的信号。

图 10-9 吸湿器　　　　图 10-10 瓦斯继电器

在变压器内部有严重故障时,引起油的大量分解,产生的气体在油枕联管内产生很高的流速,油流推动瓦斯继电器内的挡板,下浮子动作,瓦斯继电器给出变压器应分闸的信号。

依据《气体继电器检验规程》(DL/T 540—2013)和《变压器用气体继电器》(JB/T 9647—2014)的要求,呼蓄电站在用瓦斯继电器的校验周期为每三年一次,校验项目包含外观、干簧触点电阻、绝缘强度、流速平均值、气体容积值、密封性等的检查。

10.2.11　压力释放阀

压力释放阀实质上是一种弹顶阀,型号为 208-015-01,它以独特方法将驱动压力瞬间扩散。该装置由六角螺栓通过安装法兰固定到变压器上,用密封垫圈密封。动作盘由弹簧弹顶并与顶部氰橡胶密封垫和侧向接触式密封垫形成密封。外罩将弹簧压缩并由 6 个螺丝保持在压缩位置。固定外罩的螺丝切勿轻易卸开。

当作用到顶部密封垫区域内的压力超过弹簧产生的开启压力时,压力释放阀即动作。一旦动作盘从顶部密封垫稍微向上移动,动作盘上的变压器内部压力马上扩展到侧面氰橡胶密封圈直径内的整个面积上,作用力极大增强,使位于弹簧闭合高度的动作盘突然打开。变压器内部压力迅速下降到正常值,弹簧使动作盘回到密封位置。

外罩中央有一个颜色鲜明的机械指示杆,它不固定在动作盘上,但在动作过程中会随动作盘上升,并由指示杆衬套夹紧在上升位置不下来。指示杆在远处便清晰可见,表示压力释放阀已经动作。指示杆可用手推下去,落到复位的动作盘上即复位。

10.2.12　油面温度计

油面温度计满足指示变压器顶层油温及提供输出接点分别用于投切变压器冷却系统和超温警、超温跳闸等要求,型号为 AKM34401 12X-5.0。油面温度计见图 10-12。

10.2.13　绕组温度计

绕组温度计采用"热模拟"方法来测量变压器绕组温度。采用模拟测量方法来间接地测得绕组热点温度,即绕组温度 T_1 为变压器顶层油温 T_2 与变压器铜油温差 ΔT 之和,即 $T_1=T_2+\Delta T$。

绕组温度是变压器顶层油温使仪表内弹性波纹管产生对应的角位移量,叠加仪表内发热元件产生的角位移量,从而指示变压器绕组温度。发热元件是通过匹配器及变压器 CT 二次侧负载情况变化而补偿不同的铜油温差。型号为 AKM35401 12X-5.0。绕组温度计见图 10-13。

图 10-11　压力释放阀　　　　图 10-12　油面温度计　　　　图 10-13　绕组温度计

10.2.14　压力继电器

当变压器中的电弧产生剧烈的气体压力,压力升高率超过变压器制造厂规定的安全限值时,压力继电器将触发一个电信号,使断路器动作,从而切断变压器电源,并且如果需要的话,还可设置一个警报。

变压器内部压力的变化使传感波纹管偏转并在此充满硅油的密封系统中反映到控制波纹管。在一个控制波纹管的界面处有一小针孔,其有效截面受双金属片随温度变化的影响而变化,产生两个控制波纹管的微小偏移。当两个控制波纹管再次达到平衡时,电气开关自动重定置。

10.2.15　主变压器冷却系统

1.冷却方式

主变冷却方式为强迫油循环水冷(ODWF),变压器油从油箱顶部流经冷却器回到箱体底部。冷却回路见图 10-14。

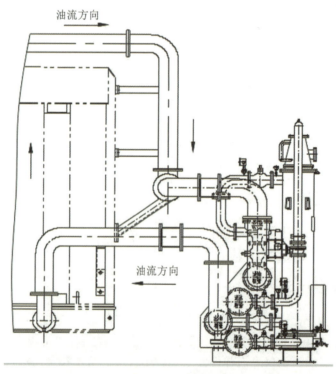

图 10-14　主变冷却回路

2.主变冷却器组成

水冷却器数量为 4 个,尺寸为 3640mm×1750mm×3660mm,重量(无油)为 9022.8kg。采用 4 组

YSPG3-400型水冷却器。冷却器为直通式、双重管排沙型,能自动排除杂物(直径5mm以下的长纤维及板块等杂质),如图10-15所示。

图10-15　主变冷却器

3.冷却器运行状态

主变冷却器有工作、辅助、备用、停止四种运行状态。

(1)工作状态:当主变空载时被自动投入运行,主变停运后(延时30min)自动退出运行。

(2)辅助状态:依据主变油面温度、主变绕组温度、主变负荷情况自动投退。

(3)备用状态:工作冷却器或辅助冷却器出现故障时自动投入。

(4)停止状态:冷却器处于不可用状态。

PLC根据各冷却器的累计工作时间由短到长自动排列优先工作顺序,并依次设置为工作、辅助、备用状态,在运行一周(168h)后自动轮换。各冷却器之间分步起动,间隔时间为30s。

PLC检测到主变停运后延时30min退出全部冷却器,并在冷却器退出后延时5min拉开冷却器电源。

4.冷却器控制柜各功能把手

冷却器控制柜各功能把手位置见表10-3。

表10-3　冷却器控制柜各功能把手位置

把手编号	把手名称	位置
SAM1	交流动力电源选择把手	Ⅰ电源、停止、Ⅱ电源
SAM2	冷却器全停保护投退把手	停止、工作
SAM3	通风加热控制把手	停止、工作
SAM4	控制方式选择把手	本地、停止、远方
SA1~SA4	♯1~♯4冷却器控制方式选择把手	手动、停止、自动

(1)交流动力电源选择把手SAM1,有"Ⅰ电源""停止""Ⅱ电源"三个位置。SAM1置"Ⅰ电源"位置时:动力电源取自＊P2H5。SAM1置"停止"位置时:动力电源切除,＊P2H5、＊P7H6电源均停用。SAM1置"Ⅱ电源"位置时:动力电源取＊P7H6。

(2)冷却器全停保护投退把手SAM2,有"停止""工作"两个位置。SAM2置"工作"位置时:①冷却器全停时间超过20min且上层油温(BT1)大于75℃时保护动作出口;②冷却器全停时间超过60min保护动作出口。保护动作后果为:同一扩大单元的两台主变高、低压侧开关跳闸,相应机组电气事故停机。SAM2置"停止"位置时:主变冷却器全停保护不能动作出口,但可以发信号至现地控制柜和监控系统。

(3)通风加热控制把手SAM3,有"停止""工作"两个位置。SAM3置"停止"位置时:控制柜通风和湿度加热器停止运行。SAM3置"工作"位置时:控制柜通风和湿度加热器由PLC控制自动运行。

(4)控制方式选择把手SAM4,有"本地""停止""远方"三个位置。SAM4置"本地"位置时:冷却器在现地由PLC自动控制启停或手动控制启停。SAM4置"停止"位置时:冷却器全部退出运行。SAM4置"远方"

位置时:冷却器由 PLC 自动控制启停或者由监控系统发令进行启停。

(5)#1~#4 冷却器控制方式选择把手 SA1~SA4,有"手动""停止""自动"三个位置。SA*置"手动"位置时:该冷却器在现地手动控制启停。SA*置"停止"位置时:该冷却器退出运行。SA*置"自动"位置时:该冷却器由 PLC 自动控制启停或者由监控系统发令进行启停。

5. 冷却器自动启停逻辑

四台主变冷却器运行时,一台处于工作状态,两台处于辅助状态,一台处于备用状态。

当主变空载运行时,自动投入"工作"冷却器,并向冷却器控制柜和监控系统发出运行信号。

当主变油面温度达到 50℃,或绕组温度达到 75℃,或主变负荷达到 60% 额定负荷时,自动投入第一台"辅助"冷却器,信号消失后延时 10min 停止冷却器,并向冷却器控制柜和监控系统发出运行信号。

当主变油面温度达到 55℃,或绕组温度达到 80℃,或主变负荷达到 80% 额定负荷时,自动投入第二台"辅助"冷却器,信号消失后延时 10min 停止冷却器,并向冷却器控制柜和监控系统发出运行信号。

当"工作"冷却器或"辅助"冷却器出现故障时,"备用"冷却器自动投入运行,并向冷却器控制柜和监控系统发出运行信号。

当变压器高、低压侧都断开后,若高温起动信号(油面温度高于 50℃、绕组温度高于 75℃)消失,延时 30min 停止所有冷却器。因冷却器高温起动信号断电保持 10min,所以冷却器将在高温信号消失 40min 后停止运行。

当冷却器全停时,将执行冷却器全停延时 60min 油温高跳闸停机;当绕组温度达到 75℃ 时,将执行冷却器全停延时 20min 油温高跳闸。跳闸逻辑见图 10-16。

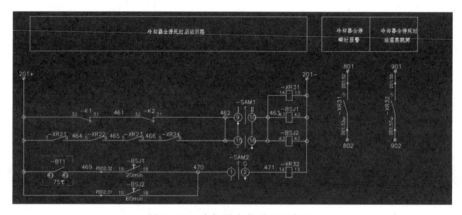

图 10-16 冷却器全停跳闸逻辑图

6. 冷却水系统运行方式

主变负载态时冷却水系统运行方式:水源来自相应机组的尾水管,经技术供水泵加压后送至主变冷却器,最终排至相应机组的尾水管。

主变空载态时冷却水系统运行方式:水源来自低压供水总管,经空载加压泵加压后送至主变冷却器,最终排至相应机组的尾水管。

主变空载态且空载加压泵故障时冷却水系统运行方式:水源来自低压供水总管,经电磁阀自流至主变冷却器,最终排至集水井。

10.2.16 油在线监测系统

油中溶解气体在线监测装置是通过在线分析变压器油中溶解气体的浓度,利用故障诊断模型,提前发现变压器的潜在问题,确保变压器设备可靠运行。

呼和浩特抽水蓄能电站现安装 6 套变压器油在线监测装置,分别监测 4 台主变压器、SFC 输入变压器和 SFC 输出变压器油中溶解气体的浓度,变压器绝缘油性能参数如表 10-4 所示。

表10-4 变压器绝缘油性能参数表

序号	性能名称	条件	参数
1	产地		新疆克拉玛依
1	牌号		新疆克拉玛依45
2	外观		清澈透明,无悬浮物和机械杂质
2	密度	20℃时	895kg/m³
3	运动黏度	20℃时	17mm²/s
3	运动黏度	40℃时	11mm²/s
3	运动黏度	−30℃时	1800mm²/s
4	凝点		≤−45℃
5	闪点		≥135℃
6	酸值		≤0.03mgKOH/g
7	腐蚀性硫		非腐蚀性
8	抗氧化安定性	28天/110℃	
9	氧化后沉淀物		≤0.05%
10	氧化后酸值		≤0.2mgKOH/g
11	水溶性酸或碱		无
12	击穿电压(处理后)		≥60kV
13	介质损耗因数	90℃时	0.005
14	界面张力		≥38mN/m
15	水分		报告
16	析气性		≤+5μL/min
17	抗氧化添加剂名称及化学符号		/
18	变压器储油柜型式		胶囊式

6套装置中每套装置包含1个光声光谱测量单元模块、1套脱气模块、6块核心控制板等部件,6套设备数据汇集于上位机,主站与从站均可查看数据。变压器油在线监测装置的主要作用为监测变压器油中溶解气体的含量,当气体含量超限时报警,便于及时发现变压器不正常运行状态并及时处理。油在线监测装置设备参数见表10-5。

表10-5 油在线监测装置设备参数表

序号	名称	参数
1	光声光谱测量单元模块	1.可同时测量C_2H_2,C_2H_4,C_2H_6,CH_4,CO,CO_2,H_2O,H_2的物质浓度。 2.气体测量范围至少包含: C_2H_2:0.5~50000ppm;C_2H_4:0.5~50000ppm。 C_2H_6:0.5~50000ppm;CH_4:0.5~50000ppm。 CO:1~50000ppm;CO_2:2~50000ppm。 H_2:2~5000ppm;微水:5ppm以上 精度:±30%
2	脱气模块	1.单次用油量<100mL; 2.脱气时间≤10min; 3.脱气重复性<3%

续表

序号	名称	参数
3	核心控制板	1. 自主开发可控程序； 2. 控制 I/O>10 路； 3. 装置自身运行情况监视功能； 4. 带设备运行状况指示接口
4	电磁阀	寿命>2000 万次； 响应时间<10ms
5	油管接头	316 不锈钢，卡套接头
6	通信模块	上位机与下位机使用 RS485 通信

呼蓄电站采用的 TROM-800 油中溶解气体在线监测装置是集控制、测量分析技术于一体的精密分析设备。整个系统分为油气分离、气体检测、数据处理、远程传输控制四大部分。TROM-800 设备可以测量反映变压器故障信息的七种特征气体——氢气（H_2）、一氧化碳（CO）、二氧化碳（CO_2）、甲烷（CH_4）、乙烷（C_2H_6）、乙烯（C_2H_4）、乙炔（C_2H_2）和微水（H_2O）的监测。

TROM-800 油中溶解气体在线监测装置的工作原理：系统首先进行充分的油循环，保证所取分析的油样能反映变压器内部的真实油样；变压器中油样通过充分的循环后再获取少量油样，进入油气分离装置，由真空装置抽取真空将特征气体与被检测油样分离，被分离后的特征气体被送入气体检测模块进行气体含量分析。在气体检测模块，气体浓度值被转换成电压信号，此电压信号通过高精度 A/D 转换器转换成数字信号，经过一系列分析处理后得出气体浓度值。检测结果通过 RS485 通信线上传到后台控制系统进行储存和显示。基本工作原理图见图 10-17。

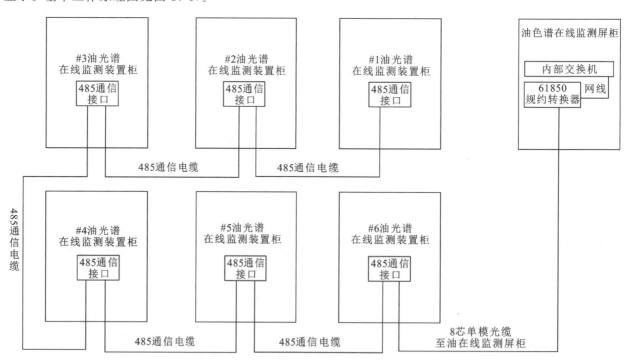

图 10-17　基本工作原理图

目前出油管、回油管已布置于变压器中下方，现地 6 套变压器油在线监测装置通过 RS485 通信至变压器油在线监测装置上位机，通信网络图见图 10-18。上位机通过 RS485 通信至监控系统。

TROM-800 油中溶解气体在线监测装置配套提供监控后台软件给用户使用。监控软件通过对 TROM-800 油中溶解气体在线监测装置上传的数据进行分析，以趋势图、谱图、报表等形式展现。主要功能如下。

（1）数据记录和保存：记录周期采样数据，数据保存时限超过 10 年。

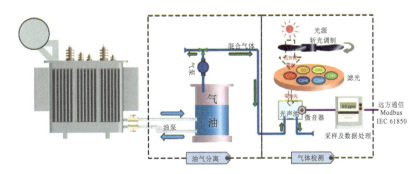

图 10-18　通信网络图

(2) 数据诊断：对当前采样数据进行分析并提供初步的诊断；通信监测能够实时显示通信状态，当通信异常时及时进行提醒显示；能实时将数据传输至站内监控系统。

(3) 通信监测能够实时显示通信状态，当通信异常时及时进行提醒显示。

(4) 设备控制对选定的油中溶解气体在线监测装置进行基本参数设置，其中包括设备地址、检测周期。

(5) 检测周期：0.2～24 小时（用户可自行设定）。最短周期可以设置为 20 分钟。所有报警设置均可通过 PC 机软件进行本地或者远程设定。用户可按故障气体含量、总溶解可燃气体及产气率等指标进行报警设定。

(6) 在线设备在正常运行状态（不包括设备第一次运行时的状态）时，油气平衡时间应不大于 2 小时。

(7) 有断电自动恢复能力，且存储数据不丢失。

10.2.17　主变保护

(1) 主变高压侧过流保护：作为主变空载时的后备保护，在机组并网后闭锁。由于保护整定值较低，在对主变冲击合闸的过程中，为防止激磁涌流导致该保护动作，合闸前将保护功能连片退出，主变空载运行正常后再投入。

(2) 零序过流保护：作为主变高压侧引出线、母线及 500kV 线路接地故障的后备保护。由于主变为高压侧直接接地，在高压侧绕组、出线以及 500kV 母线、线路发生接地故障时，在变压器中性点接地线上有零序电流流过。零序电流取自变压器中性点接地线上 CT，装设零序过流保护在上述故障时动作。

(3) 主变低压侧接地保护：作为主变低压侧电气一次回路接地故障主保护，保护原理同机组 95% 定子接地保护，电压量取自主变低压侧 PT 二次开口三角形侧。保护范围主要为主变低压侧绕组及其引出线，在机组并网运行时，保护范围将扩大至单元机组，作为机组接地故障后备保护，此时与机组接地故障保护是通过延时来配合的。注意：在更换主变低压侧 PT 保险时，应注意做到将主变电压型的保护全部退出，尤其是主变低压侧接地保护。

(4) 主变瓦斯保护：用于反应主变本体内部轻微或严重故障，瓦斯继电器安装于主变本体顶部，具有两对（旋转式）触点元件，其中一对为轻瓦斯报警，另一对为重瓦斯跳闸。同时在主变本体严重漏油时，该瓦斯保护也将首先发生报警，然后出口跳闸。

(5) 主变压力释放保护：在发生主变内部故障情况下，为了保护本体油箱而设置了压力继电器和压力释放装置，压力继电器检测主变箱体压力超限后动作，发出信号；压力释放装置的作用相当于防爆泄压阀。

(6) 纵联差动保护：小差动保护（87T-B）的范围为主变本体；大差动保护（87T-A）的范围除主变本体外，还包括机组换相刀闸、机组开关、电气制动开关、厂变分支设备（#2、#4 主变）、SFC 输入分支设备（#1、#3 主变），其主变低压侧 CT 与机组差动保护 CT 交叉布置以消除保护动作死区，并利用保护软件实现 CT 电流输入换相功能，消除机组换相闸刀合于不同相位对差动保护的影响。由于大差动保护（87T-A）的范围包括换相刀闸，随着机组工况的转变，流入保护 CT 的电流也将换相。为防止保护误动，呼蓄电站保护装置利用换相刀闸位置节点信号，将此开关量信号送至 F12（7UT635 装置）中，通过门电路实现 IM2、IM3 之间的转换，从而实现保护的换相。

(7) 主变低压闭锁过流保护：主变装设两套低电压过流保护，在利用 SFC 抽水方向起动机组过程或系统给厂变倒送电情况下,作为主变的后备保护,同时在发电机断路器断开时,作为主变低压侧相间短路的后备保护。电流信号取自主变高压侧 CT,电压信号取自主变低压侧 PT。

(8)主变过激磁保护:变压器过激磁运行会使铁芯饱和,漏磁通增大,励磁电流急剧增加,励磁电流波形发生畸变,产生高次谐波,造成主变内部损耗增大,铁芯温度升高,并使主变局部过热,严重时会造成铁芯变形以及介质绝缘损坏。保护原理与发电机过激磁保护完全相同。

(9)主变瓦斯保护:用于反应主变本体内部轻微或严重故障,瓦斯继电器安装于主变本体顶部,具有两对(旋转式)触点元件,其中一对为轻瓦斯报警,另一对为重瓦斯跳闸。

(10)主变压力释放保护:在发生主变内部故障情况下,为了保护本体油箱而设置了压力释放装置,其作用相当于防爆泄压阀,动作后出口跳闸。

(11)主变温度保护:主变运行温度过高将直接影响主变绕组和绝缘油的绝缘性能,故设置主变绕组温度高保护和主变油温高保护。主变绕组温度高保护和主变油温高保护均出口跳闸。

(12)主变冷却系统故障:为防止主变在负载运行时,主变冷却系统全停而设置此套保护,该保护由主变 PLC 判断并经中间继电器 K807 接入主变非电量保护矩阵。

第11章

500kV 系统

11.1 500kV 系统概述

500kV 系统主要由地下 500kV GIS、500kV GIL 和 500kV 出线场等设备组成，并以一回 500kV 输电线路与武川 500kV 变电站相连，规程中导线为 $4×350/25mm^2$ 截面的碳纤维复合芯铝合金耐热导线。整个送出线路长度约 23km。

呼蓄电站 4 台机组布置在地下主厂房，4 台主变压器布置在地下主变洞，机组和主变压器连接的离相封闭母线及配套设备布置在母线洞内。500kV GIS 指 SF6 气体绝缘金属封闭组合开关电器，指从主变高压侧油/SF6 套管至 500kV GIS/500kV GIL 连接法兰（法兰位于蓄武线出线 5051-117 与 5051-67 中间）之间的所有 500kV 电气设备。500kV GIL 指 SF6 气体绝缘金属封闭输电线路，指从与 500kV GIS/500kV GIL 连接法兰至蓄武线出线电流互感器气室之间的所有 500kV 电气设备。出线场设备指蓄武线线路与 500kV GIL 之间的电气设备。主变通过油/SF6 套管与 500kV GIS 连接。500kV GIS 通过隔室连接法兰与 500kV GIL 连接，500kV GIL 通过 SF6/空气套管与线路连接。

ZF8A-550 型 GIS 是 550kV(GIS) 气体绝缘金属封闭开关设备，该产品采用 SF6 气体作为灭弧和绝缘介质，主要由断路器（CB，配备液压机构）、隔离开关（DS，配备电动机构）、检修用接地开关（ES，配备电动机构）、电流互感器（CT）、电压互感器（VT）、氧化锌避雷器（LA）、主母线（BUS）、分支母线、油气套管连接装置、SF6 监测系统、就地控制柜（LCP）等元件组成。

500kV GIL 主要包括 500kV 管道母线、隔离刀闸、检修接地刀闸、快速接地刀闸、SF6 气隔、电流互感器等设备。经主变洞管道层向下游方向引出，通过出线洞引至位于下水库左岸侧靠近进/出水口和拦河坝之间的 500kV 地面出线场，三根 500kV GIL 管道母线沿整个出线洞靠左侧布置，并呈上、中、下垂直方向排列。

500kV 出线场设备包括 SF6/空气套管、避雷器、电容式电压互感器和出线构架等。它安装在下水库左岸侧靠近进/出水口和拦河坝之间的地面上，地面高程为 1409.00m。

呼蓄电站 500kV 系统配置有以下保护：500kV 线路保护、500kV 线路 T 区短差保护、500kV 第一单元 T 区短差保护、500kV 第二单元 T 区短差动保护、500kV 开关失灵保护及自动重合闸装置。

11.1.1 作用

500kV 系统主接线采用 500kV 侧为 2 进 1 出"不完全单母线+跨条"的接线方式，节省了一些设备的经济投入，但可靠性相对有所下降。呼蓄电站装机容量 $120×10^4 kW$，以一回 500kV 输电线路与武川 500kV 变电站相连，整个送出线路长度约 23km。单回线路的容量能满足电站调峰和填谷的全部电力送入和输出，输电线路无交叉跨越、无穿越功率经过本电站。

11.1.2　工作原理

11.1.2.1　GIS 系统原理及结构

呼蓄电站 GIS 系统采用三角形接线方式,有 2 个间隔。其最大单元尺寸为 5.6m×1.63m×3.108m,重量约为 6.5t。

母线结构:三相分箱式结构。母线内的气体压力是 0.4MPa(20℃时表压),导体通过插入式触头相连接。

气室分隔:为安全运行及在必要时方便进行分解和维修等,将断路器、隔离开关、接地开关等元件按照工程实际布置,采用不通气盆式绝缘子进行气体分离,每个气室由 SF6 密度计监测其压力值。

11.1.2.2　GIL 系统原理及结构

GIL 作为一种新的电力线路架设方式,采用金属封闭的刚性结构,使用了管道密封绝缘,不易受恶劣环境因素的影响,同时,能够高效利用空间资源,实现高压、超高压、大容量电能直接进入都市区的地下变电所等负荷中心。

11.1.3　基本特点

11.1.3.1　GIS 系统基本特点

GIS 设施属于一种气体绝缘密封组合开关高压电气集合装置,这种装置的绝缘介质属于 SF6 气体,这种设备能够集断路器、隔离开关、接地开关、电压互感器、电流互感器、避雷器、母线、电缆终端、进出线套管等于一体,并封闭于金属壳内的断路器,呈现一种成套性的结构,克服了常规敞开式开关设备的许多限制。和以往的电气设施相比较,GIS 设施具有以下特点。

1. GIS 成套设施的优点

(1)体积小。结构小型化,占地面积少,GIS 可以在人口稠密的地区、群山地带、地下厂房等地方建立,在有限的空间里 GIS 也可以安全可靠地运行。通常状况下,220kV GIS 成套装置只有一般设施体积的 40%,其中,110kV GIS 的装置面积只有一般设施的 50%,与以往的电气装置相比,GIS 装置能够节省很大的空间,降低资本的投入量。

(2)稳定性强。GIS 系统几乎不会受到周边环境的干扰,这种设施的绝缘气体属于 SF6,部件都密封在设施当中,如此就可以把设备元部件和外部环境较好地分隔开来,所以,不会受到烟雾和气体的干扰。另外,这种设施外壳能够较好屏蔽电场和外部辐射对内部零件的影响,能够有效提高设施的应用时间,同时不会受到噪声污染因素的阻碍。

(3)施工工期短。与以往的设施相比,GIS 设备内的零部件大部分是可以通用的,元件的组装任务在一般车间内就能够完成,另外,GIS 设施能够把元部件组装在一个运输系统当中,不用到施工场地进行操作,如此就能够较好降低施工人员的现场劳动量。

(4)安全程度高。GIS 设施的气体物质不会燃烧,防火水平良好,另外,SF6 气体的灭弧水平非常优越,能够大幅度提高系统运作的稳定性,检修压力较小。

2. GIS 成套设施的缺陷

(1)GIS 成套设施通常封闭在密封的金属箱中,这种设计虽然提高了设备的可靠性和安全性,但也给故障检测和定位带来了挑战。故障发生在密闭空间内,难以直接观察和排查,导致故障发现和定位的效率降低。

(2)GIS 成套设施中的元件结构非常紧凑,某个元件出现故障,极易导致相邻和其他元件出现问题,使得故障面扩大,逐渐恶化设施的稳定状态。

(3)GIS成套设施是由断路设备、隔离开关等在制造车间组装的,对运行人员而言,GIS的结构非常复杂,难以拆除,出现故障以后,缺陷的定位非常困难,同时检修要求的时间十分长。

11.1.3.2 GIL系统基本特点

GIL输电网络与传统高压输电线路相比,具有经济寿命长、传输损耗低等显著优点,同时线路敷设过程中具有良好的技术经济指标,是十分高效、安全的传输方式,GIL对环境电磁影响极小,壳外磁场对工作人员和其他设备产生的影响基本可忽略不计。

整体结构及连接方式:为制造和安装方便,GIL一般采用模块化设计,都做成基本制造单元,即角形单元、直线单元、隔离单元、伸缩接头,在施工现场组装或焊接成充气单元、可拆单元、套管单元、连接单元及弯头模块等。直线充气单元一般由若干个制造单元组成,导电杆常规采用插接方式,壳体一般水平安装时采用焊接方式,垂直安装时采用法兰连接方式。弯头模块用于线路转角处,可实现4°~90°范围内所有角度的连接。GIL的模块化设计很简洁,只有4种标准单元。隔离单元的作用为隔离气室与连接高压试验的设备对气体绝缘输电线路,以测检及微调。接头的作用主要为处理外壳加热。

实时监测系统:气体绝缘输电线路在运行中需要做好监测工作,监测对象包括温度、局部放电、微水、气压。监测一共有两种,一种是离线监测,另一种是在线监测。在离线方式下,能够从密度监控器表盘中监测温度、气压,观测气体的密度、温度和微水含量,并监测数据变化。对局部放电就可以使用内置超高频探头,能够符合周期性巡检以及试运行的标准。周期性巡查可以把运行中异常的设备及信号和专家系统放到一起做比较,可以准确掌握设备局部放电信号来源,使用光纤传输及时对数字传感器进行监测,还能分析SF6泄漏趋势并进行预警,对内部出现的燃弧进行定位。研究与智能电网气体绝缘输电线路相适应的监控系统是当前重要的发展趋势。

11.1.4 设备参数

500kV系统的基本结构主要分为三个部分:GIS系统设备、GIL系统设备及500kV出线场系统设备。

11.1.4.1 GIS系统设备

GIS系统设备正常运行时额定电压为550kV,额定频率为50Hz,系统中性点接地方式采用直接接地,短路电流为63kA。GIS系统设备通用技术参数见表11-1。

表11-1 GIS系统设备通用技术参数

序号	性能名称	参数	
1	额定电压	550kV	
2	相数	3相	
3	额定频率	50Hz	
4	联合单元回路	2000A	
5	一倍半接线及出线回路	3150A	
6	主母线和母线分段开关设备	4000A	
7	额定雷电冲击耐受电压(峰值)	相对地	1675kV
		断口间	1675kV+450kV
8	额定操作冲击耐受电压(峰值)	相对地	1175kV
		断口间	1175kV+450kV
9	1min工频耐受电压(有效值)	相对地	740kV
		断口间	740kV+318kV

续表

序号	性能名称	参数	
10	额定短时耐受电流、额定短路开断电流	63kA	
11	额定短路持续时间	3s	
12	额定峰值耐受电流	171kA	
13	无线电干扰电压	不大于 500μV	
14	SF6气体额定压力（20℃时表压）	断路器气室	0.5MPa
		其他元件气室	0.4MPa
15	SF6气体年泄漏率	不大于0.5%	
16	辅助回路和控制回路的额定电源电压	DC110V、DC220V	
17	辅助回路和控制回路短时工频耐受电压	2kV	

SF6额定充气压力见表11-2。

表11-2 SF6额定充气压力

气隔单元	额定压力	报警压力	闭锁压力
断路器	0.5	0.45	0.40
其他	0.40	0.35	—

SF6气体年泄漏率不大于0.5%，建议采用包扎法，使用灵敏度不低于1×10^{-6}（体积比）的检漏仪对各密封部位、管道接头等处进行检漏时，检漏仪不报警。维修与充气间隔时间不小于20年。

SF6气体含水量如下：

断路器：交接验收值≤150ppm；长期运行值≤300ppm。

其他气隔单元：交接验收值≤250ppm；长期运行值≤500ppm。

联锁条件：

(1)隔离开关与断路器、接地开关之间有电气联锁；

(2)接地开关与隔离开关、断路器之间有电气联锁；

(3)断路器有防跳的电气回路；

(4)禁止隔离开关在任何状态下断开或闭合负荷电流；

(5)禁止带电回路的接地开关合闸；

(6)接地开关处于合闸状态时，有锁定措施，以防隔离开关随同接地点合闸；

(7)与断路器有关的接地开关处在合闸状态时禁止该断路器合闸。

外壳温升（最高环境温度时）：运行人员易触及部位—30K，运行人员易触及但是操作时不触及部位—40K，运行人员不易触及部位—65K。

注：对温升超过40K的部位做出明显高温标记，以防止运行人员触及，并保证不损害周围的绝缘材料或密封材料。

免修周期为15年。材料：外壳为铝合金；触头为铜镀银。

11.1.4.2 GIL系统设备

GIL系统设备通用技术参数见表11-3。

表 11-3 GIL 系统设备通用技术参数

序号	性能名称	单位	参数
1	型式	/	户内,单相,三相联动,SF6 气体绝缘
2	型号	/	ELK-T.3
3	制造厂/产地	/	瑞士 ABB(M1 级)
4	额定电压	kV	550
5	额定频率	Hz	50
6	额定电流	A	4000
7	额定短时耐受电流	kA	63
8	短时耐受时间	s	3
9	额定峰值耐受电流	kA	171
10	额定绝缘水平		
10.1	工频耐受电压(1min,有效值)	kV	740
10.2	操作冲击耐受电压(250/2500μs,峰值))	kV	1300
10.3	雷电冲击耐受电压(1.2~8/50μs,峰值)	kV	1675
11	开合小电流能力		
11.1	开合电容电流的能力	A	1
11.2	开合电感电流的能力	A	0.5
12	燃弧时间(开断电容电流)		
12.1	所能开断母线的长度(开合母线电流能力)	m	1600A/400V/100 times(不依赖于长度)
12.2	分闸时间	s	<1.9
12.3	合闸时间	s	<1.9
12.4	在不检修、不调整、不更换零部件、不拒动、不误动的情况下,三相机械稳定性操作次数不少于	次	5000

11.1.4.3 500kV 出线场设备

500kV 出线场设备通用技术参数见表 11-4。

表 11-4 500kV 出线场设备通用技术参数

序号	性能名称	参数
1	500kV 线路避雷	
1.1	型号/材料	YH20W5-444/1106W
1.2	额定电压	444kV
1.3	最大连续运行电压	≥324kV
1.4	标称放电电流	20kA
1.5	操作冲击电流为 30/100ms 时的最高放电电压	1kA<900kV 2kA<907kV 3kA<930kV
1.6	短时大电流耐受能力(4/10μs 2 脉冲)	100kA
1.7	长期小电流冲击耐受能力(直角波 2000μs 20 脉冲)	2000A
1.8	输电线路放电等级(按 IEC)	5 级

续表

序号	性能名称	参数
1.9	瓷绝缘外表面爬电距离	13750mm
1.10	瓷绝缘爬电系数	3.62
1.11	无线电干扰电压(在1.05倍持续运行电压下)	不大于500μV
1.12	局部放电量(在1.05倍持续运行电压下)	PC
2	线路电压互感器	
2.1	制造厂及产品代号	TYD500/-0.005H
2.2	适用标准	GB/IEC
2.3	型式	单相、户外、叠装式
2.4	绝缘介质	SF6气体
2.5	额定频率	50Hz
2.6	额定一次侧电压	$500/\sqrt{3}$kV
2.7	额定二次侧电压	$0.1/\sqrt{3}$kV
2.8	负载功率因数 $\cos j$	0.8
2.9	局部放电量	<10PC
2.10	电压互感器重量	2220kg
2.11	SF6气体	油浸式

11.2 设备组成及原理

500kV GIS设备为西安西电开关电气有限公司生产的ZF8A-550型户内500kV GIS设备。该500kV GIS设备为全金属壳封闭式,内充SF6作为绝缘和灭弧介质,由开关、隔离刀闸、接地刀闸、SF6套管、母线、电压互感器、电流互感器、避雷器等元件组成。

500kV GIS用隔离盆式绝缘子将罐体分成一些独立的气体隔室,每个隔室内的导线用支撑盆式绝缘子支撑,其盆上有2个腰形通孔,SF6气体可通过通孔流动。其中:每个开关、电压互感器分别为一个独立隔室。电流互感器与其相邻的隔离刀闸共用一个隔室。开关气室防爆膜安装于电压互感器、避雷器中。每个隔室内装有SF6密度继电器,用于监视隔室内SF6的压力。装有SF6压力指示装置,压力正常时,指针指向绿色区域。压力低报警时,指针指向黄色区域。压力闭锁时,指针指向红色区域。500kV GIS共设有2组开关,型号为LW13A-550,每组开关由三个单极组成,每极为双断口串联结构,断口间有并联均压电容,开关的操作机构采用HMB-8.3型液压操作机构。500kV GIS共设有11组隔离刀闸,型号为GWG6A-550。500kV GIS共设有13组检修接地刀闸,型号为JWG6A-550/J63。每组隔离刀闸及检修接地刀闸配置一台CJG6型电动机操作机构,通过连接机构实现三相隔离刀闸的机械联动。

500kV GIL设备由三支SF6/空气套管母线、一组刀闸、一组检修接地刀闸、一组快速接地刀闸、电流互感器及其附属设备组成。隔离刀闸、检修接地刀闸、快速接地刀闸均由瑞士ABB公司生产,刀闸型号为ELK-T.3,通过连接机构实现三相机械联动。

500kV系统设有4组避雷器,分别布置在蓄武线线路(1组),一、二单元进线(各1组,共2组)和母线(1组)上,型号为Y20W-440/1065W1,其避雷器配置压力释放装置和放电计数器。500kV系统共设有4组电压互感器,分别安装在蓄武线线路(1组),一、二单元进线(各1组,共2组)和母线(1组)上。

11.2.1 断路器(CB)

LW13A-550气体绝缘金属封闭开关设备用断路器每极为双断口结构,每台产品由三个单极组成,每个单极包括灭弧室、绝缘拉杆、传动部分、操动机构和罐体等组成。产品每极配用液压碟簧操动机构,可单极操作,也可三极电气联动。GIS开关结构原理如图 11-1 所示。

1. 灭弧室主要组成部件

灭弧室主要由连接机构装配、电容器装配、压气缸装配、合闸电阻装配、触头装配和吸附剂装配等组成。

LW13A-550 气体绝缘金属封闭开关设备用断路器在灭弧室中充有 0.50MPa 具备优良的灭弧性能和绝缘性能的 SF6 气体。在断路器分闸开断时,依靠气缸和活塞之间的压气作用所产生的高压气流熄灭电弧,灭弧室结构原理图见图 11-2。

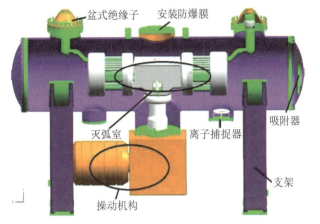

图 11-1 GIS 开关结构原理图

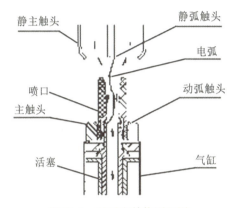

图 11-2 灭弧室结构原理图

2. 液压碟簧操动机构

液压碟簧操动机构以液体为介质进行液压传动以实现高压开关的分闸动作和合闸动作。液压传动系统中的动力设备——液压泵(油泵),将原动机的机械能转化为液体的压力能,然后通过管路及控制元件,借助执行元件——工作缸,通过断路器的绝缘拉杆将液体压力能转化为动能,驱动灭弧室的动触头进行分合闸操作。

断路器操动机构为 CYA4 系列操动机构,由 HMB-8.3 液压弹簧机芯、辅助开关、连杆箱、加热器等部件构成。液压弹簧操动机构见图 11-3。

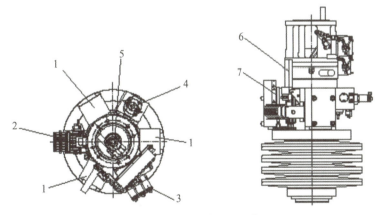

图 11-3 液压弹簧操动机构
1—贮能模块;2—监测模块;3—控制模块;4—打压模块;5—工作模块 6—泄压阀操作手柄;7—弹簧贮能位置指示器

液压弹簧操动机构基本上由五个功能模块组成:

(1)贮能模块,如图 11-3 中序号 1 所示,由三组相同的贮能活塞、工作缸、支撑环和八片碟簧组成。

(2)监测模块,如图 11-3 中序号 2 所示,主要由齿轮转动时带动的限位开关、齿轮、齿条构成的贮能弹簧位置指示器及泄压阀组成。

(3)控制模块,如图 11-3 中序号 3 所示,包括 1 个合闸电磁铁,2 个分闸电磁铁,换向阀和调整分、合闸速度的可调节流螺栓。

(4)打压模块,如图11-3中序号4所示,主要由贮能电机、变速齿轮、柱塞油泵、排油阀和位于低压油箱的油位指示器组成。

(5)工作模块,如图11-3中序号5所示,主要由两端带有阶梯缓冲的活塞杆和工作缸组成,其工作缸还是固定其他功能元件的基座。

3. 液压碟簧操动机构的工作原理

(1)贮能(见图11-3(a))。当贮能电机接通时,油泵将低压油箱的油压入高压油腔,三组相同结构的贮能活塞在液压的作用下,向下压缩碟簧而贮能。

(2)合闸操作(见图11-3(b))。当合闸电磁阀线圈带电时,合闸电磁阀动作,高压油进入换向阀的上部,在差动力的作用下,换向阀芯向下运动,切断了工作活塞下部原来与低压油箱连通的油路,而与储能活塞上部的高压油路接通。这样,工作活塞在差动力的作用下,快速向上运动,带动断路器合闸。

(3)分闸操作(见图11-3(c))。当分闸电磁阀线圈带电时,分闸电磁阀动作,换向阀上部的高油压腔与低压油箱导通而失压,换向阀芯立即向上运动,切断了原来与工作活塞下部相连通的高压油路,而使工作活塞下部与低压油箱连通而失压。工作活塞在上部高压油的作用下,迅速向下运动,带动断路器分闸。

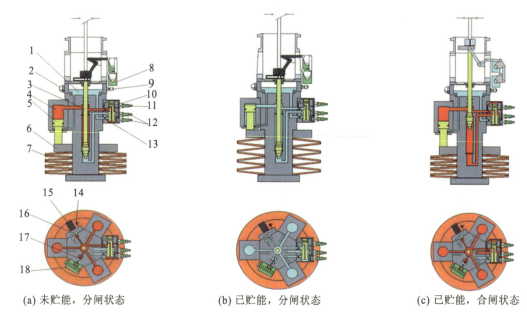

(a) 未贮能,分闸状态　　　　(b) 已贮能,分闸状态　　　　(c) 已贮能,合闸状态

图11-4　液压弹簧操动机构工作原理图

1—低压油箱;2—油位指示器;3—工作活塞杆;4—高压油腔;5—贮能活塞;6—支撑环;7—碟簧;8—辅助开关;9—注油孔;
10—合闸节流阀;11—合闸电磁阀;12—分闸电磁阀;13—分闸节流阀;14—排油阀;
15—贮能电机;16—柱塞油泵;17—泄压阀;18—行程开关

4. 机械防慢分结构

图11-5(a)为机械防慢机构正常工作状态,图11-5(b)为失压状态。断路器处于合闸位置时,一旦机构液压系统出现失压故障,支撑环5受到弹簧力的作用,向上运动h_2,推动连杆3,连杆3带动拐臂1顺时针转动h_3,支撑住向下慢分的活塞杆,使断路器始终保持在合闸位置。待机构的故障排除后重新贮能,在贮能活塞的作用下,支撑环5向下运动压缩碟簧,连杆3在复位弹簧力的作用下,带动拐臂1逆时针转动,脱离活塞杆,机构又恢复正常工作状态。

5. 断路器主要参数

断路器主要参数见表11-5。

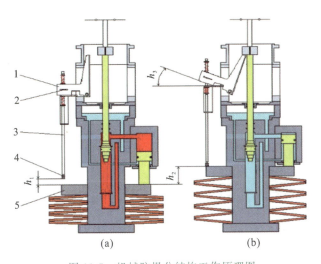

图 11-5 机械防慢分结构工作原理图
1—拐臂；2—弹性开口销；3—连杆；4—调整螺栓；5—支撑环

表 11-5 断路器主要参数

项目	参数
型式	SF6 断路器
断路器型号	LW13A-550
每相断口数	2
额定电压	550kV
额定电流	4000A
额定短路开断电流	63kA(有效值)
额定短时耐受电流	63kA/3s(有效值)
额定峰值耐受电流(峰值)	171kA
额定雷电冲击耐受电压(峰值)	相对地为 1550kV，断口为 550kV+315kV
额定 1min 工频耐受电压(有效值)	相对地为 680kV，断口间为 680kV+318kV
开断时间	≤40ms
合闸时间	50100ms
分闸时间	12～30ms
相间最大不同期时间(3 相)	合闸：≤3ms；分闸：≤5ms
合-分时间(额定标准条件下)	30～50ms
额定操作循环	O-0.3S-CO-180s-CO
壳体材料	铝合金

开合能力：首相开断系数为 1.3。操作方式：分相操作，具备三相联动及非全相保护功能。

为了确保断路器具有所需要的开断能力，断路器液压操动机构中的控制回路设有两种闭锁装置，一种是 SF6 气体低气压闭锁，另一种是低油压操作闭锁。前一种由 SF6 气体密度计实现，而后一种则通过固定在机芯上的限位开关实现。固定在支撑环上的齿条，随贮能弹簧运动，转动与其啮合的齿轮，与齿轮同轴的凸轮带动限位开关，转换限位开关接点的通断状态。

11.2.2 GIS 隔离开关(DS)

GWG6A-550 隔离开关是组成 550kV 气体绝缘金属封闭开关设备(GIS)的主要元件。隔离开关为需要安全绝缘的部件提供足够的绝缘距离,用于运行电压为 550kV 的电力系统中,作为变电站和输电线路控制、保护用设备。隔离开关有两种形式:一种为直线型(GL-DS),见图 11-6(a);一种为直角型(GR-DS),见图 11-6(b)。两者的基本参数相同。

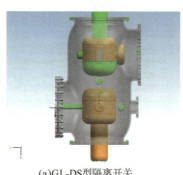
(a)GL-DS型隔离开关

(b)GR-DS型隔离开关

图 11-6 隔离开关

1. 直线型隔离开关(GL-DS)工作原理

如图 11-7 所示,操动机构的输出轴与直线型隔离开关的操作轴 4 连接,通过连接件 3、绝缘轴 2、传动系统 10,把操动机构的旋转运动转变成动触头 9 的直线运动,实现隔离开关的合、分操作,同时操动机构与连接机构连接,通过换向器实现隔离开关三相联动。合闸时,隔离开关的静触头、动触头和中间触头连通;分闸时,隔离开关的静触头和动触头间形成隔离断口。

2. 直角型隔离开关(GR-DS)工作原理

如图 11-8 所示,操动机构的输出轴与隔离开关的操作轴 2 连接,通过连接件 1、绝缘轴 3、传动系统 4,把操动机构的旋转运动转变成动触头 8 的直线运动,实现隔离开关的合、分操作,同时操动机构与连接机构连接,通过换向器实现隔离开关三相联动。合闸时,隔离开关的静触头、动触头和中间触头连通;分闸时,隔离开关的静触头和动触头间形成隔离断口。

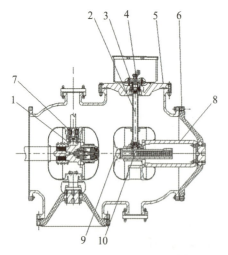

图 11-7 GL-DS 型隔离开关工作原理图
1—隔离开关静触头;2—绝缘轴;3—连接件;
4—操作轴;5—端盖板;6—盆式绝缘子;
7—接地开关静触头;8—隔离开关动侧;
9—动触头;10—传动系统

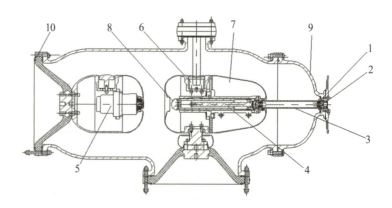

图 11-8 GR-DS 型隔离开关工作原理图
1—连接件;2—操作轴;3—绝缘轴;4—传动系统;
5—隔离开关静触头;6—接地开关静触头;7—隔离开关动侧;8—动触头;
9—端盖板;10—盆式绝缘子

11.2.3 检修用接地开关(ES)

JWG6A-550型接地开关为分相式结构,配一台CJG6型电动机操动机构,通过连接机构实现三相接地开关的机械联动操动。

根据工作条件,有三种结构形式:装有绝缘法兰、不带绝缘法兰和母线用接地开关。结构不同,触头尺寸也不同。检修用接地开关见图11-9。

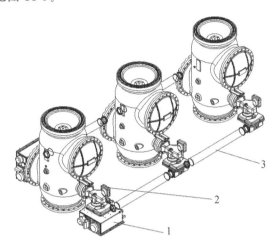

图 11-9 检修用接地开关
1—CJG6电动机操动机构;2—JWG6A-550接地开关;3—连杆机构

检修用接地开关的参数见表11-6。

表 11-6 检修用接地开关的参数

参数名称	参数值
额定电压	550kV
额定电流	5000A
额定频率	50Hz
额定短时耐受电流	63kA
额定峰值耐受电流	171kA
额定短路持续时间	3s
额定雷电冲击耐受电压	相对地1550kV;隔离断口1550kV+315kV
额定操作冲击耐受电压	相对地1175kV;隔离断口1050kV+450kV
额定短时工频耐受电压(1min)	相对地680kV;隔离断口680kV+318kV
额定SF6气体压力(20℃ 相对值)	0.40MPa
辅助回路和控制回路额定电源电压	200V DC
持续操作次数	≥5000

11.2.4 快速接地开关

JWG6A-550型快速接地开关为分相式结构,配一台CJG7型电动机弹簧操动机构。快速接地开关如图11-10所示。

操动机构90°的旋转运动,通过操作轴1、导向件2和回转板3带动触头直线运动。快速接地开关的位置指示器指示到合闸"I"位置或分闸"O"位置。拆去接地母线5,保证快速接地开关与接地系统绝缘。加在接地板6的电流通过接地开关壳体7、触头座8、动触头4到接地开关静触头。

快速接地刀闸采用直流弹簧操作机构,蓄武线路出线接地刀闸5051-617为快速接地刀闸。快速接地开关安装在发电厂、变电站等设备集中的地方。优点：①和隔离开关互锁，安全。隔离开关闭合时，快速接地开关不能合上；快速接地开关合上时，隔离开关不能合上。②快速：不需要地面连接接地、登高悬挂等各种操作，仅需使用操作杆，1～2秒钟就可以可靠合上。③可承受的遮断电流较大，具有一定灭弧能力。

11.2.5 隔离刀闸和地刀操作机构

隔离刀闸和地刀的操作机构机箱上均有一锁盖，内有自锁装置、手柄插入孔、手动操作挡板及其绿色释放按钮等元件。自锁装置锁具锁上时有两个位置，即"运行"位置和"检修"位置，处于"运行"位置时可以电动操作，处于"检修"位置时机构不能操作。

自锁装置锁具解除需要专用钥匙。手动操作时，可把锁具取下，按下绿色释放按钮，此时手动操作挡板落下，既可以插入摇把操作，也可以插入机械锁杆锁定。插入时现地柜上"手柄插入"指示灯点亮、电动机构的电气回路自动解除，此时不能电动操作。

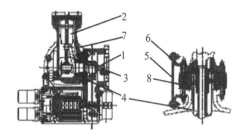

图 11-10 快速接地开关

1—操作轴；2—导向件；3—回转板；4—动触头；5—接地母线；
6—接地板；7—接地开关壳体；8—触头座

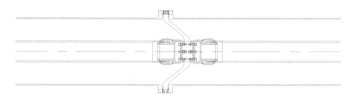

图 11-11 主母线

11.2.6 母线(BUS)

母线是 GIS 中汇总和分配电能的重要组成元件，一般按其所处的地位分为主母线和分支母线。550kV 气体绝缘金属封闭开关设备一般采用单相式结构。主母线见图 11-11。

母线的相关参数见表 11-7。

表 11-7 母线的相关参数

项目	参数
额定工作电压	550kV
型式	分相单相式
主母线额定电流	4000A
分支母线额定电流	4000A
壳体材料	铝合金

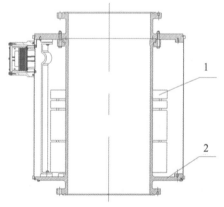

图 11-12 电流互感器示意图
1—线圈；2—外壳及其他

11.2.7 电流互感器(CT)

电流互感器采用整体浇注型式，如图 11-12 所示，线圈为外置式，SF6 绝缘，单相。线圈导线的排列应整齐、分布均匀、单层不得有叠压现象；绝缘层的包扎应平整、半叠均匀；接线端子的标志应位于其表面近旁，且应明显、清晰、正确；外表面应平整，无明显凹凸等缺陷。出线端子的标志如下：

(1)端子数＝变比个数(N)＋1（例如：300-600/5A 的线圈，其出线端子数为 S1、S2、S3；300-400-600/5A 的线圈，其出线端子数为 S1、S2、S3、S4）。工程如有特殊要求，需方应向供方提供端子数和变比。

(2) 大写字母 P1、P2 表示一次绕组的方向。

(3) 大写字母 S1,S2,…,Sn 表示二次绕组的出线端子出头。

极性标志:标有字母 P1、S1 的各出线端子,在同一瞬间具有同一极性(减极性)。

电流互感器参数见表 11-8。

表 11-8 电流互感器参数

项目	参数
型式	SF6 绝缘,单相
变比	2000/1A、2500/1A、1000/1A、500/1A
精确等级	0.5、0.2S、TPY、5P30
二次侧额定容量	10VA、20VA
TPY	额定负载,63kA 时,Kssc≥25,双循环,100ms
最高工作电压	550kV
额定短时耐受电流	63kA/3s(有效值)
额定雷电冲击耐受电压	1550kV(峰值)
操作冲击耐受电压	1175kV(峰值)
额定 1min 工频耐受电压	680kV(有效值)
二次绕组 1min 工频耐受电压	3kV(二次绕组对地及二次绕组之间)

11.2.8 电压互感器(PT)

互感器的一次绕组"A"端为全绝缘结构,另一端作为接地端和外壳相连。

一次绕组和二次绕组为同轴圆柱结构,一次绕组装有高压电极及中间电极,绕组两侧设有屏蔽板,使场强分布均匀。二次绕组接线端子安装在环氧接线盒内,盒壁有两个 φ16 电缆引线孔,供用户安装选用。接线盒装有通风孔,盒盖装有橡胶密封条,能有效防止受潮。互感器可以水平或垂直安装,运输途中绝缘子上装保护罩。互感器外壳备有吊钩、接地端子、充气阀门,外壳盖板上安装压力释放装置。电压互感器外形见图 11-13。

图 11-13 电压互感器外形图

电压互感器参数见表 11-9。

表 11-9　电压互感器参数

项目	参数
型式	电磁式,1 组 3 相
二次侧额定容量	50VA/50VA/100VA
精度	0.2/0.5/3P
最高工作电压	550kV
额定雷电冲击耐受电压	1675kV(峰值)
操作冲击耐受电压	1300kV(峰值)
额定 1min 工频耐受电压(有效值)	3kV(二次绕组对地及二次绕组之间)
局部放电量	≤5pC

11.2.9　就地控制柜(LCP)及二次回路

就地控制柜内装有内部照明灯及防潮设备,从柜前引入的电缆应用电缆管接头,电缆从柜下引入时要有防潮防虫措施,门密封良好,有防潮措施,密封胶垫,压力均匀,长期运行不变形,不易进潮、进水、腐蚀、锈蚀、起霉变化。门框及手柄转动灵活,保证强度。所有二次连接采用管道连接或其他密封措施。

就地控制柜上设一个切换开关,确定断路器的操作方式,具备"远方,就地"操作挡位。各挡位具体含义为:

远方位置:控制室,远动跳合闸(保护能跳合闸)。

就地位置:在 GIS 室就地操作开关(保护能跳合闸)。

端子排的位置及接线便于运行单位验收和维护,厂家内部接线相对固定,接线时应靠内侧,端子排外侧供用户外引线使用,控制柜内要有 15% 总用量的备用端子。每个接线端子的每侧接线宜为一根,不得超过二根,对于插接式端子,不同截面的二根导线不能接到同个端子上,需要短接的端子要用专用短接联片,对于螺栓连接端子,当接二根导线时,中间加平垫片。所有二次部分的控制,保护回路电缆应用 A 级阻燃屏蔽铠装电缆,并留有备用芯,所有芯线间的截面积按规定要求。

断路器、隔离开关、接地开关应有足够的辅助接点,各元件之间有可靠的联锁,防止误操作。隔离开关的操作电源、电动机电源及断路器的操作电源均采用直流电源,断路器的电动机电源采用交流电源,上述电源要相互独立,防止寄生回路,厂家负责完成 GIS 各间隔间电源环网全部设备(含电缆)的安装工作。环网电源端子能接不小于 16 平方毫米的电缆。如有信号重动继电器,重动电源应采用本间隔断路器的控制电源。

线路间隔的线路侧地刀有压或无压闭锁信号取自线路侧带电显示器的电压,线路无电压时告警接点输出信号,在线路间隔汇控柜内加装线路电压接线回路,包括 PT 二次分相式空气开关、击穿保险和电压继电器;主变间隔的主变侧地刀有压或无压闭锁需接入主变其他侧刀闸的辅助接点,并确保有足够端子供其他闭锁接点接入;母线公用气隔告警信号引入相同间隔内(如线路间隔),各间隔汇控柜二次图应保持一致,对于有母线公用气隔告警信号的间隔按实际需求排列端子,无母线公用气隔告警信号的间隔相关端子作为备用空端子处理,其他不一致情况按相同方法处理。

母线 PT 间隔有专用独立的就地控制柜,PT 二次空气开关采用分相式空气开关。控制柜以铜导线接地。

11.2.10　500kV 系统保护

500kV 系统保护设有 500kV 线路保护、500kV 线路 T 区短差保护、500kV 第一单元 T 区短差保护、500kV 第二单元 T 区短差保护、500kV 开关失灵保护及自动重合闸装置。

(1)500kV 开关均采用安装在现地汇控柜内开关本体三相不一致保护,保护动作瞬时跳开关三相,起动开关失灵保护,闭锁重合闸。

(2)500kV 线路配置两套全线速断主保护,线路保护含有两套光纤差动保护及过电压、远方跳闸保护,其中一套采用南瑞集团有限公司产品,一套采用北京四方继保自动化股份有限公司(简称北京四方)产品,均布置 GIS 层。

(3)线路一套保护具体配置为:北京四方 CSC-103A 光纤差动保护、CSC-125A 过电压及远方跳闸保护,均装设于 500kV 光差线路保护Ⅰ柜。线路二套保护具体配置为:南瑞继保产品 RCS-931AM 光纤差动保护、RCS-925A 过电压及远方跳闸保护,均装设于 500kV 光差线路保护Ⅱ柜。

(4)CSC-103A、RCS-931AM 光纤差动保护动作跳开 5011、5012 及线路对侧开关故障相,起动相应开关失灵保护及故障录波器。线路单相故障,则起动重合闸装置;线路相间故障,则闭锁重合闸装置并出口开关三跳。CSC-125A、RCS-925A 过电压及远方跳闸保护动作跳开 5011、5012 及线路对侧开关三相,起动故障录波器,闭锁重合闸装置。

(5)500kV 线路 T 区短差保护、500kV 第一单元 T 区短差保护、500kV 第二单元 T 区短差保护均由微机型三端短线差动继电器组成,为双重化设置,其跳闸出口分别作用于 500kV 开关的第一跳闸线圈和第二跳闸线圈。

(6)500kV 线路 T 区配置两套南瑞集团有限公司生产的 RCS-924A 短差保护,装设于 GIS 层的 500kV 线路 T 区短差Ⅰ套保护盘=L01+JC03 和 500kV 线路 T 区短差Ⅱ套保护盘=L01+JC04 中。

(7)500kV 第一单元 T 区配置两套南瑞集团有限公司生产的 RCS-924B 短差保护,装设于 GIS 层的 500kV 第一单元 T 区短差Ⅰ套保护盘=B01+JC01 和 500kV 第一单元 T 区短差Ⅱ套保护盘=B01+JC02 中。

(8)500kV 第二单元 T 区配置两套南瑞集团有限公司生产的 RCS-924B 短差保护,装设于 GIS 层的 500kV 第二单元 T 区短差Ⅰ套保护盘=B02+JC01 和 500kV 第二单元 T 区短差Ⅱ套保护盘=B02+JC02 中。

(9)5011、5012 开关各配置一套南瑞集团有限公司生产的 RCS-921G 开关保护,分别装设于 GIS 层的 5011 开关保护盘=B01+AJ01 和 5012 开关保护盘=B02+AJ01 中。

(10)500kV 系统保护动作均起动相应开关失灵保护,除线路保护外均不起动重合闸装置。

第 12 章 厂用电系统

12.1 厂用电系统概述

呼蓄电站厂用电母线有10kV、400V两个电压等级,10kV厂用电系统有四路电源:①蓄武线经主变2B及厂用变22B降压至10kV1M为第一路电源;②蓄武线经主变4B及厂用变24B降压至10kV3M为第二路电源;③中心变电站10kV负荷开关962DL至我厂10kV2M为第三路电源;④柴油发电机经厂用变123B升压至10kV2M为第四路电源。第一、二路电源为主用电源,第三路电源为备用电源,第四路电源为紧急备用电源。

柴油发电机组通过电缆接至位于通风洞口附近的升压箱式变电站后,送往电站地下厂房,接于10kV厂内高压母线(用电)2M,作为整个电站的保安备用电源,并作为机组黑起动电源。当全厂的厂用电突然中断时,柴油发电机组接收到计算机监控系统发出的"起动柴油发电机组"的开机信号,立即自动起动,并在起动完成后,自动将出口断路器合闸;当厂用电恢复供电,机组在收到计算机监控系统发出的"停止柴油发电机组"的停机信号后,将按设定的时间自动停机。停机后,机组立刻重新恢复至起动准备状态。

12.1.1 作用

呼蓄电站担负着蒙西电网系统的调峰、填谷、事故备用等多项任务,机组工况转换十分频繁,加之主厂房建于地下,各类负载分布特别分散,因此,对厂用电的可靠性及灵活性提出了很高的要求,特别是事故情况下防止水淹厂房和保障洞室内的照明尤为重要。

12.1.2 各电压等级介绍

(1)110kV(中心变电站外来电源):单母线分段,两台110kV/10kV变压器,两回进线,220kV可镇变电站专用110kV间隔为主用,220kV乌素至110kV鑫川T接为备用。

(2)18kV:配有两个电抗器,两个18kV小车式开关,两台18kV/10kV变压器,分别设置在♯2机、♯4机主变低压侧。

(3)10kV:10kV/400V降压变17个,400V/10kV升压变1个。采用单母线分段接线方式,设三段主母线,其中10kV的1M、3M为工作母线,2M为备用母线;正常运行时,工作母线1M、3M分段运行,备用母线2M由3M供电。另外,还有3个10kV供电点,每个供电点又设置了两段母线,4M、5M为下水库拦河坝供电点,6M、7M为下水库拦沙坝供电点,8M、9M为地面副厂房供电点。记忆口诀是先厂内后厂外,先上水库后下水库,先有河后有沙,最后回到副厂房。

(4)400V:共设有12个供电盘,分别为:♯1~♯4机组自用电供电盘1~4P,厂房公用供电盘51P,主变洞公用供电盘52P,工作及事故照明供电盘6P,保安专用供电盘7P,上水库供电盘8P,下水库拦河坝供电盘9P,下水库拦沙坝供电盘10P,地面副厂房供电盘11P。

(5)柴油发电机组包括柴油发动机、发动机电力系统、交流发电机、机组冷却系统、燃料箱等设备。柴油发电机组型号为 XG-1000GF,由江苏星光发电设备有限公司提供。

12.1.3 厂用电系统图

鉴于上述因素,呼蓄电站厂用电在设计上采用的是多电源,多电压等级,全自动切换方式。特别重要的负载采用多电源接入,如 10kV 和 0.4kV。厂用电 400V 采用两级降压供电方式,其中间电压等级为 10kV,即由机端电压 18kV 降至 10kV 再降为 0.4kV。呼蓄电站厂用电系统图见图 12-1。

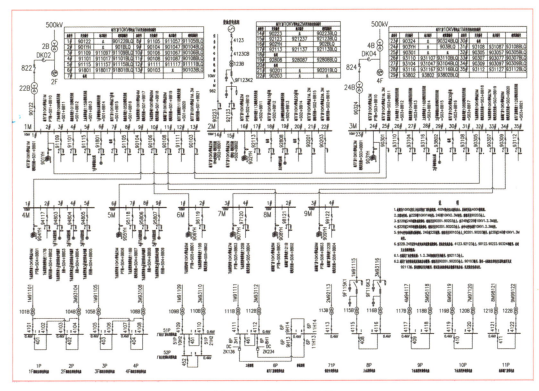

图 12-1 厂用电系统图 图 12-1 高清图

12.1.4 设备参数

呼蓄电站 0.4kV 低压开关柜的柜体采用经正式授权生产的 8PT 品牌产品;主要由 0.4kV 低压开关柜、低压动力箱、检修插座箱、照明配电箱内的设备和元件等组成,包括:框架断路器、塑壳断路器、微型断路器、电流互感器、热继电器、接触器以及其他二次控制、保护、测量仪表等辅助设备;柜内连接电缆;有备自投要求的开关柜内还应包括备自投装置及其正版编程软件。低压母线槽采用全封闭环氧树脂浇注式母线槽。各参数统计表见表 12-1。

表 12-1 0.4kV 低压开关柜及其附属设备各参数统计表

序号	项目	单位	数值
一	0.4kV 低压开关柜及其附属设备	/	/
1	机组自用电 0.4kV 低压开关柜(28 面)	/	/
1)	型号		SIVACON-8PT
2)	制造厂/产地		能事达/武汉
3)	额定电压	V	400
4)	额定绝缘电压	V	690
5)	额定频率	Hz	50
6)	额定 1min 工频耐受电压	kV	3

续表

序号	项目	单位	数值
7)	额定短时耐受电流	kA/s	50
8)	额定峰值耐受电流	kA	110
9)	开关柜主母线额定电流	A	1250
10)	开关柜防护等级		IP42
11)	开关柜外形尺寸(宽×高×深)		600/1000mm×1000mm×2200mm
12)	开关柜重量	kg	500
13)	动荷载	kg	550
2	主厂房公用电0.4kV低压开关柜(21面)	/	/
1)	型号		SIVACON-8PT
2)	制造厂/产地		能事达/武汉
3)	额定电压	V	400
4)	额定绝缘电压	V	690
5)	额定频率	Hz	50
6)	额定1min工频耐受电压	kV	3
7)	额定短时耐受电流	kA/s	80
8)	额定峰值耐受电流	kA	176
9)	开关柜主母线额定工作电流	A	4000
10)	开关柜防护等级		IP42
11)	开关柜外形尺寸(宽×高×深)		1000mm×1000mm×2200mm
12)	开关柜重量	kg	500
13)	动荷载	kg	550
3	主变洞公用电0.4kV低压开关柜(9面)	/	/
1)	型号		SIVACON-8PT
2)	制造厂/产地		能事达/武汉
3)	额定电压	V	400
4)	额定绝缘电压	V	690
5)	额定频率	Hz	50
6)	额定1min工频耐受电压	kV	3
7)	额定短时耐受电流	kA/s	50
8)	额定峰值耐受电流	kA	110
9)	开关柜主母线额定电流	A	1000
10)	开关柜防护等级		IP42
11)	开关柜外形尺寸(宽×高×深)		1000mm×1000mm×2200mm
12)	开关柜重量	kg	500
13)	动荷载	kg	550
4	保安专用0.4kV低压开关柜(7面)	/	/
1)	型号		SIVACON-8PT
2)	制造厂/产地		能事达/武汉
3)	额定电压	V	400
4)	额定绝缘电压	V	690

续表

序号	项目	单位	数值
5)	额定频率	Hz	50
6)	额定1min工频耐受电压	kV	3
7)	额定短时耐受电流	kA/s	50
8)	额定峰值耐受电流	kA	110
9)	开关柜主母线额定电流	A	1600
10)	开关柜防护等级		IP42
11)	开关柜外形尺寸(宽×高×深)		600/1000mm×1000mm×2200mm
12)	开关柜重量	kg	500
13)	动荷载	kg	550
5	**下水库拦沙坝0.4kV低压开关柜(7面)**	/	/
1)	型号		SIVACON-8PT
2)	制造厂/产地		能事达/武汉
3)	额定电压	V	400
4)	额定绝缘电压	V	690
5)	额定频率	Hz	50
6)	额定1min工频耐受电压	kV	3
7)	额定短时耐受电流	kA/s	31.5
8)	额定峰值耐受电流	kA	70
9)	开关柜主母线额定电流	A	1000
10)	开关柜防护等级		IP42
11)	开关柜外形尺寸(宽×高×深)		800mm×1000mm×2200mm
12)	开关柜重量	kg	500
13)	动荷载	kg	550
6	**下水库拦河坝0.4kV低压开关柜(9面)**	/	/
1)	型号		SIVACON-8PT
2)	制造厂/产地		能事达/武汉
3)	额定电压	V	400
4)	额定绝缘电压	V	690
5)	额定频率	Hz	50
6)	额定1min工频耐受电压	kV	3
7)	额定短时耐受电流	kA/s	31.5
8)	额定峰值耐受电流	kA	70
9)	开关柜主母线额定电流	A	1000
10)	开关柜防护等级		IP42
11)	开关柜外形尺寸(宽×高×深)		800mm×1000mm×2200mm
12)	开关柜重量	kg	500
13)	动荷载	kg	550
7	**地面副厂房0.4kV低压开关柜(7面)**	/	/
1)	型号		SIVACON-8PT
2)	制造厂/产地		能事达/武汉

续表

序号	项目	单位	数值
3)	额定电压	V	400
4)	额定绝缘电压	V	690
5)	额定频率	Hz	50
6)	额定1min工频耐受电压	kV	3
7)	额定短时耐受电流	kA/s	31.5
8)	额定峰值耐受电流	kA	70
9)	开关柜主母线额定电流	A	1000
10)	开关柜防护等级		IP42
11)	开关柜外形尺寸(宽×高×深)		800mm×1000mm×2200mm
12)	开关柜重量	kg	500
13)	动荷载	kg	550
8	**工作照明0.4kV低压开关柜(8面)**	/	/
1)	型号		SIVACON-8PT
2)	制造厂/产地		能事达/武汉
3)	额定电压	V	400
4)	额定绝缘电压	V	690
5)	额定频率	Hz	50
6)	额定1min工频耐受电压	kV	3
7)	额定短时耐受电流	kA/s	31.5
8)	额定峰值耐受电流	kA	70
9)	开关柜主母线额定电流	A	1000
10)	开关柜防护等级		IP42
11)	开关柜外形尺寸(宽×高×深)		1000mm×1000mm×2200mm
12)	开关柜重量	kg	500
13)	动荷载	kg	550
9	**事故照明0.4kV低压开关柜(4面)**	/	/
1)	型号		SIVACON-8PT
2)	制造厂/产地		能事达/武汉
3)	额定电压	V	400
4)	额定绝缘电压	V	690
5)	额定频率	Hz	50
6)	额定1min工频耐受电压	kV	3
7)	额定短时耐受电流	kA/s	31.5
8)	额定峰值耐受电流	kA	70
9)	开关柜主母线额定电流	A	1000
10)	开关柜防护等级		IP42
11)	开关柜外形尺寸(宽×高×深)		1000mm×1000mm×2200mm
12)	开关柜重量	kg	500
13)	动荷载	kg	550

续表

序号	项目	单位	数值
10	**分供电点0.4kV低压开关柜(6面)**	/	/
1)	型号		SIVACON-8PT
2)	制造厂/产地		能事达/武汉
3)	额定电压	V	400
4)	额定绝缘电压	V	690
5)	额定频率	Hz	50
6)	额定1min工频耐受电压	kV	3
7)	额定短时耐受电流	kA/s	31.5
8)	额定峰值耐受电流	kA	70
9)	开关柜主母线额定电流	A	1000
10)	开关柜防护等级		IP42
11)	开关柜外形尺寸(宽×高×深)		800mm×600mm×2200mm
12)	开关柜重量	kg	500
13)	动荷载	kg	550
11	**低压动力箱(19面)**	/	/
1)	型号		GKL
2)	制造厂/产地		能事达/武汉
3)	额定电压	V	400
4)	额定绝缘电压	V	690
5)	额定频率	Hz	50
6)	额定1min工频耐受电压	kV	3
7)	额定短时耐受电流	kA/s	31.5
8)	额定峰值耐受电流	kA	70
9)	低压动力箱主母线额定电流	A	/
10)	低压动力箱防护等级		
11)	户内型		IP42
12)	户外型		IP65
13)	低压动力箱外形尺寸(宽×高×深)		/
14)	低压动力箱重量	kg	150
15)	动荷载	kg	180
12	**检修插座箱(46面)**	/	/
1)	型号		GKL
2)	制造厂/产地		能事达/武汉
3)	额定电压	V	400
4)	额定绝缘电压	V	690
5)	额定频率	Hz	50
6)	额定1min工频耐受电压	kV	3
7)	额定短时耐受电流	kA/s	31.5
8)	额定峰值耐受电流	kA	70
9)	检修插座箱主母线额定电流	A	/

续表

序号	项目	单位	数值
10)	检修插座箱防护等级		/
11)	户内型		IP42
12)	户外型		IP65
13)	检修插座箱外形尺寸(宽×高×深)		/
14)	检修插座箱重量	kg	200
15)	动荷载	kg	250
13	**照明配电箱(60个,含工作照明箱和事故照明箱)**	/	/
1)	型号		PZ2000
2)	制造厂/产地		能事达/武汉
3)	额定电压	V	400
4)	额定绝缘电压	V	690
5)	额定频率	Hz	50
6)	额定1min工频耐受电压	kV	3
7)	额定短时耐受电流	kA/s	15
8)	额定峰值耐受电流	kA	31.5
9)	照明配电箱主母线额定电流	A	/
10)	照明配电箱防护等级		/
11)	户内型(暗装)		IP42
12)	户内型(明装)		IP56
13)	照明配电箱外形尺寸(宽×高×深)		/
14)	照明配电箱重量	kg	50
15)	动荷载	kg	80
14	**低压母线槽**		/
1)	型号及规格		SCC68-5000A/4N,SCC68-2000A/4N, SCC68-1000A/4N,SCC68-1000A/5N
2)	制造厂/产地		能事达/武汉
3)	额定电压	V	690
4)	额定绝缘电压	V	1000
5)	额定电流	A	5000/2000/1000
6)	额定频率	Hz	50
7)	额定1min工频耐受电压	kV	3.75
8)	额定短时耐受电流	kA/s	80/50/31.5
9)	额定峰值耐受电流	kA	176/110/70
10)	温升		/
11)	母线导体	K	60
12)	螺栓连接处	K	40
13)	外壳	K	30
14)	外绝缘爬电距离	mm	≥16
15)	母线型号和材料		SCC68\导体铜

续表

序号	项目	单位	数值
16)	外壳材料		环氧树脂
17)	导体损耗(三相·米)	W	16.4
18)	外壳损耗(三相·米)	W	几乎为零
19)	相间距离	mm	≥14
20)	母线电容(三相·米)	uF	/
21)	外壳防护等级		IP68
22)	外形尺寸(宽×高)		270mm×160mm、175mm×100mm、110mm×96mm
23)	标准直线段长度	m	3
24)	重量	kg/m	148.1、47、26
15	**框架式低压断路器**		/
1)	型号及规格		3WL-630~4000
2)	制造厂/产地		西门子/苏州
3)	额定工作电压	V	400
4)	额定1min工频耐受电压	kV	3
5)	额定持续电流	A	/
6)	额定短路开断电流	kA	55/85
7)	额定短时耐受电流	kA/s	55/85
8)	额定关合短路电流	kA	/
9)	耐受冲击电流水平	kA	/
10)	免维护机械使用寿命(CO循环)		/
11)	操作机构型式		电动
12)	操作电源	V	220
13)	分闸时间	ms	0.05
14)	合闸时间	ms	0.05
16	**塑壳式低压断路器**		/
1)	型号及规格		3VL-100~630
2)	制造厂/产地		西门子/苏州
3)	额定工作电压	V	400
4)	额定1min工频耐受电压	kV	3
5)	额定雷电冲击耐受电压	kV	符合GB/T 7251.1—2023
6)	额定持续电流	A	/
7)	额定短路开断电流	kA	55/100
8)	额定短时耐受电流	kA/s	55/100
9)	额定关合短路电流	kA	/
10)	耐受冲击电流水平	kA	/
11)	免维护机械使用寿命(CO循环)		/
12)	操作机构型式		电动
13)	操作电源	V	220
14)	分闸时间	ms	0.05

续表

序号	项目	单位	数值
15)	合闸时间	ms	0.05
17	**插座及配套插头**		/
1)	型号及规格		NM
2)	制造厂/产地		曼奈克斯/南京
3)	额定工作电压	V	400
4)	额定1min工频耐受电压	kV	/
5)	额定雷电冲击耐受电压	kV	/
6)	额定持续电流	A	/
7)	额定短时耐受电流	kA/s	/
8)	免维护机械使用寿命		10000
二	**0.4kV保护及监控系统**	/	/
	直流电压允许变化范围		/
	交流电压允许变化范围		/
1	**备用电源自动投入装置**		/
1)	型号		/
2)	制造厂		/
3)	直流回路功率消耗		/
4)	正常工作时		不大于50W
5)	备投动作时		不大于100W
6)	电压整定范围		−20%～+20%
7)	电压整定精度		≤±3%或2V
8)	备投时间整定范围		<10ms
9)	备投时间整定精度		不大于±10ms
2	**测量系统**		/
1)	电流测量精度		±0.5%(0.01In～1.2In)
2)	电压测量精度		±0.5%(5V～400V)

12kV高压开关柜参数见表12-2。

表12-2　12kV高压开关柜各参数统计表

序号	名称	参数
1	型号	KYN28-12
2	额定电压	12kV
3	额定电流	75A
4	额定频率	50Hz
5	1min工频耐受电压(有效值)	42kV
	额定雷电冲击耐受电压(峰值)	75kV
6	额定短时耐受电流	25kA
7	额定峰值耐受电流	63kA

续表

序号	名称	参数
8	额定短时耐受时间	4s
9	制造时间	2013年3月
10	生产厂家	江苏大全长江电器股份有限公司

12kV户内真空断路器各参数见表12-3。

表12-3　12kV户内真空断路器各参数统计表

序号	名称	参数
1	额定电压	12kV
2	额定电流	≥630A
3	额定频率	50Hz
4	额定雷电冲击耐受电压(峰值)	75kV
5	额定短路开断电流	25kA
5	额定短路持续时间	4s
6	额定操作顺序	O—0.3s—CO—180s—CO
7	操作电压	220V DC
8	电机电压	220V DC
9	合闸弹跳时间	≤2ms(每相)
10	制造时间	2013年4月
11	质量	140kg
12	生产厂家	伊顿电气有限公司

12kV电流互感器参数见表12-4。

表12-4　12kV电流互感器各参数统计表

序号	名称	参数
1	型号	LZZBJ9 12C2
2	一次绕组绝缘水平	12/42/75
2	(1)一次绕组工频耐压(有效值,1min)	42kV
2	(2)一次绕组雷电冲击耐压(峰值)	75kV
3	(1)二次绕组间工频耐压(有效值,1min)	3kV
3	(2)二次绕组对地工频耐压(有效值,1min)	3kV
3	(3)二次绕组匝间绝缘耐受电压(峰值)	4.5kV
4	额定短时耐受电流(1s,有效值)	25kA
5	额定峰值耐受电流	63kA
6	额定一次电流	75A
7	额定二次电流	1A
8	额定输出	20VA
9	生产年份	2013年
10	生产厂家	大连金业电力设备有限公司

12kV 电压互感器参数见表 12-5。

表 12-5 12kV 电压互感器各参数统计表

序号	名称	参数
1	12kV 型式	单相四线圈绕线式
2	三相连接组别	Y/Y/Y
3	一次绕组工频耐压(有效值,1min)	42kV
4	一次绕组雷电冲击耐压(峰值)	75kV
5	二次绕组对地工频耐压(有效值,1min)	

12kV 接地开关参数见表 12-6。

表 12-6 12kV 接地开关各参数统计表

序号	名称	参数
1	额定电压	12kV
2	型号	JN15-12/31.5-210
3	额定雷电冲击电压	75kV
4	4s 热稳定电流	31.5kA
5	海拔	1500m
6	生产厂家	上海宝灵超亚电器有限公司

12kV 过电压保护器参数见表 12-7。

表 12-7 12kV 过电压保护器各参数统计表

序号	名称	参数
1	型号	TBP-B-12.7/131
2	持续运行电压	12.7kV
3	制造时间	2013 年 6 月
4	生产厂家	安徽徽电科技股份有限公司

干式变压器技术参数见表 12-8：

表 12-8 干式变压器各参数统计表

序号	名称	参数
1	型式	干式变 110kV/10.5kV(2 台)
2	型号	SFZ9-16000/110
3	额定容量	16000kVA
4	额定电压	高压侧:(110±8×1.25%)kV/10.5kV(工作电压)
		低压侧:10.5kV(工作电压)

续表

序号	名称	参数
5	最高电压	高压侧:121kV
		低压侧:99kV
6	额定电流(高/低)	76.3/879.8A
7	额定频率	50Hz
8	相数	3相
9	冷却方式	ONAF
10	接线组别	YNd11
11	油面温升	55K
12	调压方式	有载调压
13	短路阻抗	10.40%
14	空载电流	0.11%
15	空载损耗	12.056kW
16	负载损耗	78.416kW
17	额定频率	50Hz
18	制造厂家	江苏华鹏变压器有限公司
19	生产时间	2007年3月

干式变有载开关对应技术参数见表12-9。

表12-9 干式变有载开关各参数统计表

| 有载调压开关 | | 容量(kVA) | 高压 | | 低压 | |
分接位置	接法		电压(V)	电流(A)	电压(V)	电流(A)
1	X1-Y1-Z1		121000	76.3		
2	X2-Y2-Z2		119625	77.2		
3	X3-Y3-Z3		118250	78.1		
4	X4-Y4-Z4		116875	79.0		
5	X5-Y5-Z5		115500	80.0		
6	X6-Y6-Z6		114125	80.9		
7	X7-Y7-Z7		112750	81.9		
8	X8-Y8-Z8		111375	82.9		
9a	X9-Y9-Z9					
9b	Ak-Bk-Ck	16000	110000	84.0	10500	1099.7
9c	X1-Y1-Z1					
10	2-Y2-Z2		108625	85.0		
11	X3-Y3-Z3		107250	86.1		
12	X4-Y4-Z4		105875	87.3		
13	X5-Y5-Z5		104500	88.4		
14	X6-Y6-Z6		103125	89.6		
15	X7-Y7-Z7		101750	90.8		
16	X8-Y8-Z8		100375	92.0		
17	X9-Y9-Z9		99000	93.3		

柴油发电机组性能参数见表12-10。

表 12-10　柴油发电机组性能参数统计表

序号	项目	参数
1	柴油发动机	
1.1	型式	固定式、直喷燃油、密闭水循环风扇冷却、四冲程废弃涡轮增压
1.2	额定功率	1227kW
1.3	汽缸的数量	16
1.4	额定转速	1500rpm
1.5	起动方式	24V Ni./Cd 蓄电池组
1.6	调速器型式	电子式
2	发电机	
2.1	额定功率(主用功率)	1000kW
2.2	备用功率	1100kW
2.3	额定电压	0.4kV
2.4	额定电流	1800A
2.5	额定功率因数	0.8(滞后)
2.6	额定效率	95.3%
2.7	额定频率	50Hz
2.8	定子绕组和转子绝缘等级	H 级
2.9	过负荷能力(额定功率因数下1小时允许过负荷能力)	110%
2.10	短时过载能力(10s)	3 倍额定电流
2.11	短时过载能力(30s)	1.5 倍额定电流
2.12	发电机出线连接方式	4×(ZRA-YJV22-3×240+1×120)电缆
2.13	外壳防护等级	IP23
2.14	励磁方式	无刷自励
2.15	自动电压调整器的型式	AVR
3	整套机组	
3.1	性能等级	G2
3.2	额定功率	1000kW
3.3	备用功率	1100kW
3.4.1	100%负荷和甩负荷时的最大过速	102.5%
3.4.2	极限最大过速	125%
3.5	起动成功率	≥99%
3.6	停机前惰转时间	1min(可调)
3.7	燃油消耗率	244.3g/kW·h
3.8	机油消耗率	0.85g/kW·h

12.2　设备组成及原理

厂用电系统主要由 10kV(10kV/400V 降压变 17 个,400V/10kV 升压变 1 个,采用单母线分段接线方式,设三段主母线,其中 10kV 的 1M、3M 为工作母线,2M 为备用母线)、400V(共设有 12 个供电盘)、柴油发电机、干式变等系统组成。

12.2.1 厂用电运行方式

（1）正常运行方式：90122 开关带 10kV 1M，母联开关 90103、90201 在工作位置断开，90203 母联开关合上，90324 开关带 2M、3M，90223 在工作位置断开，92123、4123 开关在工作位置断开，BZT 装置投入。

（2）常用特殊运行方式：

①22B 故障时，母联开关 90201、90203 合上，母联开关 90103 断开，由 90324 开关带 1M、2M、3M。

②24B 故障时，母联开关 90201、90203 合上，母联开关 90103 断开，由 90122 开关带 1M、2M、3M。

③22B、24B 故障时，母联开关 90201、90203 合上，母联开关 90103 断开，由 90223 开关带 1M、2M、3M。

④22B、24B 故障，10kV 外来电源也丢失，柴油发电机作为保安备用电源投入运行，1M、2M、3M 母线进线开关 90122、90324 均断开。此时又分以下两种情况运行方式：

情况一：满足机组起动及厂内保安负荷运行。母联开关 90201、90203 合上，90103 断开，1M、2M、3M 母线上除任一台机组自用电变压器回路以及保安专用回路开关合上外，其他所有馈线开关均断开，保证某台机组停机后能开机起动，以及保安负荷运行。

情况二：仅保证厂内保安负荷运行。母联开关 90103、90201、90203 均断开，仅保安专用回路开关合上，保证保安负荷运行。

⑤10kV 外来电源检修、22B 故障，母联开关 90201、90203 断开，90103 开关合上，由 90324 带 1M、3M 运行。

⑥10kV 外来电源检修、24B 故障，母联开关 90201、90203 断开，90103 开关合上，由 90122 带 1M、3M 运行。配有两个电抗器、两个 18kV 小车式开关、两台 18/10kV 变压器，分别设置在♯2 机、♯4 机主变低压侧。

12.2.2 备用电源自动投入装置

备用电源自动投入装置（BZT）是电力系统中非常重要的电气装置，在较低电压等级的用户供电系统中，特别是在 6～35kV 系统中，常采用 BZT 装置，以保证供电不中断和避免机电装置因失电而引起事故的严重后果。

根据《电力装置的继电保护和自动装置设计规范》(GB/T 50062—2008)，BZT 装置应满足以下技术要求：①保证在工作电源或设备断开后 BZT 装置才动作；②工作母线和设备上的电压不论因何原因消失时 BZT 装置均应动作；③BZT 装置应保证只动作一次；④BZT 装置的动作时间以使负荷的停电时间尽可能短为原则；⑤工作母线和备用母线同时失去电压时，BZT 装置不应起动；⑥当 BZT 装置动作时，如备用电源或设备投于故障，应使其保护加速动作；⑦手动断开工作回路时，BZT 装置不应动作。

从 BZT 装置在电力系统的大量实际应用和动作结果中可以看到，各种工作电源发生故障时，BZT 装置的正确动作对确保生产装置连续稳定运行起着重要作用。一旦 BZT 装置不能正确动作，将会影响生产装置的安全运行。

1. 10kV BZT

10kV 开关柜的备用电源自投装置采用 PLC 实现逻辑控制，以 PLC 为核心的备自投装置有两挡工作方式：远程/就地。挡位切换开关安装在通信管理柜上。通信管理柜上装有 6 种备自投运行方式连片及解除闭锁/复位按钮。10kV 开关柜智能设备均采用数字通信方式与通信管理机连接，再由通信管理机上送至监控系统 LCU5。备自投 PLC 输出信号为：备自投动作、电流电压测量值、各开关位置、切换开关位置、控制回路断线等；同时，备自投 PLC 接收厂内开关站 LCU5 的备自投装置投切命令、断路器的分合闸命令。10kV BZT 没有自恢复功能。

10kV BZT 的远方投入条件：监控系统备自投方式软连片"投入"、10kV BZT 通信管理柜备自投装置连片"投入"、10kV 母线备用电源自动投入装置在"现地"。

BZT 动作方式一：当 22B 故障或计划检修时，备自投跳 1M 进线开关，合 1/2 母联开关，由 24B 带 1M、

2M、3M 运行。

BZT 动作方式二：当 24B 故障或计划检修时，备自投跳 3M 进线开关，合 1/2 母联开关，由 22B 带 1M、2M、3M 运行。

BZT 动作方式三：当 22B、24B 故障或计划检修时，备自投分 1M、3M 进线开关，合上 1/2 母联开关和 2M 进线开关，由中心变带 1M、2M、3M 运行。

BZT 动作方式四：当 22B、24B 故障或计划检修，外来电源也失去联系时，三段母线进线开关均断开，备自投起动柴油发电机作为保安电源投入运行。123B 平时不带电。此时又分以下两种情况运行：

情况一：满足机组起动及厂内保安负荷运行。母联开关 90201、90203 合上，90103 断开，1M、2M、3M 母线上除某一台机组自用电变压器回路开关合上外，其他所有馈线开关均断开，保证某台机组停机后能开机起动，以及保安负荷运行。

情况二：仅保证厂内保安负荷运行。母联开关 90103、90201、90203 均断开，仅保安专用回路开关合上，保证保安负荷运行。

BZT 动作方式五：运行方式为 22B 带 1M、2M、3M 运行，当厂内电源 22B 故障时，备自投跳 1M 进线开关，合 2M 进线开关，由 110kV 中心变带 1M、2M、3M 运行。

BZT 动作方式六：运行方式为 24B 带 1M、2M、3M 运行，当厂内电源 24B 故障时，备自投跳 3M 进线开关，合 2M 进线开关，由 110kV 中心变带 1M、2M、3M 运行。

2. 400V BZT

除了保安专用供电盘 71P 外，其余供电盘均设有备用电源自动投入装置。BZT 装置有全自动、半自动、退出三种运行模式。在"全自动"模式下，能实现备用电源自投功能，当主供电源恢复后，装置断开备用电源，自动投入主供电源；在"半自动"模式下，仅能实现备用电源自投功能；在"退出"模式下，不能实现备用电源自投功能。

3. BZT 装置之间的配合

尽管 BZT 装置本身具有原理简单、动作可靠的特点，动作成功率很高，但在实际运行中，由于种种原因，并不能排除拒动。为满足安全可靠、连续稳定供电的要求，也为简化动作逻辑及恢复送电操作，多级电压间的 BZT 装置在动作时间上有配合关系。

10kV BZT 动作时间为 500～800ms（含 10kV 开关动作时间＜100ms），400V BZT 动作时间为 1～2s（含 400V 开关动作时间＜500ms）。

在 10kV 系统发生故障时，10kV BZT 及 400V BZT 同时开始延时，如 10kV BZT 正确动作，则 400V BZT 动作条件不满足，其不会动作；如 10kV BZT 未能正确动作，则 400V BZT 动作；如此整定的目的是为减少下一级负荷开关不必要的动作，满足供电要求。

4. BZT 与 ATSE 的区别

我们常说的双路互投装置的学名为自动转换开关电器，即 ATSE（automatic transfer switching equipment）。

ATSE 主要用在紧急供电系统，比如应急照明、消防设备、电梯、事故闸门等重要系统的供电，其将负载电路从失电的常用电源自动换接至备用电源，以确保重要负荷连续、可靠运行；在主用电源恢复后，则自动将负载返回换接到常用电源。

ATSE 一般由两部分组成：开关本体、控制器。而开关本体又有 PC 级（整体式）与 CB 级（断路器）之分。PC 级使用的是一台三位置断路器，而 CB 级使用的是两台二位置断路器。

从前面的描述看，在功能和结构上 ATSE 可以看作简化版的 BZT。

在实际应用中，ATSE 一般设置在配电柜内，属于负荷末端，其动作时间要大于 400V BZT。

12.2.3 厂用电保护

(1) 18kV/10kV 厂高变保护配置：厂高变保护装置西门子 7UT612，装设于 18kV 开关柜内。

①差动保护,作为18kV/10kV厂高变短路事故的主保护,保护出口同时跳高压侧18kV断路器和低压侧10kV断路器。

②定时限(可调)的过电流保护,作为18kV/10kV厂高变后备保护。保护出口延时同时跳高压侧18kV断路器和低压侧10kV断路器。

③过负荷延时信号保护,过负荷延时发出报警信号。

④变压器过热保护,厂用变压器过热(100℃)报警,超热(130℃)同时跳高压侧18kV断路器和低压侧10kV断路器。

(2)10kV开关柜保护装置:

①10kV变压器(101B～122B)进线开关柜设置了电流速断保护、定时限过流Ⅰ段、定时限过流Ⅱ段、低压侧零序过流保护、过负荷保护、变压器过热保护。

②10kV水泵进线开关柜(检修排水泵、压力钢管充水泵、下水库拦河坝放空泵)的保护有电流速断保护、负序过流保护、低电压保护、过负荷保护、电机堵转保护、断相保护。

③10kV的4M、5M、6M、7M、8M、9M设置了限时电流速断保护、定时限过流保护、过负荷保护。

④10kV母线联络开关设置了限时电流速断保护、定时限过流保护、过负荷保护。

⑤10kV的1M、2M、3M进线开关柜设置了时限电流速断保护、定时限过流保护、过负荷保护、接地零序电压保护。

⑥10kV每段母线的PT柜内都设置了本段母线的小电流接地选线装置。系统发生单相接地故障时,它能自动判别接地线路或母线并报警。

⑦10kV每段母线各设置一套快速动作电弧光母线保护装置。该保护通过装于各开关柜内的弧光传感器检测开关柜内的电弧光突变量,通过电流单元检测电流突变量,反应母线短路或接地故障,保护动作于跳开进线断路器,实现快速切除母线故障或发出报警信号以避免母线故障时产生的电弧光对设备及人员造成伤害。

(3)0.4kV保护:0.4kV保护装置的保护功能由脱扣器实现。框架断路器具有四段保护功能:短路瞬动保护、过载、短延时保护和接地保护。塑壳断路器除部分小电流馈线开关采用热磁式外,其余均采用电子式,设可调式三段保护(短路瞬时、短路短延时、过载长延时)。

(4)注释:

①电机堵转保护:可以理解为过载保护,当电机负载很大,电机起动力矩小于负载转矩,导致电机不能转动运行,但此时电机的电流很大,容易烧坏电机,所以设置了电机堵转保护,它引用了电机的电流和转速开关的转速接点以与的逻辑关系来实现跳闸。

②弧光保护:弧光保护系统是由主单元、电流辅助单元、弧光传感器辅助单元、弧光传感器(探头)、数据线及光纤等组成的。其基本原理是:安装在开关柜中的弧光传感器监测到弧光后,将触发弧光单元发出信号;如果此时电流单元也检测到过流信号,则判断产生了电弧光故障;主控单元将发出跳闸指令,达到快速切除故障、保护设备的目的。(见图12-2)

图12-2 电弧光保护原理

③电磁锁原理:利用电生磁的原理,当电流通过硅钢片时,电磁锁会产生强大的吸力,紧紧地吸住铁板,达到锁门的效果。只要小小的电流,电磁锁就会产生很大的磁力,控制电磁锁电源的门禁系统识别人员正确后即断电,电磁锁失去吸力即可开门。

④脱扣器:400V进线、母联开关分为欠压脱扣和分励脱扣。400V负荷开关应该是一个脱扣继电器,当电压低于某值或消失时继电器失磁,分闸线圈励磁,当电压恢复时,脱扣继电器励磁,可以进行合闸操作。正常情况下是不需要复归的,如果需要复归,则应该按下分闸按钮复归。

⑤接地选线装置:小电流系统是指中性点不直接接地系统,包括中性点不接地系统、中性点经消弧线圈接地系统或中性点经电阻接地系统。

当小电流系统发生单相接地时,故障线路零序电流为其他非故障线路零序电流之和,原则上它是这组采样值中最大的,但由于CT误差、信号干扰以及线路长短差别很大,有可能在排序时排到第二、第三,但不会超出前三,这一步为初选,所采用的原理是相对概念(在现行运行方式下,取前三个最大的)。第二步,在前三个信号里,采用相对相位概念即用电流之间的方向或电流与电压之间的超前与滞后关系,进一步确定是前三个中的哪一个故障,还是母线故障,相对的相位关系允许角度误差在±85°之间,而零序电流二次侧幅值可在1～1000mA之间变化。由于采用双重判据,而且使用的都是相对原理,克服了运行方式变化、接地电阻及线路长短的影响,并且不需整定。

10kV Ⅰ、Ⅱ、Ⅲ段母线每段均装设了一套河北博为电气股份有限公司生产的BW-ML196H微机小电流接地选线装置,以检测母线接地及各出线回路的接地故障。该装置采用谐波分析法,当小电流系统发生单相接地时,故障线路零序电流为其他非故障线路零序电流之和。

当小电流系统发生接地故障时,装置接地指示灯亮、蜂鸣器报警、相应开关量接通、液晶屏显示接地信息、打印机打印相应的接地信息。

如果有多段的3U0(零序电压)越限或突变,仅显示最先判断出的那一段。如果报出的通道号是"未知",表示无法正确选线,即无法判断具体是母线接地故障还是线路接地故障。

此装置还有重新判断功能,使用前应记录先前的报警信息。

⑥消谐装置:防止由于铁磁谐振而时常发生的电压互感器(PT)烧毁甚至爆炸的恶性事故,也对线路过电压或接地故障进行报警,原理是对PT开口三角电压(零序电压)进行循环检测,当开口三角形电压大于30V时,系统出现故障,装置对电压互感器开口三角电压进行数据采集、分析,并判断出当前的故障状态;如果是某种频率的铁磁谐振,迅速起动消谐元件予以消除。如果是过电压或接地,装置给出相应的报警信号。对于各种故障,装置可以分别给出报警信号和显示、打印,并自动记录、存储有关故障信息,并上报给上位机。

铁磁谐振是电力系统自激振荡的一种形式,是由变压器、电压互感器等铁磁电感的饱和作用引起的持续性、高幅值谐振过电压现象。

第13章

110kV中心变电站系统

13.1 110kV中心变电站系统概述

内蒙古呼和浩特抽水蓄能电站位于内蒙古自治区呼和浩特市东北的大青山区，距呼和浩特市中心约20km。京包（北京至包头）及京兰（北京至兰州）铁路、京包（北京至包头）高速公路、110国道及209国道从呼和浩特市通过，工程对外交通比较便利。

中心变电站位于呼蓄电站厂区内，110kV中心变电站设备始于110kV抽水蓄能变电站乌川线构架侧结合滤波器T型线夹以外5m处及可水线构架侧结合滤波器T型线夹以外5m处，终于110kV中心变电站10kV高压开关柜出线端。中心变电站母线两条，其中Ⅰ段母线电源取自乌川线抽水支线，连接位置位于220kV乌素图变乌川线#119铁塔抽水支线T接点，Ⅱ段母线取自可水线，取电点为可镇变110kV系统156间隔。

110kV可水线始于220kV可镇变可水线构架侧结合滤波器T型线夹以外5m处，终于110kV抽水蓄能变电站构架侧结合滤波器T型线夹以外5m处，线路全长36.8km，单、双回路架设，双回塔76基（与乌川线抽水支线同塔），单回塔48基，线路于2010年1月23日投运。

110kV乌川线抽水支线始于220kV乌素图变乌川线#119铁塔抽水支线T接点，终于110kV抽水蓄能变电站构架侧结合滤波器T型线夹以外5m处，线路全长27.26km，单、双回路架设，双回塔76基（与可水线同塔），单回塔18基，导线型号为LGJ-150/25，地线型号为GJ-35，线路于2010年1月23日投运。

10kV配电线路始于110kV中心变电站10kV开关柜出线端，分别终于10kV东一线末端（春华水务哈拉沁水库管理处#26杆塔、业主营地两台变压器低压侧及下水库营地800kVA箱变低压侧）、10kV南线末端（交警检查站变压器低压侧及污水处理厂主变压器低压侧）、10kV东二线末端（上水库706电视台外20m处杆塔及下水库营地供暖1600kVA箱变低压侧）、东三线末端。东一线为单、双、三回路架设，电缆架空混合线路，有三回塔5基（与东二线、东三线同塔）、双回塔6基（与东二线同塔）、单回塔2基、杆11基，全长约4.7km，主干线电缆型号为YJLV22-10-3×300，主干线架空导线型号为LGJ-120/25，支线电缆型号为YJLV22-10-3×70，支线架空导线型号为LGJ-70/40，于2010年6月15日投运。东二线为单、双、三回路架设，电缆架空混合线路，有三回塔5基（与东一线、东三线同塔）、双回塔6基（与东一线同塔）、单回塔1基、杆46基，全长约8.6km，主干线电缆型号为YJLV22-10-3×300，架空导线型号为LGJ-120/25，于2010年6月15日投运。东三线为三回路架设，电缆架空混合线路，有三回塔5基（与东一线、东二线同塔）。南线为单回路架设，电缆架空混合线路，有单回塔2基、杆32基，全长约3.5km，主干线电缆型号为YJLV22-10-3×240，主干线架空导线型号为LGJ-120/25，支线电缆型号为YJLV22-10-3×50，支线架空导线型号为LGJ-50/30，于2010年1月23日投运。

呼蓄电站厂用电110kV变电站系统图如图13-1所示。

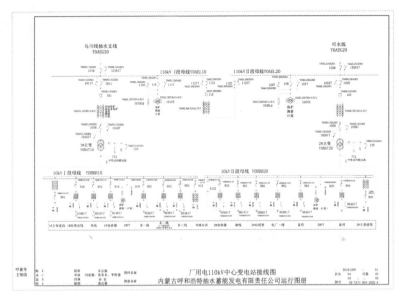

图 13-1　呼蓄电站厂用电 110kV 变电站系统图

图 13-1 高清图

13.1.1　作用

呼和浩特抽水蓄能 110kV 中心变电站位于呼和浩特市东北部约 20km 大青山山脉哈拉沁沟峡谷内,在料木山主峰正下方,是呼和浩特抽水蓄能电站建设初期的施工电源中心。110kV 中心变电站主变压器容量为 2×16MVA,电压等级为 110kV/10.5kV,110kV 进线电源按双电源设计,分别为:第一电源由可镇 220kV 变电站 110kV 出线间隔接入,第二电源由乌素图-武川线破口接入本站。110kV 配电装置采用中型软导线布置,主变压器布置在室外,二次设备布置在主控制室内。10kV 出线按 8 回路设计,预留 3 回路出线间隔。

呼和浩特抽水蓄能 110kV 中心变电站在电站建设初期主要是为现场 28 处施工提供用电电源,施工期总负荷为 22500kW。目前 110kV 中心变电站主要为生产基地供电并为电站 10kV 厂用电系统提供备用电源功能。

13.1.2　设备参数

110kV 中心变电站由 110kV 2 台主变压器、3 组 SF6 断路器、10 组隔离刀闸、16 组接地刀闸、3 组电流互感器、2 组电压互感器、4 组避雷器、设备间连接导线及配套附件,18 面 10kV 高压开关柜、2 组 10kV 电容器组、2 台站用变等设备组成。

110kV 中心变电站主变压器各参数统计表见表 13-1。

表 13-1　110kV 中心变电站主变压器各参数统计表

项目	参数
名称	中心变 110kV/10.5kV(2 台)
型号	SFZ9-16000/110
额定容量	16000kVA
额定电压	高压侧:(110±8×1.25%)kV/10.5kV(工作电压)
	低压侧:10.5kV(工作电压)
最高电压	高压侧:121kV
	低压侧:99kV
额定电流(高/低)	76.3A/879.8A
额定频率	50Hz

续表

项目	参数
相数	3相
冷却方式	ONAF
接线组别	YNd11
油面温升	55K
调压方式	有载调压
短路阻抗	10.40%
空载电流	0.11%
空载损耗	12.056kW
负载损耗	78.416kW
额定频率	50Hz
制造厂家	江苏华鹏变压器有限公司
生产时间	2007年3月

110kV中心变电站主变压器有载开关技术参数见表13-2。

表13-2 110kV中心变电站主变压器有载开关各参数统计表

有载调压开关		容量(kVA)	高压		低压	
分接位置	接法		电压(V)	电流(A)	电压(V)	电流(A)
1	X1-Y1-Z1		121000	76.3		
2	X2-Y2-Z2		119625	77.2		
3	X3-Y3-Z3		118250	78.1		
4	X4-Y4-Z4		116875	79.0		
5	X5-Y5-Z5		115500	80.0		
6	X6-Y6-Z6		114125	80.9		
7	X7-Y7-Z7		112750	81.9		
8	X8-Y8-Z8		111375	82.9		
9a	X9-Y9-Z9					
9b	Ak-Bk-Ck	16000	110000	84.0	10500	1099.7
9c	X1-Y1-Z1					
10	X2-Y2-Z2		108625	85.0		
11	X3-Y3-Z3		107250	86.1		
12	X4-Y4-Z4		105875	87.3		
13	X5-Y5-Z5		104500	88.4		
14	X6-Y6-Z6		103125	89.6		
15	X7-Y7-Z7		101750	90.8		
16	X8-Y8-Z8		100375	92.0		
17	X9-Y9-Z9		99000	93.3		

110kV中心变电站隔离开关技术参数见表13-3,实物见图13-2。

表13-3 110kV中心变电站隔离开关各参数统计表

项目	参数	项目	参数
型号	GW4A-126DW	运行编号	1516、1526、119、129、1011
投运日期	/	额定电压	126kV

续表

项目	参数	项目	参数
出厂编号	K070955	额定电流	1250A
出厂时间	2007年3月	S额定短时耐受电流	31.5kA
额定绝缘水平	126kV/230kV/550kV	额定峰值耐受电流	80kA
产品重量	860kg	制造厂家	江苏省如高高压电器有限公司

图13-2　110kV中心变电站隔离开关

110kV中心变电站断路器技术参数见表13-4，实物见图13-3。

表13-4　110kV中心变电站断路器各参数统计表

项目	参数	项目	参数
设备名称	101、112、102断路器	额定线路充电开断电流	31.5A
设备型号	LW36-126(W)/T3150-40	额定电压	126kV
额定SF_6气压	0.55MPa(20℃)	额定电流	3150A
额定短路开断电流	40kA	频率	50Hz
额定雷电冲击耐压(对地)	550kV	断路器总重量	1500kg
额定雷电冲击耐压(断口)	653kA	额定操作顺序	O—0.3s—CO—180s—CO
SF_6气体质量	10kg	出厂编号	DE070909
分合闸线圈电压	220V DC	制造时间	2007年11月
储能电机电压	220V DC	制造厂家	江苏省如高高压电器有限公司

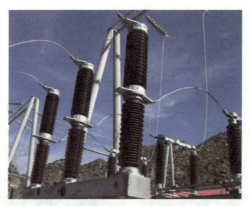

图13-3　110kV中心变电站断路器

110kV中心变电站接地刀闸技术参数见表13-5，实物见图13-4。

表 13-5 110kV 中心变电站接地刀闸各参数统计表

项目	参数
手动操作型号	CS17G4
运行编号	151617、151627、10117、1197、1117、11217、11227、1297、1217、10227、10167、10267、101617、102617
重量	15kg
出厂时间	2007 年 3 月
制造厂家	江苏省如高高压电器有限公司

图 13-4　110kV 中心变电站接地刀闸

110kV 中心变电站电流互感器技术参数见表 13-6，实物见图 13-5。

表 13-6 110kV 中心变电站电流互感器参数统计表

项目	参数	项目	参数
型号	LB6-110GYW2	运行编号	101、102
额定电压	110kV	铭牌变比	2×150/5A
额定绝缘水平	126kV/200kV/480kV	油重	150kg
额定短时热电流	31.5kA	频率	50Hz
额定动稳定电流	80kA	总重	600kg
出厂编号	078112	出厂时间	2007 年 3 月
海拔高度	1400m	油号	45#
制造厂家	牡丹江第一互感器厂		

图 13-5　110kV 中心变电站电流互感器

110kV 中心变电站Ⅰ、Ⅱ段母线电压互感器技术参数见表 13-7，实物见图 13-6。

表13-7 110kV中心变电站Ⅰ、Ⅱ段母线电压互感器参数统计表

型号	TYD110/√3-0.02H	序号	01455	中间电压	33/3kV
端子标志	A～E	1a～1n	2a～2n	3a～3n	da～dn
额定电压	110/√3kV	100/√3V	100/√3V	100/√3V	100V
额定输出	/	100VA	100VA	100VA	100VA
准确级	/	0.2级	0.5级	3P级	3P级
额定绝缘水平	126kV/200kV/480kV	温度类别	－40/A	重量	840kg
电容器编号	G0413	污秽等级	Ⅳ	生产日期	2007年10月13日
生产厂家	大连互感器有限公司				

图13-6 110kV中心变电站Ⅰ、Ⅱ段母线电压互感器

110kV中心变电站隔离刀闸、接地刀闸配用机构技术参数见表13-8，实物见图13-7。

表13-8 110kV中心变电站隔离刀闸、接地刀闸配用机构参数统计表

项目	参数	项目	参数
机构型号	CJ6	电动机电压	380V AC
投运日期	/	控制电压	220V AC
编号	C070629	重量	70kg
操作电流	2A	出厂日期	2007.032A
控制电流	1A	制造厂家	江苏省如高高压电器有限公司

图13-7 110kV中心变电站隔离刀闸、接地刀闸配用机构

110kV 中心变电站Ⅰ、Ⅱ段复合外套氧化锌避雷器技术参数见表 13-9,实物见图 13-8。

表 13-9　110kV 中心变电站Ⅰ、Ⅱ段复合外套氧化锌避雷器参数统计表

项目	参数	项目	参数
型号	YH10W(Z)-100/260W	运行编号	119、129
投运日期	/	额定电压	100kV
持续运行电压	78kV	工频参考电压(1mA 下)	≥145kV
工频参考电压(阻性 1mA 下)	≥100kV	出厂时间	2007 年 5 月
10kA 下线压	≥260kV	制造厂家	西安电瓷研究所有限公司

图 13-8　110kV 中心变电站Ⅰ、Ⅱ段复合外套氧化锌避雷器

110kV 中心变电站Ⅰ、Ⅱ段复合外套氧化锌避雷器计数器技术参数见表 13-10,实物见图 13-9。

表 13-10　110kV 中心变电站Ⅰ、Ⅱ段复合外套氧化锌避雷器计数器参数统计表

项目	参数	项目	参数
设备型号	JCQ-C1	运行编号	119、129
出厂时间	2007 年 8 月	制造厂家	西安电瓷研究所有限公司

图 13-9　110kV 中心变电站Ⅰ、Ⅱ段复合外套氧化锌避雷器计数器

中心变电站综自设备参数表见表 13-11。

表 13-11　中心变电站综自设备参数表

盘柜名称	设备名称	设备型号	生产厂家	数量
故障录波柜	开关量采集单元	PCS-996RG		
	故障录波装置	PCS-996RX		
	模拟量采集单元	PCS-996RM		
＃1 主变测控柜	测控装置	PCS-9505T	南瑞继保	3
	控制器	HMK7	上海华明	2
	数显温度仪	XMT-288FC	杭州华立	
＃1 主变保护柜	变压器成套保护装置	PCS-978	南瑞继保	2
	变压器非电量保护装置	PCS-9661	南瑞继保	1
＃2 主变测控柜	测控装置	PCS-9505T	南瑞继保	3
	控制器	HMK7	上海华明	2
	数显温度仪	XMT-288FC	杭州华立	
＃2 主变保护柜	变压器成套保护装置	PCS-978	南瑞继保	2
	变压器非电量保护装置	PCS-9661	南瑞继保	1
低频低压减载柜	频率电压紧急控制装置	PCS-994	南瑞继保	1
10kV 综合柜 2	接地选线装置	PCS-9657	南瑞继保	1
	微机谐振消除装置	PCS-988	南瑞继保	2
10kV 综合柜 1	辅助装置	PCS-9662	南瑞继保	1
	线路保护装置	PCS-9611	南瑞继保	1
	备用电源自投装置	PCS-9651	南瑞继保	1
	测控装置	PCS-9705	南瑞继保	1
10kV 线路保护测控柜 2	线路保护装置	PCS-9611	南瑞继保	4
	电容器保护装置	PCS-9631	南瑞继保	1
	站用变保护装置	PCS-9621	南瑞继保	1
10kV 线路保护测控柜 1	线路保护装置	PCS-9611	南瑞继保	4
	电容器保护装置	PCS-9631	南瑞继保	1
	站用变保护装置	PCS-9621	南瑞继保	1
10kV 电度表柜	三相智能电能表	DHZ333	威胜	12
主变电度表柜	三相四线电子式多功能电能表	ZMH405CR4.054b.04	兰吉尔	2
	三相智能电能表	DHZ333	威胜	2
	电能量数据采集终端	WFET-2000S	威胜	1
110kV 综合测控柜	辅助装置	PCS-9662	南瑞继保	1
	充电保护装置	PCS-9616	南瑞继保	1
	测控装置	PCS-9705	南瑞继保	2
远动通信柜	通信管理装置	PCS-9794		1
	数据通信网关机	PCS-9799		3
	电力监控系统网络安全监测装置	PCS-9895	南瑞继保	1
	防火墙	NSG3000-TE06	奇安信	2

续表

盘柜名称	设备名称	设备型号	生产厂家	数量
	交换机	PCS-9882	南瑞继保	10
时钟同步柜	时间同步装置	PCS-9785	南瑞继保	2
通信电源	通信系统一体化电源	参见图纸	泰昂能源	1
直流电源	一体化电源	参见图纸		
	厂站监控系统	PCS-9700		
	五防监控系统	PCS		

13.2 设备组成及原理

中心变电站主要电气二次设备由 2 面主变测控柜、2 面 10kV 综合柜、10kV 线路保护测控柜、低频低压减载柜、2 面变压器保护柜、110kV 综合测控柜、故障录波柜、10kV 电度表柜、主变电度表柜、远动通信柜、网络通信柜、时钟同步柜、一体化电源柜、通信装置机电源柜、监控装置等设备组成。

13.2.1 110kV 中心变电站主变压器

主变压器主要由铁芯、绕组、油箱、冷却装置、绝缘套管、调压装置、油枕、呼吸器、瓦斯继电器、压力释放阀、净油器、分接开关、温度计等组成。

13.2.2.1 吸湿器

当变压器（或互感器）由于负荷或环境温度的变化而使其变压器油的体积发生胀缩，迫使储油柜内的气体通过吸湿器产生呼吸，以清除空气中的杂物和潮气，保持变压器（或互感器）内变压器油的绝缘强度。

吸湿器按结构分为吊式和座式两类，如图 13-10 所示；按所装硅胶重量，分为 0.2kg、0.5kg、1kg、1.5kg、3kg 和 5kg 六种规格。吸湿器主体为一玻璃管，内盛有氧化钴浸渍过的硅胶（变色硅胶）作为干燥剂，罩或座中装有变压器油，作为杂质过滤介质。

变色硅胶在干燥的状态下呈蓝色；吸收潮气后变为粉红色，即说明硅胶已失去吸湿效能，必须进行干燥或更换。

13.2.2.2 ZXLY-10 有载分接开关在线滤油机

ZXLY 10 有载分接开关在线滤油机主要用于变压器有载分接开关的旁路循环过滤。该装置与变压器有载分接开关配套使用，能够在变压器系统正常运行的情况下，有效地除去有载分接开关内绝缘油中的游离碳及金属微粒等杂质，并可降低油中微量水分，确保油的击穿电压和寿命，从而减少停电检修次数，延长维修周期，有效提高有载分接开关工作的安全性和可靠性。

ZXLY-10 有载分接开关在线滤油机采用西门子（LOGO）控制技术，具有手动、自动、定时起动、工作时间设定，以及动作次数记录、报警等多种功能；另外，它还配置温度控制器，当温度低于 S.C 时或当湿度达到 85% 时，加热器开始工作，这样就保证了装置能够在多种环境下正常工作，实现全天候无人监控自动工作。

主要参数：

额定压力：0.35MPa　　　　　　额定流量：10L/min
电机功率：0.37kW　　　　　　电源：380V/50Hz
过滤颗粒滤芯精度：≤5μm　　　绝缘油含水量：≤20ppm
整机重量：80kg　　　　　　　外形尺寸：650mm×900mm×300mm
介质温度：-20～100℃　　　　环境温度：-25～70℃
进油口连接方式：法兰接口　　　出油口连接方式：法兰接口

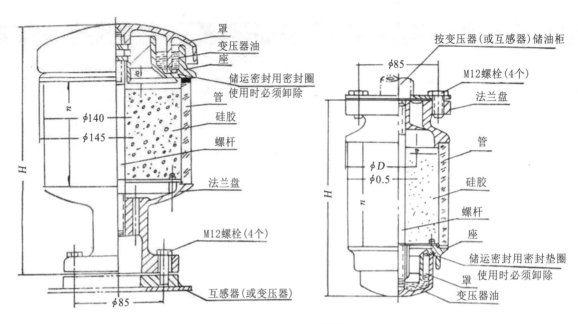

图 13-10 座式吸湿器

滤油机外形尺寸如图 13-11 所示。

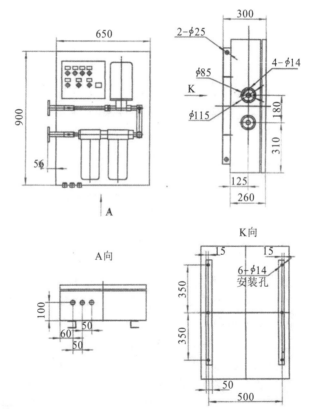

图 13-11 滤油机外形尺寸图

在线滤油机安装示意图如图 13-12 所示。

13.2.2.3 变压器通用小组件

变压器通用标准小组件有塞子、活门、碟阀、波纹管阀门、水银温度计座。

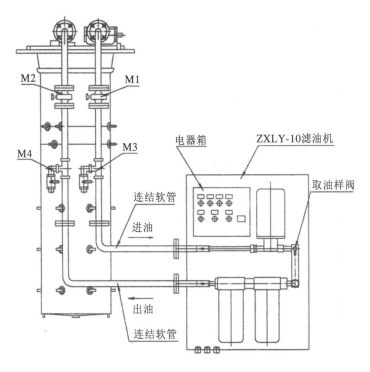

图13-12 在线滤油机安装示意图

1. 塞子类

适用范围:变压器类产品中的放油、放气。

结构:由三个零件组成,即塞子、塞座和封环。

分类:注油塞、放油塞,即将塞子旋出后,即可放油或注油;放气塞,即将塞子向上旋出10～15mm后,气体即可从容器内排出,如图13-13所示。

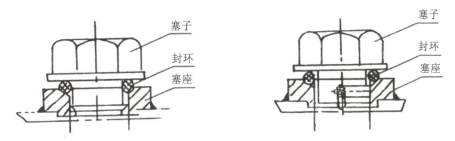

图13-13 注油放油塞、放气塞

2. 温度计座

为测量变压器油面温度及变压器线圈绕组温度,所有油浸式变压器箱盖均安装与温度计座配合使用的水银温度计、温度控制器、AK12绕组温度计。

温度计座分三类:

配水银温度计专用的温度计座(见图13-14)、配温度控制器专用的温度计座(见图13-15)和配AKM绕组温度计专用的管螺纹尺寸为G3/4的温度计座(见图13-16)。

在变压器箱盖上,为了测量顶层油温并能准确测量,在温度计座内必须充以变压器油。对于水银温度计,测量时,可将其上部的塞子取下,将水银温度计插在充满变压器油的温度计座内,测量完成后,再取下水银温度计,重新将塞子装上。温度控制器、绕组温度计的温包直接安装固定在充满变压器油的温度计座内。(见图13-17)

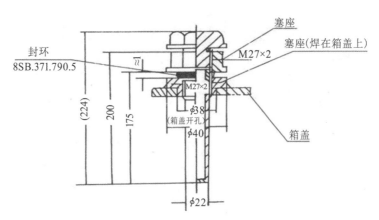

图 13-14　温度计座（配水银温度计专用）

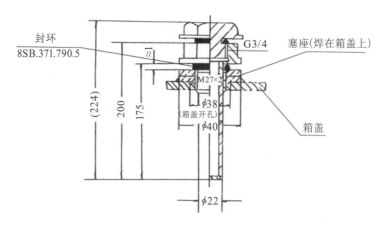

图 13-15　温度计座（配温度控制器专用）

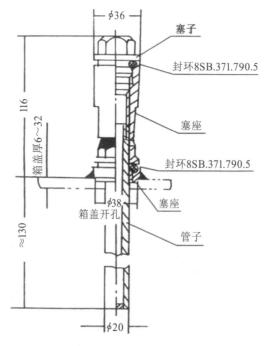

图 13-16　温度计座（配 AKM 绕组温度计专用）

3. 油样活门

油样活门专门供取油样时使用，如图 13-18 所示。将外罩旋下后，再将取样嘴逆时针旋出约 10mm，油

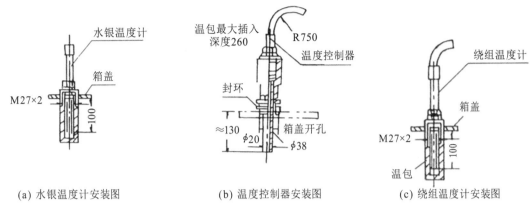

(a) 水银温度计安装图　　(b) 温度控制器安装图　　(c) 绕组温度计安装图

图 13-17　绕组温度计安装图

凭借自身压力顶开钢珠,油从油孔中流出,待取完油后,再旋紧取样嘴,利用钢珠将油孔封住,然后旋紧外罩,并检查密封是否可靠。

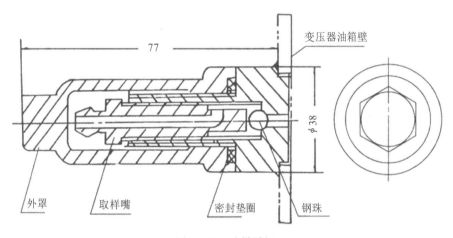

图 13-18　油样活门

13.2.2　110kV 中心变电站隔离开关、接地开关及电动操作机构

隔离开关各单极都由基座、支柱绝缘子、出线座及触头等部分组成,两支柱绝缘子相互平行地安装在基座两端的轴承座上,且与基座垂直。主导电部分分别安装在两支柱绝缘子上方,随支柱绝缘子作约 90°转动。

隔离开关的每个轴承座内部装有一只推力球轴承及两只向心球轴承,轴承内装有轴装配,各极的两轴装配间通过接头、调节螺杆等连接传动。出线座中的软接线分别紧固在矩形导电管和接线板上,接线板供接线路之用。

隔离开关附有接地开关时,接地静触头固定在导电管上,接地开关与基座间用软接线连接,供接地时导电。主导电回路与接地开关的连锁通过基座上的扇形板与弧形板实现,在主导电回路合闸时,接地开关不可合闸,接地开关合闸时,主导电回路不可合闸。

CS14G、CS17G 手动操动机构由转轴、底座、辅助开关、罩、操作手柄等组成。底座上有定位装置,转轴与操作手柄相连,操作完毕后可锁住,以防止误操作。CS14G、CS17G 手动操动机构可配 DSW4 户外电磁锁,并配有供紧急时打开电磁锁的钥匙。电磁锁电压分别有交流 220V、直流 220V 和直流 110V。CJ6 电动机构为交流电动机通过减速装置驱动的电动机构,由电动机、传动齿轮、涡轮、蜗杆、转轴、F6 辅助开关及电动机控制附件等组成。

隔离开关采用双柱中开、触头转入式结构,具有自清洁触头的能力,提高了接触可靠性。导电回路采用矩形管,大大降低了主导电部分的损失。触指采用高强度、高导电率、高弹性的新型材料制造。依靠触指自身的弹力夹紧触头,避免了目前因弹簧锈蚀、发热退火而引起的触头夹紧力降低、接触电阻增加、触头发热加剧的恶性循环,且触指与触指座采用螺栓固定连接,又避免了油污、灰尘进入其接触点,使接触电阻增加的可能性。此导电部分结构已获得国家实用新型专利。隔离开关转动部分按免维护的要求设计。轴承座设计成密封结构,水汽、尘埃、有害气体无法进入,采用锂基润滑脂,使轴承、润滑脂永远工作在良好的环境中,钢制件全部采用不锈钢件或热镀锌处理工艺,确保隔离开关操作灵活、轻便、可靠、永不锈蚀。接地开关为组装式结构,现场安装。左、右接地零部件相同,左、右接地可任意调换。

电动操作机构由电动机驱动齿轮蜗轮减速装置,带动输出轴工作,输出轴为垂直安装。该机构设有分、合闸终点限位开关及机械限位装置,使机构主轴的转角限制在准确的位置。

机构箱内设有近、远控转换开关,机前电控操作的分、合闸按钮,并可用摇把进行分合闸操作。机构内装有8常开、8常闭的辅助开关,由转轴带动辅助开关切换,在隔离开关处于合闸或分闸位置时,发出相应的信号。为便于安装维修,机构箱为三面开门结构,打开前门后,从箱内两侧拧开蝶形螺母后,打开两侧门。(见图13-19)

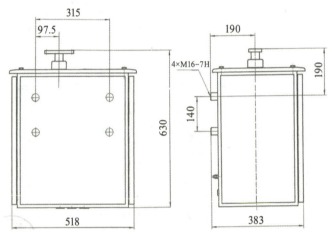

图13-19　CJ6电动操作机构安装布置图

电动分闸:按下分闸按钮(SB3),分闸接触器(KM2)线圈接通,接触器常开触头闭合并自锁,使电动机起动,电动机驱动齿轮蜗轮减速装置,带动与主轴相连的隔离开关分闸。当主轴接近分闸终点位置时,装在主轴上的压片使终点限位开关(SQ2)断开,切断分闸接触器的控制线圈电源,接触器常开触头打开,切断电动机电源,机械限位装置使机构限制在分闸位置。

电动合闸:按下合闸按钮(SB),合闸接触器(KM)线圈接通,接触器常开触头闭合并自锁,使电动机线路接通,主轴按顺时针方向旋转,从而使隔离开关合闸,其他过程同电动分闸一样。

电动停止:在分、合过程中,需要中途停止时,可按下停止按钮(SB2),切断控制电源。

人力操作分、合闸:用摇把直接操作蜗杆轴,进行分、合闸操作。

13.2.3　110kV中心变电站Ⅰ、Ⅱ段35kV复合外套无间隙金属氧化锌避雷器

35kV交流系统用复合外套无间隙避雷器主体元件用具有优异伏安特性的非线性金属氧化物电阻片(以下简称电阻片)组装而成,内部无间隙。当系统出现过电压时,电阻片呈低电阻,使避雷器仅流过很小的泄漏电流,起到与系统绝缘的作用。外部采用具有优质电气绝缘性能的有机合成硅橡胶作为避雷器的外壳,使避雷器的尺寸缩小,重量减轻,防爆性能显著改善,其固有的憎水性使避雷器的耐污性能大大提高了。该系列避雷器均可加装热爆式脱离器,当产品出现故障时,能迅速退出运行,消除事故隐患,提高产品可靠性。达到免维护的使用要求35kV避雷器采用绝缘托架方式安装,35kV座式避雷器在高压端通过线夹、L型硬铝线及铜软线连接,35kV线路悬挂式避雷器则在其下端用硬铝线连接。(见图13-20)

13.2.4　110kV中心变电站断路器

断路器采用三相瓷瓶支柱式结构,为户外设计,三相配用一个弹簧操动机构,居中布置,三相联动,故外观新颖精致。断路器以SF6气体作为绝缘和灭弧介质,运行时断路器三级SF6气体应连通,并采用指针式

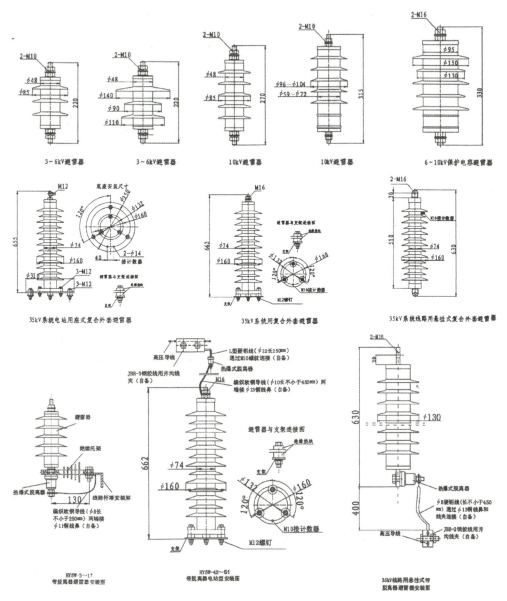

图 13-20　110kV 中心变电站 Ⅰ、Ⅱ 段 35kV 复合外套无间隙金属氧化锌避雷器安装图

密闭继电器对其压力和密度进行监控。该断路器采用自能式灭弧原理,且在断路器运动系统中进行了优化设计,从而有效地提高了机械效率,最大限度地降低了操作功。

该型断路器的整体结构如图 13-21 所示,三个极柱安装在共同的基座上。控制柜居中吊装在基座下面,柜内装有弹簧操动机构和控制单元,机构的输出杆与中相的拐臂相连,并通过操作连杆与 A 相、C 相断路器的拐臂箱连接,进行分、合闸操作。三相 SF6 气体连通,并采用 SF6 气体密度继电器对断路器内的 SF6 气体密度进行监控。

1. 基座

基座起支撑三瓷柱并连接控制柜的作用,是由厚钢板整体弯制而成,再盖上相应的盖板后,能满足《高压交流开关设备和控制设备标准的共用技术要求》(GB/T 11022—2020)的 IP2X 防护等级。基座正面有分、合指示牌,基座内有三相 SF6 气体充气管路和指针式密度继电器,背面有密度继电器观察孔,可观察到 SF6 气体的压力值。在未接极柱充气阀时,充气管内的气体处于密封状态,压力表显示的数值为管路内的压力。另外,基座内还装有多通体及 LF-1 截止阀,通过多通体可对本体内充气及放气,同时截止阀可将密度继电器内气体与本体内的气体隔离,便于密度继电器的校验及检修。

指针式 SF6 密度继电器用于对设备内的 SF6 气体的密度进行监视并发出控制信号,具有温度补偿功

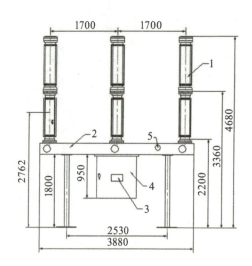

图 13-21　断路器整体结构图（正面）

1—极柱；2—基座；3—铭牌；4—弹簧操动机构及控制柜；5—分、合闸指示牌（背面为指针式密度继电器）

能。当环境温度变化而引起 SF6 气体的压力变化时，控制器不会动作。只有当 SF6 气体泄漏引起气体压力变化时，控制器才会发出报警及闭锁信号。

2. 极柱

每一极柱为一气密单元。极柱自上而下，分为上出线板、灭弧室、下出线板、支柱瓷套、绝缘拉杆、拐臂箱等部分，如图 13-22 所示。下面分述如下：

上、下出线板：线路一次接线用，下出线在极柱正反两面皆有出线，上出线板的出线方向可根据用户需要进行安装。若用户没有要求，上出线板安装在左面一侧。上、下出线板的接线孔尺寸按照 3150A 和 1250A 两种接线方式，如图 13-23 所示，其尺寸规范参照《高压电器端子尺寸标准化》(GB/T 5273—2016)。

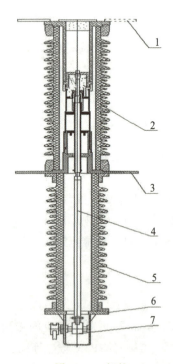

图 13-22　极柱

1—上出线板；2—灭弧室；3—下出线板；4—绝缘拉杆；
5—支柱瓷套；6—拐臂箱；7—内拐臂

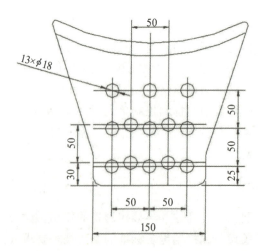

图 13-23　接线端板（材质：铝合金）

3. 灭弧室

灭弧室整体安装在灭弧室瓷套内,是断路器的核心部件。它主要由瓷套、静触头支座、静主触头、静弧触头、喷口、气缸、动弧触头、中间触头、下支撑座、拉杆等零部件组成。吸附剂装在静触头支座的上部,拉杆与支柱瓷套内的绝缘拉杆相连,并最终连至拐臂箱内的传动轴。灭弧室瓷套由高强瓷制成,具有很高的强度和很好的气密性。长期载流回路是由上接线板、静触头座、主触指、气缸、中间触头、下支撑座、下接线板组成。在开断电流的过程中,电弧回路由装在静触头座上的静弧触头和装在气缸上的动弧触头流过,在开断过程中起引导电弧的作用。气缸的热膨胀室下部装有单向阀,压气室下部装有回气阀和释压装置。

4. 支柱瓷套

支柱瓷套起支撑灭弧室和对地绝缘的作用。瓷套内装有绝缘拉杆,起对地绝缘和机械传动作用。支柱瓷套由优质高强度瓷制成,具有很高的强度和很好的气密性。

5. 拐臂箱

拐臂箱的作用是将操动机构的输出动作传递到绝缘拉杆,并最终传递到灭弧室运动部件单元,完成断路器的分、合闸动作。拐臂箱上装有自封阀,用于连接基座内的充气管道。在未接充气管时,整个极柱处于密封状态。拐臂箱壳体由高强度气密性的铝合金铸造而成,在其上面设有定位孔,可以方便地将极柱固定在分闸位置。

6. 断路器灭弧室

断路器灭弧室在大电流阶段采用自能式灭弧原理,当断路器接到分闸命令后,以气缸、动弧触头、拉杆等组成的刚性运动部件在分闸弹簧的作用下向下运动。在运动过程中,静主触指先与动主触头(即气缸)分离,电流转移至仍闭合的两个弧触头上,随后弧触头分离,形成电弧。在开断短路电流时,由于开断电流较大,故弧触头间的电弧能量大,弧区热气流流入热膨胀室,在热膨胀室进行热交换,形成低温高压气体。此时,由于热膨胀室压力大于压气室压力,故单向阀 6 关闭。当电流过零时,热膨胀室的高压气体吹向断口间,使电弧熄灭。同时在分闸过程中,压气室的压力开始被压缩,但到达一定的气压值时,底部的弹性释压阀打开,一边压气,一边放气,使机构不需要克服更多的压气反力,从而大大降低了操作功。(见图 13-24 和图 13-25)

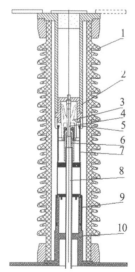

图 13-24 灭弧室结构图
1—瓷套;2—静触头座;3—喷口;
4—静弧触头;5—触指;6—动弧触头;
7—热膨胀气缸;8—拉杆;
9—中间触头;10—下支撑座

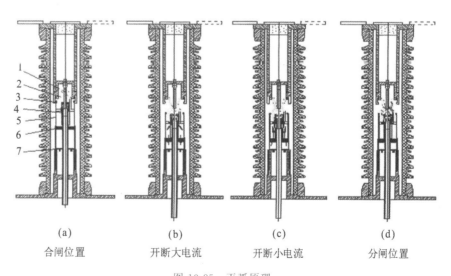

(a) 合闸位置　(b) 开断大电流　(c) 开断小电流　(d) 分闸位置

图 13-25 灭弧原理
1—静弧触头;2—喷口;3—触指;4—动弧触头;5—热膨胀气缸;6—单向阀;7—回气阀

在开断小电流时(通常在几千安以下),由于电弧能量小,热膨胀室内产生的压力小,此时压气室内的压力高于膨胀室内压力,单向阀打开,被压缩的气体向断口吹去。在电流过零时,这些具有一定压力的气体吹向断口,使电弧熄灭。

7. 弹簧操动机构

110kV 中心变电站断路器所配操动机构为新型的弹簧操动机构,其作用原理如图 13-26 所示,弹簧操动机构固定在断路器的基座上,同电气控制部分共用一个箱体,操作所需的能量存储在三相共用的一个合闸弹簧和一个分闸弹簧中。弹簧操动机构的起始位置见图 13-26,断路器处于分闸状态,合闸弹簧和分闸弹簧都处于释放状态,即任何分、合闸操作都是不可能的。

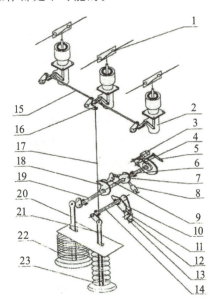

图 13-26 弹簧操动机构动作原理图

1—灭弧室;2—拐臂箱;3—电机;4—推动棘爪;5—手动摇把;6—合闸电磁铁;7—凸轮;8—合闸缓冲器;9—储能保持掣子;10—输出拐臂;11—合闸保持掣子;12—分闸缓冲器;13—分闸电磁铁;14—输出轴;15—横向连杆;16—双拐臂;17—机构输出连杆;18—合闸凸轮;19—储能轴;20—合闸弹簧拉杆;21—分闸弹簧拉杆;22—合闸弹簧;23—分闸弹簧

8. 合闸弹簧的储能

如图 13-27 所示,储能轴上的拐臂和合闸弹簧拉杆处于下部死点位置,输出拐臂也处于分闸位置。为了使合闸弹簧储能,电动机或手动摇把带动大齿轮转动,大齿轮上的驱动棘爪推动储能轴上固定的偏心轮,使它转动到上部死点位置。(见图 13-28)

当储能轴转到上部死点位置时,由于合闸弹簧部分释放的能量使储能轴的传动比驱动棘爪的驱动更快,使偏心轮与棘爪脱开,从而使储能轴在合闸弹簧部分释放能量的作用下,转至死点位置后约 100mm 位置处,由储能保持掣子及合闸扇形板通过合闸半轴锁定,储能轴停止转动。在储能轴越过死点约 100mm 位置之前,固定于机箱上的储能限位板使驱动棘爪与储能轴上的偏心轮脱离啮合,因而储能轴与储能齿轮分离,电动机在储能轴过死点后约 100mm 位置处自动切断电源并带着齿轮一道减速停转。合闸弹簧储能完毕,操动机构准备进行合闸过程。(见图 13-29)

合闸操作:

如图 13-30 所示,合闸脱扣线圈接到合闸命令后动作,使合闸半轴顺时针方向转动,从而使合闸扇形板与储能保持掣子一起被释放,从而使储能保持解除,在合闸弹簧的作用下,使储能轴顺时针转动。

储能轴上的凸轮随着储能轴的转动驱动内输出拐臂上的滚子,使拐臂转动,并带动输出轴一起转动,再由固定在输出轴上的机构外输出拐臂通过分闸弹簧拉杆和机构输出杆、断路器本体上的外拐臂把运动传给灭弧室,从而使灭弧室中的触头闭合。同时,分闸弹簧在机构输出外拐臂及分闸弹簧拉杆的作用下进行储能。合闸驱动块沿着合闸保持掣子上的滚子运动,在此运动曲线的末端,合闸驱动块会滑落在合闸保持掣

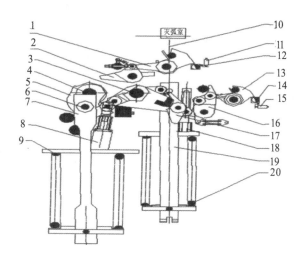

图 13-27 弹簧操动机构分闸未储能状态示意图

1—合闸扇形板；2—储能保持掣子；3—输出拐臂；4—储能轴；5—凸轮；6—拐臂；7—合闸弹簧拉杆；8—合闸缓冲器；9—合闸弹簧；10—机构输出连杆；11—合闸电磁铁；12—合闸半轴；13—分闸扇形板；14—分闸半轴；15—分闸电磁铁；16—合闸保持掣子；17—合闸驱动块；18—分闸缓冲器；19—分闸弹簧杆；20—分闸弹簧

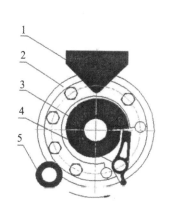

图 13-28 储能棘爪功能示意图

1—储能限位板；2—大齿轮；3—偏心轮；4—储能驱动棘爪；5—储能电机

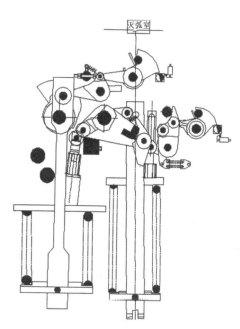

图 13-29 弹簧操动机构分闸状态、合闸弹簧储能示意图

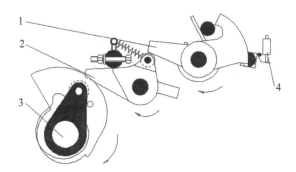

图 13-30 储能保持掣子打开与扣住示意图（储能保持掣子的解脱）

1—合闸扇形板；2—储能保持掣子；3—储能轴；4—合闸脱扣线圈

子的后面,并被滚子挡住,不能倒转,从而完成了分闸弹簧的储能。在合闸过程的最后,合闸缓冲器上的滚子沿着储能轴上的小凸轮运动,吸收合闸弹簧多余的能量,随后滚子越过限位在小凸轮的后面,防止储能轴的回摆。当内输出大拐臂与大凸轮分开时,它才向分闸方向反转回去一点,直到合闸驱动块被限制在合闸保持掣子的滚子上,通过分闸扇形板及分闸半轴扣住,使断路器保持在合闸状态。(见图13-31)

当合闸操作发生的时候,储能电机就接通了,合闸弹簧按顺序进行储能。接着储能轴与储能合闸弹簧在过死点后约100mm位置处被扣住。合闸电磁铁的重复起动是由机构连锁装置(由储能保持掣子与机构内输出拐臂上的滚子组成)控制的,此时断路器处于合闸储能状态。

合闸弹簧储能和分闸弹簧储能完成后,断路器就做好了进行一次Q—C—Q操作顺序的准备。(见图13-32)

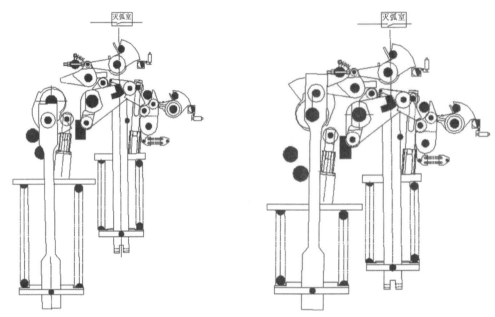

图13-31 弹簧操动机构合闸状态、分闸弹簧储能示意图　　图13-32 弹簧操动机构合闸储能状态

分闸操作:

如图13-33所示,分闸电磁铁接到分闸信号后动作,通过分闸半轴与分闸扇形板使合闸保持掣子与输出拐臂上的驱动块脱开,从而使合闸保持解除。分闸弹簧释放能量,通过分闸弹簧拉杆,带动机构的内、外输出拐臂运动至分闸位置,同时灭弧室中的触头由机构输出连杆带着运动到分闸位置。最后分闸运动的动能通过内输出拐臂由分闸缓冲器吸收。分闸缓冲器也起止住分闸运动的功能。

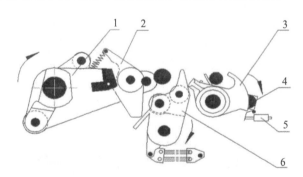

图13-33 合闸掣子打开与扣住示意图
1—输出拐臂；2—驱动块；3—分闸扇形板；4—分闸半轴；5—分闸电磁铁；6—合闸保持掣子

重合闸操作:

当断路器处于合闸位置且分、合闸弹簧都已经储能时,可以执行一次0.3s-CO的重合闸操作。

13.2.5 110kV中心变电站电流互感器

TYD110/√3-0.02H 及 TYD110/√3-0.01H 型电容式电压互感器外形及安装尺寸见图13-34。

TYD110/√3-0.02H 及 TYD110/√3-0.01H 型电容式电压互感器由电容分压器和电磁单元两个独立的元件组成,电容分压器的中压端子和接地端子穿过密封的油箱箱盖引入油箱中,分别与电磁单元的高压端子(A′)和二次接线板的接地端子(N)相连。

电容分压器为污秽型瓷套,内部充有十二烷基苯,并有外泊式金属膨胀器。电容分压器上端盖即高压端子,分压器的中压端子由底部的35kV浇注绝缘子引出,接到电磁单元的高压端A′,分压器的低压端通过分压器底部的10kV浇注绝缘子引出,接到二次接线板的N端子上。载波装置、保护球极(N-E间)在二次接线盒内,当电容式电压互感器作载波用时,需将N-E用联接片断开;如果不作载波用,则需将N-E用联接片短接。

电磁单元的油箱内装有中间变压器和补偿电抗器、阻尼器、保护补偿电抗器的低压避雷器,并充有变压器泊。中间变压器高压绕组与补偿电抗器串联,二者均有若干调节线段,调节线段的端子由调节线段盒引出。电磁单元的二次绕组端子及接地端子均由二次接线盒引出。补偿电抗器有可调气隙的铁芯。油箱上设有4个吊攀,用来吊起电磁单元或整台电容式电压互感器。油箱用槽钢作安装底脚,其上有4个安装孔。

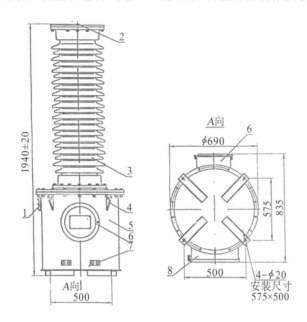

图 13-34 外形及安装尺寸

1—油位视窗(如发现油位高于3/4视窗口或低于1/4,产品应退出运行,并通知生产厂家,以便及时处理);
2——次接线端;3—电容分压器;4—吊攀;5—电磁单元;6—二次接线盒(圆形,供用户接线);
7—接地;8—调节线段盒(方形)

13.2.6 主变测控柜

#1主变与#2主变分别配置一面主变测控柜,设备型号为PCS-9705T,每台主变测控柜包含用于控制主变高压侧断路器101/102,主变低压侧开关901/902,以及主变本体的接地刀闸、有载分接开关等。主变测控柜主要采集主变两侧的电压与电流,用于数据采集显示及上传,还可通过装置对主变高低压侧断路器进行分合操作。

13.2.6.1 PCS9705 工作原理

1. 遥信

开入信号以空接点方式引入,经过光电隔离后转换成数字信号进入装置,信号定义可以自由配置。开入量信号经过硬件滤波回路和软件防抖算法的处理,能有效地滤除外部干扰。装置可设置一段防抖时限,当有干扰串入、信号发生抖动时,在防抖时限内的信号被忽略,不会误判为信号变位。每一信号的防抖时限可整定为0~60s,以确保信号的准确性。装置定时查询一次信号状态,有变位即进行记录。

2. 遥控

根据控制命令可实现断路器的分/合、隔离刀闸的分/合、接地刀闸的分/合、挡位升/降等各种控制信号。为了保证遥控输出的可靠性,每个遥控对象采用三个继电器构成冗余控制,输出配置两个CPU执行(冗余),并增设闭锁控制电路,由该电路确保遥控输出的正确执行。对象操作严格按照选择、返校、执行3个步骤,实现出口继电器校验,保证了遥控能安全、可靠地执行,另外具有硬件自检闭锁功能,以防止硬件损坏,导致误出口。

装置处于远方位时,遥控命令可以由后台监控系统通过103规约或者61850规约发给装置;处于就地位时,可以在装置LCD上进行本地操作。一次遥控的操作过程:

(1) 通过后台监控系统或者本地操作发送选择命令;
(2) 对装置系统的逻辑功能进行判断,回复选择成功或失败原因;
(3) 若选择成功,后台监控系统或者本地操作发送执行命令,否则发送取消命令;
(4) 对装置系统的逻辑功能进行判断,回复执行成功或失败原因;
(5) 遥控的操作可以是分/合。

装置处于检修状态时,对本地控制命令仍然可以响应。

遥控功能可以与检同期、检无压以及联闭锁运算等相关功能配合,完成相应操作与调节命令的执行输出,它可以实现变电站间隔内开关刀闸的常规遥控出口以及间隔之间的联闭锁和可编程逻辑组态功能。

3. 联锁逻辑

当装置逻辑闭锁功能投入时,装置能够接收逻辑闭锁编程;当远方遥控或就地操作时,装置自动起动逻辑闭锁程序,以决定控制操作是否允许。在装置的监控参数中,为每一个控制对象提供了对应的逻辑闭锁控制字,该控制字置"1",表示对应控制对象的闭锁功能投入。闭锁逻辑可通过专用的逻辑组态工具软件编辑,经以太网口直接下载到装置。如果某个闭锁功能投入,但是未设置闭锁逻辑,则其逻辑输出结果为0。

除软件逻辑闭锁功能外,装置还提供硬件闭锁功能。如配有逻辑闭锁板,即BS(IL)板,通过联锁组态,其输出状态由逻辑运算结果控制。此时第1~16个控制对象有一个对应的闭锁接点。同时,通过新联锁组态工具进行逻辑组态,这些输出接点还可作为单独的可编程逻辑接点输出,用于特定场合的逻辑应用。

13.2.6.2 主变油温监测

主变测控柜还配置两路主变油温显示仪器,用于监视主变油温;变压器温度控制器(以下简称温控器),主要由弹性元件、毛细管、温包和微动开关组成。当温包受热时,温包内感温介质受热膨胀所产生的体积增量,通过毛细管传递到弹性元件上,使弹性元件产生一个位移,这个位移经机构放大后指示出被测温度并带动微动开关工作,从而控制冷却系统的投入或退出。

XMT-288FC数显仪表能将BWY(WTYK)-802A、803A'型温控器输送过来的Pt100铂电阻信号转换成0~5V(直流)或4~20mA(直流)信号,进入计算机联网。在无人值班的机房直接配套使用,达到电脑监控温度的目的。(见图13-35)

13.2.6.3 主变挡位切换装置

主变测控柜配置一台主变挡位显示控制仪,主变挡位控制切换装置固定在主变本体上,总共有17个挡位可切换,平时在1挡。控制柜上装有显示控制仪,可实现主变挡位的远方及就地切换。(见图13-36)

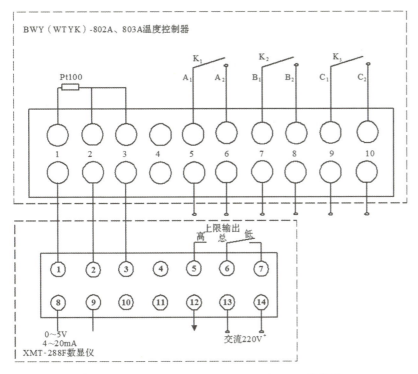

图 13-35　BWY(WTYK)-802A、803A/288FC 接线图

图 13-36　主变挡位切换

13.2.6.4　在线滤油机

主变测控柜配置一台在线滤油机,主要用于变压器有载分接开关的旁路循环过滤。该装置与变压器有载分接开关配套使用,能够在变压器系统正常运行的情况下,有效地除去有载分接开关内绝缘油中的游离碳及金属微粒等杂质,并可降低微量水分,确保油的击穿电压和寿命,从而减少停电检修次数,延长维修周期,有效提高有载分接开关工作的安全性和可靠性。(见图 13-37)

1. 手动工作

(1) 按手动起/停按钮 SB1,输入信号给 PLC 控制器,接触器 KM 吸合,油泵 M1 起动,滤油开始。传送运行信号到远程控制室。

(2) 按手动起/停按钮 SB1,通过 PLC 控制器,接触器 KM 断开,M1 停机。

2. 自动工作

(1) 按定时/自动控制按钮,自动指示灯 HS2 亮。

(2) 有载开关切换时,起动信号经过端子传入 PLC 控制器。

(3) PLC 控制器内部定时器触动开启计时,并输出计数信号到计数器 JS 记录起动次数。

(4) 同时接触器 KM 吸合,油泵 M1 起动,滤油开始;传送运行信号到远程控制室。

(5) 30 分钟(出厂设定)后计时结束,接触器 KM 断开,油泵 M1 停机,滤油结束。

(6) 当滤油机每次停机时,计时器开始计时,定时为 23 小时 30 分钟。如果 23 小时 30 分钟内起动信号没有输入 PLC 控制器,其内部的计时器将按时使滤油机自动起动,按定时设定时间运转 30 分钟。

3. 定时工作

按定时/自动控制按钮,选择定时工作,定时指示灯 HS1 亮,滤油机在系统设定时间内自动滤油。出厂设定值为每天上午 8:30—9:00 滤油。

两台主变各配置一套冷却装置,每套冷却装置由两台风机及其他控制部分组成。两路动力电源(380V),一主一备。控制的电源为交流 220V,有手动和自动两种控制方式,自动的逻辑主要为油面温升和

负载电流,油面温升为温度继电器控制,负载电流为电流继电器控制,平时温度或者电流达到定值后,两台风机同时起动。

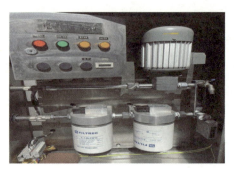

图 13-37　在线滤油机

13.2.7　主变保护柜

1. 差动保护

配置纵差差动保护,主要原理为当任一相差动电流大于差动速断整定值时,瞬时动作跳开变压器各侧开关。(见表 13-12)

表 13-12　差动保护定值表

序号	定值名称	整定值	序号	定值名称	整定值
1	纵差差动速断电流定值	7Ie	2	纵差保护起动电流定值	0.5Ie

2. 复合电压闭锁方向过流保护

复合电压闭锁方向过流,过流保护主要作为变压器相间故障的后备保护。复合电压闭锁方向过流逻辑框图如图 13-38 所示。

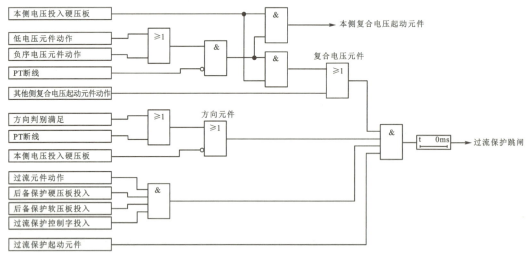

图 13-38　复合电压闭锁方向过流逻辑框图

3. 零序方向过流保护

在统一标准配置中,公共绕组设有"零序过流保护跳闸"控制字来选择零序过流动作后跳闸或报警。若"零序过流保护跳闸"控制字为 1,零序过流动作后跳闸;若"零序过流保护跳闸"控制字为 0,零序过流动作后报警。零序过流保护逻辑框图如图 13-39 所示。

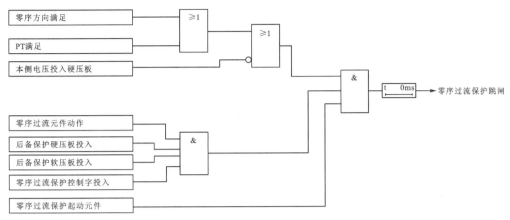

图 13-39 零序过流保护逻辑框图

13.2.8 非电量保护

配置一台 PCS-9661 变压器非电量保护装置,适用于 110kV 以下电压等级变压器,支持 IEC61850 规约。

1. 工作原理

从变压器本体来的非电量信号(如瓦斯信号等)经过装置重动后给出中央信号、远方信号两组接点,同时装置本身的 CPU 也可记录非电量动作情况。对于需要延时跳闸的非电量信号,由保护装置根据定值设定的延时起动装置的跳闸继电器;对于直接跳闸的非电量信号,则直接起动装置的跳闸继电器。(见图 13-40 至图 13-42)

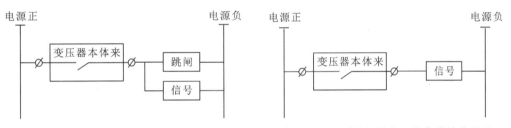

图 13-40 直接跳闸的非电量信号接线原理　　图 13-41 不需跳闸的非电量信号接线原理

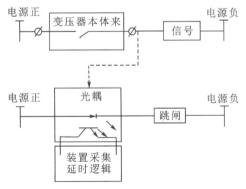

图 13-42 需延时跳闸的非电量信号接线原理

2. 冷控失电保护

装置设有冷控失电保护。根据《电力变压器运行规程》(DL/T 572—2021)要求,110kV 中心变电站主变压器采用自然循环风冷的冷却方式。当冷却系统故障切除全部冷却器时,允许带额定负载运行 20 分钟。如 20 分钟后顶层油温尚未达到 75℃(允许上升到 75℃),则在这种状态下运行的最长时间不得超过 1 小时。(见图 13-43)

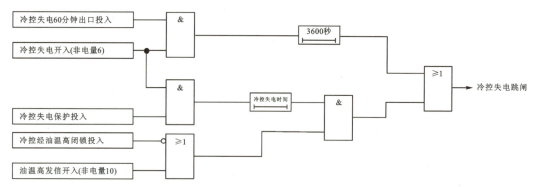

图 13-43 冷控失电逻辑图

冷控失电定值表见表 13-13。

表 13-13 冷控失电定值表

序号	定值名称	整定值	序号	定值名称	整定值
1	起动风冷电流定值	1.96A	3	闭锁调压电流定值	3.08A
2	起动风冷时间	10s	4	闭锁调压时间	0.5s

13.2.9 低频低压减载柜

配置一台 PCS-994C 型频率电压紧急控制装置，用于分列母线的频率电压紧急控制。

13.2.9.1 主要功能配置

低频减负荷功能：在电力系统中，由于有功功率缺额引起频率下降时，装置自动根据频率降低的幅度切除部分电力用户负荷，使系统的电源与负荷重新平衡，恢复频率至正常范围。低频减负荷功能设有 5 个基本轮、3 个特殊轮。

低频加速切负荷功能：当电力系统功率缺额较大时，具有根据 df/dt 加速切负荷的功能，在切第一轮时可加速切第二轮或第二、三两轮，尽早制止频率的下降，防止出现频率崩溃事故。

低压减负荷功能：在电力系统中，由于无功功率缺额引起电压下降时，装置自动根据电压降低的幅度切除部分电力用户负荷，使系统电压恢复正常。低压减负荷功能设有 5 个基本轮、3 个特殊轮。

低压加速切负荷功能：当电力系统电压下降太快时，可根据 dU/dt 加速切负荷，尽早制止系统电压的下降，避免发生电压崩溃事故，并使电压恢复到允许的运行范围内。

13.2.9.2 装置起动

低频起动：

$f \leqslant 49.5 \mathrm{Hz}, t \geqslant 0.05 \mathrm{s}$。其中：$f$ 是系统频率。此起动元件用来开放低频减负荷功能。

低压起动：

$$U \leqslant U_1 + 0.03 U_n, t \geqslant 0.05 \mathrm{s}。$$

式中：U 为正序电压，U_1 为低压第一轮定值，U_n 为额定电压。此起动元件用来开放低压减负荷功能。

13.2.9.3 低频减负荷工作原理

在电力系统中，由于有功功率缺额引起频率下降时，装置自动根据频率降低的幅度切除部分电力用户负荷，使系统的电源与负荷重新平衡。低频减负荷功能设有 5 个基本轮、3 个特殊轮。主要原理如下：

1. 防止误动作的闭锁措施

(1) 低电压闭锁：当正序电压 $<0.15 U_n$ 时，不进行低频判断，闭锁出口。

(2) df/dt 闭锁：当 $-df/dt \geqslant Df3$ 时，不进行低频判断，闭锁出口。df/dt 闭锁后直到频率再恢复至起动频率值以上才自动解除闭锁。

(3) 频率值异常闭锁：当 $f<33\text{Hz}$ 或 $f>65\text{Hz}$ 时，测量频率值异常。当装置检测到某一段母线的频率异常或电压消失时，将闭锁该母线的频率电压紧急控制功能。

2. 防止低频过切负荷的措施

在低频减负荷实际动作过程（见图 13-44）中，可能会出现前一轮动作后系统的有功功率不再缺额，频率开始回升，但频率回升的拐点可能在下轮动作范围之内，如图 13-45 所示，第一轮切负荷（t_1 时刻）后频率开始上升，但在第二轮频率定值以下的时间超过了第二轮的延时定值 Tf2，则第二轮动作（t_3 时刻），不必要地多切了负荷，导致频率上升，超过了正常值（图中虚线所示）。过切的现象在地区小电网容易发生。为此，在每一基本轮动作的判据中增加"$df/dt>0$"的闭锁判据，可以有效防止过切现象发生，即每一基本轮同时满足以下三个条件时才能动作出口：①$f \leqslant Fn$；②$df/dt \leqslant 0$；③$t \geqslant Tfn$。式中：n 表示第 n 轮，$n=1 \sim 5$。

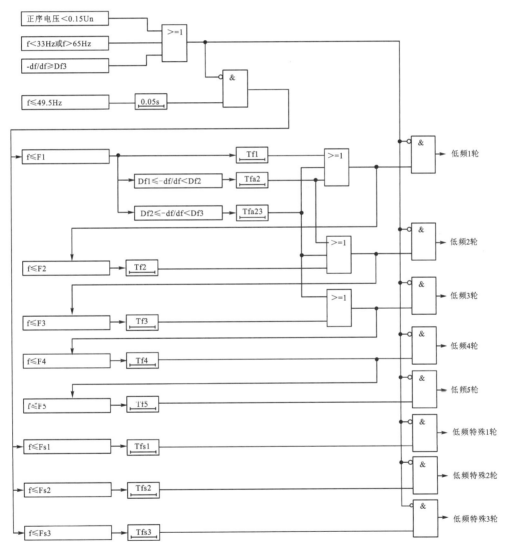

图 13-44 低频减负荷动作过程图

对于从主网受电比例较大的地区电网，例如受电功率占地区总负荷的比例达 30%～50% 时，一方面应尽量在联络线跳闸时联切一定数量的负荷，另一方面在每一基本轮动作条件中应增加"$-df/dt \geqslant Df0$"的判别。若 Df0 整定为 0，则与上述情况一致。若 Df0 整定为一个小的值，则还可以在地区电网孤立运行时，防止由频率波动引起的误切负荷。Df0 称为人为设定的频率变化率不灵敏区。

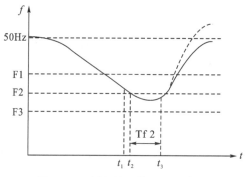

图 13-45　低频第二轮过切示意图

13.2.9.4　低压减负荷工作原理

在电力系统中，由于无功功率缺额引起电压下降时，装置自动根据电压降低的幅度切除部分电力用户负荷，使系统电压恢复正常。低压减负荷功能设有 5 个基本轮、3 个特殊轮。

低压减负荷动作过程图（基本轮按顺序动作）如图 13-46 所示。

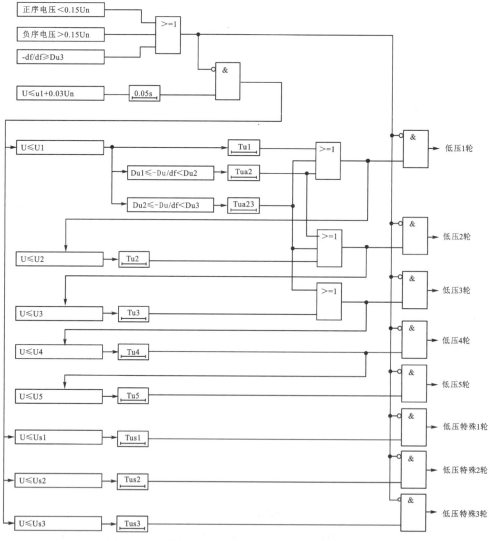

图 13-46　低压减负荷动作过程图（基本轮按顺序动作）

1. 短路故障闭锁及系统短路故障切除后立即允许低电压切负荷

短路闭锁及解除闭锁示意图如图 13-47 所示。

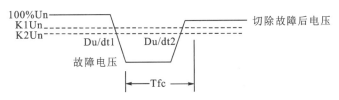

图 13-47 短路闭锁及解除闭锁示意图

当系统发生短路故障时,母线电压突然降低,此时立即闭锁,不再进行低电压判断。而当保护动作切除故障元件后,装置安装处的电压迅速回升,如果恢复不到正常的数值,但大于 K2(故障切除后电压恢复定值),则装置立即解除闭锁,允许装置快速切除相应数量的负荷,使电压恢复。

需用户设定一个"躲过故障切除时间 Tfc"定值,一般应大于后备保护的动作时间。例如,若后备保护最长时间为 4 秒,则 Tfc 可以设为 4.5~5 秒。如果电压在超过 Tfc 时间还未回升到 K2 以上,则装置发出异常告警信号。

装置判断系统发生短路故障的条件:$du/dt \leqslant -Du3$(正序电压突降);任一相电压≤"判故障电压定值"(该定值定义为 K1)。满足以上 2 个条件就认为系统发生短路故障。

装置解除短路闭锁的条件:$du/dt \geqslant Du3$(正序电压突升);三相电压>"故障切除后电压恢复定值"(该定值定义为 K2)。满足以上 2 个条件,则解除短路闭锁。

说明:K1 与 K2 一般设相同的定值,但对于联系比较弱的电网,故障后电压有可能不能恢复到比较高的值,此时又希望解除闭锁,则可以将 K2 整定为比较小的值。

13.2.10 10kV 综合保护柜

10kV 综合保护柜配置一台接地选线装置和两台微机谐振消除装置。

13.2.10.1 接地选线装置

接地选线装置适用于电力系统中性点不接地或中性点经电阻、消弧线圈接地系统的单相接地选线,可广泛用于发电厂、变电所及大型厂矿企业的供电系统,提供线路和母线单相接地故障报警,或用于线路接地保护跳闸。

小电流接地系统是指中性点不接地、经消弧线圈接地或经高阻接地方式的电力系统,国内大部分 66kV 及以下电网都采用这种接地方式。它的主要缺点是在发生单相接地故障时无法迅速确认问题出在哪一条线路上。这种故障引起的相电压升高对系统的绝缘性能构成很大威胁,所以必须迅速查出故障线路并加以排除。

接地故障暂态过程与电网结构、参数、运行方式相关。暂态电流远大于稳态电容电流,暂态最大电流值与故障电压初始相角有关,暂态电流不受消弧线圈的影响,弧光接地和间歇性接地的暂态分量更丰富。

1. 工作原理

1)暂态法

暂态电流分布特征:故障线路电流幅值最大,故障线路的电流极性、方向与非故障线路的相反。

提取出接地时刻暂态电流,比较各线路暂态电流极性来选线。

当系统发生单相接地故障时,装置判断 3U0 大于整定值时起动选线原理开始工作;等待采样数据满故障后一个周波;利用故障前后各一个周波的暂态数据进行选线,使用小波包变换对暂态量进行分析。

暂态法只有暂态比相法作为主选线法会动作于出口继电器,比幅及功率方向法作为辅助选线法只有报文供参考不出口。暂态法母线故障时,母线接地出口动作。

为了防止瞬时性接地或铁磁谐振引起跳闸,暂态法经选线出口经定值延时输出。当延时条件满足且零序电压高于零序电压越限定值,并且没有消谐输出时,对应的继电器才会出口,否则选线结果只在报文显示。选线报文时间为选线所用时间,非出口时间。

三种暂态法选线的零序电流门槛值为 2mA,如该线路零序电流二次值小于 2mA,则认为该线路未投入,不参与选线。

2)暂态比相法

提取暂态幅值最大的频段的暂态信号进行相位比较,选出相位与其他线路不同的线路即故障线路,如果出现相位都相同的情况,则判断为母线故障。暂态比相法受"暂态法选线投入"控制字控制。

选线结果在报文显示"比相法××线接地",选线报文时间为选线所用时间,非出口时间。

3)暂态功率方向法

发生单相接地时,故障线路暂态功率方向为反向,非故障线路电流及电压暂态功率方向为正向,利用小波法提取各线路的暂态分量进行暂态功率计算,反向的线路即故障线路。暂态功率方向法受"暂态法选线投入"控制字控制。选线结果在报文显示"功率方向××线接地",不出口。

4)暂态比幅法

发生单相接地时,故障线路暂态分量幅值远大于非故障分量,当 $3U_0$ 大于整定值时,起动选线原理开始工作,等待采样数据满故障后一个周波,根据故障前后各一个周波的数据,利用小波法提取各线路的暂态分量进行幅值比较,选出幅值最大的线路即故障线路。暂态比幅法受"暂态法选线投入"控制字控制。

暂态比幅法不比较相位。在 CT 极性接错的情况下也可以进行选线,但是无法识别母线故障。因此,暂态比幅法选线结果只在报文显示"比幅法××线接地",不出口。如暂态比幅法选出暂态幅值最大线路零序电流小于 2mA,则认为母线发生接地故障。

2. 经方向闭锁的零序过流

经方向闭锁的零序过流提供 44 条线路的零序过流保护,用于反应系统接地故障。

零序过流用于保护跳闸,可经方向闭锁。

零序过流保护方向元件:

零序方向过流保护用零序电压作为极化电压。在接地保护中,极化量需反映接地故障的特性,而接地故障会产生零序电压,因此零序电压被用作零序方向过流保护的极化电压。

3. PT 消谐功能

装置监测四条母线的 $3U_0$ 电压 4 种频率(3 分频/16.67Hz、2 分频/25Hz、3 倍频/150Hz、5 倍频/250Hz)的电压分量。若超过定值,则认为该母线 PT 有铁磁谐振发生,经过定值延时后装置消谐出口输出,消谐出口可起动外部消谐元件。

为防止铁磁谐振造成的零序电压升高,导致选线误起动,在消谐出口时,暂态选线法只显示报文,继电器不出口。

13.2.10.2 微机谐振消除装置

在中性点不直接接地系统中,当发生合空载母线、单相接地故障消失或者系统负荷剧烈变化时,部分中性点直接接地 PT 的励磁电感会出现非线性变化,可能会与系统对地电容形成参数匹配,从而引发铁磁谐振现象,引起系统过电压和 PT 过电流,进而导致绝缘破坏或短路故障,以及 PT 熔丝熔断、烧毁或爆炸等,严重影响系统安全运行。

呼蓄电站微机谐振消除装置配置型号为 PCS-988FR,装置接入电压互感器的开口三角电压,识别铁磁谐振,触发消谐控制逻辑,采用可控硅电子开关回路将 PT 开口三角电压回路多次短时导通,从而破坏谐振条件,抑制并消除 PT 铁磁谐振。

1. 工作原理

主程序分为正常运行程序和故障计算程序。正常运行程序完成系统正常情况下的状态监视、数据预处理等辅助功能。检测到谐振故障后进入消谐程序,进行各种消谐逻辑判断等。

1)模拟量输入

可以引入每段母线的三相母线电压以及开口三角电压等模拟量。外部模拟量输入经隔离互感器隔离变换后,经低通滤波器至模数转换器,再由 CPU 定时采样。CPU 对获得的数字信号进行处理,并根据处理结果对谐振进行判别并进行消谐控制。

2)谐振判别元件

装置主要通过分析采集到的开口三角零序电压不同频率分量来判断是否发生谐振,装置可以识别三分频、二分频、工频以及三倍频谐振。当开口三角电压三分频分量、二分频分量、工频分量以及三倍频分量超过对应定值时,装置发出谐振信号并报警,谐振信号在谐振现象消失 0.2s 后返回。

3)消谐控制元件

装置检测到谐振时,消谐控制元件起动,通过对消谐回路进行短时间的导通控制来达到消谐的目的。对于不同频率的谐振,装置设置了不同的导通时间和导通间隔。装置具有重复消谐功能,可通过控制字选择是否重复进行消谐。当重复消谐功能投入时,装置在一次消谐未成功后经过一段时间再次进行消谐动作。当重复消谐功能不投入时,装置在一次消谐动作未成功后不再进行消谐,直至谐振故障消失才允许进行下一次消谐。(见图 13-48)

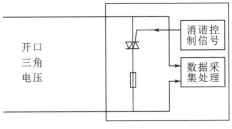

图 13-48 消谐装置工作原理

根据铁磁谐振时电压互感器与系统的能量交互情况,当电压互感器零序回路磁链最小时,其处于非饱和状态,此时触发消谐回路导通时消谐效果最优,因此装置对零序回路磁链进行实时计算,当检测到发生铁磁谐振时,选择在零序回路磁链最小时刻触发消谐回路导通。

13.2.11　10kV 综合柜 2

配置一台辅助装置、线路保护装置、备用电源自投装置、测控装置。

13.2.11.1　辅助装置

呼蓄电站辅助装置即电压并列装置,型号为 PCS-9662,主要有交流电压并列功能、交流电压切换功能、操作回路功能、交流电压监视功能。

电压并列:如果是单母线分段接线,当某段母线 pt 停运,而该母线的线路又继续工作,需要计量二次电压,则投入 pt 并列装置,将另外一段母线的 pt 二次电压并列至停运 pt 的二次侧,达到目的。前提是一次处于并列状态,否则二次不能并列。

电压切换:主要供给保护装置及计量器等,使装置的电压随刀闸的切换而随之改变。比如双母线,当线路在 Ⅰ 母运行,-1 刀闸合位,线路保护装置应取 Ⅰ 母电压,线路在 Ⅱ 母运行,-2 刀闸合位,线路保护装置应自动切 Ⅱ 母电压。电压并列的前提条件是分段或者母联开关在合位,而电压切换分段或者母联开关在分位,就是说电压切换是靠相关二次回路自动切换的。

操作回路功能:实现对并列点断路器的分合闸,具备防跳以及反复跳合闸的功能。

主要逻辑为:当中心变电站 110kV Ⅰ 母或者 Ⅱ 母的电压互感器遇到故障、预试或者检修等情况时,需要将另外一台电压互感器采集的电压值并列至停运的电压互感器的二次侧,以防止保护误动以及测量需要。并列点即为中心变 110kV 母线联络开关 112,只有在母联开关合闸后,两条母线并列运行状态下,才可实现电压并列,母联开关的分合闸可在辅助装置上进行。

13.2.11.2　10kV 线路保护装置

线路保护装置主要用于 912 开关的保护及测控。

1. 过流保护

设三段过流保护。Ⅰ、Ⅱ 固定为定时限,Ⅲ 段可选定时限或反时限。各段有独立的电流定值和时间定值以及控制字。各段可独立选择是否经复压闭锁(低电压和负序电压)、是否经方向闭锁。呼蓄电站仅为电流条件起动,无其他条件参与判断。(见图 13-49)

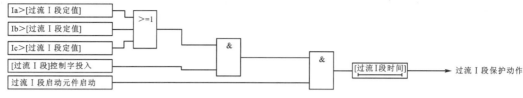

图 13-49 过流Ⅰ段保护逻辑图

2. 过负荷保护

装置设一段独立的过负荷保护,过负荷保护可以经"过负荷"控制字选择是报警还是跳闸。"0"为报警,"1"为跳闸。过负荷出口跳闸后闭锁重合闸。(见图 13-50)

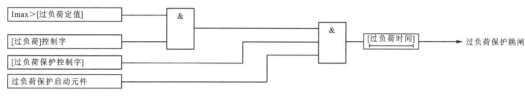

图 13-50 过负荷逻辑框图

13.2.11.3 备用电源自投装置

1. 工作原理

引入两段母线电压(Uab1、Ubc1、Uca1 和 Uab2、Ubc2、Uca2),用于有压、无压判别。

引入两电源电压(Ux1、Ux2),用于判别备用电源是否有压,可经控制字选择是否使用。引入两电源单相电流(I1、I2),是为了防止母线 PT 三相断线后备自投误动作,同时可以更好地确认电源开关是否跳开。

引入1母进线、2母进线和分段断路器的跳闸位置接点,用于系统运行方式识别、自投准备及自投动作。

引入1母进线、2母进线和分段断路器的合后位置(KKJ)信号,用于各种运行方式下的手跳闭锁备自投。如果未接入断路器的合后位置信号,那么需将"合后位置接入"控制字整定为 0,同时为了实现手跳闭锁备自投功能,需将各断路器的手跳接点接至闭锁备自投开入端子。

分段断路器的 TWJ、HWJ 和 KKJ 可以由装置的操作回路插件(B04)产生。

另外,还分别设置闭锁备自投方式 1/2、闭锁备自投方式 3/4 和闭锁备自投(总闭锁)的开入。

备自投动作输出有:跳电源 1 出口,用于跳开电源 1 进线断路器;跳电源 2 出口,用于跳开电源 2 进线断路器;联切Ⅰ母、联切Ⅱ母出口,用于联跳相应母线上的其他断路器;合 1 母进线出口,用于合♯1 进线断路器;合 2 母进线出口,用于合♯2 进线断路器;跳、合分段出口,用于跳、合分段断路器。(见图 13-51)

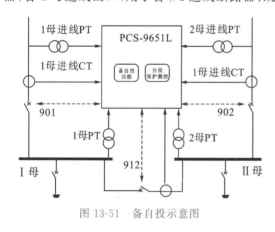

图 13-51 备自投示意图

2. 备自投方式 1

1母进线运行,2母进线备用,即 901、912 在合位,902 在分位。当1母进线(♯1进线)因为故障导致失电后,2母进线(♯2进线)应能自动投入,且只允许动作一次。为了满足这个要求,设计了类似于线路自动重合闸的充电过程,只有在充电完成后才允许备自投动作。

充电条件:①Ⅰ母、Ⅱ母均三相有压,当"检2母进线电压"控制字投入时,Ux2 有压(大于电源有压定值);②901、912 在合位,902 在分位。同时满足以上条件,经辅助参数"备自投充电时间"后充电完成。

放电条件(满足以下任意一条则放电):①当"检2母进线电压"控制字投入时,Ux2 不满足有压条件(小于电源有压定值),经 15s 延时放电;②备自投发出合闸命令或 902 合上;③当"合后位置接入"控制字投入,没有跳闸出口时,1 母进线合后位置开入为 0,或分段合后位置开入为 0;④有"闭锁备自投方式 1/2"或"闭锁备自投"开入;⑤901,902 或 912 的跳位异常;⑥901 开关拒跳;⑦整定控制字"备自投方式 1"或"备自投方式 1/2 软压板"或"备自投功能软压板"退出;⑧分段保护动作。

动作过程:

(1)当充电完成后,Ⅰ母、Ⅱ母均无压(线电压均小于"母线无压起动定值"),I1 无流,Ux2 有压("检 2 母进线电压"控制字投入时),则起动,经"1 母进线跳闸时间"延时,跳 1 母进线断路器 901,若"联切功能"控制字投入,则联切Ⅰ母、联切Ⅱ母同时动作。确认 901 跳开,且Ⅰ母、Ⅱ母均无压(线电压均小于"母线无压合闸定值")后,经"合备用电源延时"去合 2 母进线断路器。

(2)当充电完成后,1 母进线跳位且 I1 无流,Ux2 有压("检 2 母进线电压"控制字投入时),Ⅰ母、Ⅱ母均无压(线电压均小于"母线无压起动定值",若"跳位起动判母线电压"控制字退出,则不判母线电压),则起动,若"跳位起动经跳闸时间"控制字投入时经"1 母进线跳闸时间"延时,否则固定经 40ms 延时,跳 1 母进线断路器 901,若"联切功能"控制字投入,则联切Ⅰ母、联切Ⅱ母同时动作。确认 901 跳开,且Ⅰ母、Ⅱ母均无压(线电压均小于"母线无压合闸定值")后,经"合备用电源延时"去合 2 母进线断路器。

3. 备自投方式 2

2 母进线运行,1 母进线备用,即 902、912 在合位,901 在分位。当 2 母进线因为故障导致失电后,1 母进线应能自动投入。

充电条件:①Ⅰ母、Ⅱ母均三相有压,当"检 1 母进线电压"控制字投入时,Ux1 有压(大于"电源有压定值");②902、912 在合位,901 在分位。同时满足以上条件,经辅助参数"备自投充电时间"后充电完成。

放电条件(满足以下任意一条则放电):①当"检 1 母进线电压"控制字投入时,Ux1 不满足有压条件(小于"电源有压定值"),经 15s 延时放电;②备自投发出合闸命令或 901 合上;③当"合后位置接入"控制字投入时,没有跳闸出口时 2 母进线合后位置开入为 0,或分段合后位置开入为 0;④有"闭锁备自投方式 1/2"或"闭锁备自投"开入;⑤901,902 或 912 的跳位异常;⑥902 开关拒跳;⑦整定控制字"备自投方式 2"或"备自投方式 1/2 软压板"或"备自投功能软压板"退出;⑧分段保护动作。

动作过程:

(1)当充电完成后,Ⅰ母、Ⅱ母均无压(线电压均小于"母线无压起动定值"),I2 无流,Ux1 有压("检 1 母进线电压"控制字投入时),则起动,经"2 母进线跳闸时间"延时,跳 2 母进线断路器 902,若"联切功能"控制字投入,则联切Ⅰ母、联切Ⅱ母同时动作。确认 902 跳开,且Ⅰ母、Ⅱ母均无压(线电压均小于"母线无压合闸定值")后,经"合备用电源延时"去合 1 母进线断路器。

(2)当充电完成后,2 母进线跳位且 I2 无流,Ux1 有压("检 1 母进线电压"控制字投入时),Ⅰ母、Ⅱ母均无压(线电压均小于"母线无压起动定值",若"跳位起动判母线电压"控制字退出,则不判母线电压),则起动,若"跳位起动经跳闸时间"控制字投入时经"2 母进线跳闸时间"延时,否则固定经 40ms 延时,跳 2 母进线断路器 902,若"联切功能"控制字投入,则联切Ⅰ母、联切Ⅱ母同时动作。确认 902 跳开,且Ⅰ母、Ⅱ母均无压(线电压均小于"母线无压合闸定值")后,经"合备用电源延时"去合 1 母进线断路器。

4. 备自投方式 3

1 母进线、2 母进线运行,分段备用,即 901、902 在合位,912 在分位。当 1 母进线因为故障导致失电后,分段应能自动投入。

充电条件:①Ⅰ母、Ⅱ母均三相有压;②901、902 在合位,912 在分位。同时满足以上条件,经辅助参数"备自投充电时间"后充电完成。

放电条件(满足以下任意一条则放电):①Ⅱ母不满足有压条件(最大线电压小于"母线有压定值"),经 15s 延时放电;②备自投发出合闸命令或 912 合上;③当"合后位置接入"控制字投入时,没有跳闸出口时 1 母进线合后位置开入为 0,或电源 2 合后位置开入为 0;④有"闭锁备自投方式 3/4"或"闭锁备自投"开入;⑤901,902 或 912 的跳位异常;⑥901 开关拒跳;⑦整定控制字"备自投方式 3"或"备自投方式 3/4 软压板"或"备自投功能软压板"退出;⑧弹簧未储能开入,或控制回路断线告警。

动作过程：

(1)当充电完成后，Ⅰ母无压(线电压均小于"母线无压起动定值")，I1无流，Ⅱ母有压(最大线电压大于"母线有压定值")，则起动，经"1母进线跳闸时间"延时，跳1母进线断路器901，若"联切功能"控制字投入，则联切Ⅰ母同时动作。确认901跳开，且Ⅰ母无压(线电压均小于"母线无压合闸定值")后，经"合分段断路器时间"延时去合分段断路器912。

(2)当充电完成后，1母进线跳位且I1无流，Ⅱ母有压(最大线电压大于"母线有压定值")，Ⅰ母无压(线电压均小于"母线无压起动定值"，若"跳位起动判母线电压"控制字退出，则不判Ⅰ母电压)，则起动，若"跳位起动经跳闸时间"控制字投入时经"1母进线跳闸时间"延时，否则固定经40ms延时，跳1母进线断路器901，若"联切功能"控制字投入，则联切Ⅰ母同时动作。确认901跳开，且Ⅰ母无压(线电压均小于"母线无压合闸定值")后，经"合分段断路器时间"延时去合分段断路器912。

5.备自投方式4

1母进线、2母进线运行，分段备用，即901、902在合位，912在分位。当2母进线因为故障导致失电后，分段应能自动投入。

充电条件：①Ⅰ母、Ⅱ母均三相有压；②901、902在合位，912在分位。同时满足以上条件，经辅助参数"备自投充电时间"后充电完成。

放电条件(满足以下任意一条则放电)：①Ⅰ母不满足有压条件(最大线电压小于"母线有压定值")，经15s延时放电；②备自投发出合闸命令或912合上；③当"合后位置接入"控制字投入时，没有跳闸出口时2母进线合后位置开入为0，或电源1合后位置开入为0；④有"闭锁备自投方式3/4"或"闭锁备自投"开入；⑤901、902或912的跳位异常；⑥902开关拒跳；⑦整定控制字"备自投方式4"或"备自投方式3/4软压板"或"备自投功能软压板"退出；⑧弹簧未储能开入，或控制回路断线告警。

动作过程：

(1)当充电完成后，Ⅱ母无压(线电压均小于"母线无压起动定值")，I2无流，Ⅰ母有压(最大线电压大于"母线有压定值")，则起动，经"2母进线跳闸时间"延时，跳2母进线断路器902，若"联切功能"控制字投入，则联切Ⅱ母同时动作。确认902跳开，且Ⅱ母无压(线电压均小于"母线无压合闸定值")后，经"合分段断路器时间"延时去合分段断路器912。

(2)当充电完成后，2母进线跳位且I2无流，Ⅰ母有压(最大线电压大于"母线有压定值")，Ⅱ母无压(线电压均小于"母线无压起动定值"，若"跳位起动判母线电压"控制字退出，则不判Ⅱ母电压)，则起动，若"跳位起动经跳闸时间"控制字投入时经"2母进线跳闸时间"延时，否则固定经40ms延时，跳2母进线断路器902，若"联切功能"控制字投入，则联切Ⅱ母同时动作。确认902跳开，且Ⅱ母无压(线电压均小于"母线无压合闸定值")后，经"合分段断路器时间"延时去合分段断路器912。

6.分段保护

(1)过流保护。设置两段定时限过流保护，各段有独立的电流定值和时间定值以及控制字。各段可独立选择是否经复压闭锁(低电压和负序电压)。复压元件取两段母线电压的逻辑"与"关系(后加速、充电过流保护的复压闭锁与此相同)。

(2)零序过流保护。设置一段零序过流保护，零序电流可以由外部专用的零序CT引入，也可用软件自产("零序电流自产"控制字整定为1，零序过流加速保护和充电零序过流保护与此相同)。

(3)自投合闸后加速保护。设置一段过流加速保护和一段零序过流加速保护，其中过流加速保护可选择是否经复压闭锁。加速保护仅在备自投方式3、备自投方式4合闸动作后开放3s，在此期间，若加速保护起动，则一直开放到故障切除。

(4)充电保护。设置一段充电过流保护和一段充电零序过流保护，其中充电过流保护可选择是否经复压闭锁。充电保护在分段断路器手动或遥控合闸空充母线时短时开放(可在辅助参数中整定"充电保护开放时间"，默认为0.5s)，在此期间，若充电保护起动，则一直开放到故障切除。辅助参数中，"0108定义为充电保护硬压板"为1时，B01号板0108端子为"充电保护硬压板"，充电保护受该压板控制；整定为0时，B01

号板 0108 端子为普通遥信输入，充电保护不受该压板控制。

13.2.12　10kV 线路测控柜

配置四台线路保护装置、两台电容器保护装置、两台站用变保护装置，用于 10kV 线路、电容器以及站用变的保护。

13.2.12.1　电容器保护装置

配置电容器保护装置，装置投入过流Ⅰ段保护、过流Ⅱ段保护、过电压保护、低电压保护，动作于跳本断路器。

(1)过流保护：装置设两段定时限过流保护，各段有独立的电流定值和时间定值以及控制字。（见图 13-52）

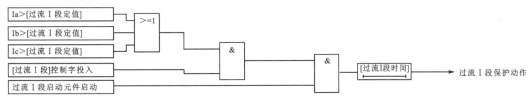

图 13-52　过流Ⅰ段保护逻辑图

(2)过电压保护：为防止系统稳态过电压造成电容器损坏，设置过电压保护。可经控制字选择是跳闸还是报警。（见图 13-53）

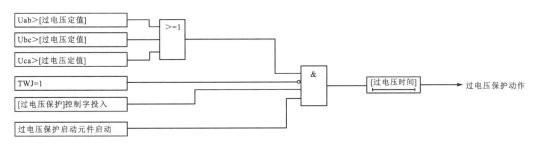

图 13-53　过电压保护逻辑框图

(3)低电压保护：电容器组失电后，若在其放电完成之前重新带电，可能会使电容器组承受合闸过电压，为此设置了低电压保护。低电压保护可经控制字"低电压电流闭锁"选择是否经电流闭锁，以防止 PT 断线时低电压保护误动。（见图 13-54）

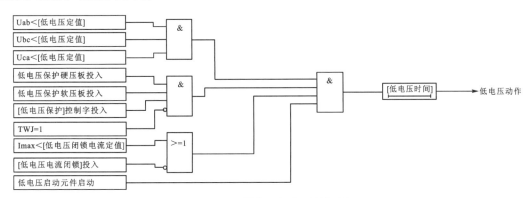

图 13-54　低电压保护逻辑框图

13.2.12.2　站用变保护装置

过流保护：装置投入过流Ⅰ段保护、过流Ⅱ段保护，动作于跳本断路器。原理与其他过电流保护一致，此处不做介绍。

13.2.13　110kV 综合测控柜

配置一台充电保护装置、一台辅助装置、两台测控装置。

13.2.13.1　充电保护装置

充电保护装置适用于 110kV 以下电压等级的母联（分段）保护及测控，也可用作 110kV 以下电压等级的母线充电保护及测控。

1. 模拟量输入

引入三相保护电流（I_a、I_b、I_c）、三相测量电流（I_{am}、I_{bm}、I_{cm}）、三相母线电压（U_a、U_b、U_c）、同期电压（U_x）、零序电流（I_0）等模拟量。外部电流输入经隔离互感器隔离变换后，经低通滤波器至模数转换器，再由 CPU 定时采样。CPU 对获得的数字信号进行处理，构成各种保护继电器。

I_a、I_b、I_c 为保护用三相电流输入；I_0 既可用作零序过流保护（跳闸或告警），也可兼作小电流接地选线用输入；I_{am}、I_{bm}、I_{cm} 为测量用三相电流输入；U_a、U_b、U_c 为母线电压，电压可以 Y 型接入，也可以 V 型接入，用于保护和测量，其与 I_{am}、I_{bm}、I_{cm} 一起计算，形成本间隔的 P（有功功率）、Q（无功功率）、$\cos\phi$（功率因数）、kWh（有功电度）、kVArh（无功电度）；U_x 为同期电压，在遥合检同期或检线无压时使用。

2. 装置起动元件

装置为各保护元件设置了不同的起动元件，相应的起动元件起动后才能进行各自的保护元件计算。装置具备双重化采样技术，主通道采样数据供保护元件计算，备用通道采样数据用于开放出口正电源。只有双通道采样数据均满足动作要求，才能跳闸出口，否则无法跳闸。

长充过流保护起动元件：当三相电流最大值大于 0.95 倍整定值时动作。此起动元件用来开放相应的过流保护。

长零序过流保护起动元件：当零序电流大于 0.95 倍零序电流整定值时动作。此起动元件用来开放相应的零序过流保护。

短充过流保护起动元件：当三相电流最大值大于 0.95 倍整定值时动作。此起动元件用来开放相应的过流保护。

短零序过流保护起动元件：当零序电流大于 0.95 倍零序电流整定值时动作。此起动元件用来开放相应的零序过流保护。

3. 短充过流保护和零序保护

短充过流保护为母联开关由分变合时瞬间投入的保护，配置一段相间过流保护和一段零序过流保护，母联开关由跳变合的 Tkf 内（Tkf 时间出厂设定为 500ms）投入。同时，为投退方便，短充保护加有投退压板，自 0327 端子接入。在投退压板合上的情况下，母联开关由跳变合的 Tkf 内投入短充过流保护：若保护未起动，则 Tkf 后自动退出，直至下次母联开关再次由跳变合；Tkf 内保护起动，则一直投入，直至故障切除、保护返回后才自动退出。

开关在分位且 CT 无流前提下，下列两个条件任一个满足，均认为开关由跳变合，将短充保护投入 Tkf：
(1) TWJ 接点自闭合变为断开；
(2) CT 自无流变为有流（有流判据门槛为 0.04In）。

开关在分位且 CT 无流时，短充保护一直投入。短充过流配置复压闭锁元件，并可经对应的控制字投退。（见图 13-55）

4. 长充过流保护

长充过流保护配置相间过流保护和零序过流保护各两段，由投退压板控制投退，在投退压板合上的情况下长期投入。投退压板自 0326 端子接入。

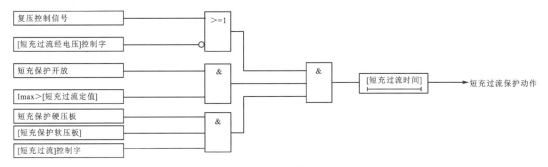

图 13-55　短充过流保护逻辑图

长充过流保护复压元件逻辑与短充的相同。（见图 13-56）

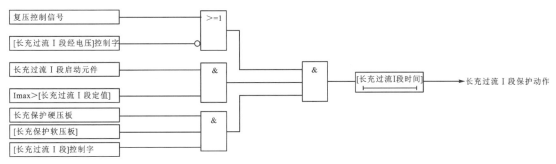

图 13-56　长充过流Ⅰ段保护逻辑图

长充过流Ⅱ段保护逻辑和长充过流Ⅰ段保护逻辑类似。

13.2.13.2　辅助装置

辅助装置用于交流电压并列和切换、操作回路、交流电压监视，与 10kV 的原理相同。

13.2.14　10kV 电度表柜

10kV 电度表有 12 块电能表，主要为 916、951、914、952、953、954、924、961、962、963、964，均为厂内 10kV 线路的电能表，每块电能表的型号为 DHZ333，具体参数如表 13-14 所示。

表 13-14　电能表参数表

项目	参数
参比电压	3×220V/380V，3×57.7V/100V，3×100V（可通过参数选择）
电压测量范围	三相 80%Un～120%Un
电流测量范围	1%Ib～20Ib
	互感器接入式：0.3(1.2)A、0.3(6)A、1.5(6)A
准确度等级	有功 0.2S 级、0.5S 级；无功 2 级
工作温度	−25～60℃
极限工作温度	−40～70℃
相对湿度	≤95%（无凝露）
频率范围	(50±2.5)Hz
起动电流	互感器接入式表：2‰In（1 级），1‰In（0.5S 级、0.2S 级）
功耗	<1.2W，6VA
MTBF	$\geqslant 1\times 10^5$ h
设计寿命	10 年

12块电度表与监控交换机相连,将电能量信息传至监控系统,通过报表功能可以查看近一年、一月、一天的电能信息。

13.2.15 主变电度表柜

有两块主变低压侧电度表,用于监测两条10kV母线电量,型号为DHZ33;还有两块主变高压侧电度表,用于监测两台主变高压侧电能量,型号为ZMH405CR4.054b.04,品牌为兰吉尔。

配置一台电能计量采集终端,主要将两台主变高压侧电能表采集数据通过数据网,发送至大用户中心。

13.2.16 远动通信柜

远动通信柜及监控系统、五防系统主要配置如表13-15所示。

表13-15 五防系统配置表

序号	名称	单位	技术要求	数量
			型号、规格、性能参数	
1	主机兼操作员工作站			
1.1	主机(安装于主控室操作台)及附件	台	处理器字长:≥64位; CPU:≥4路(8核/路); 主频:≥3.1GHz; 内存:≥32 GB; 显存:≥2 GB; 硬盘:≥2TB; 网卡数量:≥4块; 网卡速率:≥1000Mbit/s; 光驱:DVD刻录机; 满足网络安全监测装置接入	2
1.2	显示器(安装于主控室操作台)	台	显示器尺寸:22″ 分辨率:≥1280×1024; 鼠标、键盘各1个	2
1.3	操作系统	套	国产	1
1.4	数据库	套		1
1.5	支持软件、应用软件、通信接口软件等	套		1
1.6	网络管理软件	套		1
1.7	监控软件	套	Pcs-9700	1
1.8	音响及语音报警装置	套		1
1.9	操作台及转椅	套		1
2	远动通信屏			
2.1	Ⅰ区数据通信网关机	台	含MODEM; 工作模式:√主备; 连接调度端方式(可复选):√专线,√调度数据网 处理器字长:≥64位;处理器个数:≥1路(多核); 主频:≥2.56GHz;内存容量:≥8GB;以太网口数量:≥6个;以太网口速率:≥100M;串口数量:≥8个	2

续表

序号	名称	单位	技术要求 型号、规格、性能参数	数量
2.2	Ⅱ区数据通信网关机	台	连接调度端方式(可复选):√ 专线,√ 调度数据网;处理器字长:≥64 位;处理器个数:≥1 路(多核);主频:≥2.56GHz;内存容量:≥8GB;以太网口数量:≥6 个;以太网口速率:≥100M;串口数量:≥8 个	1
2.3	防火墙	台	100M/1000M 自适应专用防火墙-性能:冗余电源;支持冗余电源备份,当一路电源出现故障时,另一路应保证工作,并提供声音告警	2
2.4	通道切换装置	台		2
2.5	模拟通道防雷器	个		2
2.6	数字通道防雷器	个		2
2.7	交换机(工业级,无风扇,使用电力工业权威机构检测合格的工业交换机)A/B 类	台	24 个 100M 电口,4 个 100M 光口,电源为 220V DC;满足网络安全监测装置接入	10
2.8	规约转换装置	台		1
2.9	网络安全监测装置(含接入调试)	台		1
2.10	二次系统安全防护评估	项		1
2.11	探针软件(含调试)	套		2
2.12	屏体	面		2
3			防误工作站	
3.1	主机(安装于主控室操作台)及附件	台	处理器字长:≥64 位;CPU:≥4 路(8 核/路);主频:≥3.1GHz;内存:≥32 GB;显存:≥2 GB;硬盘:≥2TB;网卡数量:≥4 块;网卡速率:≥1000Mbit/s;光驱:DVD 刻录机	1
3.2	显示器(安装于主控室操作台)	台	显示器尺寸:22;分辨率:1680×1050;鼠标、键盘:各 1 个	1
3.3	防误软件	套	具有预演功能	1
3.4	操作票专家系统软件	套	Pcs-9700	1
3.5	防误锁具(电编码锁等)	套	锁具材质为不锈钢或铜(根据主接线图按本期规模配置)、带与锁具一体的防尘盖	1
3.6	电脑钥匙	把		2
3.7	电脑钥匙充电器数量	套		2
3.8	高压带电显示闭锁装置	套		1
3.9	万用钥匙管理机	台		1
3.10	图形软件	套		1

续表

序号	名称	单位	技术要求	
			型号、规格、性能参数	数量
4	时钟同步装置			
4.1	时间同步装置	台	Pcs-9785	2

中心变电站监控系统及远动装置网络拓扑图如图 13-57 所示。

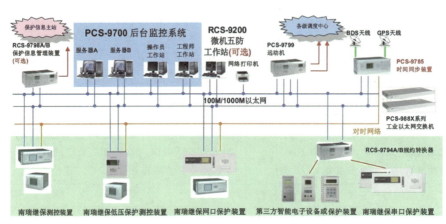

图 13-57 中心变电站监控系统及远动装置网络拓扑图

PCS-9700 厂站监控系统由统一应用支撑平台和基于该平台一体化设计开发的厂站监控应用组成。系统采用了分布式、可扩展、可异构的体系架构，应用程序和数据库可在各个计算机节点上进行灵活配置，而无须对应用程序进行修改。

13.2.16.1 在线运行

通过在线画面，可以监视电网的运行情况、查询有关的统计数据、下达遥控/遥调命令、执行各应用的相关操作等。（见图 13-58）

在线查询功能主要包括查询前景点属性、开关刀闸属性、一般设备属性、遥测属性、遥信属性、遥脉属性、挡位属性、装置属性。

在线操作功能主要包括告警确认、人工置数、挂牌、曲线查看、限值查看与修改、批量投退软压板、控制操作。

图 13-58 主界面

13.2.16.2 告警及事件记录

告警及事件记录系统是 PCS-9700 后台监控系统的一个子系统，对监控系统采集的各种数字量变位、模拟量越限及监控系统自诊断事件、各种操作事件进行实时告警处理,为变电站的运行人员提供实时报警服务,提示运行人员进行及时的处理。告警及事件记录系统包括实时告警窗口(见图 13-59)和历史事件检索窗口。

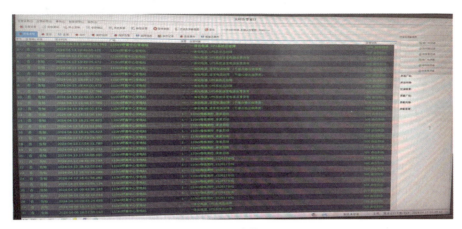

图 13-59　告警画面

13.2.16.3　报表管理

(1)基于自主研发的跨平台通用表格类库实现,直接用绘图方式绘制表格,不基于任何第三方控件,显示速度快,使用灵活,易扩展,且不需要安装任何附带组件。

(2)数据获取和关联通过数据平台的数据关联类库和实时库、历史库交互,通用性、扩展性强。

(3)主界面和所有相关类库全部是完全跨平台机制实现,支持 Windows、UNIX 等多种操作系统,实现报表编辑、报表浏览、报表服务的完全跨平台部署。

(4)报表工具的操作和显示类似 Excel 工具,容易上手,操作简便。

(5)报表文件与 Excel 完全兼容,实现和 Excel 格式文件的导入导出,并且在 Windows、UNIX 等多种操作系统均可以显示常用 Excel 文件内容。

(6)分布式部署,通过平台配置程序来配置需要部署报表的机器,报表服务器也可以部署在系统中任一节点,并可方便地切换。

(7)多种快速生成报表的功能,如查找替换、批量修改、拖拽生成、报表模板等。使用典型模板和定制模板生成报表;提供关联的批量替换功能和关联的检查功能;数据关联自动添加对象名称,历史关联自动添加时标;统计信息(如最大值、最小值等)自动生成等。

(8)实现报表的历史版本自动存储和可恢复,并简化了常用维护的版本操作,隐藏了很多无用的中间版本,方便使用。

(9)报表的自动生成和自动打印:可以根据定义好的定时生成和打印规则,在定义时间自动生成或打印报表,提供有效的历史报表文件,可以按 Excel 格式生成;自动生成的报表内容可以用报表浏览工具或 Excel 工具方便地查看。

(10)报表的导入和导出:导入和导出对于报表内部格式和 Excel 格式均支持。

(11)报表的打印和打印预览:支持报表的横向和纵向的分页打印,打印分页保证单元格完整,提供100%仿真的打印预览。报表画面如图 13-60 所示。

13.2.16.4　保护管理

保护管理系统包括两个方面,一方面保护信息数据的采集、分析、处理,另一方面通过人机交互界面,显示保护信息,对保护装置进行各种操作。

保护管理功能主要用于实现保护信息的监视、管理、设置和分析等功能。具体有:

召唤保护装置的运行参数;监视保护装置运行状态、运行定值、定值区号、压板状态;远方在线切换定值区、修改定值、投切软压板;远方复归保护信号;查看保护装置上送的变位、动作、告警等历史事件;接收保护

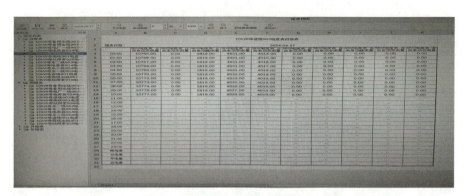

图 13-60 报表画面

装置的故障录波文件并进行分析;对保护装置的动作报告、告警事件、压板变化、故障信息进行实时告警;进行故障分析,形成故障分析报告。

保护管理系统可同时支持 103 规约和 61850 规约两种类型的保护管理功能。

13.2.17 故障录波

故障录波装置的主要任务是记录电力系统大扰动发生前后的有关系统电参量的变化过程及继电保护与安全自动装置的动作行为,为扰动分析提供帮助。

1. 起动判据

①交流电流突变量起动(0.5V);②交流电流越限起动(5.5A);③交流电压突变量起动(6.6V);④交流电压 A、B、C 三相越上、下限起动(66V/52V);⑤电流、电压负序分量越限起动(0.5V);⑥频率越上、下限与 $\mathrm{d}f/\mathrm{d}t$ 起动(50.2Hz/47Hz);⑦开关量变位起动;⑧系统振荡起动;⑨远方起动;⑩手动起动。

2. 触发录波

触发录波按图 13-61 所示顺序执行。

图 13-61 触发录波时序图

A 时段:系统大扰动开始前的状态数据,输出原始记录波形,记录时间≥40ms。

B 时段:系统大扰动后初期的状态数据,输出原始记录波形,记录时间≥100ms。

输出数据的时间卷标,如短路故障等突变事件,以系统大扰动开始时刻为该次事件的时间零坐标。各时段的录波时间、采样速度可设定。

首次起动:符合任一起动条件时,由 S 开始按 AB 顺序执行。

终止记录条件:所有触发条件全部复归,或无新增触发条件且录波持续达到最大录波时间。

触发录波最长记录时间为 30s。

3. 连续录波

装置上电正常运行后,无条件连续记录模拟量和开关量原始采样值,记录速率为 1000Hz,每分钟形成一次录波文件,可连续记录 7 天,超过 7 天后新数据循环覆盖旧数据。

4. 慢速录波

装置上电正常运行后,无条件连续记录模拟量的有效值,记录速率为 1Hz,每小时形成一次录波文件,可连续记录 6 个月以上。

5. 抽取录波

触发录波形成后,其录波文件包含所有接入的模拟量和开关量通道,将实际故障间隔的电压、电流和开关量抽取出来,单独形成一个录波文件。

6. 采集量

采集量如下:

♯1主变高压侧A、B、C电压,♯1主变高压侧A、B、C电流,♯1主变低压侧A、B、C电压,♯1主变低压侧A、B、C电流,♯1主变高压侧零序电压,♯1主变低压侧零序电压。

♯2主变高压侧A、B、C电压,♯2主变高压侧A、B、C电流,♯2主变低压侧A、B、C电压,♯2主变低压侧A、B、C电流,♯2主变高压侧零序电压,♯2主变低压侧零序电压。

110kV母联A、B、C电流。

故障录波画面如图13-62所示。

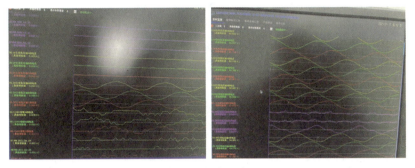

图13-62 故障录波画面

13.2.18 一体化电源

1. 系统组成

一体化电源由交流进线屏、交流馈线屏、直流充电屏、直流馈线屏、蓄电池柜、UPS柜、应急照明逆变电源屏组成。主要拓展图如图13-63所示。

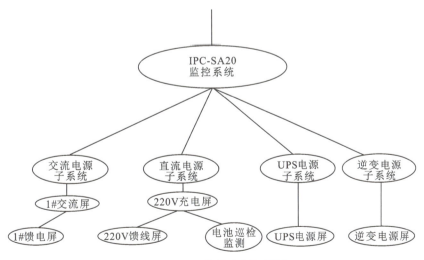

图13-63 一体化电源拓展图

2. 主要原理

交流进线屏有两路进线,采用双路互投装置,当一路进线失电后,切到另外一路供电。馈线具有57个开

关,主要供给直流充电屏电源、UPS 电源和逆变电源等。(见图 13-64)

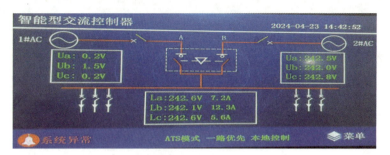

图 13-64　交流进线屏

直流系统由充电屏、馈线屏和蓄电池柜组成。整流系统有两路进线,取自交流馈线屏,经过 6 个整流模块输出至直流母线,同时在直流母线还有 104 块 200Ah 蓄电池,为整个直流母线供电,平时整流模块为蓄电池进行浮充电,保证蓄电池在满电量状态。(见图 13-65)

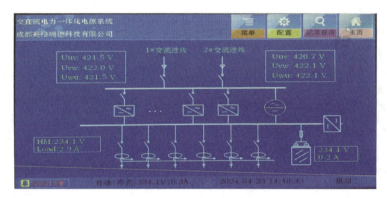

图 13-65　直流系统屏

UPS 为一部分重要负荷提供不间断电源,有交流输入、直流输入、旁路输入 3 种方式,最终输出为交流电,还有一路检修旁路,用于检修时供电。

应急照明逆变电源屏,为照明和工业电视提供电源,一路直流输入经过整流模块后输出,还有一路交流电经过隔离变后输出,还有一路检修旁路,用于检修时供电。

13.2.19　通信系统电源

变电站通信系统主要用于地调电话直拨,如图 13-66 所示。

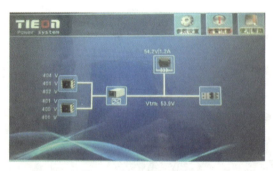

图 13-66　系统组成图

该系统由两组蓄电池、两组电源屏、一组光端机柜、一组配线架组成。两组蓄电池的交流电源分别来自交流馈线屏。

两端母线为直流母线,每一段配一套整流装置和蓄电池,每一套蓄电池有 24 块,每块 2V,300Ah,为通信系统提供后备电源。

第 14 章

继电保护系统

14.1 继电保护系统概述

呼蓄电站继电保护系统主要分为发变组保护、500kV 保护、SFC 输入输出变保护、10kV 厂用电保护、故障录波、保信子站。

14.1.1 继电保护装置的作用

继电保护装置是电力系统的重要自动化设备,其主要功能是监测电气设备运行状态。当被保护对象出现短路、过载等故障或非正常工况时,装置能瞬时判断故障特征,自动向断路器发出跳闸指令切断故障回路,或根据预设逻辑触发告警信号,从而实现系统安全防护。

14.1.2 继电保护装置的基本要求

继电保护装置的基本性能应满足四个基本要求,即选择性、速动性、灵敏性、可靠性。

选择性:保护装置动作时,仅将故障元件从电力系统中切除,使停电范围尽量缩小,以保证系统中无故障部分仍能继续安全运行。

速动性:短路时快速切除故障,减轻短路引起的破坏程度,提高电力系统稳定性。

灵敏性:对于保护范围内故障时,不论任何情况都能敏锐感觉,正确反应。

可靠性:保护范围内发生应该动作的故障时,保护装置不会拒动,不应动作时,保护装置不会误动。

14.2 设备组成及原理

14.2.1 继电保护装置的组成

一般继电保护装置由三个部分组成,即测量部分、逻辑部分、执行部分。电气量或开关量信号输入测量部分,测量部分将其与已知的整定值进行比较,判断保护是否应该起动;逻辑部分根据测量部分各输出量的大小、性质、出现的顺序或它们的组合,使保护装置按一定的逻辑程序工作,最后传到执行部分;执行部分完成保护装置所承担的任务,故障时动作于跳闸,不正常运行时发出信号,正常运行时不动作。

14.2.2 保护原理

14.2.2.1 发变组保护

1. 低电压保护

低电压保护反应抽水工况、发电调相工况和抽水调相工况运行时失电故障或低电压,以保证机组发方向正常运转,并兼做低功率保护的后备保护。除抽水工况、抽水调相、发电调相外,其他工况均应闭锁该保护。低电压保护动作逻辑见图 14-1。

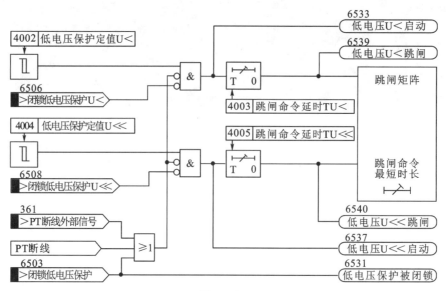

图 14-1 低电压保护逻辑图

呼蓄电站低电压保护设置两段保护,保护定值需与励磁强励相配合,防止低电压保护先于励磁强励相配合,防止低电压保护先于励磁强励动作跳闸。低电压保护取机端电压,机端电压小于低电压定值时,经过延时动作于跳开 GCB,起动失灵保护,停机,跳灭磁开关。低电压Ⅰ段定值为 85V,延时 1.5s 出口动作,Ⅱ段定值为 65V,延时 0.5s 出口动作。

2. 逆功率保护

由于蓄能机组转轮要考虑发电与抽水两种情况,转轮较一般水轮机转轮直径大。这样,在同一转速时,蓄能机组较常规水轮机离心力大,飞逸转速较常规水轮机低,而且特性也较常规水轮机陡,出现了图 14-2 所示的"S"形特性。

这样,当发电机起动导叶在空载开度达到对应的飞逸转速时,或者发电机在高水头低流量(低功率运行)运行时,机组运行于靠近反水泵区,随着反水泵深度的增加,机组振动加剧,会对机组造成危害。因而,除在水机方面和起动运行程序中采取措施避免这种情况发生外,还应专门设逆功率保护。另外,在发电机方向调相时,机组要从电网吸收功率,此时运行于靠近水泵区,逆功率保护也要投入,但这时逆功率的定值必须躲过正常调相时机组从电网吸收的有功。正常运行时,为了防止导叶误关闭,在水泵工况时也有可能进入反水机工况,但由于水泵工况低功率保护起到了类似作用,因而不需再设水泵工况下的逆功率保护。

逆功率保护为一功率指向发电机的方向功率保护,相量图如图 14-3 所示。

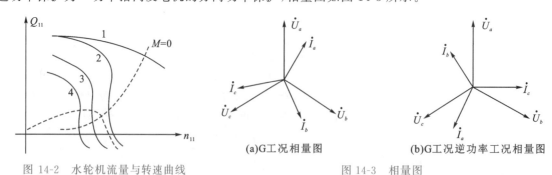

图 14-2 水轮机流量与转速曲线　　图 14-3 相量图

显然,G 工况时,$P=3U_A I_A \cos\alpha > 0$;发生逆功率时,$P=3U_A I_A \cos\alpha < 0$。

利用测得的功率的不同,使保护动作。

逆功率保护仅在发电工况投入,其余工况闭锁。保护动作逻辑图见图 14-4。

逆功率保护设置一段定值,当逆功率值达到起动值经延时出口跳闸,采样取机组中性点电流和机端电压。起动值整定为-21.38%,延时5s动作于跳开GCB,起动失灵保护,停机,跳灭磁开关。

3. 低功率保护

抽水蓄能机组在水泵工况运行时,要求功率在额定功率附近,而当水泵失电时,由于管道中水的流向转变会导致机组达到飞逸转速,所以在水泵吸收功率小于一定值时就要将水泵切除,这一保护即为低功率保护。

水泵工况的功率保护也是方向型功率保护,功率方向由电网指向水泵,其构成及相量图如图14-5所示。

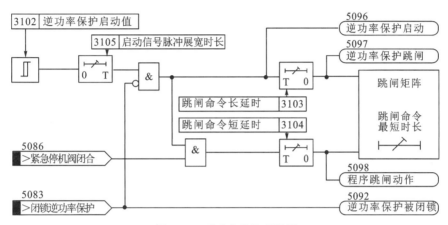

图14-4 逆功率保护逻辑图

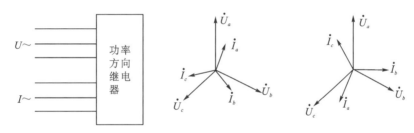

图14-5 构成及各种工况下相量图

功率的计算公式为

$$U_1 = U_{ab} + \alpha^2 U_{bc} + \alpha U_{ca}$$
$$I_1 = I_a + \alpha^2 I_b + \alpha I_c$$
$$P = \sqrt{3} U_1 I_1 \cos\varphi$$

低功率保护仅在抽水工况投入,其余工况退出。采样取中性点电流及机端电压,动作功率按照抽水工况下正常停机时保护可靠不动作整定,定值为-52%,动作于跳开GCB,起动失灵保护,停机,跳灭磁开关。

4. 失磁保护

发电机失磁保护,有时也称为低励保护。低励,表示发电机的励磁电流低于静稳极限所对应的励磁电流;失磁,表示发电机失去励磁。发电机低励或失磁,是常见的故障形式。特别是大型机组,励磁系统的环节比较多,增加了发生低励和失磁的概率。

发电机失磁的原因很多,归纳起来,有如下几种:
(1)励磁回路开路,励磁绕组断线,灭磁开关误动作,励磁调节装置的自动开关误动作等。
(2)励磁绕组由于长期发热、绝缘老化或损坏引起短路。
(3)运行人员误调整等。

发电机失磁后,它的各种电气量和机械量都会发生变化,且将危及发电机和系统的安全。发电机发生低励和失磁后所产生的危险,主要表现在以下几个方面:

(1)低励或失磁的发电机,从电力系统中吸取无功功率,引起电力系统的电压下降,如果电力系统中无功功率储备不足,将使电力系统中邻近的某些点的电压低于允许值,破坏了负荷与各电源间的稳定运行,使电力系统因电压崩溃而瓦解。

(2)当一台发电机发生低励或失磁后,由于电压下降,电力系统中的其他发电机,在自动调整励磁装置的作用下,将增加其无功输出,从而使某些发电机、变压器或线路过电流,其后备保护可能因过电流而动作,使故障的波及范围增大。

(3)一台发电机低励或失磁后,该发电机有功功率的摆动以及系统电压的下降将可能导致相邻的正常运行发电机与系统之间或电力系统各部分之间发生失步,使系统产生振荡,甩掉大量负荷。

发电机的额定容量越大,低励或失磁引起的无功功率缺额越大。电力系统的容量越小,则补偿这一无功功率缺额的能力越小。因此,发电机的单机容量与电力系统总容量之比越大时,低励或失磁对电力系统的不利影响就越严重。

对于发电机本身来说,不利影响主要表现在以下几个方面:

(1)要从电网吸收大量无功建立磁场,对于水轮发电机来说,X_1、X_2、X_{ad}较小,需要很多无功建立磁场。

(2)由于发电机吸收了大量无功,为了防止定子绕组过电流,发电机所能发出的有功将较同步运行时有不同程度的降低,吸收无功越多,降低越多。

(3)失磁后发电机转速超过同步转速,在转子回路中产生滑差电流,形成附加损耗,使励磁回路过热,转差率越大,过热越严重。

对于水轮发电机来说,不利影响主要表现在以下几个方面:

(1)异步功率较小,在较大转差下才能发出较大功率。

(2)调速器不灵敏,时滞较大,可能在功率尚未平衡时就已超速。

(3)同步电抗小,异步运行需从电网吸收大量无功。

(4)纵、横轴不对称,异步运行振荡较大,故而更不允许失步运行。

由于发电机低励或失磁对电力系统和发电机本身的上述危害,为保证电力系统和发电机的安全,必须装设低励-失磁保护,以便及时发现低励和失磁故障并采取必要的措施。

发电机失磁后会发生如下变化:

(1)无功功率改变方向。

(2)机端测量阻抗超越静稳边界阻抗圆的边界。

(3)机端测量阻抗进入异步边界阻抗圆。

(4)发电机感应电动势衰减及消失。

(5)功角δ增大等。

为了检测出失磁状态,保护装置测量同步电机机端的三相电流和三相电压,以形成定子回路判据。同时,保护装置也测量同步电机的励磁电压,这个励磁电压通过保护装置后面自带的测量变送器TD3接入,以形成转子回路判据。

失磁保护配置三段独立的保护特性,如图14-6所示。

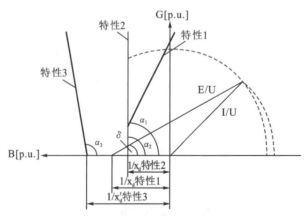

图14-6 导纳平面上的失磁保护特性曲线

图14-6中,$G[\text{p.u.}]=\dfrac{P/SN}{(U/UN)^2}$,为电导标幺值;$B[\text{p.u.}]=\dfrac{-Q/SN}{(U/UN)^2}$,为电纳标幺值。

特性1、特性2曲线组合模拟同步电机的静态稳定极限,如果保护装置计算出的导纳结果超出了失磁特性（$1/x_d$ CHAR.1）/α_1 和（$1/x_d$ CHAR.2）/α_2（图14-6的左边部分），保护装置将延时发出告警信号或跳闸命令。为这两段特性设置延时，可以确保电压调节装置有足够的时间来提高励磁电压。另一条失磁特性曲线（$1/x_d$ CHAR.3）/α_3 接近发电机的动态稳定极限曲线。由于导纳的测量值越过本特性曲线时，发电机将失去稳定，因此这种情况下，保护装置立即发出跳闸命令。

在励磁调节装置发生故障或者励磁电压消失的情况下，保护装置的失磁保护也能够在短延时后发出跳闸命令。这时励磁电压通过电压分压器接入保护装置后面端子的测量变送器输入端口TD3以采集励磁电压。当励磁电压低于定值时经短延时跳闸。

失磁保护应与励磁低励限制配合，遵循低励限制先于低励保护动作，低励保护先于失磁保护动作，失磁保护逻辑图见图14-7。

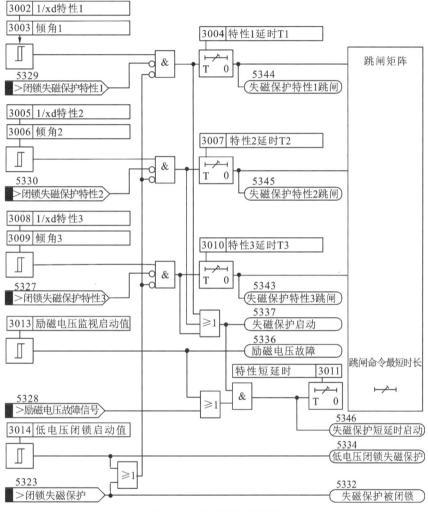

图14-7 失磁保护逻辑图

失磁保护采样取机组中性点电流、机端电压和励磁电压，动作于跳开GCB，停机，跳灭磁开关，联跳相关机组。

5. 负序保护

当发电机内部或外部发生不对称短路时，定子绕组中将出现负序电流。它产生的负序旋转磁场以两倍同步转速切割转子，在转子绕组、阻尼绕组及铁芯内，尤其是在铁芯表面产生100Hz交流电流，该电流可使转子表层产生危险的局部过热，同时由它产生的交变电磁转矩使机组发生强烈的振动。

有关研究表明，为了使转子不致过热，负序电流与允许它通过发电机的时间的关系为

$$I_{2*}^2 \cdot t = A$$

式中：I_{2*}——以发电机额定电流倍数表示的负序电流的标示值；

A——与发电机型式和冷却方式有关的允许过热时间常数。

上式表明的关系曲线如图 14-8 所示。曲线说明，发电机允许负序电流持续的时间 t 是随着负序电流 I_{2*} 的大小而变化的。I_{2*} 大时，允许的时间短；I_{2*} 小时，允许的时间长。这种变化特性称为反时限特性。

负序保护由定时限过负荷和反时限过负荷两段组成。反时限负序电流保护的动作特性与发电机允许的负序电流曲线的配合情况如图 14-9 所示：(a)图中，动作特性在允许的负序电流曲线 $t=\dfrac{A}{I_{2*}^{2}}$ 上面，这样可以避免在发电机尚未达到危险的情况下切除发电机；(b)图中，动作特性在允许负序电流曲线下面，在负序电流还未达到但已接近允许值的情况下将发电机切除。显然后一种对安全有利。

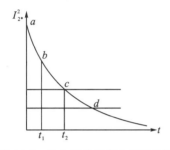

图 14-8 发电机的负序电流和允许通过的时间关系曲线

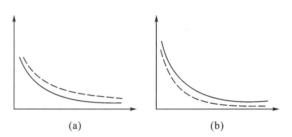

图 14-9 反时限负序电流保护动作特性与发电机允许的负序电流特性的匹配情况

而我们知道，判据 $I_{2*}^{2}t=A$ 在长时间区域内偏于保守，实际允许的负序电流值要大。因此，反时限负序电流保护的动作特性通常采用图 14-9(a)的配合方式。此时，保护装置的动作特性可由下式表示：

$$t=\dfrac{A}{I_{2*}^{2}-\alpha}$$

式中：α 值是由转子温升特性和裕度等决定的常数。

7UM62 的不平衡负载保护使用数字滤波器，将相电流分解成对称分量。保护评估负序电流为 I2。一旦负序电流超过了整定的门槛值，保护将起动跳闸延时元件。只要保护起动的时间超出了保护的跳闸延时定值，保护装置将会发出跳闸命令。

负序电流值大于保护对象允许的负序电流连续运行值 I2＞，保护装置就会开始计算负序电流的发热。在这里，负序电流与时间之间的关系在不断地计算，以确保在各种情况下都正确动作。一旦负序电流与时间的某种乘积关系大于不对称因子 K，反时限热特性保护就会动作跳闸。(见图 14-10)

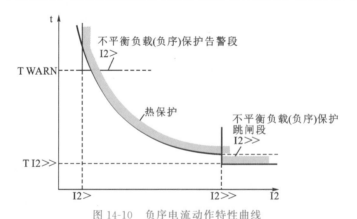

图 14-10 负序电流动作特性曲线

负序过负荷保护在拖动工况、被拖动工况、电气制动工况下闭锁，其余工况开放。采样取机组中性点侧电流，当系统内发生两相短路时会产生较大的负序电流，当负序电流值超过 I2＞＞时经过延时，负序保护定时限段动作跳闸。定时限段最大允许持续负序电流整定为 6.4%，延时 5s 告警，冷却时间整定为 2469s，跳闸电流定值 43%，延时 0.4s，动作于跳开 GCB，停机，跳灭磁开关，联跳相关机组。

6. 电压相序保护

抽水蓄能电厂机组有发电与抽水两种工况,在机组起动后,为了防止机组换相错误,厂内设置了电压相序保护,保护逻辑图见图14-11。

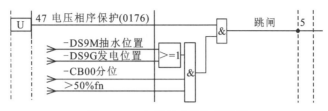

图14-11 电压相序保护逻辑图

当机组频率达到50%以上时,GCB未合闸,判断换向刀闸位置与电压方向是否相同,采样取机端电压,动作电压按照可靠躲过机组起动过程中保护装置测量的负序不平衡电压整定,取10V。该保护动作于停机,跳灭磁开关线圈,联跳相关机组。保护功能在并网后闭锁。

7. 定子热过负荷保护

对于大型发电机,由于定子和转子的材料利用率高,其热容量和铜损的比值较小,因而热时间常数也较小。为防止发电机受到过负荷的损害,应装设反应其定子绕组和励磁绕组过负荷的保护。

定子热过负荷保护全工况投入,设置三段保护,即温度告警段、电流告警段、跳闸段。电流告警元件可能会提前报出过负载电流(只要超过了I_{max}),即使这时的计算温度可能还没有达到过温度告警或者跳闸的水平。

呼蓄电站机组定子热过负荷保护的温度告警段已退出;电流采样取自机组中性点侧,当电流值超过告警值时动作于告警,告警值整定为0.79A;热过负荷极限电流整定值为2.1A,当电流超过极限电流时,跳闸时间不会随之缩短。该保护动作于跳CB00线圈,起动失灵保护,停机,跳灭磁开关,联跳相关机组。

8. 低压记忆过流保护

在机端附近(比如短路点落在发电机上或者单元变压器区域)发生短路故障时,短路电流的幅值将会由于励磁电压的消失很快地衰减下去。几秒钟之内,它将下降到过电流保护的起动定值以下。为了避免保护装置返回,定时限过电流保护I>段会引入低电压条件,监视电压的正序分量并将它作为探测短路电流的辅助条件。

过电流保护I>段带有低电压段辅助条件。过电流保护起动以后,即使电流值又掉到定值以下,如果电压的正序分量低于门槛值,那么可以利用低电压条件设定过电流的记忆时间。这种方式延长了跳闸时间,并且确保跳开相关断路器。如果在过电流的记忆时间范围内电压又恢复过来,或者通过开关量输入信号闭锁了低电压条件,如电压互感器保护开关跳开以及电机停止运行时,过电流保护将立即返回。低压记忆过流保护逻辑图见图14-12。

低压记忆过流保护全工况投入,采样取机端电流与机端电压,过流定值按躲过发电电动机额定电流整定,整定为1A;动作延时与主变后备保护动作时间配合,整定为3s,动作于跳开GCB,停机,跳灭磁开关,联跳相关机组。

9. 误上电保护

当发电机处于静止状态或者虽然已经起动但是未达到并网同步条件时,如果此时主断路器由于某种原因突然合闸,发电机将会遭受非常严重的损坏。这时,使用发电机误上电保护功能,可以快速地跳开主断路器,降低发电机的受损程度。发电机静态突然合闸时的等效回路,就是一个低阻值的电阻。系统额定电压接到发电机机端,这时的发电机就如同一台异步电机,在很大滑差的情况下起动。这样的话,会在转子回路中感应出超出允许值的大电流,最终损坏转子。

误上电保护在发电机并网前或解列后自动投入运行,并网后退出,此时在有效的运行频率范围之内没

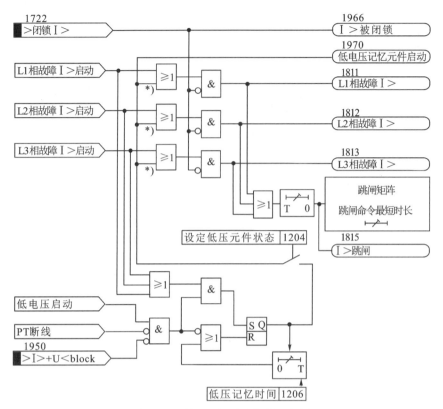

图 14-12　低压记忆过流保护逻辑图

有合适的测量量(发电机处于静止状态),或者频率正常但是电压太低(发电机已经起动,但是没有并网同步)。在最小电压突然发生时,突加电保护可以通过电压判据予以闭锁,以防止正常运行时起动突加电保护功能。这个闭锁信号要经过延时发出,以防止主断路器突然合闸时突加电保护被立即闭锁住了。在发生大电流故障导致电压严重降低时,也需要闭锁突加电保护以避免误动作。可以设置低电压信号的返回延时参数,将测量限制在一定时间之内。

在发电机突然合闸并网时,突加电保护要求迅速动作断开主断路器,因此在很大的运行频率范围内,即使在发电机处于静止状态时,保护装置就开始监视电流的瞬时值。如果测量输入端有了合适的模拟量,那么保护装置开始评估其突加电保护的动作判据,包括正序电压、闭锁突加电保护的频率值以及电流瞬时值。

误上电保护逻辑图见图 14-13。

误上电保护起动电流应按可靠起动为条件来整定,躲过最大同期合闸角电流,整定为 0.3A。动作于跳开 GCB,起动失灵。

10.次同步过流保护

抽水蓄能机组在水泵起动时,电流频率由低到高,在机组频率达到 10Hz 以上时所有的短路保护才可投入运行。为实现全频率范围的短路保护,设置次同步过流保护,在发电机频率处于 10Hz 以下时自动投入运行,在频率高于 11Hz 时切换至定时限过流保护。次同步过流保护逻辑图见图 14-14。

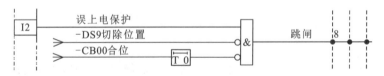

图 14-13　误上电保护逻辑图

次同步过流保护采样取机端电流,定值按躲过低频工况下最大负荷电流整定,1～10Hz 段定值取 0.29A,延时 5s 动作,11～50Hz 段取 0.29A,延时 0.3s 动作,动作于跳开 GCB,停机,跳灭磁开关,联跳相关机组。

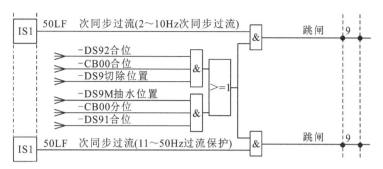

图 14-14　次同步过流保护逻辑图

11. 基波 90% 定子接地保护

基波 90% 定子接地保护是利用发电机在发生定子单相接地后，会产生零序电压而构成的保护，该保护从机端 PT 的开口三角形取得零序电压。

如前所述，当接地点在距发电机中性点 α 处时，接地故障点的电压为 αU_φ（U_φ 为发电机相电压），所以当接地点靠近中性点时，故障点的零序电压太低，无法躲过机组正常运行时的不平衡电压和电网故障时引起的不平衡电压。考虑到正常运行时的不平衡电压，零序电压保护的设定值不能太低，这样在中性点附近保护就有死区。对本站来说，考虑到正常运行时的不平衡电压零序电压，保护的设定值为 10V，所以该保护仅能保护距机端 90% 部分的绕组。

保护动作于跳开 GCB，起动失灵保护，停机，跳灭磁开关，联跳相关机组。

12. 100% 定子接地保护

100% 定子接地保护探测通过发电机-变压器组单元接线连接到电网的发电机所发生的定子回路接地故障。该保护采用外部注入 20Hz 低频交流电源的方法，与发生接地故障时产生的工频零序电压无关，可以探测包括发电机中性点在内的定子绕组的全部接地故障。它所采用的测量原理完全不受发电机运行工况的影响，即使在发电机处于停机状态的情况下，测量过程依然在进行。

如果没有能够探测到发生在发电机中性点或者靠近中性点的接地故障，那么发电机就运行在"接地"状态。如果接着发生另一次故障（如再次发生接地故障），将会形成单相短路，而发电机零序阻抗很小，将导致产生极大的故障电流。接线图如图 14-15 所示。

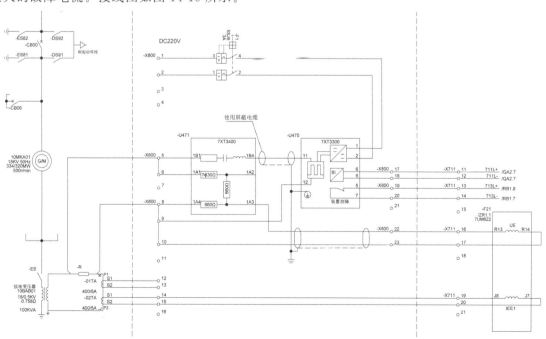

图 14-15　定子保护接线图

图 14-15 中 7XT3400 为带通滤波器，7XT3300 为 20Hz 信号发生器，安装于中性点接地变柜内，两者与 7UM622 保护装置配合使用，20Hz 信号发生器发出 20Hz 的方波输出电压，当定子接地时方波电压通过故障电阻产生电流，保护装置从输入电压和所产生的电流确定故障电阻。保护逻辑图见图 14-16。

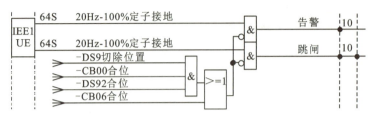

图 14-16　定子接地保护逻辑图

100%定子接地保护在静止变频器起动、背靠背起动、电气制动时闭锁。告警段定值整定为 198Ω，延时 10s 告警，跳闸段整定为 25Ω，延时 0.5s 跳闸。零序电流跳闸段定值整定为 0.71A。保护动作于跳开 GCB，起动失灵保护，停机，跳灭磁开关，联跳相关机组。

13. 1-3Hz 转子接地保护

转子接地保护用于探测同步发电机励磁回路发生的高阻或者低阻接地故障。同步发电机转子绕组发生一点接地故障其实并不会立即损坏转子，发电机仍然可以继续运行。但是，如果再发生第二点接地故障，那么在励磁回路两个接地的线圈之间将会形成一个闭合的电气回路。这会导致转子周围产生严重的磁场不平衡，并且将产生极大的机械力损毁发电机。

1-3Hz 转子接地保护要往发电机的励磁回路注入幅值约为 50V 的直流电压，呼蓄电站取 1.5Hz，这个频率决定了直流电压的正负极性每秒钟变换次数，转子回路的注入电压 U_g 由控制单元 7XT71（安装于发电电动机保护 A 屏内）产生，这个方波电压穿越电阻箱单元 7XR6004（安装于励磁直流出线柜内），然后通过高阻值电阻对称地耦合到励磁回路，同时串联低阻值测量电阻 R_M。测量电阻上的电压和控制电压通过保护装置上的测量变送器端子接入保护装置。控制电压在幅值和频率上都与注入的 50V 方波电压成正比，转子回路中的接地电流则通过串联的低阻值测量电阻上的电压降反映出来。每当注入的直流电压 U_g 的极性发生翻转，就会产生充电电流 I_g 并流经电阻箱单元进入励磁回路的转子对地电容。这个充电电流在低阻值测量电阻上按照一定比例形成电压降 U_{Meas}，一旦转子回路对地电容充电完毕，测量回路中的充电电流将变为零。如果励磁回路中发生了接地故障，那么在测量回路中将会形成持续的接地电流。接地电流的幅值取决于故障电阻的大小。

转子接地保护的偏置电压采用低频率方波电压信号，可以有效地消除转子回路存在的对地电容对故障电阻测量带来的不利影响；同时，在受到来自励磁系统的干扰信号影响的情况下，确保足够的裕度。接线图见图 14-17。

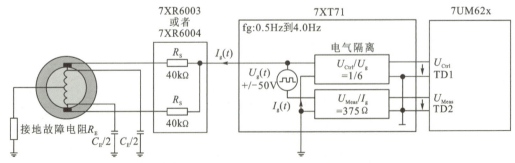

图 14-17　转子接地保护接线图

转子接地保护逻辑图见图 14-18 所示。

转子接地保护在所有工况均投入，保护告警段定值整定为 80kΩ，延时 10s 发出告警信号；跳闸段定值整定为 5kΩ，延时 2s 跳闸；动作于跳开 GCB，起动失灵保护，停机，跳灭磁开关，联跳相关机组。

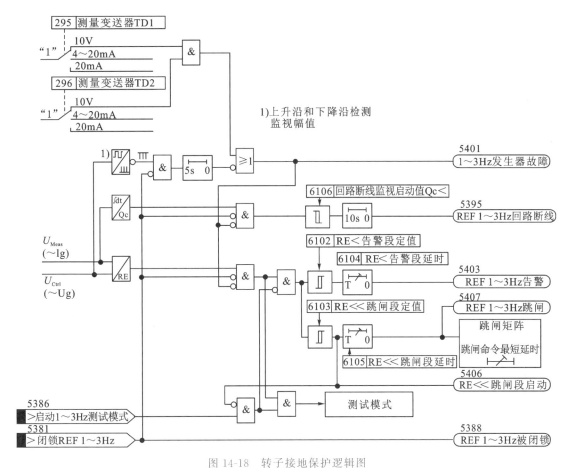

图 14-18 转子接地保护逻辑图

14. 失步保护

发电机发生失步的原因有很多,当出现小的扰动或调节失误,发电机与系统间的功角大于静稳极限角时,发电机的静态稳定条件被破坏而失步;当出现大的扰动(如发生短路处理不当或不及时等),发电机与系统间的功角大于动态稳定极限角时,发电机因不能保持动态稳定而失步。发电机与电力系统发生失步,将引发机组机械量与电气量的持续振荡,这种振荡不仅会导致发电机组的轴系扭振、转子过热及定子绕组损伤,还会引发系统电压崩溃、频率失稳等连锁反应,严重威胁电力系统的安全稳定运行。同时,机组与系统失去同步,还有可能导致电力系统瓦解,甚至崩溃。基于上述原因,需要装设失步保护,以保障机组和系统的安全运行。

失步保护的动作判据是基于熟知的阻抗测量原理,主要评估机端阻抗复数的变化轨迹。机端阻抗复数的计算量采用电压测量量和电流测量量的基波正序分量。是否将发电机与电网解列开来,则取决于阻抗矢量的运动轨迹以及系统振荡时振荡中心所在的位置。可以通过一个简单的电力系统等效模型,用图示的方法说明发电机的失步工况。图 14-19 标出了发电机的机端电压 U_G 和电网的等效电压 U_N。发电机阻抗、变压器阻抗和系统阻抗位于这两个电压之间,共同组成了一个总阻抗 Z_{tot}。

假设 M 点为测量点,M 点阻抗为

$$Z(m) = \left[\frac{1}{1 - \frac{U_N}{U_G} \cdot e^{-j\delta}} - m \right] \cdot Z_{tot}$$

这里,δ 是发电机机端电压和系统等效电压之间的相角差。在正常情况下,这个值取决于负载状况,通常是个常数。而在发电机的失步过程中,这个相角差将持续波动,波动范围从 0° 到 360°。参照以上给出的公式,可以通过图 14-20 显示测量点所在的位置 m 处的阻抗矢量的变化轨迹图。坐标轴的原点对应于测量点的位置(即电压互感器的安装位置)。将电压幅值的比值 U_N/U_G 固定在某个常数而让相角差变化,则可以画出一个阻抗矢量的变化轨迹圆,轨迹圆的圆心和半径由比值 U_N/U_G 确定。轨迹圆的圆心总是位于一根斜

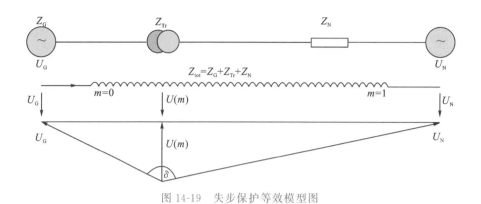

图 14-19 失步保护等效模型图

线上,斜线的倾角取决于阻抗矢量 Z_{tot} 的角度。阻抗测量值的最小值和最大值分别对应于相角差为 $\delta=0°$ 和 $\delta=180°$ 的时刻。如果测量点的位置正好位于系统的电气中心,则当相角差为 $\delta=180°$ 时测量电压为零,从而测量阻抗为零,振荡多边形如图 14-20 所示。

判断系统振荡的条件:

(1) 三相测量电流是否对称。测量到的电流正序分量超越正序电流整定值 I_1,电流负序分量则低于负序电流整定值 I_2。

(2) 阻抗矢量轨迹从一侧进入振荡特性区域,穿越虚轴或者失步保护的振荡多边形特性对称分界线,然后从另一侧离开振荡特性区域。

典型系统振荡轨迹见图 14-21。

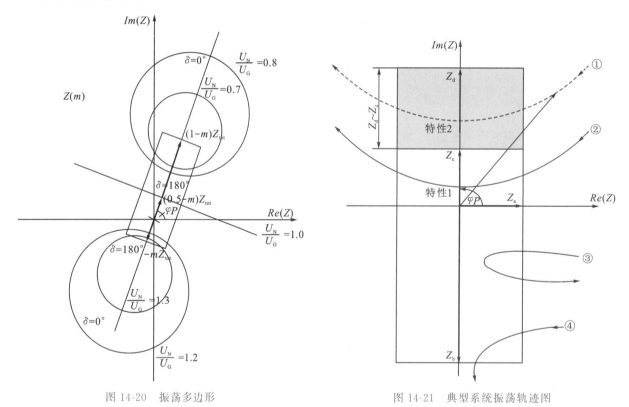

图 14-20 振荡多边形   图 14-21 典型系统振荡轨迹图

当阻抗矢量轨迹穿越振荡特性区域滑级次数达到整定值后失步保护出口跳闸,特性 1 区域允许滑级次数整定为 1 次,特性 2 区域允许滑级次数整定为 4 次。动作于跳开 GCB,起动失灵保护,停机,跳灭磁开关。

15. 频率保护

频率保护分为高频保护与低频保护。高频保护主要作为发电工况时负载从系统中甩开,或者速度控制系统非正常动作,此时,高频保护防止发电电动机产生非允许的过速;低频保护主要用于发电电动机在抽水或调相运行时,电动机电源突然丢失或电网侧故障低频率运行时能有效切断负荷而设置的。

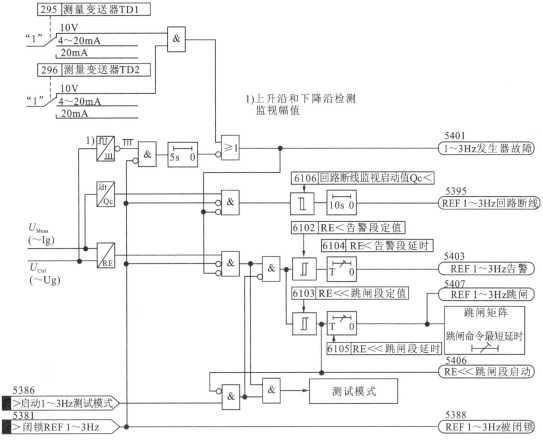

图 14-18 转子接地保护逻辑图

14. 失步保护

发电机发生失步的原因有很多,当出现小的扰动或调节失误,发电机与系统间的功角大于静稳极限角时,发电机的静态稳定条件被破坏而失步;当出现大的扰动(如发生短路处理不当或不及时等),发电机与系统间的功角大于动态稳定极限角时,发电机因不能保持动态稳定而失步。发电机与电力系统发生失步,将引发机组机械量与电气量的持续振荡,这种振荡不仅会导致发电机组的轴系扭振、转子过热及定子绕组损伤,还会引发系统电压崩溃、频率失稳等连锁反应,严重威胁电力系统的安全稳定运行。同时,机组与系统失去同步,还有可能导致电力系统瓦解,甚至崩溃。基于上述原因,需要装设失步保护,以保障机组和系统的安全运行。

失步保护的动作判据是基于熟知的阻抗测量原理,主要评估机端阻抗复数的变化轨迹。机端阻抗复数的计算量采用电压测量量和电流测量量的基波正序分量。是否将发电机与电网解列开来,则取决于阻抗矢量的运动轨迹以及系统振荡时振荡中心所在的位置。可以通过一个简单的电力系统等效模型,用图示的方法说明发电机的失步工况。图14-19 标出了发电机的机端电压 U_G 和电网的等效电压 U_N。发电机阻抗、变压器阻抗和系统阻抗位于这两个电压之间,共同组成了一个总阻抗 Z_{tot}。

假设 M 点为测量点,M 点阻抗为

$$Z(m) = \left[\frac{1}{1 - \frac{U_N}{U_G} \cdot e^{-j\delta}} - m \right] \cdot Z_{tot}$$

这里,δ 是发电机机端电压和系统等效电压之间的相角差。在正常情况下,这个值取决于负载状况,通常是个常数。而在发电机的失步过程中,这个相角差将持续波动,波动范围从 0° 到 360°。参照以上给出的公式,可以通过图 14-20 显示测量点所在的位置 m 处的阻抗矢量的变化轨迹图。坐标轴的原点对应于测量点的位置(即电压互感器的安装位置)。将电压幅值的比值 U_N/U_G 固定在某个常数而让相角差变化,则可以画出一个阻抗矢量的变化轨迹圆,轨迹圆的圆心和半径由比值 U_N/U_G 确定。轨迹圆的圆心总是位于一根斜

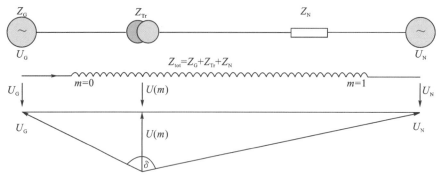

图 14-19　失步保护等效模型图

线上,斜线的倾角取决于阻抗矢量 Z_{tot} 的角度。阻抗测量值的最小值和最大值分别对应于相角差为 $\delta=0°$ 和 $\delta=180°$ 的时刻。如果测量点的位置正好位于系统的电气中心,则当相角差为 $\delta=180°$ 时测量电压为零,从而测量阻抗为零,振荡多边形如图 14-20 所示。

判断系统振荡的条件:

(1)三相测量电流是否对称。测量到的电流正序分量超越正序电流整定值 I_1,电流负序分量则低于负序电流整定值 I_2。

(2)阻抗矢量轨迹从一侧进入振荡特性区域,穿越虚轴或者失步保护的振荡多边形特性对称分界线,然后从另一侧离开振荡特性区域。

典型系统振荡轨迹见图 14-21。

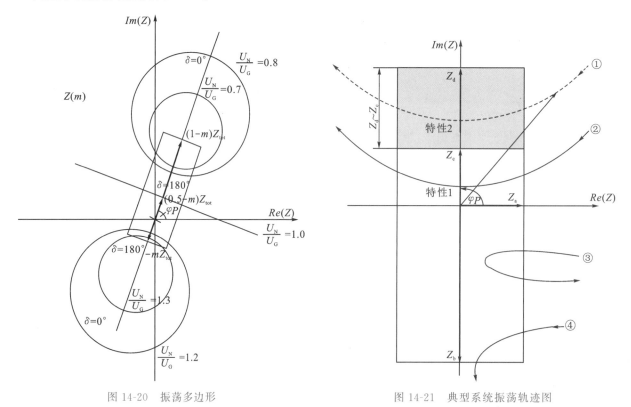

图 14-20　振荡多边形　　　　图 14-21　典型系统振荡轨迹图

当阻抗矢量轨迹穿越振荡特性区域滑级次数达到整定值后失步保护出口跳闸,特性 1 区域允许滑级次数整定为 1 次,特性 2 区域允许滑级次数整定为 4 次。动作于跳开 GCB,起动失灵保护,停机,跳灭磁开关。

15. 频率保护

频率保护分为高频保护与低频保护。高频保护主要作为发电工况时负载从系统中甩开,或者速度控制系统非正常动作,此时,高频保护防止发电电动机产生非允许的过速;低频保护主要用于发电电动机在抽水或调相运行时,电动机电源突然丢失或电网侧故障低频率运行时能有效切断负荷而设置的。

只要有一个相间电压存在并且其幅值足够大,就可以测量到系统的频率。当测量电压下降到某个整定的定值 U_{min} 以下时,保护装置会闭锁住频率保护。频率保护逻辑图如图 14-22 所示。

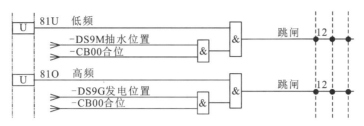

图 14-22 频率保护逻辑图

高频保护定值整定应考虑机组过速能力以及频率偏移对水轮机运行的影响,并与高频切机装置(站内尚未配置)定值配合,遵循高频切机先于高频保护动作的原则,同一引水隧洞的两台发电电动机高频保护定值不宜相同。高频保护动作跳开 GCB,起动失灵保护,停机,跳灭磁开关。

低频保护定值整定应考虑电动机低频运行的能力,并与电网低频减载装置、频率协控系统配合,低频保护定值应低于低频减载装置、频率协控系统最后一轮定值。低频保护动作跳开 GCB,起动失灵保护,停机,跳灭磁开关。

16. 过激磁保护

作用在机组上的端电压和机组频率发生变化,均会引起工作磁通密度的变化。U/f 比值增大,工作磁密增大,很快接近饱和磁密,铁芯饱和后,励磁电流急剧增大,此时称为过激磁状态。饱和后的励磁电流并非正弦波形电流,其中含有大量高次谐波分量,会使机组的附加损耗增大,使机组局部严重过热。如果过励磁倍数 $n(n=B/Be)$ 较大,持续时间较长,则会使机组绝缘劣化,寿命降低,甚至损坏。因此,应设置过激磁保护。

过激磁保护设有两段定时限特性和一段反时限特性,动作特性曲线见图 14-23,逻辑图见图 14-24。

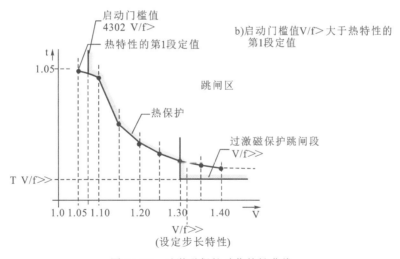

图 14-23 过激磁保护动作特性曲线

过激磁保护动作特性应与励磁伏赫兹限制相配合,遵循伏赫兹限制先于过激磁保护动作的原则,过激磁保护在所有工况均不闭锁。过激磁保护定时限第一段定值整定为 1.15 倍,延时 10s 动作,定时限第二段定值整定为 1.4 倍,延时 1s 动作,动作于跳开 GCB,起动失灵保护,停机,跳灭磁开关,联跳相关机组。

17. 过电压保护

过电压保护产生的原因一般有手工误操作励磁系统、电压自动调节装置的误动作、发电机甩(满)负载以及将发电机从电网中解列。

过电压保护设置两段定值,以机端相间电压整定。在过电压倍数很高的情况下,保护的跳闸命令延时可以整定得较短,从而快速切除相关设备。而在过电压倍数不高的情况下,保护的跳闸命令延时可以整定

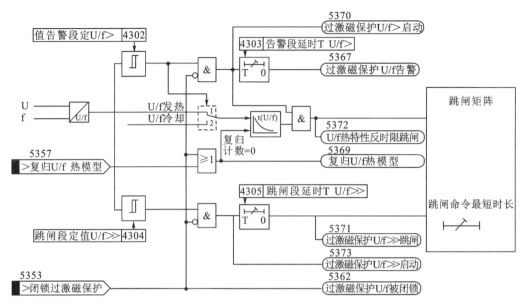

图 14-24 过激磁保护逻辑图

得较长,以便让电压自动调节装置有机会将电压调整到正常运行水平。过电压保护第一段定值为 115V,延时 3s 动作,第二段定值为 130V,延时 0.5s 动作,动作于跳开 GCB,起动失灵保护,停机,跳灭磁开关,联跳相关机组。

18. 轴电流保护

在机组转子上方的各个轴承的支架以及油盒支架与地之间有绝缘,在正常情况下,它是为了防止转子上的谐波分量感应到转轴上后,通过轴承支架与地形成回路,损坏轴承瓦面。为了监视这一绝缘的好坏,设置了轴电流保护。

轴电流保护通过安装于大轴上的轴电流互感器和发电机端子箱内的轴电流继电器实现,轴电流互感器及安装位置见图 14-25。

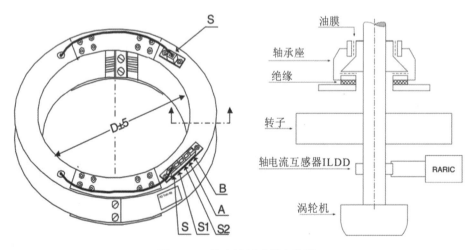

图 14-25 轴电流互感器安装图

轴电流继电器原理见图 14-26。

轴电流保护在全工况均不闭锁,保护设置两段定值,轴电流继电器采集轴电流互感器二次侧电流进行判断,若电流超过整定值内部接点闭合,将告警信号或动作信号送至保护装置,作用于告警或跳闸。图 14-26 左侧 1 出口跳闸,2 出口告警。动作于跳开 GCB,起动失灵保护,停机,跳灭磁开关,联跳相关机组。

19. 横差保护

发电机发生定子匝间短路后,短路环中的电流可能很大,若不及时处理,将导致定子单相接地故障发展

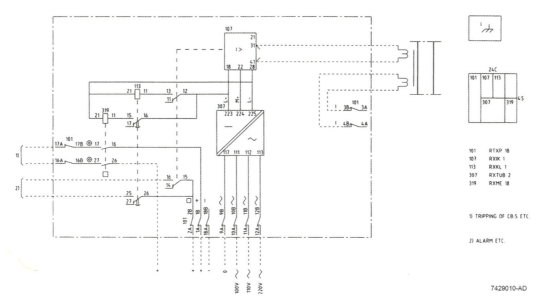

图 14-26 轴电流继电器原理图

成相间故障。该保护作为定子绕组匝间短路的主保护,输入信号 TA1、TA2 所测得零序电流,反映定子绕组的一相匝间短路和同一相两关联分支间的匝间短路。

横差保护在所有工况均不闭锁,第一段定值整定为 500mA,延时 3s 动作,第二段定值整定为 892mA,立即动作,动作于跳开 GCB,起动失灵保护,停机,跳灭磁开关,联跳相关机组。

20. 差动保护

差动保护系统是根据电流比较的原理来工作的,差动保护利用了一个事实:对于一个正常运行的保护对象,流入的电流之和等于流出的电流之和(电流 I_p,图 14-27 中的虚线部分)。在保护范围内某一点发生故障后,测量电流出现的差值就在某种程度上反映出了故障的存在。具有相同变比的电流互感器 CT1 和 CT2 的二次线圈按照图 14-27 所示连接,就形成了一个闭合的电流回路。如果在电气平衡点插入测量元件 M,那么这个测量元件就可以反映出电流的差流值。在没有扰动的条件下(如正常的带载运行),没有电流流经测量元件。在保护对象发生了故障的情况下,电流的和值 $I_{p1}+I_{p2}$ 流经回路一次侧。二次侧电流 I_1 和 I_2 的和值 $I_{p1}+I_{p2}$ 流经测量元件 M。这样,如图中简单回路所示,只要在故障情况下流入保护范围(取决于电流互感器的位置)内的故障电流相对于测量元件 M 足够大,就可以确保保护可靠跳闸。

对于内部故障,有 $I_{diff}=I_{stab}$。因此,内部故障时的特性曲线是一条与坐标横轴成 45° 的直线(见图 14-28)。图 14-28 标明了保护装置 7UM62 中完整的制动特性。差动保护特性曲线中的分支 a 代表差动保护的灵敏门槛值(定值 I-DIFF>),主要考虑恒定的电流误差,如 CT 的磁化电流等。差动保护特性曲线中的分支 b 主要考虑电流的线性误差。这些误差可能来自一次回路 CT 或保护装置输入 CT 的传变误差,或是其他因素,如 CT 不匹配误差或变压器电压调节装置分接头位置的改变带来的影响等。在大电流穿越的情况下,可能引起电流互感器饱和。差动保护特性曲线中的分支 c 就提供了这种附加的制动量。在差动电流高出差动保护特性曲线中分支 d 的区域,保护装置会立即发出跳闸命令,而不考虑电流制动和谐波制动。这个动作范围就是"快速跳闸段 I-DIFF>>"。附加稳定区由饱和指示器来确定。

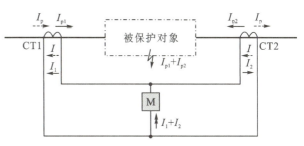

图 14-27 差动保护原理图

保护装置会根据跳闸特性曲线来比较差动电流 Idiff 和制动电流 Istab。如果运行点(Idiff,Istab)位于跳闸区,保护装置将发出跳闸命令。如果运行点 Idiff/Istab 位于故障特性曲线附近(≥故障特性斜率的 90%),那么即使在此时保护装置由于进入附加稳定区、电机起动或探测到直流分量等而抬高了跳闸特性,保护装置也会出口跳闸。

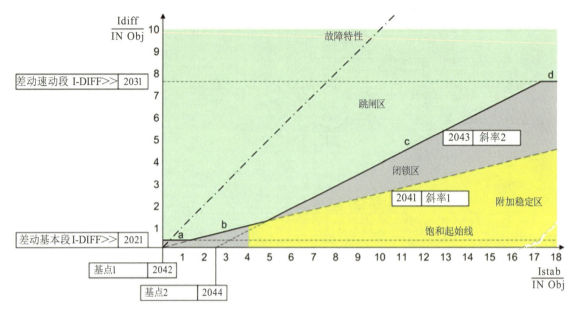

图 14-28　跳闸特性曲线

呼蓄电站发电电动机保护 A 盘配置小差保护,保护范围为机组中性点端至机端;B 盘配置大差保护,保护范围为机组中性点侧至主变低压侧。差动保护动作于跳开 GCB,起动失灵保护,停机,跳灭磁开关,联跳相关机组。

14.2.2.2　主变保护

1. 变压器差动保护

主变差动保护原理与发电电动机差动保护原理相同,不同的是变压器会有许多因素影响到差动保护,使得即使在正常运行过程中也能感应出差动电流。主要有以下几方面:

CT 匹配:变压器各侧 CT 一次侧额定电流的差异非常普遍,这些差异会导致误差并产生差动电流。

变压器调压分接头(通常在相位调节器中)改变了变压器的变比,也改变了变压器的额定电流。因此,变压器调压分接头将导致各侧 CT 不匹配,从而产生差动电流。

励磁涌流:在空投时,变压器可能吸收相当大的磁化电流(励磁涌流),这个励磁涌流进入差动保护动作区而不再出来。这种电流非常像从单侧馈入的故障电流。励磁涌流能够达到变压器额定电流的一定比例,主要表现为相当可观的二次谐波电流(2 倍频),而这个二次谐波电流在实际的短路故障时几乎不存在。

过激磁:如果变压器运行在过电压状态,那么变压器非线性的磁化曲线就会抬高磁化电流。这个抬高的磁化电流反过来将导致差动电流的产生。

矢量组:根据不同的应用场合,变压器将产生不同的矢量组,这个矢量组将导致变压器一次侧和二次侧之间产生相角差。如果不对这个相角差进行适当的调整,就会产生差动电流。

呼蓄电站主变励磁变保护 A 盘配置大差保护,保护范围为主变高压侧至机端;B 盘配置小差保护,保护范围为主变高压侧至主变低压侧。

2. 主变过激磁保护

主变过激磁保护原理与机组过激磁保护原理相同,对抽水蓄能机组来说,由于水泵工况起动过程中,主变低压侧与机组由开关隔开,机组过激磁保护不能作用于主变,所以在主变低压侧配置过激磁保护,防止主变过激磁。

3. 非电气量保护

电气量保护对于变压器内部的某些轻微故障,灵敏性可能不能满足要求,因此变压器通常还装设反映油箱内部油、气、温度等特征的非电气量保护。非电气量保护不起动失灵保护,因为非电气量保护起动失灵保护将在断路器跳开后仍处于起动状态,增加了失灵保护误动的风险。非电气量保护动作时,电流不会增加许多,达不到失灵保护起动电流,失灵保护也不会起动。

非电量保护逻辑图见图 14-29。

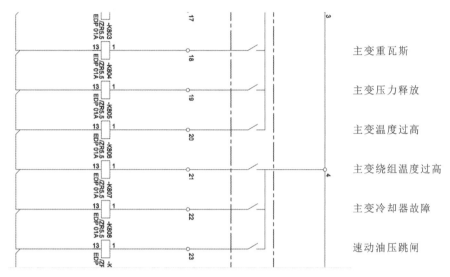

图 14-29　非电量保护逻辑图

1) 瓦斯保护

瓦斯保护用于反映主变本体内部轻微或严重故障,当主变油箱内部发生故障时,油箱内的油被分解、气化,产生大量气体,油箱内压力急剧上升,气体及油流迅速向油枕流动,当气体量超过整定值时瓦斯继电器动作,发出告警信号或动作跳闸。瓦斯继电器安装于主变本体顶部,具有两对(旋转式)触点元件,其中一对为轻瓦斯报警,另一对为重瓦斯跳闸,同时在主变本体严重漏油时,该瓦斯保护首先发生报警,然后出口跳闸。瓦斯继电器接点接至主变本体端子箱,再由本体端子箱接入保护装置。

2) 主变压力释放保护

在发生主变内部故障情况下,油箱内会产生大量气体,油箱内压力会急剧升高,此压力若不及时释放,将造成主变油箱变形,甚至爆裂。为了保护本体油箱而设置了压力继电器和压力释放装置,压力继电器检测主变箱体压力超限后动作,发出信号;压力释放装置的作用相当于防爆泄压阀。压力继电器接点接全主变本体端子箱,再由本体端子箱接入保护装置。

3) 主变温度保护

主变运行温度过高将直接影响主变绕组和绝缘性能,故设置主变绕组温度高保护和主变油温度高保护。主变绕组温度高保护和主变油温度高保护均报警,主变绕组温度过高保护和主变油温度过高保护均跳闸。温度计采集模拟量,通过内部开关量接点接至主变本体端子箱,再由本体端子箱接入保护装置。

非电量保护动作于跳开 GCB,停机,跳开灭磁开关,跳 500kV 开关(机组所在单元跳另一单元 500kV 开关需投入跨条),联跳相邻机组,联跳相关机组(需投入跨条),跳开 SFC 分支。

14.2.2.3　500kV 保护

1. 断路器保护

5011、5012 断路器保护采用 RCS-921G 型保护装置,装置功能包括断路器失灵保护、三相不一致保护、死区保护、充电保护和自动重合闸。

1) 断路器失灵保护

失灵保护考虑分相起动失灵、保护三跳起动失灵、失灵相高定值起动失灵、充电保护起动失灵、三相不一致保护起动失灵。保护逻辑图见图 14-30。

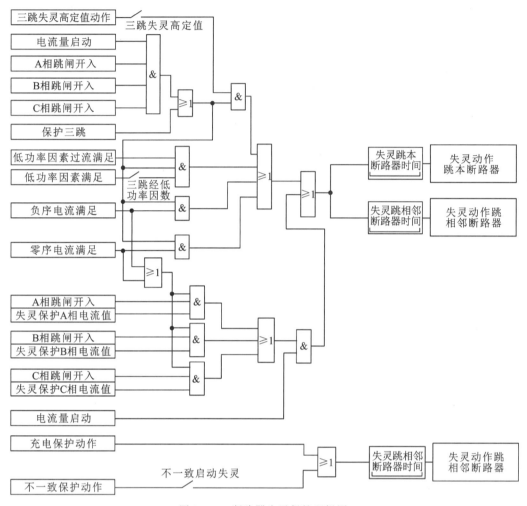

图 14-30 断路器失灵保护逻辑图

保护三跳起动失灵的低功率辅助判据：必须同时满足过流及低功率因素两个条件，其低功率因素过流值为 0.04In，图 14-30 中失灵 A 相电流值动作表示 A 相电流 IA＞失灵相电流值，B 相、C 相与此类似；负序电流满足表示一倍负序电流大于负序电流定值；零序电流满足表示三倍的零序电流大于失灵零序电流定值。当断路器为三相联动断路器时，如果出口处发生三相故障，且断路器失灵，那么零负序电流、低功率因素的辅助判据会失效，需要增加失灵相高定值起动失灵逻辑。当三相跳闸开入满足时，如果过流高定值动作，且控制字"三跳失灵高定值"投入，失灵动作。呼蓄电站"三跳失灵高定值"不投入。

失灵动作时以第一时限跳开本侧开关，以第二时限跳开相邻开关。

分相起动失灵：按相对应的线路保护跳闸接点和失灵相过流都动作后，先经"失灵三跳本断路器时间"延时发三相跳闸命令跳本断路器，再经"失灵跳相邻断路器时间"延时跳开相邻断路器。

保护三跳起动失灵：由保护三跳起动的失灵保护可分别经低功率因素、负序过流和零序过流三个辅助判据开放。其中，低功率因素辅助判据可由整定控制字"三跳经低功率因数"投退（呼蓄电站控制字整定为0，退出低功率因素辅助判据）。输出的动作逻辑先经"失灵三跳本断路器时间"延时发三相跳闸命令跳本断路器，再经"失灵跳相邻断路器时间"延时跳开相邻断路器。

失灵相高定值起动失灵：当断路器为三相联动断路器时，如果出口处发生三相故障，且断路器失灵，那么零负序电流、低功率因素的辅助判据会失效，需要增加失灵相高定值起动失灵逻辑。对于非三相联动开关，因不考虑三相失灵，该判据可不投入。

充电保护起动失灵：当充电保护动作时，如果失灵保护投入，则经"失灵跳相邻断路器时间"延时跳开相邻断路器。

不一致保护起动失灵：当不一致保护动作时，如果失灵保护投入，且控制字"不一致起动失灵"投入，则经"失灵跳相邻断路器时间"延时跳开相邻断路器。呼蓄电站"不一致起动失灵"未投入。

2）三相不一致保护

呼蓄电站三相不一致保护采用开关本体三相不一致保护，保护动作时间整定为2.5s。

3）充电保护

充电保护由两段过流及一段零序过流组成，仅在线路充电时投入，线路正常运行时退出。充电保护逻辑图见图14-31。

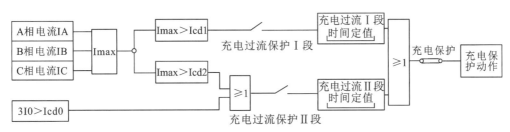

图14-31 充电保护逻辑图

Icd1—充电过流Ⅰ段电流定值；Icd2—充电过流Ⅱ段电流定值；Icd0—充电零序过流定值；Imax—A、B、C三相电流中的最大相电流值

4）自动重合闸

呼蓄电站自动重合闸仅投入单相重合闸，在单相故障时开放单相重合闸。当仅单相跳开，即装置收到单相跳闸接点并当该接点返回时或者当单相TWJ动作且满足TWJ起动单重条件时，起动单重时间。若线路三跳或三相TWJ动作，则不起动单重。（见图14-32）

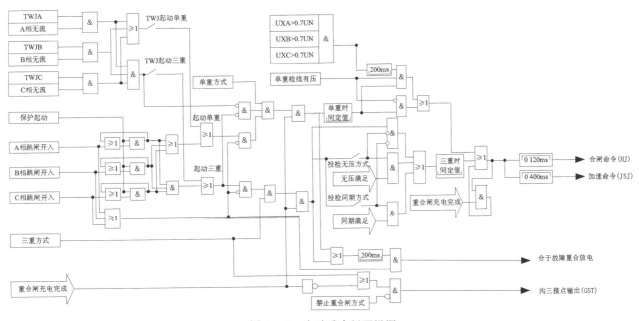

图14-32 自动重合闸逻辑图

2. T区保护

第一单元、第二单元T区采用RCS-924B型保护装置，取四侧差动，分别取自跨条侧，同一单元两台变压器高压侧和500kV开关侧，四侧差动保护由比率差动保护构成，比率差动保护动作方程为：

$$I_{cd} > I_{cdqd}$$
$$I_{cd} > K_{bl} * I_r$$

式中：K_{bl}为比率制动系数；I_{cdqd}为差动保护过流起动定值。

当$I_{cd} > 1.3I_N$时，若比率差动保护动作，立即出口。

当 $I_{cd} < 1.3 I_N$ 时,若比率差动保护动作,延时 20ms 出口(考虑 TA 断线判别时间最长要一个周波)。T 区保护逻辑图见图 14-33。

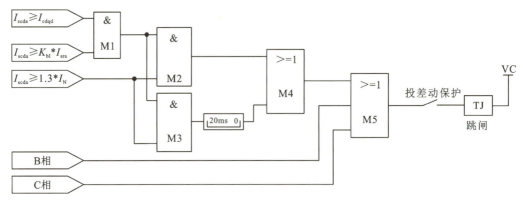

图 14-33　T 区保护逻辑图

当差动电流大于差动电流起动值并且差动电流大于比率差动系数乘制动电流,投入压板差动保护投入压板,差动保护可正常跳闸。

3. TA 断线判别

带延时 TA 断线报警在保护采样程序中进行,当差动起动元件长期起动,起动时间超过 10s 发 TA 断线告警信号。延时的 TA 断线报警也兼起电流采样回路自检功能。

瞬时 TA 断线报警在故障测量程序中进行,满足下述任一条件不进行该侧 TA 断线判别:起动前某侧最大相电流小于 0.2In;起动后最大相电流大于 1.2In;起动后该侧电流比起动前增加 0.1In 以上。

只有在某侧电流同时满足下列条件时,方认为是 TA 断线:

只有一相电流为零(小于 0.1In);其他二相电流与起动前电流相等(相差小于 0.1In)。

上述判别方法既可保证在一相断线而另一相发生故障时不误闭锁保护,也可保证在 TA 断线时保护不会误动。

4. TA 饱和

当发生区外故障时,TA 可能会暂态饱和,装置采用了自适应浮动制动门槛,从而保证了在较严重的饱和情况下不会误动。

蓄武线 T 区差动保护采用 RCS-924A 型保护装置,取三侧差动,取线路侧、5011 开关侧和 5012 开关侧,当差动保护投入时,如果出线隔离刀闸辅助接点(线路刀闸闭合时,接点打开)打开,则投入三侧比率差动保护。三侧差动保护动作后跳开本侧两个断路器,同时起动远跳回路。如果线路刀闸辅助接点(线路隔离刀闸打开时,接点闭合)闭合,则投入两侧比率差动保护。两侧差动保护动作后仅跳开本侧两个断路器。

RCS-924A 型保护装置差动保护动作方程与 RCS-924B 的相同,同时也具有 TA 断线判别功能。

保护逻辑图见图 14-34。

在图 14-34 中,I_{scda}、I_{scdb}、I_{scdc} 分别为 T 区 A、B、C 三侧各相差动电流,I_{lcda}、I_{lcdb}、I_{lcdc} 分别为 T 区两侧(两断路器侧)各相差动电流,I_{lcdmax} 为两侧差动电流的最大相电流值,I_{sra}、I_{srb}、I_{src} 分别为三侧各相制动电流,I_{lra}、I_{lrb}、I_{lrc} 分别为两侧各相的制动电流,$I_{\Phi 3max}$ 为线路 TA 最大相电流幅值,$I_{gl\,I\,zd}$、$I_{gl\,II\,zd}$ 分别为过流保护 I、II 段电流整定值,I_{chzd} 为充电电流定值,$I_{scd\,max}$ 为 T 区三侧差动电流最大相电流幅值。

当跳闸令发出 40ms 后,如果满足无流条件,则跳闸令返回。

过流保护动作后,只起动远跳回路。过流保护受三侧差动起动元件闭锁,防止由于刀闸接点误开入可能造成过流保护误动的情况。呼蓄电站过流保护、充电保护控制字未投入。

装置接入出线隔离刀闸常闭辅助接点,当出线隔离刀闸打开时,刀闸位置常闭辅助接点开入,此时,逻辑框图中的刀闸位置置"1";当出线隔离刀闸闭合时,刀闸位置常闭辅助接点返回,逻辑框图中的刀闸位置置"0"。

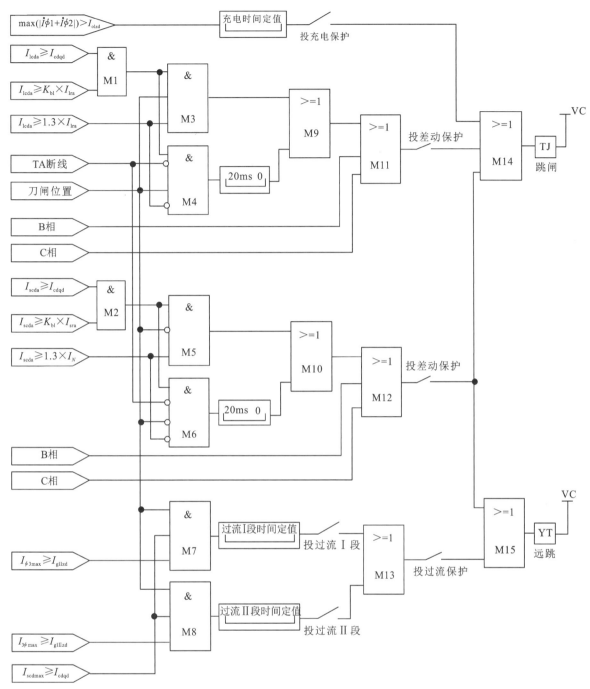

图 14-34 保护逻辑图

5. 线路保护

500kV 蓄武线线路配置两套全线速断主保护,线路保护含有两套光纤差动保护及过电压、远方跳闸保护,一套采用国电南瑞科技股份有限公司产品,一套采用北京四方继保自动化股份有限公司产品,均布置GIS层。其中,线路一套保护具体配置为:北京四方 CSC-103A 光纤差动保护、CSC-125A 过电压及远方跳闸保护,均装设于 500kV 光纤线路保护Ⅰ柜。线路二套保护具体配置为:南瑞继保产品 RCS-931AM 光纤差动保护、RCS-925A 过电压及远方跳闸保护,均装设于 500kV 光差线路保护Ⅱ柜。

6. 差动保护

差动保护逻辑图见图 14-35。

当差动保护正常投入,线路运行时,只有本侧和对侧差动保护压板均在投入状态且通道正常,差动保护

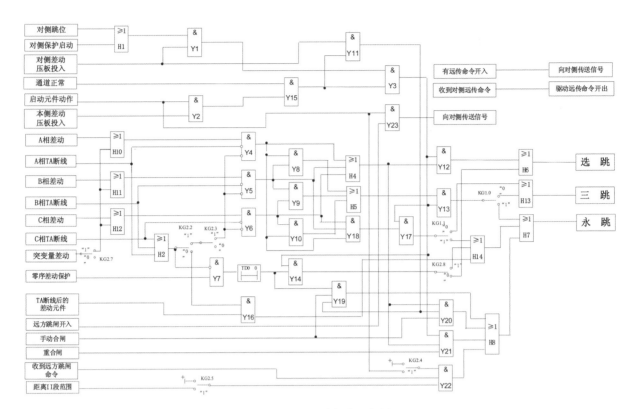

图 14-35 差动保护逻辑图

KG1.0—相间故障永跳\三跳控制;KG1.1—三相故障永跳\三跳控制;KG2.8—零序差动保护永跳\选跳控制;
KG2.2—TA断线闭锁差动保护投\退控制;KG2.3—TA断线闭锁三相\断线相控制;KG2.7—突变量差动保护投\退控制;
KG2.4—远方跳闸受起动元件控制投\退;KG2.5—远方跳闸受方向元件控制投\退

$\boxed{\substack{\geqslant 1 \\ H}}$—或门;$\boxed{\substack{\& \\ Y}}$—与门;$\boxed{t1\ t2}$—延迟t1动作,延迟t2返回

才算处于正常投入状态,即门 Y1、Y2、Y15 准备故障开启状态。

差动保护起动时,逻辑图中"起动元件动作"包括正常的起动元件动作、弱电源起动及远方召唤起动。在通道正常情况下线路发生故障,两侧保护的"起动元件动作",则开放差动保护,即 Y2—Y15—Y3(Y1—Y3)—开放差动保护。

差动保护动作时,逻辑图中"A 相差动""B 相差动""C 相差动"分别包括高定值分相差动保护、低定值分相差动保护;"突变量差动"由控制字 KG2.7 控制是否投入。呼蓄电站突变量差动保护控制字投入。

(1)单相故障:线路故障,门 Y3 已开放差动保护,当差动电流达到整定值时经 Y4(Y5、Y6)—H4—Y12—H6→实现"选跳";线路内部经高阻接地故障,门 Y3 已开放,"A 相差动""B 相差动""C 相差动"不动,由"零序差动保护"—Y7—TD0—Y14—KG2.8(置"0")—H6→实现"选跳",或 Y7—TD0—Y14—KG2.8(置"1")—H14—H7→实现"永跳"。

(2)相间故障:门 Y3 已开放差动保护,当差动电流达到整定值时经 Y4、Y5、Y6—Y8、Y9、Y10—H5—Y13—KG1.0(置"1")—H7→实现"永跳"(呼蓄电站相间故障永跳投入)或 KG1.0(置"0")→实现"三跳"。

(3)三相故障:门 Y3 已开放差动保护,当差动电流达到整定值时经 Y4、Y5、Y6—Y18—Y17—KG1.1(置"1")—H14—H7→实现"永跳"(呼蓄电站三相故障永跳投入)或 KG1.1(置"0")—H13→实现"三跳"。

TA 断线闭锁零序差动保护,无论哪相 TA 断线,经门 H2 闭锁 Y7;控制字 KG2.2 置"1"时,TA 断线闭锁差动保护(呼蓄电站控制字整定为"1"),再由 KG2.3 选择闭锁三相(置"1")经 H2—KG2.2—KG2.3 闭锁门 Y4、Y5、Y6,或是只闭锁断线相(KG2.3 置"0")(呼蓄电站控制字整定为"0",仅闭锁断线相),即经 A 相、B 相、C 相断线分别闭锁门 Y4、Y5、Y6;KG2.2 置"0"时,KG2.3 不起作用,TA 断线相差动电流大于"TA 断线后差动元件"(包括断线相差动元件和非断线相差动元件,其中断线相差动元件采用断线后差动定值,非断线相差动元件采用正常定值)定值时由门 Y16—H14—H7→实现"永跳"。

手动合闸到故障线路上,如差动保护动,则 H4 有输出,经门 Y11—Y20—H8—H7→实现"永跳";或零序差动保护动,经 Y7—TD0—Y19—H8—H7→实现"永跳"。手动合闸到故障线路上必须两侧压板投入、通道正常、本侧保护起动条件满足。

重合到永久故障上经门 Y21—H8—H7→实现"永跳"。

当有"远方跳闸开入",在起动元件动作时经门 Y23→实现"向对侧传送信号"。

在"收到远方跳闸命令"时,当 KG2.5 置"1"时,由"距离Ⅱ段范围"来闭锁门 Y22,KG2.5 置"0"时,则不经方向元件闭锁;当 KG2.4 置"1"时,"起动元件动作"—KG2.4—Y22—H8—H7→实现"永跳",即经起动元件闭锁,KG2.4 置"0"时,则不经起动元件闭锁,即"起动元件动作"—Y22—H8—H7→实现"永跳"。

远传命令:当本侧有"远传命令1(2)开入",则对侧就有→实现"远传命令1(2)开出",即能向对侧传送命令信号。

7. 距离保护

距离保护逻辑图见图 14-36。

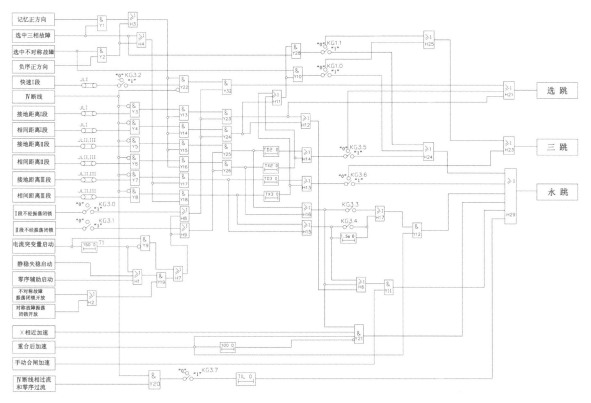

图 14-36 距离保护逻辑图

KG1.0—相间故障永跳、三跳;KG1.1—三相故障永跳、三跳;KG3.0—距离Ⅰ段振荡闭锁控制;KG3.1—距离Ⅱ段振荡闭锁控制;

KG3.2—投入快速Ⅰ段;KG3.3—投入瞬时加速Ⅱ段;KG3.4—投入瞬时加速Ⅲ段;

KG3.5—Ⅱ段动作永跳、选跳;KG3.6—Ⅲ段动作永跳、三跳;KG3.7—Ⅳ断线过流、零序过流投退

≥1/H —或门; &/Y —与门; t1 t2 —延迟t1动作,延迟t2返回

突变量起动元件IQD动作,在150ms以内短时开放测量元件,通过计算和判断,若故障阻抗在"快速Ⅰ段"动作区内,则快速跳闸出口,即经"快速Ⅰ段"(呼蓄电站快速Ⅰ段控制字整定为"0",即退出"快速Ⅰ段")—JLⅠ—KG3.2—Y22—Y32—H21→实现"选跳"。

若程序计算的阻抗在距离Ⅰ段动作区内:由控制字 KG3.0 控制是否经振荡闭锁(呼蓄电站整定为经振荡闭锁),KG3.0 置"1"不经振荡闭锁,直接经 H8 开放门 Y23、Y24;KG3.0 置"0"经振荡闭锁,经 H2—Y19—H7—H8 开放门 Y23、Y24。"接地距离Ⅰ段"—JLⅠ—Y3—Y13—Y23—H21→实现"选跳"。"相间距离Ⅰ段"—JLⅠ—Y4—Y14—Y24—H11—Y10—KG1.0(Y28—KG1.1)—H25—H23→实现"三跳",或经 KG1.0(KG1.1)—H24—H29→实现"永跳"。

若程序计算的阻抗在Ⅱ段范围内:由控制字 KG3.1 控制是否经振荡闭锁(呼蓄电站整定为经振荡闭锁),KG3.1 置"1"不经振荡闭锁,直接经 H9 开放门 Y25、Y26;KG3.1 置"0"经振荡闭锁,经 H2—Y19—H7—H9 开放门 Y25、Y26。"接地距离Ⅱ段"—JLⅡ.Ⅲ—Y5—Y15—Y25—TD2—H14—KG3.5(置"0")—H21→实现"选跳",或经 KG3.5(置"1")—H24—H29→实现"永跳"。"相间距离Ⅱ段"—JLⅡ.Ⅲ—Y6—Y16—Y26—TX2—H14—KG3.5(置"0")—H21→实现"选跳",或经 KG3.5(置"1")—H24—H29→实现"永跳"(呼蓄电站相间距离Ⅱ段整定为"永跳")。

Ⅲ段范围内故障:"接地距离Ⅲ段"—JLⅡ.Ⅲ—Y7—Y17—TD3—H13—KG3.6(置"0")—H23→实现"三跳",或经 KG3.6(置"1")—H29→实现"永跳"。"相间距离Ⅲ段"—JLⅡ.Ⅲ—Y8—Y18—TX3—H13—KG3.6(置"0")—H23→实现"三跳",或经 KG3.6(置"1")—H29→实现"永跳"(呼蓄电站相间距离Ⅲ段整定为"永跳")。

相间故障永跳:H11—Y10—KG1.0(置"1")—H24—H29→实现"永跳",或 KG1.0(置"0")—H25—H23→实现"三跳"(呼蓄电站相间故障整定为"永跳")。

三相故障永跳:H11—Y28—KG1.1(置"1")—H24—H29→实现"永跳",或 KG1.1(置"0")—H25—H23→实现"三跳"(呼蓄电站三相故障整定为"永跳")。

TV 断线条件下,门 Y3~Y8、Y22 被闭锁,各段距离保护均退出工作;投入 TVDX 过流,即"TV 断线相过流和零序过流"—Y20—KG3.7—T1L—H29→实现"永跳"。

手动合闸:若任一阻抗在Ⅰ、Ⅱ、Ⅲ段内,立即出口跳闸,门 H6—Y11—H29→实现"永跳"。

重合闸于故障上,进行后加速跳闸:

瞬时加速Ⅱ段,门 H16—KG3.3—H17—Y12—H29→实现"永跳"(该段保护呼蓄电站整定为退出)。

瞬时加速Ⅲ段,门 H15—KG3.4—H17—Y12—H29→实现"永跳"(该段保护呼蓄电站整定为退出)。如 KG3.4 不投,按躲延时加速Ⅲ段,由门 H15—1.5s—H17—Y12—H29→实现"永跳"。

重合闸后×相近加速,经 Y21(100ms 后被闭锁)—H29→实现"永跳"。

8.零序保护

零序保护逻辑图见图 14-37。

突变量起动元件或零序辅助起动元件动作后,进入故障处理程序。全相运行时投零序Ⅰ~Ⅳ段(I01~I04)和零序反时限保护。非全相运行时,闭锁 I01~I04 段,投入不灵敏的 IN1、零序反时限、IN4 短时间段。

(1)零序Ⅰ段和不灵敏Ⅰ段自动带方向,零序 I01~I04 各段及零序反时限方向性由各自的控制字控制,即 KG4.2~KG4.4 分别控制 I02、I03、I04,KG4.11 控制零序反时限保护,当置"1"时为带方向,置"0"时为不带方向。

(2)TA 断线时,利用 TA 断线时无零序电压这一特征,使可能误动的保护带方向,用零序方向元件实现闭锁。若零序电流长期存在,"TA 断线 3I0>I04"经 12s 后发出"告警"信号,并闭锁零序各段,即门 Y11~Y14.被闭锁。

正常运行时若 3U0 工频分量较大(KG4.8 控制)时,怕方向元件闭锁不可靠,也可用 3U0 突变量将零序各段保护闭锁,即"3U0 突变量"—KG4.8 闭锁门 Y11~Y15。

(3)零序方向模块用自产 3U0 和 3I0 判断方向,当 TV 断线时带方向的零序保护退出工作。

(4)手动合闸与重合闸后加速。

手动合闸零序各段不带方向,零序各段延时 0.1s,以躲开断路器三相不同期,即Ⅰ段经 Y3—H3(零序其他段经 H1—Y1—H3)—100ms—H4—H8—H10→实现"零序永跳";零序不灵敏Ⅰ段经 Y20—H4—H8—H10→实现"零序永跳",无延时。

重合闸于故障上,零序Ⅰ段经 Y10—H3 延时 100ms,由控制字(KG4.5、KG4.6、KG4.7)控制加速Ⅱ、Ⅲ、Ⅳ段,即门 Y17、Y18、Y19—H7—H3—100ms—H4—H8—H10→实现"零序永跳";不灵敏Ⅰ段经 Y21—H4—H8—H10→实现"零序永跳"。

零序反时限自动投入。

(5)故障动作逻辑:线路故障,起动元件动作,一方面进入故障处理程序,另一方面进行故障选相。

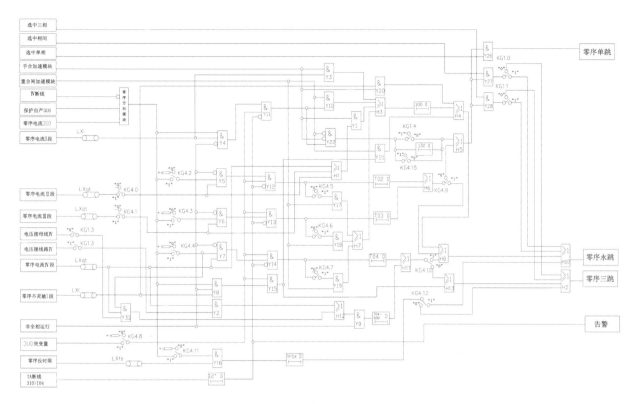

图 14-37 零序方向保护逻辑图

KG4.0—零序Ⅱ段投退;KG4.1—零序Ⅲ段投退;KG4.2—零序Ⅱ段带方向投退;KG4.3—零序Ⅲ段带方向投退;
KG4.4—零序Ⅳ段带方向投退;KG4.11—零序反时限带方向投退;KG4.12—零序反时限永跳投退;KG1.3—电压接母线或接线路控制;
KG1.4—同杆双回运行方式控制;KG4.5—加速零序Ⅱ段投退;KG4.6—加速零序Ⅲ段投退;KG4.7—加速零序Ⅴ段投退;
KG4.8—3U0突变量闭锁投退;KG4.9—零序Ⅱ、Ⅲ段永跳、选跳;KG4.10—零序Ⅳ段永跳、三跳;KG1.0—相间永跳/三跳;
KG1.1—三相永跳/三跳;KG4.15—零序Ⅰ段带延时控制

≥1/H—或门;&/Y—与门;t1 t2—延迟t1动作,延迟t2返回

Ⅰ段范围故障:用于非同杆方式时;压板LXI—门Y4—Y11—Y22—H5有输出,如果保护"选中单相",则经门Y26→实现"零序单跳";如果保护"选中相间",则经门Y27—KG1.0(置"1")—H10→实现"零序永跳",或KG1.0(置"0")—H2→实现"零序三跳";如果保护"选中三相",则经门Y28—KG1.1(置"1")—H10→实现"零序永跳",或KG1.1(置"0")—H2→实现"零序三跳"。

用于同杆方式时或压板LXI—门Y4—Y11—Y22(KG4.15置"1"、KG1.4置"1")延时130ms—H5有输出。

Ⅱ、Ⅲ段范围故障:跳闸由控制字控制投退及控制选跳或发永跳令,压板LXqt—KG4.0—Y5—Y12—T02(KG4.1—Y6—Y13—T03)—H6—KG4.9(置"0")—H5有输出,如果保护"选中单相",则经门Y26→实现"零序单跳";如果保护"选中相间",则经门Y27—KG1.0(置"1")—H10→实现"零序永跳",或KG1.0(置"0")—H2→实现"零序三跳";如果保护"选中三相",则经门Y28—KG1.1(置"1")—H10→实现"零序永跳",或KG1.1(置"0")—H2→实现"零序三跳"。若KG4.9置"1"—H8—H10→实现"零序永跳"。

Ⅳ段范围故障:跳闸由控制字控制可发三跳令或发永跳令,压板LXqt—门Y7—Y14—T04—H11—KG4.10(置"0")—H13—H2→实现"零序三跳",或Y7—Y14—T04—KG4.10(置"1")—H8—H10→实现"零序永跳"。

(6)非全相时闭锁易误动各段,即门Y4~7关闭I01~I04。

非全相运行中故障:不灵敏Ⅰ段范围经压板LXI—Y8—Y15—H13—H2→实现"零序三跳";零序Ⅳ段电压接线路TV:零序Ⅳ段不带方向,经压板LXqt—Y2—Y9—(T04—500)—H11—经KG4.10进行→实现"零序三跳"或实现"零序永跳";电压接母线TV:Ⅳ段带方向,经压板LXqt—Y32(方向控制)—H12—Y9—(T04—500)—H11—经KG4.10进行→实现"零序三跳"或实现"零序永跳"。

(7)"零序反时限保护"动作—LXfs—Y16—TFSX—KG4.12(置"1")—H10→实现"零序永跳"或 KG4.12(置"0")—H2→实现"零序三跳"。

9. CSC-125A 保护装置逻辑

CSC-125A 保护装置包括两个功能模块:收信跳闸功能、过电压保护功能。保护逻辑图如图 14-38 所示。

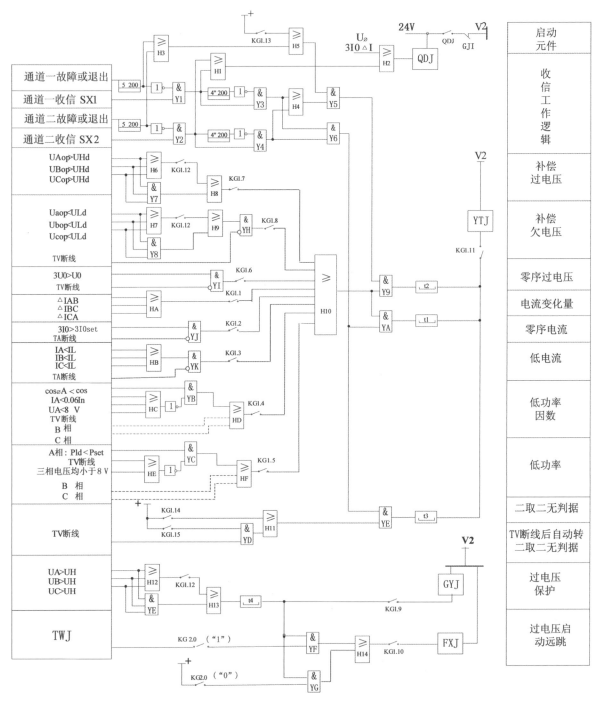

图 14-38 保护逻辑图

1)收信跳闸功能

当线路对端出现线路过电压、电抗器内部短路及断路器失灵等故障时,均可通过远方保护系统发出远跳信号,由本端收信跳闸装置根据收信逻辑和相应的就地判据动作出口,跳开本端断路器。收信工作逻辑和就地判据如下:

(1)收信工作逻辑。

①收信工作逻辑:共有"二取二"和"二取一"两种判断逻辑供选择。"二取二"方式,指通道一和通道二都收信,认为收信有效;"二取一"方式,指通道一或通道二中只要有一个通道收信,就认为收信有效。

②运行中工作方式判别:两通道均投入运行且都无故障时为"二取二"方式;当方式控制字"二取一"方式投入,或两个通道只有一个通道投入运行,另一个因故障(长期收信或有相应的通道故障开入)退出时为"二取一"方式。

③通道异常判别和处理:任意一个通道故障开入有信号时,则发告警信号通道1故障或通道2故障,同时闭锁该通道收信。"二取二"方式在此情况下,自动转入"二取一"方式。当通道故障消失后延时200ms开放该通道收信。当任意一个通道持续收信超过4s,则认为该通道异常,发告警信号通道1长期收信或通道2长期收信,同时闭锁该通道收信,"二取二"方式在此情况下,自动转入"二取一"方式。当通道收信消失后延时200ms开放该通道收信。

(2)就地判据。

装置的远方跳闸就地判据有补偿过电压、补偿欠电压、电流变化量、零序电流、零序过电压、低电流、低功率、低功率因数,各个判据均可通过控制字整定来决定是否投入。

①补偿过电压、补偿欠电压。电压元件按相装设,每相由过电压和欠电压组成,并且所测量的电压为补偿到远端的电压。根据 $U_{op}=U-I*Z_{dz}$,形成远端电压,每相均有补偿阻抗,线路的正序阻抗可以整定。补偿电压可以反应任一相过电压或欠电压动作(三取一方式),也可以反应三相均过电压或欠电压动作(三取三方式),通过整定控制字来决定。补偿电压元件连续40ms满足定值条件置补偿电压元件动作标志。TV断线时补偿欠电压自动退出。

②电流变化量。电流变化量元件测量相电流差工频变化量的幅值,其判据为:

$$\Delta i_{\phi\phi} > I_{QD}$$

式中: $\Delta i_{\phi\phi} = ||i_K - i_{K-T}| - |i_{K-T} - i_{K-2T}||$, $\phi\phi$ 指 AB、BC、CA 三种相别;K 指采样的当前时刻某一点,i_K、i_{K-T}、i_{K-2T} 分别为当前时刻和1周前、2周前时刻的电流采样值;T 为每周采样点数,本装置是24点。

用这种方法计算出故障后的电流与定值比较,确定是否动作。采用分相判别,动作后保持5s。

③零序电流。当零序电流连续40ms大于零序电流整定值时,置零序电流动作标志。TA断线后闭锁零序电流元件就地判据。

④低电流。当三相任一相电流连续40ms低于低电流整定值时置低电流动作标志。

⑤低功率因数。当三相任一相功率因数连续40ms低于整定值时,置低功率因数动作标志。计算功率因数时计算相电压和相电流之间的角度,并归算到0°～90°。当相电流低于0.06In,或相电压低于8V时将闭锁该相的低功率因数元件,在TV断线的情况下将三相低功率因数元件全部闭锁。

⑥低功率。低功率判别元件可由控制字KG1.5投退。

低功率判别元件为取有功功率的绝对值进行计算,当三相中任意一相有功功率连续40ms小于低有功功率定值时,低功率元件动作。

低功率判别元件在"三相电压均小于8V"或"TV断线"时被闭锁。低有功功率定值的整定范围(应为二次侧功率,即指输入该装置值):1～200W。具体计算公式如下:

$$PLDa_{二次值} = |k_u k_i U_a I_a \cos\phi a|$$
$$PLDb_{二次值} = |k_u k_i U_b I_b \cos\phi b|$$
$$PLDc_{二次值} = |k_u k_i U_c I_c \cos\phi c|$$

式中,k_u、k_i 分别为由一次侧折算到二次侧的电压变比和电流变比。

⑦零序过电压。当零序过电压连续40ms大于零序过电压整定值 $3U_0$ 时,置零序过电压动作标志。

(3)动作时间。

在"二取二"收信方式下,就地判别元件动作标志与收信动作标志都存在,经过延时t1("二取二"方式动作延时)出口跳闸;在"二取一"收信方式下,就地判别元件动作标志与收信动作标志都存在,经过延时t2("二取一"方式动作延时)出口跳闸。

在某些情况下,就地判据元件可能会因灵敏度不够而不能动作,这时作为后备,可将方式控制字"二取二"不经就地判据投入;TV 断线时可以投入 TV 断线自动转入"二取二"不经就地判据。在这两种情况下,收信标志动作后经过较长的延时 t3("二取二"无判据方式动作延时)出口跳闸。

t1、t2、t3 的整定值要小于 3.9s,当跳闸命令发出 80ms 后,收信消失或就地判别元件返回,且三相电流均小于 0.1In 时立即收回跳闸命令。

(4)收信及远方跳闸逻辑。

收信工作逻辑:当两个通道均正常运行,在两个通道有收信 SX1、SX2,则 Y1、Y2—Y3、Y4—Y6 有输出。若通道一故障或退出或通道二故障或退出,或"二取一"收信方式控制字 KG1.13 投入,则 Y1(Y2)—Y3(Y4)—H4—Y5 有输出。

远方跳闸逻辑有下列就地判据:

补偿过电压、补偿欠电压:当采用一相过(欠)电压时,经门 H6—KG1.12—H8—KG1—H10(H7—KG1.12—H9—KG1.8—YH—H10),此时若收信逻辑已动,则门 Y9(YA)经时间 t2(t1)和控制字 KG1.11 起动远方跳闸继电器 YTJ;当采用三相过(欠)电压时,经门 Y7—H8—KG1.7—H10(Y8—H9—YH—KG1.8—H10),此时若收信逻辑已动,则门 Y9(YA)经时间 t2(t1)和控制字 KG1.11 起动远方跳闸继电器 YTJ。

电流变化量:若任一相电流差工频变化量 ΔIAB、ΔIBC、ΔICA 动作,经门 HA—KG1.1—H10,此时若收信逻辑已动,则门 Y9(YA)经时间 t2(t1)和控制字 KG1.11 起动远方跳闸继电器 YTJ。

零序电流(零序过电压):若零序电流 3I0(零序过电压 3U0)大于其定值,经 YJ—KG1.2(YI—KG1.6)—H10,此时若收信逻辑已动,则门 Y9(YA)经时间 t2(t1)和控制字 KG1.11 起动远方跳闸继电器 YTJ。

低电流:当三相电流任一相低于其定值时,门 HB—YK 有输出,经控制字 KG1.3—H10,此时若收信逻辑已动,则门 Y9(YA)经时间 t2(t1)和控制字 KG1.11 起动远方跳闸继电器 YTJ。

低功率:当三相中的任意一相的有功功率绝对值低于整定值时,且 TV 未断线、三相电压都未低到闭锁值,即门 HE 无输出,则门 YC 开放—HF—KG1.5—H10,此时若收信逻辑已动,则门 Y9(YA)经时间 t2(t1)和控制字 KG1.11 起动远方跳闸继电器 YTJ。

低功率因数:当任一相功率因数低于其定值时,TV 未断线、该相电流和电压未低到闭锁值,即门 HC 无输出,则门 YB 开放—HD—KG1.4—H10,此时若收信逻辑已动,则门 Y9(YA)经时间 t2(t1)和控制字 KG1.11 起动远方跳闸继电器 YTJ。

TV 断线:若方式控制字 KG1.15=1(TV 断线后"二取二"无判据投入),门 YD—H11 有输出,此时若收信逻辑"二取二"已动作(Y6 有输出),则门 YE 经时间 t3 和控制字 KG1.11 起动远方跳闸继电器 YTJ,即实现 TV 断线后自动转为"二取二",不经就地判据。

若方式控制字 KG1.14=1("二取二"无判据方式投入)投入,门 H11 有输出,此时若收信逻辑"二取二"已动作(Y6 有输出),则门 YE 经时间 t3 和控制字 KG1.11 起动远方跳闸继电器 YTJ,即实现"二取二"不经就地判据方式。

2)过电压保护功能

(1)过电压跳闸。

当线路本端过电压,保护经延时 t4(过电压保护动作延时)跳本端断路器。过电压保护可反应任一相过电压动作(三取一方式),也可反应三相均过压动作(三取三方式),由控制字整定,过电压跳闸命令发出 80ms 后,若过电压消失且三相电流均小于 0.1In,立即收回跳闸命令。

(2)过电压起动远跳。

起动远跳命令发出 80ms 后,若过电压消失且三相电流均小于 0.1In ,立即收回起动远跳命令。

①KG2.0=1 时(过电压保护远跳需判别本侧跳位):当本端过电压元件动作,本端断路器又处在跳开位置,则起动远方跳闸装置,由对端收信直跳保护跳开对端断路器,如用断路器 TWJ 的常开触点,则将三相 TWJ 触点(一个半开关接线将边开关和中开关的六个 TWJ 触点)串联后与装置联接。

②KG2.0=0 时(过电压保护远跳不判本侧跳位):当本端过电压元件动作,则直接起动远方跳闸装置,由对端收信直跳保护跳开对端断路器。

(3)过电压保护逻辑。

当三相都过电压时,经 YE—H13—延时 t4—KG1.9(过电压保护投入)—GYJ 过电压保护出口。

当电压元件"三取一"控制字 KG1.12 投入时,只要任一相过电压,就可经 H12—KG1.12—H13—延时 t4—KG1.9(过电压保护投入)—GYJ 过电压保护出口。

过电压起动远跳逻辑:当本端过电压元件经延时 t4 动作后,如 KG2.0="1",则只有检测到跳位 TWJ 后,经 YF—H14—过压发信控制字 KG1.10—驱动发信继电器 FXJ。当本端过电压元件经延时 t4 动作后,如 KG2.0="0",则不需检测到跳位 TWJ,直接经 YG—H14—过压发信控制字 KG1.10—驱动发信继电器 FXJ。

10. RCS-931AM 保护装置逻辑

1) 差动保护

差动保护投入就是屏上"主保护压板"、压板定值"投主保护压板"和定值控制字"投纵联差动保护"同时投入。

"A 相差动元件""B 相差动元件""C 相差动元件"包括变化量差动、稳态量差动Ⅰ段或Ⅱ段、零序差动,只是各自的定值有差异。

三相开关在跳开位置或经保护起动控制的差动继电器动作,则向对侧发出差动动作允许信号。

CT 断线瞬间,断线侧的起动元件和差动继电器可能动作,但对侧的起动元件不动作,不会向本侧发出差动保护动作信号,从而保证纵联差动不会误动。CT 断线时发生故障或系统扰动导致起动元件动作;若"CT 断线闭锁差动"整定为"1",则闭锁电流差动保护;若"CT 断线闭锁差动"整定为"0",且该相差流大于"CT 断线差流定值",仍开放电流差动保护。

差动保护框图见图 14-39。

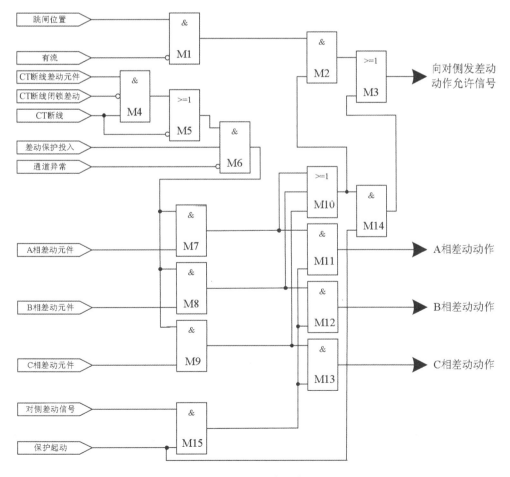

图 14-39 差动保护框图

2)距离保护

选择"投负荷限制距离"(呼蓄电站已投入),则Ⅰ、Ⅱ、Ⅲ段的接地和相间距离元件需经负荷限制继电器闭锁。

保护起动时,如果按躲过最大负荷电流整定的振荡闭锁过流元件尚未动作或动作不到10ms,则开放振荡闭锁160ms。另外,不对称故障开放元件、对称故障开放元件和非全相运行振闭开放元件中任一元件开放,则开放振荡闭锁;用户可选择"投振荡闭锁"去闭锁Ⅰ、Ⅱ段距离保护,否则距离保护Ⅰ、Ⅱ段不经振荡闭锁而直接开放。

合闸于故障线路时三相跳闸有两种方式:一是受振闭控制的Ⅱ段距离继电器在合闸过程中三相跳闸;二是在三相合闸时,选择"投三重加速Ⅱ段距离"、"投三重加速Ⅲ段距离"、由不经振荡闭锁的Ⅱ段或Ⅲ段距离继电器加速跳闸。手动合闸时总是加速Ⅲ段距离。

距离保护框图见图14-40。

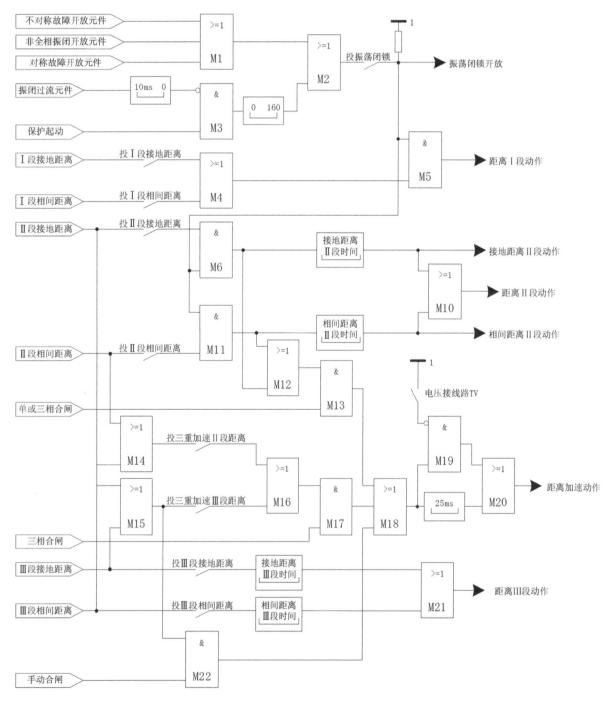

图14-40 距离保护框图

3)零序、过流保护

零序、过流保护框图如图14-41所示。

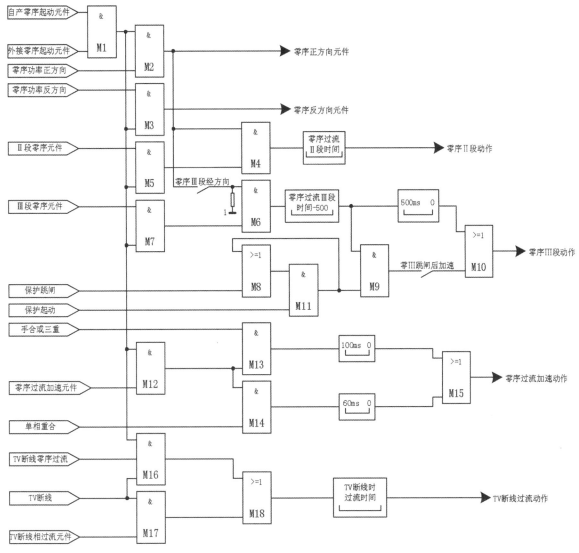

图14-41 零序、过流保护框图

RCS-931A系列设置了两个带延时段的零序方向过流保护,不设置速跳的Ⅰ段零序过流。Ⅱ段零序受零序正方向元件控制,Ⅲ段零序则由用户选择经或不经方向元件控制。

当用户置"零Ⅲ跳闸后加速"为1(呼蓄电站设置为"0"),则跳闸前零序Ⅲ段的动作时间为"零序过流Ⅲ段时间",跳闸后零序Ⅲ段的动作时间缩短500ms。

PT断线时,本装置自动投入零序过流元件和相过流元件,两个元件经同一延时段出口。

单相重合时零序加速时间延时为60ms,手合和三重时加速时间延时为100ms,其过流定值用零序过流加速段定值。

4)跳闸逻辑

分相差动继电器动作,则该相的选相元件动作。

工频变化量距离、纵联差动、距离Ⅰ段、距离Ⅱ段、零序Ⅱ段动作时经选相跳闸;若选相失败,而动作元件不返回,则经200ms延时发出选相无效三跳命令。

零序Ⅲ段、相间距离Ⅲ段、接地距离Ⅲ段、合闸于故障线路、非全相运行再故障、PT断线过流、选相无效延时200ms、单跳失败延时150ms、单相运行延时200ms直接跳三相。

发单跳令后,若该相持续有流(>0.06In),经150ms延时发出单跳失败三跳命令。

选相达二相及以上时跳三相。

采用三相跳闸方式、有沟三闭重输入、重合闸投入时充电未完成或处于三重方式时,任何故障三相跳闸。

严重故障时,如零序Ⅲ段跳闸、Ⅲ段距离跳闸、手合或合闸于故障线路跳闸、单跳不返回三跳、单相运行三跳、PT断线时跳闸等闭锁重合闸。

Ⅱ段零序、Ⅱ段相间距离、Ⅱ段接地距离等,经用户选择三跳方式时,闭锁重合闸。

经用户选择,选相无效三跳、非全相运行再故障三跳、二相以上故障闭锁重合闸。

"远跳受本侧控制",起动后收到远跳信号,三相跳闸并闭锁重合闸;"远跳不受本侧控制",收到远跳信号后直接起动,三相跳闸并闭锁重合闸。

跳闸逻辑见图14-42。

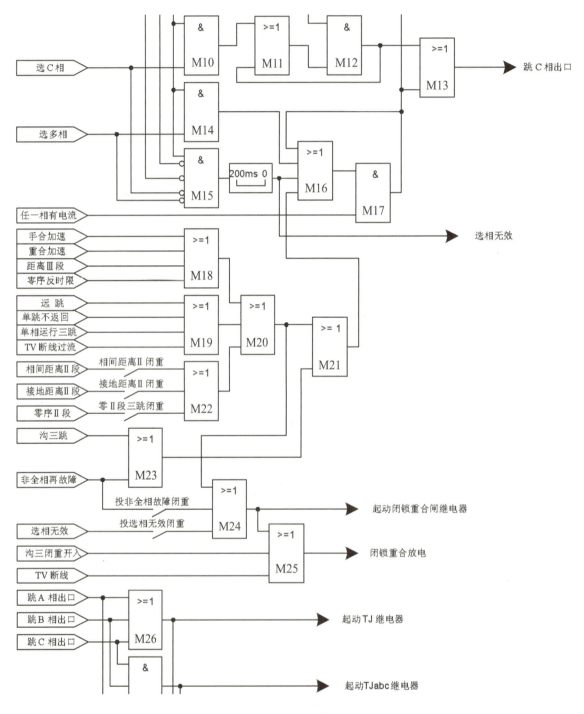

图14-42 跳闸逻辑图

11. RCS-925A 保护逻辑

1) 收信工作逻辑

RCS-925A 收信工作逻辑有"二取二"和"二取一"判断逻辑。"二取二"方式,指通道一和通道二都收信,置收信动作标志。"二取一"方式,指通道一与通道二其中之一收信,置收信动作标志。

当两通道均投入运行,方式控制字"二取一"方式不投且两通道均无故障时,为"二取二"方式;当方式控制字"二取一"方式投入,或两个通道只有一个通道投入运行,另一个通道退出时,为"二取一"方式。

在"二取二"方式下,如有一通道故障,则闭锁该通道收信,并自动转入"二取一"方式。当通道故障消失后,延时 200ms 开放该通道收信。当任一通道持续收信超过 4s,则认为该通道异常,发报警信号的同时闭锁该通道收信,当该通道收信消失后延时 200ms 开放该通道收信功能。

2) 远方跳闸就地判据

①补偿过电压、补偿欠电压。电压元件按相装设,每相由过电压和欠电压组成,所测量的电压为补偿到远端的电压。

对于装有并联电抗器的线路,当"电抗补偿投入"控制字为"1"时,根据公式

$$\dot{U}_{op} = \dot{U} - \left(\dot{I} + j\frac{\dot{U}}{X_{com}} - j\frac{\dot{U}}{X_{cop}}\right) * \dot{Z}_{zd}$$

形成对端电压。式中:$\dot{U}_{op}$ 为补偿到线路对端的电压;X_{com} 为线路本侧的并联电抗器电抗值,按相整定;X_{cop} 为将线路正序容抗按 Ⅱ 等效回路归算到线路两侧的容抗值,为线路正序容抗值的两倍;$\dot{Z}_{zd}$ 为线路的正序阻抗;$\dot{I}$ 为线路电流。式中的线路正序阻抗角可整定。

当"并联电抗器补偿"控制字为"0"时,根据公式

$$\dot{U}_{op} = \dot{U} - \left(\dot{I} - j\frac{\dot{U}}{X_{cop}}\right) * \dot{Z}_{zd}$$

形成对端电压。

注意:定值整定时,线路容抗定值仍然按相整定为线路总容抗值,程序计算时将按照 Ⅱ 等效回路归算成两倍的线路总容抗值后再按照上面公式进行计算。

补偿电压可以反应任一相过电压或欠电压动作(三取一方式),也可以反应三相均过电压或欠电压动作(三取三方式),由整定方式控制。补偿电压元件动作经补偿电压元件时间定值置补偿电压元件动作标志。

补偿过电压返回系数为 0.98,补偿欠电压返回系数为 1.02。

②电流变化量。电流变化量元件测量相间电流工频变化量的幅值,其判据为:

$$\Delta I_{\varphi\varphi max} > 1.25\Delta I_T + \Delta I_{ZD}$$

式中:$\Delta I_{\varphi\varphi max}$ 是相间电流的半波积分的最大值;ΔI_{ZD} 为可整定的固定门坎;ΔI_T 为浮动门坎。

当该判据满足时置电流突变量动作标志,并展宽 $(100+\Delta t)$ ms,Δt 为电流变化量动作展宽时间,大小可以整定。

③零负序电流。当零序电流大于零序电流定值或者负序电流大于负序电流整定值时,经过零负序电流整定时间置零负序电流动作标志。零序电流长期动作超过 10s 发报警信号。

④低电流。当三相任一相电流低于 0.04In 时置低电流动作标志。

⑤低功率因素。当三相任一相功率因素低于整定值时,经功率元件动作时间置低功率因素动作标志。计算功率因素时,先计算相电压和相电流之间的角度,归算到 0°~90°。当相电流低于 0.03In 或相电压低于 0.3Un 时,将闭锁该相的低功率因素元件,在 TV 断线的情况下,将三相低功率因素元件全都闭锁。

⑥低有功功率。当三相任一相有功功率低于整定值时,经功率元件动作时间置低有功功率动作标志。在 TV 断线的情况下,将三相低有功功率元件全都闭锁。

3) 远方跳闸逻辑

在二取二收信方式下,就地判别元件动作标志与两通道收信动作标志都存在,经过整定延时出口跳闸。在二取一收信方式下,就地判别元件动作标志与任一收信动作标志都存在,经过延时整定值出口跳闸。

在某些情况下,就地判据元件可能会因灵敏度不够而不能动作,这时作为后备,可将方式控制字"二取二无判据"或"二取一无判据"投入;如果 TV 断线,而就地判据又有功率因素等元件,这时可以投入 TV 断线自动转入"二取二"或"二取一"无就地判据。在这两种情况下,收信标志动作后经过各自的无判据延时定值出口跳闸,该时间整定值要小于 4s。

4) 过电压保护

当线路本端过电压,保护经过电压延时整定跳本端断路器。过电压保护可反应任一相过电压动作(电压三取一方式),也可反应三相均过电压动作(电压三取三方式),由控制字"电压三取一方式"整定。过电压保护电压元件返回系数为 0.98。

过电压跳闸命令发出 80ms 后,若三相均无流,则收回跳闸命令。

5) 过电压起动远跳

当线路本侧过电压保护元件动作,并且"过电压起动远跳"控制字为"1"时,如果满足以下任一条件则起动远方跳闸装置:

(1)"远跳经跳位闭锁"控制字为"1",本端断路器 TWJ 动作且三相无电流;

(2)"远跳经跳位闭锁"控制字为"0"。

对于 A 型装置,远跳命令为接点输出,借用其他通道向对侧传送命令。

RCS-925A 保护逻辑见图 14-43。

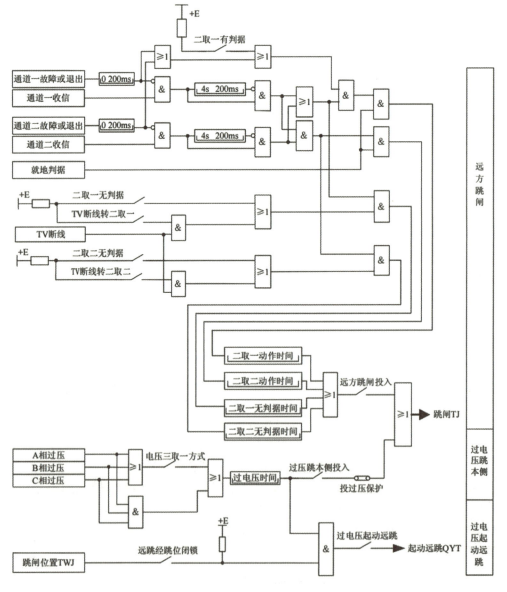

图 14-43　RCS-925A 保护逻辑图

当两通道均投入且无通道故障时,二取二有判据方式始终投入;当只投入一个通道或者有通道故障时,二取一有判据方式始终投入。

当跳闸令发出 80ms 后,判线路是否有流,如果无流,则收回跳闸令。当相电流>$0.06I_N$(I_N 为额定电流)时判为线路有流,其返回系数为 0.9。

14.2.2.4 故障录波

抽水蓄能电站故障录波是常年监视电站运行情况的一种自动记录装置,站内配备 500kV 线路故障录波器、机组保护故障录波器。它可以记录各种故障引起的电站机组电流、电压及其导出量(如频率、有功功率、无功功率)的全过程变化现象,同时还记录继电保护及安全自动装置的动作行为。性能优良的故障录波器对保证电站安全可靠运行具有非常重要的作用,故障录波器所记录的故障已成为分析事故原因、帮助寻找故障点、迅速处理事故不可或缺的第一手资料,也是分析继电保护动作行为的重要依据,是电站自动化及系统管理的重要组成部分。

1. 作用

故障录波的作用主要有:

(1)当电站内设备发生故障,继电保护装置动作正确时,可以通过故障录波器记录下来的电流量、电压量对故障设备故障原因分析,帮助维护人员尽快找到故障点,及时采取处理措施,缩短设备停役时间,减少损失。

(2)机组因不明原因跳闸,通过对故障录波器记录的波形进行分析,可以判断出开关跳闸的原因,从而采取相应措施,将故障设备恢复送电或者停电检修,避免盲目强送造成更大的损失,同时为检修策略提供依据。

(3)有助于判断继电保护装置的动作行为。当站内设备由于继电保护装置误动造成无故障跳闸或设备有故障但保护装置拒动时,就要利用故障录波器中记录的开关量动作情况来判断保护的动作是否正确,并可以据此得出有问题的部分。对于较复杂的故障,可以通过记录下来的电流、电压量对故障量进行计算,从而对保护进行定量考核。

(4)在发生事故后,检修维护人员可以通过事故时的故障录波图进行判读,读取一定的事故信息,了解事故的性质,从而有助于对事故进行正确而快捷的处理,更能对事故的发展和切除的全过程进行了解。

2. 波形

不同类型的故障,其故障时的电压、电流的波形也不同。

(1)三相短路时,三相电压远低于额定值,接近于零,三相电流基本相等,其值远大于负荷值。

(2)单相接地时,故障相电压明显比其他两非故障相电压低,非故障相电压基本为正常值,故障相电流较事故发生前增大。

(3)两相短路时,故障相电压降低,故障相电流相等,方向相反,波形上表现为两故障相同一时刻的波峰和波谷刚好反相,非故障相的电流基本为零。

(4)两相接地:两相接地短路时的波形类似于两相短路时的。

另外,故障的波形图上将有一个故障电流、电压突然截止的情况,其对应的时间即为故障被切除的时间。保护发跳闸命令时刻应在故障切除时间之前,收回跳闸命令的时刻应在其之后,以保证开关可靠地收到保护装置发出的跳闸命令。

3. 组成

现呼蓄电站内使用的故障录波装置是武汉中元华电科技股份有限公司 ZH-3B 型故障录波装置,该装置主要由 DSP 插件、CPU 插件、液晶屏和信号变送器等组成,可以满足 96 路模拟量和 256 路开关量的接入。该装置内置 1000Hz 的连续记录功能,也可以选配独立的连续记录插件,可实现高达 5000Hz 的连续记录功能。(见图 14-44)

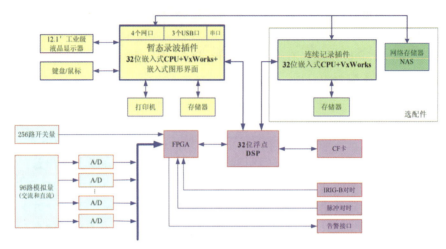

图 14-44 故障录波组成图

现故障录波装置模拟量采集发电电动机机端电压、发电电动机机端电流、发电电动机中性点电流、发电电动机中性点零序电流、发电电动机横差电流、主变低压侧电压、主变低压侧电流、励磁变高压侧电流、励磁变低压侧电流、主变高压侧电压、主变高压侧电流、SFC输入变高压侧电流。开关量通道投入发电电动机保护A柜机组保护动作、发电电动机保护B柜机组大差保护动作、发电电动机保护B柜机组保护动作、主变保护A柜主变保护动作、主变保护A柜主变后备保护及励磁变保护动作、主变保护B柜主变保护动作、主变保护B柜励磁变保护动作。采集量实时显示在装置主界面上，装置主界面见图14-45。

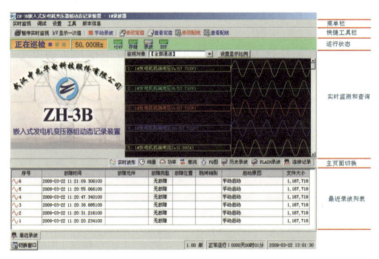

图 14-45 故障录波主界面

4. 主界面

故障录波主界面分为菜单栏、快捷工具栏、运行状态实时监测与查询、主页面切换、最近录波列表等几个重要部分。

1）快捷工具栏

【实时监测】：将信息显示区切换为实时显示波形、向量、功率、谐波等电气量。

【触发记录查询】：将信息显示区切换为查询装置上保存的触发记录文件。

【连续记录查询】：将信息显示区切换为查询装置上保存的连续记录文件。

【手动录波】：手动起动录波。

【版本信息】：查看装置版本、CRC、生成时间等信息。

【其他页面】：查看装置其他信息，例如事件告警、连续数据检索、实时状态等。

2）最近录波列表

最近录波列表显示了最近200次暂态录波数据，最新的波形在最上面。双击列表条目，可打开波形，进

入波形显示和分析软件界面。右键单击条目,可显示右键菜单如下:

【打开波形】:打开选中的数据,进入波形显示和分析软件界面。

【显示分析报告】:显示该数据的分析报告。

【替换配线】:将选中波形的配线替换为装置目前的配线。

【重新分析波形】:重新分析该录波数据,一般仅用于升级故障分析模块后,纠正不正确的分析结果。

【导出波形】:将选中的波形导出到 USB 磁盘上,录波数据将按照"变电站名称/录波装置名称/录波起动时间"的目录结构,存储到 USB 磁盘上。必须先插入 USB 磁盘,才能导出。为防止打开的录波数据太多,影响录波性能,录波装置限制最多只能同时打开 5 个录波数据,只能同时查看 5 个录波数据的分析报告。

3) 事件告警列表

事件告警页面用于显示装置的告警事件,例如录波开始、录波结束、装置异常状态等。如果装置配置了 GOOSE 功能,则此处还显示 GOOSE 相关告警、录入端口通断、控制块通道、GOOSE 丢帧、错序等异常信息。

4) 切换窗口按钮

ZH-3B 录波装置支持同时运行多个软件,"切换窗口"按钮用于对正在运行的多个软件之间进行切换。点击"切换窗口"按钮,会弹出菜单,这些菜单可用于在主控软件、波形分析软件、定值整定软件、配线软件、报告查看软件等软件模块之间切换。

14.2.2.5 保护及故障信息管理子站

站内保护及故障信息管理子站的功能主要是收集信息,包括:

(1) 监视和主站的通信状况,监视子站和保护装置之间的通信状况和保护装置的运行情况。

(2) 如果与子站保持连接的保护装置判断出电网出现任何故障,子站系统都可以接收并且同步保存故障的动作状态。

(3) 子站系统可以把配置文件传送到主站,也可以接收主站传来的配置文件。

(4) 可以智能化处理故障录波器和保护装置的动作信息,包括接收信息、信息分类和过滤信息等,并且可以对数据进行波形分析。

(5) 能以标准化的格式向主站传送信息。

保护及故障信息管理子站采用南京国电南思科技发展股份有限公司产品,主要由 NSM800 保护信息管理系统、NSM830 保护管理机、NSJ830 工业级以太网交换机和 NSM800 网络存储器组成。保护信息管理系统主界面见图 14-46。

NSM800 保护信息管理系统具有如下功能:

(1) 运行在线监视。起动 online 在线监视程序,在线监视是 NSM800 保护信息管理系统面向客户应用的主要功能模块,能实现保护日常运行信息、电网故障时装置动作信息、录波文件检索、查询功能。查询功能可查询子站收到的历史信息,包括事件、告警、开关量、故障参数、故障录波信息,属于常用功能。

(2) 装置查询。查询子站接入的装置的通信及运行情况,可检查子站与装置间通信是否正常及装置运行状态。

(3) 系统查看。系统查看功能用于查询保护信息管理系统的配置情况。

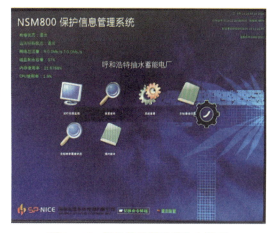

图 14-46 保护信息管理系统主界面

(4) 主站通信日志。主站通信日志显示子站与主站通信中产生的日志文件。

(5) 主站转发通道状态。主站转发通道状态用于显示子站与各级调度的通信情况,通信正常显示"√",通信中断显示"×"。

(6) 规约版本。规约版本显示当前子站所使用规约的版本情况。

第 15 章

计算机监控系统

15.1 计算机监控系统概述

呼蓄电站计算机监控系统的上位机系统采用瑞士 ABB 公司生产的 Ability Symphony Plus SCADA HMI 上位机系统及其配套的软硬件设备,由各种不同功能的工作站组成的分布式计算机局域网络,网络采用冗余 100M/1000Mbps 光纤环网,监控系统上位机整体由 2 台数据库服务器(主机服务器)、4 台操作员工作站、1 台工程师工作站、1 台培训工作站、4 台通信服务器(2 台对接站内通信,2 台对接调度通信)、1 台历史数据服务器、2 套单时钟对时装置及 2 台核心交换机等设备组成。下位机由 1-4LCU(机组现地控制单元)、5LCU(开关站现地控制单元)、6LCU(公用系统现地控制单元)、7LCU(上水库闸门及设备现地控制单元)、8LCU(下水库闸门及设备现地控制单元)、9LCU(生产南区营地现地控制单元)等组成。

计算机监控系统网络分为 TCP/IP 电站层信息网络和实时工业过程控制网络两种形式,采用冗余结构。电站主控层 TCP/IP 100M 网络采用双星型连接方式,采用 2 路独立的多模光纤,控制网络采用光纤环网链接方式。实时工业过程控制网络分为 MB300(Master Bus 300)10M 工业以太网和 AF100 1.5M 现场总线。设备间信息交换机采用符合 IEEE-802.3 的冗余以太网交换机,网络切换不会干扰系统的功能。呼蓄电站监控系统中控层拓扑结构如图 15-1 所示。

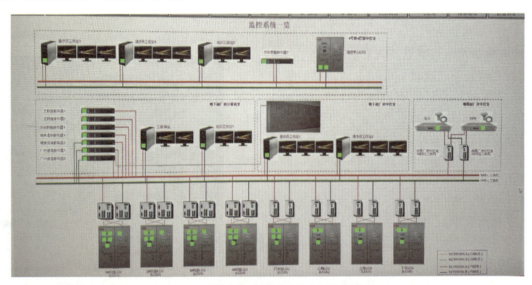

图 15-1 呼蓄电站监控系统中控层拓扑结构

15.1.1 电站主控层

电站主控层监控设备采用多微机结构,全电站统一监控平台。主要由以下设备组成。

(1) 2套数据服务器：全厂数据采集、处理的主要设备,可以完成 AGC/AVC、系统时钟管理等功能。两台主服务器设置机间切换控制系统,传送内部信息及数据,提供服务器切换必要的状态信号,显示服务器的控制方式。可手动和自动完成服务器间无扰动切换。同时设置看门狗,可监视服务器系统的运行情况,并在服务器故障时自动发出切换命令。

(2) 2套调度通信服务器：采用双机全冗余配置,主要负责与内蒙古中调和华北网调中心的通信、数据交互。与内蒙古中调的通信方式,以光纤以太网络为主,采用 IEC60870-5-104 规约,上送各类生产信息至内蒙古中调及华北网调；呼蓄电站监控系统受华北网调和内蒙古中调双重调控,以光纤以太网络通道为主,采用 IEC60870-5-104 远动通信规约,向调度发送上行遥测、遥信量,供调度监视整个电站；同时计算机监控系统接收调度下行的遥控、遥调量,供调度控制和调节整个电站。调度可以控制呼蓄电站单台机组,也可向电站控制层计算机给出全站的有功功率和无功功率或电压给定范围,由电站控制层计算机完成最优发电计算。（见图 15-2)

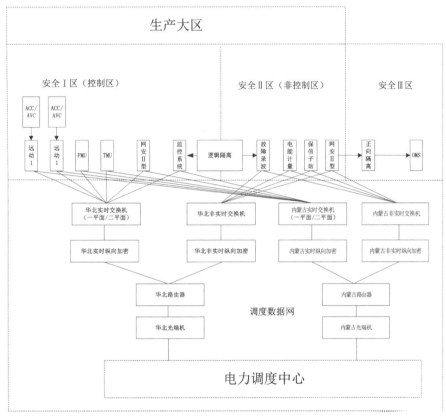

图 15-2 远动网络拓扑图

呼蓄电站计算机监控系统与内蒙古中调以及华北网调的远控是通过华北与内蒙古两平面的实时交换机进行数据交互的,通信协议为 IEC-104 通信规约。监控数据通过两台调度通信服务器上的 IEC-104 通信软件,经过两套实时交换机以及实时纵向隔离装置到达华北网调与内蒙古中调的路由器,再通过华北与内蒙古调度的光端机进行数据转换,最终到达电力调度中心。

(3) 2套历史数据服务器：生产调度中心(♯4楼)四层中控室配置一套,地下副厂房中控室配置一套,互为备用,完成电站新改造设备运行的管理、关键历史数据处理和重要数据存储。

(4) 2套厂内通信服务器：采用 IEC-102 规约,用于完成计算机监控系统与电站其他自动化系统通信,数据交互。与其通信的系统主要包括中控室马赛克屏、地下厂房语音报警、10kV 系统、500kV 系统、五防系统等。

(5) 2套工程师工作站：用于系统在线和离线测试,可离线进行数据库生成,编制及修改应用软件,或对软件进行测试,建立新显示画面,修改图表和报表、修改操作软件等工作。

(6) 1套培训工作站：作为运行及维护人员的培训系统。培训工作站及工作台应与操作员工作站相似,可以模拟完成操作员工作站的各种控制及其他功能。

(7)2套操作员工作站：厂级中控室设2套，冗余，进行多画面、实时运行监视和控制。

(8)2套值守操作员站：在地面值守室进行多画面、实时运行监视和控制。

(9)2台核心交换机：采用双以太网结构，设置双网络交换机设备；安装于地下副厂房计算机室网络柜；由24端口千兆以太网光接口模块、48端口千兆以太网电接口模块、6个单模光模块、16个多模光模块以及2个交流电源模块组成。

(10)1套模拟屏及其驱动器：显示全厂电气主接线、主要电气参数和全厂的输水概貌及水力测量参数。

(11)打印机和打印服务器：配置1台A3黑白激光打印机、3台A3彩色激光打印机、2台A3彩色喷墨打印机和1台打印服务器。

(12)1套逆变电源系统：完成电站主控级设备的冗余供电。

(13)2套GPS与北斗主时钟：冗余，完成电厂内设备的时钟同步。

(14)2套控制台、1套计算机台、若干座椅等。

15.1.2 现地控制层（下位机）系统

9套现地LCU均采用双CPU、双电源模块、双以太网通信模块、双现场总线模块结构。主控制器中的双CPU以主/热备用方式运行。主控制器与所辖的远程IO（RIO）之间通过冗余光纤现场总线（AF100）联接，与LCU所辖的其他智能设备之间通过工业标准总线（包括PROFIBUS、MODBUS等）联接。现地LCU级间的信息交换方式也经交换式冗余以太网络实现。在与主控级脱离的情况下，各现地控制单元应能相互查询必要的控制和状态信息，以便执行各自的程序。

所有现地LCU均配备Panal 800面板，可以提供现地人机操作界面，I/O模块与控制器之间通信的总线为Profibus总线，通信速率为12Mbps。

(1)机组现地控制单元1-4LCU：主要由控制柜、显示屏、控制回路、同期装置、交采表、I/O模块、远程柜组成。盘柜内元器件具体如图13所示，用于监控机组包括水泵水轮机、发电电动机、主变压器、主进水阀、机组出口开关、换相刀闸、高厂变、机组附属及辅助设备等。机组LCU主要具有发变组的数据采集和处理〔数据主要包括开入量（DI，开关量输入）、开出量（DO，开关量输出）、模入量（AI，模拟量输入）、模出量（AO，模拟量输出）、SOE量（SI，事件顺序记录）〕、安全运行监视、机组运行工况选择、控制和调整、事件检测和发送、机械保护、与上位机的数据通信、系统自诊断等功能。

图15-3 柜内元器件

机组现地控制单元每台机组一套。它们通过随机组配套的励磁装置、调速器、非电量传感器、机组附属设备自动控制子系统以及机组继电保护装置等，完成对机组的监视、控制和调节。为保证工作的可靠性，每套现地控制单元均采用两套独立的CPU（控制器）模块、两套独立的电源模块和两个独立的交换机模块。机组LCU除了采用双主CPU以外，另设有一个独立的后备CPU，用于机组事故停机的后备手段。后备保护的停机信号为独立的机组过速、事故低油压、轴瓦温度过高、两个主CPU同时故障和紧急停机按钮等信号。

在发生上述事故而 LCU 未发出命令时,后备 CPU 能实现紧急停机。机组 LCU 采用远程 I/O,将距离稍远的、较为集中的发电电动机数据信息,通过 Profibus DP 现场总线扩展连接,并将数据传输到 LCU。

控制器除了完成机组工况自动转换外,还应能在现地执行分步自动操作,各步之间应有闭锁,因此在现地 LCU 控制盘上配有相应操作按钮和分步操作的返回信息,如图 1-4 所示。机组的各种附属设备均各自构成独立的自动化子系统,与机组现地控制单元一起完成机组自动控制全过程。同时,各子系统应设有"现地-远方"选择开关,允许各子系统在现地手动控制。这些选择开关的状态信息能在现地控制单元上监视,并作为启停顺控的前提条件。现地 LCU 控制盘上还配有机械事故急停按钮等元件,保证机组发生故障时能够走停机流程。

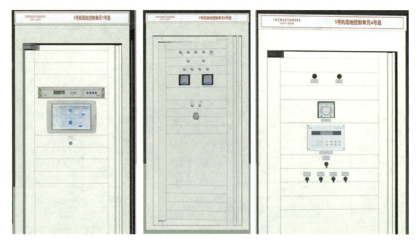

图 15-4　现地控制单元

(2)500kV 开关站现地控制单元 5LCU:用于监控 500kV 出线、500kV GIS、静止变频器 SFC 及其辅助设备、机组抽水工况的变频起动和背靠背起动设备、厂用电 10kV 系统(地下厂房部分)及主变洞直流系统等。500kV 开关站 LCU 主要具有数据采集和处理、安全运行监视、设备远方及就地控制、事件检测和发送、与上位机的数据通信、系统自诊断等功能。

(3)全厂公用设备现地控制单元 6LCU:用于监控机组检修排水系统、厂房渗漏排水系统、高/中/低压空压机系统(含气罐)、防水淹厂房系统、全厂低压供水系统、地下厂房直流系统、厂用电 400V 系统(地下厂房部分)及厂用变、消防水池补水泵控制箱、地面副厂房 10kV 和 400V 系统、柴油发电机系统、工业电视系统、地面副厂房消防水泵等系统。其功能与 5LCU 一致。6LCU 在地面副厂房配备远程 I/O,用于地面副厂房相关系统的数据采集及传输等。

(4)上水库现地控制单元 7LCU:用于监控上水库进/出水口事故闸门、上水库直流系统、上水库水位测量系统、上水库 400V 系统和 10kV 系统。其功能与 5LCU 一致。

(5)下水库现地控制单元 8LCU:用于监控下水库尾水闸门,泄洪排沙洞闸门系统,下水库直流系统,下水库拦沙坝、拦河坝 10kV 及 400V 系统,泄洪洞 400V 系统,下水库拦沙坝、拦河坝、泄洪洞渗漏排水系统。其功能与 5LCU 一致。

(6)生产南区营地现地控制单元 9LCU:用于监控南区营地 400V 系统、中控室 UPS 系统、数据中心 UPS 系统等的信号,同时为地面中控室远方启停机组以及现地机械保护停机等操作提供保障。

15.2　设备组成及原理

电站监控系统分为中控层与现地控制层。现地控制层主要有采集数据、发送指令、逻辑运算(其中包括启停流程、启机条件、事故跳闸)等功能。中控层的作用是对本电站所有被控对象进行安全监控。电站中控层将所有现地控制层的数据采集后进行组态处理,通过人机接口互动软件来实现对全站的控制、调节、参数设定、监视、记录、报表、运行参数计算、通信控制、系统诊断、软件开发和画面生成、系统扩充(包括硬件、软件)、运行管理和操作指导等功能。

15.2.1 监控系统控制流程

15.2.1.1 工况简介

呼蓄电站监控系统控制流程共有 11 个工况,其中 5 个稳定工况、3 个中间工况、3 个特殊工况。

停机工况(S):机组处于静止停机状态,如图 15-5 所示。

停机(S)	&	NOT	OR	机组上导推力外循环1号油泵运行	01C02DI20407
				机组上导推力外循环2号油泵运行	01C02DI20409
				机组机械制动系统退出	
				机组高压油顶起系统退出	
				机组水轮机导叶接力器锁锭投入	01C02DI21015
				机组调速器导叶在全关位置	
				机组水轮机转速<5%	01C02DI21101
				机组水轮机尾水管水位高	
				机组水轮机止漏环水阀关闭	01C02DI30114
		NOT	OR	机组水导外循环1号油泵运行	01C02DI21203
				机组水导外循环2号油泵运行	01C02DI21207
		NOT	OR	机组主进水阀1号油泵运行	01C02DI20910
				机组主进水阀2号油泵运行	01C02DI20914
				机组主进水阀全关	01C02DI20706
				机组主进水阀下游密封投入	01C02DI20702
				机组调速器油压系统投入	
				机组跳磁退出	01C02DI11008
				机组出口电压<5%	
				机组出口GCB分闸	01C02SI10201
				机组换相隔离开关分闸	01C02SI10203
				机组启动隔离开关GDS分闸	01C02SI10205
				机组启动隔离开关MDS分闸	01C02SI10208
		NOT	OR	机组技术供水系统1号泵运行	01C02DI30310
				机组技术供水系统2号泵运行	01C02DI30313

图 15-5 停机工况

静止工况(TS):开机的中间工况,机组所有辅助设备均已投入(除机械制动)、调速器及球阀油站投入且锁定退出,如图 15-6 所示。

静止(TS)	&	OR	机组上导推力外循环1号油泵运行	01C02DI20407
			机组上导推力外循环2号油泵运行	01C02DI20409
			机组机械制动系统投入	
			机组高压油顶起系统投入	
			机组水轮机导叶接力器锁锭退出	01C02DI21016
			机组调速器导叶在全关位置	
			机组水轮机转速<5%	01C02DI21101
			机组水轮机尾水管水位高	
			机组水轮机止漏环水阀关闭	01C02DI30114
		OR	机组水导外循环1号油泵运行	01C02DI21203
			机组水导外循环2号油泵运行	01C02DI21207
		OR	机组主进水阀1号油泵运行	01C02DI20910
			机组主进水阀2号油泵运行	01C02DI20914
			机组主进水阀全关	01C02DI20706
			机组主进水阀下游密封投入	01C02DI20702
			机组调速器油压系统投入	
			机组跳磁退出	01C02DI11008
			机组出口电压<5%	
			机组出口GCB分闸	01C02SI10201
			机组换相隔离开关分闸	01C02SI10203
			机组启动隔离开关GDS分闸	01C02SI10205
			机组启动隔离开关MDS分闸	01C02SI10208
		OR	机组技术供水系统1号泵运行	01C02DI30310
			机组技术供水系统2号泵运行	01C02DI30313

图 15-6 静止工况

第15章　计算机监控系统

旋转备用工况:机组以发电工况为目标的中间工况,机组达到额定转速、机端电压达到额定电压而不并网运行的一种工况,也称空载工况,如图 15-7 所示。

工况			条件	
空转（IDLE）	&	OR	机组上导推力外循环1号油泵运行	01C02DI20407
			机组上导推力外循环2号油泵运行	01C02DI20409
			机组机械制动系统投入	
			机组高压油顶起系统投入	
		NOT	机组水轮机导叶接力器锁锭退出	01C02DI21016
			机组调速器导叶在全关位置	
			机组水轮机转速>95%	01C02DI21109
			机组水轮机尾水管水位高	
			机组水轮机止漏环水阀关闭	01C02DI30114
		OR	机组水导外循环1号油泵运行	01C02DI21203
			机组水导外循环2号油泵运行	01C02DI21207
		OR	机组主进水阀1号油泵运行	01C02DI20910
			机组主进水阀2号油泵运行	01C02DI20914
			机组主进水阀全开	01C02DI20707
			机组主进水阀下游密封退出	01C02DI20703
			机组调速器油压系统投入	
			机组出口GCB分闸	01C02SI10201
			机组发电方向换相隔离开关合闸	01C02SI10204
			机组启动隔离开关GDS分闸	01C02SI10206
			机组启动隔离开关MDS分闸	01C02SI10208
		OR	机组技术供水系统1号泵运行	01C02DI30310
			机组技术供水系统2号泵运行	01C02DI30313

图 15-7　空转工况

旋转备用工况:机组以发电工况为目标的中间工况,机组达到额定转速、机端电压达到额定电压而不并网运行的一种工况,也称空载工况。在这种工况下,机组能在最短时间内响应电网的调度,并入电网。机组在空载工况下的水力特性和振摆情况等决定了在该工况下机组的最长运行时间,如图 15-8 所示。

工况			条件	
旋转备用（SR）	&	OR	机组上导推力外循环1号油泵运行	01C02DI20407
			机组上导推力外循环2号油泵运行	01C02DI20409
			机组机械制动系统投入	
			机组高压油顶起系统投入	
		NOT	机组水轮机导叶接力器锁锭退出	01C02DI21016
			机组调速器导叶在全关位置	
			机组水轮机转速>95%	01C02DI21109
			机组水轮机尾水管水位高	
			机组水轮机止漏环水阀关闭	01C02DI30114
		OR	机组水导外循环1号油泵运行	01C02DI21203
			机组水导外循环2号油泵运行	01C02DI21207
		OR	机组主进水阀1号油泵运行	01C02DI20910
			机组主进水阀2号油泵运行	01C02DI20914
			机组主进水阀全开	01C02DI20707
			机组主进水阀下游密封退出	01C02DI20703
			机组调速器油压系统投入	
			机组励磁投入	01C02DI11007
			机组出口电压>95%	
			机组出口GCB分闸	01C02SI10201
			机组发电方向换相隔离开关合闸	01C02SI10204
			机组启动隔离开关GDS分闸	01C02SI10206
			机组启动隔离开关MDS分闸	01C02SI10208
		OR	机组技术供水系统1号泵运行	01C02DI30310
			机组技术供水系统2号泵运行	01C02DI30313

图 15-8　旋转备用工况

发电工况：从上水库放水流向下水库，驱动机组水泵水轮机转轮转动，将水的势能转化为电能的运行状态。这也是水电站最为普遍的工况，如图 15-9 所示。

条件				
发电(G)	&	OR	机组上导推力外循环1号油泵运行	01C02DI20407
			机组上导推力外循环2号油泵运行	01C02DI20409
			机组机械制动系统退出	
			机组高压油顶起系统退出	
		NOT	机组水轮机导叶接力器锁锭退出	01C02DI21016
			机组调速器导叶在全关位置	
			机组水轮机转速>95%	01C02DI21109
			机组水轮机尾水管水位高	
			机组水轮机止漏环水阀关闭	01C02DI30114
		OR	机组水导外循环1号油泵运行	01C02DI21203
			机组水导外循环2号油泵运行	01C02DI21207
		OR	机组主进水阀1号油泵运行	01C02DI20910
			机组主进水阀2号油泵运行	01C02DI20914
			机组主进水阀全开	01C02DI20707
			机组主进水阀下游密封退出	01C02DI20703
			机组调速器油压系统投入	
			机组励磁投入	01C02DI11007
			机组出口电压>95%	
			机组出口GCB合闸	01C02SI10202
			机组发电方向换相隔离开关合闸	01C02SI10204
			机组启动隔离开关GDS分闸	01C02SI10206
			机组启动隔离开关MDS分闸	01C02SI10208
		OR	机组技术供水系统1号泵运行	01C02DI30310
			机组技术供水系统2号泵运行	01C02DI30313

图 15-9　发电工况

发电调相工况：转轮室压水后转轮在空气中旋转，机组发电方向并网运行的状态。一般是机组进入发电工况方向直至同期并网，并在机组出口断路器合上后，关闭导叶和进水阀，执行转轮室压水流程后，转换为发电调相工况运行，从电网吸收少量有功功率，并同时发出或吸收相应的无功功率，以调节区域电网的无功功率及电压质量，如图 15-10 所示。

条件				
发电调相(GC)	&	OR	机组上导推力外循环1号油泵运行	01C02DI20407
			机组上导推力外循环2号油泵运行	01C02DI20409
			机组机械制动系统退出	
			机组高压油顶起系统退出	
			机组水轮机导叶接力器锁锭退出	01C02DI21016
			机组调速器导叶在全关位置	
			机组水轮机转速>95%	01C02DI21109
			机组水轮机尾水管水位低	
			机组水轮机止漏环水阀开启	01C02DI30113
		OR	机组水导外循环1号油泵运行	01C02DI21203
			机组水导外循环2号油泵运行	01C02DI21207
		OR	机组主进水阀1号油泵运行	01C02DI20910
			机组主进水阀2号油泵运行	01C02DI20914
			机组主进水阀全关	01C02DI20706
			机组主进水阀下游密封投入	01C02DI20702
			机组调速器油压系统投入	
			机组励磁投入	01C02DI11007
			机组出口电压>95%	
			机组出口GCB合闸	01C02SI10202
			机组发电方向换相隔离开关合闸	01C02SI10204
			机组启动隔离开关GDS分闸	01C02SI10206
			机组启动隔离开关MDS分闸	01C02SI10208
		OR	机组技术供水系统1号泵运行	01C02DI30310
			机组技术供水系统2号泵运行	01C02DI30313

图 15-10　发电调相工况

发电方向下的调相运行不需要变频起动器或其他机组拖动,消耗较少。若机组处于停机工况,电网如有调相需求,一般多采用发电调相工况运行。

抽水工况:机组从下水库向上水库抽水,将电能转化为水的势能的稳定运行状态。在抽水工况下,若上、下水库扬程变化很小,定速抽水蓄能机组从电网吸收的有功功率可视为几乎不变,一般在电网有填谷的需求时运行,如图15-11所示。

			条件	
抽水(P)	&	OR	机组上导推力外循环1号油泵运行	01C02DI20407
			机组上导推力外循环2号油泵运行	01C02DI20409
			机组机械制动系统退出	
			机组高压油顶起系统退出	
		NOT	机组水轮机导叶接力器锁锭退出	01C02DI21016
			机组调速器导叶在全关位置	
			机组水轮机转速>95%	01C02DI21109
			机组水轮机尾水管水位高	
			机组水轮机止漏环水阀关闭	01C02DI30114
		OR	机组水导外循环1号油泵运行	01C02DI21203
			机组水导外循环2号油泵运行	01C02DI21207
		OR	机组主进水阀1号油泵运行	01C02DI20910
			机组主进水阀2号油泵运行	01C02DI20914
			机组主进水阀全开	01C02DI20707
			机组主进水阀下游密封退出	01C02DI20703
			机组调速器油压系统投入	
			机组励磁投入	01C02DI11007
			机组出口电压>95%	
			机组出口GCB合闸	01C02SI10202
			机组抽水方向换相隔离开关合闸	01C02SI10205
			机组启动隔离开关GDS分闸	01C02SI10206
			机组启动隔离开关MDS分闸	01C02SI10208
		OR	机组技术供水系统1号泵运行	01C02DI30310
			机组技术供水系统2号泵运行	01C02DI30313

图15-11 抽水工况

抽水调相工况:该工况与发电调相工况除了运行方向不同,其他基本一致。抽水方向下机组的起动需要SFC或需另一台机组进行拖动,故该工况一般多用于机组运行在抽水工况时电网有调相需求,如图15-12所示。

			条件	
抽水调相(PC)	&	OR	机组上导推力外循环1号油泵运行	01C02DI20407
			机组上导推力外循环2号油泵运行	01C02DI20409
			机组机械制动系统退出	
			机组高压油顶起系统退出	
			机组水轮机导叶接力器锁锭退出	01C02DI21016
			机组调速器导叶在全关位置	
			机组水轮机转速>95%	01C02DI21109
			机组水轮机尾水管水位低	
			机组水轮机止漏环水阀开启	01C02DI30113
		OR	机组水导外循环1号油泵运行	01C02DI21203
			机组水导外循环2号油泵运行	01C02DI21207
		OR	机组主进水阀1号油泵运行	01C02DI20910
			机组主进水阀2号油泵运行	01C02DI20914
			机组主进水阀全关	01C02DI20706
			机组主进水阀下游密封投入	01C02DI20702
			机组调速器油压系统投入	
			机组励磁投入	01C02DI11007
			机组出口电压>95%	
			机组出口GCB合闸	01C02SI10202
			机组抽水方向换相隔离开关合闸	01C02SI10205
			机组启动隔离开关GDS分闸	01C02SI10206
			机组启动隔离开关MDS分闸	01C02SI10208
		OR	机组技术供水系统1号泵运行	01C02DI30310
			机组技术供水系统2号泵运行	01C02DI30313

图15-12 抽水调相工况

SFC 起动：机组以抽水工况为目标的一种起动方式，利用 SFC 静止变频器装置，从电网吸收能量，通过 SFC 起动回路拖动机组。

背靠背起动／拖动：背靠背起动是指一台机组以拖动工况起动，通过起动回路驱动另一台机组以抽水方向起动的同步起动方式；背靠背拖动是指机组以背靠背方式起动，拖动机运行在发电方向并提供变频电流将被拖动机拖至额定转速并且并网的一种工况。背靠背起动方式因为需要占用一台机组作为拖动机，且电站内的最后一台机组不能被拖动，从所需增加的设备以及电厂机组可用状态的角度来说不是最优选择，但受到 SFC 可靠性和 SFC 拖动过程中产生的高次谐波等的影响，为满足随时备用的要求，以往的抽水蓄能电站不得不采用 SFC 起动为主、背靠背起动为辅的策略，从而不可避免地带来了高额的拖动设备的投资和烦琐的电气闭锁等问题。

黑起动工况：在厂用电源及外部电网供电消失后，用厂用自备应急电源作为起动电源，用直流系统或备用交流系统整流作为起励电源，机组以零起升压方式给主变压器、线路充电的一种运行状态。当区域电网因故障自系统解列后，调度将会要求电站以黑起动工况起动机组，分片恢复区域电网，然后逐步恢复整个电网的供电，在最短时间内使系统恢复带负荷的能力。

线路充电工况：电站厂用电源正常时，由机组带主变压器、线路以零起升压方式给主变压器、线路充电的一种运行方式，与黑起动工况较为相似。

15.2.1.2 工况转换及流程

工况分为稳态工况、过渡工况及特殊工况。其中：稳态工况包括停机工况、发电工况、发电调相工况、抽水工况、抽水调相工况；过渡工况则指旋转备用工况；特殊工况包括线路充电、黑起动、SFC 起动、背靠背起动及背靠背拖动等工况。机组从其中某一工况到另一工况的过程称为工况转换。下面以图 15-13 为例，对于机组的工况转换及流程控制做逐一介绍。限于篇幅，对于一般性流程不做具体介绍。共有 35 个流程，其中♯1 至♯9 流程为发电方向启停机及工况转换流程，11 至 15 为抽水方向 SFC 方式起动、停机及工况转换流程，21 为 BKB 被拖动机起动流程，22 为 BKB 拖动机启机流程，23 为黑起动（利用直流），24 为黑起动（利用交流），25 为黑起动工况状态转发电流程，26 为线路充电流程，27 为线路充电状态转发电流程，29 为紧急抽水转发电流程，31 至 32 为机械事故停机流程，41 至 44 为电气事故停机流程，51 至 54 为水轮机压水充水流程，56 为 BKB 公共流程，61 至 62 为停机公共流程。

停机至发电工况：如图 15-13 所示，当机组处于停机工况，无事故，且相关设备和条件满足机组发电方向运行的要求时，可由调度远方或电站以自动或手动控制的方式起动机组。首先由监控系统发令，将调速器、励磁等主要的子系统置为发电方向，同时需投入或闭锁相关保护功能。主要子系统的工况给定后，投入机组辅助系统和技术供水系统，复归机组的机械制动，然后将换向开关置为发电方向，打开进水阀的旁通阀或工作密封进行进水阀上下游的平压，待平压后开启进水阀。当机组转速上升至 95%Nr 时，合灭磁开关，励磁起励建压。当机组机端电压上升到 80% 以后，则可开始同期并网，调速器此时工作在转频控制模式，调节机组频率转速；励磁此时工作在自动电压闭环控制（AVR）模式，调节机端电压。在抽水工况下，为了维持主变压器及机组侧的电压稳定，当机组在发电方向同期并网成功后，一般将调速器设置为功率调节模式，以跟随调度给定的有功设定值；励磁则保持为 AVR 模式，以维持机端电压稳定，或者根据调度要求，带一定的无功功率运行。

停机至抽水工况：若机组处于停机工况，需进行抽水或抽水方向的调相运行，可通过以下方式进行工况转换：

进水阀和导叶保持关闭，转轮室压水至转轮以下水位，然后通过 SFC 拖动至抽水工况或抽水调相工况。

根据电站电气主接线的设计，多台机组共用一条起动母线，应首先确保无其他机组正在占用起动母线进行拖动，即 BKB 拖动。具体流程如下：

(1)拖动机和被拖动机向各自的子系统设置对应的工作。

(2)被拖动机将换向开关置为抽水方向；拖动机保持换向开关为分位，并将中性点接地开关置于分位，以保证电气轴建立后，系统内只有一个接地点。

(3)被拖动机投入机械制动并提前打开进水阀，以缩短拖动流程的时间；拖动机也同时投入机械制动，防止两台机组由于漏水等原因产生蠕动，从而影响拖动时的同步性。

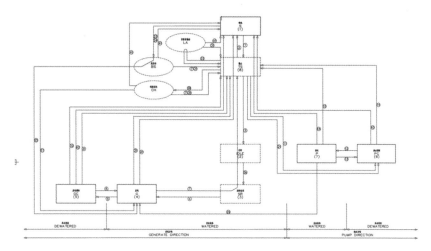

图 15-13 停机转发电流程

(4)被拖动机合上起动开关,拖动机合上拖动开关。

(5)被拖动机组开始转轮室压水流程。

(6)压水成功之后,合拖动机出口断路器,两台机组之间正式建立电气连接,然后两台机组开始励磁,建立同步电磁力矩。

(7)同时复归两台机组的机械制动。

(8)拖动机组的开进水阀,拖动机退接力器锁定并打开导叶。保证拖动机组和被拖动机组能够克服惯性和阻力,开始同步转动。

(9)两台机组的转速同步上升到 90%Nr 时,被拖动机组的同期装置开始工作,此时将被拖动机组的励磁系统设置为 AVR 模式,同期装置同时发出脉冲调节电压。被拖动机组的转速则由拖动机组统一调节。

(10)当两台机组的转速同步上升至 95%Nr 左右时,拖动机的导叶回关至空载开度,并根据同期并网的需求调节拖动机组的导叶开度。

(11)被拖动机组同期并网的同时分拖动机组的出口断路器。

(12)两台机组间的电气连接断开后,可以先分拖动机组的拖动开关,然后再分被拖动机组的起动开关,被拖动机组的背靠背起动流程结束。

(13)拖动机组的出口断路器分闸之后,机组转速开始下降,当转速低于起励转速后,励磁系统开始逆变灭磁。

(14)当转速低于起励转速且机端电压小于 5% 时,在确认两台机组之间的电气连接断开后,合拖动机组的发电机中性点接地开关。

机组若通过 SFC 或者背靠背的方式进行起动,则首先需要执行转轮室压水流程,将高压气体通入转轮室,将水压至转轮以下,使转轮处于空气之中,这样可大为降低机组被拖动时的阻力和振动,同时也相应减少了从电网吸收的有功功率或者上水库水量的损耗。在确认机组尾水闸门开启和导叶全关后,则可打开压水主阀,向转轮室内注入高压空气。压水主阀的关闭条件,可以通过尾水管上装设的水位开关来判断,也可通过设置延时时间来关闭。转轮室压水成功后,则可开启蜗壳泄压阀,在工况转换时蜗壳内可能残留的气体排往尾水管的同时,对蜗壳压力和尾水压力进行平压,将转轮室内因迷宫环密封冷却水形成的水环从导叶间隙引入蜗壳并排至尾水。压水过程中,如遇机组压水失败,或者其他故障需要停机,则先需要立刻终止压水流程,然后起动回水流程,将转轮室中的气体排出,水位上升后会对转轮的旋转产生阻力,从而显著缩短机组事故停机时间。

黑起动:在电力系统因故障停运后,呼蓄电站可不依赖其他网络的帮助,通过系统中具有自起动能力的机组起动,带动无自起动能力的机组,逐步扩大电力系统的恢复范围,最终实现整个电力系统的恢复。具体流程如下:

(1)合机组出口断路器与换相刀闸,与电网建立电力连接。

(2)投入高压油顶起系统。抽水蓄能机组在机组起动停止阶段,为避免轴瓦与镜板间的干摩擦而引起烧瓦事故,投入高压油顶起系统。

(3)退出机械制动,退出机组刹车装置。

(4)开启球阀及调速系统隔离阀,将球阀与调速系统动作的能量来源于压油罐,需将压油罐出口阀门打开。

(5)退出球阀及调速系统锁定,退出锁定后球阀及调速系统导叶方可动作。

(6)退出球阀下游密封。球阀下游密封可防止机组在停机状态下泄漏水,在起动机组时需退出。

(7)开启主进水阀。

(8)给调速器孤网运行令,调速系统选择黑起动模式下的一种工作模式。

(9)给调速器水轮机方式开机令,调速系统选择发电模式下开导叶,此时转速逐渐上升至额定转速。

(10)退出高压油顶起系统,机组转速上升至额定转速,轴瓦与镜板间可以自然形成油膜进行润滑。

(11)给励磁发电机方式令,励磁系统选择发电模式下工作。

(12)给励磁起动令,合励磁系统开关,给机组转子施加励磁电流建立磁场,此时电压逐渐上升至额定电压。

(13)合厂高变开关。

(14)检查自用电状态,检查机组自用电开关已合,厂用电已恢复正常供电。

(15)投入辅助系统,检查机组推力/上导外循环油泵投运正常,检查机组水导外循环油泵投运正常,检查机组技术供水泵投运正常,检查主变冷却器运行正常,检查机组其他辅助设备投运正常,检查机组励磁系统风机运行正常,检查机组调速器、球阀油泵供电正常,检查机组运行正常。至此流程结束。

15.2.1.3 事故停机流程

机组事故停机流程包括电气事故停机流程41～44、电气事故停机流程31～32、后备保护停机流程。

1. 事故停机的触发方式

机械事故跳机流程触发方式有以下几种。

(1)中控室10个紧急停机按钮。其中4个为4台机组起动机械事故起动按钮,4个为尾水闸门紧急下落按钮,当按下任意一个尾水闸门紧急下落按钮,相应机组会起动机械事故停机流程,且为硬布线回路建立跳机逻辑。还有2个进水闸门紧急停机按钮,当按下#1进水闸门紧急下落按钮时,同流道的#1机组与#2机组会起动机械事故停机流程,且为硬布线回路建立跳机逻辑。相应地,当按下#2进水闸门紧急下落按钮时,同流道的#1机组与#2机组会起动机械事故停机流程,且为硬布线回路建立跳机逻辑。(见图15-14)

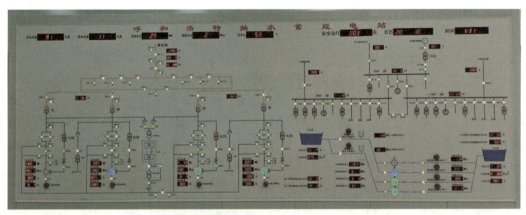

图15-14 地下厂房中控室紧急停机按钮

图15-15所示为生产南区中控室紧急停机按钮。

(2)水淹厂房紧急停机按钮及动作信号。水淹厂房事故停机的触发方式有三种,即现地控制箱紧急起动按钮、地下厂房中控室门口紧急起动按钮、水淹厂房三处不同高程的浮子动作大于等于2触发动作信号。水淹厂房动作信号通过硬布线回路及监控系统通信网络两路同时触发机组机械事故停机及落进出水口闸门。

图 15-15　生产南区中控室紧急停机按钮

（3）火灾动作信号。火灾动作信号通过监控系统通信网络作用于机组机械事故停机。

（4）调速器紧急停机按钮。调速器紧急停机按钮第一时间直接作用于调速机紧急停机电磁阀，用于紧急情况关闭导叶，同时该信号通过硬布线送至机组 LCU 触发机械事故停机流程。

机械事故跳闸矩阵里的触发条件，如图 15-16 所示。

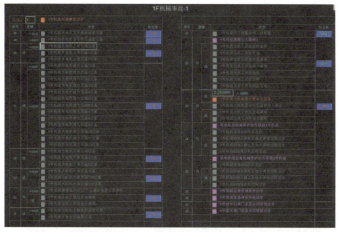

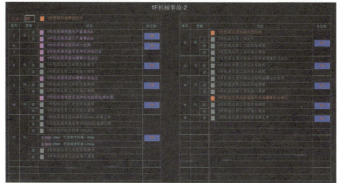

图 15-16　机械事故跳闸矩阵

电气事故跳机流程触发方式有 2 种：发变组保护动作以及励磁紧急停机按钮。励磁紧急停机按钮在 GCB 合闸时，按下该按钮触发机组电气事故停机流程。

电气事故调整矩阵里的触发条件，如图 15-17 所示。

图 15-17　电气事故跳闸矩阵

关于过速导致的电气事故跳机说明：无论是电气过速还是机械过速，均触发电气事故停机流程，电气过速与机械过速是对触发源的定义，即是电气装置触发还是机械装置触发。

2. 事故停机的流程

机械事故停机流程：

第一步：预设有功/无功最小。

第二步：调速器及球阀紧急关闭。

第三步：GCB 分闸。

第四步：励磁系统停止。

第五步：转公共停机流程。

电气事故停机流程：

第一步：GCB 分闸。

第二步：励磁系统停止。

第三步：调速器延时 11 秒电磁阀动作。

第四步：调速器及主进水阀紧急电磁阀动作。

第五步：转公共流程。

流程重点问题说明：在电气事故停机流程中，无论机组处于何种状态，电气流程均会起动。当机组发生触发电气事故停机时，先由继电保护系统进行跳 GCB 及跳励磁灭磁开关，其他停机操作由电气事故停机流程完成，过程中 GCB 及励磁灭磁开关会收到两次分闸命令。

后备保护停机：当主控制器和主控制器的信号采集模块正常时，主控制器中的保护跳闸矩阵逻辑承担机组事故停机的功能，包括对 GCB、励磁、调速器及调速器油压系统、进水阀的控制和起动相应流程；后备保护控制器同时采集电气及机械跳闸矩阵里的触发信号，但后备保护控制器中保护跳闸矩阵的输出被闭锁；当主控制器故障或主控制器信号采集模块故障时，主控制器开放后备保护控制器保护跳闸矩阵的输出。在这种情况下，如果电气及机械事故动作，后备保护控制器承担机组事故停机功能，包括对调速器及调速器油压系统、进水阀的控制；后备保护控制器不提供顺序控制功能，但提供高压油顶起泵投入和机械制动投入的功能。

15.2.2 同期装置

机组与电网、电网中线路之间合环或充电时,由于不同部分间电压、频率、相角不同,直接合开关将会导致有功无功的突变,给电气设备造成冲击。因此,根据电压、频率、相角情况来判断合闸时机并发令的同期装置在系统中得到了广泛应用。

15.2.2.1 同期装置简介

呼蓄电站每台机组配置一套 SYN5201 自动准同期装置,如图 15-18 所示。

图 15-18 同期装置

同期系统主要由手动同期表、SYN5201 同期装置、调节旋钮等组成。其中 SYN5201 同期装置主要由指示灯与按键组成。

指示灯旁有英文注释,标明指示灯的作用与意义,具体如表 15-1 所示。

表 15-1 指示灯含义表

第一列			第二列			第三列		
序号	指示	说 明	序号	指 示	说 明	序号	指示	说 明
1	$U+$ 黄色	增电压指令输出	1	$\Delta U < \Delta U_{max}$ 黄色	电压条件满足	1	READY 绿色	同期装置准备就绪
2	$U-$ 黄色	减电压指令输出	2	$s < s_{max}$ 黄色	频率条件满足	2	OPERATING 黄色	同步操作中
3	$f+$ 黄色	增频率指令输出	3	$\alpha < \alpha_{max}$ 黄色	相角条件满足	3		
4	$f-$ 黄色	减频率指令输出	4	$U_1/U_2=0$ 黄色	无压合闸条件满足	4	BLOCKED 黄色	同期装置锁定
5	COMMAND 黄色	同期合闸令输出	5	CHK 释放 黄色	并列释放(同步检测模式)	5	ERROR 红色	存在故障

按键指示如表 15-2 所示。

表 15-2　按键指示表

按键	说明
DATA	选择键(用于调整参数值)
▲ ▼	上移键和下移键(用于改变地址和设定值)
⏫ ⏬	快速上移键和快速下移键(用于改变地址和设定值)
◀ ▶	水平移动键(用于在参数集之间移动)
↵	确认键(用于对实际值的显示进行换行)

15.2.2.2　同期装置原理

1. 同期装置并网条件

发电参数：

$$\Delta U \leqslant \pm 5\% U_n = \pm 5\text{V}(二次侧) = \pm 900\text{V}(一次侧)$$
$$\Delta f \leqslant \pm 0.15\text{Hz} = 498.5\text{r/min} - 501.5\text{r/min}(机组转速)$$
$$\Delta \theta \leqslant \pm 5\text{DEG}$$

抽水参数：

$$\Delta U \leqslant \pm 5\% U_n = \pm 5\text{V}(二次侧) = \pm 900\text{V}(一次侧)$$
$$\Delta f \leqslant \pm 0.15\text{Hz} = 498.5\text{r/min} - 501.5\text{r/min}(机组转速)$$
$$\Delta \theta \leqslant \pm 2\text{DEG}$$

2. 同期装置并网原理

机组起动同期为机组起动流程的最后一步,此时机组球阀已开、调速器导叶已开、励磁已投。同期并网过程就是机组侧电压与系统侧电压匹配上述三个参数的过程。

(1)电压幅值匹配过程：主要由 U_1(机组侧电压)、U_2(系统侧电压)组成。

当 $U_1 > U_2$ 时,同期装置会发出 $U-$ 指令,该指令发送到励磁系统,用来减小励磁电流,从而减小机端电压。该指令为脉冲指令,由于不同的机组对于该脉冲的响应时间不同,因此在同期装置里该信号的脉冲间隔时间与脉冲长度在同期装置里可调。

当 $U_1 \leqslant U_2$ 时,同期装置会发出 $U+$ 指令,该指令发送到励磁系统,用来增加励磁电流,从而增大机端电压。该指令为脉冲指令,由于不同的机组对于该脉冲的响应时间不同,因此在同期装置里该信号的脉冲间隔时间与脉冲长度在同期装置里可调。

(2)频率匹配过程：由于抽水蓄能机组特性,在发电、抽水、背靠背这些工况中调频的设备不同,因此匹配过程中同期装置调频指令接收与执行机构也不同。(见图 15-19)

如图 15-19 所示,监控同期装置通过采集的机组侧与系统侧电压计算出两侧频率值 f_1 及 f_2。发电工况时,调速器接收频率信号 f_1 及 f_2,通过比较 f_1 及 f_2 大小,来调节调速器导叶开度,从而调整机组侧频率

f_1,当 $f_1=f_2$ 时,同期频率并网成功。抽水工况时,SFC 接收频率信号 f_1 及 f_2,通过比较 f_1 及 f_2 大小,来调节 SFC 触指,从而调整机组侧频率 f_1,当 $f_1=f_2$ 时,同期频率并网成功。

(3) 相位匹配过程:GCB 合闸瞬间机组发电机电压相位与系统电压相位相同,则同期相位匹配成功。(见图 15-20)

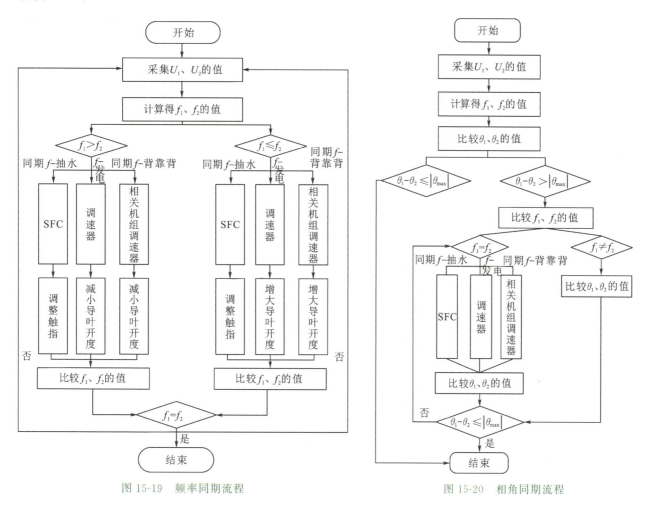

图 15-19　频率同期流程　　　　图 15-20　相角同期流程

监控同期装置通过采集的机组侧与系统侧电压计算出两侧相角 θ_1 和 θ_2。先计算相角 θ_1 和 θ_2 的差值,若差值的绝对值小于等于最大允许值 θ_{max},则同期相角并网成功;若差值大于最大允许值 θ_{max},则需通过 SFC 以及调速器调整机组侧频率 f_1,等到 $f_1=f_2$ 时,再次比较 θ_1 和 θ_2 的差值的绝对值是否小于等于最大允许值 θ_{max},若不等式成立,则同期相角并网成功。

15.2.3　水淹厂房系统

15.2.3.1　系统控制方式

水淹厂房系统的起动方式有三种,分别为水淹厂房水位信号器动作、中控室起动水淹厂房系统、现地起动水淹厂房系统。

当水淹厂房系统起动时,水淹厂房现地控制柜通过 RS485 将起动信号传至监控 6lcu,再通过 6lcu 传至上位机。水淹厂房系统与监控通信逻辑如图 15-21 所示。

监控上位机通过模拟量/开关量光纤转换器 FOT1~FOT3,将关闭闸门命令传至 7lcu、8lcu,从而完成上、下水库闸门的紧急落门工作,传输方式如图 15-22 所示。

1. 水淹厂房水位信号器动作

在呼蓄电站厂房最底层即排水廊道层♯1机组、♯2 和 ♯3 机组之间及 ♯4 机组分别布置 3 套水位信号

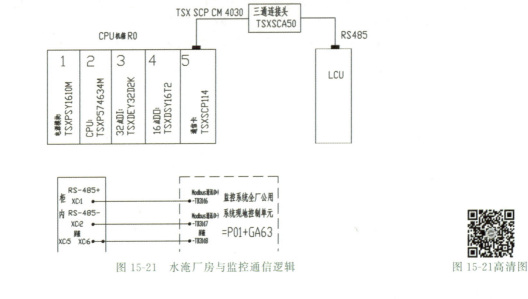

图 15-21 水淹厂房与监控通信逻辑

图 15-21 高清图

图 15-22 高清图(1)　　图 15-22 高清图(2)

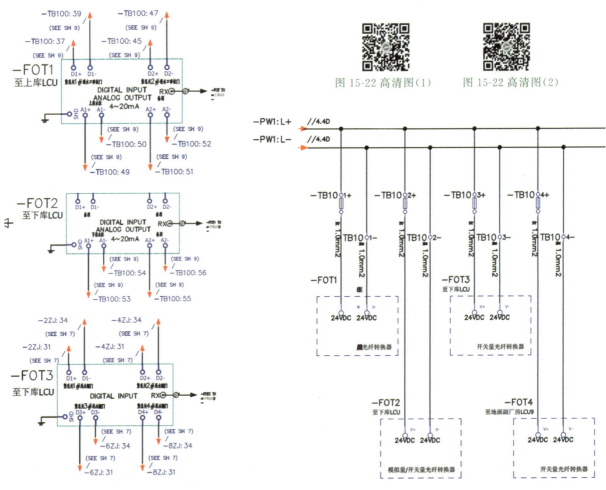

图 15-22 水淹厂房系统与监控通信方式

器,组成水淹厂房动作信号"三取二"控制逻辑。水位计报警水位设置在距排水廊道层底板高层 30cm 高度,动作水位设置在距排水廊道层底板高层 100cm 高度。在"投入"方式下,水淹厂房系统由 PLC 自动完成控制,3 套浮子式液位信号器中任意 2 套发出排水廊道水位过高/超高报警信号时,即起动水淹厂房系统,通过水淹厂房控制箱自动上送水位过高/超高报警信号至计算机监控系统;同时输出上水库进/出水口闸门紧急关闭命令,输出各机组紧急停机命令至各机组现地控制单元内的机组紧急停机硬布线回路,输出机组尾水闸门紧急关闭命令,关闭闸门。

当水位高/过高信号全部消失后手动恢复水淹厂房系统。手动控制回路应独立于PLC完成。水淹厂房现地传感器(水位计)安装位置如图15-23所示。

2. 中控室起动水淹厂房系统

如图15-24所示,中控室水淹厂房控制方式主要是依靠水淹厂房紧急停机按钮及监控动作信号实现的。水淹厂房系统的触发方式有两种:现地控制箱紧急起动按钮、地下厂房中控室门口紧急起动按钮。当按下水淹厂房紧急起动按钮,即起动水淹厂房系统,并通过水淹厂房控制箱PLC自动上送水位过高/超高报警信号至计算机监控系统;同时输出上水库进/出水口闸门紧急关闭命令,输出各机组紧急停机命令至各机组现地控制单元内的机组紧急停机硬布线回路,输出机组尾水闸门紧急关闭命令,关闭闸门。

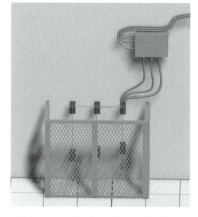

图15-23 水淹厂房现地传感器

图15-24 紧急停机按钮

3. 现地起动水淹厂房系统

现地起动水淹厂房系统是通过现地控制柜上水淹厂房起动按钮来实现的,现地控制柜门如图15-25所示。当按下水淹厂房起动按钮时,起动水淹厂房系统,并通过水淹厂房控制箱PLC自动上送水位过高/超高报警信号至计算机监控系统;同时输出上水库进/出水口闸门紧急关闭命令,输出各机组紧急停机命令至各机组现地控制单元内的机组紧急停机硬布线回路,输出机组尾水闸门紧急关闭命令,关闭闸门。

15.2.4 自动发电控制(AGC)

作为发电厂的高级应用,AGC(Automatic Generating Control,自动发电控制)的任务是在满足各项限制条件的前提下,以迅速、经济、安全的方式控制整个电厂的有功功率来满足系统的需要。AGC Portal 基于 OPC 技术与 800xA 系统建立连接,实现水电厂的 AGC 功能。

1. AGC 控制模式

AGC 将电厂机组的控制分为机组控制层和厂站控制层,还加上一个 AGC 控制权限。

1) AGC 机组控制层

机组操作模式分为 JCAP 和 ICAP 两种。JCAP 的机组功率受 AGC 控制,操作员不能调节;ICAP 的机组功率不受 AGC 控制,由操作员自行调节。只有满足一定条件,而且机组 LCU 操作把手切到远方的情况下,机组才能由厂站操作员切换到 JCAP。在一定条件下,AGC 可能会将 JCAP 的机组切换到 ICAP,同时,任何时候操作员均能将机组从 JCAP 切换到 ICAP。

图15-25 水淹厂房系统控制箱

2) AGC 厂站控制层

厂站操作模式分为 JCAP 和 ICAP 两种。当厂站处于 JCAP 时,全厂有功设定值功能被激活,AGC 开始计算并分配 JCAP 机组的功率;当厂站模式处于 ICAP 时,全厂有功设定值功能被禁止,全厂有功设定值跟踪全厂实际总有功,AGC 不计算,不分配。任何时候,操作员均能在厂站 JCAP 模式和厂站 ICAP 模式间来回切换。AGC 在特定条件下会将厂站从 JCAP 模式切换到 ICAP 模式。

3)AGC 控制权限

AGC 控制权限分为厂站和调度两种。当 AGC 厂站操作模式为 JCAP,而且 AGC 控制权限处于调度时,AGC 的全厂有功设定值取值于调度设定;当 AGC 厂站操作模式为 JCAP,而且 AGC 控制权限处于厂站时,AGC 的全厂有功设定值取值于厂站设定。当 AGC 厂站操作模式为 ICAP 时,厂站和调度全厂有功设定值均跟踪全厂实发有功值。

4)其他说明

当控制权限在厂站时,厂站 AGC 全厂有功设定值可以来自设定值,也可来自调度下达的计划曲线。任何时候,当地设定值方式可以与当地曲线方式、当地人工方式(即退出全厂 AGC)、调度设定值方式之一相互切换。

2. AGC 功率分配

在每个计算周期,AGC 程序读取全厂有功设定值 P_{SET},并计算出当前全厂总有功值 P_{ACT} 和当前带固定负荷未投入 AGC 控制的机组的总有 $P_{AGC'}$。将剩下的有功

$$P_{AGC} = P_{SET} - P_{AGC'}$$

在参与 AGC 控制的机组间进行分配:

$$P_{iAGC} = F(P_{AGC}, P_{1ACT}, P_{2ACT}, \cdots, P_{nACT}) \quad (i = 1, 2, \cdots, n)$$

式中:n 为参加 AGC 的机组数;P_{nACT} 为参加 AGC 的第 n 台机组的当前有功;P_{iAGC} 为 AGC 分配到第 i 台参加 AGC 机组的有功。

机组有功分配算法遵循下述原则:

(1)机组不能运行在振动区。

(2)不能频繁跨越振动区。

(3)当给定总有功大于实发总有功时,机组尽可能不减负荷;当给定总有功小于实发总有功时,机组尽可能不增负荷。

(4)机组不能频繁调节(小负荷变化由 1 台或 2 台机调节)。

为了防止机组频繁调节,AGC 程序设定某个步长的负荷循环分配(设定为 UNIT_APR_STEPSIZE,单位为 MW)。增负荷时,每次循环由实发有功容量比最小的机组优先增加负荷,步长最大为 UNIT_APR_STEPSIZE,小于 UNIT_APR_STEPSIZE 则由一台机组承担,超过部分,下次循环采用相同方法找出分配有功容量比最小机组增加负荷,直到分配完毕(当然,需考虑机组流量特性曲线允许的最大、最小有功值);减负荷时,有功分配策略类似。这样,负荷变幅不大时,只有 1 台或 2 台机组进行调节,可以防止机组调节过于频繁,同时也可减少多台机组参与小负荷波动造成累计负荷偏差,较好地跟踪有功给定值。

3. AGC 控制流程

AGC 控制流程如图 15-26 所示。

4. AGC 使用

AGC 画面从功能上主要分为全厂有功设定值区域、AGC 运行状态模式控制区域、全站运行状态及参数显示区域和机组运行状态及参数显示区域,如图 15-27 所示。

1)全厂有功设定值区域

(1)调度。调度远方给定值。当控制权限在"调度"时,全厂有功给定取此值。

(2)厂站。厂站本地给定值,可由操作员手动设定。当控制权限在"厂站"时,全厂有功给定取此值。

(3)AGC。AGC 计算出全厂有功设定值,考虑了控制权限、有功给定模式及当前系统频率等。

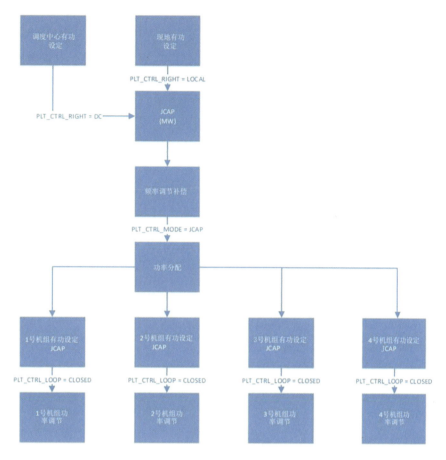

图 15-26 AGC 控制流程

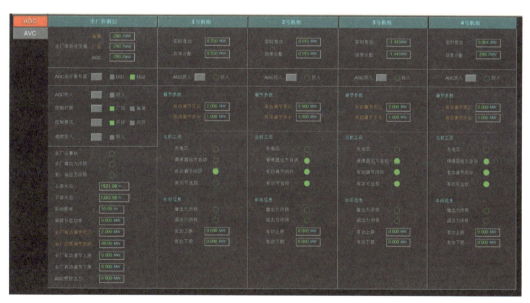

图 15-27 AGC 控制画面

2) AGC 运行状态模式控制区域

(1) AGC 运行服务器：DS1、DS2。为了提高可靠性，AGC 程序在数据服务器 DS1 和 DS2 同时运行，但同一时间只有一台服务器上的 AGC 程序会起动计算功能和下达调节命令。"AGC 运行服务器"可用作切换 AGC 实际计算的服务器。

(2) AGC 投入：投入。只有 AGC 投入时，AGC 才会起动负荷分配功能。退出时，AGC 进行负荷跟踪，设置调度/厂站全厂有功给定值为全厂实际总负荷，设置机组 AGC 有功设定值为实际负荷。

(3) 控制权限：调度、厂站。当控制权限为调度时，执行调度给定的全厂总有功给定值；当控制权限为厂站时,执行厂站给定的全厂总有功给定值。

(4)控制模式:开环、闭环。当控制模式为"开环"时,AGC 的有功分配不下发到机组 LCU,不会进入控制流程,只会在"功率分配"处显示。当运行方式切换到"闭环"时,操作命令即进入控制流程,对机组进行自动操作。另外,无论运行方式在"开环"还是"闭环",只有当有功给定值与全厂实发值的差值大于全厂有功调节死区(可更改)时,AGC 才会进行新的计算和下发相应的命令。

(5)调频投入:投入。调频模式缺省状态为投入。根据电网要求,当调频功能投入时,AGC 将根据网频进行有功补偿。当网频超出调频死区,AGC 会在全厂有功给定值的基础上叠加一个调频补偿量。当网频信号质量故障时,调频功能自动退出。

3)全站运行状态及参数显示区域

(1)全厂总事故。全厂总事故信号灯亮,表明有事故信号,全厂 AGC 会自动退出,同时 AGC 控制模式自动切到开环。

(2)全厂增出力闭锁、全厂减出力闭锁。当全厂实发总有功接近全厂出力上限时,全厂增出力闭锁会动作,表明全厂不能再往上增加出力;当全厂实发总有功接近全厂出力下限时,全厂减出力闭锁会动作,表明全厂不能再往下减少出力。

(3)上游水位、下游水位。全厂水位值/机组净水头=上游水位-下游水位-水头损失。目前水头损失固定设置为 0.2m。

(4)系统频率。系统母线频率,AGC 优先选择母线频率测点 1,当母线频率测点 1 坏质量时取测点 2。

(5)调频补偿功率。当网频超出调频死区时,AGC 会在全厂有功给定值的基础上叠加一个调频补偿功率,可为正值,也可为负值。

(6)全厂有功调节死区。可手动设置该值,当全厂有功设定值与全厂实发总有功的差值大于全厂有功调节死区差时,AGC 才重新分配负荷。该参数可由操作员手动修改。

(7)全厂功率调节阶跃。当全厂有功设定值与全厂实发总有功的差值大于全厂功率调节阶跃时,AGC 程序认为有功设定值不合理,不分配负荷,保留上一次分配结果。该参数可由操作员手动修改。

(8)全厂有功调节上限、下限。AGC 根据当前水头及机组状态,计算出调度或厂站能设置的全厂有功上、下限。

(9)AGC 受控出力。投入 AGC 的机组当前有功出力之和。

4)机组运行状态及参数显示区域

(1)实时有功:机组实时有功。

(2)功率分配:AGC 经过计算后所得的机组功率分配值。

(3)AGC 投入:投入控制按钮,点击可将机组加入 AGC 成组控制。

(4)有功调节死区:当 AGC 计算出的机组"功率分配"值与机组实时功率差值大于该死区时,AGC 才会将"功率分配"值下达到 LCU。该参数可由操作员手动修改。

(5)有功调节步长:此值涉及负荷分配算法,一般不建议修改。

(6)发电态、调速器远方、调速器自动信号反馈量。当机组处于发电态、调速器远方、调速器自动激活时,对应的指示灯会变成红色。

(7)有功可远控信号反馈量。当机组 LCU 远方,调速器远方,调速器自动且机组处于发电态时,该指示灯会被点亮。

(8)有功上限、有功下限。机组运行上限是当前水头下机组可发的最大有功;机组运行下限为当前水头下机组可发的最小有功。

15.2.5　自动电压控制(AVC)

AVC 画面从功能上主要分为母线电压/全厂无功设定值区域、AVC 运行状态模式控制区域、全站运行状态及参数显示区域和机组运行状态及参数显示区域。

1. 母线电压/全厂无功设定值区域

(1)省调。省调远方给定 500kV 母线电压设定值。当控制权限在"省调"时,母线电压给定取此值。

(2)厂站。厂站本地给定值,可由操作员手动设定。当控制权限在"厂站"时,母线电压给定取此值。

(3)AVC。AVC 计算出的母线电压设定值,考虑了控制权限、母线电压给定等。

(4)AVC 全厂无功设定值。AVC 根据母线电压设定值计算出的全厂无功设定值,考虑了控制权限、母线电压给定等。

2. AVC 运行状态模式控制区域

(1)AVC 运行服务器:DS1、DS2。为了提高可靠性,AVC 程序在数据服务器 DS1 和 DS2 同时运行,但同一时间只有一台服务器上的 AVC 程序会起动计算功能和下达调节命令。"AVC 运行服务器"可用作切换 AVC 实际计算的服务器。

(2)AVC 投入:投入。只有 AVC 投入时,AVC 才会起动电压调节(无功分配)功能。退出时,AVC 进行电压/无功跟踪,设置省调/厂站母线电压给定值为实际母线电压值,设置机组 AVC 无功设定值为实发无功。

(3)控制权限:省调、厂站。当控制权限为省调时,执行省调给定的母线电压给定值;控制权限为厂站时,执行厂站给定的母线电压给定值。

(4)控制模式:开环、闭环。当控制模式为"开环"时,AVC 的无功分配不下发到机组 LCU,不会进入控制流程,只会在"功率分配"处显示。当运行方式切换到"闭环"时,操作命令即进入控制流程,对机组进行自动操作。另外,无论运行方式在"开环"还是"闭环",只有当母线电压给定值与母线电压实际值的差值大于母线电压调节死区(当前设为 0.5kV,可更改)时,AVC 才会进行新的计算和下发相应的命令。

3. 全站运行状态及参数显示区域

(1)全厂总事故。全厂总事故信号灯亮,表明有事故信号,全厂 AVC 会自动退出,同时 AVC 控制模式自动切到开环。

(2)全厂增无功闭锁、全厂减无功闭锁。当全厂实发总无功接近全厂无功上限时,全厂增无功闭锁会动作,表明全厂不能再往上增加无功;当全厂实发总无功接近全厂无功下限时,全厂减无功闭锁会动作,表明全厂不能再往下减少无功。

(3)调压系数。AVC 用于转换电压差值到全厂无功增补量的转换系数,单位为 MVar/kV。该参数可由操作员手动修改,但不推荐修改。

(4)全厂无功调节死区。可手动设置该值,当计算出的全厂无功设定值与全厂实发总无功的差值大于全厂无功调节死区差时,AVC 才重新分配负荷。该参数可由操作员手动修改。

(5)全厂无功调节阶跃。当计算出的全厂无功设定值与全厂实发总无功的差值大于全厂功率调节阶跃时,AVC 程序认为无功设定值不合理,不分配负荷,保留上一次分配结果。该参数可由操作员手动修改。

(6)全厂无功调节上限、全厂无功调节下限。AVC 根据当前机组状态计算出的全厂无功上、下限。

4. 机组运行状态及参数显示区域

(1)实时无功。机组实时无功。

(2)无功分配。AVC 经过计算后所得的机组无功分配值。

(3)AVC 投入:投入控制按钮,点击可将机组加入 AVC 成组控制。

(4)无功调节死区。当 AVC 计算出的机组"无功分配"值与机组实时无功差值大于该死区时,AVC 才会将"无功分配"值下达到 LCU。该参数可由操作员手动修改,但一般不建议修改。

(5)发电态、励磁远方、励磁自动信号反馈量。当机组处于发电态、励磁远方、励磁自动激活时,对应的指示灯会变成红色。

(6)无功可远控信号反馈量。当机组LCU远方,励磁远方,励磁自动且机组处于发电态时,该指示灯会变成红色。

(7)增无功闭锁、减无功闭锁。当发电态的机组机端电流越上限(上限值=12831A)、转子电流越上限(上限值=2855A)、机端电压越上限(上限值=21kV)、机组无功接近无功上限中任一条件满足时,机组增无功闭锁;当发电态的机组机端电压越下限(下限值=19kV)、机组无功接近无功下限中任一条件满足时,机组减无功闭锁。

(8)无功上限、无功下限。机组无功上限是当前出力下机组可发的最大无功;机组无功下限为当前出力下机组可发的最小无功。

第 16 章

励磁系统

16.1 励磁系统概述

供给同步发电机励磁电流的电源及其附属设备统称为励磁系统。呼蓄电站共有 4 台 300MW 混流可逆式发电电动机组,每台机组配有一套他励的静止可控硅励磁系统,通过主变低压侧励磁变压器整流输出至转子磁极。励磁系统能实现机组电气制动、发电机方式起动、SFC 起动、背靠背起动、黑起动,线路充电时提供励磁电流,满足机组各种工况的励磁电流调节,从而保证各种工况的正常运行。同步发电机励磁系统不仅起着维持机端电压恒定、合理调节分配无功功率、限制低频振荡等作用,而且可以提高电力系统的稳定性,对保证整个电网的安全稳定运行有着至关重要的作用。

16.1.1 作用

无论单独运行的发电机还是系统并列运行的发电机,调节励磁电流都会引起机端电压和无功功率的变化。对于机组而言,一般来说,同步发电机励磁系统的主要作用如下:

1. 电力系统正常运行时,维持发电机和系统电压水平恒定

当发电机并网运行时,电网中的负荷在不断变化,发电机的输出功率就会变化,励磁系统应根据负荷的变化调整励磁电流,使发电机机端电压保持在稳定水平。

图 16-1 所示为同步发电机空载运行时的简化矢量图,空载时定子绕组中产生的感应电动势为:

$$\dot{E}_Q = 4.44 f N \varphi k_\omega \quad (16\text{-}1)$$

式中:E_Q 为发电机的空载电动势;f 为发电机的频率;N 为每相绕组的串联匝数;φ 为每极磁通;k_ω 为基波电动势的绕组系数。

当发电机正常运行时,有如下关系:

$$\dot{U}_G = \dot{E}_Q - j\dot{I}_G X_d \quad (16\text{-}2)$$

式中:X_d 为发电机的同步电抗。

由式(16-2)可知,发电机机端电压 U_G 与负荷电流 I_G 成反比例关系,因此,要维持发电机机端电压 U_G 恒定,就要根据负荷电流 I_G 的变化调整空载电动势 E_Q。

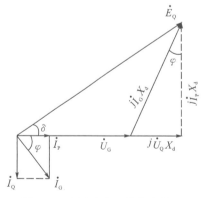

图 16-1 同步发电机简化矢量图

磁通量计算公式:

$$\phi = \int B \, dS = BS \quad (16\text{-}3)$$

$$HL = NI_f \quad (16\text{-}4)$$

$$H = B/\mu \quad (16\text{-}5)$$

式中,μ 为磁导率,B 为磁通密度,H 为磁场强度。

联立式(16-3)～式(16-5)可得：
$$\phi = N\mu I_f S/L \tag{16-6}$$

由式(16-1)、式(16-2)、式(16-6)可得：
$$U_G = 4.44 f N^2 \mu I_f S K_\omega / L - j I_G X_d \tag{16-7}$$

由式(16-7)可知,机端电压与励磁电流成正比例关系,调节励磁电流的大小可以维持机端电压恒定。

2. 合理分配并列运行发电机间的无功功率

多台发电机在母线上并列运行时,它们输出的有功决定于输入的机械功率,而发电机输出的无功则和励磁电流有关,控制并联运行的发电机之间的无功分配是励磁控制系统的一项重要功能。各并联发电机间承担的无功功率的大小取决于各发电机的调差特性,即发电机机端电压 ΔU_G 和无功电流 I_Q 的关系。定义调差系数：

$$\delta = \frac{\Delta U_G^*}{\Delta I_Q^*} \tag{16-8}$$

式中：ΔU_G^* 为发电机机端电压变化对额定电压之比,$\Delta U_G^* = \frac{\Delta U_G}{U_E}$；$\Delta I_Q^*$ 为无功电流变化对额定无功电流之比,$\Delta I_Q^* = \frac{\Delta I_Q}{I_{Qe}}$,在实际电力系统中常用无功变化对额定无功之比,$\Delta Q^* = \frac{\Delta Q}{Q_E}$。

当母线电压发生波动时,发电机无功电流的增量与电压偏差成正比,与调差系数成反比。通常我们希望发电机间的无功电流按照机组容量的大小成比例地进行分配,即大容量机组担负的无功增量应大些,小容量机组担负的无功增量相应小些,这样就可使得各机组无功增量的标幺值（相对值）ΔI_Q^* 相等。励磁调节器可对调差系数进行调节,这样就可以达到机组间无功负荷合理分配的目的。

3. 提高电力系统稳定性

电力系统稳定性问题就是当系统在某一正常运行状态下受到某种干扰后,能否经过一定的时间后回到原来的运行状态或者过渡到一个新的稳态运行状态的问题。如果能,则认为系统在该正常运行状态下是稳定的；如果不能,则系统是不稳定的。电力系统稳定性分为静态稳定性和暂态稳定性。

1) 静态稳定性

电力系统静态稳定性实质上是运行点的稳定性,通常是指发电机在稳态运行时遭受到某种微小扰动后,不发生自发振荡或非周期性失步,能自动恢复到原来的运行状态的能力。在正常情况下,同步发电机的机械输入功率与电磁输出功率是保持平衡的,同步发电机以同步转速运转,其特征可用式(16-9)来表示：

$$P = \frac{E_q U_s}{X_d} \sin\delta_{Eq} \tag{16-9}$$

式中：E_q 为发电机内电势；U_s 为机端电压；X_d 为发电机与电网总电抗；δ_{Eq} 为励磁电势 E_q 与 U_s 之间的夹角（即功率角）。

电磁功率 P 随 δ_{Eq} 变化的功角特性曲线如图 16-2 所示,由此特性可知,在 E_q 为常数的情况下,系统最大传输功率在 $\delta_{Eq}=90°$ 处,但系统不能运行在这点上,因为它是不稳定点,也可以说,它是线路所能输送的静稳极限点。要使系统稳定运行,则其功率角一定要小于 90°。通常发电机总是工作在某一小于 90°的运行点,如图 16-2 中 δ_e 所示。当负载突然增大时,励磁装置自动增加励磁电流,发电机的电势 E_q 增大（有励磁调节器）,曲线 1 变为曲线 2,则发电机在同样的 δ_e 角下,可以输出更多的功率,即由 P_1 提高到 P_2。励磁电流的增大,提高了系统传输功率的能力,同时也使发电机能抗拒更大的干扰,提高了发电机传输功率的能力。

2) 暂态稳定性

电力系统的暂态稳定性是指系统遭受到大干扰（如短路、断线等）时,能否维持同步运行的能力。总体来说,调节励磁对暂态稳定的改善没有对静态稳定那样显著。励磁系统对提高暂态稳定而言,表现在强行励磁和快速励磁的作用上。

第 16 章

励磁系统

16.1 励磁系统概述

供给同步发电机励磁电流的电源及其附属设备统称为励磁系统。呼蓄电站共有 4 台 300MW 混流可逆式发电电动机组,每台机组配有一套他励的静止可控硅励磁系统,通过主变低压侧励磁变压器整流输出至转子磁极。励磁系统能实现机组电气制动、发电机方式起动、SFC 起动、背靠背起动、黑起动,线路充电时提供励磁电流,满足机组各种工况的励磁电流调节,从而保证各种工况的正常运行。同步发电机励磁系统不仅起着维持机端电压恒定、合理调节分配无功功率、限制低频振荡等作用,而且可以提高电力系统的稳定性,对保证整个电网的安全稳定运行有着至关重要的作用。

16.1.1 作用

无论单独运行的发电机还是系统并列运行的发电机,调节励磁电流都会引起机端电压和无功功率的变化。对于机组而言,一般来说,同步发电机励磁系统的主要作用如下:

1. 电力系统正常运行时,维持发电机和系统电压水平恒定

当发电机并网运行时,电网中的负荷在不断变化,发电机的输出功率就会变化,励磁系统应根据负荷的变化调整励磁电流,使发电机机端电压保持在稳定水平。

图 16-1 所示为同步发电机空载运行时的简化矢量图,空载时定子绕组中产生的感应电动势为:

$$E_Q = 4.44 f N \varphi k_\omega \tag{16-1}$$

式中:E_Q 为发电机的空载电动势;f 为发电机的频率;N 为每相绕组的串联匝数;φ 为每极磁通;k_ω 为基波电动势的绕组系数。

当发电机正常运行时,有如下关系:

$$\dot{U}_G = \dot{E}_Q - j\dot{I}_G X_d \tag{16-2}$$

式中:X_d 为发电机的同步电抗。

由式(16-2)可知,发电机机端电压 U_G 与负荷电流 I_G 成反比例关系,因此,要维持发电机机端电压 U_G 恒定,就要根据负荷电流 I_G 的变化调整空载电动势 E_Q。

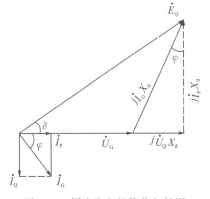

图 16-1 同步发电机简化矢量图

磁通量计算公式:

$$\phi = \int B dS = BS \tag{16-3}$$

$$HL = NI_f \tag{16-4}$$

$$H = B/\mu \tag{16-5}$$

式中,μ 为磁导率,B 为磁通密度,H 为磁场强度。

联立式(16-3)～式(16-5)可得:

$$\phi = N\mu I_f S/L \tag{16-6}$$

由式(16-1)、式(16-2)、式(16-6)可得:

$$U_G = 4.44 f N^2 \mu I_f S K_\omega / L - jI_G X_d \tag{16-7}$$

由式(16-7)可知,机端电压与励磁电流成正比例关系,调节励磁电流的大小可以维持机端电压恒定。

2. 合理分配并列运行发电机间的无功功率

多台发电机在母线上并列运行时,它们输出的有功决定于输入的机械功率,而发电机输出的无功则和励磁电流有关,控制并联运行的发电机之间的无功分配是励磁控制系统的一项重要功能。各并联发电机间承担的无功功率的大小取决于各发电机的调差特性,即发电机机端电压 ΔU_G 和无功电流 I_Q 的关系。定义调差系数:

$$\delta = \frac{\Delta U_G^*}{\Delta I_Q^*} \tag{16-8}$$

式中:ΔU_G^* 为发电机机端电压变化对额定电压之比,$\Delta U_G^* = \frac{\Delta U_G}{U_E}$;$\Delta I_Q^*$ 为无功电流变化对额定无功电流之比,$\Delta I_Q^* = \frac{\Delta I_Q}{I_{Qe}}$,在实际电力系统中常用无功变化对额定无功之比,$\Delta Q^* = \frac{\Delta Q}{Q_E}$。

当母线电压发生波动时,发电机无功电流的增量与电压偏差成正比,与调差系数成反比。通常我们希望发电机间的无功电流按照机组容量的大小成比例地进行分配,即大容量机组担负的无功增量应大些,小容量机组担负的无功增量相应小些,这样就可使得各机组无功增量的标幺值(相对值)ΔI_Q^* 相等。励磁调节器可对调差系数进行调节,这样就可以达到机组间无功负荷合理分配的目的。

3. 提高电力系统稳定性

电力系统稳定性问题就是当系统在某一正常运行状态下受到某种干扰后,能否经过一定的时间后回到原来的运行状态或者过渡到一个新的稳态运行状态的问题。如果能,则认为系统在该正常运行状态下是稳定的;如果不能,则系统是不稳定的。电力系统稳定性分为静态稳定性和暂态稳定性。

1) 静态稳定性

电力系统静态稳定性实质上是运行点的稳定性,通常是指发电机在稳态运行时遭受到某种微小扰动后,不发生自发振荡或非周期性失步,能自动恢复到原来的运行状态的能力。在正常情况下,同步发电机的机械输入功率与电磁输出功率是保持平衡的,同步发电机以同步转速运转,其特征可用式(16-9)来表示:

$$P = \frac{E_q U_s}{X_d} \sin\delta_{Eq} \tag{16-9}$$

式中:E_q 为发电机内电势;U_s 为机端电压;X_d 为发电机与电网总电抗;δ_{Eq} 为励磁电势 E_q 与 U_s 之间的夹角(即功率角)。

电磁功率 P 随 δ_{Eq} 变化的功角特性曲线如图16-2所示,由此特性可知,在 E_q 为常数的情况下,系统最大传输功率在 $\delta_{Eq}=90°$ 处,但系统不能运行在这点上,因为它是不稳定点,也可以说,它是线路所能输送的静稳极限点。要使系统稳定运行,则其功率角一定要小于90°。通常发电机总是工作在某一小于90°的运行点,如图16-2中 δ_e 所示。当负载突然增大时,励磁装置自动增加励磁电流,发电机的电势 E_q 增大(有励磁调节器),曲线1变为曲线2,则发电机在同样的 δ_e 角下,可以输出更多的功率,即由 P_1 提高到 P_2。励磁电流的增大,提高了系统传输功率的能力,同时也使发电机能抗拒更大的干扰,提高了发电机传输功率的能力。

2) 暂态稳定性

电力系统的暂态稳定性是指系统遭受到大干扰(如短路、断线等)时,能否维持同步运行的能力。总体来说,调节励磁对暂态稳定的改善没有对静态稳定那样显著。励磁系统对提高暂态稳定而言,表现在强行励磁和快速励磁的作用上。

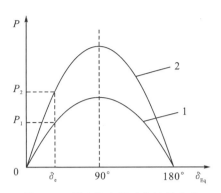
图 16-2 同步发电机功角特性曲线

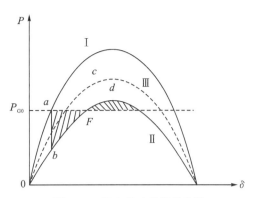
图 16-3 发电机功角特性曲线

如图 16-3 所示,设在正常运行情况下,发电机输送功率为 P_{G0},在功角特性的 a 点运行。当突然受到某种扰动后,系统运行点由特性曲线Ⅰ上的 a 点突然变到曲线Ⅱ上的 b 点。由于动力输入部分存在慢性,输入功率仍为 P_{G0},于是发电机轴上将出现过剩转矩使转子加速,系统运行点由 b 点沿曲线Ⅱ达到 F 点之后,发电机输入功率将大于 P_{G0},转子轴上将出现制动转矩,使转子减速。发电机能否稳定运行决定于曲线Ⅱ与 P_{G0} 直线间所形成的上、下两块面积(图中阴影部分)是否相等,即所谓等面积法则。

发电机如能强行增加励磁,使受到扰动后的发电机组的运行点移到功角曲线Ⅲ上运行,这样不但减小了加速面积,而且还增大减速面积,因而使发电机第一次摇摆时功角 δ 的幅值减小,改善了发电机的暂态稳定性。当往回摆动时,对过大的减速面积并不利,这时如能让它回到特性曲线Ⅱ上的 d 点运行,就可以减小回程振幅,对稳定性更为有利。

4.改善电力系统的运行条件

(1)当系统发生短路故障时,自动调节发电机的励磁,可使短路电流衰减得很慢,这就保证了继电保护装置(或其他电子保护装置)在整定的时间内准确、可靠地动作。

(2)当系统短路故障消除时,自动调节励磁使其加快系统电压恢复,保证供电的可靠性。

(3)控制励磁,除可以保持发电机的恒电压运行外,还可以使系统作恒无功或恒功率因数运行,提高电力系统运行的经济性。

16.1.2 工作原理

励磁系统的原理如图 16-4 所示,励磁系统主要由励磁功率单元和励磁调节器组成。其中:励磁功率单元的作用是向励磁绕组提供励磁电流,产生旋转磁场;励磁调节器的功能是按照控制规律和输入信号,对励磁功率单元的输出电流进行调节。

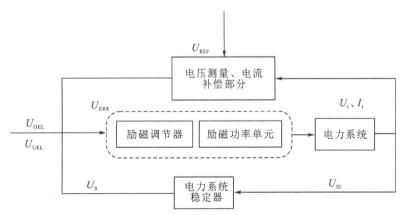
图 16-4 励磁系统原理

其工作原理为:发电机输出电压 U_t、发电机输出电流 I_t 与电压参考值 U_{REF} 比较,得到偏差电压 U_{ERR},电力系统稳定器输入电压 U_{SI} 经过电力系统稳定器后,得到电力系统稳定器输出 U_S,U_{ERR}、U_S 与过励限制输

出 U_{OEL} 及低励限制输出电压 U_{UEL} 共同作为输入信号流过励磁调节器,励磁调节器按照控制规律和输入信号对励磁功率单元的输出电流进行调节,励磁功率单元提供励磁电流给励磁绕组,而机端电压 U_t 和输出电流 I_t 再作为输入信号反馈给励磁调节器。

16.1.3 主要特点

UN6800 励磁系统主要特点如下:
(1)主要控制板卡均采用 ABB 产品,性能优越,稳定可靠,方便维护。
(2)采用了高速 64 位 CPU。
(3)装置内部采用光纤通信技术。
(4)采用了 Simulink 编程技术。
(5)采用 ABB 进口大电流高反压的高参数性能的进口硅整流元件。
(6)采用冗余冷却系统和大功率风机。
(7)并联阻容尖峰吸收回路。
(8)具有国际先进的智能全数字均流技术,均流系数达到 98% 以上。
(9)灭磁回路采用高速磁场断路器+碳化硅灭磁电阻。

16.1.4 设备参数

呼蓄电站励磁系统由东方电气集团东方电机有限公司制造,采用 ABB 高可靠 UNITROL 6800 他励励磁系统,参数如表 16-1 所示。

表 16-1 励磁系统参数

项目	参数
制造厂家	东方电机
型式	UNITROL 6800
额定励磁电压 U_{fn}	305V/295V
额定励磁电流 I_{fn}	1735A/1550A
空载励磁电压 U_{fo}	166V
空载励磁电流 I_{fo}	997A
强励倍数	2
允许强励时间(励磁顶值电流下)	20s

16.2 设备组成及原理

如图 16-5 所示,励磁系统主要由励磁变压器、励磁调节器(CH1、CH2)、励磁功率柜(G01~G03)、灭磁及转子过电压保护装置(A02、F02、R02)、灭磁开关、起励单元(A03)、电气制动装置、保护信号设备等组成。

16.2.1 励磁变压器

励磁变压器(T01)采用的是三相干式变压器,具有两级温度监控功能;其容量除满足机组最大容量下的强励要求外,还应有一定的裕度。励磁变压器主要技术参数如表 16-2 所示。

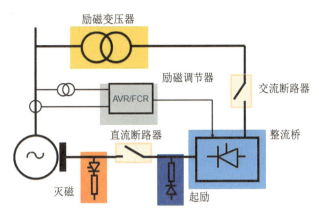

图 16-5 励磁系统组成

表 16-2 励磁变压器主要技术参数

项目	参数
型式	ZLSCB-2040/18
额定容量	2040kVA
一次侧额定电压	18000V
二次侧额定电压	650V
一次侧额定电流	65.4A
二次侧额定电流	1812.0A
绕组温升	<80K
铁芯温升	<80K
励磁变压器温升报警	140℃
励磁变压器温升跳闸	150℃
联结方式	Yd11
冷却方式	自然冷却
绕组结构	高低压绕组线绕

16.2.2 励磁调节器

励磁调节器的作用是测量发电机机端电压,并与给定值进行比较。当机端电压高于给定值时,增大可控硅的控制角,较小励磁电流,使发电机机端电压回到设定值;当机端电压低于给定值时,减小可控硅的控制角,增大励磁电流,维持发电机机端电压为设定值。

16.2.2.1 调节器组成

调节器是以微处理机为核心的快速数字式闭环调节装置。采用双调节通道,每个通道都有恒机端电压闭环调节方式(AVR)、恒励磁电流闭环调节方式(FCR)两种方式。每个自动通道由一个 AC800PEC 控制器和一个 CCM 控制器组成,结构如图 16-6 所示。

AC800PEC 控制器:CPU 是 64 位浮点运算,运行时低功耗、无风扇,自动配置,通信功能强大。该控制器具有非常高的数字量和模拟量的 I/O 处理能力,采集及处理时间是 $25\mu s$,控制器可以实现高速的闭环控制功能及调节处理能力,还可以完成低速的 I/O 控制功能,程序和数据储存在 Flash,不需要备用电池。(见图 16-7)

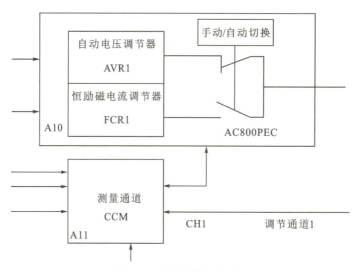

图 16-6　调节通道结构图

通信控制和测量模块 CCM：主要完成高速通信和数据采集功能，具有 4 个以太网通信接口，4 个光纤接口可以完成 12 路光纤通信，6 个高速数字量 I/O 接口，3 个模拟量输出 AO，3 个模拟量输入 AI，2 个继电器输出，4 个电流测量输入，4 个电压测量输入，独立的看门狗功能。（见图 16-8）

图 16-7　AC800PEC 控制器

图 16-8　CCM 板卡

16.2.2.2　励磁调节器功能

励磁调节器双通道之间、两种调节方式之间应设置平衡跟踪装置，实现平稳转换。励磁调节器应满足机组起动、电制动、变频起动以及背靠背起动的需要。励磁调节器的调节模式有发电机模式、SFC 起动模式、背靠背发电机模式、背靠背电动机模式、电气制动模式、线路充电起动模式。具体功能如下：

(1) 机组开停机时励磁系统的顺序控制。

(2) 机组起励控制。

(3) 机组灭磁控制。

(4) 增磁、减磁控制。

(5) 无功功率控制。

(6) 功率因数控制。

(7) 强励功能：在系统发生故障时，可控硅励磁系统可快速提供 2.0 倍额定电流强励。

(8) 系统电压跟踪功能：必须在电压调节方式下才有效。系统电压跟踪方式下，调节器自动将系统电压作为电压给定值，开机建压后发电机机端电压自动升至系统电压，这样可以加快发电机与系统并列的速度。

(9) 叠加调节功能：机组同期并网后，且调节方式在电压闭环方式时，无功控制器或功率因数控制器叠加到电压调节器上。

(10) AVR/FCR 跟踪功能：实现 AVR 和 FCR 间的无扰切换。

(11) 软起励功能：当励磁系统接到开机令后开始起励升压，当机端电压大于 10% 额定值后，调节器以一个可调整的速度逐步增加给定值，使发电机电压逐渐上升到设定值。

(12) 输出模拟量、状态量及报警信号的显示。

16.2.2.3 励磁调节器限制器

(1)过励限制器:当发电机转子电流超过某一预定值后,则通过最小比较门限制并且减少转子电流,反时限延时动作,使之保持在预定水平的一种控制功能环节。

(2)低励瞬时限制器:当发电机运行在进相工况且因励磁电流过小造成机组无功越低限,则通过最大比较门限制并且增加无功,使之保持在预定无功水平的一种控制功能环节。

(3)强励限制器:防止励磁系统在调节过程中励磁电流瞬时超过强励顶值的励磁电流限制器瞬时动作,持续时间20秒后将励磁电流降到额定励磁电流。

(4)励磁电流限制器:调节器在并网运行后检测发电机励磁电流,如果低于预先设定值,则增加励磁电流使之维持在设定水平运行,以防止发电机失去同步和转子磁极端部过度发热。

(5)V/Hz限制器:当发电机电压和频率之比(伏赫比)降低到某一预定值后,则通过最小比较门限制并且减少发电机电压,维持发电机伏赫比值在安全范围内,以防止发电机和变压器过激磁。

(6)P/Q低励限制器:用以防止机组因欠励进相而失步,限制曲线一般由五个点组成,即设定对应五个有功功率($P=0\%$、$P=25\%$、$P=50\%$、$P=75\%$、$P=100\%$)时所允许的最大无功值。(见图16-9)

限制器与保护配合关系:

(1)励磁系统的过励限制(即过励磁电流反时限限制和强励电流瞬时限制)环节的特性应与发电机转子的过负荷能力相一致,并与发电机保护中转子过负荷保护定值相配合,在保护跳闸之前动作。

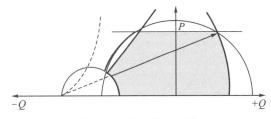

图16-9 发电机功率图

(2)励磁变压器保护定值应与励磁系统强励能力相配合,防止机组强励时保护误动作。

(3)励磁系统定子电流限制环节的特性应与发电机定子的过电流能力相一致,并与发电机保护中定子过负荷保护定值相配合,在保护跳闸之前动作。

(4)励磁系统的伏/赫兹限制(V/Hz限制)环节特性应与发电机或变压器过激磁能力低者相匹配,应在发电机组对应继电保护装置跳闸动作前进行限制。V/Hz限制环节在发电机空载和负载工况下都应正确工作。

(5)励磁系统低励限制环节的特性应与发电机失磁保护相一致,并与发电机保护中失磁保护定值相配合,在保护跳闸之前动作。

16.2.3 功率柜

16.2.3.1 可控硅整流桥原理

功率柜采用三相全控桥式晶闸管整流装置,整流桥并联支路数为3,其中6个桥臂元件全都采用可控硅管,如图16-10所示。这种电路既可以工作在整流状态,将交流转换成直流,也可工作在逆变状态,将直流转换成交流。在励磁系统中,整流电路的主要任务是将从发电机端或交流励磁端获得的交流电压变换成直流电压,供给发电机转子励磁绕组或励磁机磁场绕组的磁场需要。逆变电路除了将直流变换成交流,发生事故时还可将储存在转子磁场中的能量,经全控桥迅速反馈给交流电源,进行逆变灭磁。

1.整流工作状态

控制角α为0°时的波形图如图16-11(a)所示,在ωt_0—ωt_1期间,a相的电位最高,b相的电位最低,有可能构成通路。若在ωt_0以前共阳极组的SCR6的触发脉冲UR6还存在,在$\omega t_0(\alpha=0°)$时给共阴极的SCR1以触发脉冲U_{g1},则可由SCR1与SCR6构成通路:交流电源的a相→SCR1→R→SCR6→回到电源b相,在负载电阻R上得到线电压u_{ab}。此

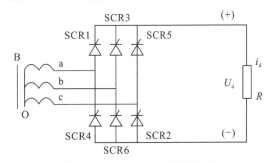

图16-10 三相桥式可控整流桥

后只要按顺序给各桥臂元件以触发脉冲,就可依次换流。例如在 $\omega t_1 - \omega t_2$ 期间,c 相电位最低,在 ωt_1 时间向 SCR2 输入触发脉冲 U_{g2},共阳极组的 SCR2 即导通,同组的 SCR6 因承受反向电压而截止。电流的通路换成:a→SCR1→R→SCR2→c,负载电阻 R 上得到线电压 u_{ac},每隔 60°依次给共阴极组或共阳极组的可控硅元件触发脉冲,则每隔 60°有一个臂的元件触发换流,每周期内每臂元件导电 120°。控制角 $\alpha=0°$ 时,负载电阻 R 上得到的电压波形 u_d 如图 16-11(a)所示,它与三相桥式不可控整流电路的输出波形相同。这时三相桥式全控整流电路输出电压的平均值最大。

相应地,控制角 $\alpha=60°$ 时的波形图如图 16-11(b)所示。

三相全控桥式整流电路输出平均电压 $U_d=1.35U_1\cos\alpha$。

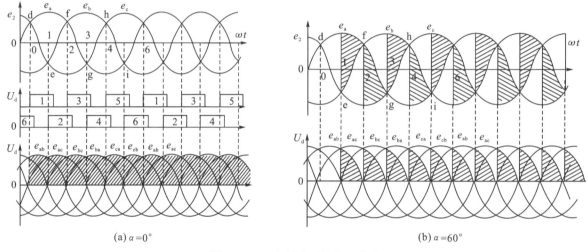

图 16-11 三相桥式可控整流波形

2. 逆变工作状态

在 $\alpha>90°$ 时,输出平均电压 U_d 为负值,三相全控桥工作在逆变状态,将直流转变为交流。在半导体励磁装置中,如果采用三相全波全控整流电路,当发电机内部发生故障时能进行逆变灭磁,将发电机转子磁场原来储存的能量迅速反馈给交流电源,以减轻发电机损坏的程度。此外,在调节励磁过程中,若使 $\alpha>90°$,则加到发电机转子的励磁电压变负,能迅速进行减磁。

图 16-12(a)和(b)分别表示 $\alpha=120°$ 与 $\alpha=180°$ 时逆变输出电压的波形。

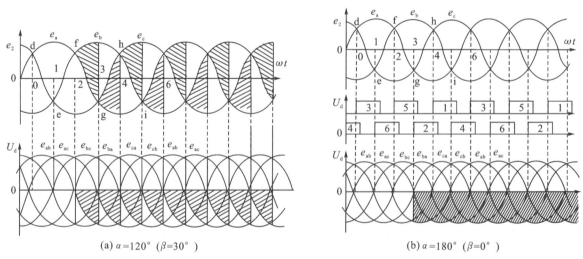

图 16-12 逆变输出电压波形

在全控桥中,常将 $\beta=180°-\alpha$ 叫作逆变角,它随控制角 α 的变化而变化。对于三相全控桥整流电路,可控硅元件的导通角不是固定不变的。随着控制角 α 的变化,逆变角 β 在 0°~90°之间变化。

图 16-12(b)中 $\alpha=180°$($\beta=0°$)的逆变波形是一种假想工作情况,实际上不能工作在 $\beta=0°$ 的假想点,逆

变角必须大于某一最小逆变$\beta_{\min}$,即控制角α不能大于$(180°-\beta_{\min})$。最小逆变角可由下式决定:$\beta_{\min} > \gamma + \delta$。其中$\delta$代表可控硅关断时间$t_{\text{off}}$相应的电角度。如果导通中的可控硅元件加上反向电压的时间小于δ角对应的时间,则可控硅管的正向阻断能力不能完全恢复,如果再加上正向电压,即使在没有触发的情况下也会重新导通,失去正向阻断能力。δ称为关断越前角或关断角。γ代表换流时的换流角,或称换相重叠角。

如果逆变角小于上述两角之和$(\gamma + \delta)$,则可能造成逆变换流失败,前面应关断的元件关断不了,后面应开通的元件不能开通,还有可能使某一回路的可控硅元件连续通流而过热。

16.2.3.2 功率柜均流系数

均流系数K_I为整流柜并联支路电流平均值与其中最大电流值的比值,用来判断整流柜的均流状态,计算方法如下:

$$K_I = \frac{\sum_{i=1}^{m} I_i}{m I_{\max}} \tag{16-10}$$

式中:$\sum_{i=1}^{m} I_i$为m条并联支路电流之和;$I_{\max}$为并联支路中电流最大值。

在发电机额定工况时,并联整流桥的均流系数不应低于0.9,在空载额定时,并联整流桥的均流系数不应低于0.85。

16.2.3.3 整流柜控制系统

呼蓄电站每个整流柜内安装了一套智能控制系统,取消了常规表计和指示灯,整流柜的操作控制、状态监视、信息传递、信息显示等均实现了智能化。整流装置具体功能如下:

(1)运行工况智能检测,包括控硅桥臂电流、快熔状态、可控硅强迫冷却出风口温度检测、风机状态。

(2)运行状态显示实时化显示。每个可控硅整流柜面板上装有一个整流器控制面板(CCP),如图16-13所示。CCP用于显示该整流柜的各种状态及实现相关操作,但只可查看功率柜运行参数,如触发角度、单柜输出电流、功率柜温度等,不可控制风机启停。

(3)信息传输实现智能化。采用冗余光纤通信技术,提高了信息传输量和实时性,减少了柜间接线,提高了系统运行可靠性。

整流柜主要由整流桥控制接口(converter control interface,CCI)、整流桥信号接口板(converter signal interface,CSI)、门极驱动装置(gate drive interface,GDI)板卡组成,如图16-14所示。

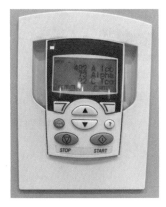

图16-13 整流器控制面板(CCP)

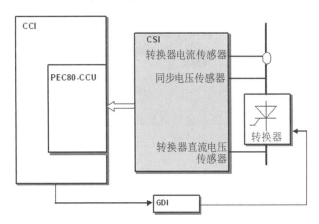

图16-14 整流柜器件示意图

CCI完成同步信号采集、整流柜电流采集、整流柜温度测量、三相同步电压测量、输出直流电压测量、三相电流测量等。CSI可为同步电压和直流电压分压,用于电流传感器的去磁功能,包含一个高电压DC测量输入、三个含有放大功能的电流测量回路、一个同步电压测量输出接口。GDI连接到可控硅,提供触发脉冲,采用高速脉冲列强触发技术,前沿陡度高,首脉冲触发电流峰值高,达到强触发的要求,导通时可迅速使可控硅载流子扩散到整个硅片,降低导通瞬间的局部发热。(见图16-15)

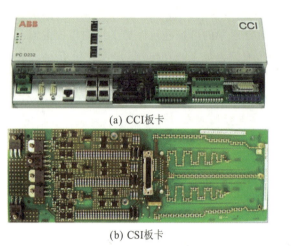

(a) CCI 板卡

(b) CSI 板卡

(c) GDI 驱动

图 16-15　整流柜板卡及 GDI 驱动

16.2.3.4　冷却系统

功率柜采用强迫风冷冷却方式。每个功率柜设两组风机，每组风机有两台轴流风机，分别设置在功率柜前后。正常运行时功率柜风机一组自动运行，一组备用。功率柜风机按起动次数进行风机组别切换。当自动运行的风机风压低时，自动切换到备用风机运行并报警，当两组风机同时故障时，功率柜退出运行。一个功率柜退出，励磁系统可正常运行，两个功率柜退出，励磁系统可运行在除强励外的所有工况。

16.2.4　灭磁开关

灭磁开关包括直流灭磁开关 FCB（见图 16-16）和交流灭磁开关 ECB（见图 16-17）。灭磁开关的主要作用是：在发电机发生故障时迅速切除发电机励磁电流。与一般开关不同的是，发电机磁场绕组电感很大，因而发电机磁场绕组中存储着大量能量，需要利用开关迅速释放，才能达到灭磁效果。

图 16-16　直流灭磁开关 FCB

图 16-17　交流灭磁开关 ECB

直流灭磁开关 FCB 采用赛雪龙轨道交通安全技术（上海）有限公司的 HPB45M 系列灭磁开关，布置在磁场开关柜（ES）内，FCB 采用快速灭弧直流单相断路器，其触头易于检查和维护。操作控制电压为直流 220V，配置两个跳闸线圈，带有 6 常开 6 常闭的独立电气辅助接点，主要参数如表 16-3 所示。

表 16-3　直流灭磁开关主要技术参数

项目	参数
制造厂家及型号	瑞士 Secheron 公司 HPB45M-82S
额定电压	2000V
额定短时电压	3000V
额定最大分断电压	4000V
额定连续电流	4500A

续表

项目	参数
在额定短时电压下的额定分断电流	140000A
在额定最大电压下的最大分断电流	75000A
额定0.5s短时通过电流	15000A/10s
分闸时间	40ms
合闸时间	95ms
灭磁分断弧压保证值	3400V
灭磁分断最高弧压	3800V
在灭磁分断最高电压下的最大分断电流	75kA
在其他灭磁分断电压下的分断电流	75kA

交流灭磁开关ECB采用ABB Emax系列E3H/25，布置在交流出线柜(EA)内。操作控制电压为直流220V，配置两个跳闸线圈，带有5常开5常闭的独立电气辅助接点，主要参数如表16-4所示。

表16-4 交流灭磁开关主要技术参数

项目	参数
制造厂家及型号	ABB Emax系列E3H/25
额定电流	2500A
额定电压	1000V
额定短路耐受电流	40kA
额定短路关合电流	40kA
允许操作次数(额定负荷)	2000次
额定短路持续时间	3s
分闸时间	80ms
合闸时间	70ms

16.2.5 电气制动

电气制动的工作原理是基于同步电机的电枢反应理论。当机组与电网解列，发电机转子灭磁后，定子三相短路，同时重新给转子施加励磁。由于此时定子线圈是一纯感性负载，因此电枢反应的结果是产生的电磁力矩方向与机组惯性力矩的方向相反，电气制动力矩与机组的其他阻力矩共同作用使机组快速减速，达到制动的目的。

电气制动力矩为：

$$M_{EB} = \frac{3I_k^2 R}{2\pi N/60} \tag{16-11}$$

式中：N为转子转速，r/min；R为定子回路有效电阻，Ω；I_k为定子短路电流，A。

从式(16-11)可以得出：制动力矩与定子短路电流平方成正比，与机组转速成反比。

制动过程中，励磁调节器处于手动电流调节模式，一旦励磁电流在调节器内设定完毕，定子短路电流将基本保持不变，近似为额定电流，因此随着转速下降，制动力矩反而增加，从而为电气制动提供了良好条件，制动力矩最大值出现在电气制动退出前瞬间。

电气制动短路开关采用ABB生产的HVR-63型户内封闭型断路器，操动机构采用液压弹簧储能机构，能远方和现地三相联动，为三极驱动式，电气制动开关操作介质为油，灭弧介质为SF6。

16.2.5.1 电气制动投入条件

电气制动投入条件如下:
(1)机组发出正常停机令或非电气事故停机令。
(2)机组已解列。
(3)励磁调节器逆变灭磁已完成,并已闭锁调节器触发脉冲。
(4)灭磁开关 FCB、ECB 已合上。
(5)导叶处于全关位置,或主进水阀全关。
(6)机组无电气事故。
(7)机组转速下降至 50%Ne。

电气制动开关参数如表 16-5 所示。

表 16-5 电气制动开关参数表

项目	单位	参数
额定电压	kV	24
额定电流	A	8000
额定频率	Hz	50
短时工作电流	A	15000/10min
持续时间	min	10
合闸时间	ms	<50
额定短时耐受电流(有效值)/时间	kA/s	63/3
额定峰值耐受电流(峰值)	kA	190
额定 1min 工频耐受电压(有效值)	kV	60
额定雷电冲击耐受电压(1.2/50μs 全波,峰值)	kV	125
操动机构型式		液压弹簧
额定操作电压(直流)	V	220
功率	W	660
重量	kg	2000

16.2.5.2 电气制动流程

电气制动流程(见图 16-18)如下:
(1)非电气事故停机时,当电气制动投入条件(除转速要求)均满足后,流程发令合上发电机电气制动开关。
(2)当发电机转速低于 50%Ne 时,励磁调节器根据预设的转子电流给定值,向整流功率柜触发脉冲,调节励磁电流,从而实现机组的快速停机。
(3)当发电机转速低于 5%Ne 时,流程发令,励磁调节器将整流器触发角切换到逆变器模式,延时之后,闭锁整流器的触发脉冲,完全关闭整流器。
(4)当励磁调节器逆变灭磁已完成,并已闭锁调节器触发脉冲后,流程发令拉开发电机电气制动开关。

16.2.6 起励单元

励磁系统采用他励起励方式,起励的控制、报警由励磁调节器中的逻辑控制器完成。起励电源有两路:一路取自相应主变低压侧;一路取自厂内 220V 直流系统。正常情况下,使用交流起励,当励磁变无压时,采用直流起励。起励电路每小时只能激活 1 分钟。连续 4 次起励失败(每 5 秒一次)之后,再次起励前需要等待至少1小时。

机组起励的简单过程(见图16-19)如下：

(1)当励磁系统接到励磁投入的指令后,起励流程即自动起动；

(2)当励磁系统内部产生的励磁投入的指令脉冲置1,交流磁场开关Q07合闸之后,起励电源侧接触器K03及起励直流侧接触器K03动作励磁,机组开始起励；

(3)机组起励必须要在定子电压(机端电压)≤10%的条件下才能动作；

(4)如果整流桥的电压大于起励电压,励磁系统将自动接过励磁控制权,机端电压将由励磁系统自动控制调节；

(5)当定子电压(机端电压)>10%后,起励电源侧接触器K03及起励直流侧接触器K03失磁复位,起励过程结束。

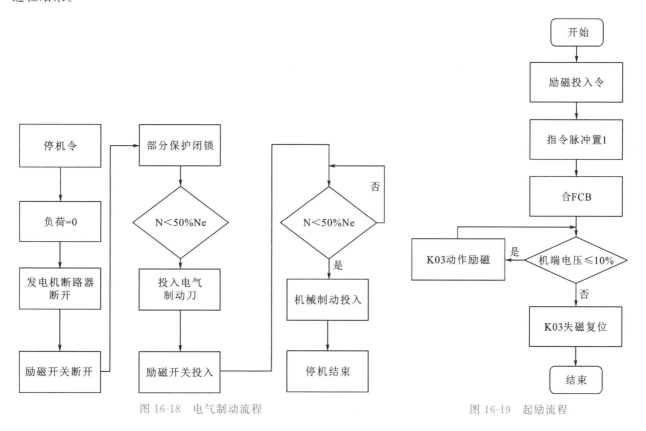

图16-18 电气制动流程　　图16-19 起励流程

16.2.7 灭磁及过电压保护

16.2.7.1 励磁系统灭磁方式

励磁系统灭磁方式包括正常逆变灭磁方式和事故灭磁方式。

正常逆变灭磁方式：正常停机时采用逆变灭磁方式,机组在空载状态时,现地或监控系统开出励磁系统退出令,励磁调节器将整流器触发角切换到逆变器模式(向交流侧反馈磁场能量),60秒之后,闭锁整流器的触发脉冲,完全关闭整流器。此时灭磁电阻并不投入,FCB并不断开。

事故灭磁方式：机组事故解列后,监控系统或发电机保护装置开出灭磁跳闸令,调节器逆变,同时跳开FCB,FCB辅助触头触发跨接器,将灭磁电阻接入转子回路,延时起动硬件封脉冲和跳ECB。(见图16-20)

灭磁电阻R02采用碳化硅非线性电阻,满足快速灭磁和过电压保护的要求,能有效地缩短灭磁时间。(见图16-21)

图 16-20 灭磁电阻

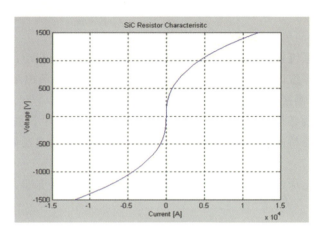

图 16-21 灭磁电阻曲线

16.2.7.2 过电压保护

运行中的发电机如果出现内部故障,继电保护就会迅速动作跳开出口开关,将发电机从系统中切除;同时,励磁系统的灭磁开关也会立即跳开,切断发电机的感应电势,防止给短路点提供故障电流。但是,发电机的转子线圈是个大电感,突然断开灭磁开关将在转子线圈两端产生很高的过电压;另外,当发电机在运行中突然发生短路、非全相合闸、非同期并网、失步时,也都会在转子线圈中产生过电压。为了防止上述过电压对转子线圈绝缘造成破坏,ABB U6800 励磁系统采用跨接器对转子回路予以保护。

在 ABB U6800 励磁系统中,跨接器的主要作用有两个:一是用于灭磁,即在灭磁开关跳开时,瞬间投入跨接器,将转子线圈的磁场快速减弱到最低;二是用于转子正向、反向过电压保护。

图 16-22 A02 单元实物图

跨接器由-A02 单元和-F02 单元组成。-A02 单元是一个主要由过电压检测元件(V1000)组成的触发板,如图 16-22 所示;而-F02 单元主要由晶闸管 V1~V3 组成。

1. 主要元器件功能

(1)过电压检测元件(BOD):实质上为一个转折二极管,即图 16-22 中的 V1000 元件;当其正向电压达到动作值时,该二极管导通,但只能单向导通。

(2)V1~V3 晶闸管:转子正、反向过电压导通晶闸管。当其任意一个导通时,灭磁电阻就并入转子线圈吸收转子能量。

(3)K1,K2,K3 灭磁开关跳闸继电器:当灭磁开关跳闸时,继电器 K1 或 K2 动作,直接触发 V2 和 V3 可控硅,投入灭磁电阻。串联在 K1 和 K2 继电器线圈的电阻是操作电压选择电阻;K2 线圈两端的电容起延时作用,可以让这 2 个继电器先后动作;K3 是备用继电器,没有使用。

2. 转子正、反向过电压时跨接器的工作原理

当转子线圈两端产生正向过电压时,图 16-23 中的 V1 晶闸管、转折二极管(V1000)都将感受到正向电压;当电压数值达到 V1000 的击穿电压时,V1000 导通,触发 V1 晶闸管的控制极,V1 晶闸管导通,投入灭磁电阻吸收转子能量。V1 控制极导通途径如图 16-23 中红线所示。

当转子线圈两端产生反向过电压时,V2 晶闸管、转折二极管(V1000)都将感受到正向电压;当电压值达到 V1000 的击穿电压时,V1000 导通,触发 V2 晶闸管的控制极,V2 晶闸管导通,投入灭磁电阻吸收转子能量。V2 控制极导通途径如图 16-24 中蓝线所示。

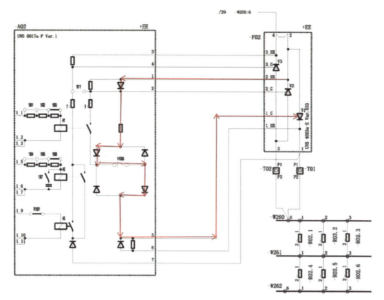

图 16-23　正向过电压时导通途径

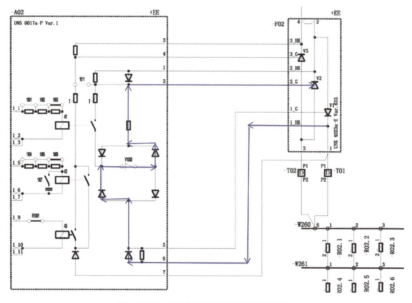

图 16-24　反向过电压时导通途径

3. 灭磁时跨接器工作原理

灭磁开关跳闸后,瞬间在转子两端产生反向电压,晶闸管 V2 和 V3 感受到正向电压。同时,灭磁开关跳闸继电器 K1 和 K2 先后动作,其接点直接触发 V2 和 V3 晶闸管的控制极,触发其导通,将灭磁电阻并入转子线圈吸收能量,快速降低发电机电势。导通途径如图 16-25 所示。

16.2.8　电力系统稳定装置(PSS)

发电机的励磁控制系统是一个由多个惯性环节组成的反馈控制系统。从励磁调节器的信号测量到发电机转子绕组,每一个环节都具有惯性,其中主要的惯性是发电机转子绕组。因此,总体来看,励磁系统是一个滞后环节。正是这种滞后性,使得在系统低频振荡时,励磁电流的变化滞后于转子角的变化,加剧了转子角的摆动,也就提供了负的阻尼。PSS 的任务就是抵消这种负的阻尼,同时还要提供正的阻尼。

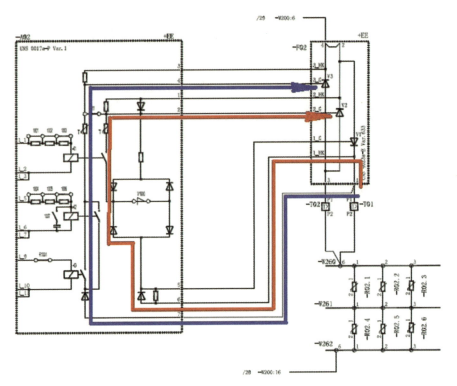

图 16-25　FCB 分闸时导通途径

第17章

静止变频器系统

17.1 静止变频器系统概述

呼蓄电站共有 4 台 300MW 混流可逆式发电电动机组,全厂配有一套静止变频器(static frequency converter,SFC),用于在机组抽水工况时提供变频电源。静止变频器在拖动过程时,先将网侧电流整流,然后逆变成 0~52.5Hz 的交流电,施加到定子绕组上,从而使机组起动。当机组达到抽水并网条件时,静止变频器随即退出运行。

SFC 按主回路供电方式的不同分为有降压变压器的高-低-高型变频器、无降压变压器的高-高型变频器;按整流器和逆变器线路之间的耦合方式的不同分为:交-直-交型变频器、交-交变频器;按中间直流耦合组合方式的不同分为电抗器耦合方式的电流型变频器、电容器耦合方式的电压型变频器。抽水蓄能电站中的静止变频器主回路普遍采用由可控硅、平波电抗器构成的交-直-交型电流源变频器。

17.1.1 作用

电网的能量出现剩余时,需要抽水蓄能机组进行吸收存储,此时机组需要作为电动机运行。由于机组容量大,起动困难,需要选择拖动的设备,主要有其他机组拖动(同步起动)和静止变频器拖动。静止变频器是抽水蓄能机组泵工况起动的首选拖动设备,可将发电电动机从静止状态平稳地拖动至额定转速,机组并网后,立即退出并停止运行。

17.1.2 工作原理

静止变频器是利用可控硅变频装置产生从零到额定频率值的变频电源,同步地将机组拖动起来。SFC 主要由电网侧可控硅桥(网桥)侧和机组侧可控硅桥(机桥)以及直流平波电抗器组成,全控桥的直流端可以等同为一个电动势或反电动势和一个二极管的串联回路。二极管规定了直流电流回路的方向。直流电压 U_d 的大小和方向由闭环控制装置监控;当 U_d 为正时,它是一个整流器,由电网和机组输入的交流电经整流后以直流电的形式送入直流过渡回路;当 U_d 为负时,它是一个逆变器,由直流过渡回路输入的直流电经逆变后以相应频率交流电的形式送入电网或机组。

17.1.2.1 同步电机矢量控制

静止变频器调节控制通常采用矢量变换控制原理。通过坐标变换将同步电动机模拟成等效直流电动机,再用控制直流电动机的方法进行控制,简化了计算方法。

矢量变换控制是 20 世纪 70 年代由联邦德国(西德)的 Blaschke 等人首先提出来的。它将交流电动机在空间对称的三相静止绕组变换成在空间正交的两相静止绕组,这种变换称为三相/二相(3/2)变换,其计算公式如下:

$$\begin{bmatrix} \alpha \\ \beta \end{bmatrix} = \frac{2}{3} \begin{bmatrix} 1 & -\frac{1}{2} & -\frac{1}{2} \\ 0 & \frac{\sqrt{3}}{2} & -\frac{\sqrt{3}}{2} \end{bmatrix} \begin{bmatrix} U \\ V \\ W \end{bmatrix} \quad (17\text{-}1)$$

将电机的三相坐标系转换为两相坐标系,即 $\alpha\text{-}\beta$ 坐标系。交流三相的 U 相轴与等效两相的 α 轴重合,β 轴滞后 α 轴 90°,如图 17-1 所示,图中矢量仅表示空间位置,并不表示其大小。

17.1.2.2 SFC 的低速运行阶段和高速运行阶段

SFC 变频装置产生从零到额定频率的变频电源,可将机组同步地拖动起来。由于机桥在机组起动初期机端电压太低,不能自动换相,所以 SFC 拖动时分为低速运行阶段和高速运行阶段。为了使 SFC 在整个频率范围内正常工作,低速运行阶段工作频率上限高于高速运行阶段的工作频率的下限。

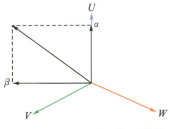

图 17-1 三相-两相坐标系转换

1. 低速运行阶段

(1)在低速运行阶段,SFC 旁路开关合于旁路侧,由于起动初期机端电压太低,SFC 逆变桥不能自动换相,此时用电气测量法测出转子所处位置,来决定何时由哪两组可控硅导通。整流桥设置用全逆方式来截断直流回路的电流,当电流等于 0 时,计算出下一组欲触发的可控硅,同时取消整流桥的全逆变功能,恢复回路中的电流,使新的一组可控硅导通,这种工作方式又称强制换相运行。强制换相运行时必须反复关断开通晶闸管,所以各相电流的波形是间断的,导通脉冲的发出时刻是根据转子当前位置确定的,确定的原则是按照驱动力矩轴超前转子极轴 90°的原则,使转子获得最大转矩。转矩公式如下:

$$T_M = K \cdot i_d \cdot \frac{u_m}{\omega} \cdot \cos\varphi_m$$

式中:T_M 为 SFC 提供的转矩平均值,K 为常数,i_d 为直流电流平均值,ω 为电机角速度,φ_m 为同步机电压电流基波相位差。$\frac{u_m}{\omega}$ 即电机气隙磁通(励磁系统恒定磁通调节时,只与转速有关)。$\cos\varphi_m$ 为调节器可控功率因数,由机桥 MB 测速测位信号 λ 和逆变导前角 γ 控制,使 $\cos\varphi_m$ 尽量靠近 1。故转矩大小取决于直流电流,转矩方向取决于功率因数的符号。

在转子从静止到额定转速转动的过程中,SFC 始终按照定子磁极超前转子磁场 90°的原则控制可控硅对的导通时机,提供适当大小的电流,以平稳地将同步电动机拖动起来。当转速升至约 50rpm,即频率约为 5Hz 时,SFC 旁路开关合于变压器侧。

2. 高速运行阶段

高速运行阶段属于同步运行方式,由于电动机电压的自然交替,桥臂的电流会自控截止,此时可控硅可以自然换相,因而这一阶段将不需要转子位置传感器的信号,调节器根据力矩设定值和频率基准值,并通过测量机桥、网桥侧电压、电流来控制机桥、网桥的触发脉冲,以调节 SFC 输出的起动电流,从而将机组拖动至 495rpm,即频率为 49.5Hz。此时同期装置起动,同期装置根据机组电压和电网电压之间的频率偏差、幅值偏差向同期调节系统发送"增加""降低"机组转速和"增加""降低"机端电压的控制命令;在同期装置和同期调节系统的相互配合和协调下,机组电压和电网电压趋于重合,此时同期装置发出机组同期并网的指令,合 RCB(GCB)。

呼蓄电站的强制换相和自然换相节点在转速为 8%时,在拖动过程中,励磁电流大小由 SFC 控制且给定为一恒定值,因此拖动过程中机端电压与其频率、转速成正比,因而由其运行模式的特点可知,需要导通的桥臂组别和其脉冲控制角的大小是 SFC 的核心技术。

17.1.2.3 转子位置测量

不论处于哪个起动阶段,采用哪种换相方式,控制系统都需要知道转子的位置,以便确定为使转子获得

最大转矩应该通电的定子绕组相别,从而确定应该导通的桥臂。转子位置测量通常有三种方法:

(1)用转子位置传感器测量。转子位置传感器安装在大轴末端,它发送一个相差互为120°的3相180°电角度的脉冲,通过它的变化可以推算出转子的位置,它测量的是转子的绝对位置。

(2)用大轴编码器测量。大轴编码器也是一种脉冲发送分流系统,每个电脉冲相隔2°电角度,每组可控硅导通60°电角度只需30个电脉冲,这是一种相对位置测量,只有知道初始位置,才能测量出转子的绝对位置,而且转子的转动有两个方向,所以必须有两个方向的大轴编码器。

(3)直接用测量机器端电压的方法:发电机励磁在投入过程中,检测机端电压的瞬间变化,从而由软件计算出转子的初始位置。只有在转速很低时,定子电流对电枢反应影响很小时适应。

呼蓄电站采用的是盘柜BPA70中的电压互感器T24、T25计算电机电压矢量的办法确定转子位置的,省去了传感器。为了方便分析,假定电机的极对数为1,电角度与机械角度一致,假定机桥直接连接到电机。

1. 转子初始位置的判断

在起动之初,转子处于静止状态,不能用定子相对运动的机理来判断转子位置。但是在施加励磁电流的初瞬间,电机定子三相绕组会感应出电动势,利用这些电动势,可以推算出转子的位置。

施加励磁电流时,定子三相绕组中因互感产生的磁通可以用下列公式表示:

$$\phi_U = M i_f \cos\gamma$$
$$\phi_V = M i_f \cos(\gamma + 120°)$$
$$\phi_W = M i_f \cos(\gamma - 120°)$$
(17-2)

式中:ϕ_U、ϕ_V、ϕ_W 为转子电流在定子三相绕组中产生的磁通,M 为定子与转子之间的互感,i_f 为转子电流,γ 为转子轴线与U相轴线夹角,如图17-2所示。

转子电流公式可用式(17-3)表示:

$$i_f = \frac{U_f}{r_f}(1 - e^{-\frac{r_f}{L}t})$$
(17-3)

式中:U_f 为施加到转子绕组上的电压,r_f、L 为转子绕组的电阻和电感。

定子三相绕组中感应出的电动势可以用式(17-4)表示:

$$e_U = -\frac{d\phi_U}{dt} = -\frac{d(M i_f \cos\gamma)}{dt} = -M \frac{u_f}{L} \cos\gamma \, e^{-\frac{r_f}{L}t}$$

$$e_V = -\frac{d\phi_V}{dt} = -M \frac{u_f}{L} \cos(\gamma + 120°) e^{-\frac{r_f}{L}t}$$
(17-4)

$$e_W = -\frac{d\phi_W}{dt} = -M \frac{u_f}{L} \cos(\gamma - 120°) e^{-\frac{r_f}{L}t}$$

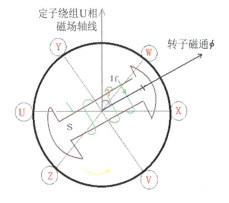

图17-2 转子初始位置原理

定子三相绕组感应电动势的最大值出现在转子绕组施加电压的初瞬间,即 t 为0时,见式(17-5):

$$e_{U0} = -M \frac{u_f}{L} \cos\gamma = k \cos\gamma$$

$$e_{V0} = -M \frac{u_f}{L} \cos(\gamma + 120°) = k \cos(\gamma + 120°)$$
(17-5)

$$e_{W0} = -M \frac{u_f}{L} \cos(\gamma - 120°) = k \cos(\gamma - 120°)$$

根据三角函数公式对式(17-5)求解,得式(17-6):

$$\cos\gamma = -\frac{1}{k} e_{U0}, \quad \sin\gamma = \frac{e_{V0} - e_{W0}}{\sqrt{3}\,k}$$
(17-6)

通过计算得:

$$\gamma = \tan^{-1} \frac{U_{W0} - U_{V0}}{U_{U0}}$$

定子绕组空载时，$e_{U0}=U_U,e_{V0}=U_V,e_{W0}=U_W$。而各相电压是可以测得的，所以$\gamma$可由上式求得。而转子位置可能有无限个，但机桥可能导通的桥臂组合只有六种，即1-2,2-3,3-4,4-5,5-6,6-1六种导通方式。将电机定子内空间划分为6个60°的扇形区，每个扇形区的轴线都是定子某相绕组磁场的轴线，则转子必处于六个扇形区之一。转子绕组施加电流的瞬间，转子处于不同位置时会对应一个γ值的范围。只要测得电机三相电压，算出γ角度，就可以推算出转子处于六个扇形区中的哪一个，实现转子初始位置的识别。

2. 频率低于1Hz时转子位置的判断

转子开始转动，但是频率低于1Hz（即转速低于2%额定值）时，定子各相绕组感应电动势的幅值很低，此时转子位置的识别方法为估算法。具体原理如下：

转子的运动公式如下：

$$J\frac{d\Omega}{dt}=T_M-T_R$$

式中：J为机组的转动惯量，Ω为转子角速度，T_M为SFC提供的驱动力矩，T_R为机组阻力矩。$T_M=CI\phi$，其中：C为常数；I为定子电流，由SFC通入定子，选择合适的控制角度可以使I也为常数；ϕ为转子磁通，由励磁系统电流决定，也为固定值。故T_M在此转速内为常数，而阻力矩也可近似为常数。

通过计算可得：

$$\gamma=K\int t\,dt=\frac{1}{2}Kt^2+\gamma_0$$

式中：γ为转子轴线与定子U相磁场轴线夹角；γ_0为此前算得的转子初始轴线与U相磁场轴线夹角。

3. 频率高于1Hz时转子位置的判断

转速高于2%额定值时，定子端电压的幅值已经足够大，可以利用更为精确的计算方法实现转子位置的识别。各相绕组端电压是由转子磁场运动产生的，其幅值与当时转子空间位置直接相关，所以各相绕组端电压幅值的组合能够反映转子的位置。通过坐标变换将同步电动机模拟成等效直流电动机，再用控制直流电动机的方法进行控制。

根据交流电流基本公式：

$$U=e+iR+L\frac{di}{dt}+M\frac{di'}{dt}$$

可计算出

$$\gamma=\tan^{-1}\frac{\phi_\beta}{\phi_\alpha}$$

17.1.2.4 SFC起动流程

SFC正常起动流程分为起动过程、同期过程、停止过程三个阶段。

(1)SFC起动过程：如图17-3所示，变频器所有的开关在合上位置；检查低压控制，电机电源接通并且交流、直流电压供给正常；变频器没有故障显示，辅助设备起动完成后起动冷却水泵并处于备用状态；检查去离子冷却水在正常状态，检查SFC输入开关（SFC第一路输入开关821或SFC第二路输入开关823）在"Remote"位置；合上SFC输入开关（SFC第一路输入开关821或SFC第二路输入开关823）、SFC输出开关SFC06、起动母线联络刀闸813（视情况是否需要）、*号机被拖动刀闸80*3；变频器控制释放脉冲输出并且增大励磁电流，同时变频器线路侧和机组侧也在增大电流，变频器拖动机组到预定的转速。

(2)SFC同期过程：SFC在起动状态，励磁在正常投入状态，检查机端电压、频率、转速并决定是否合旁路隔离开关，变频器释放脉冲使机组加速，并选择发电/抽水方向；当转速大于98%时释放同期命令，待频率、相位一致后同期；当同期过程完成后，励磁系统自动转换到AVR模式，同时发送GCB合上命令，如图17-4所示。

(3)SFC停止过程：同期完成、有停止SFC命令、出现跳机信号，都会使SFC停止，出现以上命令或信号时将闭锁变频器的脉冲，励磁电流降到0A，同时冷却水泵处在热备用状态，若此时没有跳机和报警，SFC处

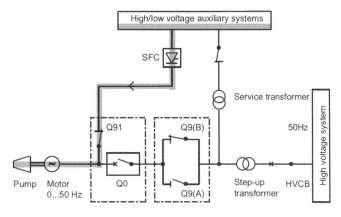

图 17-3 起动过程图

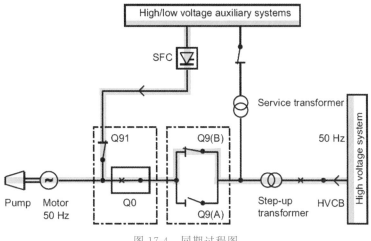

图 17-4 同期过程图

于备用状态,准备拖动下一台机组,选择备用或停止状态;SFC 输入开关(SFC 第一路输入开关 821 或 SFC 第二路输入开关 823)拉开后,同时辅助设备也停止,如图 17-5 所示。

SFC 跳机停机过程:当出现内部跳机命令、紧急停机、输入开关跳开、输入变差动保护/过流保护动作、输出变过流保护动作时,执行跳机停机过程;跳开 SFC 输入开关(SFC 第一路输入开关 821 或 SFC 第二路输入开关 823),励磁退出,跳开 SFC 输出开关 DKS1。

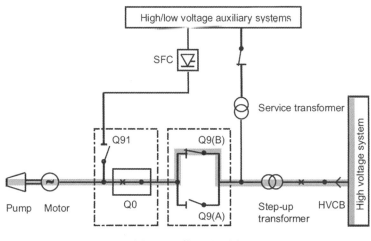

图 17-5 停止过程图

17.1.3 特点

静止变频器具有无级变速、起动平稳、反应速度快、调整方便、维护工作量小、可靠性高、具有较强自诊断功能、设备安装布置比较灵活、工作效率高等优点,在机组抽水起动过程中,SFC 拖动方式不会像同轴小电机那样带来附加的损耗,起动成功率高于背靠背方式;机组起动过程不会对系统带来任何冲击;对机组结构没有特殊要求;可多台机组共用一套,所以经济可取。但其所需控制设备比较复杂,元件要求质量高。

17.1.4 设备参数

呼蓄电站 SFC 系统由瑞士 ABB 公司制造,静止变频器各参数统计表见表 17-1。

表 17-1 静止变频器参数统计表

项目		参数
网侧	视在功率	23469kVA
	电压	5576V
	电流	2430A
	频率	50Hz
机组侧	视在功率	24643kVA
	电压	0~5855V
	电流	2430A
	频率	0~52.5Hz

17.2 设备组成及原理

静止变频器主要由功率部分、控制部分、保护部分、电源部分及辅助设备等组成,如图 17-6 所示。

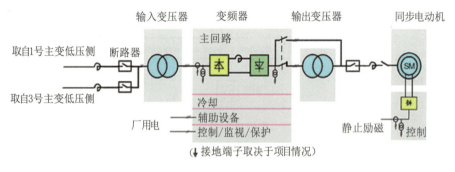

图 17-6 SFC 组成

功率部分是静止变频器实现功率转换的基本部件,主要由可控硅整流桥和逆变桥及平波电抗器组成,属高压部分;控制部分是静止变频器的核心控制部件,主要由高性能控制器、模拟量采集与脉冲触发单元组成;保护部分包括控制器内置保护和功率部分保护,其中控制器内置保护属快速保护,通常作为静止变频器的主保护,而功率部分保护通常作为前者的后备;电源部分包括控制器用控制电源、辅助设备用动力电源、开关设备用控制电源、保护装置电源、照明与加热器电源等;辅助设备主要指冷却单元。

17.2.1 功率部分

17.2.1.1 输入限流电抗器

由于电感对电流变化有抗拒作用,因而电感器件中的电流是不能突变的。当流过电抗器的电流变化时,在电抗器两端会产生一个感应电动势,它的极性是阻止电流变化的,当电流增加时,阻止电流增加,当电流减小时,阻止电流减小。

输入限流电抗器用于稳定和限制静止变频器的输入侧电流,对静止变频器元件起保护作用;维持 18kV 母线电压水平;短路时,电抗器上的电压降较大,有保护 SFC 输入开关的作用。

输入限流电抗器参数如表 17-2 所示。

表 17-2 输入限流电抗器参数

项目	参数
型式	户内、单相、干式
型号	XKGKL-18-1250-6%
最高运行电压	24kV
额定电压	18kV
额定电流	1250A
额定频率	50Hz
额定电抗率	6%
绝缘等级	F 级
噪声水平	≤51dB
雷电全波冲击耐受电压	200kV
1min 工频耐受耐压(干/湿)	100kV

17.2.1.2 高压开关柜

在高压开关柜中装有输入开关、输出开关,以及地刀、电压互感器、电流互感器等设备。

输入开关用于在静止变频器发生故障或正常停运时切断电源;静止变频器起动机组并网之后或起动过程中起动回路发生故障时切断电流;在静止变频器回路故障需要检修维护时,可作为隔离点。SFC 第一路输入开关 821 的开关柜及 CT 柜均布置于♯1 机母线洞靠主变端;SFC 第二路输入开关 823 的开关柜及 CT 柜均布置于♯3 机母线洞靠主变端。

输入开关参数如表 17-3 所示。

表 17-3 输入开关参数

项目	参数	
编号	821	823
开关柜型号及规格	KYN28-24	KYN28-24
位置	♯1 母线洞	♯3 母线洞
额定电压	24kV	24kV
额定电流	1250A	1250A

续表

项目	参数	
额定频率	49～51Hz	49～51Hz
额定操作顺序	O—0.3s—CO—180s—CO	O—0.3s—CO—180s—CO
额定短路开断电流	25kA	25kA
操作机构	电动弹簧	电动弹簧
分闸时间	≤60ms	≤60ms
合闸时间	≤75ms	≤75ms
开断时间	≤80ms	≤80ms
燃弧时间	≤15ms	≤15ms
合分时间	≤50ms	≤50ms
合、分闸不同期性	≤2ms	≤2ms
开断额定短路电流开断次数	≥50	≥50
开断额定电流次数	≥20000	≥20000
连续机械操作试验次数	≥30000	≥30000
工频耐压	65kV/1min	65kV/1min
雷电冲击耐压	125kV	125kV
绝缘子对地爬电距离	≥20mm/kV	≥20mm/kV

输出开关用于在静止变频器起动机组并网之后或起动过程中起动回路发生故障时切断电流；SFC输出开关SFC06的开关柜及CT柜均布置于主变洞副厂房三层SFC盘柜室。输出开关参数如表17-4所示。地刀用于检修隔离；电压互感器、电流互感器用于电压和电流的保护或显示。

表17-4 输出开关参数

项目	参数
编号	SFC06
开关柜型号及规格	KYN28-24
位置	主变洞副厂房三层
额定电压	24kV
额定电流	1250A
额定频率	0～52.5Hz
额定操作顺序	O—0.3s—CO—180s—CO
额定短路开断电流	25kA
操作机构	电动弹簧
分闸时间	≤60ms
合闸时间	≤75ms
开断时间	≤80ms
燃弧时间	≤15ms
合分时间	≤50ms
合、分闸不同期性	≤2ms

续表

项目	参数
开断额定短路电流开断次数	≥50
开断额定电流次数	≥20000
连续机械操作试验次数	≥30000
工频耐压	65kV/1min
雷电冲击耐压	125kV
绝缘子对地爬电距离	≥20mm/kV

17.2.1.3 输入变压器

呼蓄电站 SFC 输入变压器连接在电网和网桥之间,主要起隔离作用,该变压器采用油内部空气自然对流冷却方式,变比为 18kV/5.576kV,并配置了瓦斯保护、油温保护、油位保护等完整的保护系统。SFC 输入变压器布置于主变副厂房一层 SFC 输入变压器室。

输入变压器参数如表 17-5 所示。

表 17-5 输入变压器参数

项目	参数
编号	SFC01B
产品代号	HJZ0JHG002
型号	ZTS-22410/18
相数	三相
位置	主变副厂房一层
冷却方式	ONAN(油内部空气自然对流)
额定容量	22410kVA
额定频率	50Hz
额定电压	18±2×2.5%/5.576kV
额定电流	718.8/2320.4A
使用条件	户内
联结组别	Dyn5
总计重量	26100kg
负载损耗	149.527kW
短路阻抗	12.75%
空载损耗	11.356kW
空载电流	0.08%

17.2.1.4 暂态过电压保护装置

在正常运行的操作暂态过程中和故障情况下,静止变频器回路会产生某种程度甚至危险的过电压,主要是保护整流器和逆变器中的可控硅元件,以免过电压损坏。过电压保护装置有避雷器和阻容组合吸收器两类,静止变频器通常采用无间隙氧化锌避雷器作为主回路过电压保护装置,可控硅堆两端并接的阻容元件除起均压作用外,也能吸收过电压能量,削低过电压幅值,起一定的保护作用。网桥和机桥的交流侧各配置了一组避雷器,避雷器采用三角形接线方式。

17.2.1.5 电网侧可控硅桥

电网侧可控硅桥即网桥,将工频交流电流整流为直流,控制触发脉冲角度即可改变起动电流的大小。网桥有6个桥臂,每个桥臂有4个可控硅,为4-1配置(即允许有一个可控硅故障而不影响运行)。

17.2.1.6 电机侧可控硅桥

电机侧可控硅桥即机桥,将直流电流逆变为0~52.5Hz交流,通过控制触发脉冲角度和触发时机即可改变起动力矩的大小和驱动效率。机桥有6个桥臂,每个桥臂有4个可控硅,同为4-1配置(即允许有一个可控硅故障而不影响运行)。

机桥和网桥是静止变频器的主要功率单元。正常时,机桥触发脉冲角度大小几乎不变,约为150°(仅随电流的大小有微小的调整);机桥触发脉冲的触发时机随被驱动电动机转子位置而时刻变化,以达到最大的驱动效率。

17.2.1.7 直流电抗器

直流电抗器用于对整流输出的直流电流进行平波和去耦,以防止直流电流的快速变化,同时也消除由电网、网桥窜入的交流分量。

17.2.1.8 旁路开关

当被拖动机组转速低于额定转速的10%时,由于电压和频率都很低,为了避免输出变压器运行在过低的频率下,也为了使机组得到较大的起动电流,使用旁路开关直接与发电电动机绕组相连,当机组转速大于额定转速的10%后,旁路开关断开,输出变压器接入。(见图17-7)

图17-7 旁路开关

17.2.1.9 输出限流电抗器

输出限流电抗器用于稳定和限制静止变频器的输出侧电流,对静止变频器元件起保护作用;维持18kV母线电压水平;短路时,电抗器上的电压降较大,有保护SFC输入开关的作用。

SFC第一路输入电抗器DK01布置于#1机母线洞靠主变端;SFC第二路输入电抗器DK03布置于#3机母线洞靠主变端。

输出限流电抗器参数如表17-6所示。

表17-6 输出限流电抗器参数

项目	参数
型式	户内、单相、干式
型号	XKGKL-18-1250-6%
最高运行电压	24kV
额定电压	18kV

续表

项目	参数
额定电流	1250A
额定频率	50Hz
额定电抗率	6%
绝缘等级	F级
噪声水平	≤51dB
雷电全波冲击耐受电压	200kV
1min工频耐受耐压(干/湿)	100kV

17.2.1.10 起动母线

起动母线联络刀闸813为法国SDCEM提供的SC300型隔离开关，SC300动、静触头侧各设置一个接地刀闸，即起动母线Ⅰ段接地刀闸81317、起动母线Ⅱ段接地刀闸81327。起动母线联络刀闸813的作用是在两个单元BTB起动时，起动母线联络刀闸813分闸，两单元互不干扰且可以同时起动。

起动母线规格如表17-7所示。

表17-7 起动母线规格

项目		参数
额定电压		24/25.8kV
50/60Hz/1min耐受电压	接地	24kV:50kV/25.8kV:70kV
	相间	24kV:60kV/25.8kV:77kV
激波(1.2/50μs)耐受电压	接地	24kV:125kV/25.8kV:150kV
	相间	24kV:145kV/25.8kV:165kV
额定电流		Ir:≤3150A(含/enclosed)
额定短路时耐受电流		Ik:160kA/tk:3s/Ip:511kA Ik:200kA/tk:1s/Ip:511kA
环氧树脂绝缘子最小爬电距离		24kV:390mm/25.8kV:420mm
接线端子		铝镀银
操作寿命		10000cycles
单项重量		15kg
操作机构		手动、电动
与隔离开关相配合的接地开关		
额定短路电流		Ik:160kA/tk:1s/Ip:463kA(STAS90) Ik:200kA/tk:1s/Ip:511kA(ST300)
操作机构		手动、电动

17.2.2 控制部分

控制部分主要由测量单元、脉冲单元和控制单元等组成。

17.2.2.1 测量单元

测量单元用于测量静止变频器调节控制所需的电压、电流,如网桥电流互感器/电压互感器、机桥电流互感器/霍尔传感器等处的电压、电流。

17.2.2.2 脉冲单元

脉冲单元是可控硅触发信号的传送和变换元件,如触发卡、光纤及脉冲分配与监视卡等。

17.2.2.3 控制单元

控制单元包括可编程逻辑控制器 PLC、测量单元、门极触发单元等。

可编程逻辑控制器 PLC 用于 SFC 与监控系统之间的通信联络和故障管理,以及 SFC 逻辑控制和起动管理等。

测量单元用于测量 SFC 调节控制所需的各种变量的元件,如整流桥、逆变桥的 CT、PT 及转子位置传感器等。

门极触发单元的功能是整流桥整流后的直流电源经触发单元发出六个触发信号,然后经触发卡分配给每个可控硅,控制其导通。

17.2.3 保护部分

保护部分可实现对静止变频器各电气部件的保护,主要包括输入变压器差动保护,过电流和不平衡电流保护,输入开关过电流、过电压保护,滤波器开关过电流保护,还有输入变压器的非电量保护(如瓦斯保护、压力释放保护、油温保护等)。

17.2.4 电源部分

电源系统主要包括 380V AC、220V AC、220V DC 和 48V DC 四种电源。其中:380V AC 为插座、电磁阀、旁路刀闸及试验变压器供电;220V AC 用于加热和照明回路;两路 220V DC 分别为控制、保护及测量等设备供电;48V DC 采用双电源配置;同时,系统还配备了完整的电源监视回路,用于实时监测各电源状态。

17.2.5 SFC 系统辅助单元

SFC 系统辅助单元就是 LCI 水冷装置。如图 17-8 所示,LCI 水冷装置主要包括一台离子交换器,两台纯水泵,一个电动三向阀,一个膨胀水箱,两个机械过滤器,一台热交换器以及相应的管道、阀门、测量控制传感器、仪表和电气控制设备。

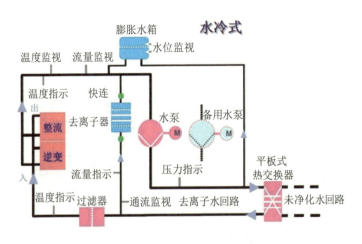

图 17-8 LCI 水冷装置示意图

LCI水冷装置包括内部冷却水系统、外部冷却水系统。

内部冷却水系统：LCI内部冷却水采用纯水，用以冷却CLS和CMS以及直流电抗器等。

外部冷却水系统：LCI外部冷却水采用生水，来自全厂低压供水总管，用于冷却纯水，冷却完成后排至渗漏集水井。

LCI水冷装置膨胀水箱表面充有氮气，保证纯水与空气的隔离；如发生泄漏，可以使用专门的补气泵通过专设的补气阀向膨胀水箱补气。

纯水长期在一个闭环的系统中循环，一旦发生泄漏，可以使用专门的补水装置通过专设的补水阀向纯水系统补水。为防止结露，纯水温度不能过低，当纯水温度超出设定值时，LCI水冷装置通过调整电动三向阀开度控制通过热交换器的流量的方式调整纯水温度。为防止纯水水质劣化，导电率上升，造成SFC电气一次设备接地，纯水主回路中约有2%的流量会通过离子交换器，以去除纯水中的铜、铁、氯、二氧化碳等离子。在机组抽水过程中，SFC系统电导率升至$0.7\mu S/cm$延时5分钟跳闸；同时设定了SFC检测电导率自起动功能：电导率到$0.25\mu S/cm$时SFC辅助系统自动起动，电导率到$0.18\mu S/cm$时SFC辅助系统自动停泵，其中泵的最小运行时间为30分钟。如果辅助系统自动起动后在小于30分钟的时间电导率降低到$0.18\mu S/cm$，辅助系统仍将运行，直到30分钟满方可自动停止；如果辅助系统自动起动后在超过30分钟时电导率仍未降低到$0.18\mu S/cm$，则辅助系统将继续运行直到电导率为$0.18\mu S/cm$时方可自动停止运行。

第 18 章 直流及 UPS 系统

18.1 直流及 UPS 系统概述

直流系统是呼蓄电站厂用电的重要组成部分，它要保证在任何情况下都能可靠和不间断地向其用电设备供电。呼蓄电站的直流系统主要包括地下副厂房直流系统、主变副厂房直流系统、上水库直流系统、下水库排风楼直流系统、下水库拦河坝直流系统、地面副厂房直流系统、南区营地♯4楼直流系统。不间断电源系统即 UPS(uninterruptible power system)主要包括地下副厂房不间断电源系统、主变副厂房不间断电源系统、南区营地不间断电源系统。直流及 UPS 系统作用于信号设备，保护装置，自动装置，事故照明，应急电源及断路器分、合闸操作，是一个独立的电源，它不受发电机、厂用电及系统运行方式的影响，并在外部交流电中断的情况下，保证由后备电源——蓄电池继续提供直流电源的重要设备，保障电站安全、稳定和高效地运行。

18.1.1 作用

直流系统的主要作用：

(1)紧急供电：直流系统为电厂的紧急关键负荷，如事故照明、消防系统等提供不间断的电源，在交流电失效时，直流系统确保关键系统和设备仍能正常工作。

(2)为控制系统和信号系统供电：直流系统为电站监控系统、控制系统和保护系统等至为重要的系统中的控制器，为继电器、测量仪表等设备提供电源，直流供电的稳定性和可靠性对于确保重要系统的精确响应极为关键。

(3)为通信设备供电：在电站运行过程中，通信设备扮演着信息传递和指令控制的角色，直流系统为无线电设备、电话系统、数据传输设备等提供稳定的电流，保证信息传递的及时性和准确性。

(4)起动和备用电源：某些特定设备，如注油泵、起励装置等，在起动或特殊操作条件下需要直流电源。直流系统能提供这些设备所需的即时电源，确保操作顺利进行。

(5)黑起动功能：在无厂用交流电的情况下，利用直流蓄电池储存的电能量完成机组自起动，对内恢复厂用电，对外配合电网调度，恢复电网运行。

不间断电源是将蓄电池与主机相连接，通过主机逆变器等模块电路将直流电转换成交流市电的系统设备。

18.1.2 工作原理

1. 交流正常时的工作状态

当系统交流输入正常供电时，交流配电单元给充电装置的各个整流模块供电。整流模块将交流电变换为直流电，经断路器或熔断器输出，在给蓄电池组充电的同时经直流配电馈电单元给直流负载提供正常工作电源。

2. 交流失电时的工作状态

当系统交流输入故障停电时,充电装置的整流模块停止工作,由蓄电池不间断地给直流负载供电。监控模块实时监测蓄电池的放电电压和电流。当蓄电池放电到设置的终止电压时,监控模块告警。直流系统工作能量流向如图18-1所示。

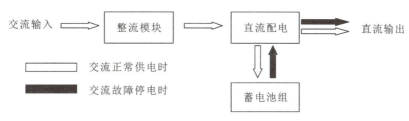

图 18-1 直流系统工作能量流向

18.1.3 特点

直流系统的特点:
(1)高效率:直流系统的转换效率高,能够有效地提高能源利用效率。
(2)稳定性好:直流系统的负载能够获得稳定的电能供应,不会受到交流电源波动的影响。
(3)控制精度高:直流系统能够实现精确的电流、电压控制,可广泛应用于自动化生产中。
(4)可靠性高:直流系统具有较高的可靠性和稳定性,能够实现长期稳定运行。
(5)安全性高:直流系统相比交流系统具有更好的安全性,在电弧生成时因电压变化可以有效减少电弧的危险。

18.1.4 设备参数

直流系统主要由充电装置、蓄电池、绝缘监视装置、微机监测装置、蓄电池巡检装置、放电装置等设备组成。各组成部分具体参数如表18-1所示。

表 18-1 直流系统各组成部分参数表

序号	项目	参数
1	地下副厂房直流电源设备	
1.1	蓄电池特性及性能	
	型号	HZY2-1250
	制造厂家	海志
	额定电压	2.0V
	额定容量	1250Ah
	数量	每段104块
1.2	充电装置特性及性能	
	型号	ZZG-40A/220V
	制造厂家	许继
	交流输入电压	380V ±20%
	交流输入频率	50Hz ±10%
	充电机输入功率	12kW

续表

序号	项目	参数
	额定直流输出电压	230V
	电压调节范围	186～280V
	稳压精度	不大于±0.5%
	额定直流输出电流	480A
	电流调节范围	0～100%连续可调
	稳流精度	不大于±0.5%
	纹波系数	不大于±0.1%
	噪声	不大于45dB
	功率因数	大于0.9%
	满载效率	大于90%
1.3	绝缘监视装置	
	型号	WZJ
	制造厂家	许继
	电源电压允许变化范围	160～300V DC
	功耗	50W
	巡检路数	120 路
	电压整定范围	低电压 100～200V 高电压 200～260V
	灵敏度	999.9kΩ
1.4	蓄电池检测装置	
	型号	FXJ-62
	制造厂家	许继
	电源电压允许变化范围	170～300V DC
	功耗	10W
1.5	直流系统监控装置	
	型号	WZCK
	制造厂家	许继
	电源电压允许变化范围	170～300V DC
	功耗	40W
	CPU 型号	ARM920T32-bit Core
	主频	208M
	内存	64M bit
	硬盘	0G bit(监控装置不需要硬盘)
	串行接口	RS485、422、232、以太网
	软驱	无
	彩色显示器(LCD)	液晶汉显
1.6	馈线状态监测模块	
	型号	FKR
	制造厂家	许继

续表

序号	项目	参数
	电源电压允许变化范围	160~300V DC
	功耗	10W
2	主变副厂房直流电源设备	
2.1	蓄电池	
	型号	DG800
	额定容量(每组)	800Ah
	制造厂家	江苏理士
	浮充电压	2.23~2.27V
	均充电压	2.33~2.35V
	额定电压	2V
	数量	每段104块
2.2	充电装置特性及性能	
	型号	ZZG-40A/220V
	制造厂家	许继
	交流输入电压	380V±20%
	交流输入频率	50Hz±10%
	充电机输入功率	118.8kW
	额定直流输出电压	230V
	电压调节范围	186~280V
	稳压精度	不大于±0.5%
	额定直流输出电流	480A
	电流调节范围	0~100%连续可调
	稳流精度	不大于±0.5%
	纹波系数	不大于±0.1%
	噪声	不大于45dB
	功率因数	大于0.9%
	满载效率	大于90%
2.3	绝缘监视装置特性及性能	
	型号	WZJ
	制造厂家	许继
	电源电压允许变化范围	160~300V DC
	功耗	50W
	巡检路数	120路
	电压整定范围	低电压100~200V 高电压200~260V
	灵敏度	999.9kΩ
2.4	蓄电池检测装置特性及性能	
	型号	FXJ-62
	制造厂家	许继
	电源电压允许变化范围	170~300V DC
	功耗	10W

续表

序号	项目	参数
2.5	直流系统监控装置特性及性能	
	型号	WZCK
	制造厂家	许继
	电源电压允许变化范围	170～300V DC
	功耗	40W
	CPU 型号	ARM920T 32-bit Core
	主频	208M
	内存	64M bit
	硬盘	0G bit(监控装置不需要硬盘)
	串行接口	RS485、422、232、以太网
	软驱	无
	彩色显示器(LCD)	液晶汉显
2.6	馈线状态监测模块特性及性能	
	型号	FKR
	制造厂家	许继
	电源电压允许变化范围	160～300V DC
	功耗	10W
3	上水库(下水库拦河坝、下水库排风楼及地面副厂房)直流电源设备	
3.1	蓄电池特性及性能	
	型号	HZY12-120/HZY12-160
	制造厂家	海志
	浮充电压	13.38～13.62V
	均充电压	14.1～14.4V
	额定电压	12V
	数量	18块
	上水库、下水库拦河坝、下水库排风楼/地面副厂房额定容量(每组)	100Ah/150Ah
3.2	充电装置特性及性能	
	型号	ZZG-10A/220V;ZZG-20A/220V
	制造厂家	许继
	交流输入电压	380V±20%
	交流输入频率	50Hz±10%
	充电机输入功率	3kVA;6kVA
	额定直流输出电压	230V
	电压调节范围	186～280V
	稳压精度	不大于±0.5%
	额定直流输出电流	480A
	电流调节范围	0～100%连续可调
	稳流精度	不大于±0.5%
	纹波系数	不大于±0.1%

续表

序号	项目	参数
	噪声	不大于 45dB
	功率因数	大于 0.9%
	满载效率	大于 90%
3.3	绝缘监视装置特性及性能	
	型号	WZJ
	制造厂家	许继
	电源电压允许变化范围	160～300V DC
	功耗	50W
	巡检路数	120 路
	电压整定范围	低电压 100～200V 高电压 200～260V
	灵敏度	999.9kΩ
3.4	蓄电池检测装置特性及性能	
	型号	FXJ
	制造厂家	许继
	电源电压允许变化范围	170～300V DC
	功耗	10W
3.5	直流系统监控装置特性及性能	
	型号	WZCK
	制造厂家	许继
	电源电压允许变化范围	170～300V DC
	功耗	40W
	CPU 型号	ARM920T 32-bit Core
	主频	208M
	内存	64M bit
	硬盘	0G bit(监控装置不需要硬盘)
	串行接口	RS485、422、232、以太网
	软驱	无
	彩色显示器(LCD)	液晶汉显
3.6	馈线状态监测模块特性及性能	
	型号	FKR
	制造厂家	许继
	电源电压允许变化范围	160～300V DC
	功耗	10W
4	放电装置	
4.1	有源逆变放电装置(160A)特性及性能	
	型号	ZYNB
	制造厂家	许继
	放电装置外形尺寸	2260mm×800mm×600mm(长×宽×高)

续表

序号	项目	参数
	放电装置重量	1000kg
4.2	有源逆变放电装置（100A）特性及性能	
	型号	ZYNB
	制造厂家	许继
	产地	许昌
	放电装置外形尺寸	2260mm×800mm×600mm（长×宽×高）
	放电装置重量	1000kg
4.3	移动式放电装置（20A）特性及性能	
	型号	ZFD
	制造厂家	许继
	产地	许昌
	放电装置外形尺寸	430mm×200mm×560mm（长×宽×高）
	放电装置重量	8kg

UPS系统具体参数如表18-2所示。

表18-2 UPS系统具体参数表

	项目	参数		
	容量	20kVA	30kVA	40kVA
输入	交流电压	AC380V±25%		
	直流电压	DC220V		
	频率	50Hz±10%		
输出	交流电压	AC220V±1%		
	频率	50Hz±0.5%		
	波形	正弦波，100%线性负载谐波失真率<3%		
	过载能力	120%～150%超过60秒转由旁路输出，≥150% 1秒转由旁路输出		
	功率因率	0.7～1，滞后		
	波峰因数	3∶1		
	效率	≥90%		
	转换时间	0ms		
保护	电池	电池低电压自动关机		
	过载	120%～150%超过60秒转由旁路供电，降低负载后自动转由市电供电		
	短路	保护，打旁路		
	故障	转旁路工作，报警		
	电磁抗扰/兼容	满足GB/T 7260.2—2009要求		
显示	液晶显示	中文显示屏、UPS状态、输入/输出电压、输入/输出频率、电池电压、负载功率、历史资料		
	LED显示	市电输入指示灯（绿色）、旁路输出指示灯（橙色）、电池低压指示灯（橙色）、逆变正常指示灯（绿色）、输出超载指示灯（橙色）、故障指示灯（红色）		

续表

项目		参数		
告警	市电异常	1次/4秒,1分钟后自动静音		
	电池断电	1次/1秒		
	电池即将耗尽	1次/1秒		
	过载	连续鸣叫		
	系统故障	连续鸣叫		
通信接口	RS-232(选配)	支持 UPSilon 2000 监控软件		
	RS-485	支持 UPSilon 2000 监控软件/MODBUS 协议		
	干接点	5组开关量报警		
外观	净重(kg)	460	530	600
	尺寸(mm)	800mm×600mm×2260mm(宽×深(长)×高)		
环境	工作温度	−5～40℃		
	相对湿度	0～95%无凝结		
	噪声	<60dB 距离设备正面1米处		

18.2 设备组成及原理

18.2.1 直流系统设备组成

直流系统主要由充电装置、蓄电池、绝缘监视装置、微机监测装置、蓄电池巡检装置、放电装置等设备组成。

(1)地下副厂房直流系统组成:地下副厂房直流电源主要供给♯1、♯2、♯3和♯4机组及其辅助设备的控制和保护负荷,公用设备的控制和保护等负荷,事故照明负荷及盘柜加热照明等。地下副厂房直流系统共设12面直流电源主屏(6面充电屏、4面馈线屏、2面联络屏)、2组蓄电池组(含支架)以及1面交流配电分屏和1套有源逆变放电装置屏,屏柜内部包括3套充电装置、2套绝缘监视装置、2套直流系统监控装置、配电及保护器具、监视仪表及报警信号、直流电源屏等。(见图18-2)

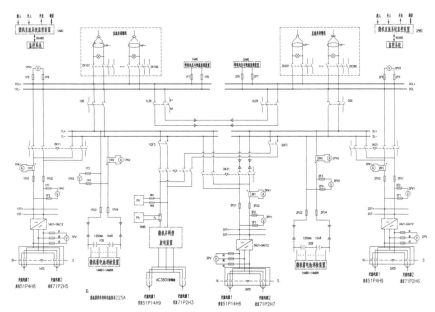

图18-2 地下副厂房直流系统接线图　　图18-2 高清图

(2)主变副厂房直流系统组成:主变副厂房直流电源主要供给500kV线路及GIS的控制、保护负荷,SFC控制负荷,10kV厂用电控制、保护等负荷。主变副厂房直流系统由12面直流电源主屏(6面充电屏、4面馈线屏、2面联络屏)、2组蓄电池组(含支架)及1套有源逆变放电装置屏组成。屏柜内部包含3套充电装置、2套绝缘监视装置、2套直流系统监控装置、配电及保护器具、监视仪表及报警信号、直流电源屏等。(见图18-3)

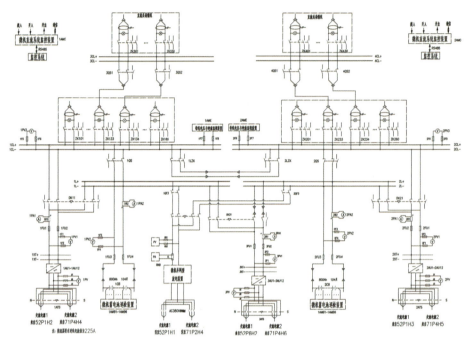

图 18-3　主变副厂房直流系统接线图　　　　图 18-3 高清图

(3)上水库直流系统组成:上水库直流电源主要供给上水库设备保护、控制等负荷。它由3面直流电源主屏(1面充电屏、1面馈线屏、1面蓄电池屏)及1面交流配电分屏组成。设置1套上水库一体化直流电源系统,包括1组阀控式胶体密封免维护铅酸蓄电池、1套充电装置、1套绝缘监视装置、1套直流系统监控装置、配电及保护器具、监视仪表及报警信号、直流电源屏等。(见图18-4)

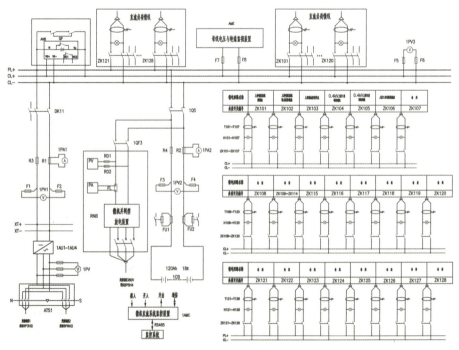

图 18-4　上水库直流系统接线图　　　　图 18-4 高清图

(4) 下水库拦河坝直流系统组成：下水库拦河坝直流电源主要供给下水库拦河坝设备保护、控制等负荷。下水库拦河坝直流系统由3面直流电源主屏（1面充电屏、1面馈线屏、1面蓄电池屏）及1面交流配电分屏组成。（见图18-5）

设置1套下水库拦河坝一体化直流电源系统，包括1组阀控式胶体密封免维护铅酸蓄电池、1套充电装置、1套绝缘监视装置、1套直流系统监控装置、配电及保护器具、监视仪表及报警信号、直流电源屏等。

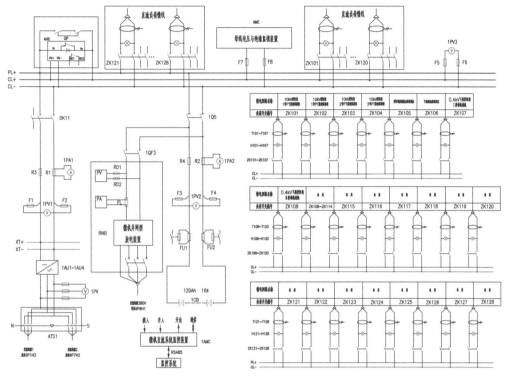

图18-5 下水库拦河坝直流系统接线图　　　　　　　　图18-5 高清图

(5) 下水库排风楼直流系统组成：下水库排风楼直流电源主要供给下水库排风楼设备保护、控制等负荷，由3面直流电源主屏（1面充电屏、1面馈线屏、1面蓄电池屏）及1面交流配电分屏组成。（见图18-6）

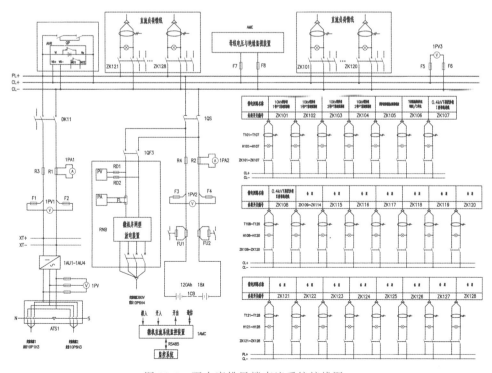

图18-6 下水库排风楼直流系统接线图　　　　　　　　图18-6 高清图

设置1套下水库排风楼一体化直流电源系统,包括1组阀控式胶体密封免维护铅酸蓄电池、1套充电装置、1套绝缘监视装置、1套直流系统监控装置、配电及保护器具、监视仪表及报警信号、直流电源屏等。

(6)地面副厂房直流系统组成:地面副厂房直流电源主要供给地面副厂房设备保护、控制等负荷,由4面直流电源主屏(1面充电屏、1面馈线屏、2面蓄电池屏)、1面交流配电分屏及2套DC220V/AC380V逆变电源系统组成。(见图18-7)

设置1套地面副厂房一体化直流电源系统,包括1组阀控式胶体密封免维护铅酸蓄电池、1套充电装置、1套绝缘监视装置、1套直流系统监控装置、配电及保护器具、监视仪表及报警信号、直流电源屏等。

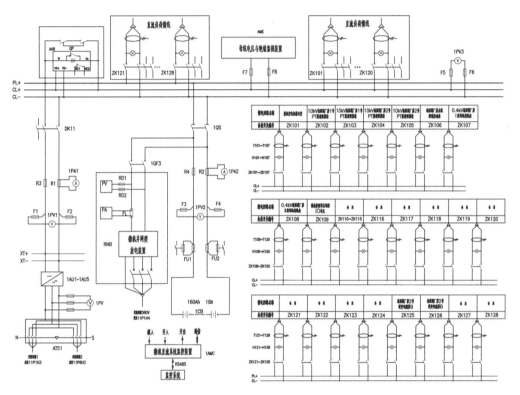

图18-7 地面副厂房直流系统接线图

图18-7 高清图

各系统直流负荷如表18-2所示。

表18-2 直流负荷表

直流系统区域	负荷名称	
	经常负荷(A)	事故负荷(A)
地下副厂房直流系统	310	159
主变副厂房直流系统	249	0
上水库直流系统	19	0
下水库拦河坝直流系统	27	0
下水库排风楼直流系统	23	0
地面副厂房直流系统	55	0

18.2.2 UPS系统设备组成

呼蓄电站不间断电源系统包括3套UPS系统和2套事故照明逆变装置,包括地下副厂房UPS系统、安防中心UPS系统及南区营地UPS系统。UPS电源系统由主路、旁路、直流等电源输入电路,进行AC/DC变换的整流器(REC),进行DC/AC变换的逆变器(INV),逆变和旁路输出切换电路等部分组成。其系统的稳压功能通常是由整流器完成的,整流器件采用可控硅或高频开关整流器,本身具有可根据外电的变化控制输出幅度的功能,从而当外电发生变化时(该变化应满足系统要求),输出幅度基本不变的整流电压。

地下副厂房不间断电源系统选用 2 台海南普罗太克(Protek)30kVA 的电力专用在线不间断电源 ALP-30K,组成 1 套并联冗余的 UPS 电源系统,该 UPS 系统包括 3 面柜,即♯1、♯2 逆变电源机柜及馈线柜。两台 UPS 系统主用输入电源分别取自地下厂房公用供电盘 51PⅠ、Ⅱ段,直流输入电源分别取自地下副厂房♯1 直流负荷柜 1 和♯2 直流负荷柜 1,旁路输入电源为 UPS1、UPS2 共用电源,取自地下副厂房交流分柜,UPS 系统的输出为 220V AC 电源。

安防中心不间断电源选用成都英格瑞德科技有限公司生产的双电源模块 UPS,设有两个盘柜,即 UPS 柜及负荷柜。UPS 柜上包括 1 个逆变监视装置 IPC,2 个逆变模块(1NM、2NM),1 个双电源模块 IPX、1 个静态切换模块 STS。该 UPS 系统主用输入电源取自安防中心供电盘 11PⅠ段♯1 负荷盘,当主用电源丢失后,由取自安防中心直流负荷柜的两路 220V DC 电源供电,当逆变器退出时,由取自安防中心交流负荷柜的 220V AC 电源供电。

南区营地不间断电源选用国产奥能双电源模块 UPS,每节电池额定电压为 12V,额定容量为 200Ah,共计 208 节,为数据中心设备提供不间断电源。两个电源模块并列工作,平时各带一半负荷,当一个电源模块故障时,由另一个电源模块承担全部负荷。南区营地不间断电源装置共设三路输入电源,共有 13 个柜子:♯1~♯4 蓄电池柜、♯1~♯2 直流馈线柜、♯1~♯2 充电柜、♯1~♯2UPS 旁路柜、♯1~♯2 电源柜、UPS 馈线柜(图纸详见图 18-8)

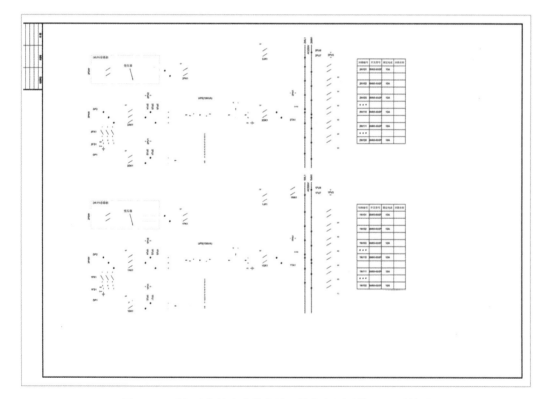

图 18-8 呼和浩特抽水蓄能电站一体化电源系统 UPS 系统图　　图 18-8 高清图

18.2.3　设备原理

18.2.3.1　充电装置

呼蓄电站采用 ZZG23A-40220 型高频开关整流充电模块和全桥移相软开关技术。其工作原理是:四个主功率开关管的驱动脉冲为占空比不变($D=50\%$)的固定频率脉冲。其中一个桥臂功率开关管的驱动脉冲的相位固定不变,另一个桥臂功率开关管的驱动脉冲的相位是可调的。调节该桥臂功率开关管的驱动脉冲的相位,即调节对角桥臂功率开关管在该周期内同时导通时间,来调节直流输出电压。当对角桥臂功率开关管在该周期内同时导通时,全桥逆变部分对后一级输出功率。在全桥逆变电路内部存在环流。该环流创造了功率开关管的零电压开通条件,从而实现了功率开关管的零电压开通,减少了功率开关管的电压、电流应力和损耗,以及功率开关管在开关状态下产生的 EMI 噪声。

如图 18-9 所示,三相交流电输入后,先经 EMI 滤波,再经三相全波整流变成高压直流电,经全桥移相逆变、整流为 50kHz 左右的脉冲电压波,经滤波后输出 220V 的直流电。

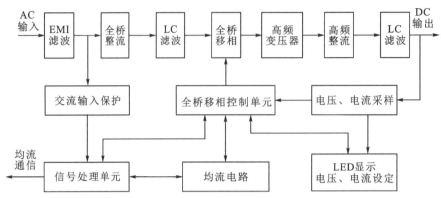

图 18-9　高频开关整流模块工作原理图

各部分主要功能如下：

(1)输入 EMI 滤波:EMI 滤波主要滤除交流电网中其他设备产生的尖峰电压干扰分量,给模块提供干净的交流输入电源,阻断整流模块产生的高频干扰反向传输,污染电网。

(2)交流全桥整流:利用三相整流桥直接将交流输入电压变换为脉动的直流电。

(3)高频逆变:采用 MOSFET 或 IGBT 开关器件,将输入直流电变换为脉冲宽度可调的高频交流脉冲波。

(4)高频变压器:用于将高频交流脉冲隔离、耦合后输出,实现交流输入与直流输出的电气隔离和功率传输。高频变压器采用了高频交流脉冲传输技术,因此体积较小,重量较轻。

(5)输出高频整流:采用快恢复二极管,将高频交流脉冲变换为高频脉动直流电。

(6)输出 LC 滤波:采用无源的 LC 器件,将整流所得的高频脉动直流电转换成平滑的直流电输出。

18.2.3.2　蓄电池

蓄电池是主流系统的重要组成部分,是保证电力事故状态下电站的各种保护和自动化装置可靠工作和动作的"最后一道供电电源"。呼蓄电站采用阀控式铅酸蓄电池,该种蓄电池利用阴极吸收技术,电池可以密封,在运行中无须加水维护,全密封、免维护、不污染环境、可靠性较高、安装方便。

1.蓄电池容量

蓄电池的容量是蓄电池电能的主要指标,单位用"Ah"(安时)来表示。容量的安时数是蓄电池在以恒定电流放电到某一最低允许电压的过程中放电电流的安培数与放电时间的乘积,即

$$Q = I \cdot t$$

式中:Q 为蓄电池容量,Ah;I 为恒定放电电流,A;t 为放电时间,h。

蓄电池容量与极板表面情况、电解液密度、放电电流、充电程度、环境温度等都有关系。尤其与放电电流关系极大,因为放电电流大时,极板表面的有效物质很快形成了硫酸铅,使之堵塞了极板细孔,因而极板深处的有效物质就不能与电解液起化学反应,蓄电池内阻很快增加,使蓄电池电压很快下降。

2.蓄电池个数

浮充运行时,按直流母线电压为 1.05U 来确定电池个数,即

$$n = \frac{1.05 U_n}{U_f}$$

式中：U_n 为直流系统额定电压，V；U_f 为单个电池的浮充电压，V。

18.2.3.3 绝缘监视装置

绝缘监视装置是直流操作电源系统不可缺少的组成部分，用于在线监测直流系统的正负极对地的绝缘水平。呼蓄电站使用的绝缘监视仪 WZJ-21 采用非平衡电桥或者平衡电桥原理进行检测。平衡电桥原理：根据直流 CT 检测系统的漏电流，根据欧姆定律算出支路对地电阻值。非平衡电桥原理：切换电桥状态，系统模拟平衡和非平衡两个状态，依据平衡状态的正负母线对地电压和非平衡状态的正负母线对地电压按照解算二元一次方程组算出母线正负对地电阻；依据平衡与非平衡正负母线对地电压和两个状态下直流 CT 的漏电流按照解算二元一次方程组算出支路正负对地的电阻值。绝缘监视仪工作原理如图 18-10 所示。

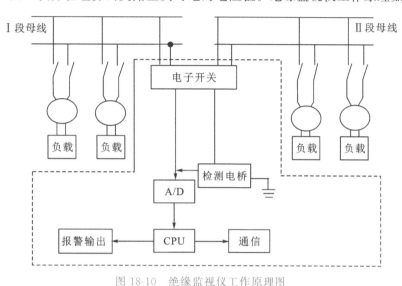

图 18-10　绝缘监视仪工作原理图

18.2.2.4 蓄电池巡检装置

蓄电池巡检装置依据设定的电池检测只数，轮流切换相应光继电器，将单只电池的电压引入模块，通过运放处理后送入 AD 进行模数转换，AD 转换完成后以中断的方式通知 CPU 读出数据，CPU 依据读出的数据计算出电池电压，并与设定的过压值及欠压值比较，连续 3 次发生越限时将产生过压或欠压的报警信息。当模块配置有温度探头时，CPU 将每分钟进行一次温度测量，通过 RS485 串口，将测量数据上传至微机直流监测装置。

18.2.2.5 微机监测装置

微机监控装置 WZCK-23 通过 RS-485 通信口对整流模块、绝缘监视装置、电池巡检装置等下级智能设备实施数据采集，加以显示，并根据系统的各种设置数据进行报警处理、历史数据管理等，同时对这些处理的结果加以判断，根据不同的情况实行电池管理、输出控制等操作，最后，监控装置通过 RS-232 接口与监控 LCU 通信。

18.2.2.6　UPS 工作原理

1. 地下厂房 UPS

地下厂房普罗太克 UPS 是一种先进的工业级超隔离在线式正弦波不间断供电系统，它可以为设备提供可靠、优质、纯净的交流电源。超隔离的设计，不仅可以解决低品质交流电源所造成的问题、有效消除漏地电流影响，为负载和 UPS 装置提供完善的保护，而且可以更好地降低整流和逆变所造成的谐波，防止对电网形成污染，使重要负载与电网辅助系统产生瞬变的干扰隔离。地下副厂房 UPS 系统架构图如图 18-11 所示。

地下厂房UPS分为以下4种运行模式：

（1）正常运行模式，如图18-12所示。整流器将交流电源转换为直流电源输出至逆变器，再由逆变器转换成交流电源输出供负载使用。在将交流电源转换为直流电源时，UPS输入隔离变压器、整流滤波装置及各种保护装置，消除市电中异常突波、杂讯干扰和由于频率不稳或电压波动等各种因素造成的影响，从而确保逆变器能够提供稳定及干净的电源，输出给负载。

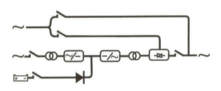 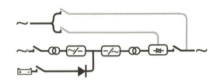

图 18-11　UPS系统架构图　　　　　图 18-12　正常运行模式

（2）旁路供电模式，如图18-13所示。当逆变器处于不正常状况，诸如逆变器未开启、过温、短路、输出电压异常或者负载超出逆变器承受范围等，逆变器将自动停止运行以防损坏。此时，静态开关由交流电源经旁路输出给负载使用。

（3）直流供电模式，如图18-14所示。由于UPS设备直接和直流电源相连接，当交流电源异常时或整流器发生故障停止运行时，将马上输出直流电源至逆变器以替代中断的整流器输出电源。在转换的过程中，输出无任何中断。

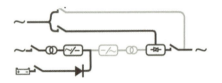 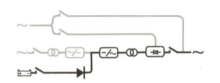

图 18-13　静电旁路供电模式　　　　图 18-14　直流供电模式

（4）维修旁路模式，如图18-15所示。在UPS设备需进行维护、维修时，可将UPS切换至"维修旁路模式"下运行，这样可保证UPS设备在维护、维修时仍然对负载的持续、稳定供电。

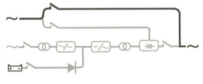

图 18-15　维修旁路模式

2.地面副厂房UPS

IPM智能模块化UPS系统具有可靠性高、适应性强的特点，通常用于工作站、服务器、网络、电讯或其他对电源供应要求高的设备。它能提供不间断的、高质量的交流电，避免电源中断、欠压、浪涌和噪声对设备产生影响。系统为机架式模块化系统，主要由逆变模块、双电源模块、充电模块、静态旁路开关模块和监控模块组成。

地面副厂房IPM智能模块化UPS为纯在线式、双变换系统，有如下几种运行方式：

（1）正常供电方式。市电输入正常时，双电源模块将市电转换为±380V直流给逆变模块和充电器模块，逆变模块经变换产生一个高质量、满足用户需求的交流电，给负载提供能量。同时充电模块对UPS的电池进行充电管理。正常供电模式下，各功率模块绿色运行灯常亮，红色故障灯熄灭。

（2）电池供电方式。市电掉电、市电电压或频率超限时，UPS将自动由正常供电模式切换至电池供电模式，由电池通过逆变器向负载供电。电池供电模式时，双电源模块运行灯闪烁或熄灭，故障灯常灭，充电器模块此时处于关机状态指示灯常灭，逆变模块正常运行。当市电恢复时，系统自动切换回正常供电模式，无须任何人工干预，且负载电源不间断。注意：在电池供电模式下，若UPS出现逆变器故障、机内温度过高等，逆变器输出断电，转旁路工作，如果旁路供电异常，则输出可能中断。

（3）旁路供电方式。如出现逆变模块输出故障或过载超时，UPS将自动切换至旁路供电模式，此时负载直接由旁路提供。旁路供电模式下，旁路模块指示灯显示B路供电。注意：①若1小时内连续五次因逆变过载转旁路供电模式，UPS将维持旁路供电模式，直到1小时后无过载情况，才转回正常供电模式；②旁路供电模式时，若出现市电断电或市电电压或频率超过旁路设置范围，输出中断。

18.2.2.7 直流运行方式

1. 正常运行

地下副厂房及主变副厂房 220V 直流系统正常时两段直流母线应分段运行,充电装置与蓄电池并联运行,蓄电池工作于浮充状态,浮充电流一般为 0.1~0.3A。直流系统正常工作在自动方式,按监控装置设定的参数运行。当监控装置发生故障时,充电装置能自主工作,此时应加强对充电装置运行状态的监视。正常运行时,绝缘监视装置应投入运行。

2. 非正常运行

(1)地下副厂房及主变副厂房 220V 直流系统出现♯1 或♯2 充电装置有两个及以上充电模块发生故障不能恢复或充电装置两路交流输入电源同时消失短时不能恢复时,应优先投入♯3 充电装置,♯3 充电装置不可用时将两段直流母线联络运行。

(2)地下副厂房及主变副厂房直流系统出现一组蓄电池故障、检修或进行核容放电试验时,应将该直流系统两段直流母线联络运行。充电装置不允许单独带负荷运行,两套充电装置不允许长期并列运行。并联运行的充电模块的均充电压、浮充电压应调整基本一致,各模块的输出电流应均衡一致。单个充电模块故障时,充电装置仍可正常运行,但应退出该故障模块,两组蓄电池可短时并列运行。蓄电池浮充电压为 2.23~2.25V,均充电压为 2.33~2.35V,终止电压不低于 1.85V,事故放电时间 1 小时的容量系数不小于 0.5。蓄电池单体间的开路电压最高与最低差值不大于 20mV,进入浮充状态 24 小时后,各蓄电池间的浮充电压最高值与最低值之差不大于 50mV。

第 19 章

调度自动化系统

19.1 调度自动化系统概述

电力调度数据网是实现调度实时及非实时业务数据传输的基础平台,也是实现电力生产、电力调度、实时监控、数据管理智能化及电网调度自动化的根本途径,为电力生产提供安全、经济、稳定、可靠的网络通道,满足承载业务安全性、实时性和可靠性的要求。电力调度数据网承载多项电力业务,其中主要包括远动、电量采集、继电保护、故障录波、动态预警监测、安全自动装置等信息。调度数据网需满足可靠性高、实时性强、安全性高等要求。

电力调度数据网在功能上可以分为骨干网络以及各级接入网络两大类。电力调度网骨干网络由第一平面和第二平面组成,又称为骨干网 A 平面和骨干网 B 平面,两个平面的拓扑和节点设置一致,互为主备。电力调度网骨干网络分为四级,第一级为国调,第二级为区调度,第三级为省调,第四级为地调。骨干网的主要功能是将各级电网调度中心与各级电力调度接入网进行互联。接入网又分为一区、二区、三区、四区。其中一区为实时区,也是控制生产区,其包含的业务主要有电力数据采集和监控系统、能量管理系统、广域相量测量系统、配网自动化系统、变电站自动化系统、发电厂自动监控系统等,主要使用者为调度员和运行操作人员,数据传输实时性为毫秒级或秒级,其数据通信使用电力调度数据网的实时子网或专用通道进行传输。二区为非实时区,是非控制生产区,主要包含的业务有故障录波信息管理系统、电能量计量系统等,非控制区的数据采集频度是分钟级或小时级,其数据通信使用电力调度数据网的非实时子网。三区、四区为管理信息大区,主要是生产控制大区以外的电力企业管理业务系统的集合。管理信息大区的业务包括调度生产管理系统、行政电话网管系统、电力企业数据网等。电力调度数据网拓扑图如图 19-1 所示。

上面介绍的电力系统的调度数据网,是一个较为宏观的概念,而电站的调度自动化通信系统主要为整个电站的安全生产调度、系统电力调度、行政业务管理、远动自动化信息联网等功能的实现提供通信通道。电站内通信方式较多,功能齐全,种类繁多。根据相关规程要求,呼和浩特抽水蓄能电站经电力专线部署两套电力调度数据网,使用两套独立的路由器(型号 H3C MSR 50-40)和两套交换机(H3C S5130 Series、H3C S3600V2 Series)组网,在物理层面上与其他数据网及外部公共信息安全隔离。通过 MPLS/VPN 技术,划分逻辑隔离的实时子网和非实时子网,分别连接控制区和非控制区,各相关业务按照安全分区原则接入相应 VPN,防护措施使用北京科东电力控制系统有限责任公司的 PStunnel-2000G 高端型电力专用纵向加密装置强化电力监控系统的边界防护,提高内部安全防护能力。呼蓄电站调度通信系统设备组成如图 19-2 所示。

呼蓄电站调度自动化业务通道如下。

1. 至华北分中心调度通信通道

通道一:抽水蓄能电站(西门子设备 Ⅱ)~武川变光纤电路+武川~旗下营(西门子设备)~汗海(西门子设备转马可尼设备)~庆云~丰泉~万全~顺义~华北分中心光纤电路(马可尼设备)。

第19章 调度自动化系统

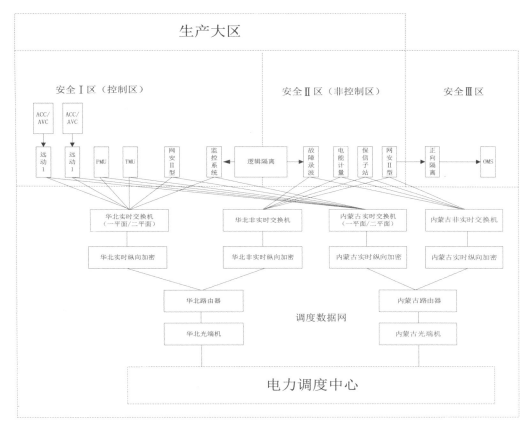

图 19-1 电力调度数据网拓扑图

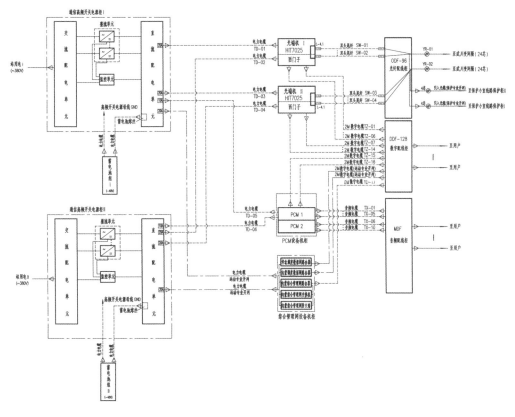

图 19-2 调度通信系统设备组成

通道二:抽水蓄能电站(西门子设备Ⅰ)～武川变光纤电路＋武川～春坤山～包北～高新～响沙湾(西门子设备)～永圣域(西门子设备转NEC设备)～托克托电厂～浑源～安定～华北分中心光纤电路(NEC设

备)。

2. 至内蒙古中调调度通信通道

通道一:抽水蓄能电站(西门子设备Ⅱ)~武川变光纤电路+武川~旗下营~内蒙古中调(西门子设备)。

通道二:抽水蓄能电站(西门子设备Ⅰ)~武川变光纤电路+武川~春坤山~包北~高新~响沙湾~永圣域~内蒙古中调(西门子设备)。

3. 调度自动化信息通道

(1)电力调度数据网通道:为电力调度数据网业务安排抽水蓄能电站至华北分中心的数据信号通道由光端机直接传送至骨干点丰泉变和永圣域变(采用2×2Mbit/s,捆绑成4Mbit/s);至内蒙古中调的数据信号通道由光端机直接传送至骨干点呼市区调(采用2×2M接口)。

(2)远动信息通道:抽水蓄能电站至各级调度所远动信息通道组织与调度电话通道组织一致。抽水蓄能电站至华北分中心、内蒙古中调的远动信息采用专线方式和各自电力调度数据网方式。抽水蓄能电站至呼市区调的远动信息采用专线方式。

(3)远方电能量计量信息通道:抽水蓄能电站至华北分中心、内蒙古中调的远方电能量计量信息采用电话拨号以及各自电力调度数据网通道上传。

(4)调度综合管理数据网通道:提供抽水蓄能电站至内蒙古电网调度综合管理数据网骨干点呼市区调1个2M通道。

4. 系统保护通道

根据系统保护专业的要求,本工程建设的1回500kV线路上需开设两个保护通道,其传输指标应符合系统保护专业的有关规定。

通道一(光纤专用):利用抽水蓄能电站~武川变500kV线路Ⅰ回光缆中的4芯光纤。

通道二(光纤专用):利用抽水蓄能电站~武川变500kV线路Ⅱ回光缆中的4芯光纤。

19.2 设备组成及原理

19.2.1 光端机

光端机是工业生产中必不可少的设备,它能够完成光纤与电缆之间的转换。具体功能有:将电信号转换为光信号,或者将光信号转换回电信号,提高数据传输质量;在长距离传输中,使用光端机能有效减少信号在传输过程中的衰减和失真,提高数据传输的质量和稳定性;实现网络的扩展和升级;随着网络传输速度的提高和技术的升级,光端机可以帮助实现网络的快速升级和扩展。

呼蓄电站采用两套诺基亚西门子通信有限公司生产的 Surpass hiT 7025 光端机,该设备的所有组件都可以安装在一个主机架内,并且可以在设备运行时重新配置功能模块,这里主要配置的模块有一块1 STM-4、两块 CC+1 STM-4/1、一块 SCE、两块 21 E1、一块 ST-CLK、两块 PWR 模块等。该设备具有的接口有STM-16 光接口/STM-4 光接口/ STM-1 光接口/ STM-1 电接口等。为了提高数据传输的效率,MetroWave™ 系列产品在 SDH 的基础上结合了通用成帧规约(GFP)、链路容量自动调整(LCAS)等多项技术,以确保业务的可靠性和服务质量。该设备能够在所有接口间提供交叉连接,交换矩阵的容量相当于 46×46 STM-1,可用于各种类型(单向、双向、广播)的 VC-4 交叉连接,光端机实物如图 19-4 所示。

19.2.2 PCM

"PCM"是脉冲编码调制的英文缩写,是对连续变化的模拟信号进行抽样、量化和编码产生的数字信号。PCM 的优点是音质好,缺点是体积大。PCM 可以提供用户从 2M 到 155M 速率的数字数据专线业务,也可以提供话音、图像传送、远程教学等其他业务。我国所采用的 PCM 设备的每通道速率为 64kbit/s,由 30 个

第19章 调度自动化系统

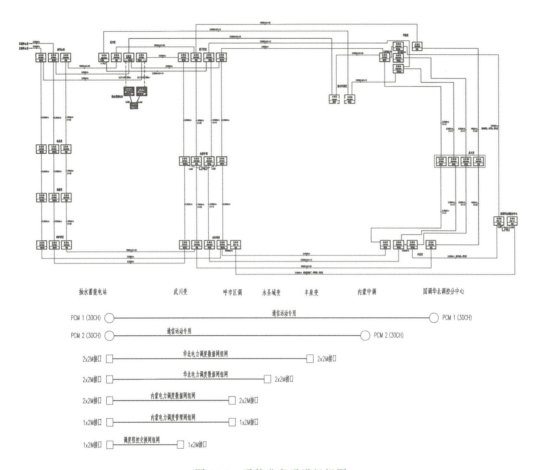

图 19-3 通信业务通道组织图

图 19-4 光端机实物图

通道进行复用,复用后速率为 2.048M Kbit/s(俗称"2M")。目前,一台 PCM 设备可有几个至几十个 2M 接口,根据要求,呼蓄电站具有两套萨吉姆生产的 PCM 设备。

PCM 设备主要由 3.6FXO 板和 FXS 板、3.7 2/4W E&M 板、低速率接口板、64K 同/反向接口板、音频配线架等部分组成。(见图 19-5)

国调华北调控分中心		PCM 1	抽水蓄能电站		(通信远动专用)	内蒙古中调		PCM 2	抽水蓄能电站		(通信远动专用)
接口类型	数量	最大传输容量	数量	接口类型	用途	接口类型	数量	最大传输容量	数量	接口类型	用途
4W E/M	2×6	30CH	2×6	4W E/M	调度中继、远动	4W E/M	2×6	30CH	2×6	4W E/M	调度中继、远动
FXO	1×12		2×6	FXS	调度电话、电能量计量	FXO	1×12		2×6	FXS	调度电话、电能量计量
FXS	2×6		1×12	FXO	调度电话、电能量计量	FXS	2×6		1×12	FXO	调度电话、电能量计量

图 19-5 PCM 业务图

(1)FXO 板和 FXS 板。

FXO 板和 FXS 板是 PCM 设备中两种不同类型的接口板,两者往往配合使用,可将交换机用户通过 PCM 设备延伸至远端。FXO 板即交换机接口板,俗称"O"板,置于交换机侧,用于连接交换机的普通用户。FXS 板即用户接口板,俗称"S"板,置于远端,用于连接用户单机或远端交换机的用户环路中继接口。

(2)2/4W E&M 板。

2/4W E&M 板是 PCM 设备中常用板卡之一,两侧 PCM 设备的 2/4W E&M 板配合使用,同两侧交换机的 4W E&M 板共同构成两地交换机之间的中继通道。一般情况下,利用板卡跳线,可实现 2W E&M 4W E&M 之间的相互转换。目前,使用 4W E&M 的情况居多。4W E&M 共分五类,其中较常使用Ⅱ类和Ⅴ类。在电力系统通信中,该板卡还有另外一种用途,即只使用其 4W 通道,完成自动化数据(RTU)的传输。

(3)低速率接口板。

低速率接口板是 PCM 设备中常用板卡之一,其速率低于 64kbit/s,采用异步方式传输,最常用的是 RS232 接口。

(4)64K 同/反向接口板。

64K 同/反向接口板是 PCM 设备中常用板卡之一,有同向和反向两种接口方式,可以通过设置相互转换。同向接口即数据和时钟的方向相同,该方式较反向接口方式常用,在电力系统通信中,用于传输线路保护和安控业务。

(5)音频配线架。

音频配线架是交换机和 PCM 设备的附属设备之一,常被称作"VDF"或"ADF",用于信号的灵活跳转和联通。它分为内线模块(简称"内模")和外线模块(简称"外模")。交换机用户板和 PCM 用户板的出线被卡接在内模上,用户电缆被卡接在外模上,通过音频双绞线(简称"跳线")可以将任一内模端子和任一外模端子进行连接,即将交换机信号或 PCM 设备信号通过用户电缆送至用户终端。外模跳线端子和用户电缆端子之间常插入保安单元,防止用户侧的过电压和过电流对交换机和 PCM 设备造成影响。

19.2.3 电能计量装置

电能计量装置是电力系统中用于测量和记录发电量、供电量、厂用电量、线损电量及用户用电量的关键设备,在电力企业的生产、科研和经营管理中具有不可替代的重要作用。电能计量装置的配置主要包括电能表、电流互感器(CT)、电压互感器(PT)的精度选择,以及单表或双表配置方案、对侧电能表配置等技术要求。关口计量点是指发电企业、电网经营企业及用电企业之间进行电能结算的计量点。呼蓄电站电能计量技术在模拟量采集方式上有了巨大的变化,传统电站的电能表采样传感器一般是采用高功率输出的电流互感器和电压互感器,而呼蓄电站内模拟量采样实现全数字量化后通过光纤线路传输,一次侧的传感器采用了低功率输出的电子式互感器。电子式互感器具有测量准确度高、无饱和、动态范围宽、无二次开路危险等优点,为呼蓄电站内电能计量提供了准确、可靠的数据来源,使系统的 EMC 性能得到了很大提升,将呼蓄电站内电能采集与管理融入了 IEC61850 标准体系,为呼蓄电站各类设备运行信息高度集成化奠定了基础。

呼蓄电站的电能计量系统主要包括一次侧的传感器(其中包含遵循 IEC6044-7 标准电子式电流互感器和遵循 IEC6044-8 标准电子式电压互感器)、合并单元(merging unit),以及全站的采样同步时钟 GPS 同步信号。呼蓄电站的电能计量组成框图如图 19-6 所示。

呼蓄电站的远方电能量计量系统由兰吉尔仪表系统(珠海)有限公司生产的高精度多功能电能表 ZMQ202(蓄武线出口电能表为 ZMQ202 型电能表)、ZMD402(机组出口电量表、主变高压侧电能表、厂高变高压侧电能表为 ZMD402 型电能表)和中国电力科学研究院的两台电能量远方终端 PSM-ID 构成。电能计量表布置于 GIS 室及地下副厂房 6 楼 6LCU 室,电能计量计算机布置在地下副厂房 5 楼计算机室内。计量关口点设在 500kV 出线侧,考核点设在 4 台发电机出口、4 台主变高压侧、2 台厂高变高压侧及 2 回 SFC 分支回路输入侧。电能量远方终端主备冗余配置,关口点配置精度为 0.2S 级的主副 ZMQ 电能表,考核点配置精度为 0.2S 级的 ZMD 单表。电能表均含双 RS485 口,分别与两台电能量远方终端通信。PSM-ID 电能量远方终端主要用于对电子式电度表的数据采集,通过电度表的 RS485 接口抄读数据。需要脉冲量、遥信量采集的地方,可以使用专用于 PSM-ID 的 PSM-IS 脉冲采集终端采集,并由 PSM-ID 将数据集中,实现脉

第19章 调度自动化系统

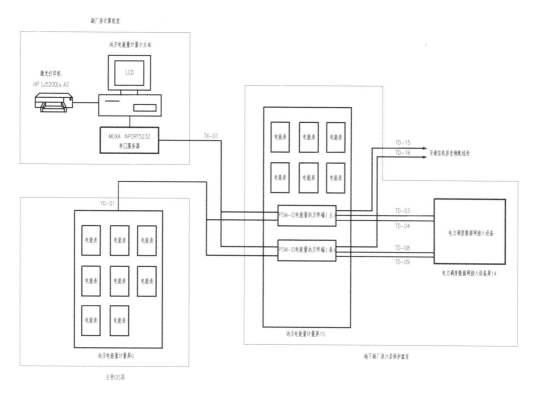

图19-6 电能计量组成框图

冲量、遥信量的采集。PSM-ID 与 PSM-IS 以主、从方式通过 RS485 接口交换数据。PSM-ID 型电能量远方终端系统结构如图19-7所示。两台电能量远方终端 PSM-ID 采集所有表计信息后通过电力调度数据网方式与国调华北调控分中心的计量主站通信,传输规约为 SCTM 和 DL/T719 规约;通过拨号和电力调度数据网两种方式与内蒙古中调的计量主站通信,传输规约为 SCTM 和 DL/T719 规约;通过串口与副厂房计算机室郎缠计量小主站通信,传输规约为 DL/T719 规约。

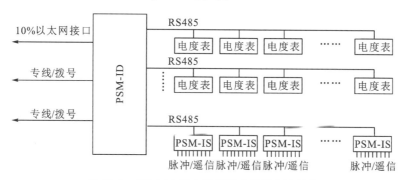

图19-7 PSM-ID 型电能量远方终端系统结构

为了加强电站内部电能量的考核,呼蓄电站配置一套远方电能量计量小主站系统,该系统主要硬件设备为一套电脑与一台打印机。

19.2.4 PMU

同步相量测量装置(phasor measurement unit,PMU)是利用全球定位系统(GPS)秒脉冲作为同步时钟构成的相量测量单元。它可用于电力系统的动态监测、系统保护、系统分析和系统预测等领域,是保障电网安全运行的重要设备。

呼蓄电站同步相量测量系统采用中国电力科学研究院 GGM-1 装置系统,主要采集500kV出线、#1～#4主变高压侧以及#1～#4发电机出口侧的电压、电流、脉冲有功和无功遥测量,将采集的实时数据进行动态和暂态记录,并上送至调度部门。GGM-1 系统主要采用 PAC-2000 电力系统相量测量装置(PAC-2000D),能够实时、精确地测量出全电网各节点的电压相量、电流相量、功率、频率、频率变化率、直流控制信号量、开关量状态等电气特征数据,为全系统电网广域检测、自动化测控、稳定控制、自适应继电保护等功能提供必要的原始数据和实现手段。其中 PAC-2000 电力系统相量测量装置(PAC-2000D)主要由数据采集单元(PAC-2000S)、数据集中处理单元(PAC-2000P)、GPS 授时单元(PAC-2000G)构成。数据采集单元主要完成相电压、相电流、开关量和直流励磁电压、励磁电流的实时同步测量。数据集中处理单元完成实时数据处理、本地存储、远方通信、显示等功能。GPS 授时单元接收 GPS 卫星信号并向数据采集单元提供秒脉冲信号和时间信息。分布式 PMU 系统结构如图 19-8 所示。

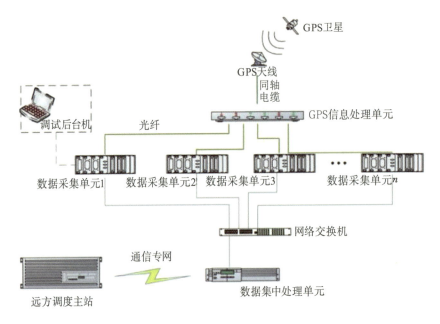

图 19-8　分布式 PMU 系统结构图

装置采用嵌入式实时操作系统 QNX(6.2.1 版)作为软件平台,具有超强的稳定性、可靠性和可维护性。软件系统按功能划分为一个监控及管理模块和四个独立的功能模块(数据采集、文件管理、人机界面、对外通信)。各功能模块在监控及管理模块的监管下独立运行,相互之间通过共享数据区交换数据和信息。各模块可以单独升级,单个模块发生异常时不会影响其他模块的正常运行,当监控模块发现某一功能模块异常时,能够自动将其杀死并重新起动该模块。

19.2.5　网络安全监测装置

呼蓄电站根据国家电力调度通信中心文件要求,在生产控制大区Ⅰ、Ⅱ区各部署了 2 套北京科东电力控制系统有限责任公司的 PSSEM-2000 型电力监控系统网络安全监测装置。网络安全监测装置能够对数据网交换机、Ⅰ区站控层交换机、Ⅱ区光功率预测交换机、Ⅰ区间的内网防火墙、Ⅱ区间的内网防火墙、反向隔离装置、入侵检测系统、防恶意代码系统等网络和安防设备的运行状态进行感知。通过在后台监控主机、AGC/AVC 服务器,在光功率预测系统主机上部署 Agent 探针程序,网络安全监测装置对上述系统的安全数据及网络安全事件进行感知并记录。其硬件平台参数为 Power PC 处理器,主频 1.2GHz,CPU 4 核,内存 8GB,FLASH 1GB。操作系统为代码可控的经过裁减内核的 Linux 操作系统。其网络安全监测装置实物如图 19-9 所示。

19.2.6　调度交换机

在计算机网络中交换机是非常重要的组成部分,它用于过滤和转发网络数据包,从一个网络设备(交换机、路由器、计算机、服务器等)到另一个设备,起到数据传输的关键作用。它广泛用于局域网(LAN),通过查看物理设备地址(称为媒体访问控制地址或 MAC 地址)来发送每个传入的信息帧。交换机的作用主要包含以下几点:

(1)交换机在接收到数据包后,会自动判断目标地址并将其转发到对应的端口,从而实现不同设备之间

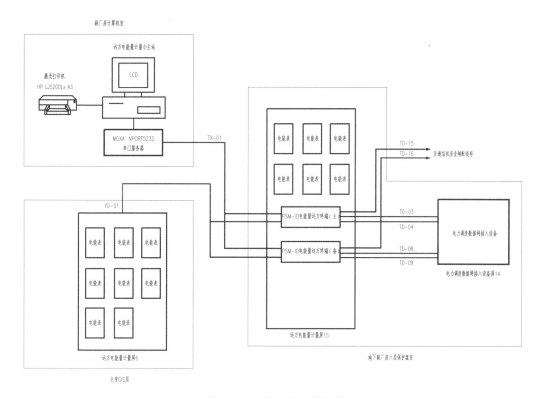

图 19-6 电能计量组成框图

冲量、遥信量的采集。PSM-ID 与 PSM-IS 以主、从方式通过 RS485 接口交换数据。PSM-ID 型电能量远方终端系统结构如图 19-7 所示。两台电能量远方终端 PSM-ID 采集所有表计信息后通过电力调度数据网方式与国调华北调控分中心的计量主站通信,传输规约为 SCTM 和 DL/T719 规约;通过拨号和电力调度数据网两种方式与内蒙古中调的计量主站通信,传输规约为 SCTM 和 DL/T719 规约;通过串口与副厂房计算机室郾缠计量小主站通信,传输规约为 DL/T719 规约。

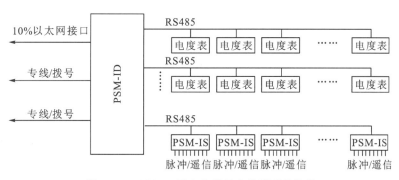

图 19-7 PSM-ID 型电能量远方终端系统结构

为了加强电站内部电能量的考核,呼蓄电站配置一套远方电能量计量小主站系统,该系统主要硬件设备为一套电脑与一台打印机。

19.2.4 PMU

同步相量测量装置(phasor measurement unit,PMU)是利用全球定位系统(GPS)秒脉冲作为同步时钟构成的相量测量单元。它可用于电力系统的动态监测、系统保护、系统分析和系统预测等领域,是保障电网安全运行的重要设备。

呼蓄电站同步相量测量系统采用中国电力科学研究院 GGM-1 装置系统,主要采集 500kV 出线、#1～#4 主变高压侧以及 #1～#4 发电机出口侧的电压、电流、脉冲有功和无功遥测量,将采集的实时数据进行动态和暂态记录,并上送至调度部门。GGM-1 系统主要采用 PAC-2000 电力系统相量测量装置(PAC-2000D),能够实时、精确地测量出全电网各节点的电压相量、电流相量、功率、频率、频率变化率、直流控制信号量、开关量状态等电气特征数据,为全系统电网广域检测、自动化测控、稳定控制、自适应继电保护等功能提供必要的原始数据和实现手段。其中 PAC-2000 电力系统相量测量装置(PAC-2000D)主要由数据采集单元(PAC-2000S)、数据集中处理单元(PAC-2000P)、GPS 授时单元(PAC-2000G)构成。数据采集单元主要完成相电压、相电流、开关量和直流励磁电压、励磁电流的实时同步测量。数据集中处理单元完成实时数据处理、本地存储、远方通信、显示等功能。GPS 授时单元接收 GPS 卫星信号并向数据采集单元提供秒脉冲信号和时间信息。分布式 PMU 系统结构如图 19-8 所示。

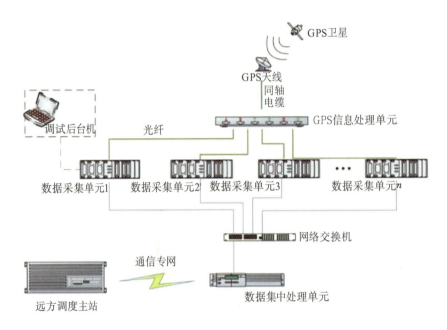

图 19-8 分布式 PMU 系统结构图

装置采用嵌入式实时操作系统 QNX(6.2.1 版)作为软件平台,具有超强的稳定性、可靠性和可维护性。软件系统按功能划分为一个监控及管理模块和四个独立的功能模块(数据采集、文件管理、人机界面、对外通信)。各功能模块在监控及管理模块的监管下独立运行,相互之间通过共享数据区交换数据和信息。各模块可以单独升级,单个模块发生异常时不会影响其他模块的正常运行,当监控模块发现某一功能模块异常时,能够自动将其杀死并重新起动该模块。

19.2.5 网络安全监测装置

呼蓄电站根据国家电力调度通信中心文件要求,在生产控制大区Ⅰ、Ⅱ区各部署了 2 套北京科东电力控制系统有限责任公司的 PSSEM-2000 型电力监控系统网络安全监测装置。网络安全监测装置能够对数据网交换机、Ⅰ区站控层交换机、Ⅱ区光功率预测交换机、Ⅰ区间的内网防火墙、Ⅱ区间的内网防火墙、反向隔离装置、入侵检测系统、防恶意代码系统等网络和安防设备的运行状态进行感知。通过在后台监控主机、AGC/AVC 服务器,在光功率预测系统主机上部署 Agent 探针程序,网络安全监测装置对上述系统的安全数据及网络安全事件进行感知并记录。其硬件平台参数为 Power PC 处理器,主频 1.2GHz,CPU 4 核,内存 8GB,FLASH 1GB。操作系统为代码可控的经过裁减内核的 Linux 操作系统。其网络安全监测装置实物如图 19-9 所示。

19.2.6 调度交换机

在计算机网络中交换机是非常重要的组成部分,它用于过滤和转发网络数据包,从一个网络设备(交换机、路由器、计算机、服务器等)到另一个设备,起到数据传输的关键作用。它广泛用于局域网(LAN),通过查看物理设备地址(称为媒体访问控制地址或 MAC 地址)来发送每个传入的信息帧。交换机的作用主要包含以下几点:

(1)交换机在接收到数据包后,会自动判断目标地址并将其转发到对应的端口,从而实现不同设备之间

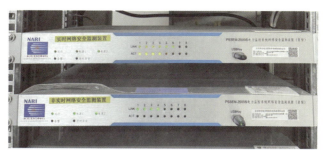

图 19-9　呼蓄电站网络安全监测装置

的通信。这种方式比较灵活、快捷,能够有效地避免网络上的数据冲突和延迟问题,从而保证数据传输的高效性和稳定性。

(2)交换机具有端口隔离的功能,能够将不同用户或者不同网络之间的数据进行隔离,防止出现数据泄露和信息安全问题。同时,交换机还支持 VLAN 虚拟局域网等技术,能够进一步加强网络的安全性和管理性。

(3)当多台设备使用同一个交换机时,交换机可以实现负载均衡和带宽控制的功能。交换机通过智能路由和流量控制,可以为不同设备提供不同的网络带宽和速度,从而达到更加高效的数据传输。

呼蓄电站采用的是杭州华三通信技术有限公司(H3C)的 S3600V2 Series、H3C S5130 Series 调度交换机,是具备高性能、较大端口密度的网管交换机。S3600-28P-SI 以太网交换机前面板提供 24 个固定的 10Base-T/100Base-TX 自适应以太网端口、4 个 1000Base-X SFP 口和 1 个 Console 口。交换机实物如图 19-10 所示。

图 19-10　交换机实物图

为了方便使用者监控交换机的运行情况,S3600-28P-SI 交换机前面板上有 1 个交流电源指示灯、1 个模式指示灯、1 个 7 段数码显示灯、24 个 10/100M 端口状态指示灯、4 个 1000Base-X SFP 口指示灯。交换机提供了一个符合 EIA/TIA-232 异步串行规范的 Console 口,通过这个接口,用户可完成对交换机的本地或远程配置。S3600-28P-SI 以太网交换机前面板提供 4 个千兆 SFP 口。该模块的热插拔特性及灵活的选配方法,增加了用户组网的灵活性。用户可根据自己的需要,选择千兆 SFP 模块。S3600-28P-SI 交换机后面板依次排列着交流电源插座、接地螺钉。其中额定电压范围为 100～240V AC,50Hz/60Hz,最大电压范围为 90～264V AC,50Hz/60Hz。

呼蓄电站将中控室远动工作站、地下厂房保护室中的 PMU、远方电能计量屏、故障信息远传系统中的数据信息进行分类(分为实时数据和非实时数据)后,共同接入对应的调度交换机中进行数据的汇聚,调度交换机将实时、非实时数据发送出去,经过纵向加密设备后,再通过 10/100M 网线传输到内蒙古网路由器(MSR5040 2n)、华北网路由器(MSR5040 1n)中进行数据中继,接着路由器将数据发送出去,通过数字配线柜后到达对应光端机传输设备,最后光端机传输设备将数据转换后通过 2×2M、2M 光缆经传输设备发至永圣域骨干站点、丰泉骨干站点及呼市区调。呼蓄电站调度交换机接入如图 19-11 所示。

19.2.7　通信电源系统

通信电源系统是通信系统的核心组成部分,其基本要求是确保高可靠性和稳定性。通常,通信设备的

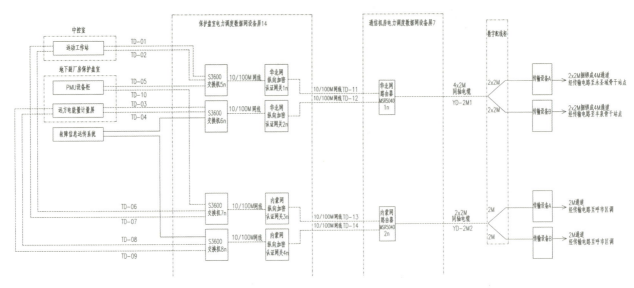

图 19-11 呼蓄电站调度交换机接入图

故障影响范围有限,且多为局部性问题。然而,一旦通信电源系统发生故障,将导致整个通信系统中断,严重影响设备的安全稳定运行。因此,电源系统必须具备冗余配置。呼蓄电站采用－48V 直流不间断供电方式,配备了两套 48V/150A 智能型高频开关电源设备和两组阀控式密封铅酸蓄电池,以确保供电的连续性和可靠性。

通信电源系统将所有的构成部件都集成在一面盘柜中。该系统主要由以下几个单元组成：机柜、交流输入单元、整流单元、交流配电单元、直流配电单元、监控单元、蓄电池组单元以及通信整流机架系统 IMPS00600。通信电源系统结构框图如图 19-12 所示。

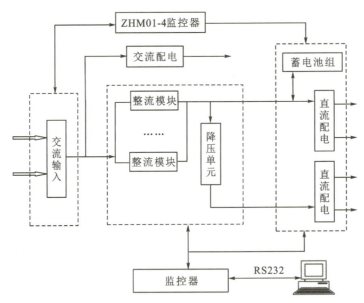

图 19-12 通信电源系统结构框图

1. 交流输入单元

交流输入单元采用双路供电,取自站用电 380V。

2. 直流供电系统

直流供电系统包括整流单元、直流屏、蓄电池组、设备相关配电线路等设备。

(1)整流单元:能够将交流电转换成直流电。

(2)直流屏:集中、转换、分配直流电。

(3)蓄电池组:能够将电能转换成化学能进行存储,必要时将化学能转换为电能,为设备提供电源,呼蓄电站通信电源系统配有两组铅酸蓄电池(容量500Ah,2V/只,24只/组),蓄电池容量为500Ah。通信蓄电池组如图19-13所示。

图 19-13　呼蓄电站通信蓄电池组

3. 监控单元

监控单元由SM45-100C监控器、I/O(输入/输出)板、LVD(电池低压脱离)控制板、告警检测板、温度传感器板等单元组成。其中SM45-100C监控模块可对小型电源系统(IMPS)提供监控管理功能,最多可监控24个APR48-3G整流模块。SM45-100C监控器发布命令控制整流模块(调节模块输出电压、输出限流等)及LVD(电池低压脱离操作)的运行。监控器对每个模块进行监控,一旦发生影响系统性能的故障,便触发告警器。SM45-100C本身带有一个声音告警器和两个告警LED指示器。告警继电器、数字输入、温度传感器、LVD控制及熔丝熔断告警的输入接口位于专用的I/O接口板上。

监控单元的功能包括:

(1)监控模块接收电流、电压和温度传感器(温度补偿用)的模拟量输入信号;

(2)有六个用户配置数字量输入和从IMPS各模块来的数字量输入信号;

(3)MOV告警输入接口、熔丝熔断告警及LVD告警输入接口;

(4)监控模块前面板有一个RS232串行插口,用来配置监控模块运行参数和远程监控,通过RS485口与整流模块之间传送控制命令和数据;

(5)监控模块的I/O板上有5个继电器输出,通常用于操作外部告警器。

第 20 章

供排水系统

20.1 供排水系统概述

供排水系统是抽水蓄能电站辅助设备的基本系统之一,呼蓄电站供排水系统主要包括水淹厂房系统、低压供水系统、技术供水系统、渗漏排水系统、检修排水系统、喷淋取水加压系统、压力钢管充水系统等组成。

水淹厂房系统是提高抽水蓄能电站安全水平的重要技术措施之一,作为"无人值守、少人值守"的重要技术条件,在电站运行区域发生进水、漏水等情况时,计算机监控系统应第一时间采集到水灾报警信号,以便生产人员或自动化程序及时采取应对措施,特别是在主厂房及主设备区域,当发生水淹厂房时,计算机监控系统应能根据事先设定的动作策略,自动将相应的机组解列停机以截断水流,保证水电站厂房、设备以及人员的安全。

低压供水系统是厂内重要的冷却水源,其主要作用是作为 SFC 冷却水、渗漏排水泵润滑水、主变空载冷却水、高压空压机冷却水、主轴密封冷却润滑备用水源、厂外消防水箱补充水源、厂内机电设备消防水源等。

机组技术供水系统采用单元式供水方式,全厂共分 4 个单元,采用加压泵供水,技术供水水源取自本单元机组尾水管,排至本单元机组尾水管,机组技术供水对象包括发电电动机空气冷却器、推导轴承冷却器、下导轴承冷却器、水导轴承冷却器、主变冷却系统、上/下止漏环冷却水等。为主要设备提供冷却润滑的作用,其中润滑的作用仅体现在上、下止漏环上。

渗漏排水系统,主要负责将厂房内、拦河坝及拦沙坝的各种渗漏水以及生产、生活用水部分不能自流排出的废水排至下水库,避免厂房积水太多导致水淹厂房等事故的发生。渗漏排水的特征是排水量小,不集中且很难用计算方法确定,在厂房内分布广,位置低,不能靠自流排至下游。因此,水电站都设有集中贮存漏水的集水井或排水廊道,利用管、沟将它们收集起来,然后用设备集中排出。

检修排水系统是厂内重要的排水系统,当检查、维修机组或厂房水工建筑物的水下部分时,必须将水轮机蜗壳、尾水管和压力钢管内的积水排除,此时需利用检修排水系统,将设备内积水排至下水库内,保证检修工作的安全顺利开展。

喷淋取水加压系统的主要作用是为上水库喷淋系统提供冷却水,并对上水库库盆沥青表面进行冷却,防止温度过高沥青熔化造成库盆漏水。

压力钢管充水系统的主要作用是实现压力钢管的充水功能。检修需要排空压力钢管时,水锤作用无法利用上水库为压力钢管进行充水,此时将通过压力钢管充水系统为压力钢管充水,避免水锤导致的破坏。

在水电厂,排水系统是比较容易发生事故的部位,若排水系统不可靠,就会引起水淹厂房的重大事故,严重威胁水电厂的安全和运行。

20.1.1 作用

供排水系统的主要作用是供水及排水。具体包括:为容易发热的设备提供冷却水源,保证设备的正常运转;同时对产生的无用积水通过排水泵等设备排至安全位置,保证正常水位,防止水淹厂房。

20.1.2 特点

供排水系统按照作用主要可以分为供水及排水两个系统,供水系统作为冷却水源,其主要特点是水量充足、水压稳定,能保证设备的冷却效果;排水系统的主要特点是排水量大、排水时间短,且具有较高的扬程,对水泵的性能要求较高。

20.1.3 设备参数

供排水系统主要由水淹厂房系统、低压供水系统、渗漏排水系统、检修排水系统、喷淋取水加压系统、压力钢管充水系统等组成。各系统的主要设备均为不同扬程水泵,具体参数统计表见表20-1至表20-15。

表20-1 厂内、拦沙坝及拦河坝渗漏排水泵参数

项目	单位	厂内渗漏排水泵	拦沙坝渗漏排水泵	拦河坝渗漏排水泵
型号	/	400RJC450-30*5-280	250QRJ100-75-37	300QRJ200-96-75
数量	台	5	2	2
额定流量	m³/h	450	100	200
流量运行范围	m³/h	290-450-540	75-100-120	130-200-245
额定扬程	m	150	75	96
扬程运行范围	m	175-150-125	98-75-54	124-96-74
额定效率	%	80	75	76
额定转速	r/min	1475	2875	2875
重量	kg	6000	3250	3400
扬水管连接方式	/	法兰连接	法兰连接	法兰连接

表20-2 机组维修排水大泵主要参数

水泵型号	电机型号	电机功率	额定扬程	额定流量	转速	水泵效率
SLOW200-660(I)-AT	1RQ1354-4P-450kW-10kV	450kW	143m	680m³/h	—	—

表20-3 机组维修排水小泵主要参数

水泵型号	电机型号	电机功率	额定扬程	额定流量	转速	水泵效率
80GDL54-14X10	—	37kW	140m	54m³/h	2900rpm	70%

表20-4 机组技术供水各对象用水量

用水对象名称	用水量
发电电动机空气冷却器	702m³/h
推力/上导冷却器	190m³/h
下导轴承冷却器	17m³/h
水导轴承冷却器	50m³/h
上/下止漏环	60m³/h(各30m³/h)
主变负载	198m³/h
总用水量	1217m³/h

表 20-5 低压供水各对象用水量

用水对象名称	用水量
主变空载	60m³/h
机电消防用水量	404m³/h
SFC冷却水	50m³/h
高压空压机冷却水	50m³/h
渗漏排水泵润滑水	10m³/h
主轴密封冷却润滑水	18m³/h

表 20-6 厂房渗漏集水井渗漏排水泵整定水位

项目	参数
厂内渗漏集水井底高程	▽1258.0M
工作泵起动水位	▽1265.0M
备用泵起动水位	▽1266.0M
停泵水位	▽1261.0M
报警水位	▽1266.5M

表 20-7 拦沙坝渗漏排水泵整定水位

项目	参数
拦沙坝渗漏集水井底高程	▽1346.0M
工作泵起动水位	▽1350.5M
备用泵起动水位	▽1351.0M
停泵水位	▽1348.0M
报警水位	▽1351.5M

表 20-8 拦河坝渗漏排水泵整定水位

项目	参数
拦河坝渗漏集水井底高程	▽1332.0M
工作泵起动水位	▽1337.0M
备用泵起动水位	▽1337.5M
停泵水位	▽1334.0M
报警水位	▽1338.0M

表 20-9 主变空载冷却水增压泵参数

水泵型号	电机功率	额定扬程	额定流量	转速
SLS80-200	22kW	50m	100m³/h	2950rpm

表 20-10 消防补水泵参数

水泵型号	电机功率	额定扬程	额定流量	转速
XBD4-6.9-SLS50-200(Ⅰ)A	7.5kW	44m	23.5m³/h	2950 rpm

表 20-11 渗漏排水泵参数

项目	单位	厂内渗漏排水泵	拦沙坝渗漏排水泵	拦河坝渗漏排水泵
型号	/	400RJC450-30*5-280	250QRJ100-75-37	300QRJ200-96-75
数量	台	5	2	2
额定流量	m³/h	450	100	200
流量运行范围	m³/h	290-450-540	75-100-120	130-200-245
额定扬程	m	150	75	96
扬程运行范围	m	175-150-125	98-75-54	124-96-74
额定效率	%	80	75	76
额定转速	r/min	1475	2875	2875
重量	kg	6000	3250	3400
扬水管连接方式	/	法兰连接	法兰连接	法兰连接

表 20-12 机组维修排水大功率泵主要参数

水泵型号	电机型号	电机功率	额定扬程	额定流量
SLOW200-660(I)-AT	1RQ1354-4P-450kW-10kV	450kW	143m	680m³/h

表 20-13 机组维修排水小功率泵主要参数

水泵型号	电机功率	额定扬程	额定流量	转速	水泵效率
80GDL54-14X10	37kW	140m	54m³/h	2900rpm	70%

表 20-14 上水库喷淋系统 1、2 潜水泵主要参数

水泵型号	电机功率	额定扬程	额定流量	转速	水泵效率
250QRJ120-56-30	30kW	56m	120m³/h	2875rpm	75%

表 20-15 上水库喷淋系统 3 潜水泵主要参数

水泵型号	电机功率	额定扬程	额定流量	转速	水泵效率
250QRJ125-80-45	45kW	80m	125m³/h	2875rpm	75%

20.2 设备组成及原理

呼蓄电站供排水系统主要包括水淹厂房系统、低压供水系统、渗漏排水系统、检修排水系统、喷淋取水加压系统、压力钢管充水系统等组成。

20.2.1 水淹厂房系统

在水电站的各类事故中,水淹厂房事故的破坏程度远大于其他常见事故,强大的水流进入厂房可在短时间内淹没厂房,造成设备短路损坏、线路停运、人身伤亡等严重后果。不同于其他机电事故,水淹厂房事故后,修复时间过长,事故影响较大。因此,建立完善的防水淹厂房系统是至关重要的。

水淹厂房流程图如图 20-1 所示。

呼蓄电站在地下厂房母线层♯1 机风洞外围副厂房侧安装防水淹厂房保护装置,装置设有 1 个控制柜、9 台声光报警器分线箱和 3 套水位计,每套水位计又由 A、B、C 三个浮子式液位计组成,三个液位计安装于

不同的高程。如图 20-2 所示,当水位上升至某一位置,3 只浮子式液位计(在同一水位平面)中任意 1 只动作,信号上传至 PLC,并发出"防水淹厂房预警"报警信号。当 3 只浮子式液位计中任意 2 只或 3 只动作,或现地防水淹厂房控制箱手动起动按钮动作或中控室起动水淹厂房信号时,则防水淹厂房系统动作跳闸。之后,♯1~♯4 机组机械事故停机,落♯1~♯4 机组尾水事故闸门和♯1、♯2 上水库进/出水口闸门,起动各区声光报警器。

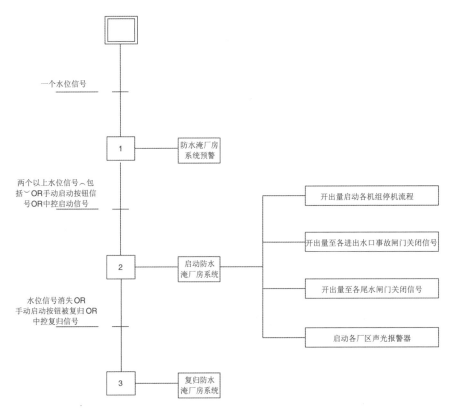

图 20-1 水淹厂房流程图

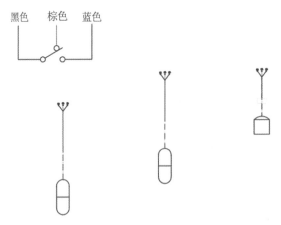

图 20-2 水位计信号原理图

水位计报警信号逻辑图如图 20-3 所示。

20.2.2 低压供水系统

呼蓄电站低压供水系统从下水库♯1 和♯4 拦污栅外取水口取水,沿♯1 机组及♯4 机组尾水隧洞引至蜗壳层上游侧,经两台全自动滤过器向地下厂房内低压供水总管供水,再由低压供水总管向各低压供水对象供水。滤过器是四川自贡真空过滤设备有限责任公司生产的 DLSⅢ-200 型全自动滤水器,其构造如图 20-4 所示。

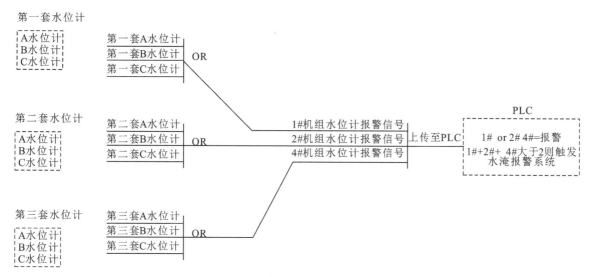

图 20-3　水位计报警信号逻辑图

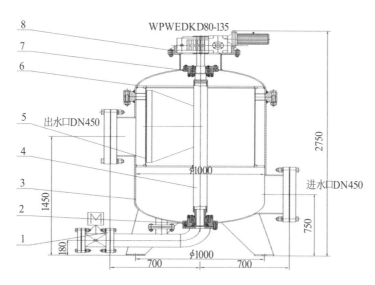

图 20-4　DLSⅢ-200 型全自动滤水器构造示意图

1—排污部件；2—下轴承部件；3—下筒体部件；4—转轴部件；5—滤芯部件；6—上筒体部件；7—上轴承部件；8—蜗杆减速机

低压供水对象主要包括 SFC 冷却水、渗漏排水泵润滑冷却水、高压空压机冷却水、主变空载冷却水、主轴密封冷却润滑备用水、厂外消防水箱补充水、厂内机电设备消防水、地下厂房空调机冷却供水等。由于地下厂房与下水库具有高程差，因此低压供水总管为自流供水，根据最大高程差设计压力为 1.6MPa。

20.2.2.1　SFC 冷却水

SFC（静止变频装置）的冷却水直接从厂内低压供水总管取水，持续冷却 SFC 可控硅元件及起动变压器在运行时所产生的热量，最后通过排水管排至厂内集水井。

20.2.2.2　渗漏排水泵润滑冷却水

呼蓄电站地下厂房共设置 5 台长轴深井渗漏排水泵，额定转速为 1475r/min。由于泵轴传动结构外露于空气中，因此在其起动时需采用外来水源进行润滑及冷却，防止因高转速运行而发生摩擦热损坏。润滑水投入是厂内渗漏排水泵起泵的必要条件之一。每台泵均由低压供水总管取水，沿着泵体运行时排至集水井内。

20.2.2.3 高压空压机冷却水

气机将压力约 0.1MPa 的空气压缩至 8.3MPa 后供至各高压气用户,此压缩过程中气体分子因受到外力压迫靠得更紧,产生了气体颗粒的挤压和碰撞,分子的平均自由路径变短,相互作用增强,平均能量增加,导致热量产生,而高压空压机的冷却水就是用来冷却这些热量,防止气机因温度过高而发生高温停机事故,进而影响机组正常运行的。

20.2.2.4 主变空载冷却水

主变压器在运行(负载、空载)中存在着铁芯损耗和线圈铜耗,铁损和铜损转化为热量,使变压器油温度升高,绝缘能力下降,同时也使线圈温度升高。若不及时冷却,则会限制变压器的运行能力,影响其使用寿命。主变压器负载时由技术供水加压泵加压后进行冷却。主变压器空载时,冷却水正常由低压供水经主变冷却器空载加压泵增压后向主变冷却器供水,排至本单元机组尾水管;异常时由低压供水自流向主变冷却器供水,排至集水井。

20.2.2.5 主轴密封冷却润滑备用水

主轴密封冷却润滑用水将大于尾水的压力供水至主轴密封与水轮机轴转轮连接法兰盘上抗磨板接触面,起到润滑转动件(水轮机轴)与固定件(顶盖)并密封其间间隙尾水上逸的作用。密封好的关键是密封水压力必须大于被密封尾水压力,尾水压力约 1MPa。共分为两路水源供水:第一路水源从上游压力钢管(6.0MPa)取水,经旋流器减压至 1.8MPa 后进行供水,作为主水源;第二路水源从低压供水总管取水,通过加压泵加压至 1.8MPa 后进行供水,作为备用水源。冷却水一部分沿着水轮机轴自流排至转轮室后流入本单元机组尾水管内,另一部分排至该机组的顶盖,再通过顶盖排水泵排至集水井。

20.2.2.6 厂外消防水箱补充水

厂外消防水箱通过两台消防补水泵从低压供水总管取水而进行补水,两台消防补水泵互为冗余备用,由消防补水控制箱控制。当水箱水位低时起动工作泵,工作泵故障时起动备用泵,并报警;当水位高信号来时,停泵。

低压供水对象使用的增压泵基本都是上海连成(集团)有限公司生产的 SLS 系列立式离心泵,其结构如图 20-5 所示。消防水池补水泵流程见图 20-6。

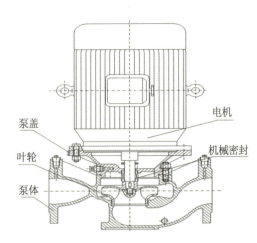

图 20-5 立式离心泵构造示意图(SLS 型泵结构图)

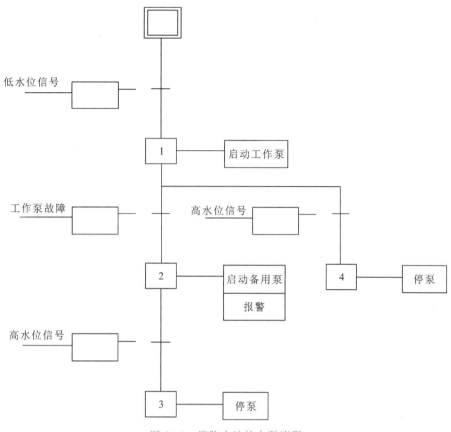

图 20-6 消防水池补水泵流程

20.2.3 技术供水系统

每台机组技术供水设备有 2 台技术供水泵、2 台自动滤过器、1 台技术供水控制柜和 2 台技术供水起动柜。技术供水泵选用的是上海连成生产的 SLOW300-450（Ⅰ）BT 型的卧式双吸离心泵，滤过器选用的是四川自贡真空过滤设备有限责任公司生产的 DLSⅢ-450 型全自动滤水器。其结构与图 20-4 相同。两台技术供水泵互为备用，机组运行时起动一台技术供水泵，将来自本单元尾水管的水加压后通过各枝状布置的管道为厂内多种设备提供冷却、润滑水源，设备使用后的水会通过排水管道返回本单元机组尾水管。形成循环往复的供排水方式。

20.2.3.1 发电电动机空气冷却器冷却水

呼蓄电站每台机组设置 6 个空气冷却器，空气冷却器水源从技术供水系统取水，经供水管道输送至冷却器内部铜管，与发电电动机运行产生的热空气进行热量交换，通过热传导和对流方式，迅速带走空气热量。完成换热后的冷却水，温度升高，随后经排水管道排到机组尾水管。

20.2.3.2 轴承冷却器冷却水

呼蓄电站每台机组推导轴承外循环冷却系统设置 4 个管式冷却器，下导冷却系统设置 1 个盘式自循环冷却器，水导设置 1 个管式冷却器，冷却水经管道进入冷却器内部换热管束，与轴承运行温度升高的透平油进行热量交换，通过热传导和对流方式，降低透平油温度。完成换热后的冷却水，温度升高，随后经排水管道排到机组尾水管。

20.2.3.3 主变冷却系统冷却水

呼蓄电站每台机组主变压器设置 4 个冷却器，水源取自技术供水系统，通过管道输送至主变冷却器，冷却水在冷却器内管束中流动，与变压器油进行热量交换，使油温降低，从而保证变压器在正常温度范围内工作。

20.2.3.4 上、下止漏环冷却润滑水

上、下止漏环冷却润滑水水源来自电站技术供水系统,通过管道输送至上、下止漏环在机组运行时,止漏环与转动部件间存在微小间隙,高速水流易导致部件磨损、产生高温。冷却润滑水进入该间隙后,一方面在止漏环与转动部件表面形成水膜,充当润滑剂,降低摩擦系数,减少磨损,延长设备使用寿命;另一方面,通过水的流动带走因摩擦产生的热量,有效控制止漏环及周边部件温度,防止因过热引发设备性能下降或故障。

20.2.4 渗漏排水系统

呼蓄电站渗漏排水系统包括厂内渗漏排水系统和大坝渗漏排水系统,通过将渗漏积水沿排水管、排水沟或排水廊道排至所设置集水井后利用深井潜水泵抽至下水库。渗漏排水系统的作用是将厂房内部沿山体的渗漏积水和大坝沿坝体的渗漏积水,通过排水廊道汇集至集水井内,通过深井潜水泵抽至下水库,防止厂房和大坝内部潮湿,破坏关键性建筑物。渗漏排水具体分为厂内渗漏排水、拦沙坝渗漏排水和拦河坝渗漏排水。

厂内渗漏排水采用的是长轴深井泵,拦沙坝及拦河坝渗漏排水采用的是深井潜水泵,二者在安装方式上最大的不同是前者的泵传动机构外漏于空气中,需要额外润滑水源来维持运行,同时前者的额定流量、扬程也更高。

此类泵的工作部件主要包括导流壳、叶轮、锥形套、轴承衬套(壳轴承和导轴承)、叶轮轴承,其叶轮为封闭式;原动机部件由立轴电机、推力轴承、下导轴承、润滑油槽、止逆装置、联轴装置等组成;扬水管部分由扬水管、传动轴、联轴器和轴承体部件组成;泵座部件由泵座、传动装置、冷却润滑管路组成,泵座承受全部扬水管和工作部分的重量,泵座出口安装闸阀和逆止阀,与出水管路相连,防止停泵后尾水回灌。两种泵的构造示意图见图20-7。

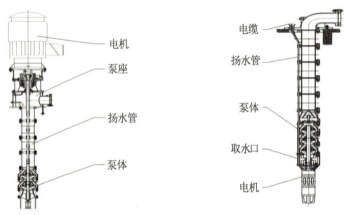

图 20-7　长轴深井泵与深井潜水泵构造示意图

20.2.4.1 厂内渗漏排水

厂内渗漏排水由地下主厂房、主变洞、交通洞、施工支洞、上层排水廊道、中层排水廊道、下层排水廊道等的渗漏排水组成,渗漏排水通过排水管、排水沟、排水廊道排至集水井,集水井有效容积为364m³,井底高程▽1258.0m,井口高程▽1270.0m,工作泵启泵水位▽1265.0m,备用泵启泵水位▽1266.0m,停泵水位▽1261.0m,报警水位▽1266.5m。

图20-8为厂内渗漏排水启停泵流程,当PLC收到起动水位、启备泵水位、过高水位时,PLC发令起动润滑水电磁阀,起动2分钟以后开启工作泵,工作泵运行2分钟之后,停工作泵润滑水电磁阀,当集水井水位达到启备泵水位或者PLC收到过高水位信号后,起动备用泵润滑水电磁阀,同样2分钟以后开启备用泵,备用泵运行2分钟之后停备用泵润滑水电磁阀,当集水井水位下降至停泵水位或者水位过低时,关停所有泵。

厂内渗漏集水井设置5台长轴深井渗漏排水泵、1台排污泵以及2条排水管,长轴深井渗漏排水泵额定扬程150m,额定转速1475r/min,额定流量450m³/h。#1、#2、#3渗漏排水泵共用一条排水管,#4、#5

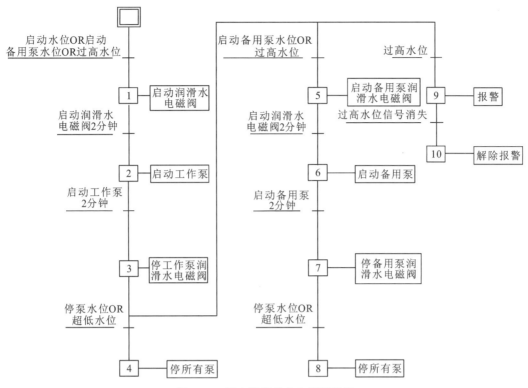

图20-8 厂内渗漏排水启停泵流程

渗漏排水泵共用一条排水管,将集水井内的水排至下水库机组尾水管拦污栅后。每条排水管设有一个压力波动阀,用于减小水泵起动或水泵停止时管道系统中的压力波动。厂内渗漏排水的对象主要有:地下厂房墙体渗水、SFC变频器冷却排水、主变压器空载冷却排水、机组顶盖排水、公用辅助设备冷却排水等。

20.2.4.2 下水库大坝渗漏排水

下水库大坝渗漏排水包括拦沙坝坝体渗漏排水和拦河坝坝体渗漏排水。拦沙坝坝体最底层设有一个有效容积为 $30m^3$ 的渗漏集水井,集水井内设置2台渗漏深井潜水泵,额定扬程75m,额定转速2875r/min,额定流量 $100m^3/h$,井底高程▽1346.0m,井口高程▽1352.5m,工作泵启泵水位▽1350.5m,备用泵启泵水位▽1351.0m,停泵水位▽1348.0m,报警水位▽1351.5m。拦河坝坝体最底层设有一个有效容积为 $60m^3$ 的渗漏集水井,集水井内设置2台渗漏深井潜水泵,额定扬程96m,额定转速2875r/min,额定流量 $200m^3/h$,井底高程▽1332.0m,井口高程▽1339.5m,工作泵启泵水位▽1337.0m,备用泵启泵水位▽1337.5m,停泵水位▽1334.0m,报警水位▽1338.0m。

如图20-9所示,当下水库集水井水位达到1337.0m时,起动工作泵;当水位达到1337.5m时,同时开启备用泵将集水井中的水抽至下水库;当水位下降至1334.0m时,关停所有泵。

20.2.5 检修排水系统

呼蓄电站机组检修排水管路布置在地下厂房尾水层,按机组为单元以联通阀划分排水管路,共设置三台检修排水泵,两台大功率的,一台小功率的,在机组过水部件和厂房水下部分设备检修或维护时,通过检修排水泵将水排空并抽至下水库拦污栅后。两台大功率泵互为冗余备用,为尽快开展检修工作需快速排水,因此小功率泵只有在两台大功率泵均故障时才投入使用。

20.2.5.1 压力钢管排水

地下厂房压力钢管设置在蜗壳层主进水阀上游侧,在上水库闸门开启时,压力钢管中的水一直与上水库通过连通管的原理保持压力相同。压力钢管除作为机组主轴密封主供水水源外,还供水至主进水阀工作密封,在主进水阀开启时工作密封退出,压力钢管供水至主进水阀下游侧,使主进水阀在上、下游平压的环

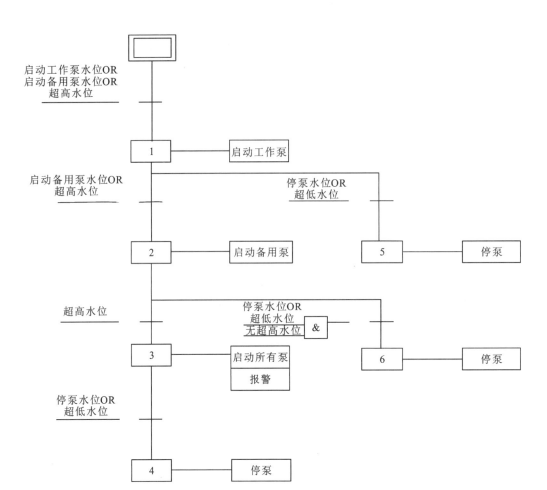

图 20-9 下水库渗漏排水启停泵流程

境中开启,防止主进水阀开启时进水侧与出水侧压差过大而对其本体及附属设备产生压力破坏。压力钢管排水是通过两个 DN200 的前后排水阀排水至本单元机组尾水管后连同尾水通过尾水排水阀连同检修排水系统而排至下水库。

20.2.5.2 蜗壳排水

机组蜗壳环抱固定导叶及活动导叶,与座环上、下环板形成机组水泵-水轮机出/进水流道,其内排水由设置的两个 DN200 的前后排水阀排至本单元机组尾水管后再通过尾水排水阀连接至检修排水系统后连同尾水一同被抽至下水库。

20.2.5.3 机组排水

机组检修时,本体排水包括机组主轴密封排水和技术供水用户排水。主轴密封的水一部分流至顶盖内,通过顶盖排水泵泵至集水井内进行排水,另一部分随着机组大轴经转轮自流至本单元机组尾水管,随尾水一起通过检修排水排至下水库。

机组技术供水取自本单元机组尾水管,排至本单元机组尾水管,在机组检修时,尾水闸门落下,机组技术供水系统中的水便随着尾水一起通过检修排水排至下水库。

20.2.6 喷淋取水加压系统

喷淋取水加压系统主要由喷淋取水池、取水泵、喷淋环管及喷淋头等设备组成。喷淋水池取水泵组设三台深井潜水泵,补水泵组能自动、远方手动和现场手动操作。喷淋水池取水泵由喷淋水池水位、上水库水位判断启停,当喷淋水池水位低于水泵起动水位并且上水库水位低于 1918m 时起动一台 30kW 小泵,当喷淋水池水位低于水泵起动水位并且上水库水位高于 1918m 时起动一台 45kW 大泵,当 PLC 收到停泵水位信号或者高水位信号来时,PLC 发令停泵,如图 20-10 所示。

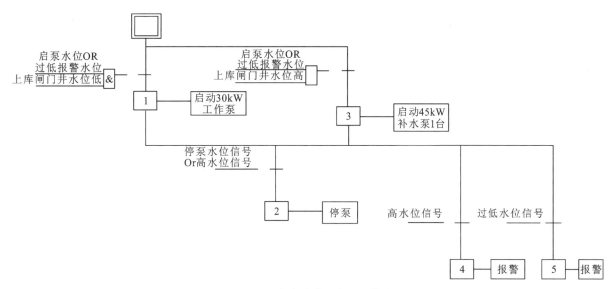

图 20-10　上水库喷淋取水泵工作流程

喷淋水池至上水库喷淋环管采用水泵加压供水方式。加压泵的启停由监测上水库沥青混凝土面板温度的测温探头和喷淋水池水位控制，如图 20-11 所示。当大坝温度高于 50℃ 时，PLC 收到温度过高信号，发令起动工作泵，如果未收到软起开出信号则开启备用泵。主备泵在收到软起开出信号 10s 后，开启蝶阀并延时 100s，当上水库面板温度降低至 35℃ 以下之后或者 PLC 收到水位过低信号、蝶阀非全开、蝶阀故障信号之一，则 PLC 下令停泵关阀。如果运行过程中工作泵故障且此时蝶阀全开无故障，则启用备用泵来降低面板温度，同样上水库面板温度降低至 35℃ 以下之后或者喷淋池水位过低就停泵关阀。

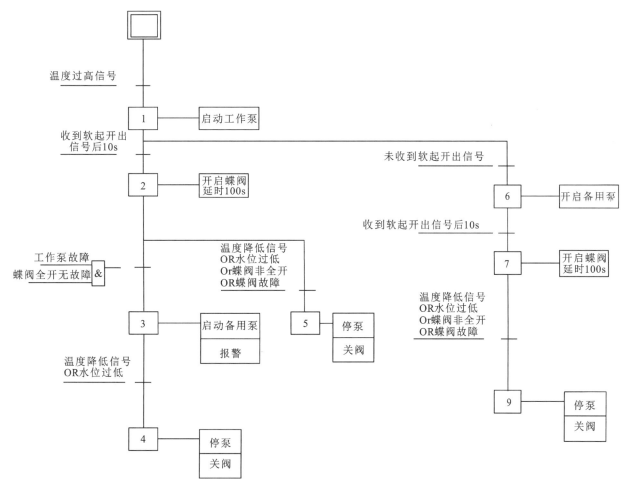

图 20-11　喷淋取水加压泵流程图

20.2.7 压力钢管充水系统

压力钢管充水系统主要由充水泵、阀门和管路等设备组成,其水源来自低压供水系统。该系统的主要功能是为压力钢管充水。在机组大修或需要排空压力钢管时,由于水锤效应的存在,无法直接利用上库水进行充水。此时,压力钢管充水系统将发挥作用,避免因水锤效应造成的设备损坏。

第 21 章

压缩空气系统

21.1 压缩空气系统概述

空气具有极好的弹性(即可压缩性),经压缩后,是储存压力能的良好介质。压缩空气使用方便、安全可靠,易于储存和运输,因此,在水电站得到了广泛应用。无论在机组运行中还是在检修和安装过程中,均需使用压缩空气。呼蓄电站压缩空气系统主要包括高压气系统、中压气系统、低压气系统。

21.1.1 主要作用

(1)高压气机的主要作用:①向主进水阀和调速器油压装置的压力油罐进行充、补气,为水轮机调节系统提供能源;②在机组调相运行时,为转轮室压水提供充、补气,使转轮离开水面,实现在空气中转动。

(2)中压气机的主要作用:水轮机主轴密封空气围带用气。

(3)低压气机的主要作用:机组维修时风动工具吹污清扫用气。

21.1.2 用户特性

21.1.2.1 高压气机

高压气系统主要供♯1~♯4机组转轮室压水的充、补用气以及调速器和主进水阀压力油罐的充、补用气,设计压力为8.5MPa,正常供气量每分钟5m^3。

21.1.2.2 中压气机

中压气系统主要供机组主轴密封的检修密封(空气围带)用气,一级排气设计压力为2.0MPa,二级排气设计压力为4.0MPa,正常供气量每分钟0.95m^3。

21.1.2.3 低压气机

呼蓄电站低压气系统分为厂房低压气系统和泄洪排沙洞低压气系统,主要用于检修时设备清扫。设计压力为0.8MPa,正常供气量每分钟3m^3。

21.2 设备组成及原理

根据电站用气设备的工作压力、工作性质及技术要求的不同,水电站的压缩空气系统通常按压力等级划分为高压、中压和低压三个子系统。呼蓄电站压缩空气系统按照额定气压分为高压气系统(8.3MPa)、中压气系统(1.8MPa)和低压气系统(0.7MPa)。空压机主要运行参数如表21-1所示。

表 21-1　空压机主要运行参数

项目	单位	高压气机	中压气机	低压气机
空压机排气压力	MPa	8.5	2.0	0.8
正常排气量	m³/min	5	0.95	3
气罐安全阀全开压力	MPa	8.8		
气罐安全阀开启压力	MPa	8.5		
系统压力高报警	MPa	8.4	1.9	0.75
工作及备用空压机停机气压	MPa	8.3	1.8	0.7
工作空压机起动气压	MPa	7.9	1.5	0.55
备用空压机起动气压	MPa	7.5	1.4	0.5
系统压力低报警	MPa	7.4	1.3	0.45

压缩空气系统一般由四个部分组成：

(1) 空气压缩装置：包括空气压缩机、电动机、储气罐和气水分离器。压缩机转子的工作原理基于挤压原理，阴阳转子侧面轮廓呈螺旋形，在电机和皮带机构驱动下互相啮合转动但并不相互接触，这样，进入机头内的空气在气流的方向因为螺旋空间不断缩小，压力逐渐升高，进而达到所要求的最高压力，在此过程中，机油不断地喷入压缩室内，起到了冷却、密封和润滑的作用。油路组成如图 21-1 所示。

(2) 供气管网：由干管、支管和管件组成。管网将气源和用气设备联系起来，输送和分配压缩空气。压缩机内无回流阀之后的压力称为管网出口压力。控制系统在压缩机运行过程中根据管网出口压力控制压缩机的启停。气路组成如图 21-2 所示。

(3) 测量和控制元件：包括各种类型的自动化元件，如压力继电器、温度信号器、电磁空气阀等。其主要作用是监测、控制，保证压缩空气系统的正常运行。压缩机的所有控制都基于三种工作状态：

① 加载状态：
——压缩机输出最大的压缩空气出风量；
——压缩机消耗最大的能量。

② 空转状态：
——压缩机运转但没有压缩空气输出；
——消耗的能量比加载状态约减少 75%；
——当需要压缩空气时机器马上转换进入负荷状态；
——空转运行有效降低了电机的启停频率，从而减少了设备磨损和机械损伤。

③ 准备开机状态：
——压缩机停机，处于准备状态；
——当有压缩空气需要时机器自动切换到加载状态。

组合上述三种运行状态，可以建立两种重要的运行模式：

① 间歇运行模式：此时压缩机能耗比最为理想。机器工作于加载状态；当达到机器的停机压力 P_{max} 时，空压机停机，切换成准备开机状态；当压力下降到开机压力 P_{min} 时，空压机开机，切换回加载状态。

② 持续运行模式：此种模式下空气压缩机减少了电机的开关次数，进而减少了机器的磨损。机器运行于加载状态；当达到机器的关机压力 P_{max} 时，空压机切换成空转状态；当压力下降到开机压力 P_{min} 时，空压机开机，切换回到加载状态。

(4) 用气设备：如油压装置的压力油罐、制动闸、风动工具等。

21.2.1　高压气系统

高压气系统设备主要包括：5 台活塞式高压气机(其中 3 台工作、2 台备用，主/备空压机按起动次数自动轮换)、1 个平衡储气罐、1 个机组油压装置气罐、4 个调相压水气罐、2 个减压阀、5 台动力柜、1 台主控制柜及多个自动化元件等。

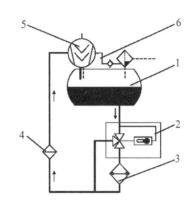

图 21-1 空压气机油路组成示意图

1—油罐：集中因重力而从压缩空气中分离出的机油，靠系统压力从油罐中压入机头；2—温控阀：根据油温将机油引入油冷却器或旁路(起动时)，保持机油合适的工作温度；3—机油冷却器：将油温冷却到操作温度；4—油过滤器：过滤油内杂质；5—压缩转子；6—回油管：将油气分离器内积存的油吸回油路

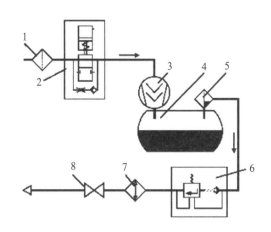

图 21-2 空压气机气路组成示意图

1—进气过滤器：清洁压缩机机头吸入的空气；2—进气控制器：根据压缩机的运行状态，在负载时打开，在空转或者停机时关闭；3—压缩机机头：压缩空气；4—油罐：在油罐中，压缩空气中的机油因重力作用初步分离；5—油气分离器：分离压缩空气中的残油；6—最小压力止回阀：在系统压力达到 3.5Bar 时阀门开启，快速建立压力和保证起动阶段的润滑，当压缩机停止运转后，无回流阀门阻止压缩空气从管网倒流回压缩机；7—后冷却器：使压缩空气中的水蒸气冷却析出；8—断流阀：隔离压缩机和管网

1. 高压气系统管路

高压气系统布置为：5 台高压气机并联后连接至平衡储气罐，平衡储气罐出气总管分为 2 个支路；一个支路连接至主厂房▽1276m 上游侧墙布置的 1 根贯穿全厂的机组调相压水供气总管，通过支管分别接至♯1～♯4 机组调相压水气罐；另一个支路经减压阀接至机组油压装置气罐，机组油压装置气罐与主厂房▽1282.8m 上游侧墙上布置的 1 根贯穿全厂的油压装置供气总管相连接，每个机组段各分出一个支管，分别接至♯1～♯4 机组调速器及主进水阀油压装置压力油罐。高压气系统管路如图 21-3 所示。

2. 高压空压机运转原理

空气或其他气体通过一个 3 英寸(约 76.2mm)孔径的管路抽入压缩机第一级。经压缩后，空气进入第一个经水冷的中间冷却器再进入第二级压缩。空气在进入第三级之前被再次冷却。每一级都有安全阀，且有压力表显示中间压力及最后压力。

3. 减压阀

减压阀由 6 大部件组成(不包括螺栓和密封圈)：阀体、调流板、固定架、膜片、主弹簧、弹簧罩。

减压阀工作原理：主阀的调节由导阀来引导完成。导阀通过感应阀后压力，将压力导通至阀门控制腔，

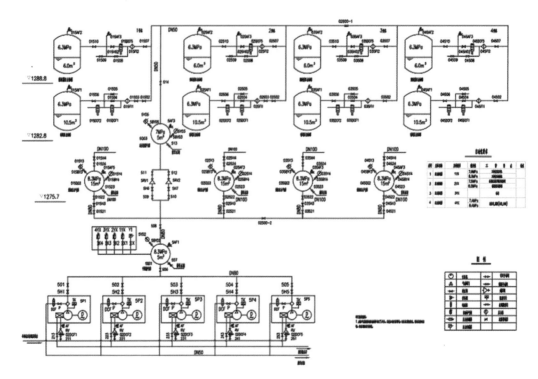

图 21-3 高压气系统管路图

或者将压力从阀门控制腔导出,通过控制主阀的开度来精确调节减压阀后的压力。

当系统没有流量需求时,出口压力会大于导阀设定值,导阀处于关闭状态,进口压力通过导阀作用在主阀弹簧上;此时,调节部件也处于关闭状态。通过出口处膜片的压差驱动弹簧关闭阀门,阀后系统保持设定压力。当系统下游有流量需求时,出口压力下降,导阀开启,释放主阀上腔的压力,膜片上方的作用压力下降时,进口压力会慢慢将膜片抬离调流板,打开阀门。当系统流量需求停止或减少时,下游压力上升,导阀关闭。进口压力继续通过限流器,直至控制腔压力与进口压力相等,压差驱动弹簧关闭调节部件,从而关闭主阀。调节限流器的不同挡位,可影响阀门的反应速度、稳定性和感应性。Flowgrid 减压阀控制原理图如图 21-4 所示。

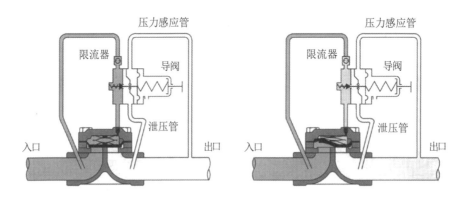

图 21-4 Flowgrid 减压阀控制原理图

4. 控制原理

控制柜用来控制每个独立的空压机,分为远方(联控)、现地自动、现地手动三种控制方式。

(1)联控方式。

将选择开关"就地 切除 联控"旋转至"联控"位置,即可由联控柜进行控制,联控柜会根据压力传感器或压力开关的设定值进行自动的启停控制。联控柜可以控制全部(五台)空压机。当单机柜的选择开关位于"联控"位置时,该空压机受联控柜控制。联控柜根据平衡储气罐的压力值进行控制。起动方式采用模拟量为主、开关量后备的冗余控制模式:当模拟量正常时,开关量备用;当模拟量故障时,开关量参与控制。当压力低于7.9MPa时,顺序间隔延时起动两台主用空压机,当压力低于7.4MPa时,顺序间隔延时起动剩余能够正常工作的空压机;当压力达到8.3MPa时停机,达到8.4MPa时压力高报警。主/备空压机按起动次数依次轮换。

(2)现地自动方式。

将选择开关"就地 切除 联控"旋转至"就地"位置,将选择开关"手动 停止 自动"旋转至"自动"位置。

选择现地自动方式前必须先设定空压机的起动顺序,否则该空压机不会起动。起动顺序在文本显示器上进行设定,当符合起动的压力条件时,起动顺序依次为工作泵1、工作泵2、备用泵1、备用泵2、备用泵3。(该起动顺序仅在现地自动方式下有效。)单机柜的PLC会根据压力开关的设定值进行自动的启停控制。

(3)现地手动方式。

将选择开关"就地 切除 联控"旋转至"就地"位置,将选择开关"手动 停止 自动"旋转至"手动"位置。此时冷却水阀自动打开。当冷却水阀打开15秒之后,可以开启空压机。

开机过程:按下"手动排污"按钮,此时卸载指示灯亮,表示当前处于卸载状态。按下"起动"按钮,空压机开机。当空压机运行稳定之后,可以视情况进行加载操作。按下"手动排污"按钮,此时加载指示灯亮,表示当前处于加载状态。可以根据调试需要随时进行加载卸载操作。开机流程结束。

关机过程:按下"手动排污"按钮,此时卸载指示灯亮,表示当前处于卸载状态。(如果当前没有加载,此步骤跳过。)卸载一定时间(2~5分钟)之后,按下"停止"按钮,空压机关机。关机流程结束。

高压气机控制回路原理图如图21-5所示。

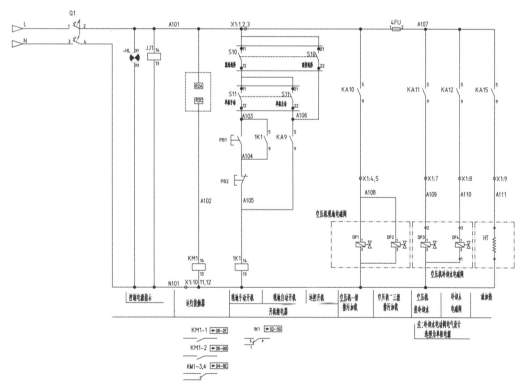

图21-5 高压气机控制回路原理图

21.2.2 中压气系统

中压气系统主要供机组检修密封用气。中压气系统设备主要包括2台活塞式空压机、1个平衡储气罐、多个自动化元件及2台控制柜等。其中空压机1台工作,1台备用,主/备空压机由PLC自动轮换控制。

中压气系统布置为:两台中压气机并联后连接至储气罐,储气罐与主厂房▽1282.8m上游侧墙上布置的1根贯穿全厂的中压供气总管连接,每个机组段分出一个支管,分别接至#1~#4机组检修密封。

控制方式:

中压气系统共设1面控制柜、1套可编程序控制器(PLC)、操作控制器件、开关电源装置及触摸屏等,可编程序控制器(PLC)置于控制柜内。动力电源取自主厂房交流公用盘。控制回路为交直流双路供电。

在"自动"方式下,空压机的启停由PLC自动完成控制;两台检修密封气空压机的工作方式为一工作,一备用,工作空压机和备用空压机可按照运行次数自动轮换。控制柜PLC通过接收平衡压力气罐上的压力传感器发出信号来控制中压气机的启停。空压气机的气罐压力降至1.3MPa时起动工作空压机,降至1.2MPa时起动备用空压机并发气压低报警,降至1.1MPa时发出气压过低报警信号。气罐压力升至1.6MPa时停止空压机。气罐压力升至1.7MPa时发出气压过高报警信号。中压气机控制流程如图21-6所示。

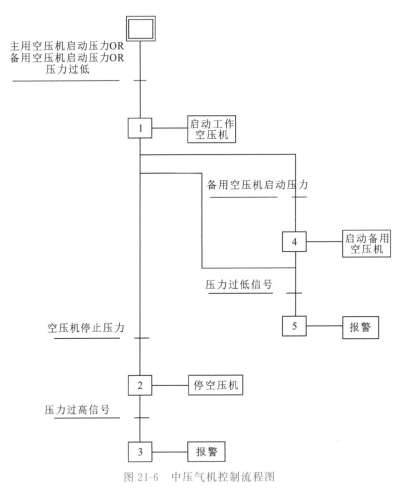

图 21-6 中压气机控制流程图

在"手动"方式下,检修密封气空压机由各本体起动箱控制按钮进行控制,不进行联控。

21.2.3 低压气系统

低压气系统分为厂房低压气系统和泄洪排沙洞低压气系统。厂房低压气系统主要供机组检修风动工具、吹扫用气、冲淤用气等工业用气。泄洪排沙洞低压气系统主要供泄洪排沙洞的防冻吹冰用气。

厂房低压气系统设备主要包括2台空压机、1个平衡储气罐、多个自动化元件及1台控制柜。其中2台空压机1台工作,1台备用,主/备空压机由PLC自动轮换控制。

泄洪排沙洞低压气系统设备主要包括2台活塞式移动空压机。

厂房低压气系统布置为:两台低压气机并联后连接至储气罐,储气罐与主厂房▽1282.8m上游侧墙上布置的1根贯穿全厂的低压供气总管连接,每个机组段及其安装场分出一个支管,分别供各层工业用气。

控制方式:

低压气系统共设1面控制柜、1套可编程序控制器(PLC)、操作控制器件、开关电源装置及触摸屏等,可编程序控制器(PLC)置于此控制柜内。交流动力电源取自主厂房公用电系统,副厂房空压机室动力分电箱。移动式低压空压机的动力电源取自主厂房公用电系统,主厂房蜗壳层♯2动力分电箱。PLC控制回路电源为交直流双路供电。

在"自动"方式下,空压机的启停由PLC自动完成控制;两台低压空压机的工作方式为一工作,一备用,工作空压机和备用空压机可按照运行次数自动轮换。控制柜 PLC 通过接收平衡压力气罐上的压力传感器发出信号来控制低压气机的启停。气罐压力降至 0.55MPa 时起动工作空压机,降至 0.5MPa 时起动备用空压机,降至 0.45MPa 时发出气压过低报警信号。气罐压力升至 0.7MPa 时停止空压机。气罐压力升至 0.75MPa 时发出报警信号。低压气机的控制流程与中压气机的类似,如图 21-7 所示。

在"手动"方式下,低压空压机由本体起动箱控制按钮进行控制,不进行联控。

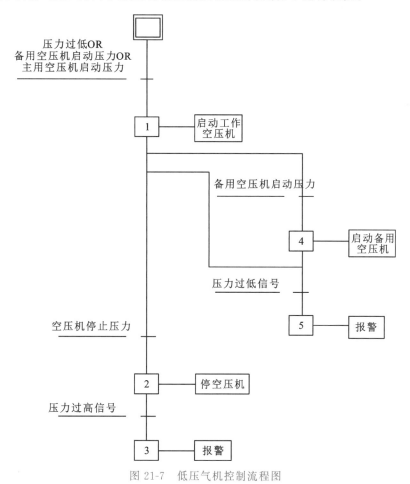

图 21-7 低压气机控制流程图

第22章 安防及工业电视系统

22.1 概述

安防系统(security & protection system,SPS)是以维护社会公共安全为目的,运用安全防范产品和其他相关产品所构成的入侵报警系统、视频安防监控系统、出入口控制系统、BSV液晶拼接墙系统、门禁消防系统、防爆安全检查系统;或是由这些系统为子系统组合或集成的电子系统或网络。

安全防范简称为安防,安全防范系统又简称为安防系统,是指在建筑物或建筑群内(包括周边地域),或特定的场所、区域,采用人力防范、技术防范和物理防范等方式综合实现对人员、设备、建筑或区域的安全防范。

通常所说的安全防范主要指技术防范,是指采用安全技术防范产品和防护设施实现安全防范。

呼蓄工程为一等大(1)型工程,呼蓄电站作为大型水电站具有装机容量大的特点,对区域供电安全起着重要的作用。如果电站发生长时间故障,将对电网的安全运行造成极大的影响,甚至影响社会的和谐稳定。水电站为重要的电力生产企业,其水库、大坝、发电厂房、引水系统等区域需要时刻关注,以保障安全生产。电站生产所涵盖区域较大,仅依靠电站安保与运维人员巡检无法做到对设备与现场(通道)时时且无死角的监控。随着技术与相关标准、规范的不断更新,生产企业对现场环境、设备监管的需求日益增加,国家重点单位也对现场管控提出了更高要求,需要部署相应的设备设施。

22.1.1 作用

安防及工业电视系统在现代社会中扮演着至关重要的角色,具有多种作用。以下是安防监控系统的主要作用:

(1)提高安全意识:安防系统的存在使得人们时刻感受到安全防范的重要性,从而提高安全意识。

(2)预防犯罪:实时监控、报警系统、出入口管控系统,可以在一定程度上预防犯罪行为的发生。

(3)提高安全保障水平:安防系统能够提供准确的信息和证据,帮助相关人员及时处理安全事件,从而提高社会的整体安全保障水平。

(4)提升管理效率:通过安防系统,管理人员可以实时了解现场情况,及时处理问题,从而提高管理效率。

(5)降低安全风险:通过实时监控和预警,企业可以及时发现并处理潜在的安全隐患,防止意外事件的发生。此外,安防系统还可以为企业提供数据支持,帮助企业了解安全状况,制定更加科学合理的安全策略,提高企业的安全管理水平。

(6)促进社会和谐:安防系统的有效运行,有助于减少安全事件的发生,促进社会和谐。

22.1.2 特点

1. 智能化

现代安防系统的一个显著特点是智能化,通过运用物联网、大数据、人工智能等先进技术,安防系统可以实时监测、分析和预测各种安全隐患,从而实现智能化管理和决策。例如:智能视频监控系统可以自动识别异常行为,提前预警;智能门禁系统可以通过人脸识别、指纹识别等技术实现无接触通行。

2. 网络化

网络化是现代安防系统的重要特点之一。建立安防系统专网,可以实现信息传输和数据共享,提高安防系统的响应速度和协同能力。此外,网络化还体现在安防系统与其他系统(如消防、报警等)的互联互通上,形成一体化安全防护体系。

3. 集成化

集成化是指将各种安防子系统(如视频监控、门禁、报警等)进行统一设计、建设和管理,实现资源共享和功能互补。集成化有助于提高安防系统的整体性能,降低成本,提高管理效率。

4. 个性化

现代安防系统越来越注重满足用户的个性化需求。它通过提供定制化的安防解决方案,满足不同用户的安全需求。例如,针对呼蓄电站所需场景,定制开发 Portal,提供不同功能和配置的安防产品和服务。

22.1.3 主要设备参数

安防及工业电视系统的设备主要包括综合安防应用平台(VM3500)、安防接入服务器(DA8500)、网络存储(VX1636)、高清网络视频解码器(DC-B20X)、高清星光红外球机(IPC-B612)、高清星光红外枪机(IPC-S234)、高清红外半球(IPC-B314)、防爆枪机(EXC2210)、网络设备(H3C)、汇聚层交换机(S5130)、接入层交换机(S5130)、UPS 主机(RACK 10KS)。

综合安防应用平台(VM3500)如图 22-1 所示,产品规格如表 22-1 所示。

图 22-1 综合安防应用平台(VM3500)

表 22-1 综合安防应用平台(VM3500)产品规格

项目	描述
设备管理	
第三方 DVR/NVR 接入品牌(直接接入)	支持海康、大华
第三方 DVR/NVR 接入数量(直接接入)	4 台 NVR/DVR,64 路视频
第三方报警设备(直接接入)	支持霍尼韦尔、博世
第三方报警主机接入数量(直接接入)	16 个
报警并发处理能力	1500 个/时
DA8500-IS 管理能力	8 台
NVR/DVR 最大管理能力(含宇视、第三方)	128 台
本域摄像机管理能力	256 路

续表

项目	描述
监视器管理能力	64 台
IPSAN 管理能力	16 台
并发在线用户数	150
可配置最大用户数	1000
车辆管理业务	
接收车辆信息/最大并发量	5000 条过车/时
可接入的闸机数量	20 个
实时业务	
实时监控传输方式	实时监控业务支持单播和组播的传输方式
	支持实时监控流经 MS 复制、转发，MS 转发有动态均衡功能
媒体转发能力	最大可支持 20 路入口视频流的分发，入口媒体流带宽最大 40Mbps
	最大复制输出 40 路，出口媒体流带宽最大 80Mbps
存储业务	
回放业务能力	最大 16 路，总带宽不大于 32Mbps
硬件参数	
交流电源输入接口（电源 PSU0）	交流电源输入：100～240V AC；50Hz/60Hz
电源扩展槽位（电源 PSU1）	标配 1 个 300W 电源，用户可以选配为 1＋1 双电源模式
网口	标配 2 个 GE，1 个 FE 口
网口扩展槽位	网口扩展模块有 2 种： • 带有 4 个 GE 网口（RJ45 接口）的网卡； • 带有 2 个 10GE 网口（SFP＋接口）的网卡
串口	1 个 RS232 口，1 个 RS232/RS485 复用口
USB 接口	4 个
HDMI 视频输出接口	1 个
VGA 视频输出接口	1 个
物理尺寸（宽×深×高）	551mm×482mm×87mm
工作温度	0～40℃
工作湿度	20%～80%（未凝结）
整机功耗	最大 200W

安防接入服务器（DA8500）如图 22-2 所示，其产品规格如表 22-2 所示。

第22章 安防及工业电视系统

图 22-2 安防接入服务器（DA8500）

表 22-2 安防接入服务器（DA8500）产品规格

项目	描述
软件性能	
最大接入主机(报警、门禁、对讲、消防、动环)	256 个
单台最大对接 SDK/协议数量	3 套
硬件参数	
高度	2U(1U=4.45cm)
整机功耗	最大 200W
工作环境温度	5～40℃（推荐工作环境温度为 10～35℃）
工作环境湿度	20%～80%（无冷凝）

网络存储（VX1636）如图 22-3 所示，其产品规格如表 22-3 所示。

图 22-3 网络存储（VX1636）

表 22-3 网络存储（VX1636）产品规格

项目	描述
产品规格	VX1624-EB
性能国标接入录像｜回放(2Mbps)	170
控制器	Intel 64 位多核处理器
内存	4GB
前端业务接口	3 个千兆以太网接口,4 端口千兆以太网接口（选配）,2 端口万兆以太网接口（选配）,4 端口万兆以太网接口（选配）
磁盘通道数	24
磁盘类型	SATA
RAID 功能	支持 JBOD、RAID 0、1、5、6；支持自动空白盘全局热备、专有热备等多种热备方式
最大逻辑资源数量	1024
协议支持	支持 ONVIF、GB28181、宇视等接入协议

续表

项目	描述
录像管理	iSCSI 直存录像； 录像资源管理； 录像方式（计划、手动、告警联动）； 录像下载
	录像检索； 回放控制（开始、暂停、停止、进度拖动、单帧前进、倍速前进、倍速后退）； 回放媒体流承载（UDP、TCP）； 支持录像回放打标签
告警特性	指示灯告警、蜂鸣器告警、邮件告警、SNMP Trap 告警、短信告警、数码管告警等
支持操作系统	Windows、Linux、AIX、HP-UNIX、Solaris、VMware 等
电源	1+1 冗余
电池	1
风扇	1+1 冗余
外形尺寸（高×宽×深）	175mm×481.6mm×589mm（带面板和挂耳）
整机功耗	<280W（配置 24 个 SATA 盘）
电源模块	交流电源：100～127V/200～240V AC；60Hz/50Hz
满配置磁盘重量	<32kg
认证证书	CE、FCC、TUV、UL、CCC、CQC
工作环境温度	5～40℃
推荐工作环境温度	10～35℃

高清网络视频解码器（DC-B20X）如图 22-4 所示，其产品参数如表 22-4 所示。

图 22-4　高清网络视频解码器（DC-B20X）

表 22-4　高清网络视频解码器（DC-B20X）产品参数

项目		描述
产品型号		DC-B204
解码参数	视频解码	H.265、H.264
	解码分辨率	最高支持 800W
	解码能力	4×800W@30fps，16×1080P@30fps，36×720P@30fps，64×D1
	分屏功能	支持 1、2、3、4、6、7、9、16 分屏

续表

项目		描述
输入、输出参数	输入通道	1 个
	DVI 输入分辨率	1024×768（XGA）@60Hz、1280×720（720P）@60Hz、1280×1024（SXGA）@60Hz、1440×900（WSXGA）@60Hz、1600×1200（UXGA）@60Hz、1920×1080（1080P）@60Hz
	输出通道	4 个
	DVI 输出	1024×768（XGA）@60Hz、1280×720（720P）@60Hz、1280×1024（SXGA）@60Hz、1440×900（WSXGA）@60Hz、1600×1200（UXGA）@60Hz、1920×1080（1080P）@60Hz
网络特性	支持网络协议	TCP/IP、RTSP、UDP、HTTP、Telnet、ICMP、ARP、SIP、SNMP、FTP、TFTP、ONVIF
	传输方式	支持单播；支持基于 TCP/UDP 方式的实况流传输
接口特性	视频输出	4 路 DVI-D 视频输出接口
	视频输入	1 路 DVI-D 视频输入接口
	音频输入	1 路音频输入接口（预留）
	音频输出	2 路 RCA 音频输出接口，支持 G.711A、G.711U、AAC-LC 的音频格式
	报警输入	6 路凤凰端子告警输入（预留）
	报警输出	3 路凤凰端子告警输出（预留）
	串口	1 个 RJ45 接口的 RS232 串口；1 个 RJ45 接口的 RS485 接口
	以太网口	1 个 RJ45 接口的半双工/全双工以太网接口，支持 10M/100M/1000M Base-T 自适应，1000M 时不支持半双工
	USB 接口	1 个 USB 接口
	WIFI 接口	1 个 WIFI 接口（预留）
环境特性	尺寸	44mm（高）×440mm（宽）×339mm（深）
	重量	3.5kg
	工作温度	−10～55℃
	工作湿度	5%～95%（无冷凝）
	工作电压	100～240V
	最大功耗	＜54W

高清星光红外球机（IPC-B612）如图 22-5 所示，其产品参数如表 22-5 所示。

图 22-5　高清星光红外球机（IPC-B612）

表 22-5　高清星光红外球机（IPC-B612）产品参数

项目	描述
摄像机	
成像器件	1/2.8 inch 逐行扫描 200 万像素 CMOS 图像传感器
焦距/变倍	焦距范围：5.2～114.4mm，33 倍光学变倍
光圈	自动/手动，光圈范围：F1.5～F3.0
快门	自动/手动，快门范围：1/6～1/100000s
最低照度	0.002lux(F1.5，AGC ON)，0lux(红外灯开启)
信噪比	＞52dB
宽动态范围	120dB
日夜切换方式	支持红外滤片切换彩转黑
视频	
编码协议	H.265、H.264、MJPEG
编码制式	1080P(1920×1080)，最大 30 帧/秒
视频流	三码流
OSD	时间 OSD，自定义 OSD
隐私遮盖	支持
泛智能	
异常检测	遮挡检测、声音异常
行为分析	运动检测、越界检测、区域入侵、进入区域、离开区域、徘徊检测、快速移动、人员聚集、非法停车、遗留物检测、物品移除检测
统计分析	人数统计
智能抓拍	人脸抓拍、定时抓拍、隔时抓拍、预置位抓拍、事件抓拍
语音	
编码格式	AAC-LC、G.711
语音对讲	支持
存储	
前端存储	Micro SD，最高 128GB
后端存储	双路 iSCSI 数据块直存
缓存补录	支持
网络	
协议	L2TP、IPv4、IGMP、ICMP、ARP、TCP、UDP、DHCP、PPPoE、RTP、RTSP、DNS、DDNS、NTP、FTP、UPnP、HTTP、SNMP、SIP、802.1X 等
兼容接入	ONVIF、GB/T28181、IMOS、API
接口特性	
音频输入输出	音频接线；输入口：阻抗 35kΩ，幅值 2V[p-p]；输出口：阻抗 600Ω，幅值 2V[p-p]
告警接口	1 路告警输入，1 路告警输出，告警联动可设置
网口	10M/100M 自适应以太网电口
电源	接线端子

续表

项目	描述
通用特性	
电源	AC 24V±25%（默认电源）、DC 24V±25%（含红外控制电路）
	功耗：最小功耗 9W，最大功耗 38W
	支持过压/过流保护，6kV 防雷设计
尺寸	ϕ227mm×359.4mm(ϕ8.9″×14.2″)
重量	5.28kg(11.6lb)
工作环境	−45~70℃(−49~158°F)，≤90%RH
防护等级	IP66

高清星光红外枪机（IPC-S234）如图 22-6 所示，其产品参数如表 22-6 所示。

图 22-6　高清星光红外枪机（IPC-S234）

表 22-6　高清星光红外枪机（IPC-S234）产品参数

项目	描述
摄像机	
成像器件	1/3 inch 逐行扫描 400 万像素 CMOS 图像传感器
焦距	焦距范围：2.8~12mm，电动变焦
视场角（水平）	101.8°~25°
视场角（垂直）	54.4°~13.7°
视场角（对角）	132.4°~30.8°
快门	自动/手动，快门范围：1~1/100000s
降噪	2D/3D
宽动态	120dB
信噪比	>55dB
日夜切换方式	自动红外滤片切换彩转黑
视频	
编码协议	超级 265、H.265、H.264、MJPEG
编码制式	400 万(2592×1520)最大 20 帧/秒、400 万(2560×1440)最大 25 帧/秒、300 万(2048×1520)最大 30 帧/秒、1080P(1920×1080)最大 30 帧/秒
9∶16 走廊模式	支持
区域增强（ROI）	支持
视频流	三码流
OSD	8 行
隐私遮盖	支持
智能	
行为检测	越界检测、区域入侵

续表

项目	描述
异常检测	声音异常
智能识别	人脸检测
统计分析	客流统计
语音	
编码格式	AAC-LC、G.711
语音对讲	支持
存储	
前端存储	MicroSD,最高256GB
网络	
协议	L2TP、IPv4、IGMP、ICMP、ARP、TCP、UDP、DHCP、PPPoE、RTP、RTSP、DNS、DDNS、NTP、FTP、UPnP、HTTP、SNMP、SIP等
兼容接入	ONVIF、GB/T28181、IMOS、API
接口特性	
音频输入输出	音频接线
	输入口:阻抗35kΩ,幅值2V[p-p]
	输出口:阻抗600Ω,幅值2V[p-p]
告警接口	1路告警输入,1路告警输出
	告警联动可设置
网口	10M/100M自适应以太网电口
电源	5.5mm电源接口
通用特性	
电源	DC12V±25%、PoE(IEEE802.3af)
	功耗:≤5.5W
	支持防反接、过压/过流保护、输入短路保护
尺寸(长×宽×高)	253.4mm×86mm×71.7mm(9.98″×3.4″×2.8″)
重量	0.97kg (2.14 lb)
工作环境	−35～60℃(−31～140°F),≤95%RH
防护等级	IP66

高清红外半球（IPC-B314）如图22-7所示,其产品参数如表22-7所示。

图22-7　高清红外半球（IPC-B314）

表22-7 高清红外半球（IPC-B314）产品参数

项目	描述
摄像机	
成像器件	1/3 inch 逐行扫描400万像素CMOS图像传感器
镜头	2.8mm
快门	自动/手动，快门范围：1～1/100000s
日夜切换方式	自动红外滤片切换彩转黑
最低照度	0.01lux(F2.0 AGC ON) 0lux(开启红外)
视场角（水平）	101.8°
视场角（垂直）	54.4°
视场角（对角）	132.4°
角度调整	水平：3°～360°；垂直：0°～75°；旋转：3°～360°
宽动态	120dB 光学宽动态
视频	
最大分辨率	2592×1520
编码协议	超级265、H.265、H.264、MJPEG
编码制式	400万(2592×1520)最大20帧/秒、400万(2560×1440)最大25帧/秒、300万(2048×1520)最大30帧/秒、1080P(1920×1080)最大30帧/秒
9：16走廊模式	支持
区域增强（ROI）	支持
视频流	三码流
OSD	8行
隐私遮盖	支持
智能	
行为检测	运动检测、越界检测、区域入侵、进入区域、离开区域、徘徊检测、快速移动、人员聚集、非法停车、遗留物检测、物品移除检测
异常检测	场景变更、图像虚焦、声音异常、遮挡检测
智能识别	人脸检测
统计分析	客流统计
语音	
编码格式	AAC-LC、G.711
语音对讲	支持
存储	
SD卡	Micro SD，最大支持256GB
存储	双路iSCSI数据块直存
网络	
协议	L2TP、IPv4、IGMP、ICMP、ARP、TCP、UDP、DHCP、PPPoE、RTP、RTSP、RTCP、DNS、DDNS、NTP、FTP、UPnP、HTTP、HTTPS、SNMP、SIP、802.1X等
兼容性	ONVIF、GB/T28181、IMOS、API

续表

项目	描述
接口特性	
音频输入输出	音频接线,2路音频输入,1路音频输出
	输入口:阻抗35kΩ,幅值2V[p-p]
	输出口:阻抗600Ω,幅值2V[p-p]
告警接口	1路告警输入,1路告警输出
	告警联动可设置
网口	10M/100M自适应以太网电口,支持PoE
电源	5.5mm电源接口
通用特性	
电源	DC12V、PoE(兼容IEEE802.3af)
	支持防反接、过压\过流保护、输入短路保护
	功耗:≤5.5W
尺寸	ϕ108.7mm×81.1mm(ϕ4.3″×3.2″)
材质	塑胶外壳,金属底座
重量	0.45kg (0.99 lb)
工作环境	−35~60℃(−31~140°F),≤95%RH
防暴等级	IK10
防护等级	IP66

防爆枪机(EXC2210)如图22-8所示,其产品参数如表22-8所示。

图22-8 防爆枪机(EXC2210)

表22-8 防爆枪机(EXC2210)产品参数

项目	描述
摄像机	
成像器件	1/2.8 inch逐行扫描200万像素CMOS图像传感器
镜头	焦距范围:2.8~12mm,4倍光学变倍
光圈	自动/手动,光圈范围:F1.6~F2.7;光圈控制:固定光圈
快门	自动/手动,快门范围:1~1/100000s
日夜切换方式	ICR滤光片切换彩色
最低照度	0.01lux(F1.6 AGC ON) 0lux(开启红外)
信噪比	>52dB

续表

项目	描述
宽动态	120dB 光学宽动态
视频	
编码协议	H.265、H.264、MJPEG
编码制式	200万（1920×1080），最大30帧/秒
视频流	三码流
OSD	时间OSD，自定义OSD
隐私遮盖	支持
智能	
行为检测	运动检测、越界检测、区域入侵、进入区域、离开区域、徘徊检测、快速移动、人员聚集、非法停车、遗留物检测、物品移除检测
异常检测	场景变更、图像虚焦、声音异常、遮挡检测
智能抓拍	人脸抓拍、定时抓拍、隔时抓拍、事件抓拍
统计分析	人数统计
存储	
SD卡	Micro SD，最大支持128GB
存储	双路iSCSI数据块直存
缓存补录	支持
网络	
协议	L2TP、IPv4、IGMP、ICMP、ARP、TCP、UDP、DHCP、PPPoE、RTP、RTSP、RTCP、DNS、DDNS、NTP、FTP、UPnP、HTTP、HTTPS、SNMP、SIP、802.1X等
兼容性	ONVIF、GB/T28181、IMOS、API
接口特性	
网口	10M/100M自适应以太网电口，支持PoE
电源	5.5mm电源接口
通用特性	
电源	AC220V、PoE(IEEE802.3af) 功耗：<18W
尺寸	370.5mm×145mm×247.5mm
重量	8.25kg
工作环境	-30～60℃，5%～95%RH
防护等级	IP68

网络设备（H3C）即核心交换机（S5800）如图22-9所示，其产品参数如表22-9所示。

图22-9 核心交换机（S5800）

表 22-9　核心交换机(S5800)产品参数

项目	描述
支持特性	S5800-32C-EI
交换容量	758Gbps/7.58Tbps
包转发率(整机)	≥445Mpps
外形尺寸(宽×深×高)	440mm×460mm×43.6mm
重量	≤9kg
管理串口	1 串行 Console,1 个 Mini USB Console 口,两者同时只能使用一个,Mini USB Console 优先级高于串行 Console
管理网口	1
USB	1
前面板业务端口	24 个 10/100/1000Base-T 以太网口,4 个 1G/10Gbps 速率 SFP+口
扩展插槽	2 个 Slot 扩展槽
链路聚合	支持 1G/10G/40G 端口聚合
链路聚合	支持静态聚合
链路聚合	支持动态聚合
链路聚合	支持跨设备聚合
端口特性	支持 802.3x 流控(全双工)
端口特性	支持基于端口速率百分比的风暴抑制
端口特性	支持基于 PPS 的风暴抑制
端口特性	支持基于 bps 的风暴抑制
Jumbo Frame	支持最大帧长为 10000
MAC 地址表	支持黑洞 MAC 地址
MAC 地址表	支持设置端口 MAC 地址学习最大个数
VLAN	支持基于端口的 VLAN
VLAN	支持 IP 子网的 VLAN
VLAN	支持协议 VLAN
VLAN	支持 MAC VLAN
VLAN	支持 QinQ,灵活 QinQ
VLAN	支持 Voice VLAN
DHCP	支持 DHCP Client
DHCP	支持 DHCP Snooping
DHCP	支持 DHCP Relay
DHCP	支持 DHCP Server
DHCP	支持 DHCP Option82
DNS	支持静态域名解析
DNS	支持动态域名解析客户端
DNS	支持 IPv4 和 IPv6 地址

续表

项目	描述
IRF2 智能弹性架构	支持 IRF2 智能弹性架构
	支持分布式设备管理、分布式链路聚合、分布式弹性路由
	支持通过标准以太网接口等方式进行堆叠，支持 2~9 台堆叠
	支持本地堆叠和远程堆叠
IP 路由	支持 IPv4/IPv6 静态路由
	支持 RIPv1/v2、/RIPng
	支持 OSPFv1/v2、OSPFv3
	支持 BGP、BGP4＋
	支持 ISIS、ISISv6
	支持等价路由和策略路由
	支持 VRRP/VRRPv3
组播	支持 IGMP Snooping
	支持 MLD Snooping
	支持组播 VLAN
	支持 PIM SM
	支持 PIM DM
	支持 MSDP
	支持双向 PIM
MPLS	支持 MPLS 转发，包括 MPLS LER 和 MPLS LSR
	支持 LSP
	支持 LDP
	支持 MPLS TE
	支持 L2VPN
	支持 L3VPN
	支持 VPLS
	支持 MCE
镜像	支持端口镜像
	支持 N∶1 端口镜像
	支持 N∶4 端口镜像
	支持远程镜像
OAM	支持 802.1ag
	支持 802.3ah
二层环网特性	支持 STP/RSTP/MSTP 协议
	支持 SmartLink
	支持 RRPP
	支持 ERPS 以太环保护协议（G.8032）

续表

项目	描述
QoS/ACL	支持 802.1p/DSCP 优先级标记
	支持 L2(Layer 2)~L4(Layer 4)包过滤功能
	每端口支持 8 个队列
	支持 SP/WRR/SP＋WRR/WDRR/WFQ 队列调度
	支持 WRED
	支持基于端口的限速,最小粒度为 8Kbps
	支持基于流的重定向
	支持基于时间段的 ACL
安全特性	支持用户分级管理和口令保护
	支持基于端口的认证和基于 MAC 的认证
	支持 AAA 认证
	支持 Radius 认证
	支持 HWTACACS
	支持 SSH2.0
	支持端口隔离
	支持 Portal 认证
	支持 ARP Detection 功能(能够根据 DHCP Snooping 安全表项、802.1x 表项或 IP/MAC 静态绑定表项进行检查)
	支持端口安全
	可支持 DHCP Snooping,防止欺骗的 DHCP 服务器
	支持 IP/Port/MAC 的绑定功能
	支持 HTTPs
	支持 OSPF、RIPv2 报文的明文及 MD5 密文认证
	支持 PKI(public key infrastructure,公钥基础设施)
	支持 EAD
管理与维护	支持 Xmodem/FTP(file transfer protocol)/TFTP(trivial file transfer protocol)实现加载升级
	支持命令行接口(CLI)配置
	支持 Telnet 远程配置
	支持通过 Console 口配置
	支持 SNMP(eimple network management protocol)
	支持 RMON 告警、事件、历史记录
	支持 iMC 网管系统
	支持系统日志
	支持分级告警

续表

项目	描述
管理与维护	支持 IRF
	支持 NTP
	支持电源、风扇、温度告警
	支持调试信息输出
	支持 Ping、Tracert
	支持 Telnet 远程维护
	支持 NQA
	支持 802.1ag
	支持 802.3ah
	支持 DLDP
	支持虚拟电缆检测(virtual cable test)
输入电压	LSVM1AC300 交流电源模块
	额定电压范围：100～240V AC，50～60Hz
	最大电压范围：90～264V AC，47～63Hz
	LSVM1DC300 直流电源模块
	额定电压范围：－48～－60V DC
	最大电压范围：－36～－72V DC
静态功耗	AC：78W
	DC：78W
最大功耗	AC：178W
	DC：163W
工作环境温度	0～45℃
工作环境相对湿度	5%～95%(非凝露)

汇聚层交换机(S5130)如图 22-10 所示，其产品参数如表 22-10 所示。

图 22-10　汇聚层交换机(S5130)

表 22-10　汇聚层交换机(S5130)产品参数

项目	描述
支持特性	S5130S-28
整机交换容量	336Gbps/3.36Tbps
包转发率	126Mpps
固定端口	24×10/100/1000Base-T 电口(其中 8 个是 combo 口)
	4×10G BASE-X SFP+万兆光口
POE	PWR 款型均支持 802.3at/POE+供电标准

续表

项目	描述
链路聚合	支持 GE/10GE 端口聚合
	支持动态聚合
	支持跨设备聚合
端口特性	支持 IEEE802.3x 流量控制（全双工）
	支持基于端口速率百分比的风暴抑制
	支持基于 PPS/BPS 的风暴抑制
IRF2	支持 IRF2 智能弹性架构
	支持通过标准以太网接口进行堆叠
	支持本地堆叠和远程堆叠
	支持分布式设备管理和分布式链路聚合
SDN/Openflow	支持 OpenFlow 1.3 标准
	支持多控制器（EQUAL 模式、主备模式）
	支持多表流水线
	支持 Group table
	支持 Meter
VLAN	支持基于端口的 VLAN
	支持基于 MAC 的 VLAN
	基于协议的 VLAN
	支持 QinQ，灵活 QinQ
	支持 VLAN Mapping
	支持 Voice VLAN
	支持 GVRP
ACL	支持 L2(Layer 2)~L4(Layer 4)包过滤功能，提供基于源 MAC 地址、目的 MAC 地址、源 IP 地址、目的 IP 地址、TCP/UDP 端口、协议类型、VLAN 的流分类
	支持时间段（time range）ACL
	支持基于端口、VLAN、全局下发 ACL
	支持双向 ACL
QoS	支持对端口接收报文的速率和发送报文的速率进行限制
	支持报文重定向
	支持 CAR（committed access rate）功能
	每个端口支持 8 个输出队列
	支持端口队列调度（SP、WRR、SP+WRR）
	支持报文的 802.1p 和 DSCP 优先级重新标记

续表

项目	描述
DHCP	支持 DHCP Client
	支持 DHCP Snooping
	支持 DHCP Snooping option82
	支持 DHCP Relay
	支持 DHCP Server
	支持 DHCP auto-config（零配置）
IP 路由	支持 IPv4 静态路由、RIPv1/v2
	支持 IPv6 静态路由、RIPng
	支持 OSPFv1/v2,OSPFv3
组播	支持 IGMP Snooping /MLD Snooping
	支持组播 VLAN
二层环网协议	支持 STP/RSTP/MSTP/PVST
	支持 Smart Link
	支持 RRPP
	支持 G.8032 以太网环保护协议 ERPS,切换时间≤50ms,可兼容其他支持该协议的产品
OAM	支持 802.1ag
	支持 802.3ah
镜像	支持端口镜像
	支持远程端口镜像 RSPAN
	支持流镜像
安全特性	支持用户分级管理和口令保护
	支持 802.1X 认证/集中式 MAC 地址认证
	支持 Triple 认证
	支持 Guest VLAN
	支持 RADIUS 认证
	支持 SSH 2.0
	支持端口隔离
	支持端口安全
	支持 MAC 地址学习数目限制
	支持 IP 源地址保护
	支持 ARP 入侵检测功能
	支持 IP＋MAC＋端口多元组绑定
	支持 EAD

续表

项目	描述
管理与维护	支持 XModem/FTP/TFTP 加载升级
	支持命令行接口(CLI)、Telnet、Console 口进行配置
	支持 SNMPv1/v2/v3,Web 网管
	支持 RMON 告警、事件、历史记录
	支持 iMC 智能管理中心
	支持系统日志、分级告警、调试信息输出
	支持 HGMPv2
	支持 NTP
	支持 Ping、Tracert
	支持 VCT 电缆检测功能
	支持 DLDP 单向链路检测协议
	支持 Loopback-detection 端口环回检测
	支持电源、风扇、温度告警
	支持 BFD
	支持 H3C UIS Manager 统一管理软件,可提供跨服务器、存储、网络以及虚拟化的全融合管理,简化部署安装,优化运维管理
绿色节能	支持 EEE(802.3az)
	端口自动 Power down 功能
	端口定时 down 功能(Schedule job)
功耗	MIN: 单电源 AC:18W 单电源 DC:18W 双电源 AC:20W 双电源 DC:23W MAX: 单电源:34W AC 单电源:36W DC
输入电压	输入额定电压范围:100~240V AC,50/60Hz
	输入额定电压范围:-48~-60V DC
外形尺寸(宽×深×高)	440mm×360mm×43.6mm
重量	≤8kg
工作环境温度	0~45℃
工作环境相对湿度	5%~95%(非凝露)

接入层交换机(S5130)如图 22-11 所示,其产品参数如表 22-11 所示。

第22章 安防及工业电视系统

图 22-11　接入层交换机(S5130)

表 22-11　接入层交换机(S5130)产品参数

项目	描述
支持特性	S5130S-28
整机交换容量	336Gbps/3.36Tbps
包转发率	126Mpps
固定端口	24×10/100/1000Base-T 电口(其中 8 个是 combo 口)
	4×10G BASE-X SFP+万兆光口
POE	PWR 款型均支持 802.3at/POE+供电标准
链路聚合	支持 GE/10GE 端口聚合
	支持动态聚合
	支持跨设备聚合
端口特性	支持 IEEE802.3x 流量控制(全双工)
	支持基于端口速率百分比的风暴抑制
	支持基于 PPS/BPS 的风暴抑制
IRF2	支持 IRF2 智能弹性架构
	支持通过标准以太网接口进行堆叠
	支持本地堆叠和远程堆叠
	支持分布式设备管理和分布式链路聚合
SDN/Openflow	支持 OpenFlow 1.3 标准
	支持多控制器(EQUAL 模式、主备模式)
	支持多表流水线
	支持 Group table
	支持 Meter
VLAN	支持基于端口的 VLAN
	支持基于 MAC 的 VLAN
	支持基于协议的 VLAN
	支持 QinQ,灵活 QinQ
	支持 VLAN Mapping
	支持 Voice VLAN
	支持 GVRP
ACL	支持 L2(Layer 2)~L4(Layer 4)包过滤功能,提供基于源 MAC 地址、目的 MAC 地址、源 IP 地址、目的 IP 地址、TCP/UDP 端口、协议类型、VLAN 的流分类
	支持时间段 ACL
	支持基于端口、VLAN、全局下发 ACL
	支持双向 ACL

续表

项目	描述
QoS	支持对端口接收报文的速率和发送报文的速率进行限制
	支持报文重定向
	支持 CAR 功能
	每个端口支持 8 个输出队列
	支持端口队列调度(SP、WRR、SP＋WRR)
	支持报文的 802.1p 和 DSCP 优先级重新标记
DHCP	支持 DHCP Client
	支持 DHCP Snooping
	支持 DHCP Snooping option82
	支持 DHCP Relay
	支持 DHCP Server
	支持 DHCP auto-config(零配置)
IP 路由	支持 IPv4 静态路由、RIPv1/v2
	支持 IPv6 静态路由、RIPng
	支持 OSPFv1/v2,OSPFv3
组播	支持 IGMP Snooping /MLD Snooping
	支持组播 VLAN
二层环网协议	支持 STP/RSTP/MSTP/PVST
	支持 Smart Link
	支持 RRPP
	支持 G.8032 以太网环保护协议 ERPS,切换时间≤50ms,可兼容其他支持该协议的产品
OAM	支持 802.1ag
	支持 802.3ah
镜像	支持端口镜像
	支持远程端口镜像 RSPAN
	支持流镜像
安全特性	支持用户分级管理和口令保护
	支持 802.1X 认证/集中式 MAC 地址认证
	支持 Triple 认证
	支持 Guest VLAN
	支持 RADIUS 认证
	支持 SSH 2.0
	支持端口隔离
	支持端口安全
	支持 MAC 地址学习数目限制
	支持 IP 源地址保护
	支持 ARP 入侵检测功能
	支持 IP＋MAC＋端口多元组绑定
	支持 EAD

续表

项目	描述
管理与维护	支持 XModem/FTP/TFTP 加载升级
	支持命令行接口（CLI）、Telnet、Console 口进行配置
	支持 SNMPv1/v2/v3，Web 网管
	支持 RMON 告警、事件、历史记录
	支持 iMC 智能管理中心
	支持系统日志、分级告警、调试信息输出
	支持 HGMPv2
	支持 NTP
	支持 Ping、Tracert
	支持 VCT 电缆检测功能
	支持 DLDP 单向链路检测协议
	支持 Loopback-detection 端口环回检测
	支持电源、风扇、温度告警
	支持 BFD
	支持 H3C UIS Manager 统一管理软件，可提供跨服务器、存储、网络以及虚拟化的全融合管理，简化部署安装，优化运维管理
绿色节能	支持 EEE(802.3az)
	端口自动 Power down 功能
	端口定时 down 功能(Schedule job)
功耗	MIN： 单电源 AC：18W 单电源 DC：18W 双电源 AC：20W 双电源 DC：23W MAX： 单电源：34W AC 单电源：36W DC
输入电压	输入额定电压范围：100～240V AC,50/60Hz
	输入额定电压范围：-48～-60V DC
外形尺寸（宽×深×高）	440mm×360mm×43.6mm
重量	≤8kg
工作环境温度	0～45℃
工作环境相对湿度	5%～95%（非凝露）

UPS 电源（山特）如图 22-12 所示，其产品参数如表 22-12 所示。

图 22-12　UPS 主机 Rack 10KS

表 22-12　UPS 主机 Rack 10KS 产品参数

项目	描述
产品型号	C10KS Rack
额定输出容量	10000VA/9000W
输出特性	
额定电压	208/220/230/240V AC
输出电压精度	±1%
输出电压失真度	线性负载<1%，非线性负载<4%
输出频率（电池模式）	(50/60±0.1)Hz
运行效率	双变换模式 95%；ECO 模式 98%
过载能力	125% 10 分钟，150% 0.5 分钟
输入特性	
输入电压范围	110～276V AC
输入频率范围	40～70Hz
输入谐波电流	<3%
输入功率因数	≥0.99
电池配置与管理	
可配置 12V 电池数量	默认 16 节，长机 16～20 节可设定
接口和通信管理	
操作及显示面板	LCD+LED
标配通信接口	RS232/USB
通信插槽	1 个，标配
可扩展通信卡	NMC/CMC/AS400
紧急关机（EPO）接口	标配
可编程干节点接口	1 个输入+1 个输出，标配
物理参数	
主机尺寸	438mm×86.2mm×573mm
主机安装高度	2U
主机重量	15kg
电池模块尺寸	438mm×129mm×593mm
环境参数	
运行环境温度	0～50℃

续表

项目	描述
运行环境湿度	0~95%（无冷凝）
储存温度	-25~55℃
运行噪声（典型负载，1米处）	≤50dB
防护等级	IP20
标准和认证	
产品标准	IEC61000/IEC62040/GB4943/GB7260
产品认证	TLC/节能认证/CE

22.2 系统组成及原理

安防及工业电视系统是一种综合性的安全防范系统，它利用各种高科技手段，对特定区域进行实时监控、报警和记录。安防系统主要包括视频监控、门禁控制、入侵报警等几个部分，是为保障电站出入口、边界及生产区域内设备安全生产的一套系统，可确保电站人员与设备的安全，减少财产损失。

安防及工业电视系统由出入口管控系统、视频监控系统、一键报警系统、广播系统、网络安全设备、门禁设备等组成。

22.2.1 视频监控系统

视频监控系统（即工业电视系统）分为前端设备、网络传输设备、核心设备（含平台及相关管理软件）、显示设备等，设备根据电站生产区厂房位置划分7大片区，具体组成如下：

(1) 前端设备：由高清（超清）网络球机、高清（超清）枪机、防爆高清球机、防爆高清枪机等设备组成。

(2) 传输设备：由分区交换机、汇聚交换机、核心交换机等组成。

(3) 核心设备：由安防管理服务器、视频管理服务器、数据管理服务器、门户服务器、GPS/北斗授时时钟、智能分析服务器、数据对接服务器、IPSAN存储等设备组成。

(4) 显示设备：2×3拼接屏、拼控解码主机。

1. 系统业务流程

工业电视通用组网图如图22-13所示。

(1) 采集：通过编码器和IPC对收集到的图像进行编码和转换，通过IP传输网络将视音频数据和各种控制、认证信令数据传输给管理系统、存储系统和显示系统。

(2) 传输：通过IP网络交换、路由设备承载音视频数据和各种控制、认证信令数据的传输、交换，以及基于组播协议的音视频数据分发。

(3) 存储：通过网络存储设备，直接接收采集部分编码器传输过来的音视频存储数据流，通过高可靠磁盘阵列保存这些数据并提供相应用户的查询服务。

(4) 基本业务：通过视频管理服务器、基础客户端及解码器等设备，提供处理用户认证、设备配置、控制、报警、监视、控制、查询、配置、管理等日常操作任务。

2. 主要设备

(1) 网络摄像机IPC。网络摄像机IPC是一种结合传统摄像机与网络技术所产生的新一代摄像机。IPC在模拟摄像机基础上加上音视频编码压缩功能，并通过网口将压缩后的数据发送到网络上。网络上的用户可以直接用浏览器观看IPC发送过来的图像，还可以远程控制摄像机云台镜头的动作或对系统配置进行操作。IPC是集图像采集、数字化、图像压缩、IP传输于一体的前端模块，通过IP网络视频可以全数字传

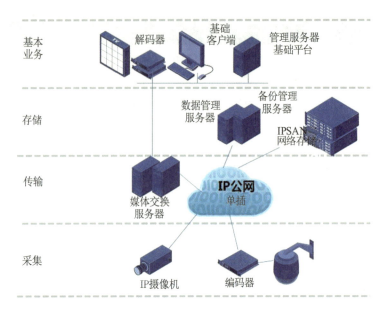

图 22-13　工业电视通用组网图

输,在该系统中完全没有模拟构件,真正做到了 IP 化。IPC 是目前主流使用设备。

(2)解码器。解码器是把从网络上接收的数字音视频数据流进行解码并输出模拟音视频信号的设备。在 IP 视频监控系统中,解码器从网络上获取音视频数字编码压缩数据流,将数字信号转换还原为模拟信号,输出到电视、多媒体大屏幕、调音台、功放等模拟音视频设备。解码器需要配合显示屏使用。

(3)视频管理服务器。视频管理服务器是监控系统业务控制和管理的核心,负责业务的信令交互和调度,管理整个系统的设备信息和用户信息,是整个监控系统的指挥中心。

(4)媒体交换服务器。媒体交换服务器进行实时音视频流的转发、分发。媒体交换服务器可接收编码器发送的单播媒体流,以单播的方式进行转发,发送给解码客户端进行解码播放,也可接收编码器发送的组播媒体流,以单播的方式进行转发和分发。

(5)数据管理服务器。数据管理服务器管理存储在 IPSAN 设备中的视频数据,包括定时巡检存储设备并记录数据存储状态、协助 EC/IPC 建立与存储资源的连接、备份视频数据、存储资源状态监控、历史数据的 VOD 点播等功能。

(6)共享服务器。共享服务器用于域间资源推送、外域资源查询等,能极大地提高域间业务的处理性能。

(7)高端网络存储设备 IPSAN。专业的网络存储设备,基于高速以太网来构建 SAN 架构,同时可以提供 NAS 服务,通过 iSCSI 协议实现存储数据在服务器和存储设备之间高速传输。

(8)KDM。KDM 服务器作为密钥管理服务器,主要用于向编码端、解码端分发私钥。编码端、解码端使用私钥将视频加扰密钥解密,再用视频加扰密钥将码流加/解密。

(9)Portal 服务器。Portal 服务器是一个多业务访问统一门户平台。Portal 服务器的功能主要是管理业务包及业务呈现,通过业务包在 Portal 服务器注册后,用户可以在 Portal 网页界面使用所有业务包的业务。Portal 服务器本身不改变具体业务,仅提供登录平台的入口以及业务呈现。

(10)智能分析服务器。智能分析服务器能够实时视频图像捕捉,自动分析图像内容,检测、跟踪视频中的运动目标,并结合运动目标的轨迹信息,与预设的安全规则进行比较,对设定区域内的视频周界闯入、物品移动、烟火、镜头异常等行为产生报警信息。

(11)交换机。交换机(即"开关")是一种用于电信号转发的网络设备。它可以为接入交换机的任意两个网络节点提供独享的电信号通路。(见图 22-14)

22.2.2　出入口管控系统

出入口管控系统分为前端采集设备、前端控制设备、网络传输设备、核心设备,具体组成如下:

(1)前端采集设备:包括车辆抓拍一体机、人脸识别一体机等设备。

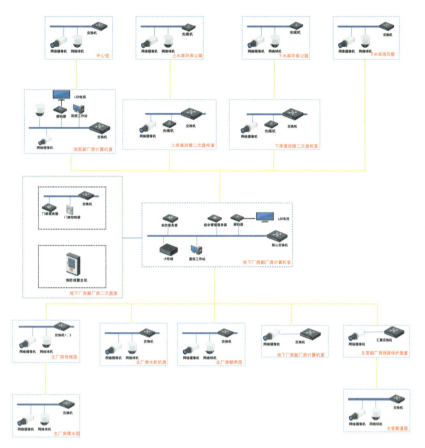

图 22-14 交换机拓扑图

(2) 前端控制设备：包括车辆道闸、翼闸、升降柱等设备。

(3) 网络传输设备：包括出入口管控系统与工业电视系统共用网络设备与光缆路由。

(4) 核心设备：车辆管理分区服务器、车辆管理服务器、人员管理服务器、数据对接服务器等设备。

分别在电站主要出入口增设出入口车辆管理系统，如#3岗亭入口、交通洞洞口、通风洞洞口、拦沙坝入口、南区生产基地入口、上水库入口。根据现场环境，将出入口设置为同进同出或右进左出。

主要设备如下：

1. 一体式抓拍相机

一体式抓拍相机专指可自动聚焦、镜头内建的摄像机。与传统摄像机相比，一体式抓拍相机具有体积小巧、美观，安装、使用方便，监控范围广，性价比高等优点。而车牌识别一体机则是在一体式抓拍相机上加入车牌识别的功能。针对停车场行业，推出了基于嵌入式技术的智能高清车牌识别一体摄像机。该产品创新性地集成了车牌识别、摄像、前端存储和补光等功能，并采用车牌自动曝光控制算法，确保成像效果卓越。其特点包括出色的性能、多功能性、高适应性以及强大的稳定性。

2. 道闸

道闸是一种专门设计用于管理道路出入口的设备，主要用于控制机动车辆的通行。它现已被广泛应用于公路收费站和停车场的车辆通道管理系统，以有效管理车辆的进出。

电动道闸可单独通过无线遥控实现起落杆，也可以通过停车场管理系统（即自动识别）实行自动管理状态。（见图 22-15）

3. 人脸速通门管理平台

人脸速通门管理平台（EGS）是一款集中化管理人脸识别终端的平台，可实现人员信息导入、存储及出入管理，通过录入人员信息、添加终端设备，提取特征值，并同步至终端设备。通过配置人员权限，下发至终端设备,实现人员进出控制,并将终端设备识别记录上传至平台,用户可直观地查看人员出入记录。人脸速通门管理平台还配有考勤统计、宿舍管理、活动签到、告警、数据统计、数据备份等功能。(见图22-16)

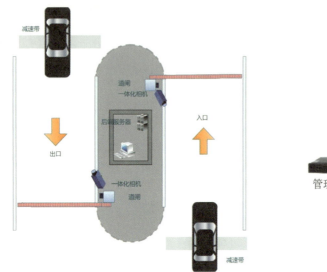

图22-15 道闸系统图

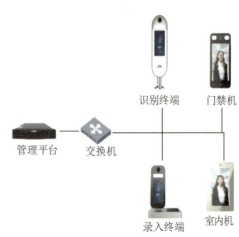

图22-16 人脸识别系统图

4. 人脸门禁一体机

人脸门禁一体机是一款高性能、高可靠性的人脸识别类门禁设备。它把人脸识别技术完美地融合到门禁中,依托深度学习算法,支持刷脸核验开门,实现人员的精确控制。人脸门禁一体机可配合室内机使用,实现楼宇可视对讲功能。该设备具备人脸识别率高、库容大、速度快、光线适应性好等特点。

5. 速通门(翼闸)

翼闸是专门针对人脸通行控制的需求而推出的速通门。它可与人脸识别设备连接,将人脸识别方面的技术完美地融合到速通门,实现对人员的精确控制,防止传统闸机存在的盗刷、代刷等现象。翼闸支持核验(二维码、门禁卡、身份证)、感应、常开等多种通行方式。

22.2.3 一键报警系统

一键报警系统分为分区报警主机、中心报警主机、广播及一键报警服务器,网络设备因与工业电视系统共用而不进行赘述。

在电站主要防范点,如电站#3路#1岗亭、交通洞入口、地下厂房安装场、中控室、拦沙坝、上水库入口等地,分布式安装该设备,遇到突发事件时按动警情按钮,报警器将通过网络把报警信息传输给监控报警管理主机,监控报警主机接收到报警信息后,会起动现场对讲设备。

22.2.4 广播系统

广播系统分为音频采集设备、音频播放与处理设备、核心管理设备等,网络设备因与工业电视系统共用而不再复述,具体组成如下:

(1)音频采集设备:话筒、麦克风、拾音器。
(2)音频播放与处理设备:IP网络功放。
(3)核心管理设备:广播主机。

系统的工作原理:首先,服务器将音视频源进行编码,转换成数字信号,并通过IP网络传输到网络设备;然后,网络设备将音视频数据分发到各个终端设备,终端设备接收并解码音视频数据,并播放出来。(见图22-17)

数字IP网络广播系统采用当今世界广泛使用的TCP/IP网络技术,将音频信号以IP包协议形式在局

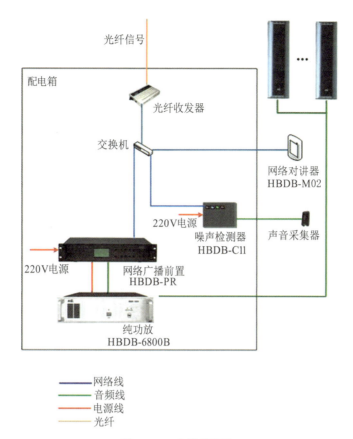

图 22-17 广播系统图

域网和广域网上进行传送,彻底解决了传统广播系统存在的音质不佳、维护管理复杂、互动性能差等问题。该系统设备使用简单,安装扩展方便——只需将数字广播终端接入计算机网络即可构成功能强大的数字化广播系统。

功能方面:可独立控制每个终端播放不同的声音。

传输方面:音频传输距离无限延伸,轻松实现远程广播,非传统模拟广播系统所企及,具有绝对优势。

音质方面:达到立体声和 CD 级,不会被含混不清的声音困扰。

22.2.5 网络安全设备

网络安全设备由日志审计服务器、数据备份服务器、Windows 系统杀毒软件服务器、Linux 系统杀毒软件服务器、视频安全准入网关、智能管理密钥服务器、漏洞扫描、入侵检测、堡垒机、网闸、防火墙等组成。

电站安防中心核心机房通过在核心交换机下以串联、旁挂等方式部署相关安全防护设备,使其防御来自外部或内部病毒、漏洞等攻击,保障系统安全、稳定运行。(见图 22-18)

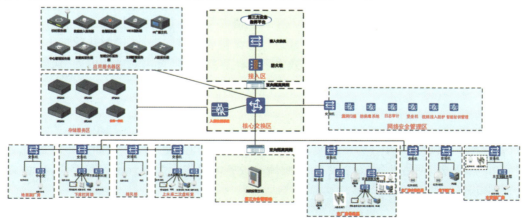

图 22-18 工业电视系统网络架构拓扑图

1. 漏洞扫描

通过对网络的扫描可以对网站、系统、数据库、端口、应用软件等一些网络设备应用进行智能识别扫描检测，网络管理员能了解网络的安全设置和运行的应用服务，及时发现安全漏洞，客观评估网络风险等级。网络管理员能根据扫描的结果更正网络安全漏洞和系统中的错误设置，在黑客攻击前进行防范。如果说防火墙和网络监视系统是被动的防御手段，那么安全扫描就是一种主动的防范措施，能有效避免黑客攻击行为，做到防患于未然。

2. 入侵检测

入侵检测以旁路接入方式部署在具有重要业务系统或内部网络安全性、保密性较高的网络出口处。对于病毒、蠕虫、木马、DDoS、扫描、SQL注入、XSS、缓冲区溢出、欺骗劫持等攻击行为以及网络资源滥用行为（如P2P上传/下载、网络游戏、视频/音频、网络炒股）等威胁，具有高精度的检测能力，同时，该设备中的流量模块对于网络流量的异常情况具有非常准确、有效的发现能力。

3. 防火墙

防火墙技术的功能主要在于及时发现并处理计算机网络运行时可能存在的安全风险、数据传输等问题，其中处理措施包括隔离与保护，同时可对计算机网络安全当中的各项操作实施记录与检测，以确保计算机网络运行的安全性，保障用户资料与信息的完整性，为用户提供更好、更安全的计算机网络使用体验。（见图22-19）

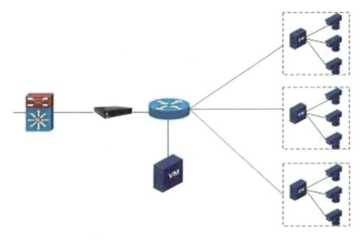

图22-19　防火墙网络图

4. 网闸

网闸是使用带有多种控制功能的固态开关读写介质，连接两个独立主机系统的信息安全设备。由于两个独立的主机系统通过网闸进行隔离，使系统间不存在通信的物理连接、逻辑连接及信息传输协议，不存在依据协议进行的信息交换，而只有以数据文件形式进行的无协议摆渡。因此，网闸从物理上隔离、阻断了对内网具有潜在攻击可能的一切网络连接，使外部攻击者无法直接入侵、攻击或破坏内网，保障了内部主机的安全。

5. 堡垒机

堡垒机是一种安全设备，用于在特定的网络环境中保护网络和数据不受入侵和破坏。它通过多种技术手段，对网络内的服务器、网络设备、安全设备、数据库等设备的操作行为进行监控和管理，从而实现集中报警、及时处理和审计定责的功能。

6. 日志服务器

日志服务器是对信息系统中各类主机、数据库、应用和设备的安全事件、用户行为、系统状态的实时采集、实时分析、异常报警、集中存储和事后分析,是支持分布式、跨平台的统一智能化日志管理及审计设备,可以对各类网络设备、安全设备、操作系统、Web服务、中间件、数据库和其他应用进行全面的安全审计。

7. 视频安全准入网关

视频监控摄像头都部署在室外,难于管理维护,容易给不法分子可乘之机,例如接入网络攻击、盗取或者篡改相应关键数据;传统网络交换机只具备"铺路搭桥"数据传输管道的功能,无法识别网络中数据的合法性和判断数据是否被非法调用或更改;此外,传统的安全设备还容易造成性能瓶颈。

IAC是一种智能准入安全解决方案,具有很强的灵活性和适应性,可以控制任何支持国家标准(GB/T 28181—2022 或 GB 35114—2017)协议、宇视 IMOS、ONVIF 协议的监控前端接入,不需要前端设备,接入交换机支持 802.1x。

22.2.6 门禁设备

为了方便管理电站区域内设备间进出人员,电站建设门禁采用韩国 STAR 门禁控制器,全站共设置 141 个门禁点位,其中地下厂房共计 102 个点位,电站外围设备间附属建筑共计 39 个点位。

门禁系统前端主板与汇聚箱内通信协议模块采用 485 通信,汇聚点与核心机房采用 TCP/IP 通信。(见图 22-20)

根据厂内设备间重要性,分别设置了不同分区与控制方式,全站主要的控制方式为刷卡进门,开门按钮出门;重点区域为刷卡进出。

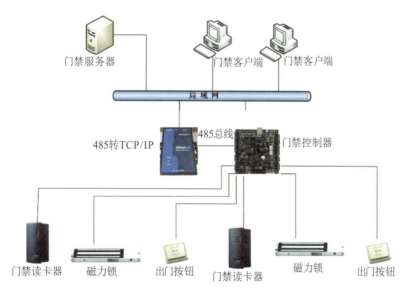

图 22-20 门禁组成图

1. 门禁系统分类

门禁系统根据和计算机通信的方式,分为独立型门禁系统和联网型门禁系统。

独立型门禁系统的组成部分:独立型门禁机(含读卡和控制)+开门按钮+电锁+电源+感应卡。有的还可以外接一个读卡器,以实现进出门都刷卡。

联网型门禁系统:能够和计算机进行通信,通过安装在计算机上的门禁管理软件进行卡的权限设置和分析查询门禁出入记录。电脑不开,系统也可以脱机正常运行。软件运行可以进行权限和参数的设置,可以实时监控各个门的进出情况,可以统计考勤报表等。

联网型门禁系统的组成部分:门禁控制器+读卡器+出门按钮+通信集线器+感应卡+电源+门禁管

理软件。

按照门禁控制器的通信方式,门禁系统可以分为 RS232/RS485 联网型门禁系统和 TCP/IP 网络型门禁系统。

2. 门禁系统的工作原理

门禁系统的工作原理大致如下:

当持卡人打算进门时,会在门外用感应卡在读卡器上刷卡、在密码键盘上输入密码,也可能是使用指纹识别器、掌纹识别器、视网膜识别器等生物识别核对身份。

当持卡人刷卡后,信息被传送到门附近的控制器中,通过控制器识别,确认该持卡人有资格进入后,发送控制信号给门上方(或门侧)的电锁,开门让持卡人进入。

持卡人在进门后,门会自动关闭(使用地弹簧、闭门器等装置)。在电锁内往往还装有感应器件(锁状态传感器),一旦门或电锁处于开启状态,则它会回传信号给控制器,当门开启时间过长时,控制器或电铃会发出声响,通知开门者赶紧关门。

控制器在开门的同时会将持卡人的信息传送到机房内的门禁管理电脑上。电脑在收到信息后,会将信息储存并显示在屏幕上,同时会将信息传送到相关软件中去。

当持卡人办完事后打算出门时,他可以按下门内侧的出门按钮(单向刷卡时。如果是双向刷卡,则在门内侧也需刷卡)后,门自动打开。

如果持卡人的信息没有登记,则控制器不会开门,只有将该卡的信息录入管理软件中并下载到控制器内存后,控制器才会在刷卡时开门。

当门禁系统断电时,系统自动将电锁置于开启状态,让人能够自由出入,以免万一发生火灾时无法逃生。

3. 组成部分

具体门禁系统分为以下三部分实现管理功能:

(1)传感:读卡器、密码键盘、各种生物识别器、出门按钮、锁状态传感器都属于传感器件,它们的任务是接收命令,将信号上传或在核对后上传(生物识别器)。

(2)管理:控制器和管理软件承担着门禁系统的管理功能,它们在收到传感器发来的信息后,根据时间、卡号及其他信息对是否开门做出判断,如果开门,则发出开门命令给电锁。而在收到锁状态传感器时,则开始计时,超时则报警。

(3)执行:电锁在收到开门或关门的命令(供电或断电)时,它"执行"命令将工作状态调整到与命令一致。而电锁内的锁状态传感器则起到了反馈和监督的作用。

第 23 章

消防系统

23.1 消防系统概述

呼和浩特抽水蓄能电站消防系统主要由火灾自动报警系统、联动控制设备、消防水系统、气体灭火系统、超细干粉灭火系统、防排烟系统、消防电话系统等组成，共对电站四个区域进行保护。采用海湾安全技术有限公司生产的火灾探测及报警控制系统，整个项目设有一套完整的功能齐全的火灾自动报警系统，包括对防护区域内火灾的自动检测报警和与自动水消防、气体消防、空调通风、电梯、防火分隔、防排烟、消防电话、消防广播等系统的消防联动。火灾报警控制器的报警控制回路采用总线连接方式，并在回路中合理设置了隔离模块。

1. 报警区域

呼和浩特抽水蓄能电站消防系统分为如下四个报警区域：

（1）地下厂房分区：设置 1 台火灾报警控制器及联动控制柜，报警监测范围为主厂房、副厂房、主变开关室、主变副厂房和出线洞等，联动控制布置在该区各处的通风及空调系统、消防电梯、自动灭火设备以及地面排风楼的联动设备等。

（2）上水库分区：设置 1 台火灾报警控制器，报警监测范围为上水库值班室。

（3）地面副厂房分区：设置 1 台火灾报警控制器及联动控制柜，报警监测范围为地面副厂房各电气设备室、柴油发电机房。联动控制布置在该区的通风及空调系统、自动灭火设备、消防供水泵等。

（4）下水库分区：设置 1 台火灾报警控制器，报警监测范围为拦河坝值班室。

根据管理特点和厂区枢纽布置规划，呼和浩特抽水蓄能电站采用控制中心报警系统，消防报警控制中心（包括火灾自动报警及联动控制柜、消防监控工作站和 UPS 等）设在电站地面副厂房的二层中控室，由消防值机人员负责，发生火灾时统一指挥和集中控制。在地下副厂房五层中控室内设置一套火灾自动报警及联动控制柜及消防监控工作站，用于复显全厂火灾报警系统信息，同时具备联动本区消防设备的功能。分别在上水库分区和下水库分区各设置一台区域型火灾报警控制器（箱），负责本区的火情检测报警。地面副厂房分区、上水库分区和下水库分区分别与地下厂房的火灾报警控制中心通过光纤相连，组成网络化系统。消防值机人员可以通过此系统实现对各个分区的火情监视。下水库分区排风楼至拦河坝值班室采用硬接线连接。

呼和浩特抽水蓄能电站四个报警区域回路划分：

2. 回路划分

（1）地下厂房区域火灾探测系统（含消防电话系统）分为十个回路：

回路一：地下副厂房一～四层，回路二：地下副厂房五～七层，回路三：地下副厂房顶层、主厂房吊顶层、♯1/♯2 通风机房，回路四：主变副厂房一层～四层，回路五：主变副厂房五层～顶层、♯3 通风机室，回路六：主变洞 GIS 开关室首层、二层，回路七：主变洞 GIS 开关室三层、四层、出线洞，回路八：主厂房尾水层、水轮机层，回路九：主厂房母线层、发电机层、安装场、母线洞，回路十：感温光纤系统。

（2）地面副厂房区域火灾探测系统为一个回路。

(3)上水库区域火灾探测系统为一个回路。
(4)下水库区域火灾探测系统为两个回路：
回路一：拦河坝值班室；回路二：地面排风楼一层～二层。

23.2 设备组成及原理

23.2.1 火灾自动报警系统

火灾自动报警系统是一种设置在建筑物、构筑物中，用以实现火灾早期探测和报警、向各类消防设备发出控制信号，进而实现预定消防功能的一种自动消防设施。

火灾自动报警系统在早期发现和通报火灾，及时通知人员疏散并进行灭火，以及预防和减少人员伤亡、控制火灾损失等方面起着至关重要的作用。

火灾自动报警系统包括四个子系统：火灾探测报警系统、消防联动控制系统、可燃气体探测报警系统以及电气火灾监控系统。

23.2.1.1 火灾自动报警系统组成

火灾自动报警系统由火灾探测器、手动火灾报警按钮、火灾声光警报器、火灾报警控制器等组成。

1. 火灾探测器、手动火灾报警按钮（触发器件）

触发器件是在火灾自动报警系统中自动或手动产生火灾报警信号的器件，火灾探测器是自动触发器件，手动报警按钮等是手动发送信号、通报火警的触发器件。

在火灾自动报警系统设计时，自动和手动两种触发装置应同时按照规范要求设置。

火灾探测器工作原理：传感元件检测火灾产生物或火灾发生时的特性值，变送电路将探测元件传来的原始信号转换为电流/电压信号，或是脉冲、开关量，送入火灾自动报警控制器中，控制器对接收到的信号加以计算分析，并判定是否有火灾正在发生，若有火灾发生，则发出报警信号。

手动报警按钮工作原理：当人工确认为火灾发生时，按下按钮上的有机玻璃片，使按钮内部触点闭合；触点闭合后，报警信号通过电路传输到火灾报警控制器，向控制器发出火灾报警信号，控制器接收到报警信号后，显示出报警按钮的编号及相关信息，并发出警报。手动报警按钮和各类编码探测器一样，可直接接到控制器总线上。

呼蓄电站火灾自动报警系统探测设备包括感烟探测器、感温探测器、火焰探测器、空气采样烟雾报警器和手动报警按钮等。（见表23-1）

表23-1 火灾自动报警系统探测设备参数

项目	描述
设备名称	点型光电感烟火灾探测器
型号	JTY-GD-G3
数量	548
生产厂家	海湾安全技术有限公司
技术参数	工作电压：总线24V。 监视电流≤0.8mA。 报警电流≤1.8mA。 报警确认灯：红色，巡检时闪烁，报警时常亮。 使用环境：温度-10～+55℃，相对湿度≤95%，不结露。 编码方式：十进制电子编码。 外壳防护等级：IP23。 外形尺寸：直径100mm，高56mm（带底座）

续表

项目	描述
设备名称	红紫外复合火焰探测器
型号	A710/UV/IR2
数量	30
生产厂家	翼捷
技术参数	工作电压:24V DC　电压范围:DC15-30V。 工作电流:25mA(监视),35mA(报警),50mA(自检)。 探测距离:45m(03m*03m汽油火),50m(03m*03Ⅲ正庚烷火),25m氢气火焰,响应时间:＜5s(07m*07m汽油火)。 储存温度:－40～85℃,工作温度:－10～50℃标准型;－40～70℃增强型。 湿度范围:≤95％RH(40＋2℃)(不结露)。 外壳材质:铝合金,表面烤漆(可选不锈钢)。 防护等级:IP66,重量:2.0kg
设备名称	吸气式感烟火灾探测器
型号	JTY-GXF-GST1D
数量	4
生产厂家	海湾安全技术有限公司
技术参数	工作电压:总线电压:24V,允许范围16～28V。电源电压:24V DC,允许范围20～28V DC。工作电流:总线:监视电流≤0.6mA,报警电流≤0.6mA。JTY-GXF-GST1D DC24V:监视电流≤340mA,报警电流≤360mA。继电器输出:2A@30VDC;0.5A@125VAC。执行标准:GB 15631—2008。采样回路数目:JTY-GXF-GST1D 1个。单管最大采样长度:100m。信息存储容量:火警记录999条,运行、操作记录999条。联网方式:485接口,MODBUS协议。工作温度范围:－10～55℃。工作湿度范围:相对湿度10％～95％,不凝露。外形尺寸:JTY-GXF-GST1D 170mm×215mm×115mm(长×宽×高,宽度为不含进出气管的尺寸)
设备名称	手动报警按钮
型号	J-SAM-GST9121A
数量	84
生产厂家	海湾安全技术有限公司
技术参数	工作电压:总线24V。 监视电流≤0.6mA。 报警电流≤1.8mA。 线制:与控制器无极性二线制连接。 输出容量:额定DC30V/100mA无源输出触点信号,接触电阻≤0.1Ω。 使用环境:温度－10～＋55℃,相对湿度≤95％,不结露。 外壳防护等级:IP40。 外形尺寸:95.4mm×98.4mm×45.5mm(带底壳)

2. 火灾报警控制器

在火灾自动报警系统中,火灾探测器是系统的"感觉器官",随时监视周围环境的情况。而火灾报警控制器是火灾自动报警系统的重要组成部分,用于接收、显示和传递火灾报警信号,并能发出控制信号和具有其他辅助功能的控制指示设备。

火灾报警控制器负担着为火灾报警探测器提供稳定的工作电源,监视探测器及系统自身的工作状态,接收、转换、处理火灾探测器输出的报警信号,进行声光报警,指示报警的具体部位及时间,同时执行相应辅助控制等诸多任务。

火灾报警控制器功能的多少反映出火灾自动报警系统的技术构成、可靠性、稳定性和性价比等,是评价火灾自动报警系统先进性的一项重要指标,具体功能如下:

(1)主备电源。

火灾报警控制器的电源应有主电源和备用电源。主电源为220V交流市电,备用电源一般选用可充放电反复使用的各种蓄电池,在控制器中备有浮充备用电池。在主电源供电时,面板主电指示灯亮,时钟正常显示时分值。备用电源供电时,备电指示灯亮,时钟只有秒点闪烁,无时分显示,这是为了节省用电,其内部仍在正常运行,当有故障或火警时,时钟重又显示时分值,且锁定首次报警时间。

当备用电源供电期间,控制器报主电故障,除此之外,当电池电压下降到一定数值时,控制器还要报类型故障。当备用电源低于20V时关机,以防电池过放而损坏。

(2)火灾报警。

接收来自火灾探测器及其他火灾报警触发器件的火灾报警信号,发出火灾声、光报警信号,指示火灾发生部位,记录火灾报警时间并予以保持,直至手动复位。

(3)故障报警。

当控制器内部、控制器与其连接的部件间发生故障时,能发出与火灾报警信号有明显区别的故障声光信号,并显示故障类型和部位。

故障包括:线路断线、短路、电源欠压、失压、探测器接触不良或被取走等。

(4)时钟锁定,记录着火时间。

系统中时钟的走动是通过软件编程实现的,有年、月、日、时、分。当有火警或故障时,时钟显示锁定,但内部能正常走动,火警或故障一旦恢复,时钟将显示实际时间。

(5)火警优先。

在系统存在故障的情况下出现火警,则报警器能由报故障自动转变为报火警,而当火警被清除后又自动恢复报原有故障。但下列情况均会影响火警优先:

①电源故障;

②当本部位探测器损坏时本部位出现火警;

③总线部分故障(如信号线对地短路、总线开路与短路等)。

(6)自动巡检。

报警系统长期处于监控状态,为提高报警的可靠性,控制器设置了检查键,供用户定期或不定期进行电模拟火警检查。处于检查状态时,凡是运行正常的部位均能向控制器发回火警信号,只要控制器能收到现场发回来的信号并有反应而报警,则说明系统处于正常的运行状态。控制器可以对现场设备信号电压、总线电压、内部电源电压进行测试。通过测量电压值,判断现场部件、总线、电源等的正常与否。

(7)自动打印。

当有火警、部位故障或联动时,打印机将自动打印记录火警、故障或联动的地址号,此地址号与显示地址号一致,并打印出故障、火警、联动的月、日、时、分。当对系统进行手动检查时,如果控制正常,则打印机自动打印正常(OK)。

(8)输出。

控制器中V端子、VG端子间输出24V DC,向本控制器所监视的某些现场部件和控制接口提供24V电源。

(9)联机控制。

联机控制可分"自动"联动和"手动"起动两种方式,但都是总线联动控制方式。

火灾报警控制器工作原理:通过火灾探测器,不断向监视现场发出脉冲巡查信号,监视现场的烟雾浓度、温度和温度变化等火灾指标,由探测器把信息反馈给控制器,控制器把反馈回的信号与控制器内存储的现场整定值作对比,判断是不是存在火灾,当确认出现火灾后,控制器最先发出声光报警信号,并显示烟雾浓度或温度、火灾区域部位,打印、记录报警时间等,起动消防广播、应急照明,组织疏散人员,随后报警信号

驱动联动控制装置工作,起动防火门,封闭火灾范围,并打开消火栓泵、自动喷淋泵等其他消防系统,进行灭火。(见图23-1)

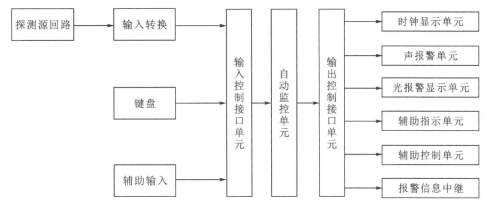

图 23-1　火灾报警控制器工作原理图

呼蓄电站火灾自动报警系统的设备主要包括图形显示装置 GST-GM9000、火灾报警控制器 GST5000、线性光纤感温火灾探测器 TFRC128、GST200 和 UPS 等,其布置在地下厂房中控室二次盘柜室以及地面副厂房二层保护盘室内,由消防值机人员负责,发生火灾时统一指挥和集中控制,监控设备均由海湾安全技术有限公司生产。

地下厂房区域报警监测范围为主厂房、副厂房、主变开关室、主变副厂房和出线洞等,共分为9个防火分区,发生火灾报警时系统会联动控制布置在该区各处的通风及空调系统、消防电梯、自动灭火设备以及地面排风楼的联动设备等。

地面副厂房分区在地面副厂房二层中控室内设置 GST-GM9000、GST5000 系统,用于复显全厂火灾报警系统信息,同时联动本区消防设备。报警监测范围为地面副厂房各电气设备室。联动控制布置在该区的通风及空调系统、自动灭火设备、消防供水泵等。

上水库分区在上水库值班室内设置一套 GST200 系统,负责本区的火情检测报警。报警监测范围为上水库值班室。

下水库分区设置一套 GST200 系统,负责本区的火情检测报警。报警监测范围为拦沙坝值班室及排风楼等。

3. GST-GM9000 图形显示装置

GST-GM9000 图形显示装置的参数如表 23-2 所示。

表 23-2　GST-GM9000 图形显示装置参数

项目	描述	
设备名称	图形显示装置	
型号	GST-GM9000	
数量	2	
生产厂家	海湾安全技术有限公司	
技术参数	工作电压:AC220V50Hz0.5A。 使用环境:温度0~40℃,相对湿度≤95%,不凝露。 执行标准:GB 16806—2006。 主机配置:内存:512M 以上,CPU:P41.8G 以上,硬盘:2G 以上,操作系统:Windows Xp(IE6.0 以上)	

GST-GM9000 图形显示装置设置在地下副厂房五层消控室、地面副厂房二层消控室，主要作为呼蓄电站消防控制中心火警监控、管理系统，用于接收并显示保护区域内的火灾探测报警及联动控制系统、消火栓系统、自动灭火系统、防烟排烟系统、防火门及防火卷帘系统、电梯、消防电源、消防应急照明和疏散指示系统、消防通信等各类消防系统及系统中的各类消防设备（设施）运行的动态信息和消防管理信息，同时还具有信息传输记录功能，具有设备状态实时监控、事件信息显示、地图显示、联动关系显示、消防预案、历史数据处理、系统管理等功能，具有用户图形监控界面简单、直观、完整，能自由切换显示不同监视区的消防信息，并通过不同的颜色显示现场设备的报警及动作、故障、隔离等异常信息等特点，并与 GST5000 和 GST200 火灾报警控制器（联动型）组成功能完备的图形化消防中心监控系统。

4. GST5000 火灾报警控制器

GST5000 火灾报警控制器的参数如表 23-3 所示。

表 23-3　GST5000 火灾报警控制器参数

项目	描述
设备名称	火灾报警控制器
型号	JB-QG-GST5000
数量	2
生产厂家	海湾安全技术有限公司
技术参数	液晶屏规格：320×240 图形点阵，可显示 12 行汉字信息。 控制器容量：最多可带 20 个回路，单回路最大允许点位 242 个，本机最大容量为 4840 个地址编码点，可外接 64 台火灾显示盘。 支持多级联网，每级最多可接 32 台其他类型控制器，现组网主机为两台 GST5000、3 台 GST200、两台 QKP01 及两台 QKP04/2，地下厂房 GST5000 为主控制器。 本机配置总线控制盘 6 块（128 点/块），多线控制盘 10 组（2 点/组）。 使用环境：温度 0～40℃　相对湿度≤95%，不结露。 电源：主电为单交流 220V 输入，控制器备电：DC24V24Ah 密封铅电池，联动备电：DC24V38Ah 密封铅电池功耗≤150W；柜式控制器外形尺寸：550mm×460mm×1715mm

GST5000 火灾报警控制器（联动型）设置在地下副厂房五层消控室、地面副厂房二层消控室。其主要作用是火灾报警与消防联动，同时伴有声光报警，并能完成探测报警及消防设备的启/停控制。呼蓄电站联动控制设备包括通风空调系统、排烟机、防火阀、防火卷帘门、电梯、事故广播系统等。

5. GST200 火灾报警控制器

GST200 火灾报警控制器的参数如表 23-4 所示。

表 23-4　GST200 火灾报警控制器参数

项目	描述
设备名称	火灾报警控制器
型号	JB-QB-GST200
数量	3
生产厂家	海湾安全技术有限公司

续表

项目	描述
技术参数	最大容量为242个地址编码点,可外接64台火灾显示盘;联网时最多可接32台其他类型控制器;30个直接手动操作总线制控制点;控制器与探测器间采用无极性信号二总线连接;多线制控制点与现场设备采用四线直接连接,其中两线用于控制启停设备,另两线用于接收现场设备的反馈信号,输出控制和反馈输入均具有检线功能;控制器与各类编码模块采用四总线连接(无极性信号二总线、无极性DC24V电源线);控制器与火灾显示盘采用四总线连接(有极性通信二总线、无极性DC24V电源线);主电为交流220V电压变化范围+10%～-15%,内装DC12V10Ah密封铅电池作备电

GST200壁挂式火灾报警控制器设置在上水库值班室、下水库拦沙坝值班室、中心变值班室。其作用与GST5000基本相同,负责上、下水库区域消防火情检测、报警、联动及控制。

GST5000、GST200有"手动"(有人值班)、"全自动"(无人值班)两种控制模式。

(1)"全自动"控制模式,系统按联动程序要求所规定的动作顺序、时间间隔和温度范围要求自动启停联动控制设备。

(2)"手动"控制模式,操作员可直接操作所有联动控制设备。

6. 线性光纤感温火灾探测器

线性光纤感温火灾探测器参数如表23-5所示。

表23-5 线性光纤感温火灾探测器参数

项目	描述
设备名称	分布式光纤线型感温火灾探测器
型号	TFRC128-DTS-D4
数量	1
生产厂家	广州天赋人财光电科技有限公司
技术参数	工作电压:额定工作电压220V AC,50Hz。功率:100W。备用电源:主电源欠压或停电时,维持分布式光纤线型感温火灾探测器工作时间≥8h。主电保险:3A;备电保险:5A。光纤配接参数:通道数:4通道。单通道光纤长度:5km。光纤总长度:10km。光纤接口方式:FC/APC。定位精度:±1m。报警类型:定温报警:60℃、70℃、85℃等任意值。差温报警:60℃、70℃、85℃等任意值。接口数量:RJ45接口:2个。USB接口:4个。RS232接口:1个。RS485接口:2个。VGA接口:1个。继电器路数:8路,可扩展

线性光纤感温火灾探测器TFRC128-DTS-D4设置在地下副厂房五层消控室。其主要作用是实时探测被检测对象的温度和火灾情况(包括电缆桥架、电缆夹层、电缆竖井、电缆通道等),并以图文方式在监视器上显示及报警,输出报警信号,联动相应消防设备。

23.2.1.2 火灾警报装置

火灾警报装置是一种安装在现场的声和/或光报警设备,是火灾自动报警系统的组成部件之一。在火灾自动报警系统中,它是用于发出区别于环境声、光的火灾警报信号的装置。它以声、光和音响等方式向警报区域发出火灾警报信号,以警示人们迅速采取安全疏散及灭火救灾措施。

作用:当现场发生火灾并确认后,火灾报警控制器起动火灾警报器,发出强烈的声光报警信号,以达到提醒现场人员注意的目的。

呼蓄电站火灾应急广播系统设置在地下副厂房五层消防控制室、地面副厂房二层消防控制室,覆盖地下厂房和地面副厂房两个区域,分为 3 个回路:主厂房、副厂房、主变洞。消防广播系统由主机端设备和现场设备组成,主机端设备包括音源设备、广播功率放大器和火灾报警控制器(联动型),而现场设备则包括输出模块和音箱。这种系统设计用于在火灾等紧急情况下,快速、有效地向现场人员通报情况,并指导他们进行疏散或采取其他应急措施。

消防广播系统的工作原理:在火灾发生时,消防广播信号首先通过音源设备发出,然后经过功率放大器放大,由广播切换模块根据预先设定的程序,切换到指定区域的音箱进行播放。

1. 消防广播

消防广播的参数如表 23-6 所示。

表 23-6 消防广播参数

项目	描述
设备名称	消防广播
型号	X-618 系列
数量	2
生产厂家	霍尼韦尔
技术参数	X-DA1500 功放,节能;具有 1 个立的通道;每个通道采用 100V 或 70V 输出支持平衡输入或非平衡音频输入方式;采用强制风冷方式散热。 提供自动可恢复式过流、过载、过热、过压、欠压、直流保护。额定输出功率 1X500W,主电源供电电压 AC 220V－15%～＋10%,50～60Hz。 备用电源供电电压 AC 220V－15%～＋10%,50～60Hz 主电源保险 T10AL 250V,扬声器输出 100V/70V,频率响应 70～15kHz(＋1dB～－3dB),输入灵敏度 & 阻抗 1.414VRMS & 20K,ohm 输出电压/阻抗 100V/40ohm,70V/19.6ohm 信噪比 90dB。 非线性失真 0.1%(1kHz1/3 额定输出功率)通道数 1。 工作温度 95% 的湿度下为 0～40℃(无冷凝),存储温度－10～55℃

23.2.1.3 火灾自动报警系统的工作原理

火灾发生时,探测器(或手动火灾报警按钮)将探测到的火灾特征参数转变为电信号,经数据处理后,将信息传输至火灾报警控制器(或直接由火灾探测器做出火灾报警判断,将报警信息传输至火灾报警控制器)。火灾报警控制器在接收到报警信息后,经确认判断,显示报警的部位,记录报警时间。同时,联动控制消防系统,消防设施动作的反馈信号传输至消防控制室显示。(见图 23-2)

23.2.2 联动控制设备

消防联动控制系统是火灾自动报警系统中接收火灾报警控制器发出的火灾报警信号,按预设逻

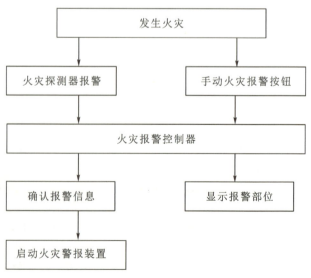

图 23-2 火灾自动报警系统原理图

辑完成各项消防功能的控制系统。它由消防联动控制器、消防控制室图形显示装置、消防电气控制装置（防火卷帘控制器、气体灭火控制器等）、消防电动装置、消防联动模块、消火栓按钮、消防应急广播设备、消防电话等组成。

消防联动控制系统工作原理：火灾发生时，火灾报警控制器将火灾探测器和手动火灾报警按钮的报警信息传输至消防联动控制器，若逻辑关系满足，消防联动控制器便按照预设的控制时序起动相应消防系统（设施）；消防控制室的消防管理人员也可以操作消防联动控制器的手动控制盘直接起动相应的消防系统（设施），消防系统（设施）动作的反馈信号传输至消防联动控制器显示。

呼蓄电站联动控制设备包括通风空调系统、排烟机、防火阀、防火卷帘门、电梯、消防广播系统等。

23.2.2.1 通风空调

当火灾发生时，火灾探测报警系统发出联动信号至空调控制机柜，关闭主厂房空调机组，并接收其反馈信号。

23.2.2.2 排烟机

当火灾发生时，火灾探测报警系统发出联动信号使该保护区域的防火阀、排烟防火阀、防火风口、板式排烟口、正压送风口及各类风机按照通风控制要求动作，并接收其反馈信号；当灭火完成确认后，系统可通过火灾报警系统或现场手动复位保护区域的通风设备。受限于通风设备的硬件条件，能实现复位功能的通风阀体/风口仅包括防火阀和排烟防火阀。

23.2.2.3 防火卷帘门

防火卷帘门的参数如表23-7所示。

表23-7 防火卷帘门参数

项目	描述
设备名称	防火卷帘门
型号	
数量	3
生产厂家	
技术参数	驱动装置：电动防火卷帘门机，AC380V。 启闭速度5.6~6.4m/min。 漏烟量不大于0.06m³/min。 耐火时间：不小于2小时。 外形尺寸：宽4.5m，高6.2m。 材质：无机纤维

呼蓄电站在主厂房安装场与交通洞交界处、主厂房安装场与主变运输洞交界处、主变交通支洞与主变洞交界处各布置1个防火卷帘门。在防火卷帘门边设置1个控制箱和1个防火门起动/停止手动按钮，正常运行时，控制箱上运行方式选择切换开关置于远程自动控制方式，实行联动控制。防火卷帘门两侧分别设置感烟型和感温型火灾探测器，当任一侧发生火警时，感烟探测器首先发出报警信号，防火卷帘门控制箱动作，使防火卷帘门下降到距地1.8m；当感温探测器报警后或感烟探测器报警后超过设定的延时时间，防火卷帘门立即自动降到底，同时发信至报警控制中心。

23.2.2.4 电梯

电梯的参数如表 23-8 所示。

表 23-8 电梯参数

项目	描述	
设备名称	消防电梯	
型号	TOSHIBA	
数量	2	
生产厂家	东芝	
技术参数	工作电压：AC380V/50Hz。 载重：1000kg。 层/站/门：7。 开门方式：中分门	

呼蓄电站地下副厂房和主变副厂房内各设一部消防电梯，当厂内确认出现火灾时，消防联动控制器将发出控制信号，强制电梯停于 1295.00m 高程（与发电机层同层），并接收其反馈信号。

23.2.3 消防水系统

呼蓄电站消防水系统由消防水管网、建筑消防水池、厂房消火栓、发电机消防系统、主变消防系统、地面副厂房消防水系统等组成。（见图 23-3）

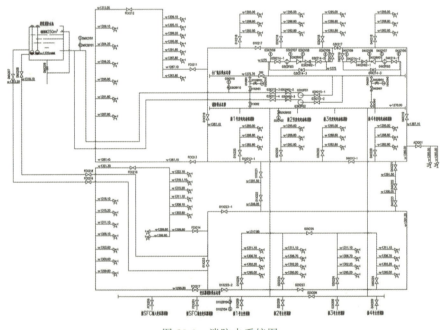

图 23-3 消防水系统图

23.2.3.1 地下厂房消防水管网

地下厂房消防水管网分为地下主厂房、地下副厂房、主变洞、主变副厂房四个区域。消防水管网的主用水源取自全厂低压供水总管,备用水源取自建筑消防水池。消防水管网的主要作用是提供各区域内消火栓水源。

23.2.3.2 建筑消防水池

建筑消防水池位于地面副厂房一层,有效容积为 $250m^3$,通过位于地下厂房蜗壳层♯2与♯3机组之间设置的两台消防水池加压泵进行补水,其水源取自全厂低压供水总管。其参数如表23-9所示。

表23-9 建筑消防水池参数

项目	描述
设备名称	消防水池 
型号	
数量	1
生产厂家	
技术参数	有效容积:$250m^3$。 材质:不锈钢。 尺寸:$11.5m \times 5.5m \times 5m$

23.2.3.3 厂房消火栓

地下厂房内共设置70个消火栓,用于地下厂房建筑消防。其中:主厂房发电机层、母线层、水轮机层每台机组区域上、下游侧各1个,共24个;副厂房二层至七层上、下游侧各1个,副厂房一层只有上游侧一个,共13个;进厂交通洞共2个;主变洞主变室层、主变夹层、管道层、GIS层每台主变区域下游侧各1个,共16个;主变副厂房一层至七层各2个,主变副厂房八层有1个,共15个。其参数如表23-10所示。

表23-10 厂房消火栓参数

项目	描述
设备名称	室内消火栓 
型号	ZFHF-WSDJ-FK-24/0.7
数量	70
生产厂家	嘉宝消防器材
技术参数	管径:DN65。 水带型号:10-65-25。 栓头型号:SNZ65

23.2.3.4 机组消防系统

机组消防雨淋阀组的主要涉及火灾报警和灭火系统的联动。当火灾发生时,火灾探测器动作,触发火灾报警系统,发出信号。此时,雨淋阀组中的电磁阀通电打开,控制腔内的压力急剧下降。当控制腔内的压

力低于供水压力时,阀瓣被供水压力打开,水流入系统侧进行灭火。(见图23-4)

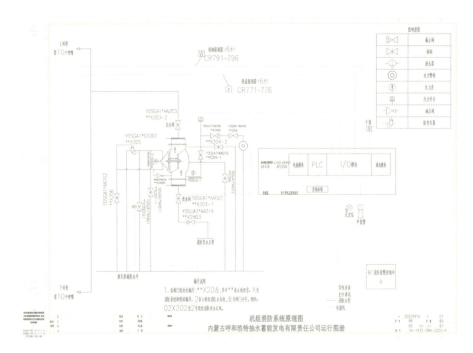

图 23-4　机组消防系统原理图　　　　　图 23-4 高清图

机组消防由火灾检测系统、水喷雾灭火喷淋系统、手拉报警装置及声光报警装置等部分组成。火灾报警控制器的参数如表 23-11 所示。

表 23-11　火灾报警控制器参数

项目	描述	
设备名称	火灾报警控制器	
型号	TF2000 区域集中兼容型	
数量	4	
生产厂家	西安特菲尔电子有限公司	
技术参数	主电源:AC220V+10%～15% 50Hz±1Hz;备用电源:DC24V 7Ah(全密封免维护铅酸蓄电池);输出电压:24V 可复位和 24V 不可复位输出各 1 路;输出电流:24V 可复位最大输出电流 1A,24V 不可复位最大输出电流 2A;温度:−10℃ 至 50℃;湿度范围:15% 至 95%RH 无凝水;报警回路传输距离:同 TF2000 回路传输距离	

1. 火灾检测系统

火灾检测系统由 TF2000 区域集中兼容型控制器、6 个感温探测器、6 个光电感烟探测器和 1 个手动报警按钮等设备组成。系统还配置了 1 个手自动转换开关,安装在发电机风洞进人门右侧的墙壁上,其主要作用是在确认机组发生火情时,作为手动起动消防水喷淋系统的必要条件。此外,声光报警器安装在机组风洞进人门处,用于在机组消防系统起动时发出声光告警信号。

机组消防系统全自动动作需同时满足以下条件(常规逻辑如下,根据现场各厂设置有所不同):

(1)温感、烟感、接地保护三者其一动作,发出声光报警并报至现地火灾控制盘。

(2)上条动作除外的其他一项动作,火灾报警上送全厂火灾报警系统控制中心。

(3)发电机电气保护动作、跳闸后延时 30 秒,自动释放雨淋阀喷水灭火。

机组消防系统半自动动作需同时满足以下条件(常规逻辑如下,根据现场各厂设置有所不同):
(1)检查确认♯1机组着火,烟感、温感探头均动作,而机组消防系统没有自动动作喷水灭火;
(2)确认有机组电气保护动作,♯1机组出口开关801、♯1机组直流灭磁开关FCB01均已拉开;
(3)手动按下机组消防手动报警装置,机组消防喷淋阀动作喷水。

2.水喷雾灭火喷淋系统

一套完整的雨淋阀组,布置在风洞外围上游侧,可实现自动喷淋或手动喷淋。风洞内定子机座上布置有上、下两圈环管,水喷淋系统通过环管均匀地将消防水喷向定子线棒端部。消防水取自全厂低压供水,要求供水水压为5bars。

灭火装置处于自动状态时,当系统接收到火灾探测器和监控过来的发电机跳闸信号后才能投入,开启雨淋阀组的24V DC电磁阀,打开雨淋阀开始水喷雾灭火。水喷雾系统只有在手动关闭主蝶阀后才能停止。

23.2.3.5 主变消防系统

主变消防雨淋阀组的工作原理主要涉及火灾报警和灭火系统的联动。当火灾发生时,火灾探测器动作,触发火灾报警系统,发出信号。此时,雨淋阀组中的电磁阀通电打开,控制腔内的压力急剧下降。当控制腔内的压力低于供水压力时,阀瓣被供水压力打开,水流入系统侧进行灭火。(见图23-5)

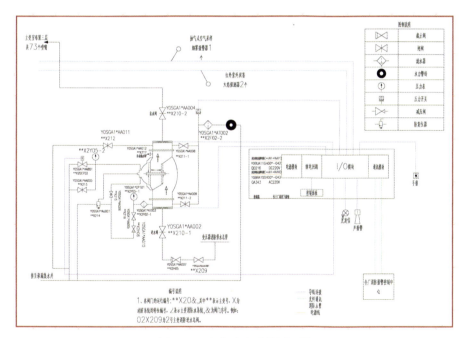

图23-5 主变消防系统原理图   图23-5 高清图

呼蓄电站主变消防系统由水喷雾灭火装置、抽气式空气采样烟雾报警器、红外紫外双鉴火焰探测器、机械操作柜(雨淋阀组)、电气控制柜等组成,用于主变着火时灭火,可自动或手动投入。主变消防系统机械操作柜、电气控制柜布置于主变洞厂高变室下游侧。消防用水水源取自主变消防供水总管,主变消防供水总管水源取自消防供水总管。主变消防水喷雾的灭火水压为1.6MPa。每台主变分本体、油枕、油坑三层设置灭火水管,共73个水雾喷嘴,分别布置在主变四周。主变室内设有1个抽气式空气采样烟雾报警器、2个红外紫外双鉴火焰探测器,用于报警。

主变消防系统自动动作需同时满足以下条件(常规逻辑如下,根据现场各厂设置有所不同):
(1)抽气式空气采样烟雾报警器动作;
(2)设定数量的红外紫外双鉴火焰探测器动作;
(3)主变大差动保护、主变小差动保护或主变重瓦斯保护(起动消防)任一动作;
(4)电气控制柜内"手动/自动"切换开关S0在"自动"位置。

主变消防系统半自动动作需同时满足以下条件(常规逻辑如下,根据现场各厂设置有所不同):

(1)抽气式空气采样烟雾报警器动作;

(2)设定数量的红外紫外双鉴火焰探测器动作;

(3)主变大差动保护、主变小差动保护或主变重瓦斯保护(起动消防)任一动作;

(4)电气控制柜内"手动/自动"切换开关 S0 在"手动"位置;

(5)电气控制柜同时按压手动按钮 S1、S2 起动。

23.2.3.6 SFC 输入、输出变消防系统

SFC 输入/输出变压器室消防雨淋阀组主要涉及火灾报警和灭火系统的联动。当火灾发生时,火灾探测器动作,触发火灾报警系统,发出信号。此时,雨淋阀组中的电磁阀通电打开,控制腔内的压力急剧下降。当控制腔内的压力低于供水压力时,阀瓣被供水压力打开,水流入系统侧进行灭火。(见图 23-6)

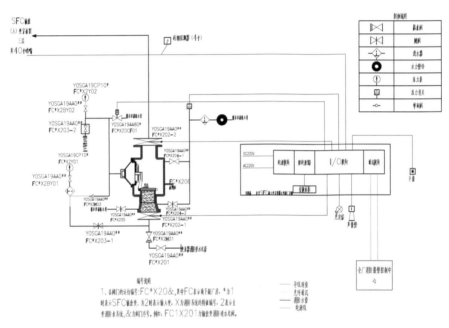

图 23-6　SFC 输入、输出变消防系统原理图　　图 23-6 高清图

SFC 输入/输出变压器室设固定水喷雾灭火和火灾探测报警装置。在 SFC 输入/输出变压器室固定水喷雾消防供水管路设置雨淋阀组,变压器发生火灾后可自动、远方手动或现场手动操作给水阀门给水灭火;SFC 输入/输出变室分别设有 4 个智能感烟探测器;SFC 输入/输出变压器消防供水管从主变消防供水管上取水(该管取自全厂低压供水干管,低压供水干管的水分别沿♯1 和♯4 机尾水洞取自下水库),排水至事故集油池,最后通过临时排污泵排至洞外。

1. SFC 输入/输出变消防系统动作逻辑

SFC 输入/输出变压器室分别设有 4 个智能感烟探测器。SFC 输入/输出变压器室发生火灾时,当只有 1 个智能感烟探测器动作时触发报警,全厂消防控制中心发出声、光报警信号;当 2 个智能感烟探测器动作,且雨淋阀控制装置控制方式在"自动状态"时,全厂消防控制中心控制火灾区域房间的雨淋阀动作喷水。雨淋阀有远方自动、远方手动、现地手动三种操作方式。

2. SFC 输入/输出变消防系统操作方式

(1)远方自动:全厂消防控制中心自动控制雨淋阀动作。

(2)远方手动:①检查 SFC 输入/输出变压器水喷雾灭火消防供水管路上手动阀 FC2X201/FC1X201 全开;②将雨淋阀控制装置控制方式切至"手动状态";③按下雨淋阀控制箱上的"手动起动"按钮;④检查雨淋阀控制柜上的雨淋阀动作指示灯是否亮着;⑤检查 SFC 输入/输出变压器水喷雾灭火消防供水管路喷水是否正常。

(3)现地手动:①检查 SFC 输入/输出变压器水喷雾灭火消防供水管路上手动阀 FC2X201/FC1X201 全

开;②手动开启 SFC 输入/输出变雨淋阀进水前阀 FC2X202-1/ FC1X202-1;③手动开启 SFC 输入/输出变雨淋阀进水后阀 FC2X202-2/ FC1X202-2;④检查 SFC 输入/输出变压器水喷雾灭火消防供水管路喷水是否正常。

3. 设备巡检的注意事项

(1)检查雨淋阀组控制柜上电源正常、信号灯正常,无任何报警。
(2)雨淋阀控制方式在自动状态。
(3)雨淋阀前手动隔离阀在常闭状态。

23.2.4 气体灭火系统

23.2.4.1 气体灭火系统介绍

气体灭火系统是和自动报警系统相连的,其原理是当自动报警系统收到二级报警(同时收到感烟探测器和感温探测器就叫二级报警)的时候,会发一个信号给气体灭火系统的控制盘,如图 23-7 所示。气体盘收到信号后,发指令起动气体钢瓶顶部的起动电磁阀,电磁阀动作,开启钢瓶顶部的阀门,使钢瓶内的气体释放出来。其实一般的气体保护区都由几个钢瓶来保护(因为一个钢瓶里面的气体,往往不能达到将火扑灭的浓度),也就是说,当气体盘发指令来起动某一个钢瓶的时候,这个钢瓶里的气体喷放出来,把其他钢瓶的阀门顶开,来起动其他的钢瓶,以此来实现灭火。它的作用是通过向着火区域释放大量的七氟丙烷灭火剂来抑制燃烧的化学反应或降低可燃区域空气中的含氧量和温度,使可燃物的燃烧终止或逐渐窒息。该系统主要用于忌水的重要场所,如变电所、电子计算机房和重要文库等场合。发生火灾时,在一类探测器报警后,设在该防护区域内的警铃动作;两类或两类以上探测器都报警后,设在该防护区域内外的蜂鸣器及闪灯动作;系统进入延时阶段,控制盘完成相关设备的联动控制。经过延时后,控制盘起动灭火剂钢瓶组上释放阀的电磁起动器和对应防护区域的区域选择阀,使灭火剂沿管道和喷头输送到对应的防护区域灭火。

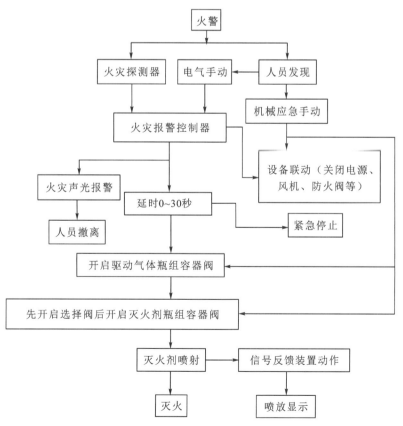

图 23-7 气体灭火系统原理图

七氟丙烷是无色、无味、不导电、无二次污染的气体，具有清洁、低毒、电绝缘性好、灭火效率高的特点，特别是它对臭氧层无破坏，在大气中的残留时间比较短，释放后不含粒子或油状残余物，不会对财物和精密设施造成损坏。

呼蓄电站设四套气体自动灭火系统来对重点防火区域进行保护，灭火介质均为七氟丙烷。防护区域为地下副厂房的中控室、计算机室、继电保护盘室、主变副厂房的线路保护盘室、地面副厂房的中控室、计算机室以及柴油发电机房。除柴油发电机室、中心变电站以外均采用固定管网式全淹没组合分配系统，对各个保护区进行气体灭火保护。柴油发电机房、中心变电站均采用无管网气体灭火系统。

23.2.4.2 气体灭火系统组成及控制方式

除柴油发电机房、中心变电站两个区域以外，气体灭火系统由灭火管网系统和控制系统两部分组成。

1. 灭火管网系统

灭火管网系统由气体储存钢瓶及瓶头阀、现地手动起动器、电磁阀起动器、高压软管、集流管、安全阀、单向阀(逆止阀)、减压装置、选择阀、压力开关、喷嘴和气体输送管道等组成。

(1) 灭火剂储存容器(灭火钢瓶)：公称工作压力(20℃标准状况下)七氟丙烷灭火系统 4.2MPa(表压)、最大工作压力(50℃状况下)七氟丙烷灭火系统 5.3MPa(表压)。

(2) 起动气体(高压氮气)储存容器(起动钢瓶)，公称工作压力为 4.5～6.0MPa。

(3) 容器(瓶头)阀：由阀本体、起动活塞、压力表、泄压装置等部分组成。

(4) 电磁起动装置：由电磁驱动器和击发棒组成，安装在起动气体储存容器上，可以电动起动或手动起动，靠起动气体的压力打开选择阀和容器阀，释放灭火剂。

(5) 液、气体单向阀：液体单向阀由阀体、阀芯、弹簧等组成，安装在高压软管和集流管间，防止灭火剂从集流管向储存容器倒流，螺纹连接；气体单向阀安装于起动气体管路上，用于控制起动气体的气流方向。

(6) 选择阀：用于组合分配系统，一端与集流管连接，一端与气体灭火系统管网连接。

(7) 安全泄压装置：应安装在储存容器(或容器阀)上和组合分配系统的集流管上。当封存于储存器(或容器阀)上和组合分配系统集流管中的灭火剂压力升高到规定的压力时，泄压阀开启泄压，可以起到防止超压的作用。

(8) 压力讯号器：安装于减压装置和选择阀之后的主管路上，用于灭火剂释放后将信号反馈到灭火控制器。当灭火剂释放时，压力讯号器起动，并给灭火控制器一个反馈信号。

(9) 紫铜管：用于输送起动气体的管路，其壁厚不小于 1mm。

(10) 压力表：安装于起动装置或容器阀上，用于显示储瓶内的压力。其参数、精度在设计联络时确定。

(11) 扩口接头：气体管路的管接件。

(12) 瓶组架：用于安放和固定灭火剂贮存容器和起动气体贮存容器。

(13) 高压软管：用于连接容器阀及液体单向阀，由钢丝编织软管和软接头组成，其连接方式为螺纹连接。

(14) 集流管：用于汇集各灭火剂贮存容器释放出的灭火剂。集流管采用加厚的内外镀锌无缝钢管。

(15) 喷嘴：安装于灭火系统管网的末端，用于按设计要求均匀地喷洒灭火剂。喷嘴的材质为黄铜，喷嘴不得有变形、裂纹或损坏。

(16) 防护标志牌：气体输送管道及系统设备的连接电线等。

地下副厂房消防系统如图 23-8 所示。

主变副厂房消防系统 23-9 所示。

地面副厂房消防系统 23-10 所示。

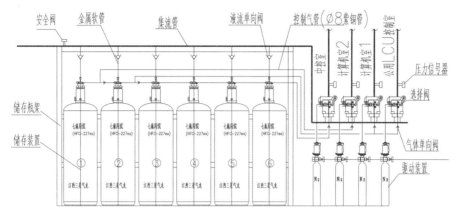

图 23-8　地下副厂房消防系统

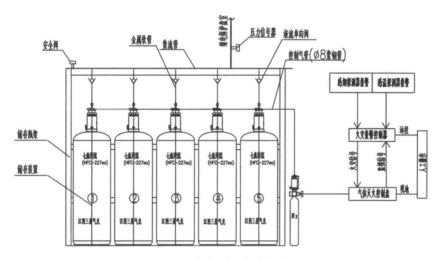

图 23-9　主变副厂房消防系统

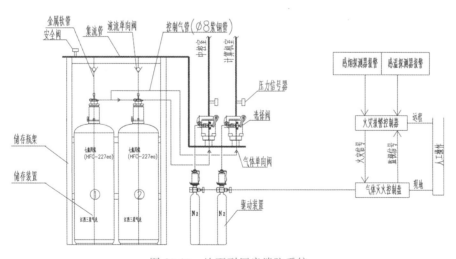

图 23-10　地面副厂房消防系统

注：具有主、备两个钢瓶组切换使用的系统，当起动主钢瓶组后没有检测到压力开关的回答信号时，会自动起动备用钢瓶组。

柴油发电机室消防系统与中心变电站消防系统相同，如图 12-11 所示。

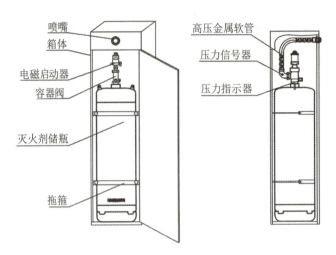

图 23-11　柴油发电机室消防系统（中心变电站消防系统）

2. 控制系统

控制系统由灭火控制器（控制盘）、继电器模块、备用电池（蓄电池）、警铃、声光报警器（蜂鸣器及闪灯）、气体释放指示灯、手拉起动器、紧急止喷按钮、紧急释放按钮、手动/自动转换开关、24V DC 辅助联动电源，以及点式感烟和感温探测器等部分组成。气体灭火控制器的参数如表 23-12 所示。

表 23-12　控制系统参数

项目	描述
设备名称	气体灭火控制器
型号	GST-QKP01
数量	3
生产厂家	海湾安全技术有限公司
技术参数	工作电压：交流 AC220V，50/60Hz，允许电压变化范围 AC176V～AC264V；功耗：监视状态功耗≤20W；最大功耗≤150W；备用电源：2 个 DC12V/7Ah 密封铅电池；气体喷洒输出：DC24V/3A，脉冲方式/持续方式，可调；辅助 24V 电源输出：最大 0.6A；电池充电电流：0.6～0.8A；液晶屏规格：128×64 点，可同屏显示 32 个汉字信息；容量可带 1 个区的气体灭火设备，实现对 1 个防护区的保护。其中所带设备及数量如下：电磁阀：1 个，额定电压 DC24V，最大电流 3A；压力开关 1 个，常开触点，动作时闭合；区域讯响器：1～5 个，编码地址范围 1～90

控制系统具有三种控制操作方式，即自动、手动和应急机械手动控制方式。

（1）自动控制方式。

控制系统处于自动工作状态时，气体灭火系统自动完成防护区内的火灾探测、报警、联动控制及喷气灭火整个过程。防护区内的单一探测回路探测到火灾信号后，控制盘起动设在该防护区域内的报警装置，同时向火灾自动报警及联动控制系统提供火灾预报警信号。同一防护区内的两个回路都探测到火灾信号后，控制盘起动设在该防护区域内外的蜂鸣器及闪灯，并进入延时状态。在延时过程中，控制盘输出信号关闭通风空调等相关设备。延时 30s 结束，控制盘输出有源信号至钢瓶及选择阀上的电磁阀，气体通过管道进入防护区。压力开关将信号传至火灾自动报警系统及联动控制系统和控制盘，由控制盘起动防护区外的释放指示灯。防护区域门内外的蜂鸣器及闪灯，在灭火期间将一直工作，警告所有人员不能进入防护区域，直至确认火灾已经扑灭。

（2）手动控制方式。

在有人值班的情况下，将系统拨到手动挡，可自动接收火灾信号、发出相应的报警信号，人为起动灭火系统进行扑救;手动起动后,系统将被直接起动,释放灭火剂。

现地手动控制操作方法:

①现场紧急启停按钮操作:按下现场报警区域的紧急起动按钮。

②操作面板起动键操作。

③联网火灾报警控制器(联动型)起动操作。

(3)应急机械手动控制方式。

在发现火灾后,系统自动、手动两种起动方式均失效的情况下,可在气瓶间内实行应急方式,人为开启起动装置,进行灭火。应急机械操作实际上是机械方式的操作,此时可通过操作设在钢瓶间中气体钢瓶瓶头阀上的应急机械起动器和相应选择阀上的应急机械起动器,来开启整个气体灭火系统。具体机械应急操作方法:通知相关人员撤离现场,并关闭联动设备,如风机和通风阀组等。然后进入钢瓶间,确认人员全部撤离后,具体操作如下:首先拔去所需灭火区域的起动装置上的保险装置,然后按下应急手柄,释放灭火剂,实施灭火。

如发现是系统误动作,或确有火灾发生但仅使用手提式灭火器和其他移动式灭火设备即可扑灭火灾,可按下保护区门外的紧急停止按钮,使系统暂时停止释放药剂。如需继续开启气体灭火系统,则只需松开紧急停止按钮。

23.2.5 超细干粉灭火系统

超细干粉自动灭火装置主要用于电站的电缆设施保护,保护的区域为副厂房电缆夹层、主变副厂房电缆夹层、低压电缆洞、出线洞。其参数如表23-13所示。

表23-13 超细干粉自动灭火装置参数

项目	描述
设备名称	悬挂式干粉自动灭火装置
型号	FZXA4/1.2-C
数量	180
生产厂家	武汉绿色消防器材有限公司
技术参数	灭火剂:超细干粉。 灭火剂量:4kg。 保护容积:40m^3。 最佳安装高度≤4m。 储存温度:-10℃至50℃

工作原理:灭火装置采用悬挂安装方式,热敏线起动,即当防护区内环境温度上升到68℃时,自动起动灭火装置灭火;或者当连接在灭火装置喷头间的热敏线遇明火后,将连锁起动多台超细干粉装置,实施自动灭火。同时向全厂火灾自动报警控制系统提供报警信号,以便值守人员及时了解整个灭火系统的状态。

23.2.6 防排烟系统

防排烟系统主要涉及两个方面:防烟系统和排烟系统。

防烟系统:设置在地下副厂房♯1、♯2楼梯间,主变副厂房楼梯间,主变副厂楼梯前室。其基本工作原理是通过机械方式强制送风,以保持楼梯间内气压高于楼梯间外气压。这种系统通常包括一个进风口和风机,风机的作用是将室外的空气送入楼梯间(楼梯前室)内,同时排除楼梯间(楼梯前室)内的空气。在正压系统下,楼梯间(楼梯前室)内的空气压力大于楼梯间(楼梯前室)外,因此楼梯间(楼梯前室)外的空气不容易进入楼梯间(楼梯前室)内,这种设计有助于保持室内的温度和防止外部的异味、有毒气体进入。其目的是防止烟雾扩散到疏散通道和安全出口,为人们提供一个无烟区域。

排烟系统:设置在地下厂房房间及走道,其目的是将烟雾从建筑物中排出,为人们提供一个安全、无烟的撤离通道。排烟系统通常包括烟气排放设备、烟道和风机,一旦系统检测到烟雾,烟气排放设备会自动开启,通过风机的作用,烟雾会被迅速排出建筑物。

防排烟系统通过各种探测器、通风设备、排烟口和风机的协作来实现这些功能,通过这些设备的结合使用,系统可以迅速、有效地探测到火灾并排除烟雾,为人员安全疏散和消防扑救创造条件。

23.2.7 消防电话系统

消防电话系统是消防通信的专用设备。当发生火灾报警时,它能够提供方便快捷的通信手段,是消防控制及其报警系统中不可或缺的通信设备。消防电话系统拥有专用的通信线路,现场人员可以通过现场设置的固定电话与消防控制室进行通话,也可以使用便携式电话插入插孔式手报或电话插孔,直接与控制室进行通话。消防电话系统是专门用于消防控制中心(室)与建筑物各关键部位之间通话的电话系统。它由消防电话总机、消防电话分机和传输介质构成。当发生火警等紧急情况时,它可以迅速通知中控室及各消防巡逻员,具有低功耗、大容量、高稳定性和反应迅速等特点,是消防联动系统中不可或缺的组成部分。

消防电话系统参数如表 23-14 所示。

表 23-14 消防电话系统参数

项目	描述	
设备名称	消防电话总机	
型号	GST-TS-Z01A	
数量	1	
生产厂家	海湾安全技术有限公司	
技术参数	工作电压:DC24V±10%,允许消防电话分机环路电阻:<1000Ω,传输损耗:<5dB,环境温度:−10~+55℃,环境湿度:相对湿度≤95%,不结露	
设备名称	消防电话分机	
型号	GST-TS-100A	
数量	24	
生产厂家	海湾安全技术有限公司	
技术参数	工作电压:DC24V。 工作电流:通话时电流约为 25mA。 环境温度:−10~+55℃。 环境湿度:≤95%,不结露。 尺寸:206mm×56mm×51.5mm。 重量:约142g(带底壳)。 使用类别:通用。 安装方式:固定式	

23.2.8 运行规定与注意事项

消防系统正式投入运行前应由上级消防主管部门验收通过,运行方式的变更由主管生产的副总经理或总工程师批准。正常情况下,火灾自动报警系统应投入运行,消防系统的定值更改必须有生产技术部门的定值更改通知单及回执单。生产现场发生火灾时,当班值长是灭火指挥人,根据当时的情况应做好运行设备的隔离工作,必要时可以停运有关设备,并及时报告厂领导及相关人员。

发电机消防系统运行时,机组运行、备用时消防系统主进口水阀全开,各排水阀全关、水控阀全关。紧急情况下,若确认发电机着火,在机组解列灭磁后可按下手动释放按钮或直接打开手动紧急灭火阀进行灭火。在进行机组消防系统试验时,应做好相关安全措施,防止发电机定转子进水。

主变运行情况下,消防系统运行时,主进口水阀全开,各排水阀全关、水控阀全关。

电缆廊道内的安全出口门和隔断防火门平时均应关闭,巡回检查后应随手关门。

气体自动灭火系统在灭火期间,所有人员不能进入防护区域,直至确认火灾已经扑灭。气体自动灭火系统动作后,需通知维修人员进行处理。

超细干粉自动灭火装置动作后,需通知维修人员进行处理。

火灾发生时,现场人员应立即使用现场的消防设备进行灭火,并及时汇报值长,紧急情况下可按下手动报警器报警。火灾较大时,立即通过消防通道撤离,严禁乘坐火警区域的电梯。发生火灾时,应注意检查联动设备动作情况,进入着火地点时必须戴正压式呼吸器和手电筒,并有两人以上同行。

火灾报警的注意事项:

(1)报警电话为"119"。

(2)报警电话接通后应简单说明下述内容:①发生火灾的单位和地点,有无人员被困;②所燃烧的物质;③火势情况;④报告人姓名及电话号码,以便联系。

(3)报警后应做到:①报警后要派专人在道路上等候接引消防车;②消防人员到达后应将火情、着火具体位置和注意事项及带电部位向消防人员交代清楚;③在消防人员到达之前,应利用本厂消防设备进行扑救;④火灾扑灭后必须保护火灾现场。

第24章 电站起重设备

24.1 电站起重设备概述

呼蓄电站起重设备包括地下厂房主厂房桥式起重机、500kV GIS室桥式起重机、水车室环形吊车、GIL出线洞起重设备。其中，地下厂房主厂房装设2台QD250/50/10t-22.5A3型桥式起重机，GIS室装设1台LH10-14.5A4型桥式起重机，每台机组水车室内装设1台CD1型环形吊车，GIL出线洞装设8台CD1型电动葫芦、8台LD型电动单梁起重机、4台JM型电控卷扬机。

24.1.1 作用

地下厂房桥式起重机安装于地下厂房发电机层，用于电站主厂房重物垂直、水平、纵向起吊；GIS室桥式起重机安装于GIS室，用于GIS、GIL等设备安装拆卸、检修维护；水车室环形吊车安装于机组水车室内，为环形轨道，用于水车室内水轮发电机组设备部件安装拆卸、检修维护；GIL出线洞起重设备安装于出线洞内，用于出线洞内设备安装拆卸、检修维护。

24.1.2 工作原理

24.1.2.1 桥式起重机工作原理

桥式起重机的吊运方式为大车纵向运动，小车横向运动，以及起升机构的升降运动；起重量在10t以下的桥式起重机，采用一套起升机构，即一个吊钩；在15t以上的桥式起重机采用主、副两套起升机构，即两个吊钩。其中，起重量较大的称为主起升机构或主钩，较小的称为副起升机构或副钩，副钩的起重量约为主钩的1/5~1/3。副钩的起升速度较快，可以提高轻货吊运的效率。主、副钩的起重量用分数表示，分子表示主钩的起重量，分母表示副钩的起重量。

行车控制采用现场总线技术，对起升机构采用直接转矩控制，对ABB变频器采用DTC控制。检测定子两相电流、直流母线电压和转速，进行定子磁链观测和转矩计算，达到精确控制的目的；对行走机构采用直接控制，对ABB变频器采用SCALAR控制，即标量控制。在标量控制下，传动单元采用频率给定控制，无需速度传感器，控制电路简单。

24.1.2.2 环形吊车工作原理

环形吊车由电动葫芦和环轨组成，电动葫芦通过电机通电，打开锥形制动器，电机带动弹性联轴器、减速器等部件转动，驱动卷筒转动，进而钢丝绳带动吊钩升降。当电机失电时，制动器闭合，吊钩停止运行。电动葫芦安装于环轨上，沿轨道移动，搬运重物。

24.1.2.3 出线洞起重设备工作原理

出线洞电动葫芦与水车室环形吊车电动葫芦型号相同,工作原理类似。电动葫芦安装于单梁起重机上,沿单梁起重机轨道移动,搬运重物。由于出线洞存在两段上坡段,电动单梁起重机无法依靠自身电机实现在上坡段上运行,需依靠卷扬机对单梁起重机进行拖拉牵引。

24.1.3 特点

24.1.3.1 QD250/50/10t-22.5A3 型桥式起重机特点

QD250/50/10t-22.5A3 型桥式起重机特点如下:

(1)采用了无小车架的新型小车设计,通过合理设置卷筒直径、滑轮组倍率以及减速器支撑结构,显著扩大了吊钩的作业服务范围。与普通桥式起重机相比,在相同起升高度条件下,该机型的大车轨面以上高度可降低 1 米以上,从而提升了空间利用率和作业效率。

(2)采用二主梁和二根铰接式端梁的新型四梁桥架,提高了桥架刚度。主梁与端梁之间用销轴铰接,两主梁相对独立,减少大车啃轨的问题。

(3)采用交流变频调速与 PLC 程序结合控制方式,调速范围可达 1∶15,起制动平稳,各机构动作精确度均小于 5mm,可大幅减少发电机组大件吊装就位的难度及时间。

24.1.3.2 LH10-14.5A4 型桥式起重机特点

LH 型电动葫芦桥式起重机采用钢丝绳电动葫芦作为起升机构,安装在集中驱动的双轨小车上,与双梁桥架配套使用。

24.1.3.3 CD1 型电动葫芦特点

CD1 型电动葫芦通常配套安装在单梁桥式起重机上或单独安装在架空工字梁上,作为吊运重物的起重设备,具有结构紧凑、自重轻、体积小、操作方便等特点。

24.1.3.4 LD 型电动单梁起重机

LD 型电动单梁起重机与 CD1 型或 MD1 型电动葫芦配套使用,是一种轻小型的起重机械,整体结构合理、强度高,可通过地面或遥控的方式操作。

24.1.3.5 JM 型电控卷扬机

JM 型电控卷扬机以电动机作为动力,通过驱动装置使卷筒回装的起重工具,产品通用性高、结构紧凑、体积小、重量轻。

24.1.4 设备参数

桥式起重机设备参数如表 24-1 所示。

表 24-1 桥式起重机设备参数

项目	参数
设备类别	桥式起重机
型号规格	QD250/50/10-22.5A3
设备名称	250T/50T/10T 桥式起重机
整机工作级别	A3
跨度	22.5m

续表

项目		参数
主钩	额定起重量	250t
	起升高度	26m
	起升速度	0.1～1m/min
副钩	额定起重量	50t
	起升高度	32m
	起升速度	0.4～4m/min
电动葫芦	额定起重量	10t
	起升高度	36m
	起升速度	0.8～8m/min
运行速度	小车	1.0～10m/min
	桥机	2～20m/min
	电动葫芦	15m/min
电机	主起升电机	55kW
	副起升电机	45kW
	小车电机	7.5kW
	大车电机	4×4kW
	电动葫芦	18.5kW
桥机最大静轮压		430kN
总装机功率		152kW
大车轨道		QU120
整机自重		123t
电源		三相四线,380V/220V,50Hz

GIS 电动葫芦桥式起重机参数如表 24-2 所示。

表 24-2 GIS 电动葫芦桥式起重机参数

项目	参数
设备类别	桥式起重机
设备名称	电动葫芦桥式起重机
额定起升重量	10t
起升高度	26m
起升速度	0.7～7m/min
型号规格	LH10-14.5A4
工作级别	A4
跨度	14.5m

续表

水车室电动葫芦参数如表 24-3 所示。

表 24-3　水车室电动葫芦参数

项目	参数
型号	CD1
机构工作级别	M3
起重量	5t
起升高度	6m
起升速度	8m/min
运行速度	20m/min

出线洞起重设备参数如表 24-4 所示。

表 24-4　出线洞起重设备参数

项目	参数	项目	参数
电动单梁起重机			
型号	LD	工作级别	A3
起重量	0.9t	跨度	4.1m
起升速度	8m/min	运行速度	20m/min
钢丝绳电动葫芦			
型号	CD1	机构工作级别	M3
起重量	0.9t	起升高度	9m
起升速度	8m/min	运行速度	20m/min
电控卷扬机			
型号	JM	起重量	2t
平均绳速	0.4m/min	容绳量	130m

24.2　设备组成及原理

24.2.1　250t/50t/10t 桥式起重机

桥式起重机主要由机械部分、金属结构部分和电气部分组成。机械部分是由主起升机构、副起升机构、小车运行机构、大车运行机构组成；金属结构部分主要由桥架和小车架组成；电气部分由电气传动设备和控制系统组成。

1. 主、副起升小车

主、副起升小车的起升机构主要由电动机、减速器、联轴器、制动器、卷筒、滑轮梁及定滑轮组等几部分组成。起升机构的制动采用支持制动和控制制动并用的方式。支持制动采用常闭液压式制动，控制制动采用电气制动。在驱动装置电机的高速轴上设置一套工作制动器，使起升机构的安全性能得到充分保证。

主起升小车运行机构采用"三合一"驱动装置，即电机、减速器、制动器合为一体的传动机构，重量轻，机构紧凑。运行机构采用二分之一驱动方式，驱动电机采用 ABB 电机。副起升小车挂靠主起升小车一起行走。

在结构布置上,主、副起升小车采用新型的无小车架结构,减速器使用套装式硬齿面减速器,卷筒两端直接支撑在两侧的端梁上,两端梁之间由连接梁和电机梁刚性连接,以保证两端梁之间的几何尺寸和稳定性,定滑轮组承载梁布置在两端梁上部,该结构使定滑轮组承载梁和卷筒直接支撑在小车端梁上,受力明确,使吊重均匀地传递到两根主梁上。

2. 大车运行机构

大车运行机构采用"三合一"驱动装置,即电机、减速器、制动器合为一体的传动机构,重量轻,机构紧凑。

3. 桥梁

桥架采用二主梁和两根铰接式端梁的新型四梁桥架,主梁与端梁之间采用铰轴连接,两主梁相对独立,减少大车啃轨的问题。桥架材料采用 Q345 高强度板材,主梁采用整根运抵工地,方便了运输和现场拼装。

主梁为窄翼缘偏轨箱型梁,材料为 Q345 高强度板材。小车轨道采用接头焊为一体的整根 QU120 轨道,轨下主腹板采用 T 形钢来消除小车轮压对焊缝造成的影响。

4. 电气部分

本型号桥机电气部分包括供电电源,主、副起升机构,大、小车运行机构的配电、控制、保护、信号及桥架下照明控制。用电设备包括主起升机构、副起升机构、小车运行电机、大车运行电机、照明及控制用电等。电源经滑线引入本机电源开关箱,由电源开关箱引至电源控制柜,再由电源控制柜分配至各机构用电。联动台上和电源控制柜上都设有紧急开关。

电气房内安装了主起升控制柜、副起升控制柜、电气控制柜、运行控制柜、PLC 控制柜及各制动电阻箱,柜内装有各机构的传动、控制、保护等电气元件。其中,电源开关箱内装有总刀开关,桥机不工作时或检修时总刀开关可做隔离开关,用来切断总电源。电源控制柜内装有总断路器、动力接触器以及各机构的配出电源。在电源控制柜上和联动台上可分别对动力回路、控制回路以及照明回路的接触器进行分、合操作。

24.2.2 GIS 桥式起重机

GIS 桥式起重机为轻量化(LH)系列电动葫芦桥式起重机,由桥架、小车、起重机运行机构、电气设备等部分组成,其中起升、小车运行和起重机运行三个机构都配套单独电动机进行各自驱动。

1. 桥架

桥架是由两根箱形主梁、两根箱形端梁和主梁主动侧的走台及被动侧电缆滑架组成。在主梁上盖板铺设轨道,供小车行走。主梁主动侧走台上安装起重机的电器部分,主梁被动侧安装小车导电的滑线,走台的外侧装有栏杆。主梁与端梁采用螺栓连接。

2. 小车

小车运行机构采用集中驱动形式,驱动采用锥形转子电机直接驱动。

3. 起重机运行机构

根据起重量、起升高度和跨度,起重机有四个行走车轮,车轮安装在两根端梁上,其中两个是主动车轮,两个是被动车轮。主动车轮的驱动采用锥形转子电机直接驱动。

4. 电气设备

电气设备包括主令控制器、手电门面板、电气保护系统、控制箱等。主令控制器用来控制各机构的电动机起动、停止和反正转;手电门面板上设置起动/电铃、急停、主升、主降、副升、副降、小车左、小车右、大车前、大车后各机构控制按钮。电气保护系统设置过流保护、欠压保护、过压保护、错相保护、断相保护、短路过载保护,当发生过流或短路时,断路器会自动跳闸,断开电路,从而对电机起到保护作用。控制箱内安装有起重机配电系统,由总断路器,总电源接触器,大车机构正、反转接触器,控制变压器,小车机构正、反转接触器,起升机构的正、反转接触器等组成。

24.2.3 水车室环形吊车

水车室环形吊车由电动葫芦和环轨组成,电动葫芦由减速器、起升电机、运行电机、断火器、电缆滑线、卷筒装置、吊钩装置、联轴器、软缆电流引入器等部件组成。环轨由4瓣组成,现场安装拼接,环轨各接口处间隙小于2mm,组圆后直径为4545mm。

24.2.4 出线洞起重设备

出线洞起重设备由8台CD1型电动葫芦、8台LD型电动单梁起重机、4台JM型电控卷扬机组成。

(1)CD1型电动葫芦属于钢丝绳电动葫芦,主要由减速器、运行机构、卷筒装置、吊钩装置、联轴器、软缆电流引入器、限位器、锥形转子电动机等部件组成。

(2)LD型电动单梁起重机常与CD1或MD1型电动葫芦配套使用,有轨运行的轻小型起重机主要由桥架、大车运行机构、电气设备等组成。

(3)JM型电控卷扬机为慢速卷扬机,主要由电动机、联轴节、制动器、齿轮箱和卷筒组成,共同安装在机架上。

第25章

通风系统

25.1 通风系统概述

通风系统是通过换气稀释或排除空气污染物,控制空气污染的传播与危害,保障室内外空气环境质量的建筑环境控制技术。通风系统包括进风口、排风口、送风管道、风机、降温及采暖设备、过滤器、控制系统及其他附属设备。其主要功能是通过引入室外新鲜空气,更新地下厂房机组运行过程中产生的污染空气,保持地下厂房空气的洁净度达到最低标准。风机停运可能导致工作区域空气污浊,引发工作人员身体不适、注意力不集中,甚至导致误操作,同时可能引起区域内温度升高,影响设备正常运行,进而导致电气设备误动或发电机组停机。

呼蓄电站的通风控制系统由通风系统工作站、现地控制单元、现地控制箱及电缆、光缆等组成,能够实现对电站生产区域风机的实时控制。系统共设置2个通风系统工作站、3个现地控制单元、38个现地控制柜、172台风机(含空调风机),设备分布范围广泛,涵盖地下主厂房、地下副厂房、主变副厂房、地面副厂房、出线平洞、下水库排风楼等区域。

25.1.1 作用

通风系统的主要作用是改善生产和生活环境,确保安全、卫生的条件。其通过送入新鲜空气并排出污染空气,维持室内空气质量。

在散发可燃气体、可燃蒸气和粉尘的厂房中,加强通风是重要的防火防爆措施,能够及时排除空气中的可燃有害物质。

通风系统还能够提升房间内部的散热效果,缓解室内空气湿度过大的问题。当室内温度高于室外时,通风系统可以有效降低室内温度。

25.1.2 工作原理

通风系统的工作原理主要包括以下几个方面:

(1)空气引入:通风系统通过自然通风、机械通风或混合通风等方式引入室外新鲜空气。自然通风利用建筑的气流强度、温差等原理,以风的自然能量为驱动力;机械通风则通过风机等机械装置,利用正压或负压原理强制引入新鲜空气。

(2)空气分布:通风系统通过合理设计的气流路径和通风设备,将新鲜空气均匀分布到各个室内区域。风管系统将空气送至各个房间或区域,并通过通风口或气流调节装置调节流量和方向,确保通风效果。

(3)室内空气净化:通风系统中的空气净化设备(如过滤网、活性炭等)能够过滤、吸附、分解室内空气中的颗粒物、有害气体和异味,提升室内空气质量。

(4)室内空气排出:通风系统通过排风扇、排风管等设施将室内受污染的空气排出室外,确保室内空气的更新和净化。排出的空气可通过排风管道导出室外,或经过处理后排放。

通过上述工作原理,通风系统能够持续引入新鲜空气,调节室内温度、湿度和氧浓度,排除有害气体和异味,提升室内环境的舒适度和健康程度,满足人们对良好室内环境的需求。

25.1.3 特点

抽水蓄能电站的通风系统以机械通风为主,自然通风为辅,分为全面通风和局部通风两种形式。

25.1.3.1 主厂房通风系统

主厂房通风系统的主要任务是排除厂内机电设备产生的余热,采用机械通风形式。室外新风通过通风洞和♯1通风支洞进入主厂房两端的♯1、♯2通风机房,经新风机处理后送入均压室。室内送风由均压室分两条送风管,布置在主厂房吊顶上方,通过圆形射流风口送入发电机层。送风管按机组分段控制,♯1、♯2机组为一段,♯3、♯4机组及安装场为另一段。

送入发电机层的新风经过通风降温后,回风顺楼梯间和埋设在上、下游边墙夹层内的专用风管(DN250钢管)进入母线层和水轮机层。主厂房的排风通过母线层和水轮机层下游侧墙上的防火百叶风口进入母线洞,经主变洞顶拱、排风洞及排风竖井排出厂外。蜗壳层的通风由水轮机层下游侧地板上开的孔,通过6台轴流风机向蜗壳层送风,再由水轮机层上游侧吊物孔及楼梯间返回至水轮机层,满足设备发热量的通风需求。

为了使发电机层的回风能够有组织地进入下面各层并形成良好的气流组织,除了在上、下游边墙内埋设专用的回风管,分别通至母线层和水轮机层外,还在回风管出口处预留了通风槽。槽内设置了小型送风机,送风机与送风口连为一体,以确保设备外形整齐美观。

每台发电机组引出的母线通过母线洞与主变洞内的主变压器相连。为确保母线洞的运行环境,避免洞内温度过高,在每条母线洞的下游末端分别设置了两台兼具排风和排烟功能的风机。在母线洞末端风机的负压作用下,空气能够顺利流经母线洞,排出余热后进入主变室管道层。随后,气流汇总并送入主变洞右侧的排风机房。主厂房、主变室及副厂房的排风均通过该排风机房汇总后,经排风洞及排风竖井排至室外。

25.1.3.2 副厂房通风系统

副厂房通风系统由♯1通风机房出口吸入新风,经各层送风风机送入副厂房各房间,再通过墙壁上的排风百叶风口排至走廊内,进入贯穿副厂房各层的竖向回风管。回风风机设在最高层的通风机房,回风经排烟洞排至排风竖井,排出厂外。

蓄电池室等有特殊要求的房间单独设置送排风系统。中央控制室、计算机房及办公用房均单独设置空调末端设备,确保室内温度、湿度符合要求。

25.1.3.3 主变洞通风系统

主变洞通风系统采用自然进风、机械送排风的形式。室外新风通过主变交通支洞进入主变洞,主变室及其他房间均为自然进风,进风口为防火百叶风口。新风经降温排热后,通过通风机房内的排风机送至管道层,各通风机房的排风在管道层汇总。部分新风通过下游边墙夹层内的风管进入管道层和GIS层,降温排热后经本层通风机房内的排风机排入回风干管。主变室回风干管经主变洞拱顶至主变副厂房右侧的排风机房。

主变洞内的SFC及配套设备开启时发热量较大,夏季若全部依靠机械通风系统排除余热,所需通风量较大,故采用通风加空调的方式进行降温排热。冬季及过渡季节,现有风量可消除SFC及配套设备产生的余热,空调设备可停用。

GIS室设在主变室上方,通风设施主要用于排除开关设备故障时泄漏的有害气体,要求室内保持负压。通风系统采用机械送排风,排风量满足事故排风要求。进风口布置在下游侧夹墙下部,回风管布置在上游侧较高处,确保有效排除有害气体。

25.1.3.4 出线洞通风系统

为了保证出线洞内敷设的电缆运行环境温度不致过高,在电缆孔下部开设了带有防火功能的进风百叶风口,并在出口部安装了带有防火功能的排风百叶风口。新风从出线洞入口部进入,经过通风换气后,由出口部的排风口排出,形成出线洞的通风系统。此外,出口部排风口可考虑安装排风机,以增强通风效果并防止因"压差"作用导致的空气倒灌。

25.1.3.5 其他局部通风系统

尾水事故闸门室通风采用自然进风与机械送排风相结合的系统。室外新风通过尾水事故闸门室交通支洞进入洞室内,经过降温排热后,由排风机送至尾水事故闸门室通风洞,最后进入上层排水廊道。

地面副厂房内设有通风机,以确保室内形成有效的气流组织。

机组大修时,若在安装场对水轮机转轮进行补焊作业,会产生大量烟雾。为防止烟雾扩散至整个厂房,可开启主厂房顶拱处设置的主厂房事故排烟口,利用主厂房事故排烟系统将烟雾排出厂外。

为保证发电机层以下各层的通风效果,减少通风死角,可适当增设引射风机或其他小型通风设备,确保形成有效的气流组织。

25.1.4 设备参数

25.1.4.1 主厂房风机、空调设备及控制设备

1. 主厂房母线层、发电机层

(1)监控对象:低噪声轴流通风机(0.12kW,40台)、吊顶式空调(1.5kW,5台)、温湿度测控装置(6套)。

(2)控制方式:低噪声轴流风机在正常运行时常年运转,冬季时运行数量减半,可通过远方或现地方式启停;当火灾发生时,由消防报警联动模块输出命令关闭防火阀并停止风机运行。吊顶式空调在夏季运行时仅可通过现地方式启停;当火灾发生时,由消防报警联动模块输出命令关闭防火阀并停止空调运行。温湿度测控装置将本层的温湿度参数实时上传至上位机监控系统。

(3)安装位置:设置1个现地控制盘,布置在♯1机组段,靠近副厂房侧。当远方/现地选择开关置于远方位置时,只能通过相应通风现地控制单元的触摸屏或中控室的通风空调系统上位机,经远程I/O输出继电器控制器进行启停操作。每个防火阀提供一个开关量接点,由风机现地控制盘提供24V电源及中间继电器,并扩展为两个接点:其中一个接点与风机控制回路闭锁,另一个接点与模块箱中的模块闭锁。风机运行状态、故障信息、温湿度参数及防火阀位置信号可通过通信口连接到现地控制单元,并上传至通风空调系统上位机。

2. ♯1～♯4母线廊道

(1)监控对象:轴流风机(11kW,每个廊道2台)。

(2)控制方式:轴流风机在正常运行时常年运转,冬季时运行数量减半,可通过远方或现地方式启停;当火灾发生时,由消防报警联动模块输出命令,关闭防火阀并停止风机运行。

(3)安装位置:每个母线廊道设置1台风机控制箱,布置在母线廊道对应风机下方的廊道右侧墙上。当远方/现地选择开关置于远方位置时,只能通过相关通风现地控制单元的触摸屏或中控室的通风空调系统上位机,经远程I/O输出继电器控制器进行启停操作。每个防火阀提供一个开关量接点,由风机现地控制箱提供24V电源及中间继电器,并扩展为两个接点:其中一个接点与风机控制回路闭锁,另一个接点与模块箱中的模块闭锁。风机运行状态、故障信息及防火阀位置信号可通过通信口连接到现地控制单元,并上传至通风空调系统上位机。

3. 主厂房水轮机层

(1)监控对象:低噪声轴流风机(0.12kW,20台)、温湿度测控装置(3套)。

(2)控制方式:低噪声轴流风机在正常运行时常年运转,冬季时运行数量减半,可通过远方或现地方式启停;当火灾发生时,由消防报警联动模块输出命令关闭防火阀并停止风机运行。温湿度测控装置将本层

的温湿度参数实时上传至上位机监控系统。

(3)安装位置:设置1个现地控制盘,布置在♯1机组上游侧,靠近右侧楼梯。当远方/现地选择开关置于远方位置时,只能通过相关通风现地控制单元的触摸屏或中控室的通风空调系统上位机,经远程I/O输出继电器控制器进行启停操作。每个防火阀提供一个开关量接点,由风机现地控制盘提供24V电源及中间继电器,并扩展为两个接点;其中一个接点与风机控制回路闭锁,另一个接点与模块箱中的模块闭锁。风机运行状态、故障信息、温湿度参数及防火阀位置信号可通过通信口连接到现地控制单元,并上传至通风空调系统上位机。

4. 主厂房蜗壳层

(1)监控对象:轴流风机(0.12kW,20台)、吊顶式空调(1.5kW,5台)、电加热器(15kW,5组)、温湿度测控装置(3套)。

(2)控制方式:轴流风机在正常运行时常年运转,冬季时运行数量减半,可通过远方或现地方式启停;当火灾发生时,由消防报警联动模块输出命令,关闭防火阀并停止风机运行。吊顶式空调在冬、夏季运行,仅可通过现地方式启停。电加热器在冬季运行,与吊顶式空调联动:只有当本层电加热器关闭时,吊顶式空调才可关闭;本层吊顶式空调开启后,电加热器才能起动,且仅可通过现地方式启停;当火灾发生时,由消防报警联动模块输出命令,关闭防火阀并停止空调及电加热器运行。3套温湿度测控装置将本层的温湿度参数实时上传至上位机监控系统。

(3)安装位置:设置1个现地控制盘,布置在♯2、♯3机组之间的上游侧。当远方/现地选择开关置于远方位置时,只能通过相关通风现地控制单元的触摸屏或中控室的通风空调系统上位机,经远程I/O输出继电器控制器进行启停操作。每个防火阀提供一个开关量接点,由风机现地控制盘提供24V电源及中间继电器,并扩展为两个接点;其中一个接点与风机控制回路闭锁,另一个接点与模块箱中的模块闭锁。风机、吊顶式空调及电加热器的运行状态、故障信息、温湿度参数及防火阀位置信号可通过通信口连接到现地控制单元,并上传至通风空调系统上位机。

5. 主厂房尾水管层

(1)监控对象:轴流风机(0.75kW,2台)。

(2)控制方式:轴流风机在正常运行时常年运转,可通过远方或现地方式启停;当火灾发生时,由消防报警联动模块输出命令,关闭防火阀并停止风机运行。

(3)安装位置:设置1个现地控制箱,布置在尾水层上游靠廊道侧。当远方/现地选择开关置于远方位置时,只能通过相关通风现地控制单元的触摸屏或中控室的通风空调系统上位机,经远程I/O输出继电器控制器进行启停操作。每个防火阀提供一个开关量接点,由风机现地控制箱提供24V电源及中间继电器,并扩展为两个接点;其中一个接点与风机控制回路闭锁,另一个接点与模块箱中的模块闭锁。风机的运行状态、故障信息及防火阀位置信号可通过通信口连接到现地控制单元,并上传至通风空调系统上位机。

6. 安装场上方♯2通风机房

(1)监控对象:组合式空调(30kW,2台)、电加热器(30kW,6台)、温度测控装置。

(2)控制方式:组合式空调在正常运行时常年运转,冬季时运行数量减半,可通过远方或现地方式启停;当火灾发生时,由消防报警联动模块输出命令,关闭防火阀并停止风机运行。电加热器在冬季运行,与组合式空调联动:只有当本层电加热器关闭时,组合式空调才可关闭;本层组合式空调开启后,电加热器才能起动,且仅可通过现地方式启停。6台电加热器分为三组,每组两台,与温度测控装置联动:当温度降至-1℃时起动第1组电加热器,-3℃时起动第2组电加热器,-6℃时起动第3组电加热器。温测控装置将本层温度参数实时上传至上位机监控系统,并根据温度变化自动起动相应的电加热器组。

(3)安装位置:2台组合式空调设置1个现地控制盘,6台电加热器和温度测控装置设置1个现地控制盘,两个控制盘均布置在♯2通风机房内。当远方/现地选择开关置于远方位置时,只能通过相关通风现地控制单元的触摸屏或中控室的通风空调系统上位机,经远程I/O输出继电器控制器进行启停操作。每个防火阀提供一个开关量接点,由风机现地控制盘提供24V电源及中间继电器,并扩展为两个接点;其中一个接点与风机控制回路闭锁,另一个接点与模块箱中的模块闭锁。组合式空调和电加热器的运行状态、故障信息、温度参数及防火阀位置信号可通过通信口连接到现地控制单元,并上传至通风空调系统上位机。

25.1.4.2 副厂房风机、空调设备及控制设备

1. 副厂房二层

(1) 监控对象:风机箱(5.5kW,1台;11kW,1台)。

(2) 控制方式:风机箱在正常运行时常年运转,冬季时运行数量减半,可通过远方或现地方式启停;当火灾发生时,由消防报警联动模块输出命令,关闭防火阀并停止风机运行。

(3) 安装位置:设置1个现地控制箱,布置在副厂房二层#4通风机房内。当远方/现地选择开关置于远方位置时,只能通过相关通风现地控制单元的触摸屏或中控室的通风空调系统上位机,经远程I/O输出继电器控制器进行启停操作。每个防火阀提供一个开关量接点,由风机现地控制箱提供24V电源及中间继电器,并扩展为两个接点;其中一个接点与风机控制回路闭锁,另一个接点与模块箱中的模块闭锁。风机的运行状态、故障信息及防火阀位置信号可通过通信口连接到现地控制单元,并上传至通风空调系统上位机。

2. 副厂房五层

(1) 监控对象:风机箱(4kW,1台)、高温排烟混流风机(2.2kW,1台)、立式柜式风机盘管空调机组(3kW,1台)、混流风机(0.55kW,1台)。

(2) 控制方式:风机箱在正常运行时常年运转,冬季时运行数量减半,可通过远方或现地方式启停;当火灾发生时,由消防报警联动模块输出命令,关闭防火阀并停止风机运行。高温排烟混流风机仅在事故后排烟时起动,可通过远方或现地方式启停,同时竖向风管上的电动调节阀关闭;当火灾发生时,由消防报警联动模块输出命令,关闭防火阀并停止风机运行。立式柜式风机盘管机组和混流风机在正常运行时,夏季运转,混流风机与立式柜式风机盘管空调联动,同时运行或停止,运行时电动调节阀应打开;当火灾发生时,由消防报警联动模块输出命令,关闭防火阀并停止风机运行。温度显示器用于显示室内实时温度并将温度值上传至控制箱。温度传感器根据回风管上的温度值调节电动三通阀的开度。

(3) 安装位置:风机箱设置1个现地控制箱,其他设备设置1个现地控制箱,两个控制箱均布置在副厂房五层#5通风机房内。当远方/现地选择开关置于远方位置时,只能通过相关通风现地控制单元的触摸屏或中控室的通风空调系统上位机,经远程I/O输出继电器控制器进行启停操作及温度值设定。每个防火阀提供一个开关量接点,由风机现地控制箱提供24V电源及中间继电器,并扩展为两个接点;其中一个接点与风机控制回路闭锁,另一个接点与模块箱中的模块闭锁。风机和空调的运行状态、故障信息、温度参数、防火阀及调节阀的位置信号可通过通信口连接到现地控制单元,并上传至通风空调系统上位机。

3. 副厂房七层

(1) 监控对象:防爆轴流风机(0.55kW,1台)、高温排烟防爆混流风机(1.1kW,1台)、高温排烟混流风机(0.55kW,1台)、电机外置型风机箱(2.2kW,1台)。

(2) 控制方式:防爆轴流风机常年运行,可通过远方或现地方式启停;当发生火灾时,由消防报警联动模块输出命令,关闭防火阀并停止风机运行。高温排烟防爆轴流风机在正常运行时常年运转,可通过远方或现地方式启停;当火灾发生时,由消防报警联动模块输出命令,关闭防火阀并停止风机运行。高温排烟混流风机和电机外置型风机箱在正常运行时常年运转,冬季时运行数量减半,可通过远方或现地方式启停;当火灾发生时,由消防报警联动模块输出命令,关闭防火阀并停止风机运行。

(3) 安装位置:设置1个现地控制箱,布置在副厂房七层#6通风机房内。当远方/现地选择开关置于远方位置时,只能通过相关通风现地控制单元的触摸屏或中控室的通风空调系统上位机,经远程I/O输出继电器控制器进行启停操作。每个防火阀提供一个位置量接点,由风机现地控制箱提供24V电源及中间继电器,并扩展为两个接点;其中一个接点与风机控制回路闭锁,另一个接点与模块箱中的模块闭锁。风机的运

行状态、故障信息及防火阀位置信号可通过通信口连接到现地控制单元,并上传至通风空调系统上位机。

4. 副厂房顶层

(1)监控对象:消防排烟风机(15kW,2台;18.5kW,2台)、高温排烟混流风机(5.5kW,1台)、混流风机(7.5kW,1台)、超低噪声轴流风机(4kW,1台)。

(2)控制方式:2台18.5kW消防排烟风机、高温排烟混流风机、混流风机及超低噪声轴流风机,平时处于关闭状态,当火灾发生时由消防报警联动模块输出命令起动风机运行,可通过远方或现地方式启停。2台15kW消防排烟风机在正常运行时常年运转,冬季时运行数量减半,可通过远方或现地方式启停;当火灾发生时,由消防报警联动模块输出命令,关闭防火阀并停止风机运行。

(3)安装位置:4台消防排烟风机设置1个现地控制箱,高温排烟混流风机、混流风机及超低噪声轴流风机设置1个现地控制箱,两个控制箱均布置在副厂房顶层通风机房内。当远方/现地选择开关置于远方位置时,只能通过相关通风现地控制单元的触摸屏或中控室的通风空调系统上位机,经远程I/O输出继电器控制器进行启停操作。每个防火阀提供一个位置量接点,由风机现地控制箱提供24V电源及中间继电器,并扩展为两个接点:其中一个接点与风机控制回路闭锁,另一个接点与模块箱中的模块闭锁。风机的运行状态、故障信息及防火阀位置信号可通过通信口连接到现地控制单元,并上传至通风空调系统上位机。

5. 副厂房顶层端部

(1)监控对象:组合式空调(37kW,2台)、电加热器(30kW,10台)、温度传感器(2套)。

(2)控制方式:组合式空调在正常运行时常年运转,冬季时运行数量减半,可通过远方或现地方式启停;当火灾发生时,由消防报警联动模块输出命令,关闭防火阀并停止风机运行。电加热器在冬季运行,与组合式空调联动:只有当本层电加热器关闭时,组合式空调才可关闭;本层组合式空调开启后,电加热器才能起动,且仅可通过现地方式启停。10台电加热器分为三组,其中两组各3台,另一组4台,与测温装置联动:当温度降至−1℃时起动第1组3台电加热器,−3℃时起动第2组3台电加热器,−6℃时起动全部电加热器。温度测控装置将温度参数实时上传至上位机监控系统,并根据温度变化自动起动相应的电加热器组。

(3)安装位置:组合式空调设置1个现地控制盘,加热器和温度传感器设置1个现地控制盘,两个控制盘均布置在副厂房顶层端部#1通风机房内。当远方/现地选择开关置于远方位置时,只能通过相关通风现地控制单元的触摸屏或中控室的通风空调系统上位机,经远程I/O输出继电器控制器进行启停操作。组合式空调控制盘内应设置软起动器,软起动器采用旁路运行方式。每个防火阀提供一个位置量接点,由风机现地控制盘提供24V电源及中间继电器,并扩展为两个接点:其中一个接点与风机控制回路闭锁,另一个接点与模块箱中的模块闭锁。组合式空调和电加热器的运行状态、故障信息、温度参数及防火阀位置信号可通过通信口连接到现地控制单元,并上传至通风空调系统上位机。

25.1.4.3 主变室及主变附属用房风机设备及控制设备

1. 主变室夹层1

(1)监控对象:轴流风机(3kW,1台)。

(2)控制方式:轴流风机在正常运行时常年运转,冬季时运行数量减半,可通过远方或现地方式启停;当火灾发生时,由消防报警联动模块输出命令,关闭防火阀并停止风机运行。

(3)安装位置:设置1个现地控制箱,布置在电抗器室内。当远方/现地选择开关置于远方位置时,只能通过相关通风现地控制单元的触摸屏或中控室的通风空调系统上位机,经远程I/O输出继电器控制器进行启停操作。每个防火阀提供一个开关量接点,由风机现地控制箱提供24V电源及中间继电器,并扩展为两个接点:其中一个接点与风机控制回路闭锁,另一个接点与模块箱中的模块闭锁。风机的运行状态、故障信息及防火阀位置信号可通过通信口连接到现地控制单元,并上传至通风空调系统上位机。

2. 主变室夹层2

(1)监控对象:风机箱(7.5kW,2台;11kW,2台)、温湿度测控装置(4套)。

(2)控制方式:4台风机箱在正常运行时常年运转,冬季时运行数量减半,可通过远方或现地方式启停;当火灾发生时,由消防报警联动模块输出命令,关闭防火阀并停止风机运行。4套温湿度测控装置分别将4个变压室内的温湿度参数实时上传至上位机监控系统。

(3)安装位置:2台容量为7.5kW和11kW的风机箱及2套温湿度传感器设置1个现地控制箱,布置在♯7通风机房;另外2台风机箱及2套温湿度传感器设置1个现地控制箱,布置在♯8通风机房。当远方/现地选择开关置于远方位置时,只能通过相关通风现地控制单元的触摸屏或中控室的通风空调系统上位机,经远程I/O输出继电器控制器进行启停操作。每个防火阀提供一个开关量接点,由风机现地控制箱提供24V电源及中间继电器,并扩展为两个接点:其中一个接点与风机控制回路闭锁,另一个接点与模块箱中的模块闭锁。风机的运行状态、故障信息、温湿度参数及防火阀位置信号可通过通信口连接到现地控制单元,并上传至通风空调系统上位机。

3. 主变室管道层

(1)监控对象:风机箱(22kW,1台)、轴流风机(4kW,2台)。

(2)控制方式:轴流风机和风机箱在正常运行时常年运转,冬季时运行数量减半,可通过远方或现地方式启停;当火灾发生时,由消防报警联动模块输出命令,关闭防火阀并停止风机运行。

(3)安装位置:1台轴流风机和风机箱设置1个现地控制箱,布置在♯9通风机房;另1台轴流风机设置1个现地控制箱,布置在管道层下游侧。当远方/现地选择开关置于远方位置时,只能通过相关通风现地控制单元的触摸屏或中控室的通风空调系统上位机,经远程I/O输出继电器控制器进行启停操作。每个防火阀提供一个开关量接点,由风机现地控制箱提供24V电源及中间继电器,并扩展为两个接点:其中一个接点与风机控制回路闭锁,另一个接点与模块箱中的模块闭锁。风机的运行状态、故障信息及防火阀位置信号可通过通信口连接到现地控制单元,并上传至通风空调系统上位机。

4. 主变室GIS层

(1)监控对象:风机箱(18.5kW,2台)、轴流风机(0.37kW,12台)。

(2)控制方式:轴流风机和风机箱在正常运行时常年运转1台风机箱和6台轴流风机,冬季时运行数量减半,可通过远方或现地方式启停;当SF6气体检测装置检测到SF6气体泄漏时,自动起动本层所有风机,并将SF6气体泄漏控制器的信号接入风机控制箱内。

(3)安装位置:设置1个风机控制箱,布置在GIS层右侧进门处。当远方/现地选择开关置于远方位置时,只能通过相关通风现地控制单元的触摸屏或中控室的通风空调系统上位机,经远程I/O输出继电器控制器进行启停操作。每个防火阀提供一个开关量接点,其中一个防火阀由风机现地控制箱提供24V电源及中间继电器扩展为两个接点:其中一个接点与风机控制回路闭锁,另一个接点与模块箱中的模块闭锁;由于两个风机共用一个防火阀,因此其中一个防火阀由风机现地控制箱提供24V电源及中间继电器扩展为三个接点,供两个控制回路使用:其中两个接点分别与两个风机控制回路闭锁,另一个接点与模块箱中的模块闭锁。风机的运行状态、故障信息及防火阀位置信号可通过通信口连接到现地控制单元,并上传至通风空调系统上位机。

5. 主变室顶层端部

(1)监控对象:风机箱(37kW,2台)。

(2)控制方式:风机箱在正常运行时常年运转,冬季时运行数量减半,可通过远方或现地方式启停;当火灾发生时,由消防报警联动模块输出命令,关闭防火阀并停止风机运行。

(3)安装位置:两个风机箱共用1个风机控制盘,布置在♯3通风机房内。当远方/现地选择开关置于远方位置时,只能通过相关通风现地控制单元的触摸屏或中控室的通风空调系统上位机,经远程I/O输出继电器控制器进行启停操作。软起动器采用旁路运行方式。每个防火阀提供一个开关量接点,由风机现地控制盘提供24V电源及中间继电器,并扩展为两个接点:其中一个接点与风机控制回路闭锁,另一个接点与模块箱中的模块闭锁。风机的运行状态、故障信息及防火阀位置信号可通过通信口连接到现地控制单元,并上传至通风空调系统上位机。

6. 主变副厂房一层

(1)监控对象:风机箱(3kW,1台)、轴流风机(1.1kW,1台)。

(2)控制方式:风机箱在正常运行时常年运转,冬季时运行数量减半,可通过远方或现地方式启停;当火灾发生时,由消防报警联动模块输出命令,关闭防火阀并停止风机运行。

(3)安装位置:设置1个风机控制箱,布置在♯12通风机房内。当远方/现地选择开关置于远方位置时,只能通过相关通风现地控制单元的触摸屏或中控室的通风空调系统上位机,经远程I/O输出继电器控制器进行启停操作。每个防火阀提供一个开关量接点,由风机现地控制箱提供24V电源及中间继电器,并扩展为两个接点;其中一个接点与风机控制回路闭锁,另一个接点与模块箱中的模块闭锁。风机的运行状态、故障信息及防火阀位置信号可通过通信口连接到现地控制单元,并上传至通风空调系统上位机。

7. 主变副厂房二层

(1)监控对象:风机箱(3kW,1台)。

(2)控制方式:风机箱在正常运行时常年运转,冬季时运行数量减半,可通过远方或现地方式启停;当火灾发生时,由消防报警联动模块输出命令,关闭防火阀并停止风机运行。

(3)安装位置:设置1个风机控制箱,布置在♯13通风机房内。当远方/现地选择开关置于远方位置时,只能通过相关通风现地控制单元的触摸屏或中控室的通风空调系统上位机,经远程I/O输出继电器控制器进行启停操作。每个防火阀提供一个开关量接点,由风机现地控制箱提供24V电源及中间继电器,并扩展为两个接点;其中一个接点与风机控制回路闭锁,另一个接点与模块箱中的模块闭锁。风机的运行状态、故障信息及防火阀位置信号可通过通信口连接到现地控制单元,并上传至通风空调系统上位机。

8. 主变副厂房三层

(1)监控对象:风机箱(2.2kW,1台)、防爆轴流风机(0.18kW,1台)。

(2)控制方式:风机箱在正常运行时常年运转,冬季时运行数量减半,可通过远方或现地方式启停;当火灾发生时,由消防报警联动模块输出命令,关闭防火阀并停止风机运行。防爆轴流风机常年运行,可通过远方或现地方式启停;当发生火灾时,由消防报警联动模块输出命令,关闭防火阀并停止风机运行。

(3)安装位置:设置1个风机控制箱,布置在♯14通风机房内。当远方/现地选择开关置于远方位置时,只能通过相关通风现地控制单元的触摸屏或中控室的通风空调系统上位机,经远程I/O输出继电器控制器进行启停操作。每个防火阀提供一个开关量接点,由风机现地控制箱提供24V电源及中间继电器,并扩展为两个接点;其中一个接点与风机控制回路闭锁,另一个接点与模块箱中的模块闭锁。风机的运行状态、故障信息及防火阀位置信号可通过通信口连接到现地控制单元,并上传至通风空调系统上位机。

9. 主变副厂房四层

(1)监控对象:风机箱(2.2kW,1台)。

(2)控制方式:风机箱在正常运行时常年运转,冬季时运行数量减半,可通过远方或现地方式启停;当火灾发生时,由消防报警联动模块输出命令,关闭防火阀并停止风机运行。

(3)安装位置:设置1个风机控制箱,布置在♯15通风机房内。当远方/现地选择开关置于远方位置时,只能通过相关通风现地控制单元的触摸屏或中控室的通风空调系统上位机,经远程I/O输出继电器控制器进行启停操作。每个防火阀提供一个开关量接点,由风机现地控制盘提供24V电源及中间继电器,并扩展为两个接点;其中一个接点与风机控制回路闭锁,另一个接点与模块箱中的模块闭锁。风机的运行状态、故障信息及防火阀位置信号可通过通信口连接到现地控制单元,并上传至通风空调系统上位机。

10. 主变副厂房五层

(1)监控对象:风机箱(2.2kW,1台)。

(2)控制方式:风机箱在正常运行时常年运转,冬季时运行数量减半,可通过远方或现地方式启停;当火灾发生时,由消防报警联动模块输出命令,关闭防火阀并停止风机运行。

(3)安装位置:设置1个风机控制箱,布置在♯16通风机房内。当远方/现地选择开关置于远方位置时,只能通过相关通风现地控制单元的触摸屏或中控室的通风空调系统上位机,经远程I/O输出继电器控制器进行启停操作。每个防火阀提供一个开关量接点,由风机现地控制盘提供24V电源及中间继电器,并扩展为两个接点:其中一个接点与风机控制回路闭锁,另一个接点与模块箱中的模块闭锁。风机的运行状态、故障信息及防火阀位置信号可通过通信口连接到现地控制单元,并上传至通风空调系统上位机。

11. 主变副厂房六层

(1)监控对象:风机箱(1.5kW,1台)。

(2)控制方式:风机箱在正常运行时常年运转,冬季时运行数量减半,可通过远方或现地方式启停;当火灾发生时,由消防报警联动模块输出命令,关闭防火阀并停止风机运行。

(3)安装位置:设置1个风机控制箱,布置在♯17通风机房内。当远方/现地选择开关置于远方位置时,只能通过相关通风现地控制单元的触摸屏或中控室的通风空调系统上位机,经远程I/O输出继电器控制器进行启停操作。每个防火阀提供一个开关量接点,由风机现地控制箱提供24V电源及中间继电器,并扩展为两个接点:其中一个接点与风机控制回路闭锁,另一个接点与模块箱中的模块闭锁。风机的运行状态、故障信息及防火阀位置信号可通过通信口连接到现地控制单元,并上传至通风空调系统上位机。

12. 主变副厂房三至六层下游侧

(1)监控对象:轴流风机(2.2kW,1台;0.75kW,2台;1.1kW,1台)。

(2)控制方式:所有风机在正常运行时常年运转,冬季时运行数量减半,可通过远方或现地方式启停;当火灾发生时,由消防报警联动模块输出命令,关闭防火阀并停止风机运行。

(3)安装位置:设置1个风机控制箱,布置在主变附属用房四层,靠近卫生间通道处。当远方/现地选择开关置于远方位置时,只能通过相关通风现地控制单元的触摸屏或中控室的通风空调系统上位机,经远程I/O输出继电器控制器进行启停操作。每个防火阀提供一个开关量接点,由风机现地控制箱提供24V电源及中间继电器,并扩展为两个接点:其中一个接点与风机控制回路闭锁,另一个接点与模块箱中的模块闭锁。风机的运行状态、故障信息及防火阀位置信号可通过通信口连接到现地控制单元,并上传至通风空调系统上位机。

13. 主变副厂房七层

(1)监控对象:风机箱(0.75kW,1台)、防爆轴流风机(1.1kW,1台)。

(2)控制方式:风机箱在正常运行时常年运转,冬季时运行数量减半,可通过远方或现地方式启停;当火灾发生时,由消防报警联动模块输出命令,关闭防火阀并停止风机运行。防爆轴流风机在正常运行时常年运转,可通过远方或现地方式启停;当火灾发生时,由消防报警联动模块输出命令,关闭防火阀并停止风机运行。

(3)安装位置:设置1个风机控制箱,布置在♯18通风机房内。当远方/现地选择开关置于远方位置时,只能通过相关通风现地控制单元的触摸屏或中控室的通风空调系统上位机,经远程I/O输出继电器控制器进行启停操作。每个防火阀提供一个开关量接点,由风机现地控制盘提供24V电源及中间继电器,并扩展为两个接点:其中一个接点与风机控制回路闭锁,另一个接点与模块箱中的模块闭锁。风机的运行状态、故障信息及防火阀位置信号可通过通信口连接到现地控制单元,并上传至通风空调系统上位机。

14. 主变副厂房八层

(1)监控对象:轴流风机(2.2kW,1台;4kW,1台;0.04kW,1台)、排烟风机(7.5kW,1台)。

(2)控制方式:4kW轴流风机在正常运行时常年运转,冬季时运行数量减半,可通过远方或现地方式启停;当火灾发生时,由消防报警联动模块输出命令,关闭防火阀并停止风机运行。其他2台轴流风机和排烟风机在平时处于关闭状态,当火灾发生时,由消防报警联动模块输出命令起动风机运行,可通过远方或现地方式启停。

(3)安装位置:设置1个风机控制箱,布置在主变附属用房八层。当远方/现地选择开关置于远方位置时,只能通过相关通风现地控制单元的触摸屏或中控室的通风空调系统上位机,经远程I/O输出继电器控制器进行启停操作。每个防火阀提供一个开关量接点,由风机现地控制箱提供24V电源及中间继电器,并扩展为两个接点:其中一个接点与风机控制回路闭锁,另一个接点与模块箱中的模块闭锁。风机的运行状态、故障信息及防火阀位置信号可通过通信口连接到现地控制单元,并上传至通风空调系统上位机。

25.1.4.4 出线平洞口风机设备及控制设备

(1)监控对象:轴流风机(5.5kW,2台)。

(2)控制方式:2台轴流风机在正常运行时,一台运行,另一台作为备用,可通过远方或现地方式启停;当火灾发生时,由消防报警联动模块输出命令,关闭防火阀并停止风机运行。

(3)安装位置:设置1个风机控制箱,布置在出线洞口通风机房内。当远方/现地选择开关置于远方位置时,只能通过中控室的通风空调系统上位机,经远程I/O输出继电器控制器进行启停操作。每个防火阀提供一个开关量接点,由风机现地控制箱提供24V电源及中间继电器,并扩展为两个接点:其中一个接点与风机控制回路闭锁,另一个接点与模块箱中的模块闭锁。风机的运行状态、故障信息及防火阀位置信号可通过通信口直接上传至通风空调系统上位机。

25.1.4.5 下水库排风楼风机设备及控制设备

(1)监控对象:离心风机箱(37kW,5台)、轴流风机(0.25kW,1台)。

(2)控制方式:离心风机箱常年运行,冬季时运行2台风机箱,发生火灾时运行1台离心风机箱,可通过远方或现地方式启停。轴流风机常年运行,冬季时运行数量减半,可通过远方或现地方式启停;当火灾发生时,由消防报警联动模块输出命令,关闭防火阀并停止风机运行。

(3)安装位置:2台冬季不运行的离心风机箱和1台事故时运行的离心风机箱设置1个风机控制盘,其他2台常年运行的离心风机箱和轴流风机设置1个现地控制盘,两个控制盘均布置在下水库排风楼值班室内。软起动器采用旁路运行方式,当远方/现地选择开关置于远方位置时,只能通过中控室的通风空调系统上位机,经远程I/O输出继电器控制器进行启停操作。每个防火阀提供一个开关量接点,由风机现地控制盘提供24V电源及中间继电器,并扩展为两个接点:其中一个接点与风机控制回路闭锁,另一个接点与模块箱中的模块闭锁。风机的运行状态、故障信息及防火阀位置信号可通过通信口直接上传至通风空调系统上位机。

25.1.4.6 地面副厂房风机设备及控制设备

(1)监控对象:新风换气机(1.5kW,1台)、轴流风机(0.18kW,1台)。

(2)控制方式:新风换气机根据现地需求通过现地方式启停;当火灾发生时,由消防报警联动模块输出命令,关闭防火阀并停止风机运行。轴流风机常年运行,可通过远方或现地方式启停;当火灾发生时,由消防报警联动模块输出命令,关闭防火阀并停止风机运行。

(3)安装位置:设置1个风机控制箱,布置在副厂房三层。当远方/现地选择开关置于远方位置时,只能通过相关通风现地控制单元的触摸屏或中控室的通风空调系统上位机,经远程I/O输出继电器控制器进行启停操作。每个防火阀提供一个开关量接点,由风机现地控制箱提供24V电源及中间继电器,并扩展为两个接点:其中一个接点与风机控制回路闭锁,另一个接点与模块箱中的模块闭锁。风机的运行状态、故障信息及防火阀位置信号可通过通信口直接上传至地面副厂房监控系统。

25.2 系统组成

25.2.1 硬件组成

呼蓄电站通风系统的 PLC 部分采用 SIEMENS S7－1200 和 S7－200 系列 PLC，采用一主多从的通信模式。S7－1200 属于模块式 PLC，主要由机架、CPU 模块、信号模块、功能模块、接口模块、通信处理器、电源模块和编程计算机组成，各种模块安装在机架上。通过 CPU 模块或通信模块上的通信接口，PLC 连接到通信网络，可以与计算机、其他 PLC 或其他设备进行通信。

上位机配置了 2 台工控机，确保监控软件 iFIX 4.5 的稳定运行。一台工控机位于地下厂房中控室机房网络柜内，另一台位于地面副厂房控制室操作台上。上位机与下位机主站 PLC 通过以太网连接。

拓扑图如图 25-1 所示。

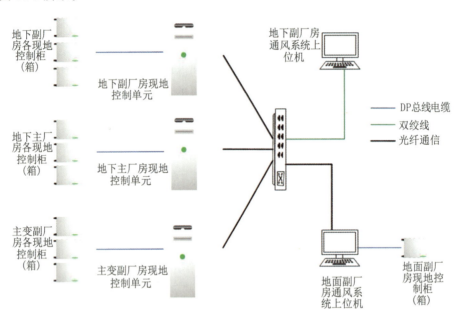

图 25-1　硬件组成拓扑图

25.2.2 通风系统的布置原则

根据《水力发电厂厂房采暖通风和空气调节设计规程》，本电站主送、排风机的容量按设计风量选取，容量不考虑备用。每个主送风、排风系统均设置了两台风机，一台故障或检修时，另一台风机仍可运行，维持电站通风的基本要求。

为简化通风系统，对有事故排烟要求的房间，排风系统兼作事故排烟系统。排风系统的排风量按正常排风设计，再按事故排烟要求进行校核。

事故排烟道与安全出口分开，确保事故时人员安全疏散。

主送、排风机设在坚实的岩石或混凝土基础上，并远离中央控制室、计算机室等要求安静的场所，以减少通风机噪声或振动对厂房的影响。

为保证机组运行时的环境清洁条件，在主厂房主进风系统设置初效过滤器。

25.2.3 通风系统布置

25.2.3.1 主厂房通风系统

主厂房通风以排除厂内机电设备产生的余热为主，通风形式为机械通风。室外新风从通风洞和♯1 通风支洞分别进入设在主厂房两端的♯1、♯2通风机房,室外新风经新风机处理后送入均压室。室内送风由均压室分两条送风管,布置在主厂房吊顶上方,风经过圆形射流风口送入主厂房发电机层。为便于控制管理,主送风管按机组分段送风,♯1、♯2机组为一段,另一段包括♯3、♯4机组及安装场,可分别控制。送入发电机层的新风,通风降温后,回风顺楼梯间和埋设在上、下游边墙夹层内的专用风管(DN250钢管)分别进入母线层和水轮机层。主厂房所有的排风经母线层和水轮机层下游侧墙上的防火百叶风口分别进入母线洞,降温排热后,顺排风道经主变洞顶拱、排风洞及排风竖井排出厂外。蜗壳层的通风由水轮机层下游侧地板上开的孔,用6台轴流风机向蜗壳层送风,再由水轮机层上游侧吊物孔及楼梯间返回至水轮机层,以满足消除设备发热量所需的通风要求。

为使发电机层的回风有组织地进入下面各层并形成良好的气流组织,除在上、下游边墙内埋设专用的回风管分别通至母线层和水轮机层外,还在回风管出口处预留通风槽,槽内设置小型送风机,送风机与送风口连为一体,以保证设备外形整齐美观。

每台发电机组引出的母线,通过母线洞与主变洞的主变压器相连。为保证母线洞的运行环境,使母线洞内的温度不致过高,在每条母线洞下游末端分别设置两台排风兼排烟风机。在母线洞末端风机负压作用下,使风能顺利经过母线洞排除余热后排到主变室管道层,汇总后送入主变洞右侧排风机房。主厂房、主变室及副厂房的排风均由此排风机房汇总后,通过排风洞及排风竖井排至室外。

25.2.3.2　副厂房通风系统

副厂房通风由♯1通风机房出口,从均压室吸入新风,经各层送风风机分别送入副厂房各房间,后经墙壁上安装的排风百叶风口排至走廊内,再进入贯穿副厂房各层的竖向回风管。回风风机设在最高层的通风机房。最后回风经排烟洞排至排风竖井,排出厂外。

蓄电池室等有特殊要求的房间单独设送排风系统。

中央控制室、计算机房及办公用房均单独设置空调末端设备,以保证室内温度、湿度的要求。

25.2.3.3　主变洞通风系统

主变洞通风采用自然进风、机械送排风的系统。室外新风由主变交通支洞进入主变洞,主变室及其他房间均为自然进风,进风口为防火百叶风口。新风经降温排热后,通过通风机房内的排风机至上面的管道层,各通风机房的排风均在管道层汇总;一部分新风通过下游边墙夹层内风管分别进入管道层和GIS层,降温排热后各自经过本层通风机房内的排风机排入回风干管。主变室回风干管经主变洞拱顶到主变副厂房右侧的排风机房。为使进入主变室管道层和GIS层的新风形成良好的气流组织,除在上、下游边墙内埋设专用的回风管分别通至管道层和GIS层外,还在送风管出口处预留通风槽,槽内设置小型送风机,送风机与送风口连为一体,以保证设备外形整齐美观。

在主变副厂房各层与主变室右端楼梯间相邻的边墙上开孔并安装防火风口,由此引进新风。每层通风机房设一排风机,新风降温排热后经风机排入贯穿主变副厂房的竖向排风立管中,再引至主变副厂房右侧的排风机房中。主变副厂房各房间根据设备发热量,采用空调方式消除余热,通风量满足房间对最小新风量的要求。

汇入排风机房的回风(包括主厂房、主变室和主变副厂房)经过4台离心风机进入排风洞,最后通过排风竖井排出厂外。

由于主变洞内的SFC及配套设备开启时发热量很大,该设备开启时的发热量为短时负荷,夏季若全部靠机械通风系统排除主变余热,则所需通风量很大,需配套的通风设备和风道均较大,在现行厂房布置中无法满足,故采用通风加空调的方式进行降温排热。主变洞未开启SFC及配套设备时,以通风换气运行为主;主变洞开启SFC及配套设备时,可利用SFC层的空调机房内的空调设备进行空气调节,排除主变室内产生的余热。冬季及过渡季节室外通风温度较低,现有风量可以消除主变室内的SFC及配套设备开启时产生的余热,满足运行要求,空调机可以停用。

GIS室设在主变室上方,GIS室所设通风设施主要是为排除开关设备故障时泄漏出的有害气体,要求室内保持负压。通风系统采用机械送排风,排风量满足事故排风量要求,当SF6发生泄漏事故时,可保证及时将有害气体排出室外。考虑到 SF6 气体比重大,一般常聚集在室内空气的下部,为保证更有效地排除有害气体,在排风系统布置中,将进风口布置下游侧夹墙下部,回风管布置在上游侧位置较高处,可满足使用要求,达到良好的通风效果。

通风系统示意图如图 25-2 所示。

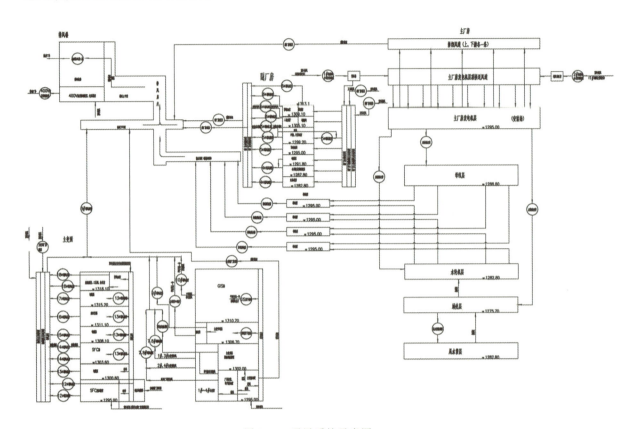

图 25-2 通风系统示意图

25.2.3.4 出线洞通风系统

为保证出线洞内敷设的电缆运行环境温度不致过高,在电缆孔下部开设带有防火功能的进风百叶风口,出口部安装带有防火功能的排风百叶风口。新风从出线洞入口部通风换气后,由出口部排风口排出,形成出线洞的通风系统。出口部排风口也可考虑安装排风机,以加强通风效果并防止"压差"作用下的倒灌。

25.2.3.5 安装场检修通风

机组大修时,如在安装场对水轮机转轮补焊,将产生大量烟雾。为防止烟雾扩散到整个厂房,可打开设在主厂房顶拱的主厂房事故排烟口,利用主厂房事故排烟系统进行排烟,将烟雾排出厂外。

25.2.3.6 其他局部通风系统

为保证发电机层以下各层的通风效果,减少通风死角,适当增设引射风机或其他小型通风机,保证有效的气流组织。

25.2.3.7 地下厂房通风系统防火和事故排烟

1. 主厂房发电机层事故排烟

主厂房发电机层顶拱设有排烟管,排烟管经右端副厂房顶部进入♯1 通风机房,烟气在此进入排烟洞,通过排烟竖井排至厂外。为防止该层中产生的烟雾扩散,排烟口设在发电机层吊顶板底面上,排烟风机设在排烟洞水平段入口处,风机前设置排烟防火阀。

正常运行时,设在发电机层吊顶板底面上的排烟口处于关闭状态,而设在排烟风机前的排烟防火阀处于常开状态。当发电机层发生火灾时,报警探测器立即发出信号,安装在吊顶板底面上的排烟口受令开启,并输出阀门开启信号,同时联锁两台排烟风机运行并关闭主厂房送风系统。这样,主厂房内因火灾而产生的烟气将向上通过吊顶,由顶拱内布置的排烟管道顺排烟洞排至厂外,而不会弥漫全厂。当主厂房内的烟气温度达到280℃时,设在排烟风机前的感温元件将报警并联动关闭排烟防火阀,并输出信号,联锁排烟风机停止运行,使火灾封闭在厂房内。待火灾完全扑灭后,再远动起动排烟防火阀及排烟风机,进行事故后排烟,将烟气排至厂外。

2. 主厂房母线层、水轮机层事故排烟

由于发电机层的吊物孔平时均用盖板封上,故母线层和水轮机层两层火灾事故时不能通过发电机层顶拱排烟口直接进行排烟。母线层、水轮机层为事故后排烟,排风和排烟共用一套系统。烟气经母线洞进入主变室管道层,母线洞出口处设有排风兼排烟风机,风机入口端设排烟防火阀(常开),排风(烟)在管道层汇总后由主变室拱顶通过排风机房至排烟洞,最后经排风竖井直接排至厂外。电站平时运行时,该系统处于通风状态;当母线层或水轮机层发生火灾并实施灭火措施之后,该系统转为事故后排烟,进行厂房排烟(系统开启后应能反馈信号)。

3. 主变层事故排烟

主变层是地下厂房系统内较易发生火灾的部位之一,故需重点设防。本电站主变层布置为"一机一变",布置在主变洞。

主变层为事故后排烟,排风和排烟共用一套系统。烟气经通风机房内的排风兼排烟风机至上面的管道层,风机入口端设排烟防火阀(常开),排风(烟)在管道层汇总后由主变室拱顶通过排风机房至排烟洞,最后经排风竖井直接排至厂外。电站平时运行时,该系统处于通风状态;当主变层发生火灾并实施灭火措施之后,该系统转为事故后排烟,进行厂房排烟(系统开启后应能反馈信号)。

4. SFC变压器层事故排烟

由于SFC变压器层中的SFC输入/输出变压器是油浸式变压器,故此处需重点设防。根据有关规定,主变层的排烟系统为事故后排烟系统。

SFC变压器层在主变副厂房,排风和排烟共用一套系统。

5. 出线洞事故排烟

出线洞内敷设着的高压管道母线,是电站向外输送电力的重要设备之一。在防火设计中,除要求对电缆本身采用阻燃电缆外,在布置上采取防护、阻断、分隔等消防措施,同时在出线洞内设置探测报警器。通风系统中进、排风口考虑设置防火阀,出口部设置独立的排烟系统。根据有关规定,出线竖井的排烟系统为事故后排烟系统。

电站正常运行时,排烟系统处于关闭状态。当出线洞内发生火灾、空气温度上升到70℃时,进、排风口上的防火阀易熔片熔断阀门自动关闭并将信号反馈到消防中心。若火灾一时未能扑灭,烟温上升到280℃时,设在出线洞的排烟阀易熔片将熔断阀门自动关闭,并发出信号。待火灾扑灭后,再手动打开出线洞的排烟阀,进行排烟。

6. 蓄电池室的防火

电站厂房内蓄电池室采用免维护密闭式铅酸蓄电池。蓄电池室按火灾危险性分类属于丙类,故在蓄电池室通风系统设计中,既要考虑防火,又要考虑排除可能产生的有害气体。根据《水利水电工程设计防火规范》第10.0.1条至10.0.4条中有关规定,设计采取以下措施:

(1)蓄电池室设单独的送、排风系统。排风管上安装熔断器温度为70℃的防烟防火阀,并要求和风机联锁。

(2)送、排风机选用不会产生火花的防爆风机,风机和电动机直联传动;风机需有效接地,电缆采用套管保护。

(3)蓄电池室设计的通风换气次数为8次/时,大于《水利水电工程设计防火规范》中要求的6次/时换气量,能够有效地排除室内可能产生的有害气体。

(4)蓄电池室设测氢监测装置,当室内氢气浓度超过规定值时发出信号,并自动起动送风机和排风机进行通风。

25.2.4 通风系统运行分类

(1)新风(排风)风机为常年运行,每次运行两小时,停机一小时轮换第二台风机工作,到冬季时风机运行减半,可远方/现地启/停;排风楼排风风机为全厂总排风,因此每次同时运行两台风机。

(2)空调分为组合式空调、吊顶式空调,其中组合式空调为常年运行,每次运行两小时,停机一小时轮换第二台风机工作,到冬季时风机运行减半;吊顶式空调因地点分为夏季运行与全年运行,如母线层吊顶式空调为夏季运行,蜗壳层为吊顶式空调常年运行。电加热器每年9月至次年4月运行,与空调联动:只有电加热器关闭此空调才可关闭,空调先开启,加热器才能起动,可远方/现地启/停。

(3)事故通风除每月15日自启运行一小时外,平时关闭,当火灾发生时:由消防报警联动模块输出命令起动风机运行命令,为逃生通道输送新鲜空气,可远方/现地启/停。

(4)现场部分事故排烟与排风共用,因此为常年运行,每次运行两小时,停机一小时,到冬季时风机运行减半,可远方/现地启/停,当火灾发生时:由消防报警联动模块输出命令关闭防火阀和停止风机运行命令,灾后手动起动风机进行现场排烟。